"十三五"普通高等教育本科规划教材

（第二版）

土建工程制图

主　编　周佳新
副主编　王铮铮　王志勇
参　编　刘　鹏　姜英硕　沈丽萍　牛　彦　李　鹏
　　　　张　楠　张　喆　马晓娟　王雅慧
主　审　杨　谆

中国电力出版社
CHINA ELECTRIC POWER PRESS

内 容 提 要

本书为"十三五"普通高等教育本科规划教材。全书共分十七章，主要内容包括投影的基本知识，点、直线和平面的投影，直线与平面、平面与平面的相对位置，投影变换，基本几何体的投影，平面与立体相交，立体与立体相交，轴测投影，组合体的投影，标高投影，制图的基本知识与技能，建筑形体的表达方法，建筑施工图，结构施工图，设备施工图，路桥涵工程图及计算机绘图。本书根据最新制图规范编写，突出基础性、实用性和规范性。与本书配套的《土建工程制图习题及解答》同时出版，并且教材和习题及解答均有配套课件，可供选择。

本书可作为土木工程、道桥、给排水等专业本科及专科学生的教学用书，并可供相关工程技术人员参考。

图书在版编目（CIP）数据

土建工程制图/周佳新主编．—2版．—北京：中国电力出版社，2016.2（2019.6重印）

"十三五"普通高等教育本科规划教材

ISBN 978-7-5123-8804-8

Ⅰ.①土… Ⅱ.①周… Ⅲ.①土木工程－建筑制图－高等学校－教材 Ⅳ.①TU204

中国版本图书馆 CIP 数据核字（2016）第 001347 号

中国电力出版社出版、发行

（北京市东城区北京站西街 19 号 100005 http://www.cepp.sgcc.com.cn）
航远印刷有限公司印刷
各地新华书店经售

*

2012 年 2 月第一版
2016 年 2 月第二版 2019 年 6 月北京第八次印刷
787 毫米×1092 毫米 16 开本 24.5 印张 600 千字
定价 **48.00** 元

版 权 专 有 侵 权 必 究

本书如有印装质量问题，我社营销中心负责退换

前　言

《土建工程制图》自 2012 年 2 月出版以来，已连续印刷多次，被很多高等院校作为教材使用，受益读者甚多。为了更好地服务于读者、服务于"大众创业，万众创新"，为我国的经济发展助力，在第一版的基础上，修订了本书。

本书突出基础性、实用性和规范性，有以下特点：

1. 加强基础，确保五大基础内容的讲解，即投影理论基础，构型设计基础，表达方法基础，制图规范基础，绘图能力基础。各部分既相互独立，又注重前后学习的密切联系，不同层次的读者可根据需要选择性学习。

2. 注重实用，本书吸取工程技术界的最新成果，结合当前建筑业发展的实际，为读者展示了丰富、特色的工程实例，以期读者通过学习，能解决工作中的实际问题。

3. 标准规范，凡能收集到的最新国家标准，本书都予以执行。

与本书配套使用的《土建工程制图习题及解答》（周佳新主编）同时出版，可供选用。

教材和习题及解答均有配套的课件，需要者可与出版社联系。

本书第二版由沈阳建筑大学周佳新主编，王铮铮、王志勇副主编，刘鹏、姜英硕、沈丽萍、牛彦、李鹏、张楠、张喆、马晓娟、王雅慧等也做了很多工作。在编写和修订的过程中参考了相关资料，在此向有关作者表示衷心感谢！

限于作者水平，书中疏漏之处在所难免，恳请广大同仁及读者不吝赐教，在此谨表谢意。

本书由周佳新教授统稿，欢迎联系（zhoujx@sjzu.edu.cn）。

编　者

2015 年 11 月

"十三五"普通高等教育本科规划教材

土建工程制图（第二版）

第一版前言

土建工程制图是土木工程、道桥、给排水工程等土建类专业的技术基础课程，是表现工程技术人员设计思想的理论基础。本书是在综合以上各专业教学特点的基础上，依据教育部批准印发的《普通高等院校工程图学课程教学基本要求》，并根据当前工程制图教学改革的发展，结合多年工程实践及工程图学教学经验编写而成的。

本书遵循认知规律，将工程实践与理论相融合，以新规范为指导，通过工程实例，图文结合，循序渐进地介绍了土建工程制图的基本知识、识图的思路、方法和技巧，强调实用性和可读性，具有科学性和启发性。

本书共分十七章，在内容的编排顺序上进行了优化，大致分为以下四篇：

1. 画法几何篇（第一～十章）

重点讲解投影的基本知识，点、线、面的投影，立体的投影，轴测投影，组合体，标高投影等内容；主要研究投影的原理，是土建制图的理论基础；着重培养学生空间几何问题的想象、分析和表达等能力。

2. 工程制图基础篇（第十一、十二章）

重点介绍制图的基本知识与技能、绘图工具和仪器的使用方法、空间形体的表达方法等，其主要内容是介绍、贯彻国家有关制图标准，是学习工程制图基本知识和技能的主要渠道。

3. 专业制图篇（第十三～十六章）

重点介绍建筑施工图、结构施工图、设备施工图、路桥涵工程图等内容，其主要内容是建筑相关专业的各种专业图的表达及绘制方法，着重培养学生相关专业图的绘制、阅读等能力。

4. 计算机绘图篇（第十七章）

重点介绍 AutoCAD 的二维绘图、编辑命令的使用方法和技巧，主要研究如何用 AutoCAD 软件绘制各种专业图形，着重培养学生应用计算机进行建筑工程设计绘图的能力。

本书可与《土建工程制图习题集》配套使用。

本书由沈阳建筑大学周佳新主编。具体参加编写的人员有：周佳新（负责编写绪论、第一章、第二章、第十章、第十一章、第十四章第四节、第十六章、第十七章）、马晓娟（负责编写第三章、第七章）、王雅慧（负责编写第四章）、姜英硕（负责编写第五章、第六章）、王铮铮（负责编写第八章、第九章）、牛彦（负责编写第十二章）、王志勇（负责编写第十三章）、沈丽萍（负责编写第十四章第一～三节）、刘鹏（负责编写第十五章）。

本书由北京建工学院杨谆教授主审，他为本书提出了许多宝贵的意见和建议，在此表示衷心的感谢！

由于编者水平所限，书中难免存在疏漏和不妥之处，敬请读者批评指正。

编　者

2011 年 8 月

目　　录

前言
第一版前言
绪论 ··· 1
第一章　投影的基本知识 ··· 5
　　第一节　投影的概念及分类 ·· 5
　　第二节　投影的几何性质 ··· 6
　　第三节　工程上常用的几种投影方法 ·· 7
　　第四节　正投影图及其特性 ··· 10
第二章　点、直线和平面的投影 ··· 13
　　第一节　点的投影 ··· 13
　　第二节　直线的投影 ·· 20
　　第三节　线段的实长及其对投影面的倾角 ·· 24
　　第四节　直线上的点 ·· 27
　　第五节　两直线的相对位置 ··· 30
　　第六节　直角的投影 ·· 35
　　第七节　平面的投影 ·· 39
　　第八节　平面上的点和直线 ··· 42
　　第九节　平面的迹线 ·· 45
第三章　直线与平面、平面与平面的相对位置 ·· 50
　　第一节　平行关系 ··· 50
　　第二节　相交关系 ··· 53
　　第三节　垂直关系 ··· 59
第四章　投影变换 ··· 63
　　第一节　投影变换的实质和方法 ··· 63
　　第二节　换面法 ·· 64
　　第三节　旋转法——绕投影面垂直线旋转 ·· 73
第五章　基本几何体的投影 ·· 76
　　第一节　平面立体的投影 ·· 76
　　第二节　曲面立体的投影 ·· 81
第六章　平面与立体相交 ·· 89
　　第一节　平面与平面立体相交 ·· 89
　　第二节　平面与曲面立体相交 ·· 93

第七章　立体与立体相交 101
 第一节　两平面立体相交 101
 第二节　平面立体与曲面立体相交 103
 第三节　两曲面立体相交 106
 第四节　穿孔体的投影 112

第八章　轴测投影 116
 第一节　基本知识 116
 第二节　正轴测投影 117
 第三节　斜轴测投影 127
 第四节　轴测投影图的选择 130

第九章　组合体的投影 133
 第一节　组合体的组成与分析 133
 第二节　组合体视图的读图 138

第十章　标高投影 149
 第一节　点、直线和平面的标高投影 149
 第二节　曲面的标高投影 155

第十一章　制图的基本知识与技能 161
 第一节　制图标准 161
 第二节　绘图工具和仪器的使用方法 173
 第三节　几何作图 177
 第四节　平面图形的画法 180
 第五节　制图的方法和步骤 183

第十二章　建筑形体的表达方法 185
 第一节　基本视图与辅助视图 185
 第二节　组合体视图的画法 189
 第三节　组合体的尺寸标注 193
 第四节　剖面图 197
 第五节　断面图 205

第十三章　建筑施工图 208
 第一节　概述 208
 第二节　建筑施工图中常用的符号及标注方式 217
 第三节　总平面图 221
 第四节　建筑平面图 224
 第五节　建筑立面图 231
 第六节　建筑剖面图 236
 第七节　建筑详图 239

第十四章　结构施工图 251
 第一节　钢筋混凝土结构图 251

第二节　结构平面布置图 ··· 263
　　第三节　基础施工图 ··· 265
　　第四节　钢筋混凝土结构平面布置图的整体表示法 ······················· 270
第十五章　设备施工图 ··· 287
　　第一节　室内给水排水施工图 ··· 287
　　第二节　采暖施工图 ··· 300
　　第三节　室内电气施工图 ··· 311
　　第四节　室内煤气施工图 ··· 325
第十六章　路桥涵工程图 ··· 329
　　第一节　道路工程图 ··· 329
　　第二节　桥梁工程图 ··· 338
　　第三节　涵洞工程图 ··· 342
第十七章　计算机绘图 ··· 346
　　第一节　基础知识 ··· 346
　　第二节　常用的二维绘图、编辑命令 ··································· 354
　　第三节　建筑施工图的绘制 ··· 361
　　第四节　图形的输出 ··· 380
参考文献 ··· 383

绪 论

一、本课程的性质和目的

土建工程制图是土建类各专业必修的技术基础课，主要研究用投影法图示和图解空间几何问题的理论和方法。通过本课程的学习，使学生具有图示和图解空间几何问题的能力，为后续课程的教学打基础。

图是有别于文字、声音的另一种人类思想活动的交流工具，通常是指绘制在画纸、图纸上的二维平面图形、图案、图样等。图样又被喻为"工程界的语言"。它是工程技术人员表达技术思想的重要工具，是工程技术部门交流技术经验的重要资料。然而，人类生活在三维空间里，需要用二维的平面图形去表达三维的立体（空间）。而如何用二维图形准确地表达三维的形体，以及如何准确地理解二维图形所表达的三维形体，就是土建工程制图所要研究的主要问题。

工程是一切与生产、制造、建设、设备等相关的重大工作门类的总称，如机械工程、建筑工程、化学工程等。而每个行业都有其自身的专业体系和专业规范，因此相应的又有机械图、建筑图、化工图等之分。然而，这些工程图样也有其共性，主要体现在几何形体的构成及表达、图样的投影原理、工程图通用规范的应用以及工程问题的分析方法上。本课程将主要研究这些问题，重点介绍土建工程制图。

二、本课程的内容和研究对象

土建工程制图的主要内容分为画法几何、工程制图基础、专业制图和计算机绘图四部分。其中：

画法几何部分包括投影的基本知识，点、线、面的投影，立体的投影，轴测投影，组合体，标高投影等几个方面。主要研究投影的原理，是制图的理论基础，着重培养学生空间几何问题的想象、分析和表达等能力。

工程制图基础部分包括制图的基本知识与技能、绘图工具和仪器的使用方法、空间形体的表达方法等，其主要内容是介绍、贯彻国家有关制图标准，是学习工程制图基本知识和技能的主要渠道。

专业制图部分包括建筑施工图、设备施工图、路桥涵工程图等内容，主要介绍建筑相关专业的各种专业图的表达及绘制方法，着重培养学生相关专业图的绘制、阅读等能力。

计算机绘图部分包括 AutoCAD 的二维绘图、编辑命令的使用方法和技巧，主要研究如何用 AutoCAD 软件绘制各种图形，着重培养学生应用计算机进行建筑工程设计的能力。

画法几何学要解决的问题包括图示法和图解法两部分。

图示法主要研究如何用投影法将空间几何元素（点、线、面）的相对位置及几何形体的形状表示在图纸平面上，同时根据平面上的图形完整无误地推断出空间表达对象的原形，即如何在二维平面图形与空间三维形体之间建立起一一对应的关系。在工程施工和生产中常需要将实物绘制成图样，并根据图样组织生产和施工。这是工程图学要解决的基本问题，因而图示法必然成为工程图学的理论基础。

图解法主要研究在平面上如何用作图方法解决空间几何问题，确定空间几何元素的相对位置，如确定点、线、面的从属关系，求交点、交线的位置等。所有这些称为解决定位问题。而求几何元素间的距离、角度、实形等则属于解决度量问题。图解法具有直观、简便的优点，对于一般工程问题可以达到一定精度要求；对于有高精度要求的问题，可用图解与计算相结合的方法解决。综合两种方法的优点，可使形象思维与抽象思维在认识中达到统一。

三、本课程的任务和学习方法

1. 本课程的任务

（1）学习投影法的基本理论，为绘制和应用各种工程图样打下理论基础。

（2）图示法：研究在平面上表达空间几何形体的方法。

（3）图解法：研究在平面上解答空间几何问题的方法。

（4）培养空间想象力和分析能力。

（5）培养认真负责的工作态度和严谨细致的工作作风。

2. 本课程的学习方法

（1）联系的观点：画法几何、平面几何、立体几何同属几何学范畴，应联系起来学习。

（2）投影的观点：运用投影的方法，掌握投影的规律。

（3）想象的观点：会画图（用投影的方法将空间几何关系绘制到平面上）、会看图（由绘制完成的平面图形，能想象出其空间立体形状）。

（4）实践的观点：理论联系实际，独立完成一定的作业、练习。

总之，本课程的学习具有一个鲜明的特点，就是用作图来培养空间逻辑思维和想象能力，即在学习的过程中，始终必须将平面上的投影与想象的空间几何元素结合起来。这种平面投影分析与空间形体想象的结合，是二维思维与三维思维间的转换。而这种转换能力的培养，只能逐步做到。首先，听课是学习课程内容的重要手段。课程中各章节的概念和难点，通过教师在课堂上形象地讲授，容易理解和接受；其次，必须认真地解题，及时完成一定数量的练习题，这样就有了一个量的积累。作图的过程是实现空间思维分析的过程，也是培养空间逻辑思维和想象能力的过程。只有通过解题、作图，才能检验是否真正地掌握了课堂上所学的内容。要密切联系与本课程有关的初等几何知识，着重训练二维与三维的图示和图解的相互转换。再次，由于本课程独特的投影描述，常表现为重叠的线，因而做题时的空间逻辑思维过程无法一目了然地表现出来，时间久了容易忘记。建议解题时，用文字将步骤记录下来，并对照复习，这样才能温故知新，熟练掌握所学的内容。

四、本课程的发展概述

在近代工业革命的发展进程中，随着生产的社会化，1795年，法国著名学者加斯帕·蒙日（Gaspard Monge，1746～1818，见图 0-1）系统地提出了以投影几何为主线的画法几何学，使工程图的表达与绘制得以高度地规范化、唯一化，从而使画法几何学成为工程图的"语法"，工程图成为工程界的"语言"。蒙日于1795年1月起在巴黎高等专科学校讲授画法几何学，初期是保密的。1798年保密令解除，并公开出版画法几何学。从此，画法几何学传遍世界。1920年，清华大学萨本栋教授（物理科学家，留美学习电工；厦门大学校长，教画法几何）翻译了美国安东尼阿什利的 Descriptive Geometry 一书，此书由商务印书馆出版，蔡元培作序（清末进士，留学德国、法国，曾任教育总长、中央研究院院长、北大校长）。后来我国工程图学学者、华中理工大学赵学田教授简洁、通俗地总结了三视图的投影规律为"长对正、高平齐、宽相等",从而使得画法几何和工程制图知识易学、易懂。为此,他5次受到毛主席的接见,成为我国第一任图学理事长(1999年在北京去世)。

我国在工程制图方面很早就取得了很大的成就。早在公元前春秋时代的《周礼考工记》中,就有"规"(即圆规)、"矩"(即直尺)、"绳墨"(即墨斗)、"悬"(即铅垂线)、"水"(即水平线)等绘图工具、仪器的记载。

1977年,我国河北省平山县出土了战国时期(约公元前4世纪)的铜板——"兆域图"("兆"是我国古代对墓域的称谓),如图0-2所示。图中绘制的是中山王陵的规划设计平面图,是世界上罕见的早期建筑图样。

图 0-1 加斯帕·蒙日

图 0-2 兆域图

公元1100年前后,北宋时期的李诫总结了我国2000多年的建筑技术和成就,写下了《营造法式》的经典著作。书中有图样1000多幅,其中包括当今仍在应用的用投影法绘制的平面图、立面图、剖面图、大样图等,如图0-3所示。《营造法式》也是世界上最早的建筑规范巨著。

现代,计算机应用技术的日臻成熟,极大地促进了图形学的发展。计算机图形学的兴起,开创了图形学应用和发展的新纪元。以计算机图形学为基础的计算机辅助设计(CAD)技术,推动了几乎所有领域的设计革命。设计者可以在计算机所提供的虚拟空间中进行构思设计,设计的"形"与生产的"物"之间是以计算机的"数"进行交换的,亦即以计算机中的数据取代了图纸中的图样。这种三维的设计理念给传统的二维设计方法带来了强烈的冲击,也是今后工程应用发展的方向。

值得指出的是:计算机的广泛应用,并不意味着可以取代人的作用;同时,CAD/CAPP/CAM一体化,实现无纸生产,并不等于无图生产,而且对图提出了更高的要求。随着计算机的广泛应用、CAD/CAPP/CAM的一体化,技术人员可以用更多的时间进行创造性的设计工作,而创造性的设计离不开运用图形工具进行表达、构思和交流。所以,随着CAD和无纸生产的发展,图形的作用不仅不会削弱,反而显得更加重要。因此,作为从事建筑工程的技术人员，掌握工程图学的知识是十分必要的。

图 0-3 《营造法式》中大木作殿堂结构示意图

第一章 投影的基本知识

我们生活在一个三维空间中，点、线、面是空间的几何元素，它们没有大小、宽窄、厚薄，由它们构成的空间形状叫做形体。将空间的三维形体转变为平面的二维图形是通过投影法来实现的。

第一节 投影的概念及分类

一、基本概念

在日常生活中，有一种常见的自然现象：当光线照在物体上时，地面或墙面上会产生影子，这就是投影的现象。这种影子只能反映物体的外形轮廓，不能反映内部情况。人们在这种自然现象的基础上，对影子的产生过程进行了科学的抽象，即把光线抽象为投射线，把物体抽象为形体，把地面抽象为投影面，于是就创造出投影的方法。当投射线投射到形体上时，就在投影面上得到了形体的投影，这个投影称为投影图，如图1-1所示。

投射线、投影面、形体（被投影对象）是产生投影的三要素。

如图1-2所示，设定平面 P 为投影面，不属于投影面的定点 S（如光源）为投射中心，投射线均由投射中心发出。通过空间点 A 的投射线与投影面 P 相交于点 a，则 a 称作空间点 A 在投影面 P 上的投影。同样，b 为空间点 B 在投影面 P 上的投影，c 为空间点 C 在投影面 P 上的投影。

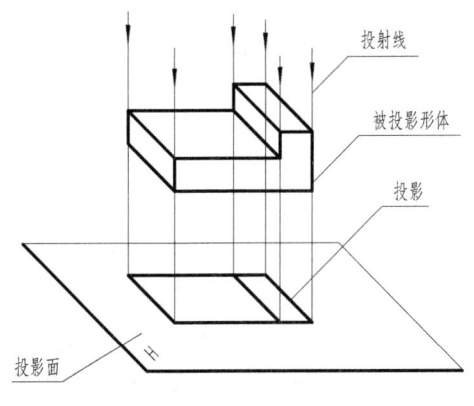

图1-1 投影的形成　　　　图1-2 中心投影法

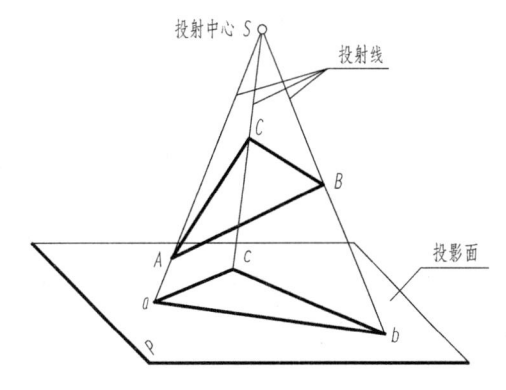

这种按几何法则将空间物体表示在平面上的方法称为投影法。投影法是画法几何学的基本理论。画法几何就是依靠投影法来确定空间几何原形在平面图纸上的图形的。

二、投影法分类

投影法通常分为中心投影法和平行投影法两类。

1. 中心投影法

当所有投射线都通过投射中心时，这种对形体进行投影的方法称为中心投影法，如

图 1-2 所示。用中心投影法所得到的投影称为中心投影。由于中心投影法的各投射线对投影面的倾角不同，因而得到的投影与被投影对象在形状和大小上有着比较复杂的关系。

2. 平行投影法

若将投射中心移向无穷远处，则所有的投射线变成互相平行，这种对形体进行投影的方法称为平行投影法，如图 1-3 所示。平行投影法又分为斜投影法和正投影法两类。

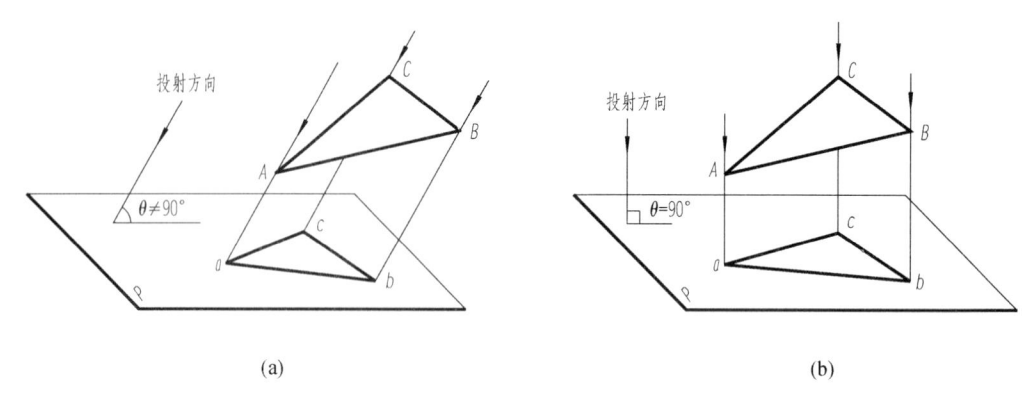

图 1-3 平行投影法
（a）斜投影法；（b）正投影法

（1）斜投影法：平行投影法中，当投射线倾斜于投影面时，这种对形体进行投影的方法称为斜投影法，如图 1-3（a）所示。用斜投影法所得到的投影称为斜投影。由于投射线的方向以及投射线与投影面的倾角 θ 有无穷多种情况，故斜投影也可绘出无穷多种；但当投射线的方向和 θ 一定时，其投影是唯一的。

（2）正投影法：平行投影法中，当投射线垂直于投影面时，这种对形体进行投影的方法称为正投影法，如图 1-3（b）所示。用正投影法所得到的投影称为正投影。由于平行投影是中心投影的特殊情况，而正投影又是平行投影的特殊情况，因而其规律性较强，所以工程上把正投影作为工程图的绘图方法。

第二节 投影的几何性质

画法几何及投影法主要研究空间几何原形与其投影之间的对应关系，即研究它们之间内在联系的规律性，研究投影的基本性质，目的是找出空间几何元素本身与其在投影面上投影之间的内在联系，即研究在投影图上哪些空间几何关系保持不变，而哪些几何关系有了变化和有怎样的变化，尤其是要掌握那些不变的关系，作为画图和看图的基本依据。以下几种性质是在正投影的情况下讨论的，也适用于斜投影的情况。

（1）显实性：当直线段或平面平行于投影面时，其投影反映实长或实形，如图 1-4 所示。

（2）积聚性：当直线或平面垂直于投影面时，其投影积聚为一点或一直线，如图 1-5 所示。

（3）类似性：当直线或平面不平行于投影面时，其正投影小于其实长或实形，如图 1-6 所示。

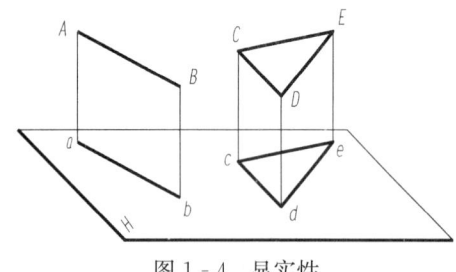

图 1-4 显实性

但其斜投影则可能大于、等于或小于其实长或实形。

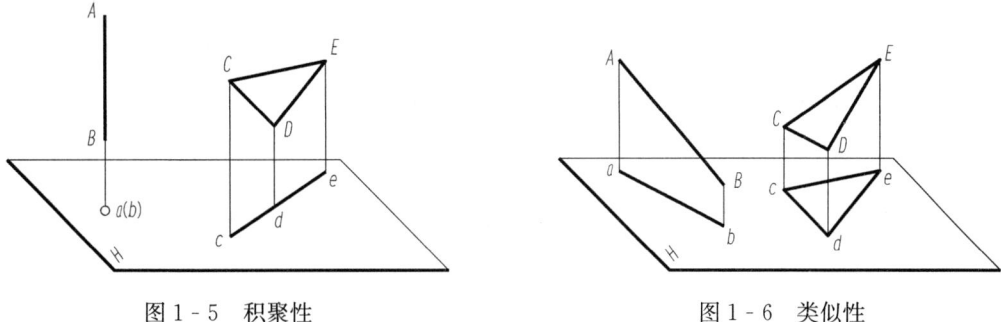

图1-5 积聚性

图1-6 类似性

(4) 平行性：当空间两直线互相平行时，它们的投影一定互相平行，而且投影长度之比等于空间长度之比，如图1-7所示。

(5) 从属性：属于直线上的点，其投影必从属于该直线的投影，如图1-8所示。

(6) 定比性：点在直线上，点分线段的比例等于该点的投影分线段的投影所成的比例，如图1-8所示。

上述规律，均可用初等几何的知识得到证明。

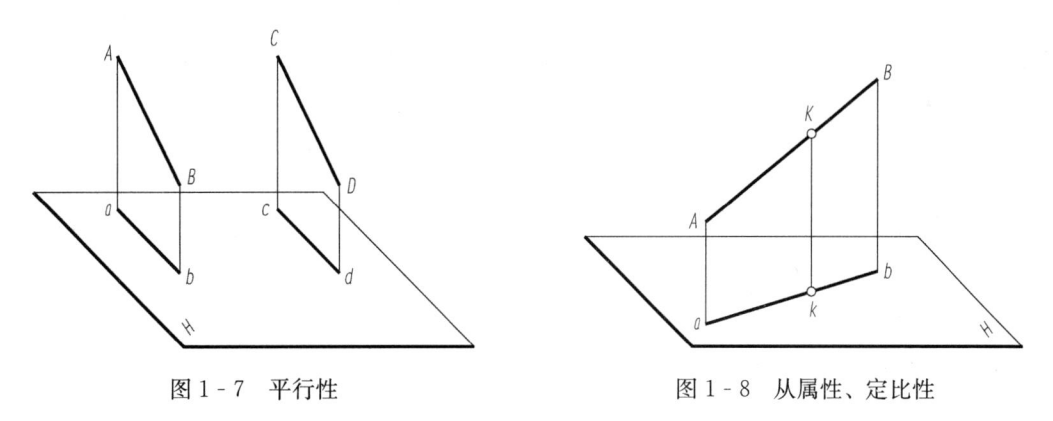

图1-7 平行性

图1-8 从属性、定比性

第三节　工程上常用的几种投影方法

一、多面正投影法

多面正投影法是采用正投影法将空间几何元素或形体分别投影到相互垂直的两个或两个以上的投影面上，然后按一定规律将获得的投影排列在一起，从而得出投影图的方法。用正投影法所绘制的投影图称为正投影图。

图1-9 (a) 所示为把一个物体分别向三个相互垂直的投影面 H、V、W 作正投影的情形，图1-9 (b) 所示为物体移走后，将投影面连同物体的投影展开到一个平面上的方法，图1-9 (c) 所示则为去掉投影面边框后得到的三面投影图。

正投影图能反映物体的真实形状，绘制时度量方便，是工程界中最常用的一种投影图。其缺点是立体感较差，看图时必须几个投影互相对照才能想象出物体的形状，因而没有学习过制图的人不易读懂。多面正投影法的缺点是，所绘的图形直观性较差。

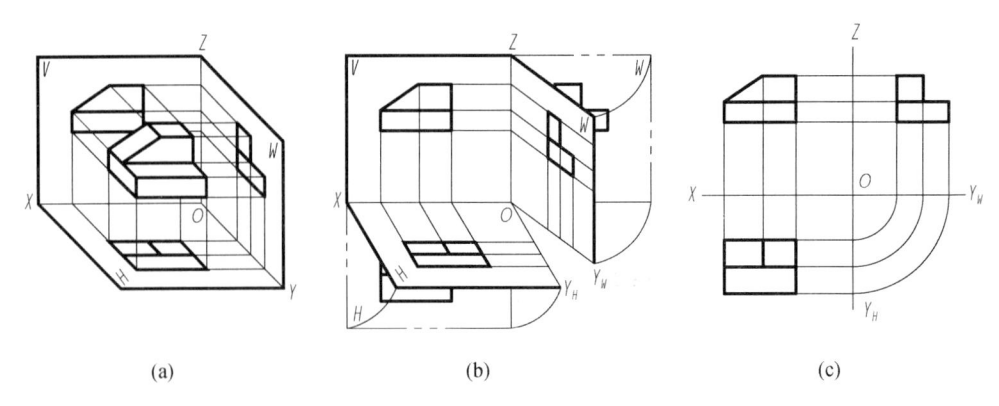

图 1-9 多面正投影法
(a) 把物体向三个投影面作正投影；(b) 投影面展开方法；(c) 物体的三面投影图

二、轴测投影法

轴测投影法属于平行投影法，是一种单面投影。这一方法是把空间形体连同确定该形体位置的直角坐标系一起沿不平行于任一坐标平面的方向平行地投射到某一投影面上，从而得出其投影图。用轴测投影法绘制的投影图称为轴测投影图，简称轴测图。

如图 1-10（a）所示，把一个物体连同所选定的直角坐标体系按投射方向 S 投射到一个称为轴测投影面的平面 P 上，这样，在平面 P 上就得到了一个具有立体感的轴测图；图 1-10（b）所示就是去掉投影面边框后得到的轴测图。

轴测图具有良好的直观性，能同时反映物体三个方向的形状，但不能同时反映各表面的真实形状和大小，所以度量性较差、绘制不便，经常用作书籍、产品说明书中的插图或工程图样中的辅助图样。

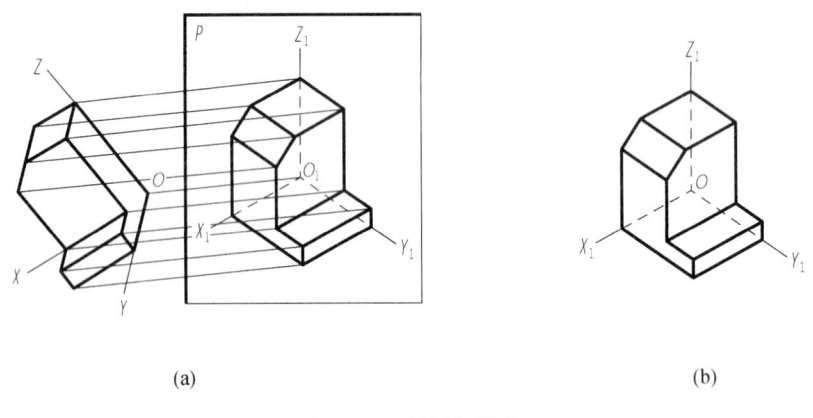

图 1-10 轴测投影法
（a）轴测图的形成；(b) 物体的轴测图

三、透视投影法

透视投影法属于中心投影法，也是一种单面投影。这一方法是由视点把物体按中心投影法投射到画面上，从而得出该物体的投影图。用透视投影法绘制的投影图称为透视投影图，简称透视图。

图 1-11（a）所示为一个建筑物透视图的形成过程，而图 1-11（b）所示则为该建筑

物的透视图。

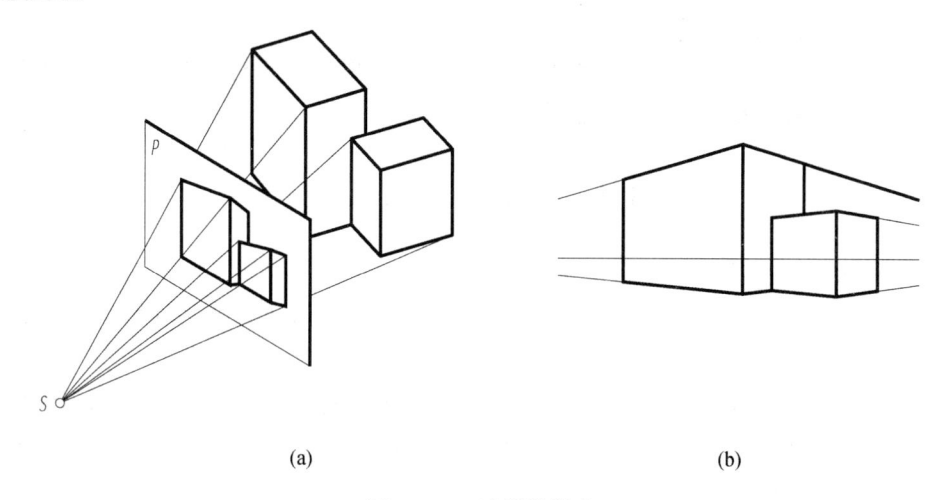

图 1-11 透视投影法
(a) 透视图的形成；(b) 建筑物的透视图

用透视投影法绘制的图形与人们日常观看物体所得的形象基本一致，符合近大远小的视觉效果。工程中常用此法绘制外部和内部的表现图。但这种方法的手工绘图过程较繁杂，而且根据图形一般不能直接度量。

透视图按主向灭点可分为一点透视（心点透视、平行透视）、两点透视（成角透视）和三点透视。三点透视一般用于表现高大的建筑物或其他大型的产品设备。

透视投影广泛用于工艺美术及宣传广告图样。虽然其直观性强，但由于作图复杂且度量性差，因此在工程上只用于土建工程及大型设备的辅助图样。若用计算机绘制透视图，可避免人工作图过程的复杂性。因此，在某些场合广泛地采用透视图，以取其直观性强的优点。

四、标高投影法

标高投影法也是一种单面投影。这一方法是用一系列不同高度的水平截平面剖切形体，然后依次作出各截面的正投影，并用数字把形体各部分的高度标注在该投影上。由此得到的投影图称为标高投影图。

如图 1-12 所示，取高差为 10m 的一系列水平面与山峰相交，得到一系列等高线，并

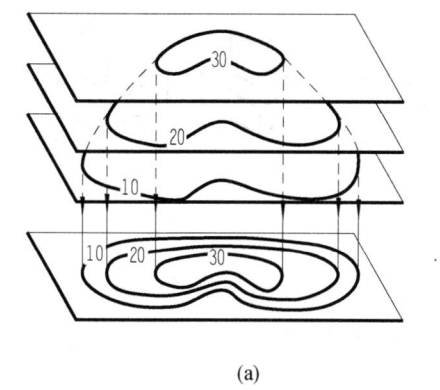

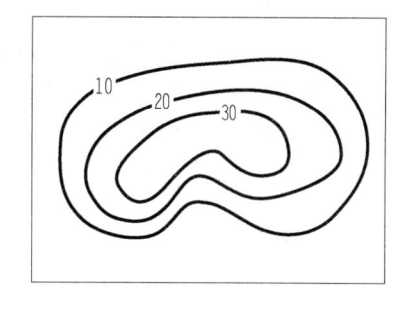

图 1-12 标高投影法
(a) 曲面标高投影图的形成；(b) 曲面的标高投影图

将这些曲线投影到水平面上,即为标高投影图。标高投影常用来表示不规则曲面,如船舶、飞行器、汽车曲面以及地形等。

标高投影法是绘制地形图和土工结构物投影图的主要方法。对于某些复杂的工程曲面,往往采用标高投影和正投影结合的方法来表达。

第四节 正投影图及其特性

一、正投影图的形成

用正投影法绘制的投影图称为正投影图。正投影图的形成一般包括以下几种情况。

1. 形体的单面投影图

将形体向一个投影面作正投影,所得到的投影图称为形体的单面投影图。形体的单面投影图不能反映形体的真实形状和大小。也就是说,根据单面投影图不能唯一确定一个形体的空间形状,如图 1-13 所示。

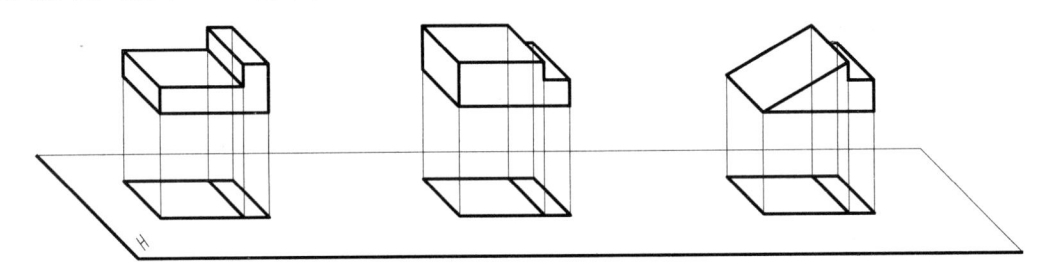

图 1-13 形体的单面投影

2. 形体的两面投影图

将形体向互相垂直的两个投影面作正投影,所得到的投影图称为形体的两面投影图。根据两个投影面上的投影图来分析空间形体的形状时,某些情况下得到的答案也不是唯一的,如图 1-14 所示。

(a)   (b)

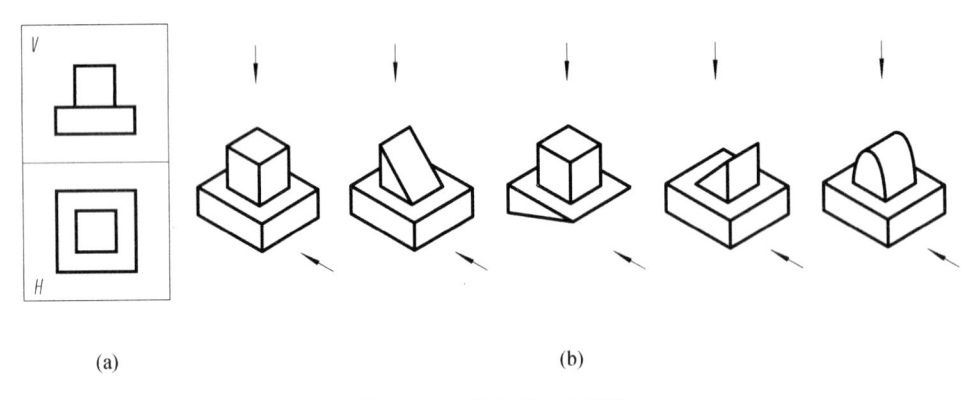

图 1-14 形体的两面投影
(a) 两面投影图;(b) 两面投影均相同的物体实例

3. 形体的三面投影图

将形体向互相垂直的三个投影面作正投影,所得到的投影图称为形体的三面投影图。三面投影图是工程实践中最常用的投影图。

图 1-15（a）所示为把一个形体分别向三个相互垂直的投影面 H、V、W 作正投影的情形，图 1-15（b）和图 1-15（c）所示为形体移走后，将投影面连同形体的投影展开到一个平面上的方法，图 1-15（d）所示则为去掉投影面边框后得到的三面投影图。

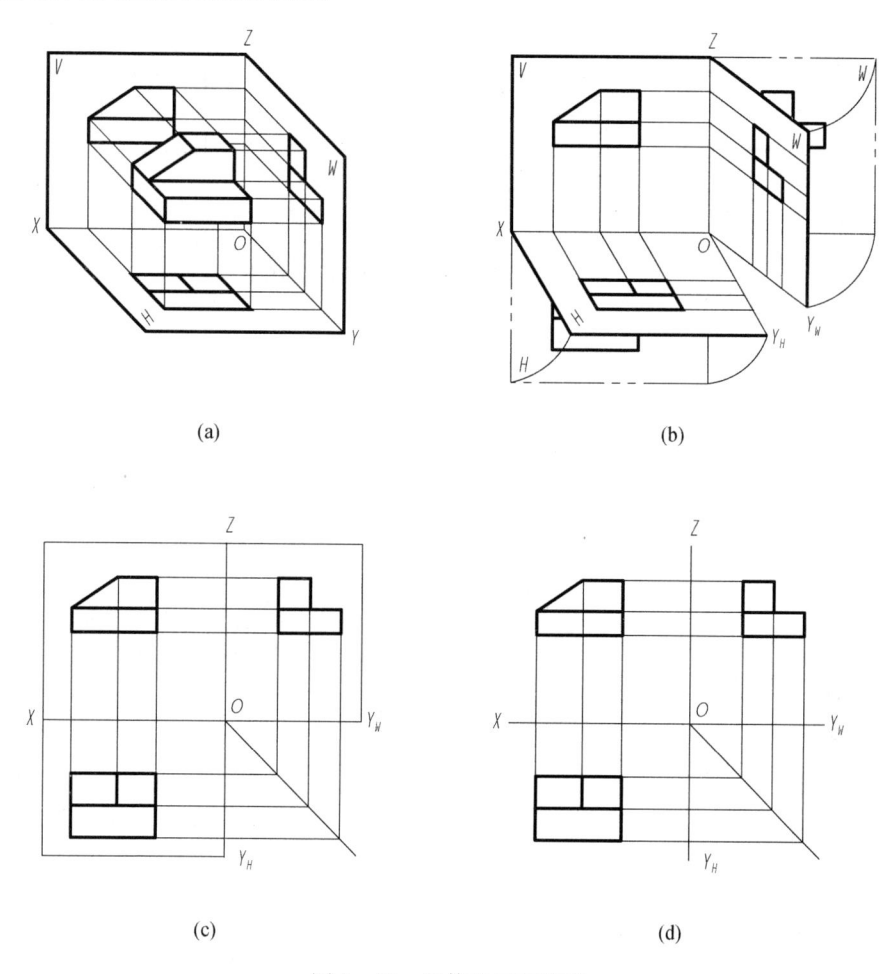

按多面投影法绘图不但简便，而且易于度量，所以在工程中的应用最为广泛。这种图示法的缺点是所绘的图形直观性较差。

图 1-15 形体的三面投影
（a）把形体向三个投影面作正投影；(b)、(c) 投影面展开方法；(d) 形体的三面投影图

工程制图标准中规定：物体的可见轮廓线画成粗实线，不可见轮廓线画成虚线。

二、正投影图的特性

由图 1-15 和图 1-16（b）可以看出，形体的三面投影之间存在着一定的联系：正面投影和水平投影具有相同的长度，正面投影和侧面投影具有相同的高度，水平投影与侧面投影具有相同的宽度。因此，常用"长对正、高平齐、宽相等"来概括形体三面投影的规律，简称"三等关系"。该投影规律对形体的整体尺寸、局部尺寸及每个点都适用。因此，作图时，可以画出水平联系线，以保证正面投影与侧面投影等高；画出铅垂联系线，以保证水平投影与正面投影等长；利用 45°辅助线或圆弧作图，以保证侧面投影与水平投影等宽。

由图 1-16（a）可以看出，空间形体有上、下、左、右、前、后六个方向，它们在三面投影图中也能够准确地反映出来，如图 1-16（c）所示。在投影图上正确识别形体的方向，对读图非常有帮助。

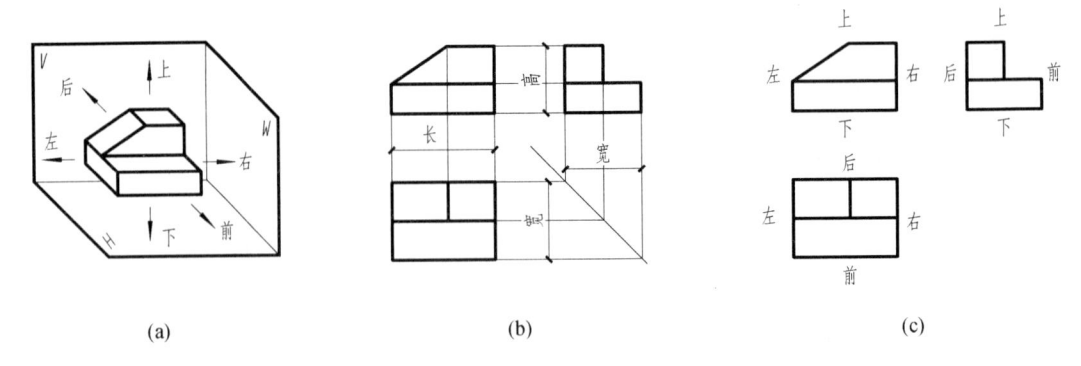

(a)　　　　　　　　　　　　(b)　　　　　　　　　　　　(c)

图 1-16　形体的方向及三面投影的规律

"十三五"普通高等教育本科规划教材

土建工程制图（第二版）

第二章　点、直线和平面的投影

任何物体的表面总是由点、线和面围成的，要画出物体的正投影图，必须研究组成物体的点、线、面的投影特性和画图方法。本章将介绍点、直线和平面的投影。没有特殊指明时，后面所提到的"投影"均是正投影。

第一节　点　的　投　影

一、点在两投影面体系中的投影

由前面介绍可知：根据点的一个投影，不能唯一确定点的空间位置。因此，确定一个空间点，至少需要两个投影。在工程制图中，通常选取相互垂直的两个或多个平面作为投影面，将几何形体向这些投影面作投影，形成多面投影。

（一）两投影面体系的建立

如图 2-1 所示，建立两个相互垂直的投影面 H、V，H 面水平放置，V 面正对着观察者直立放置，两投影面相交，交线为 OX。

V、H 两投影面组成两投影面体系，并将空间分成四个部分，每一部分称为一个分角。它们在空间的排列顺序为Ⅰ、Ⅱ、Ⅲ、Ⅳ，如图 2-1 所示。

我国标准规定将形体放在第一分角进行投影，因此本书主要介绍第一分角投影。

1. 术语

如图 2-2（a）所示：

（1）水平放置的投影面称为水平投影面，用 H 表示，简称 H 面。

（2）正对着观察者，与水平投影面垂直的投影面称为正立投影面，用 V 表示，简称 V 面。

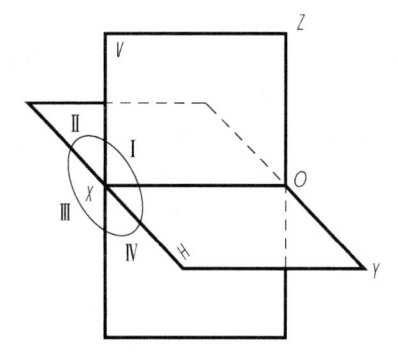

图 2-1　两投影面体系

（3）两投影面的交线称为投影轴，V 面与 H 面的交线用 OX 表示。

（4）空间点用大写字母（如 A、B…）表示。

（5）在水平投影面上的投影称为水平投影，用相应的小写字母（如 a、b…）表示。

（6）在正立投影面上的投影称为正面投影，用相应的小写字母加一撇（如 a'、b'…）表示。

2. 规定

图 2-2（a）所示为点 A 在两投影面体系的投影直观图。空间点用空心小圆圈表示。

为了使点 A 的两个投影 a、a' 表示在同一平面上，规定 V 面保持不动，H 面绕 OX 轴按图示的方向旋转 90°与 V 面重合。这种旋转摊平后的平面图形称为点 A 的投影图，如图 2-2（b）所示。由于投影面的范围可以任意大，为了简化作图，通常在投影图上不画它们的界线，只画出两投影和投影轴 OX，如图 2-2（c）所示。投影图上两个投影之间的连线（如 a、a' 的连线）称为投影连线。在投影图中，投影连线用细实线画出，点的投影用空心小圆圈表示。

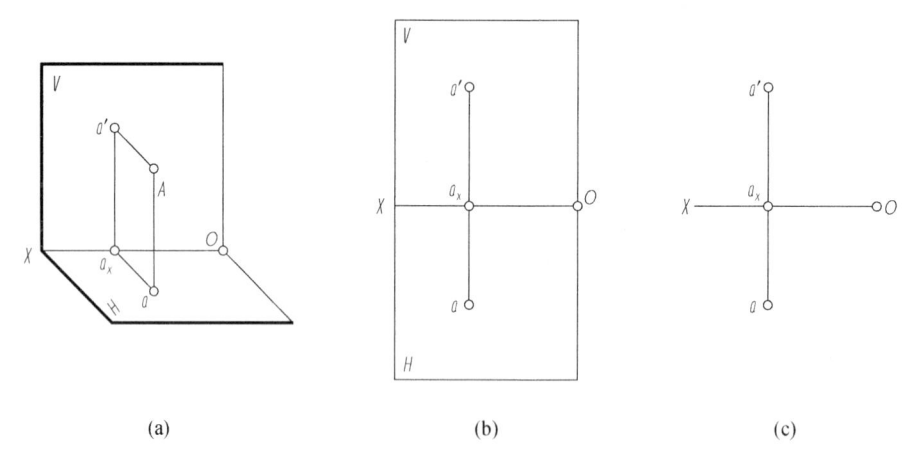

图 2-2 两投影面体系第一分角中点的投影

（二）点的两面投影及其投影规律

1. 点的两面投影

设在第一分角内有一点 A，如图 2-2（a）所示。由点 A 分别向 H 面和 V 面作垂线 Aa、Aa'，其垂足 a 称为空间点 A 的水平投影，垂足 a' 称为空间点 A 的正面投影。如果移去点 A，过水平投影 a 和正面投影 a' 分别作 H 面和 V 面的垂线 Aa 和 Aa'，两垂线必交于 A 点。因此，根据空间一点的两面投影，可以唯一确定空间点的位置。

图 2-2（c）所示为点 A 的两面投影图。通常采用这样的两面投影图来表示空间点的几何原形。

2. 点的投影规律

（1）点 A 的正面投影 a' 和水平投影 a 的连线必垂直于 OX 轴，即 $aa' \perp OX$。

在图 2-2（a）中，垂线 Aa 和 Aa' 构成了一个平面 Aaa_xa'，它垂直于 H 面，也垂直于 V 面，则必垂直于 H 面和 V 面的交线 OX。所以，平面 Aaa_xa' 上的直线 aa_x 和 $a'a_x$ 必垂直于 OX，即 $aa_x \perp OX$，$a'a_x \perp OX$。当 a 随 H 面旋转至与 V 面重合时，$aa_x \perp OX$ 的关系不变。因此，投影图上的 a、a_x、a' 三点共线，且 $aa' \perp OX$。

（2）点 A 的正面投影 a' 到 OX 轴的距离等于点 A 到 H 面的距离，即 $a'a_x = Aa$；其水平投影 a 到 OX 轴的距离等于点 A 到 V 面的距离，即 $aa_x = Aa'$。

由图 2-2（a）可知，Aaa_xa' 为一矩形，其对边相等，所以 $a'a_x = Aa$，$aa_x = Aa'$。

二、点在三投影面体系中的投影

点的两个投影虽已能确定点在空间的位置，但在表达复杂的形体或解决某些空间几何关系问题时，还常需采用三个投影图或更多的投影图。

（一）三投影面体系的建立

由于三投影面体系是在两投影面体系的基础上发展而成的，因此两投影面体系中的术语、规定及投影规律在三投影面体系中仍然适用。此外，它还有其特定的术语、规定和投影规律。

1. 术语

(1) 与水平投影面和正立投影面同时垂直的投影面称为侧立投影面,用 W 表示,简称 W 面。

(2) 在侧立投影面上的投影称为侧面投影,用小写字母加两撇(如 a''、b''…)表示。

(3) H 面和 W 面的交线用 OY 表示,称为 OY 轴。

(4) V 面与 W 面的交线用 OZ 表示,称为 OZ 轴。

(5) 三投影轴垂直相交的交点用 O 表示,称为投影原点。

H、V、W 三个投影面将空间分为八个分角,其排列顺序如图 2-3 所示。

2. 规定

投影面展开时,仍规定 V 面保持不动,W 面绕 OZ 轴向右旋转 $90°$ 与 V 面重合。OY 轴随 H 面向下转动的用 OY_H 表示,称为 OY_H 轴;随 W 面向右转动的用 OY_W 表示,称为 OY_W 轴,如图 2-4(b)所示。

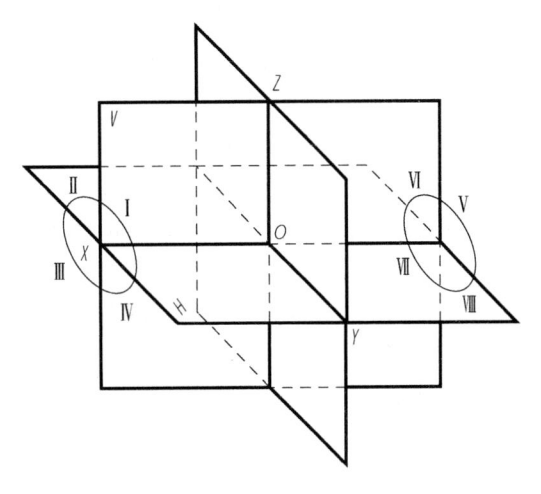

图 2-3 三投影面体系

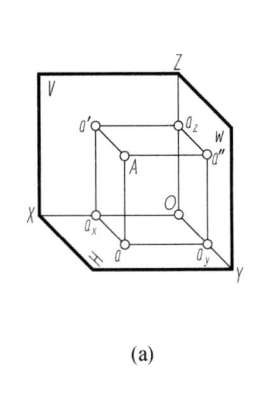

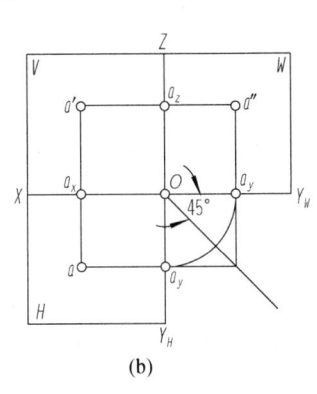

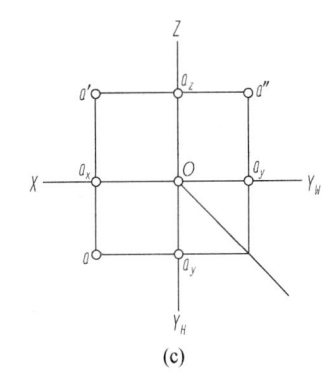

图 2-4 点的三面投影

(二) 点的三面投影及其投影规律

1. 点的三面投影

这里仍介绍点在第一分角内的投影。

如图 2-4(a)所示,设第一分角内有一点 A。自点 A 分别向 H、V、W 面作垂线 Aa、Aa'、Aa'',其垂足 a、a'、a'' 即为点 A 在三个投影面上的投影。

将三个投影面按规定展开,如图 2-4(b)所示,展开成同一平面并取消投影面边界线后,就得到点 A 的三面投影图,如图 2-4(c)所示。但必须明确,OY_H 与 OY_W 在空间是指同一投影轴。

2. 点的投影规律

图 2-4 所示的三投影面体系可看成是两个互相垂直的两投影面体系,一个由 V 面和 H

面组成,另一个由 V 面和 W 面组成。根据前述的两投影面体系中点的投影规律,可得出点在三投影面体系中的投影规律如下:

(1) 点 A 的正面投影 a' 和水平投影 a 的连线垂直于 OX 轴,即 $aa' \perp OX$。

(2) 点 A 的正面投影 a' 和侧面投影 a'' 的连线垂直于 OZ 轴,即 $a'a'' \perp OZ$。

(3) 点 A 的水平投影 a 到 OX 轴的距离 aa_x 及点 A 的侧面投影 a'' 到 OZ 轴的距离 $a''a_z$ 相等,均反映点 A 到 V 面的距离,即 $aa_x = a''a_z$,如图 2-4 (a) 所示。

可见,点的投影规律与三面投影规律"长对正、高平齐、宽相等"完全一致。

用作图方法表示 a 与 a'' 的关联时,可通过 $aa_X = a''a_Z$,也可以原点 O 为圆心,以 Oa_Y 为半径作圆弧求得;或自点 O 作 45°辅助线求得,如图 2-4 (b) 所示。

当点位于三投影面体系中其他分角内时,这些基本规律同样适用。只是位于不同分角内点的三面投影对投影轴的位置各不相同,具体分布情况及投影特性,读者可自行分析。

【例 2-1】 如图 2-5 (a) 所示,已知空间点 A 的正面投影 a' 和水平投影 a,求作该点的侧面投影 a''。

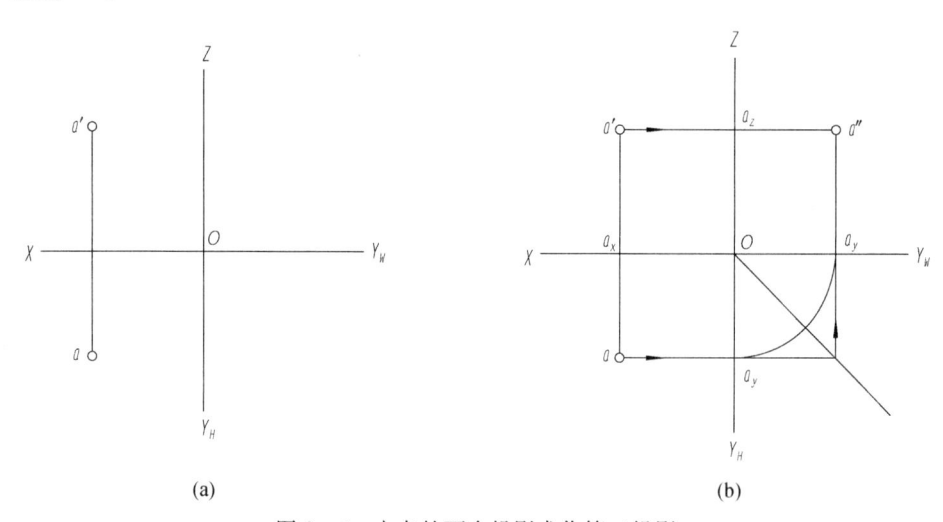

图 2-5 由点的两个投影求作第三投影
(a) 已知;(b) 作图

解 作图步骤如下:

由 a' 作 OZ 轴的垂线与 OZ 轴交于 a_z,在此垂线上自 a_z 向前量取 $a_z a'' = aa_X$,则得到点 A 的侧面投影 a''(也可通过 45°辅助线或圆弧求得),如图 2-5 (b) 所示。

(三) 投影面和投影轴上点的投影

如图 2-6 (a) 所示,点 A 在 V 面上,点 B 在 H 面上,点 C 在 W 面上,图 2-6 (b) 所示为投影图。从图中可以看出,投影面上的点的投影规律为:

点在所在投影面上的投影与空间点重合,在另外两个投影面上的投影分别在相应的投影轴上。

如图 2-7 (a) 所示,点 A 在 OX 轴上,点 B 在 OY 轴上,点 C 在 OZ 轴上,图 2-7 (b) 所示为投影图。从图中可以看出,投影轴上的点的投影规律为:

点在包含这条投影轴的两个投影面上的投影与空间点重合,在另一个投影面上的投影与投影原点重合。

(a) 　　　　　　　　　　　　　　　　(b)

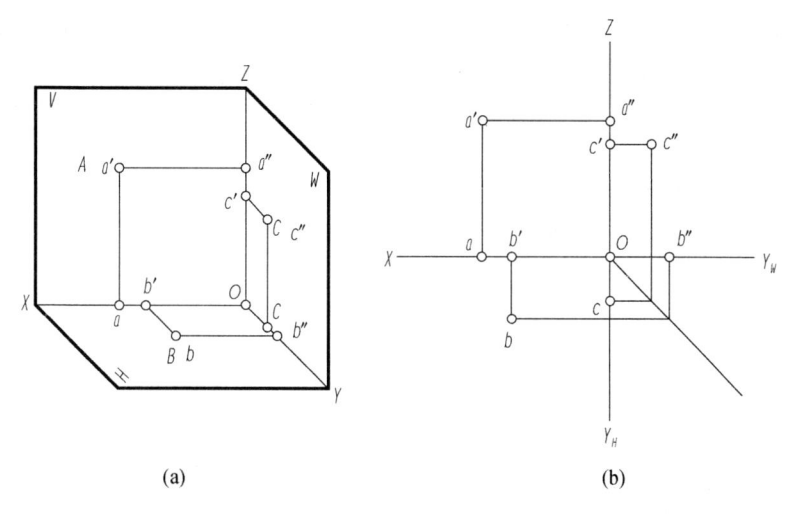

图 2-6　投影面上点的投影
(a) 立体图；(b) 投影图

(a) 　　　　　　　　　　　　　　　　(b)

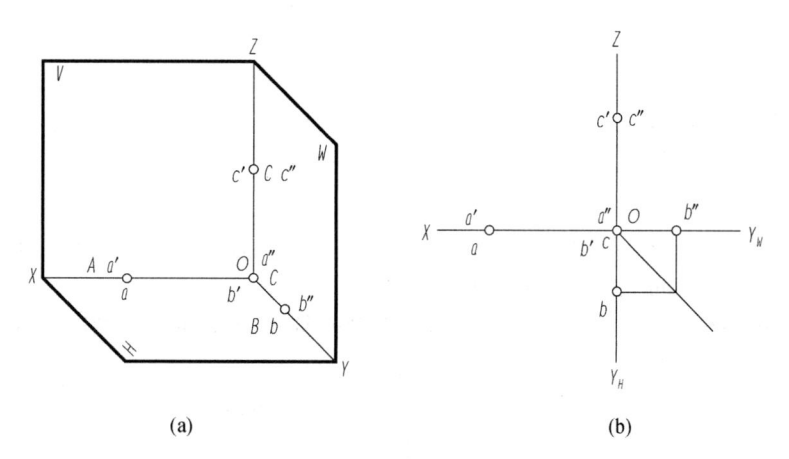

图 2-7　投影轴上点的投影
(a) 立体图；(b) 投影图

（四）点的投影与直角坐标

如图 2-8（a）所示，如果把三投影面体系看作空间直角坐标系，三投影面为直角坐标面，投影轴为坐标轴，投影原点为坐标原点，则空间点 A 到三个投影面的距离可用它的直角坐标 (x, y, z) 表示。空间点 A 到 W 面的距离就是点 A 的 x 坐标，点 A 到 V 面的距离就是点 A 的 y 坐标，点 A 到 H 面的距离就是点 A 的 z 坐标。

由于空间点 A 的位置可由其坐标值 (x, y, z) 唯一确定，因而点 A 的三个投影也完全可用坐标确定。两者之间的关系如下：

（1）水平投影 a 可由 x、y 两坐标确定。
（2）正面投影 a' 可由 x、z 两坐标确定。
（3）侧面投影 a'' 可由 y、z 两坐标确定。

由上可知，点的任意两个投影都反映点的三个坐标值。因此，若已知点的任意两个投影，就必能作出其第三个投影。

在三投影面体系中，原点 O 把每一坐标轴分成正、负两部分，规定 OX、OY、OZ 从原点 O 分别向左、向前（图上表示为向下）、向上为正，反之为负。

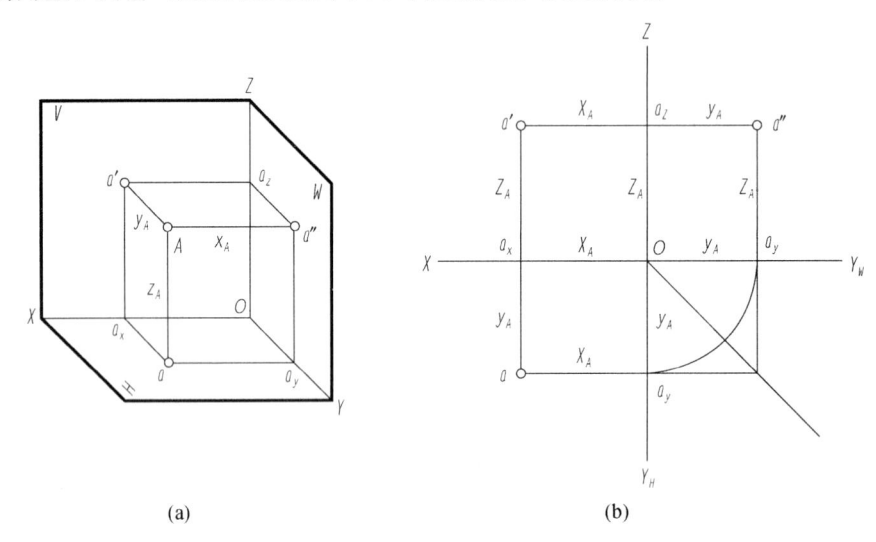

图 2 - 8 点的投影与直角坐标的关系
(a) 立体图；(b) 投影图

【例 2 - 2】 已知空间点 A (20，10，15)，求作它的三面投影图。

解 作图步骤如图 2 - 9 所示：

(1) 由原点 O 向左沿 OX 轴量取 20mm 得 a_X，过 a_X 作 OX 轴的垂线，在垂线上自 a_X 向前量取 10mm 得 a，向上量取 15mm 得 a′。

(2) 过 a′ 作 OZ 轴的垂线交 OZ 轴于 a_Z，在此垂线上自 a_Z 向右量取 10mm 得 a″（也可通过 45°辅助线或圆弧求得）。

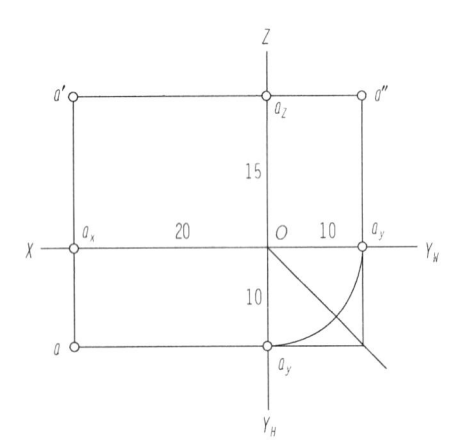

图 2 - 9 由点的坐标求作点的三面投影

（五）空间点的相对位置

1. 两点的相对位置

两点的相对位置是指空间两点的上下、前后、左右的位置关系。这种位置关系可通过两点的各同面投影之间的坐标大小来判断。

某点的 x 坐标表示该点到 W 面的距离，因此根据两点 x 坐标值的大小可以判别两点的左右位置；同理，根据两点的 z 坐标值的大小可以判别两点的上下位置，根据两点的 y 坐标值的大小可以判别两点的前后位置。

如图 2 - 10 所示，点 B 的 x 坐标小于点 A 的 x 坐标，点 B 的 y 坐标大于点 A 的 y 坐标，点 B 的 z 坐标小于点 A 的 z 坐标，所以，点 B 在点 A 的右、前、下方。

2. 重影点

如果空间两点恰好位于某一投影面的同一条垂直线上，则这两点在该投影面上的投影就会重合为一点。通常把在某一投影面上投影重合的两个点，称为该投影面的重影点。

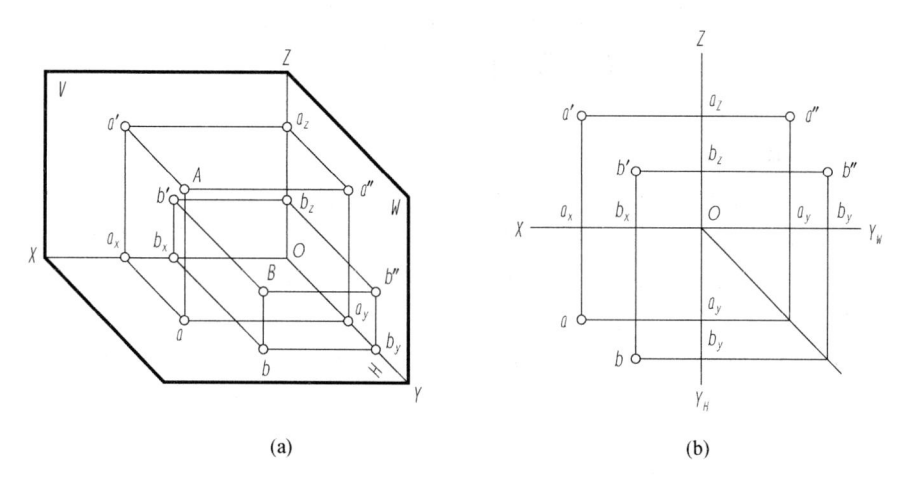

图 2-10 空间两点 A、B 的相对位置
(a) 立体图;(b) 投影图

如图 2-11 (a) 所示,A、B 两点的 x、z 坐标相等,而 y 坐标不等,则它们的正面投影重合为一点,所以 A、B 两点就是 V 面的重影点;同理,C、D 两点的水平投影重合为一点,所以 C、D 两点就是 H 面的重影点。

在投影图中,往往需要判断并标明重影点的可见性。如 A、B 两点向 V 面投射时,由于点 A 的 y 坐标大于点 B 的 y 坐标,即点 A 在点 B 的前方,因此,点 A 的 V 面投影 a' 可见,点 B 的 V 面投影 b' 不可见。通常在不可见的投影标记上加括号表示。如图 2-11 (b) 所示,A、B 两点的 V 面投影为 $a'(b')$。同理,图 2-11 (a) 中的 C、D 两点是 H 面的重影点,如图 2-11 (b) 所示。由于点 C 的 z 坐标大于点 D 的 z 坐标,即点 C 在点 D 的上方,故点 C 的 H 面投影 c 可见,点 D 的 H 面投影 d 不可见,C、D 两点的 H 面投影为 $c(d)$。

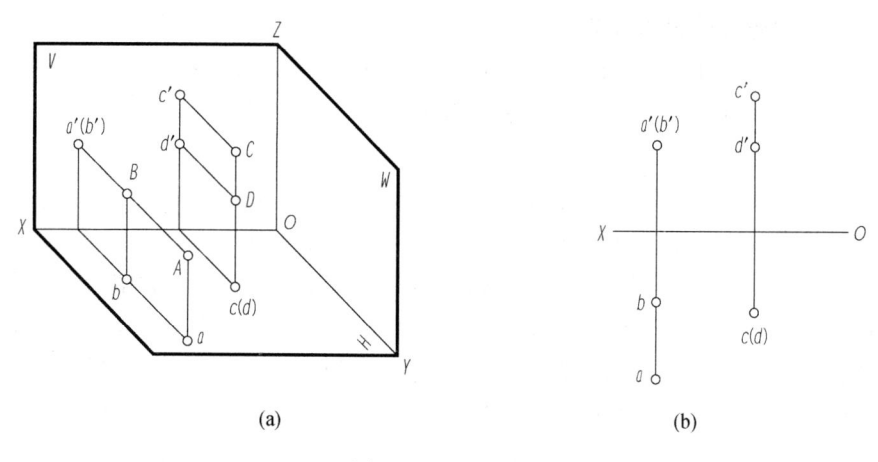

图 2-11 重影点
(a) 立体图;(b) 投影图

由此可见,当空间两点有两对坐标对应相等时,此两点一定为某一投影面的重影点;而重影点的可见性是由不相等的那个坐标决定的:坐标值大的投影为可见,坐标值小的投影为不可见,即"前遮后、左遮右、上遮下"。

第二节 直线的投影

一、直线的投影

直线的投影一般仍为直线。从几何学可知，任何直线都可由该直线上的任意两点（或由直线上的一点及该直线的方向）确定。所以，作直线的投影图时，只需作出直线上任意两点（通常取线段的两个端点）的投影，然后用直线连接这两点的同面投影，即是直线的三面投影图。

如图 2-12（a）所示，已知直线 AB 上 A 和 B 两点的三面投影，则连线 ab、$a'b'$、$a''b''$ 就是直线 AB 的三面投影，如图 2-12（b）所示，直线的投影用粗实线绘制。

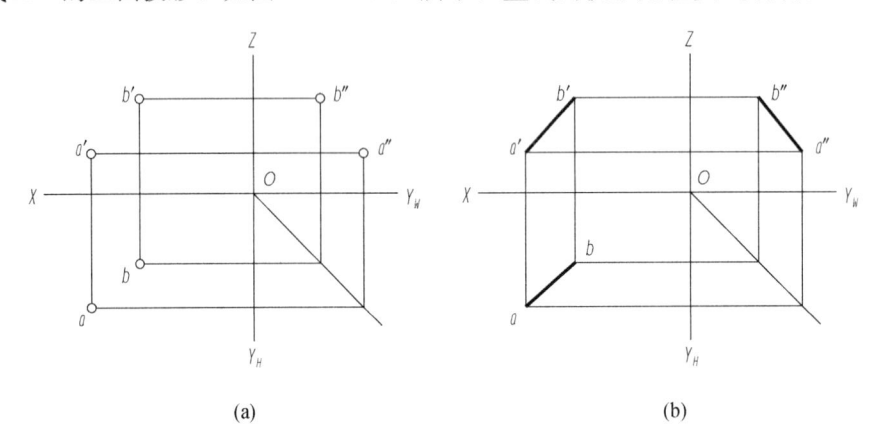

图 2-12 直线的投影
(a) 直线上两点的三面投影；(b) 直线的三面投影

二、直线对投影面的相对位置

直线按其与投影面相对位置的不同，可以分为一般位置直线、投影面平行线和投影面垂直线。投影面平行线和投影面垂直线统称为特殊位置直线。

1. 一般位置直线

同时倾斜于三个投影面的直线称为一般位置直线。空间直线与投影面之间的夹角称为直线对投影面的倾角。直线对 H 面的倾角用 α 表示，直线对 V 面的倾角用 β 表示，直线对 W 面的倾角用 γ 表示。从图 2-13（a）所示的几何关系可知，α、β、γ 可用空间直线与该直线在各投影面上的投影之间的夹角来度量。其中，倾角 α 是直线 AB 与其水平投影 ab 之间的夹角，倾角 β 是直线 AB 与其正面投影 $a'b'$ 之间的夹角，倾角 γ 是直线 AB 与其侧面投影 $a''b''$ 之间的夹角。一般位置直线的投影与投影轴之间的夹角不反映 α、β、γ 的真实大小，如图 2-13（b）所示中的 α_1 不等于 α。

直线 AB 的各个投影长度分别为：$ab = AB\cos\alpha$，$a'b' = AB\cos\beta$，$a''b'' = AB\cos\gamma$，如图 2-13（a）所示。一般位置直线的投影特性为：

(1) 一般位置直线的三个投影均为直线，而且投影长度都小于线段的实长。

(2) 一般位置直线的三个投影都倾斜于投影轴，且与投影轴的夹角均不反映空间直线与投影面倾角的真实大小。

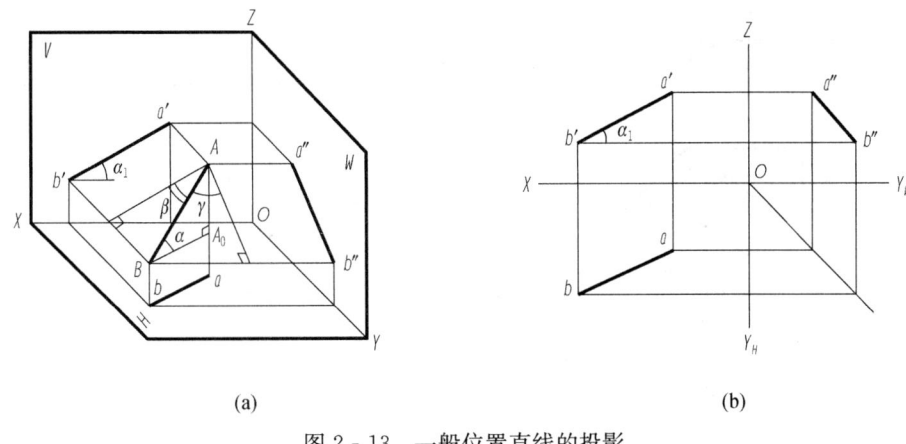

图 2 - 13 一般位置直线的投影
(a) 立体图；(b) 投影图

2. 投影面平行线

平行于某一个投影面，同时倾斜于另两个投影面的直线，称为投影面平行线。根据与直线平行的投影面的不同，投影面平行线又分为以下三种：

(1) 水平线：平行于水平投影面的直线。
(2) 正平线：平行于正立投影面的直线。
(3) 侧平线：平行于侧立投影面的直线。

以水平线 AB 为例，如表 2 - 1 所示，由于 AB 线平行于水平投影面，即对 H 面的倾角 $\alpha=0$，即 AB 线上各点至 H 面的距离相等。因此，水平线的投影特性为：

(1) 水平投影反映线段的实长，即 $ab=AB$。
(2) 水平投影与 OX 轴的夹角等于该直线对 V 面的倾角 β，与 OY_H 的夹角等于该直线对 W 面的倾角 γ。
(3) 其余两个投影分别平行于相应的投影轴，投影长度都小于线段的实长，即 $a'b' // OX$，$a''b'' // OY_W$；$a'b' < AB$，$a''b'' < AB$。

正平线和侧平线也具有类似的投影特性，见表 2 - 1。

三种投影面平行线的共性是：直线在它所平行的投影面上的投影反映直线的实长，同时反映直线与其他两个投影面的倾角；直线的另两个投影分别平行于相应的投影轴，其投影长度都比实长短。

表 2 - 1　　　　　　　　　　投影面平行线的投影特性

名称	立体图	投影图	投 影 特 性
水平线 （// H 面）			(1) $ab=AB$，水平投影反映 β、γ； (2) $a'b' // OX$，$a''b'' // OY_W$，且长度都缩短

续表

名称	立体图	投影图	投影特性
正平线（∥V面）			(1) $a'b' = AB$，正面投影反映 α、γ； (2) $ab \mathbin{/\mkern-6mu/} OX$，$a''b'' \mathbin{/\mkern-6mu/} OZ$，且长度都缩短
侧平线（∥W面）			(1) $a''b'' = AB$，侧面投影反映 α、β； (2) $ab \mathbin{/\mkern-6mu/} OY_H$，$a'b' \mathbin{/\mkern-6mu/} OZ$，且长度都缩短

3. 投影面垂直线

垂直于某一投影面，同时平行于另两个投影面的直线，称为投影面垂直线。根据与直线垂直的投影面的不同，投影面垂直线又分为以下三种：

(1) 铅垂线：垂直于水平投影面的直线。
(2) 正垂线：垂直于正立投影面的直线。
(3) 侧垂线：垂直于侧立投影面的直线。

以铅垂线 AB 为例，如表 2-2 所示，由于 AB 线垂直于水平投影面，则必同时平行于正立投影面和侧立投影面。因此，铅垂线的投影特性为：

(1) 水平投影积聚成一点，即 $a(b)$。
(2) 其余两个投影都平行于投影轴，且反映线段的实长，即 $a'b' \mathbin{/\mkern-6mu/} OZ$，$a''b'' \mathbin{/\mkern-6mu/} OZ$，$a'b' = a''b'' = AB$。

正垂线和侧垂线也具有类似的投影特性，见表 2-2。

表 2-2　　　　　　　　　　　　投 影 面 垂 直 线

名称	立体图	投影图	投影特性
铅垂线（⊥H面）			(1) ab 聚为一点 $a(b)$； (2) $a'b' \mathbin{/\mkern-6mu/} OZ$，$a''b'' \mathbin{/\mkern-6mu/} OZ$，$a'b' = a''b'' = AB$

续表

名称	立体图	投影图	投 影 特 性
正垂线 (⊥V 面)			(1) $a'b'$ 聚为一点 a' (b')； (2) $ab // OY_H$，$a''b'' // OY_W$，$ab = a''b'' = AB$
侧垂线 (⊥W 面)			(1) $a''b''$ 聚为一点； (2) $ab // OX$，$a'b' // OX$，$ab = a'b' = AB$

三种投影面垂直线的共性是：直线在它所垂直的投影面上的投影积聚成一点；直线的另两个投影平行于同一根投影轴，并反映实长。

比较各种直线的投影特性，可以看出：如果某直线的一个投影是点，其余两个投影平行于同一个投影轴，则该直线是投影面垂直线；如果一个投影是斜线，其余两个投影分别平行于两个相应的投影轴，则该直线是投影面平行线；如果三个投影都是斜线，则该直线是一般位置直线。

此外，还应注意投影面平行线与投影面垂直线两者之间的区别。例如，铅垂线垂直于 H 面，且同时平行于 V 面和 W 面，但该直线不能称为正平线或侧平线，而只能称为铅垂线。

【例 2-3】 如图 2-14（a）所示，过 A 点做水平线 AB，实长为 20mm，与 V 面的夹角为 $30°$，求出水平投影 ab，共有几个解？

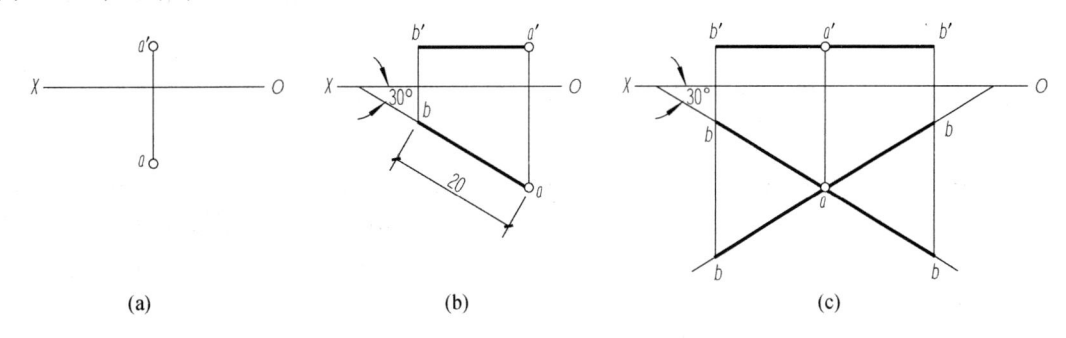

图 2-14 求水平线的投影
(a) 已知；(b)、(c) 作图步骤

解 水平线的正面投影平行于 OX 轴。由于 a' 为已知，因此所求水平线的正面投影在过 a' 与 OX 轴平行的直线上。水平线的水平投影与 OX 轴的夹角就是水平线与 V 面的夹角，由于 a 为已知，因此过 a 作与 OX 轴夹角为 $30°$ 的直线，水平线的水平投影就在这条直线上。

作图步骤如图2-14（b）和图2-14（c）所示：
(1) 过 a 作与 OX 轴夹角为 30°的直线（向左向右均可），在此线上截取 20mm，得 b。
(2) 由 a' 作 OX 轴的平行线（向左或向右与水平投影对应）。
(3) 过 b 作联系线，与过 a' 所作的 OX 轴的平行线相交，得 b'。
(4) 连线 $a'b'$、ab 即为所求。

如图2-14（c）所示，本题有四个解（在有多解的情况下，一般只要求作一解即可）。

4. 投影面内直线

投影面内直线是投影面平行线和投影面垂直线的特殊情况。它具有投影面平行线或垂直线的投影特性，即在所在投影面的投影与直线本身重合，另外两个投影面的投影分别在相应的投影轴上。

如图2-15所示，V 面内的正平线 AB，其正面投影 $a'b'$ 与直线 AB 重合，水平投影 ab 和侧面投影 $a''b''$ 分别在 OX 轴与 OZ 轴上。

如图2-16所示，V 面内的铅垂线 CD，其正面投影 $c'd'$ 与直线 CD 重合，水平投影 cd 积聚成一点并在 OX 轴上，侧面投影 $c''d''$ 反映实长，并在 OZ 轴上。

投影轴上的直线是更特殊的情况。这类直线必定是投影面的垂直线，其特点是：有两个投影与直线本身重合，另一个投影积聚在原点上。图2-17所示为 OX 轴上的直线 EF 的投影。

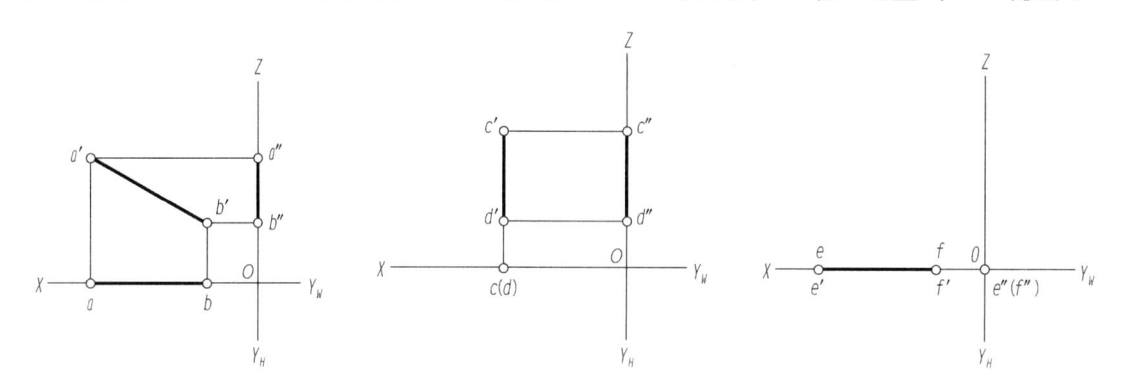

图2-15　V面内的直线　　　图2-16　V面内的铅垂线　　　图2-17　OX轴上的直线

第三节　线段的实长及其对投影面的倾角

由上节内容可知，特殊位置直线的投影能直接反映该线段的实长和对投影面的倾角，而一般位置线段的投影不能。但是，一般位置线段的两个投影已完全确定了该线段的空间位置和线段上各点间的相对位置，因此可在投影图上用图解法求出该线段的实长和对投影面的倾角。工程上常用的方法是直角三角形法。

一、直角三角形法的作图原理

图2-18（a）所示为一般位置直线 AB 的直观图。图中过点 A 作 $AC/\!/ab$，构成直角三角形 ABC。该直角三角形的一直角边 $AC=ab$（即线段 AB 的水平投影），另一直角边 $BC=Bb-Aa=Z_B-Z_A$（即线段 AB 两端点的 Z 坐标差）。由于两直角边的长度在投影图上均已知，因此可以作出这个直角三角形，从而求得空间线段 AB 的实长和倾角 α 的大小。

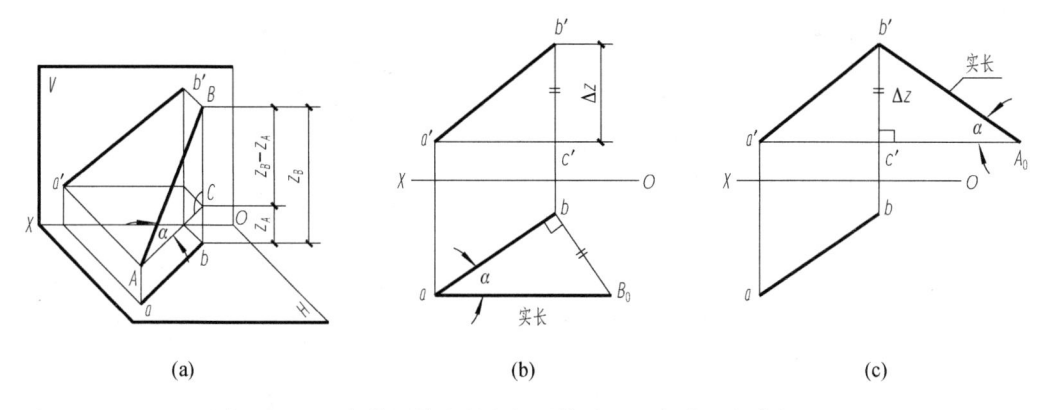

图 2‑18 一般位置线段的实长及其对 H 面倾角 α 的求解过程
(a) 已知；(b)、(c) 作图过程

二、直角三角形法的作图方法

直角三角形可在投影图上任何空白位置作出，但为了作图简便、准确，一般常利用投影图上已有的图线作为其中的一条直角边。

1. 求线段 AB 的实长及其对 H 面的倾角 α

(1) 做法一：以 ab 为一直角边，在水平投影上作图，如图 2‑18 (b) 所示。

1) 过 a′ 作 OX 轴的平行线与投影线 bb′ 交于 c′，$b'c' = Z_B - Z_A$。
2) 过 b（或 a）点作 ab 的垂线，并在此垂线上量取 $bB_0 = b'c' = Z_B - Z_A$。
3) 连接 aB_0 即可作出直角三角形 abB_0。斜边 aB_0 为线段 AB 的实长，$\angle baB_0$ 即为线段 AB 对 H 面的倾角 α。

(2) 做法二：利用 Z 坐标差值，在正面投影上作图，如图 2‑18 (c) 所示。

1) 过 a′ 作 OX 轴的平行线与投影线 bb′ 交于 c′，$b'c' = Z_B - Z_A$。
2) 在 a′c′ 的延长线上，自 c′ 在平行线上量取 $c'A_0 = ab$，得点 A_0。
3) 连接 $b'A_0$ 作出直角三角形 $b'c'A_0$。斜边 $b'A_0$ 为线段 AB 的实长，$\angle c'A_0b'$ 即为线段 AB 对 H 面的倾角 α。

显然，以上两种方法所作的两个直角三角形是全等的。

2. 求线段 AB 的实长及其对 V 面的倾角 β

如图 2‑19 (a) 所示，求线段 AB 的实长及倾角 β 的空间关系。以线段 AB 的正面投影 a′b′ 为一直角边，以线段 AB 两端点前后方向的坐标差 Δy 为另一直角边（Δy 可由线段的 H 面投影或 W 面投影量取），作直角三角形，则可求出线段 AB 的实长和对 V 面的倾角 β，如图 2‑19 (b) 所示。

具体作图步骤如下：

(1) 作 bd∥OX，得 ad，$ad = Y_A - Y_B$。
(2) 过 a′（或 b′）点作 a′b′ 的垂线，并在此垂线上量取 $a'A_0 = ad = Y_A - Y_B$。
(3) 连接 $b'A_0$，作出直角三角形 $a'b'A_0$。斜边 $b'A_0$ 为线段 AB 的实长，$\angle a'b'A_0$ 为线段 AB 对 V 面的倾角 β。

同理，利用线段的侧面投影和两端点的 X 坐标差作直角三角形，可求出线段的实长和对 W 面的倾角 γ。

(a)

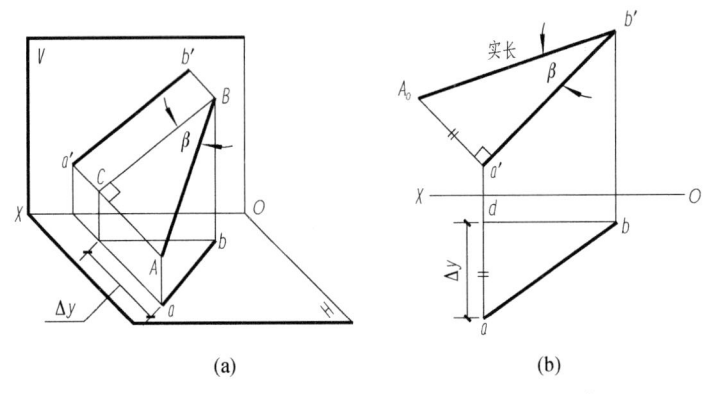

图 2-19 一般位置线段的实长及其对 V 面倾角 β 的求解过程
(a) 已知；(b) 作图

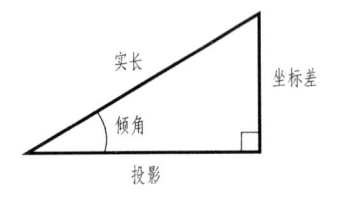

图 2-20 直角三角形法中各参数间的关系

由此可见，在直角三角形中有四个参数，即投影、坐标差、实长、倾角，它们之间的关系如图 2-20 所示。一般利用线段的任意一个投影和相应的坐标差，均可求出线段的实长；但所用投影不同（H 面、V 面、W 面投影），求得的倾角也不同（对应的倾角分别为 α、β、γ）。

上述利用直角三角形法求线段实长和倾角的作图要领归结如下：

(1) 以线段在某投影面上的投影长为一直角边。
(2) 以线段的两端点相对于该投影面的坐标差为另一直角边（该坐标差可在线段的另一投影上量得）。
(3) 所作直角三角形的斜边即为线段的实长。
(4) 斜边与线段投影的夹角为线段对该投影面的倾角。

【例 2-4】 如图 2-21 所示，已知直线 AB 的水平投影 ab，点 A 的正面投影 a′，又知 AB 对 H 面的倾角 α=30°，试补全该直线的正面投影 a′b′。

(a)　　　　　　　　　　　　(b)

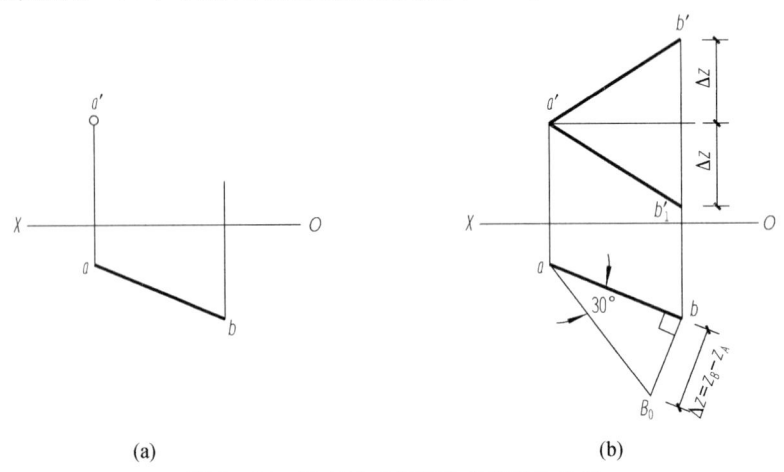

图 2-21 用直角三角形法求线段的投影
(a) 已知；(b) 作图

解 由于 a′为已知，所以只需求出 b′，a′b′便可以确定。而 b 为已知，所以 b′必在过 b

点的 OX 轴垂线上。因此，只需求出 a'、b' 两点的坐标差 Δz，即可定出 b' 点的位置。而 Δz 可从已知的 ab 和 $\alpha=30°$ 作出的直角三角形中求得。

作图步骤如图 2-21（b）所示：

（1）由已知的 ab 和 $\alpha=30°$ 作直角三角形 abB_0，则 $bB_0=z_B-z_A=\Delta z$。

（2）过点 a' 作 OX 轴的平行线，过点 b 作 OX 轴的垂直线，并由两直线的交点向上量取 bB_0，即得 B 点的正面投影 b'。

（3）连接 a'、b' 即为所求。

由于也可以向下量取 bB_0 得 b'_1，则 $a'b'_1$ 也为所求，故本题有两个解（在有多解的情况下，一般只要求作一解即可）。

第四节 直线上的点

一、直线上的点

点和直线的相对位置有两种情况：点在直线上和点不在直线上。

如图 2-22 所示，C 点位于直线 AB 上，根据平行投影的基本性质，则 C 点的水平投影 c 必在直线 AB 的水平投影 ab 上，正面投影 c' 必在直线 AB 的正面投影 $a'b'$ 上，侧面投影 c'' 必在直线 AB 的侧面投影 $a''b''$ 上，而且 $AC:CB=ac:cb=a'c':c'b'=a''c'':c''b''$。

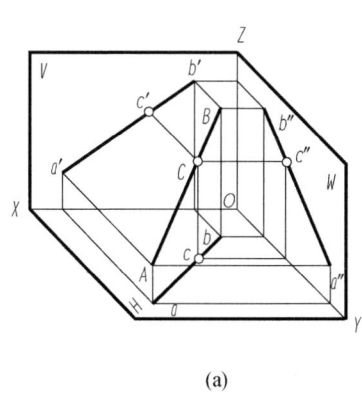

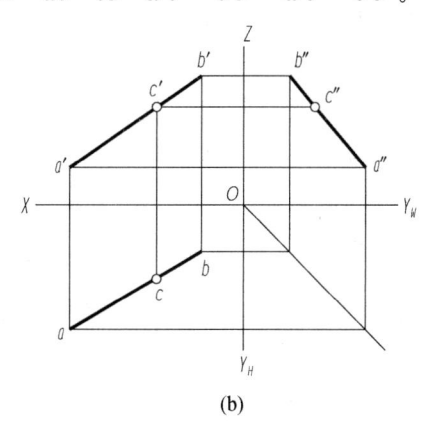

图 2-22 直线上的点
（a）立体图；（b）投影图

因此，点在直线上，则点的各个投影必在直线的同面投影上，且点分直线长度之比等于点的投影分直线投影长度之比；反之，如果点的各个投影均在直线的同面投影上，且分直线各投影长度成相同的比例，则该点一定在直线上。

一般情况下，判定点是否在直线上，只需观察两面投影即可。例如，由图 2-23 给出的直线 AB 和 C、D 两点的投影情况可以看出，点 C 在直线 AB 上，而点 D 就不在直线 AB 上。

但当直线为另一投影面的平行线时，还需补画第三个

图 2-23 判别点是否在直线上

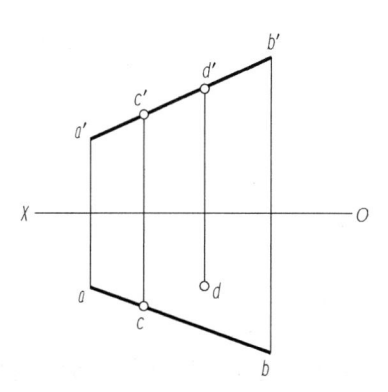

投影，或用定比分点作图法才能确定点是否在直线上。如图 2-24（a）所示，点 K 的水平投影 k 和正面投影 k' 都在侧平线 AB 的同面投影上，要判断点 K 是否在直线 AB 上，可以采用以下两种方法：

（1）方法一：如图 2-24（b）所示，作出直线 AB 及点 K 的侧面投影。因点 k'' 不在 $a''b''$ 上，所以点 K 不在直线 AB 上。

（2）方法二：如图 2-24（c）所示，若点 K 在直线 AB 上，则 $a'k':k'b'=ak:kb$。过点 b 作任意辅助线，在此线上量取 $bk_0=b'k'$，$k_0a_0=k'a'$。连 a_0a，再过点 k_0 作直线平行于 a_0a，与 ab 交于点 k_1。因 k 与 k_1 不重合，即 $ak:kb\neq a'k':k'b'$，所以判断点 K 不在直线 AB 上。

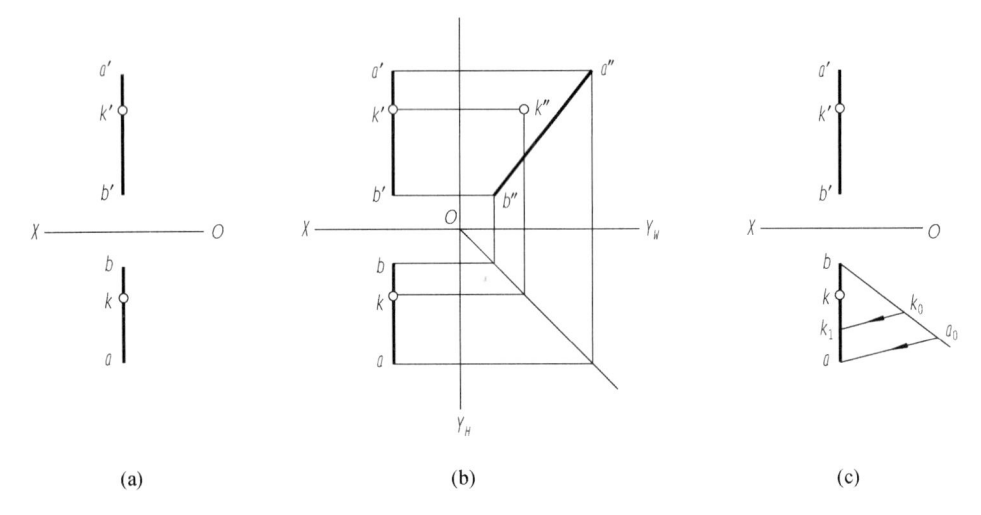

图 2-24 判断点与直线的关系
(a) 已知；(b) 方法一作图过程；(c) 方法二作图过程

【例 2-5】 已知直线 AB 的投影图，试在直线上求一点 C，使其分 AB 成 2∶3 两段，如图 2-25（a）所示。

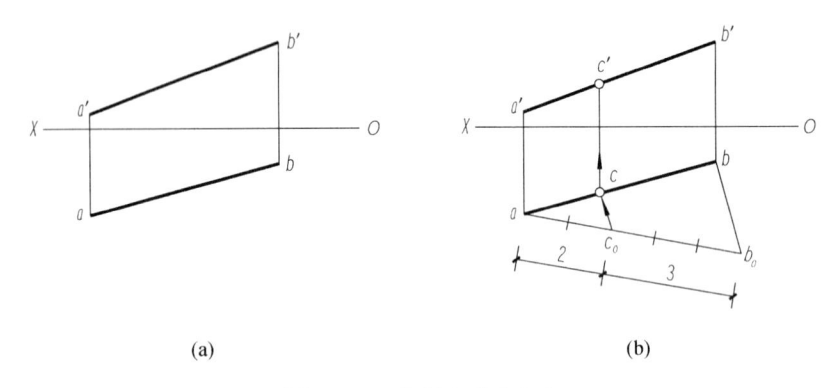

图 2-25 分割直线成定比
(a) 已知；(b) 作图

解 用初等几何中平行线截取比例线段的方法即可确定点 C。

作图步骤如图 2-25（b）所示：

(1) 过投影点 a 作任意辅助线 ab_0，使 $ac_0 : c_0b_0 = 2 : 3$。
(2) 连点 b 和 b_0，再过点 c_0 作辅助线平行于 b_0b，交 ab 于点 c。
(3) 过点 c 作 OX 轴的垂线，交 $a'b'$ 于 c'，则点 C (c, c') 即为所求。

【例 2-6】 在已知直线 AB 上取一点 C，使 $AC = 15$mm，求点 C 的投影。

解 首先用直角三角形法求得直线 AB 的实长，并在实长上截取 15mm 得分点 c_0，再根据定比关系和点 C 的投影一定在直线 AB 的同面投影上的性质，即可求得点 C 的投影。

作图步骤，如图 2-26（b）所示：
(1) 以 ab 和坐标差 Δz 的长度为两直角边作直角三角形 abb_0，得 AB 的实长 ab_0。
(2) 在 ab_0 上由点 a 起量取 15mm 得点 c_0。
(3) 过点 c_0 作 bb_0 的平行线交 ab 于点 c。
(4) 过点 c 作 OX 轴的垂线，交 $a'b'$ 于点 c'，则点 C (c, c') 即为所求。

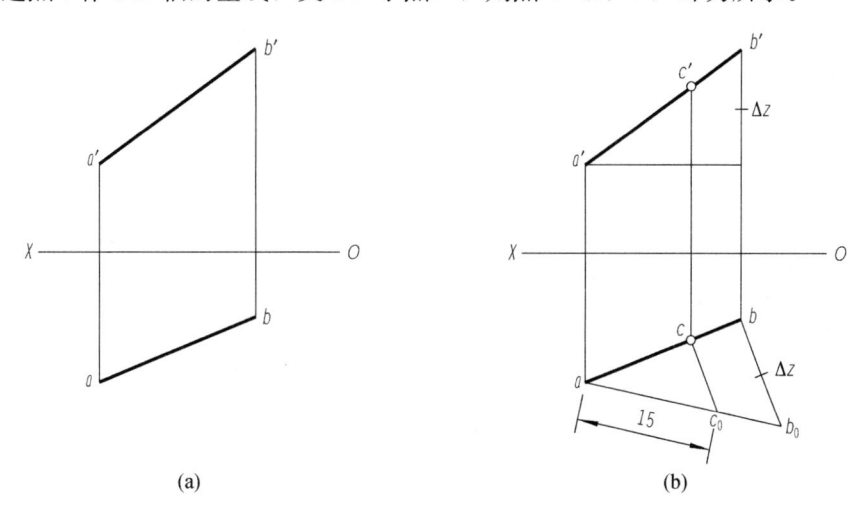

图 2-26 直线上取点
(a) 已知；(b) 作图

二、直线的迹点

直线与投影面的交点称为直线的迹点。在三投影面体系中，直线与 H 面的交点称为水平迹点，用 M 标记；与 V 面的交点称为正面迹点，用 N 标记；与 W 面的交点称为侧面迹点，用 S 标记。

（一）迹点的投影特性

由于迹点既是直线上的点，又是投影面上的点，因此迹点的投影必须同时具有直线上的点和投影面内点的投影特性，即迹点的投影应在直线的同面投影上，同时迹点的一个投影与其本身重合，另两个投影分别在相应的投影轴上。这是迹点作图的依据。

（二）迹点的求法

1. 水平迹点的求法

如图 2-27（a）所示，因为水平迹点 M 位于直线 AB 上和 H 面内，所以 M 点的水平投影 m 必在 ab 上，正面投影 m' 必在 $a'b'$ 上。又因 M 在 H 面内，所以其水平投影 m 与点 M 本身重合，其正面投影 m' 必在 OX 轴上。

水平迹点的投影作法如图 2-27（b）所示：

(1) 延长直线 AB 的正面投影 $a'b'$ 与 OX 轴相交，得交点 m'。
(2) 自 m' 引 OX 轴的垂线，与 ab 的延长线相交，得交点 m。

2. 正面迹点的求法

正面迹点的投影作法如图 2-27 (a) 所示。因正面迹点 N 在直线 AB 上，故其正面投影 n' 在 $a'b'$ 上，水平投影 n 必在 ab 上。又因 N 在 V 面上，故 n' 必与点 N 重合，n 必在 OX 轴上。

正面迹点的投影作法如图 2-27 (b) 所示：
(1) 延长直线 AB 的水平投影 ab 与 OX 轴相交，得交点 n。
(2) 自 n 引 OX 轴的垂线，与直线的正面投影 $a'b'$ 的延长线相交，得交点 n'。

关于侧面迹点 S 的求法，读者可根据侧面迹点的投影特性自行研究。

当直线与某一投影面平行时，直线在该投影面上没有迹点。因此，在三投影面体系中，一般位置直线有三个迹点，投影面平行线有两个迹点，投影面垂直线只有一个迹点。

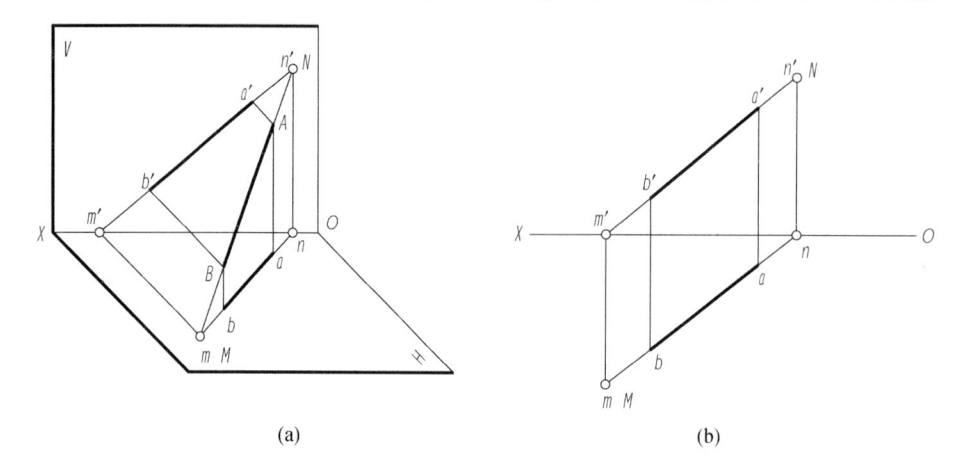

图 2-27 直线迹点的作法
(a) 正面迹点的投影作法；(b) 水平迹点的投影作法

第五节 两直线的相对位置

两直线在空间的相对位置有平行、相交、交叉三种。其中，平行、相交的两直线是属于同一平面内的直线，交叉的两直线是异面直线。

一、两直线平行

根据平行投影的基本特性，如果空间两直线互相平行，则此两直线的各组同面投影必互相平行，且两直线各组同面投影长度之比等于两直线长度之比；反之，如果两直线的各组同面投影都互相平行，且各组同面投影长度之比相等，则此两直线在空间一定互相平行。

如图 2-28 (a) 所示，$AB/\!/CD$，将这两条平行的直线向 H 面进行投射时，构成两个相互平行的投射线平面，即 $ABba/\!/CDdc$，其与投影面的交线必平行，故有 $ab/\!/cd$。同理可证，$a'b'/\!/c'd'$、$a''b''/\!/c''d''$。

在投影图上判断两直线是否平行时，若两直线处于一般位置，则只需判断两直线的任意两组同面投影是否相互平行即可确定。如图 2-29 所示，由于直线 AB、CD 均为一般位置

(a)

(b)

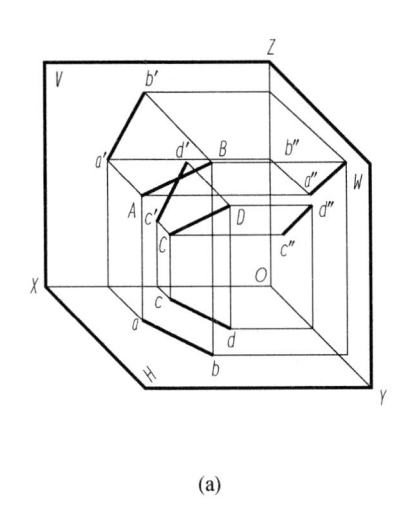

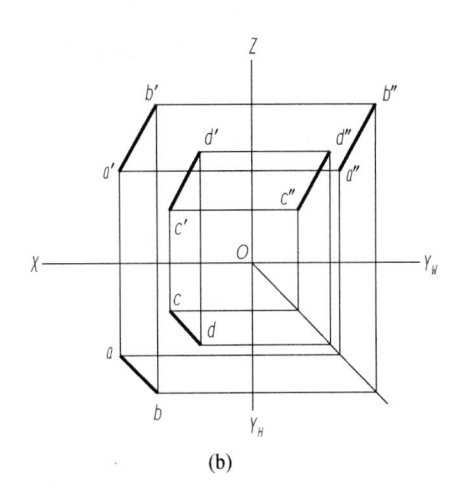

图 2-28 平行两直线的投影
(a) 立体图；(b) 投影图

直线，且 $a'b' \parallel c'd'$、$ab \parallel cd$，则 $AB \parallel CD$。

对于投影面的平行线，就不能根据两组同面投影互相平行来断定它们在空间是否互相平行。如图 2-30 所示，侧平线 AB 和 CD 的正面投影和水平投影互相平行，则它们在空间到底是否平行，还要看侧面投影是否平行。如图 2-30（a）所示，因 $a''b'' \parallel c''d''$，所以能判断 $AB \parallel CD$，故 AB 与 CD 是两平行直线。而如图 2-30（b）所示，虽然有 $a'b' \parallel c'd'$、$ab \parallel cd$，但 $a''b''$ 不平行于 $c''d''$，所以判定 AB 不平行 CD，故 AB 与 CD 是两交叉直线。在图 2-30 中，如果不求出侧面投影，根据平行两直线的长度之比等于该两直线同面投影长度之比，也可断定此两直线是否平行。如果 $AB \parallel CD$，则 $AB:CD = ab:cd = a'b':c'd'$，从图 2-30（b）可以看出，$ab:cd \neq a'b':c'd'$，即不符合上述比例关系，故 AB 不平行于 CD。

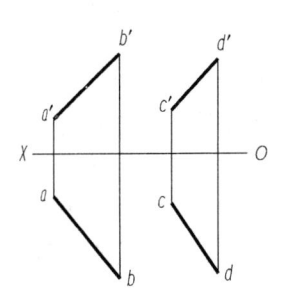

图 2-29 判断两条一般位置直线是否平行

(a)

(b)

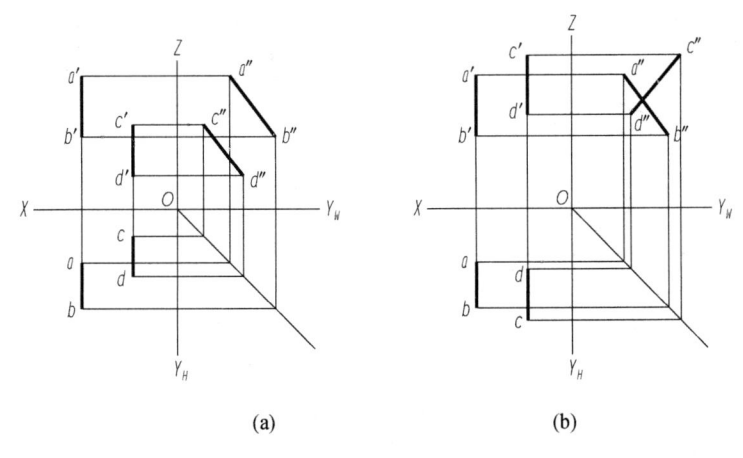

图 2-30 判断两侧平线是否平行
(a) 两侧平线平行；(b) 两侧平线不平行

另外，相互平行的两直线，如果垂直于同一投影面，则它们的两组同面投影相互平行，而在与两直线垂直的投影面上的投影积聚为两点，这两点之间的距离反映了两直线的真实距离，如图 2-31 所示。

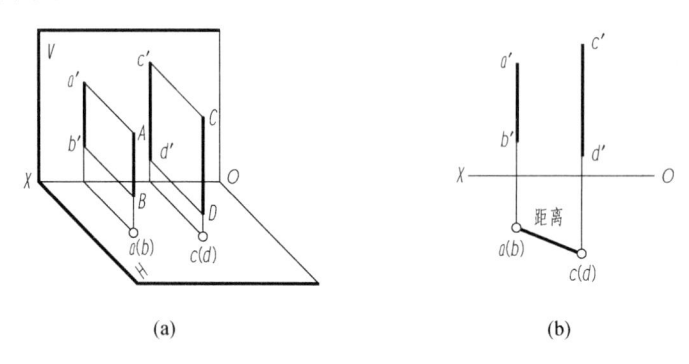

图 2-31　两铅垂线的投影
(a) 两铅垂线的空间状况；(b) 两铅垂线的投影及距离示意

二、两直线相交

如果空间两直线相交，则它们的各组同面投影一定相交，且交点的投影必符合点的投影规律；反之，如果两直线的各组同面投影都相交，且投影的交点符合点的投影规律，则两直线在空间一定相交。

如图 2-32 所示，空间两直线 AB 和 CD 相交于点 K。由于点 K 既在直线 AB 上又在直线 CD 上，是两直线的共有点，因此点 K 的水平投影 k 一定是 ab 与 cd 的交点，正面投影 k' 一定是 $a'b'$ 与 $c'd'$ 的交点，侧面投影 k'' 一定是 $a''b''$ 与 $c''d''$ 的交点。因 k、k'、k'' 是点 K 的三面投影，所以它们必然符合点的投影规律。根据点分线段之比投影后保持不变的原理，由于 $ak:kb=a'k':k'b'=a''k'':k''b''$，故点 K 是直线 AB 上的点。又由于 $ck:kd=c'k':k'd'=c''k'':k''d''$，故点 K 是直线 CD 上的点。由于点 K 是直线 AB 和直线 CD 上的点，即是两直线的交点，因此两直线 AB 和 CD 相交。

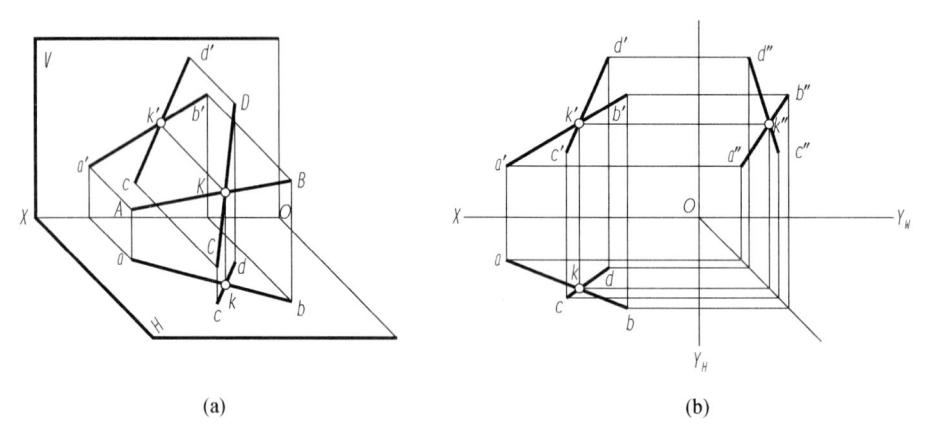

图 2-32　相交两直线的投影
(a) 立体图；(b) 投影图

对于一般位置直线，如果有两组同面投影相交，且交点符合点的投影规律，就可以断定这两条直线在空间是相交的。但是，如果两直线中有一条直线平行于某一投影面，则必须根据此两直线中在该投影面的投影是否相交,以及交点是否符合点的投影规律来进行判别;也可以利用定比分割的性质进行判别。

如图 2-33 所示,CD 为一般位置直线,而 AB 为侧平线,仅根据其正面投影和水平投影相交还无法断定两直线在空间是否相交。此时可用下述两种方法进行判别:

(1) 方法一:如图 2-33(b)所示,利用第三投影判断两直线是否相交。首先,求出 AB、CD 两直线的侧面投影 $a''b''$ 与 $c''d''$,因其交点与 k' 的连线不垂直于 OZ 轴,所以 AB 和 CD 两直线不相交。由 k、k' 求出 k'',可知 K 点只在直线 CD 上,而不在直线 AB 上,即点 K 不是两直线的共有点,故两直线不相交。

(2) 方法二:如图 2-33(c)所示,由已知条件可知,CD 为一般位置直线,$kk' \perp OX$,故点 K 在 CD 上;再利用定比关系法判别点 K 是否也在 AB 上。以 k' 分割 $a'b'$ 的同样比例分割 ab 求出分割点 k_1,由于 k_1 与 k 不重合,即点 K 不在直线 AB 上,故可断定 AB 和 CD 两直线不相交。

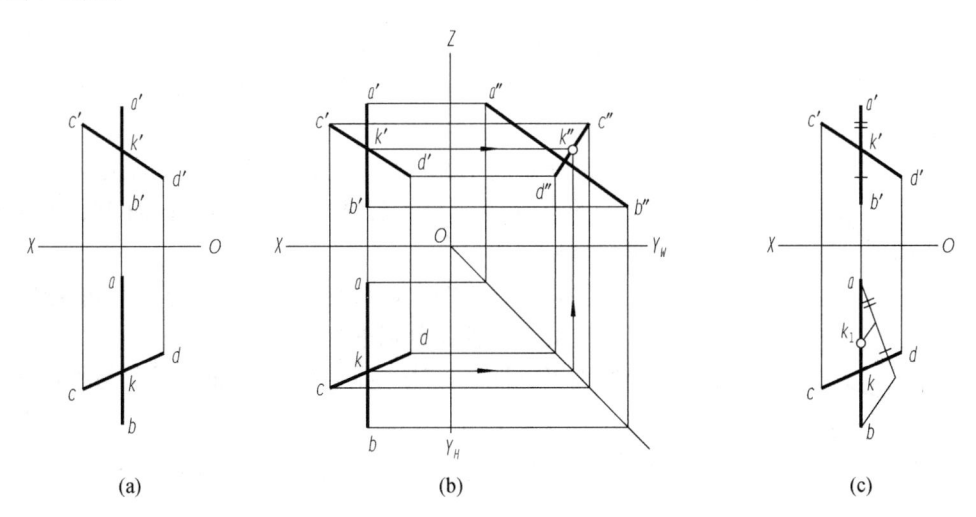

图 2-33 判断两直线是否相交
(a) 已知;(b) 利用第三投影判断;(c) 利用定比关系法判断

三、两直线交叉

在空间既不平行也不相交的两直线称为交叉直线。交叉两直线的投影不具备平行或相交两直线的投影特性。由于这种直线不能同属于一个平面,因此立体几何中把这种直线称为异面直线或交错直线。

交叉两直线的三组同面投影不会同时都互相平行,但可能在一个或两个投影面上的投影互相平行。交叉两直线的三组同面投影虽然都可以相交,但其交点绝不符合点的投影规律。因此,如果两直线的投影既不符合平行两直线的投影特性,也不符合相交两直线的投影特性,则两直线在空间一定交叉。图 2-30(b)和图 2-33 所示都为交叉直线。应该指出的是,对于两一般位置直线,只需两组同面投影就可以判别是否为交叉直线,如图 2-34 所示。

如前所述,交叉两直线虽然在空间并不相交,但其同面投影往往相交,这些同面投影的交点实际上是重影点。根据第二章第一节中重影点可见性的判断方法可知,图 2-34(b)

(a) 立体图；(b) 投影图

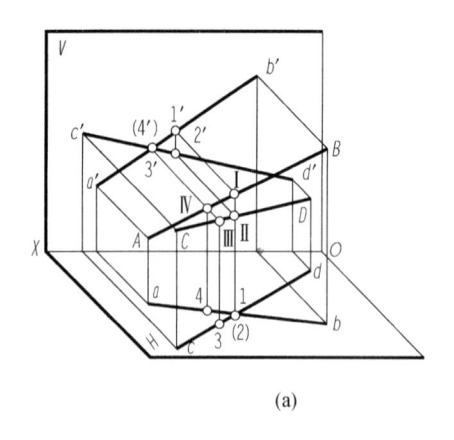

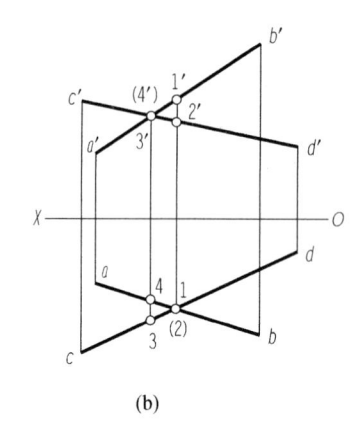

图 2-34 交叉两直线的投影

所示的水平投影中，位于 AB 线上的点Ⅰ可见，而位于 CD 线上的点Ⅱ不可见，其投影为 1（2）；正面投影中，位于 CD 上的点Ⅲ可见，而位于 AB 线上的点Ⅳ不可见，其投影为 3′（4′）。

图 2-35 所示的正面投影中，位于 EF 线上的点 M 可见，位于 GH 线上的点 N 不可见，其投影为 $m'(n')$；而 M、N 两点的水平投影都可见。

综上所述，在投影图上，只有投影重合处才产生可见性问题，每个投影面上的可见性要分别进行判别。

以上判别可见性的方法也是直线与平面、平面与平面相交时判别可见性的重要依据。

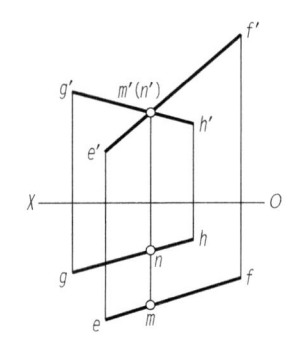

图 2-35 判断两直线的相对位置

【例 2-7】 如图 2-36（a）所示，已知直线 AB 与 CD 相交，求 $c'd'$。

解 因直线 CD 与 AB 相交，$c'd'$ 必与 $a'b'$ 相交，且其交点 k' 与 k 的连线必垂直于 OX。

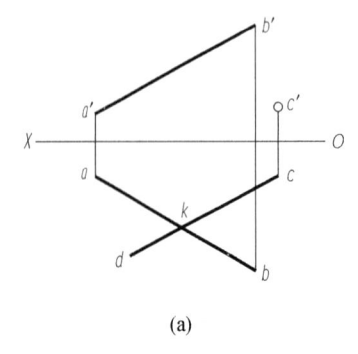

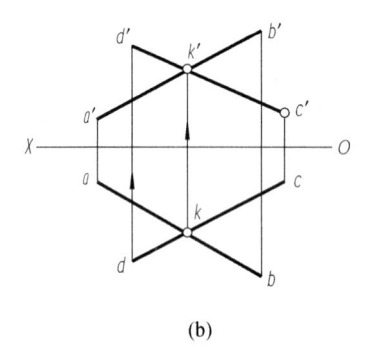

图 2-36 求作相交的两直线
(a) 已知；(b) 作图

作图步骤如图 2-36（b）所示：
（1）自点 k 作 OX 轴的垂线与 $a'b'$ 交于点 k'，连 $c'k'$，并延长之。

(2) 过点 d 作 OX 轴的垂线与 $c'k'$ 的延长线交于点 d'，则 $c'd'$ 为所求。

【例 2-8】 如图 2-37（a）所示，试作直线 MN 与已知直线 AB、CD 相交，并与直线 EF 平行。

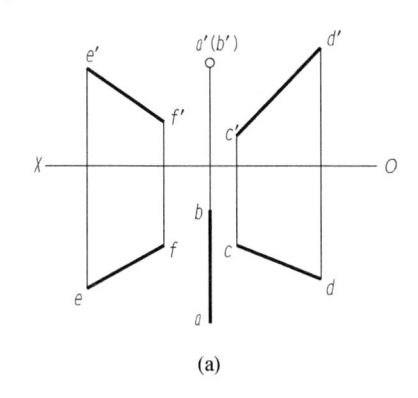

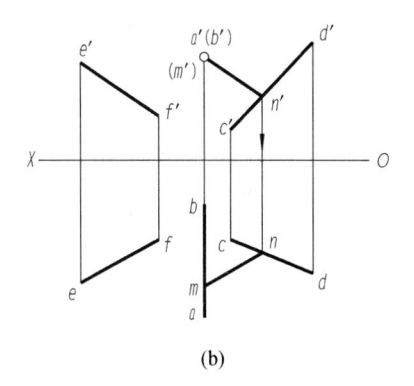

图 2-37 求作直线
(a) 已知；(b) 作图

解 由给出的投影可知直线 AB 为正垂线，因此它与所求直线 MN 的交点 M 的正面投影 m' 一定与 $a'(b')$ 重合，根据平行、相交两直线即投影特性的可求出直线 MN。

作图步骤如图 2-37（b）所示：
(1) 在正面投影上由点 m' 引直线 $m'n'$，与 $e'f'$ 平行且交 $c'd'$ 于点 n'。
(2) 由点 n' 作 OX 轴的垂线与 cd 交于点 n。
(3) 由点 n 作直线 nm 与 ef 平行，交 ab 于点 m。mn 和 $m'n'$ 即为所求直线 MN 的两面投影。图中的 m' 为不可见点，故用 (m') 表示。

第六节 直角的投影

互相垂直的两直线，如果同时平行于同一投影面，则它们在该投影面上的投影仍反映直角；如果它们都倾斜于同一投影面，则在该投影面上的投影不是直角。除以上两种情况外，这里将要讨论的是只有一直线平行于投影面时的投影。这种情况作图时经常遇到，是处理一般垂直问题的基础。

一、垂直相交两直线的投影

定理 1 垂直相交的两直线，如果其中有一直线平行于一投影面，则两直线在该投影面上的投影仍反映直角。

证明：如图 2-38（a）所示，已知 $AB \perp AC$，且 $AB // H$ 面，AC 不平行 H 面。因 $Aa \perp H$ 面，$AB // H$ 面，故 $AB \perp Aa$。由于 AB 既垂直于 AC 又垂直于 Aa，因此 AB 必垂直于 AC 和 Aa 所确定的平面 $AacC$。因 $ab // AB$，则 $ab \perp$ 平面 $AacC$，所以 $ab \perp ac$，即 $\angle bac = 90°$。

图 2-38（b）所示为两直线的投影，其中 $a'b' // OX$ 轴，$\angle bac = 90°$。

定理 2（逆） 如果相交的两直线在某一投影面上的投影成直角，且其中有一直线平行于该投影面，则两直线在空间必互相垂直［读者可参照图 2-38（a）证明之］。

(a)　　　　　　　　　　　　　(b)

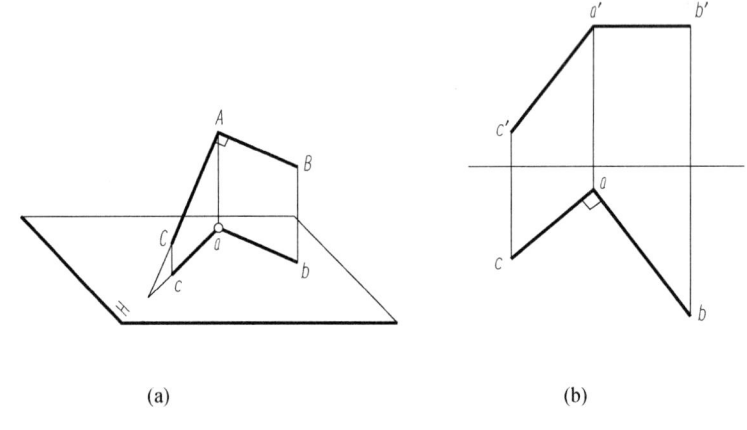

图 2-38　直角投影定理
(a) 立体图；(b) 投影图

如图 2-39 所示，$\angle d'e'f' = 90°$，且 $ef \parallel OX$ 轴，故 EF 为正平线。根据定理 2，空间两直线 DE 和 EF 必垂直相交。

【**例 2-9**】　图 2-40 (a) 所示为一矩形 $ABCD$ 的部分投影，试补全该矩形的两面投影图。

解　矩形的几何特性是邻边互相垂直、对边平行而且等长。当已知其一边为投影面平行线时，则可按直角投影定理，作此边实长投影的垂线而得到其邻边的投影，再根据对边平行的关系，完成矩形的投影图。

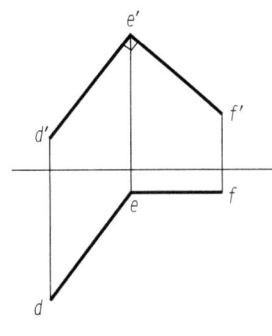

图 2-39　两直线垂直相交

(a)　　　　　　　　　　　　　(b)

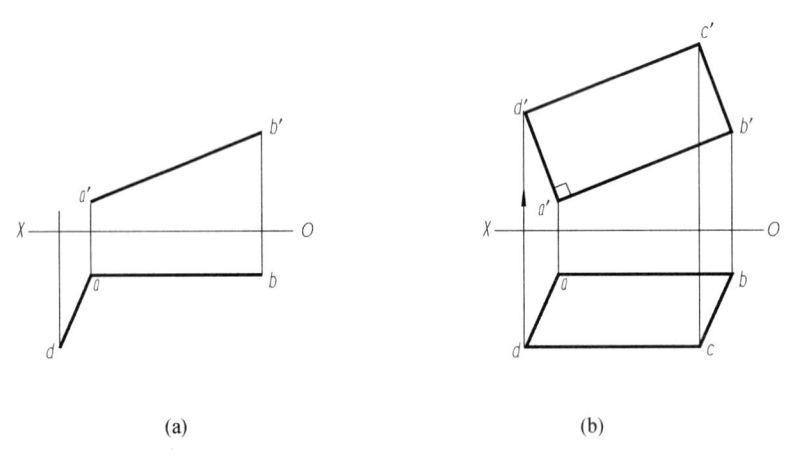

图 2-40　补全矩形的两面投影
(a) 已知；(b) 作图

作图步骤如图 2-40 (b) 所示：

(1) 过点 a' 作 $a'b'$ 的垂线，再过点 d 作 OX 轴的垂线。两垂线交于点 d'，则 $a'd'$ 为矩形又一个边的投影。

(2) 过点 d' 作 $d'c' \parallel a'b'$，过 b' 作 $b'c' \parallel a'd'$，交点为 c'，则 $a'b'c'd'$ 为所求矩形的 V 面

投影。

(3) 根据矩形的几何特性完成矩形的 H 面投影。

【例 2 - 10】 如图 2 - 41 (a) 所示，试求点 A 至水平线 BC 的距离。

解 点至直线的距离即为点至已知直线的垂线的实长。因为直线 BC 为水平线，所以可用直角投影定理作出其垂线。

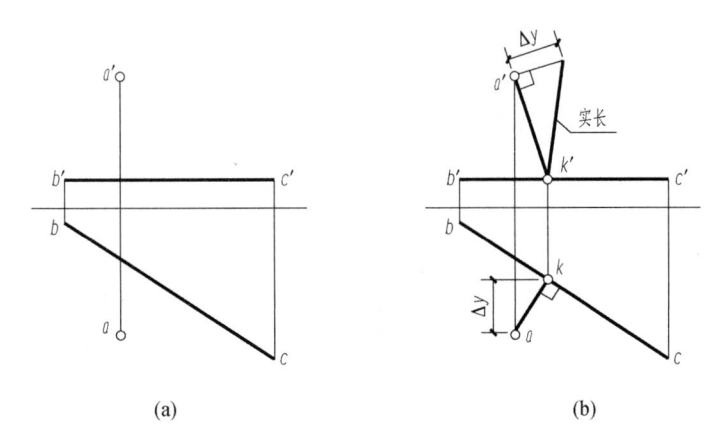

图 2 - 41 求点至直线的距离
(a) 已知；(b) 作图

作图步骤如图 2 - 41 (b) 所示：
(1) 过点 a 作直线垂直于 bc，交 bc 于点 k。
(2) 由点 k 在 b'c' 上作出点 k'，连 a' 与 k'，则点 K (k, k') 为垂足。
(3) 用直角三角形法求出线段 AK 的实长，即为所求。

二、交叉垂直两直线的投影

上面讨论了垂直相交两直线的投影，现将上述定理加以推广，讨论交叉垂直两直线的投影。初等几何中对交叉两直线所成的角是这样度量的：过空间任意点作直线分别平行于已知交叉两直线，所得相交两直线的夹角，即为交叉两直线所成的角。

定理 3 互相垂直的两直线（相交或交叉），如果其中有一直线平行于一投影面，则两直线在该投影面上的投影仍反映直角。

对交叉垂直的情况证明如下：如图 2 - 42 (a) 所示，已知交叉两直线 AB⊥MN，且 AB∥H 面，MN 不平行于 H 面。过直线 AB 上任意点 A 作直线 AC∥MN，则 AC⊥AB。由定理 1 知，ab⊥ac。因 AC∥MN，则 ac∥mn。所以，ab⊥mn。

图 2 - 42 (b) 所示为两直线的投影，其中 a'b'∥OX 轴，ab⊥mn。

定理 4（逆） 如果两直线在某一投影面上的投影成直角，且其中有一直线平行于该投影面，则两直线在空间必互相垂直 [读者可参照图 2 - 42 (a) 证明之]。

【例 2 - 11】 如图 2 - 43 (a) 所示，求交叉两直线 AB、CD 之间的最短距离。

解 由几何学可知，交叉两直线之间的公垂线即为其最短距离。由于所给的直线 AB 为铅垂线，因此可断定 AB 和 CD 之间的公垂线必为水平线。所以，可利用直角投影定理求解。

作图步骤如图 2 - 43 (b) 所示：
(1) 利用积聚性定出点 n（重影于 ab），作出 nm⊥cd 并与 cd 相交于点 m。

(a)
(b)

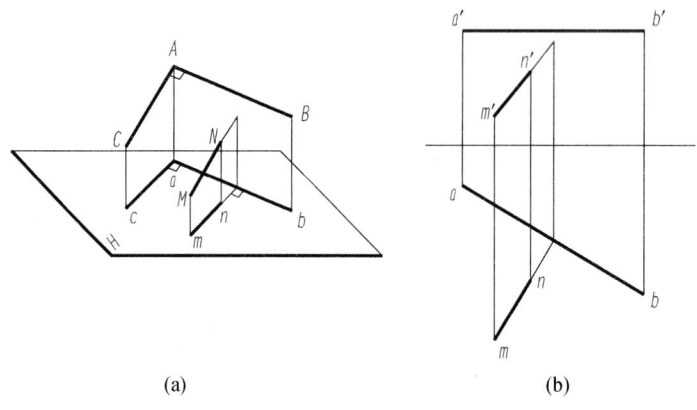

图 2-42 两直线交叉垂直
(a) 立体图；(b) 投影图

（2）过点 m 作 OX 轴的垂线与 $c'd'$ 交于 m'，再作 $m'n'//OX$ 轴，则由 mn、$m'n'$ 确定的水平线 MN 即为所求。其中，mn 为实长，即为交叉两直线间的最短距离。

(a)
(b)

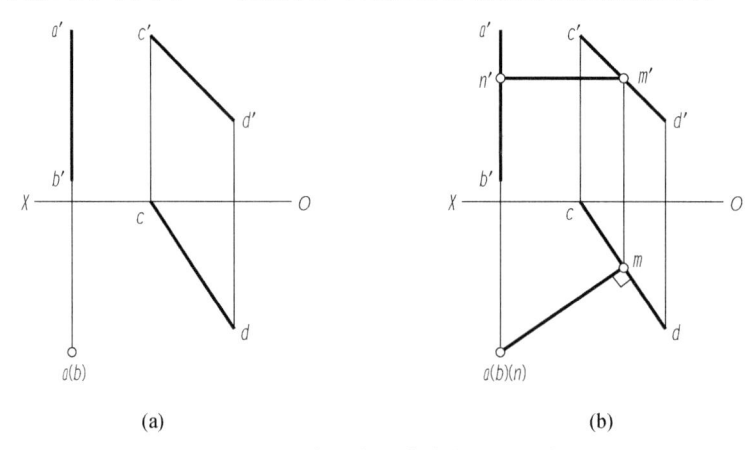

图 2-43 求两交叉直线的最短距离
(a) 已知；(b) 作图

结论：若垂直相交（交叉）的两直线中有一直线平行于某一投影面，则两直线在该投影面上的投影仍然相互垂直；反之，若相交（交叉）两直线在某一投影面上的投影互相垂直，且其中一直线平行于该投影面，则两直线在空间也一定相互垂直。这就是直角投影定理。

图 2-44 所示为几种两直线垂直的投影图。

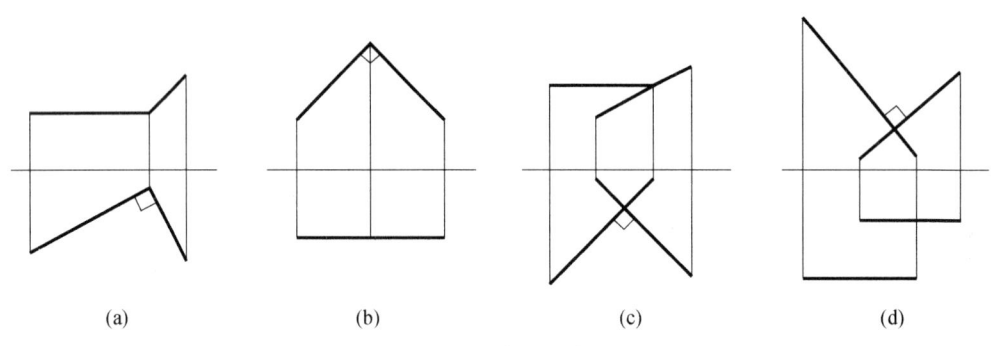

(a)   (b)   (c)   (d)

图 2-44 几种两直线垂直的投影图

第七节 平面的投影

一、平面的几何元素表示法

平面可由下列任一组几何元素确定：

(1) 不属于同一直线的三点，如图 2-45 (a) 所示。
(2) 一直线和该直线外一点，如图 2-45 (b) 所示。
(3) 相交两直线，如图 2-45 (c) 所示。
(4) 平行两直线，如图 2-45 (d) 所示。
(5) 任意平面图形，如三角形，如图 2-45 (e) 所示。

在投影图上，可以用上述任何一组几何元素的投影来表示平面，如图 2-45 所示，且各组元素之间是可以相互转换的。实际作图时，较多采用平面图形表示法，如图 2-45 (e) 所示。

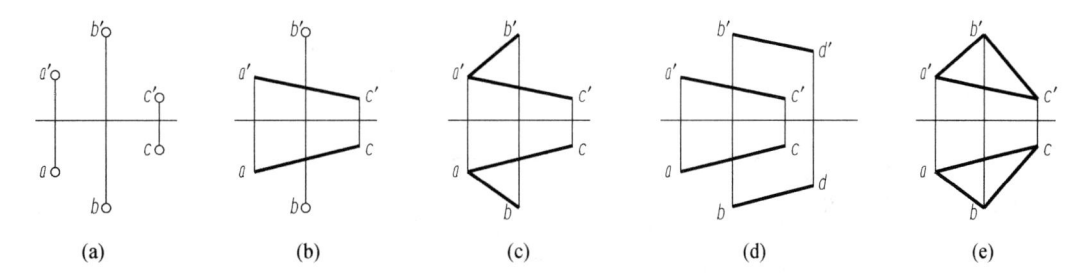

图 2-45 几何元素表示的平面
(a) 不属于同一直线的三点；(b) 一直线和该直线外一点；
(c) 相交两直线；(d) 平行两直线；(e) 任意平面图形

二、平面对投影面的相对位置

平面按其对投影面相对位置的不同，可以分为一般位置平面、投影面平行面和投影面垂直面。

1. 一般位置平面

对三个投影面都倾斜的平面，称为一般位置平面，如图 2-46 所示。一般位置平面的投影特性是：它的三个投影既不反映实形，也不积聚为一直线，而只具有类似性。如果用平面图形表示平面，则它的三面投影均为面积缩小的类似形（边数相等的类似多边形），如图 2-46 所示。

2. 投影面平行面

平行于某一投影面的平面，称为投影面平行面。根据平面所平行的投影面不同，投影面平行面可分为以下三种：

(1) 水平面：平行于水平投影面的平面。
(2) 正平面：平行于正立投影面的平面。
(3) 侧平面：平行于侧立投影面的平面。

投影面平行面的投影特性是：平面在它所平行的投影面上的投影反映实形，在另外两个投影面上的投影积聚成直线段，并分别平行于相应的投影轴，详见表 2-3。

(a)　(b)

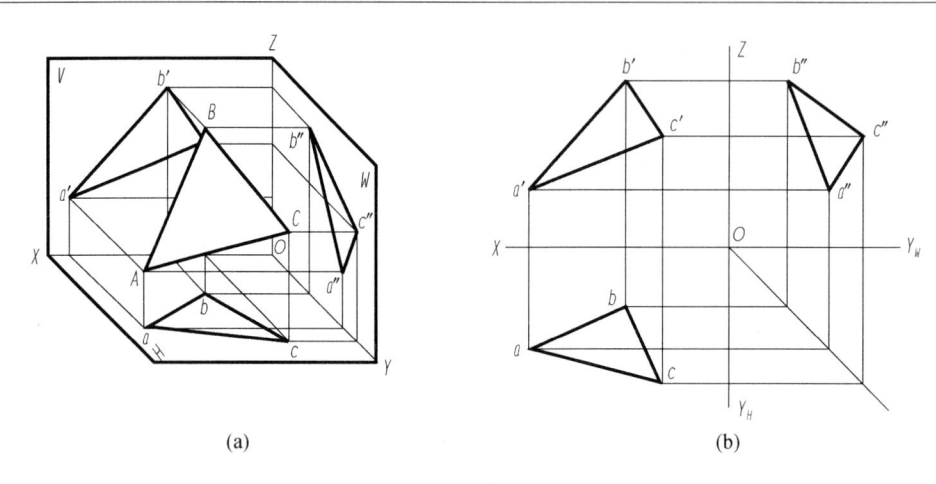

图 2 - 46　一般位置平面
(a) 立体图；(b) 投影图

表 2 - 3　　　　　　　　　　　　投影面平行面的投影特性

名称	立体图	投影图	投 影 特 性
水平面 ($//H$ 面)			(1) 水平投影反映实形； (2) 正面投影和侧面投影积聚成一直线，且 $p'//OX$，$p''//OY_W$
正平面 ($//V$ 面)			(1) 正面投影反映实形； (2) 水平投影和侧面投影积聚成一直线，且 $q//OX$，$q''//OZ$
侧平面 ($//W$ 面)			(1) 侧面投影反映实形； (2) 水平投影和正面投影积聚成一直线，且 $r//OY_H$，$r'//OZ$

3. 投影面垂直面

垂直于某一投影面，同时倾斜于另外两个投影面的平面，称为投影面垂直面。根据平面所垂直的投影面不同，投影面垂直面可分以下三种：

(1) 铅垂面：垂直于水平投影面的平面。
(2) 正垂面：垂直于正立投影面的平面。
(3) 侧垂面：垂直于侧立投影面的平面。

投影面垂直面的投影特性是：平面在它所垂直的投影面上的投影积聚成一直线，并反映该直线与另外两投影面的倾角，其另外两个投影面上的投影为类似形（边数相同、形状相像的图形），详见表 2-4。

表 2-4　　　　　　　　　　投影面垂直面的投影特性

名称	立体图	投影图	投 影 特 性
铅垂面（⊥H 面）			(1) 水平投影积聚成一直线，反映 β、γ 角； (2) 正面投影和侧面投影是类似图形
正垂面（⊥V 面）			(1) 正面投影积聚成一直线，反映 α、γ 角； (2) 水平投影和侧面投影是类似图形
侧垂面（⊥W 面）			(1) 侧面投影积聚成一直线，反映 α、β 角； (2) 水平投影和正面投影是类似图形

比较以上三种平面的投影特性，可以看出：如果某平面有两个投影具有积聚性，而且都平行于投影轴，则该平面为投影面平行面；如果其中一个投影是斜直线，另外两个投影是类似图形，则该平面为投影面垂直面；如果三个投影都是类似图形，则该平面为一般位置平面。

【例 2-12】 如图 2-47（a）所示，已知正垂面△ABC 对 H 面的倾角 $\alpha=30°$，以及其水平投影△abc 和顶点 A 的正面投影 a'，试求其正面投影和侧面投影。

解 因为△abc 为一正垂面，所以△ABC 的正面投影积聚为一直线，且它与 OX 轴的夹角即为△ABC 对 H 面的倾角 α。根据 $\alpha=30°$，即可求出其正面投影，而由正面投影和水平投影即可求得其侧面投影。

作图步骤如图 2-47（b）所示：

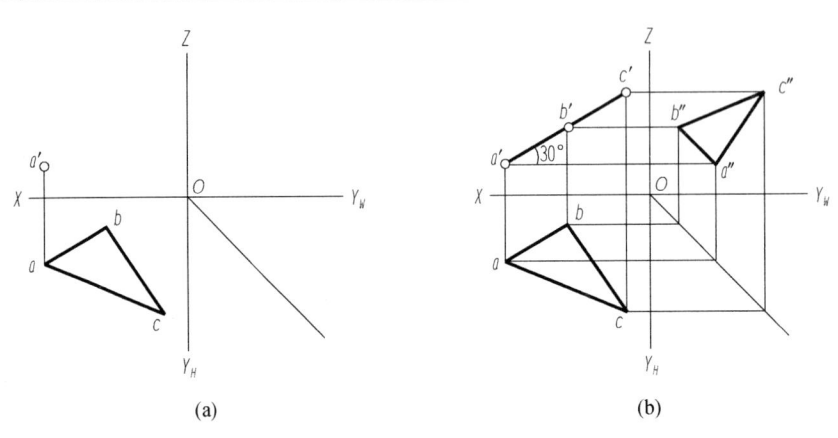

图 2-47 三角形正垂面的投影
(a) 已知；(b) 作图

(1) 过点 a' 作与 OX 轴成 $30°$ 角的直线。
(2) 过点 b、c 作 OX 轴的垂线与其交于点 b'、c'，则线段 $a'b'c'$ 即为 $\triangle ABC$ 的正面投影。
(3) 分别求出各顶点的侧面投影 a''、b''、c''，并连接之，即得 $\triangle ABC$ 的侧面投影 $\triangle a''b''c''$。显然，本题有两种解答，读者可自己分析。

第八节 平面上的点和直线

一、平面上取点

由初等几何知识可知，点在平面内的几何条件是：该点必须在该平面内的一条已知直线上。即在平面内取点，必须取在平面内的已知直线上。一般采用辅助直线法，使点在辅助直线上，辅助直线在平面内，则该点必在平面内。如图 2-48 (a) 所示，已知在平面 $\triangle ABC$ 上的一点 K 的水平投影 k，要确定点 K 的正面投影 k'。此时可以根据辅助直线法来完成。如图 2-48 (b) 所示，过点 k 作辅助直线的水平投影 mn，并作其正面投影 $m'n'$，再按投影关系求得 k'，则 k' 即为所求。有时为作图简便，可使辅助直线通过平面内的一个顶点，如图 2-48 (c) 所示；也可使辅助直线平行于平面内的某一已知直线，如图 2-48 (d) 所示。

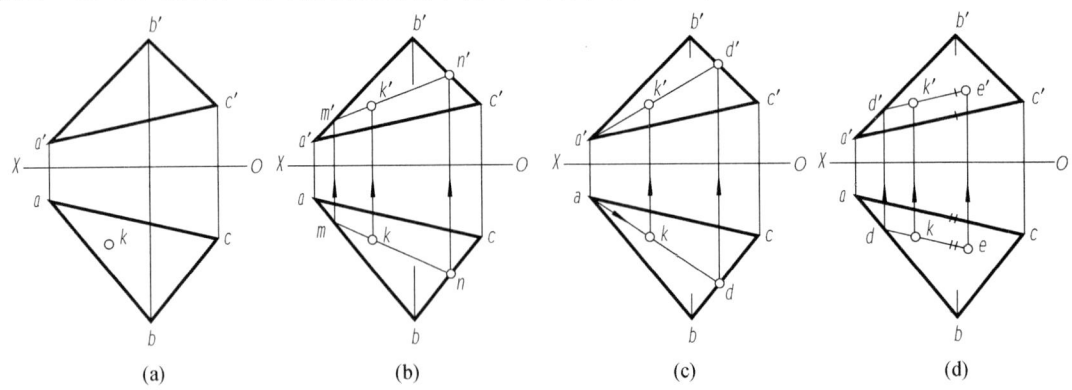

图 2-48 平面内取点
(a) 已知；(b) ~ (d) 作图

【**例 2-13**】 如图 2-49 (a) 所示，试判断点 K 是否在△ABC 平面内。

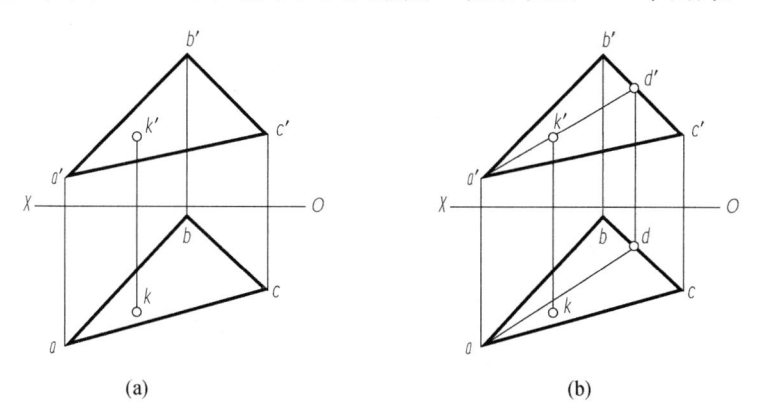

图 2-49 判断点 K 是否在平面内
(a) 已知；(b) 作图

解 在△ABC 平面内作一辅助直线，使其正面投影通过 K 点的正面投影 k'，若辅助直线的水平投影也通过 k，则证明点 K 在△ABC 平面内。

作图步骤如图 2-49 (b) 所示：
(1) 过点 k' 作辅助直线 AD 的正面投影 $a'd'$。
(2) 根据投影关系确定点 d，并作辅助直线 AD 的水平投影 ad。
(3) 因点 k 不再 ad 上，故判断点 K 不在△ABC 平面内。

二、平面上取直线

由初等几何知识可知，直线在平面内的几何条件是：直线上有两点在平面内；或直线上有一点在平面内，且该直线平行于平面内一已知直线。

如图 2-50 (a) 所示，平面 P 由两条相交直线 AB 和 BC 确定。在直线 AB 和 BC 上各取一点 D 和点 E，则 D、E 两点必在平面 P 内，所以，D、E 两点的连线 DE 也必在平面 P 内。若在直线 BC 上再取一点 F（F 点必在平面 P 内），并过点 F 作 FG∥AB，则直线 FG 也必在平面内，其投影如图 2-50 (b) 所示。

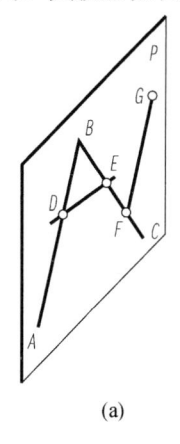

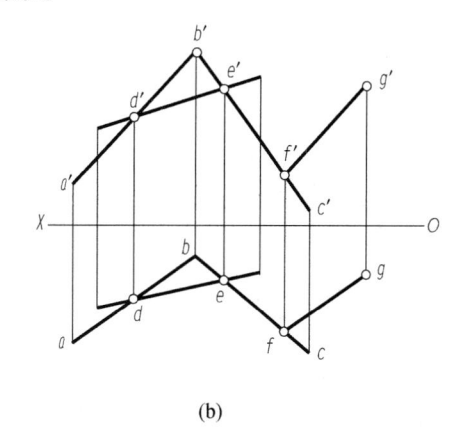

图 2-50 平面内取直线
(a) 已知；(b) 投影图

三、平面内的投影面平行线

平面内平行于某一投影面的直线，称为平面内的投影面平行线。平面内的投影面平行线同时具有投影面平行线和平面内直线的投影性质。根据所平行的投影面不同，平面内的投影面平行线可分为平面内的水平线、平面内的正平线和平面内的侧平线三种。

如图 2-51（a）所示，要在一般位置平面△ABC 内过点 A 取一水平线，由于水平线的正面投影必平行于 OX 轴，因此，首先过 A 点的正面投影 a'作一平行于 OX 轴的直线交 b'c'于 d'，a'd'为这一水平线的正面投影，然后作出该直线的水平投影 ad，则直线 AD 为平面△ABC 内过点 A 的水平线。

用同样的方法可作出一般位置平面内的正平线 CE，如图 2-51（b）所示。

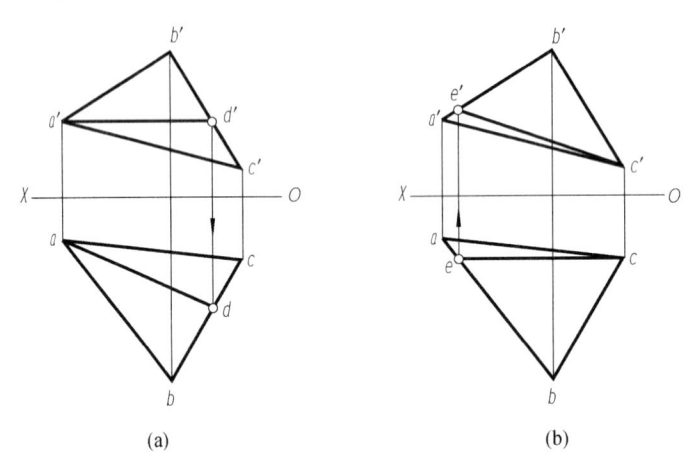

图 2-51 在平面内作投影面平行线
（a）平面内的水平线；（b）平面内的正平线

【例 2-14】 如图 2-52（a）所示，已知四边形 ABCD 的水平投影，又知 AB 和 BC 两条边的正面投影，试完成四边形的正面投影。

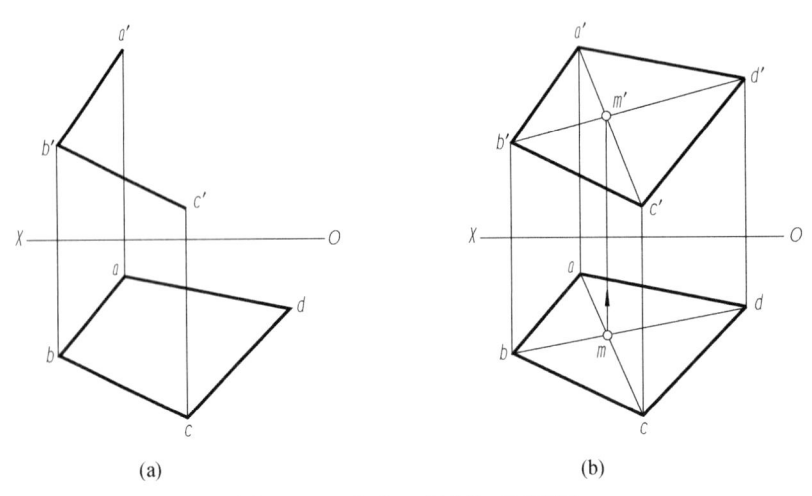

图 2-52 完成四边形的正面投影
（a）已知；（b）作图

解 首先将 A、B、C 三点看作是一个三角形 ABC，而另一个点 D 是三角形平面内的一个点；再利用平面内作辅助直线的方法，求出点 D 的正面投影，则可完成四边形 ABCD 的正面投影。

作图步骤如图 2-52（b）所示：

（1）连接 ac 和 a'c'，并连接 bd 交 ac 于点 m。

（2）过点 m 作 OX 轴的垂线交 a'c' 于点 m'，并连接 b'm'。

（3）过点 d 作 OX 轴的垂线交 b'm' 的延长线于点 d'，连接 a'd'、c'd' 便完成作图。

【例 2-15】 如图 2-53（a）所示，试在△ABC 平面内取一点 K，使点 K 距 H 面 10mm，距 V 面 15mm。

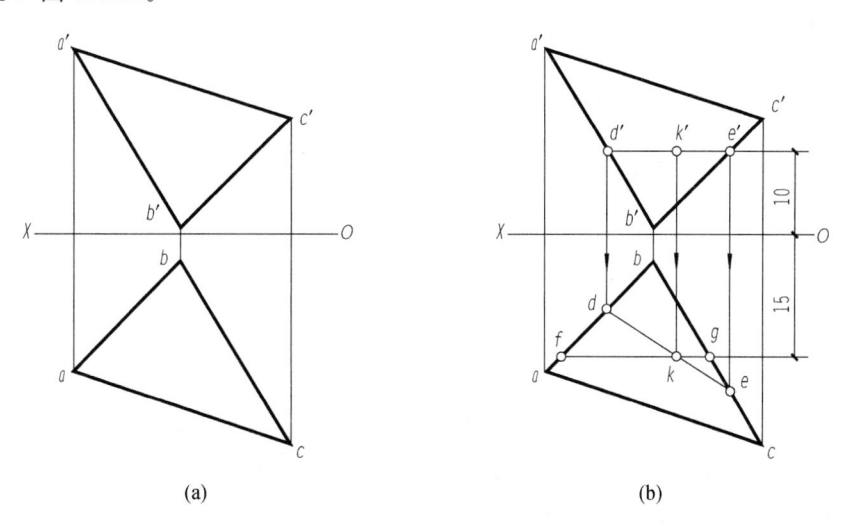

图 2-53 在平面内取一点
(a) 已知；(b) 作图

解 点 K 距 H 面 10mm，表示它位于该平面内的一条距 H 面为 10mm 的水平线上；点 K 距 V 面 15mm，表示该点又位于该平面内的一条距 V 面为 15mm 的正平线上，则两线的交点将同时满足距 H 面和 V 面指定距离的要求。

作图步骤如图 2-53（b）所示：

（1）在△ABC 内作一条与 H 面距离为 10mm 的水平线 DE，即使 d'e'∥OX 轴，且距 OX 轴为 10mm，并由 d'e' 求出 de。

（2）在△ABC 内作一条与 V 面距离为 15mm 的正平线 FG，即使 fg∥OX 轴，且距离 OX 轴为 15mm，交 de 于点 k。

（3）过点 k 作 OX 轴的垂线交 d'e' 于点 k'，则水平线 DE 与正平线 FG 的交点 K(k, k') 即为所求。

第九节 平面的迹线

一、平面的迹线表示法

空间平面与投影面的交线，称为平面的迹线。如图 2-54（a）所示，平面 P 与 H 面的交线称为水平迹线，记作 P_H；与 V 面的交线称为正面迹线，记作 P_V；与 W 面的交线称为侧面迹线，记作 P_W。平面迹线如果相交，交点必在投影轴上，即为 P 平面与三投影轴的交点，相应记作 P_x、P_y、P_z。用迹线表示的平面称为迹线平面。

(a) 立体图；(b) 投影图

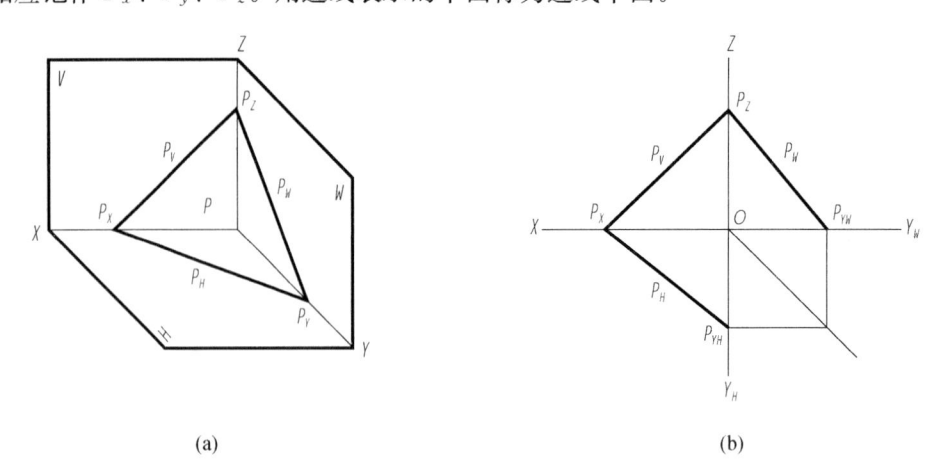

图 2 - 54　平面的迹线表示法

迹线是空间平面和投影面所共有的直线，所以迹线不仅是平面 P 内的一条直线，也是投影面内的一条直线。由于迹线在投影面内，因此迹线有一个投影和它本身重合，另外两个投影与相应的投影轴重合。如图 2 - 54（a）所示的 P_H，其水平投影和它本身重合，正面投影和侧面投影分别与 OX 轴和 OY 轴重合。在投影图上，通常只将与迹线重合的那个投影用粗实线画出，并用符号 P_H、P_V、P_W 标记；而与投影轴重合的投影则不需表示和标记，如图 2 - 54（b）所示。

如图 2 - 55（a）所示，平面 P 以相交的迹线 P_H、P_V 表示；如图 2 - 55（c）所示，平面 Q 以相互平行的迹线 Q_H、Q_V 表示。

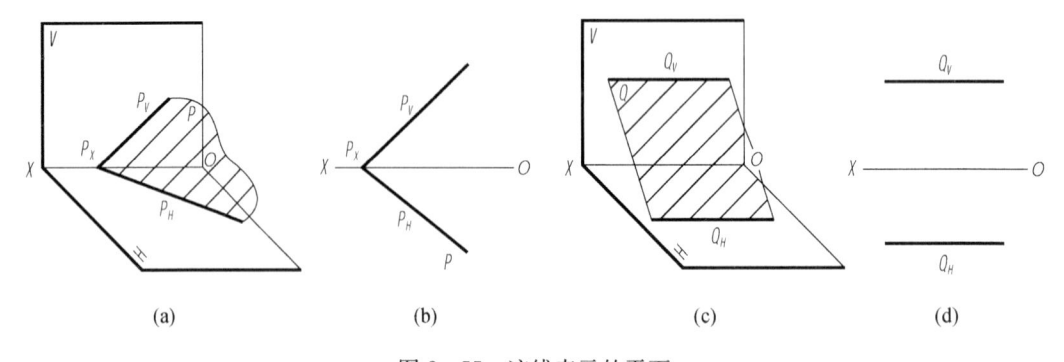

图 2 - 55　迹线表示的平面

二、特殊位置平面迹线

通常，一般位置平面不用迹线表示；特殊位置平面，在不需要平面表示平面形状，只要求表示平面的空间位置时，常用迹线表示。

表 2 - 5 和表 2 - 6 分别列出了投影面垂直面和投影面平行面的迹线，从投影图中可以看出迹线的特点。

表 2-5　投影面垂直面的迹线投影特性

名称	立体图	投影图	投 影 特 性
铅垂面 ($\perp H$ 面)			(1) P_H 有积聚性，反映 β、γ 角； (2) $P_V \perp OX$，$P_W \perp OY_W$
正垂面 ($\perp V$ 面)			(1) Q_V 有积聚性，反映 α、γ 角； (2) $Q_H \perp OX$，$Q_W \perp OZ$
侧垂面 ($\perp W$ 面)			(1) R_W 有积聚性，反映 α、β 角； (2) $R_H \perp OY_H$，$R_V \perp OZ$

表 2-6　投影面平行面迹线的投影特性

名称	立体图	投影图	投 影 特 性
水平面 ($/\!/H$ 面)			(1) $P_V /\!/ OX$，$P_W /\!/ OY_W$，且投影都有积聚性； (2) 没有 P_N，但平面内任何图形的水平投影均反映实形
正平面 ($/\!/V$ 面)			(1) $Q_H /\!/ OX$，$Q_W /\!/ OZ$，且投影都有积聚性； (2) 没有 Q_V，但平面内任何图形的正面投影均反映实形

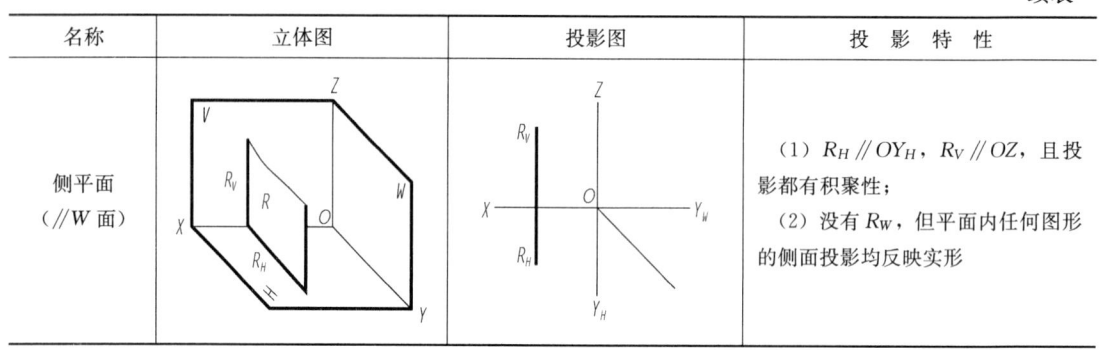

名称	立体图	投影图	投 影 特 性
侧平面 ($//W$ 面)			(1) $R_H//OY_H$，$R_V//OZ$，且投影都有积聚性； (2) 没有 R_W，但平面内任何图形的侧面投影均反映实形

在两面投影图中用迹线表示特殊位置平面是非常方便的。如图 2-56 所示，过一点可作的特殊位置平面有投影面垂直面和投影面平行面。P_H 表示铅垂面 P（$P_V \perp OX$ 轴，一般省略不画），Q_V 表示正垂面 Q（$Q_H \perp OX$ 轴，一般也省略不画），R_V 表示水平面 R，S_H 表示正平面 S。

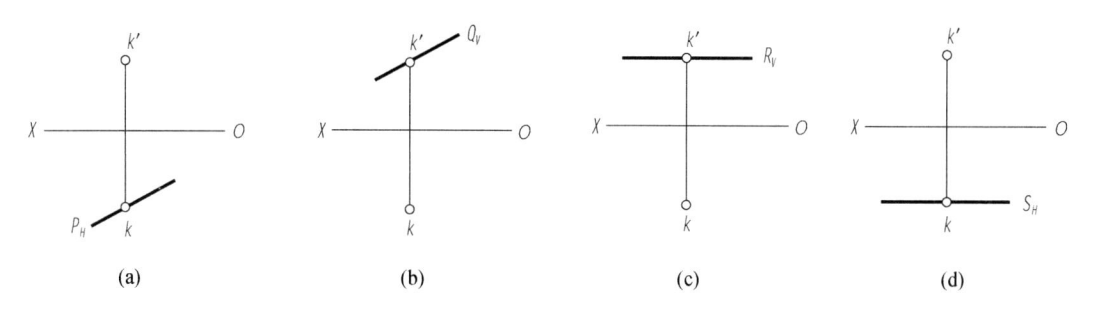

图 2-56 过点作特殊位置平面
(a) 铅垂面；(b) 正垂面；(c) 水平面；(d) 正平面

过一般位置直线可作的特殊位置平面有投影面垂直面，如图 2-57 所示。

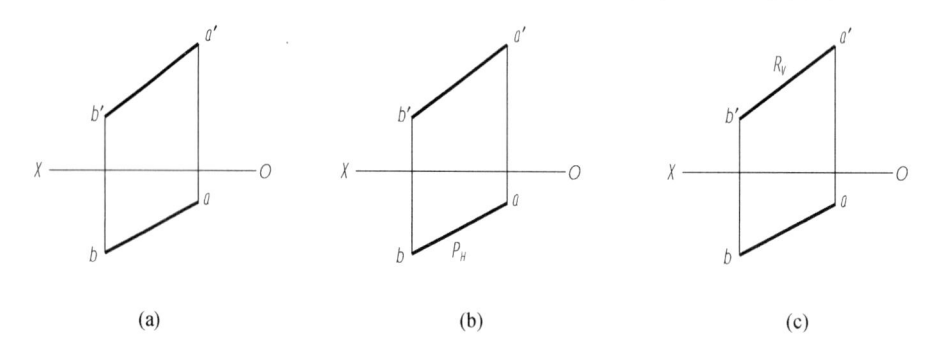

图 2-57 过一般位置直线作投影面垂直面
(a) 一般位置直线；(b) 铅垂面；(c) 正垂面

过投影面平行线可作的特殊位置平面有投影面垂直面和投影面平行面，如图 2-58 所示。下面以水平线为例，作出了水平面和铅垂面。

过投影面垂直线可作的特殊位置平面有投影面垂直面和投影面平行面，如图 2-59 所示。下面以铅垂线为例，作出了铅垂面、正平面和侧平面。

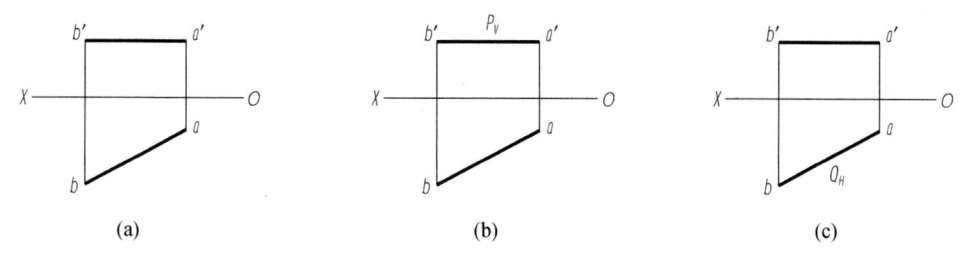

图 2 - 58　过投影面平行线作特殊位置平面
(a) 水平线；(b) 水平面；(c) 铅垂面

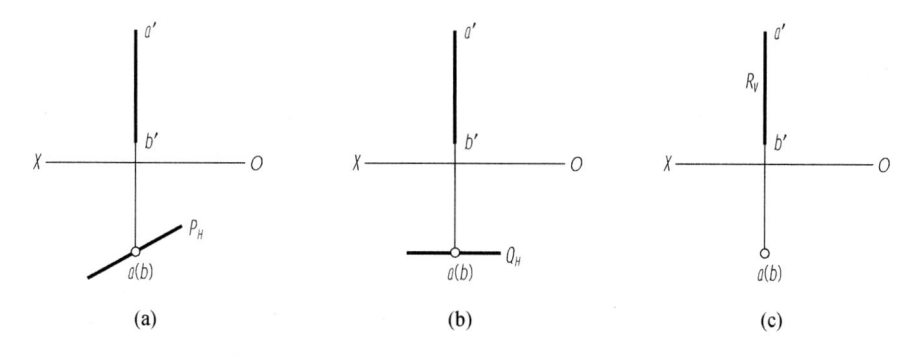

图 2 - 59　过投影面垂直线作特殊位置平面
(a) 铅垂面；(b) 正平面；(c) 侧平面

第三章　直线与平面、平面与平面的相对位置

直线与平面、平面与平面的相对位置可分为平行、相交和垂直三种情况。本章将讨论这三种位置关系的投影特性及作图方法。

第一节　平　行　关　系

一、直线与平面平行

(1) 从初等几何知识可知：若一直线与平面上某一直线平行，则该直线与平面平行。如图 3-1 (a) 所示，直线 AB 与平面 P 上的直线 CD 平行，所以直线 AB 与平面 P 平行。图 3-1 (b) 所示为其投影图。

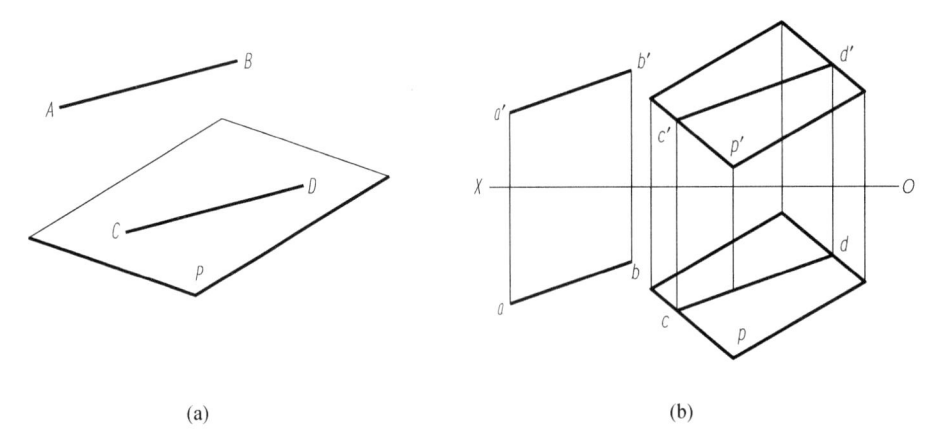

图 3-1　直线与平面平行
(a) 直观图；(b) 投影图

根据上述几何条件和平行投影的性质，我们可解决在投影图上判别直线与平面是否平行，也可解决直线与平面平行的投影作图问题。

【例 3-1】　过点 K 作一正平线 KN 平行于平面 ABC，如图 3-2 所示。

分析：根据题目要求，正平线 KN 必然与平面上的正平线平行。

作图步骤如下：

1) 在平面 ABC 内作一正平线 AD（ad, a'd'）。

2) 过点 K 作直线 KN 与直线 AD 平行（kn∥ad, k'n'∥a'd'），则 KN 即为所求。

【例 3-2】　试判别直线 MN 与平面 ABC 是否平行，如图 3-3 所示。

分析：由直线与平面平行的几何条件可知，如果在平面 ABC 上能作出与直线 MN 平行的直线，则平面 ABC 与直线 MN 平行，否则不平行。

作图步骤如下：

1) 在平面 ABC 上作直线 AD，先使正面投影 a'd'∥m'n'，再作水平投影 ad。

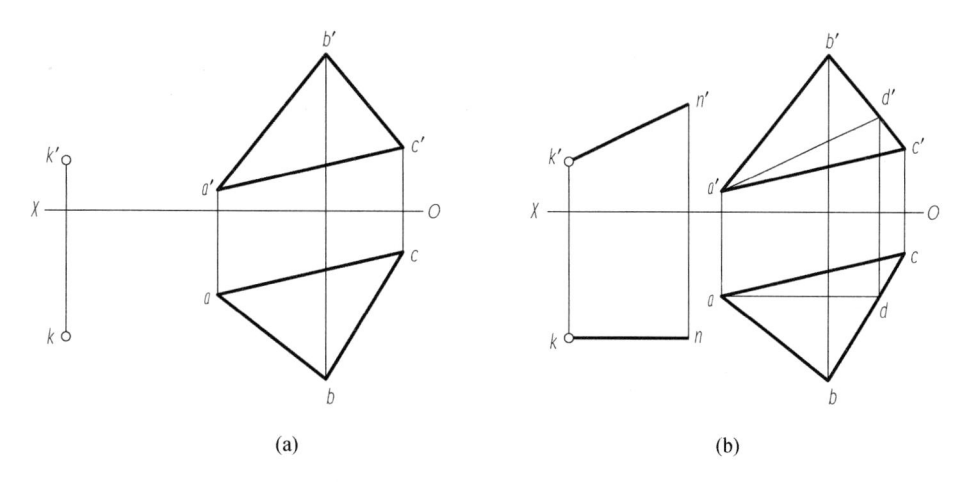

(a)　(b)

图 3-2　过点作正平线与平面平行
(a) 已知；(b) 作图

2) 因 ad 与 mn 不平行，即 AD 不平行 MN，所以直线 MN 与平面 ABC 不平行。

(2) 若一直线与特殊位置平面平行，则该特殊面的积聚投影必然与直线的同面投影平行。

判别直线与特殊位置平面是否平行时，只要检查平面的积聚投影与直线的同面投影是否平行即可。如图 3-4 所示，平面的积聚投影 abc 与直线的同面投影 mn 平行，故直线 MN 与平面 ABC 平行。

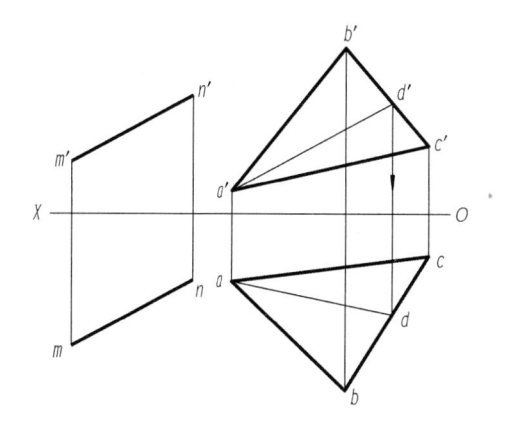

图 3-3　判别直线与平面是否平行 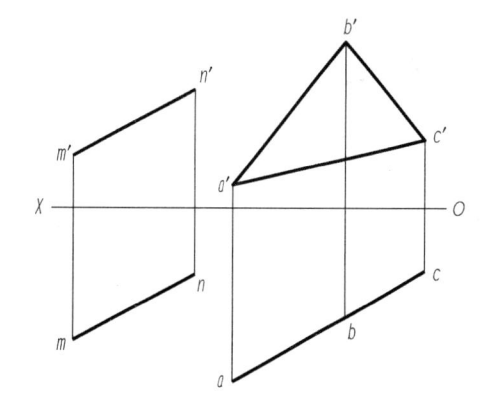　　　　图 3-4　判别直线与特殊位置平面是否平行

二、平面与平面平行

(1) 从初等几何知识可知：若一平面上的两相交直线对应平行于另一平面上的两相交直线，则两平面平行。如图 3-5 (a) 所示，平面 P 上的两相交直线 AB、BC 对应平行平面 Q 上的两相交直线 DE、EF，所以 P、Q 两平面平行。图 3-5 (b) 所示为其投影图。

根据上述几何条件和平行投影的性质，我们可以在投影图上判别两平面是否平行，也可解决两平面平行的投影作图问题。

【**例 3-3**】过点 D 作平面与平面 ABC 平行，如图 3-6 所示。

分析：由两平面平行的几何条件可知，只要过点 D 作两相交直线分别平行于平面 ABC

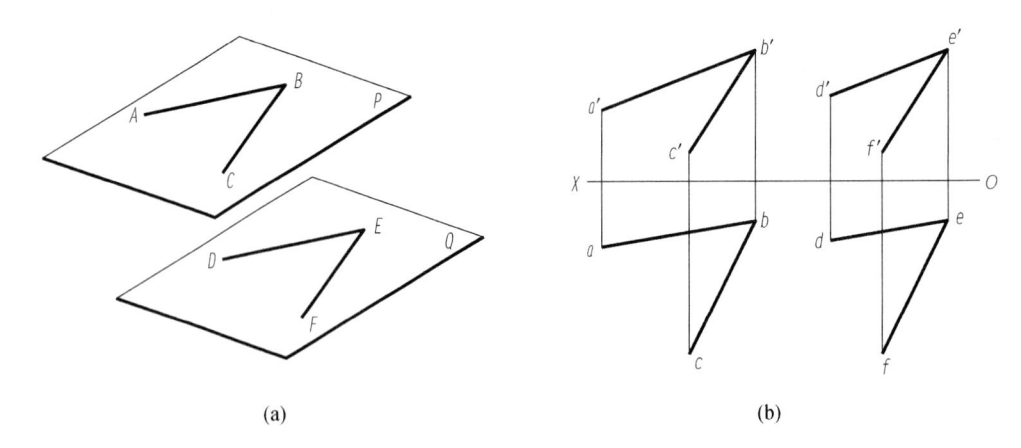

图 3-5 平面与平面平行
(a) 直观图；(b) 投影图

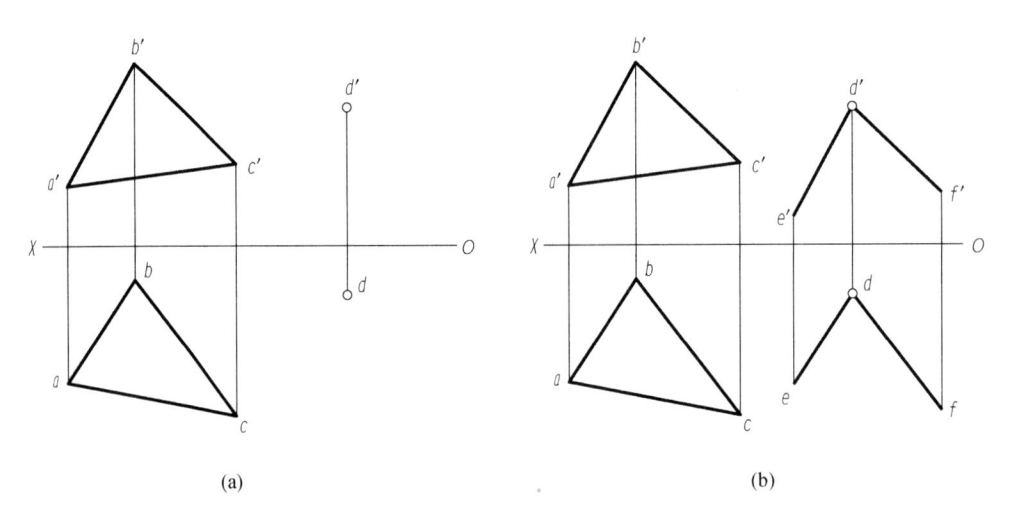

图 3-6 过点作平面与已知平面平行
(a) 已知；(b) 作图

上的两条边即可。

作图步骤如下：

1) 过点 D 作 $DE /\!/ AB$（$de /\!/ ab$、$d'e' /\!/ a'b'$）。

2) 过点 D 作 $DF /\!/ BC$（$df /\!/ bc$、$d'f' /\!/ b'c'$），则平面 DEF 即为所求。

【例 3-4】 试判别平面 ABC 与平面 $DEFG$ 是否平行，如图 3-7 所示。

分析：由两平面平行的几何条件可知，如果在平面 $DEFG$ 内作出两相交直线与平面 ABC 内的两相交直线对应平行，便可判定两平面平行，否则不平行。

作图步骤如下：

1) 在平面 ABC 内任选两相交直线 AB、BC。

2) 在平面 $DEFG$ 上过 G 点的水平投影 g 作出 $gm /\!/ ab$、$gn /\!/ bc$，并求出它们的正面投影 $g'm'$、$g'n'$。

3) 从图中可知，$g'm'$ 与 $a'b'$、$g'n'$ 与 $b'c'$ 均不对应平行，由此可判定两平面不平行。

(2) 若两特殊位置平面平行，则它们的积聚投影必然平行。

判别两特殊位置平面是否平行时，只要检查它们的同面积聚投影是否平行即可。如图 3-8 所示，两铅垂面的水平投影平行，故两平面平行。

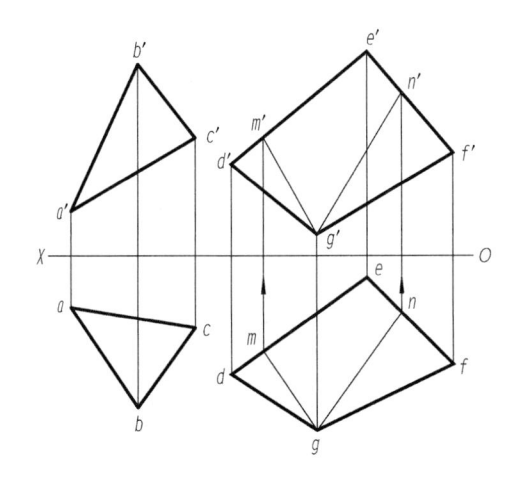

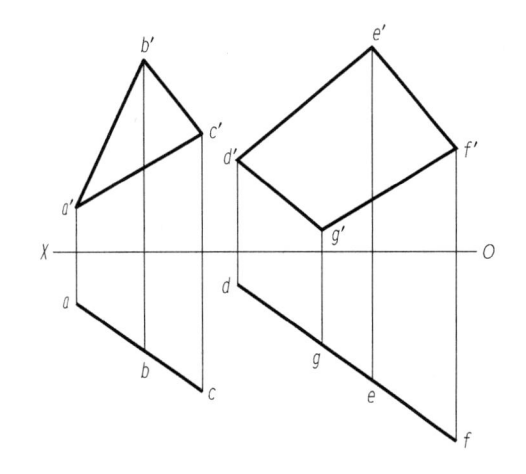

图 3-7　判别两平面是否平行　　　　图 3-8　判别两特殊位置平面是否平行

第二节　相　交　关　系

直线与平面相交时，直线与平面只有一个交点。该交点是直线与平面的共有点，它既属于直线，又属于平面。

两平面相交时，有一条交线（直线），它是两平面的共有线。欲求出交线，只需求出其上的两点或求出一点及交线的方向即可。

在求交点或交线的投影作图中，可根据给出的直线或平面的投影是否有积聚性，选择以下两种作图方法中的一种进行作图：

(1) 相交的特殊情况，即直线或平面的投影具有积聚性。此时，可利用投影的积聚性直接求出交点或交线。

(2) 相交的一般情况，即直线或平面的投影均没有积聚性。此时，可利用辅助平面法求出交点或交线。

直线与平面相交、两平面相交时，假设平面是不透明的，沿投射线方向观察直线或平面，未被遮挡的部分是可见的，用粗实线表示；被遮挡的部分是不可见的，用虚线表示。显然，交点和交线是可见与不可见的分界点和分界线。

判别可见性的方法有直观法和重影点法两种。

一、特殊情况相交

当直线或平面的投影具有积聚性时，为相交的特殊情况。此时，可利用它们的积聚投影直接确定交点或交线的一个投影，其他投影可以运用平面上取点、取线或在直线上取点的方法确定。

(一) 投影面垂直线与一般位置平面相交

【例 3-5】　求铅垂线 MN 与一般位置平面 ABC 的交点 K，如图 3-9 所示。

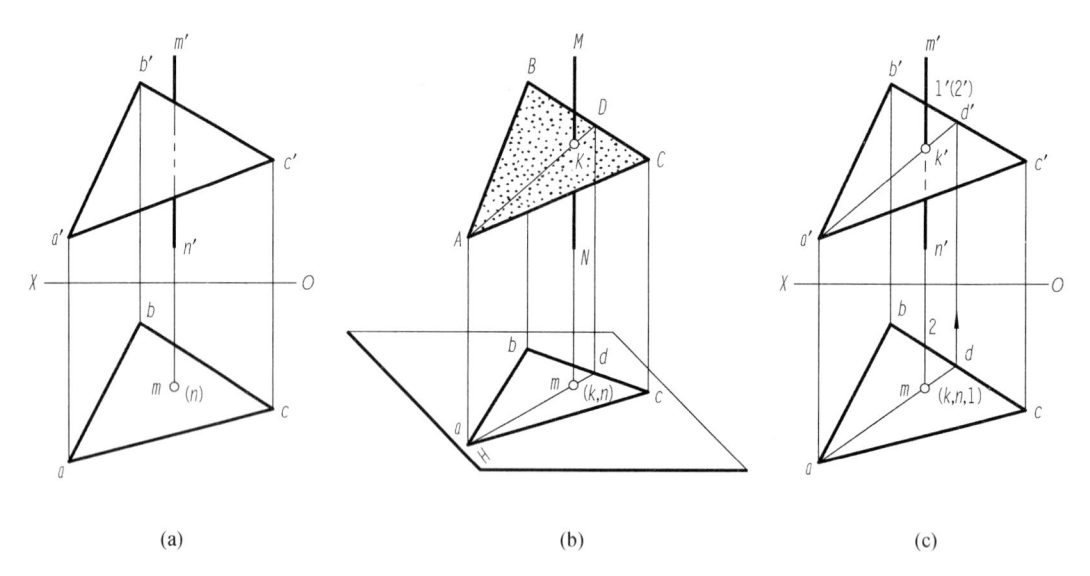

图 3-9 求特殊位置直线与一般位置平面的交点
(a) 已知；(b) 直观图；(c) 作图

分析：欲求图 3-9 (a) 中所示线、面的交点，按图 3-9 (b) 分析，因为交点是直线上的点，而铅垂线的水平投影具有积聚性，所以交点的水平投影必然与铅垂线的水平投影重合；由于交点又是平面上的点，因此可利用平面上定点的方法求出交点的正面投影。

作图步骤如图 3-9 (c) 所示。

1. 求交点

(1) 在铅垂线的水平投影上标出交点的水平投影 k。

(2) 在平面上过点 K 的水平投影 k 作辅助线 ad，并作出其正面投影 $a'd'$。

(3) $a'd'$ 与 $m'n'$ 的交点即是交点的正面投影 k'。

2. 判别直线的可见性

可利用重影点法判别直线的可见性。因为直线是铅垂线，水平投影积聚为一点，不需判别其可见性，所以只需判别直线正面投影的可见性。直线以交点 K 为分界点，在平面前面的部分可见，在平面后面的部分不可见。如图 3-9 (c) 所示，选取 $m'n'$ 与 $b'c'$ 的重影点 $1'$ 和 $2'$ 来判别。Ⅰ点在直线 MN 上，Ⅱ点在直线 BC 上。从水平投影看 1 点在前可见，2 点在后不可见。即 $k'1'$ 在平面的前面可见，画成粗实线；其余部分不可见，画成虚线。

（二）一般位置直线与特殊位置平面相交

【例 3-6】 求一般位置直线 AB 与铅垂面 P 的交点 K，如图 3-10 所示。

分析：欲求图 3-10 (a) 中所示线、面的交点，按图 3-10 (b) 分析，因为铅垂面的水平投影具有积聚性，所以交点的水平投影必然位于铅垂面的积聚投影与直线的水平投影的交点处；交点的正面投影可利用线上定点的方法求出。

作图步骤如图 3-10 (c) 所示。

1. 求交点

(1) 在直线和平面的水平投影交点处标出交点的水平投影 k。

(2) 过点 k 向上引投影联系线，在 $a'b'$ 上找到交点的正面投影 k'。

(a) (b) (c)

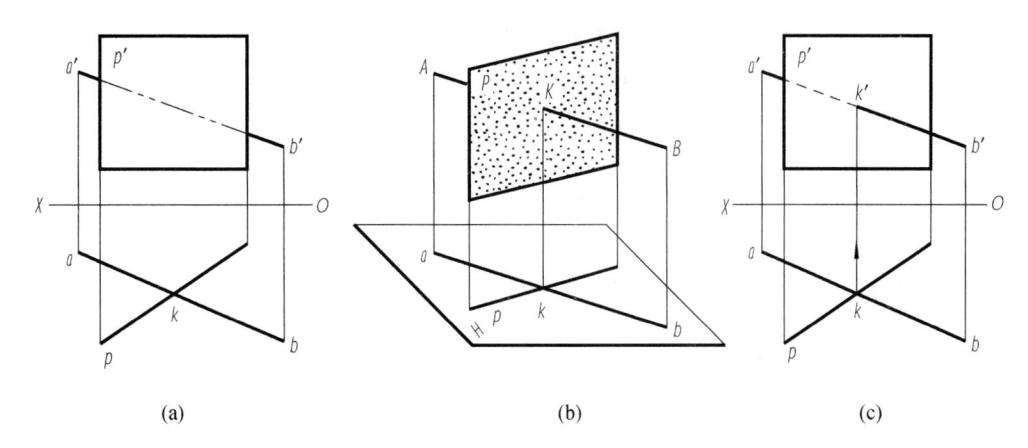

图 3-10 求一般位置直线与特殊位置平面的交点
(a) 已知；(b) 直观图；(c) 作图

2. 判别可见性

可利用直观法判别正面投影的可见性。从水平投影看，以交点 k 为分界点，kb 段在 P 面的前面可见，ak 段不可见。

（三）一般位置平面与特殊位置平面相交

【例 3-7】 求一般位置平面 ABC 与铅垂面 P 的交线 MN，如图 3-11 所示。

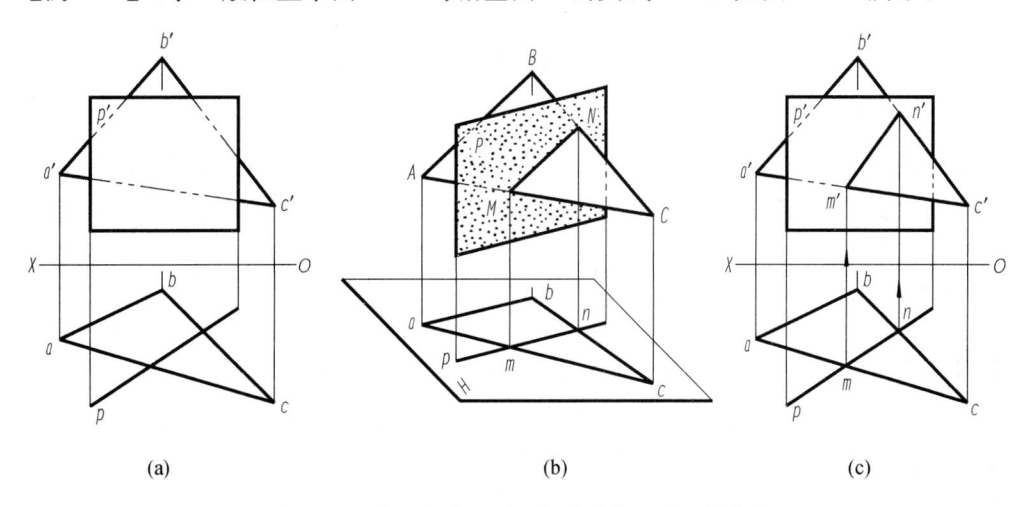

(a) (b) (c)

图 3-11 求一般位置平面与特殊位置平面的交线
(a) 已知；(b) 直观图；(c) 作图

分析：如前所述，常把求两平面交线的问题看成求两个共有点的问题。所以，欲求图 3-11（a）中所示两平面的交线，按图 3-11（b）分析，只要求出交线上任意两点（M 和 N）即可。因为铅垂面的水平投影具有积聚性，所以交线的水平投影必然位于铅垂面的积聚投影上；交线的正面投影可利用线上定点的方法求出，并连线即可。

作图步骤如图 3-11（c）所示。

1. 求交线

（1）在平面的积聚投影 p 上标出交线的水平投影 mn。

(2) 自点 m 和 n 分别向上引投影联系线，在 $a'c'$ 和 $b'c'$ 上分别找到 m' 和 n'。

(3) 连接 m' 和 n'，$m'n'$ 即为交线的正面投影。

2. 判别可见性

可利用直观法判别正面投影的可见性。从水平投影看，以交线 mn 为分界线，把平面 ABC 分成前后两部分。CMN 在 P 面的前面可见，$ABNM$ 在 P 面的后面不可见。

（四）两特殊位置平面相交

【例 3-8】 求两铅垂面 P、Q 的交线 MN，如图 3-12 所示。

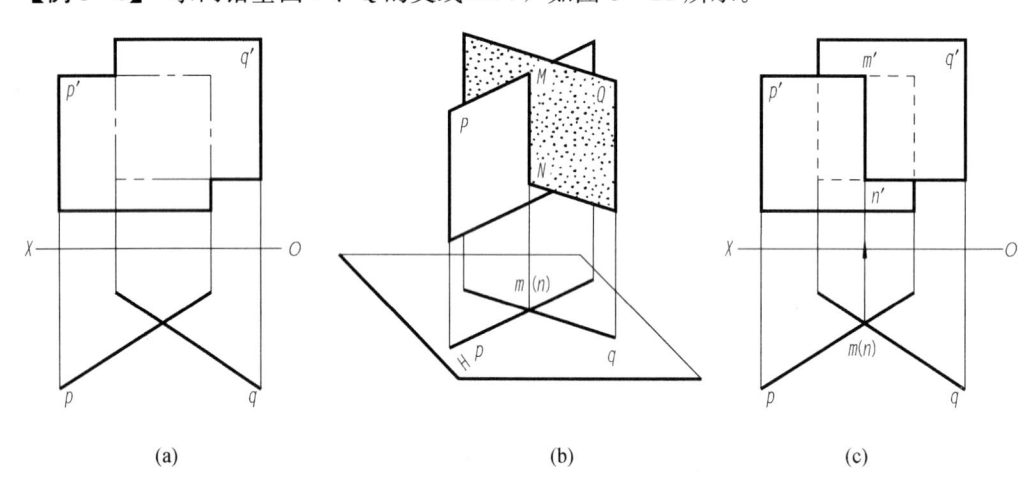

图 3-12 求两特殊位置平面的交线
(a) 已知；(b) 直观图；(c) 作图

分析：求图 3-12（a）中所示两铅垂面的交线，按图 3-12（b）分析，两铅垂面的水平投影都具有积聚性，它们的交线是铅垂线，其水平投影必然积聚为一点；交线的正面投影为两铅垂面共有的部分。

作图步骤如图 3-12（c）所示。

1. 求交线

(1) 在两平面的积聚投影 p、q 相交处标出交线的水平投影 m（n）。

(2) 自 m（n）向上引投影联系线，在 P 面的上边线及 Q 面的下边线上分别找到 m' 和 n'。

(3) 连接 m' 和 n'，$m'n'$ 即为交线的正面投影。

2. 判别可见性

可利用直观法判别正面投影的可见性。从水平投影看，以交线 mn 为分界线，左面 P 面在前可见，Q 面在后不可见；交线的右面正好相反，Q 面可见，P 面不可见。

二、一般情况相交

当给出的直线或平面的投影均没有积聚性，为相交的一般情况时，可利用辅助平面法求出交点或交线。

（一）一般位置直线与一般位置平面相交

【例 3-9】 求平面 ABC 与直线 DE 的交点 K，如图 3-13 所示。

分析：如图 3-13（a）所示，当直线和平面都处于一般位置时，不能利用积聚性直接求出交点的投影。图 3-13（b）为用辅助平面法求解交点的空间分析示意图。直线 DE 与平面 ABC 相交，交点为 K。过 K 点可在平面 ABC 上作无数条直线，而这些直线都可以与直线 DE 构成一平面，该平面称为辅助平面。辅助平面与已知平面 ABC 的交线 MN 与直线 DE 的交点 K 即为所求。为便于在投影图上求出交线，应使辅助平面 P 处于特殊位置，以便利用上述方法作图求解。

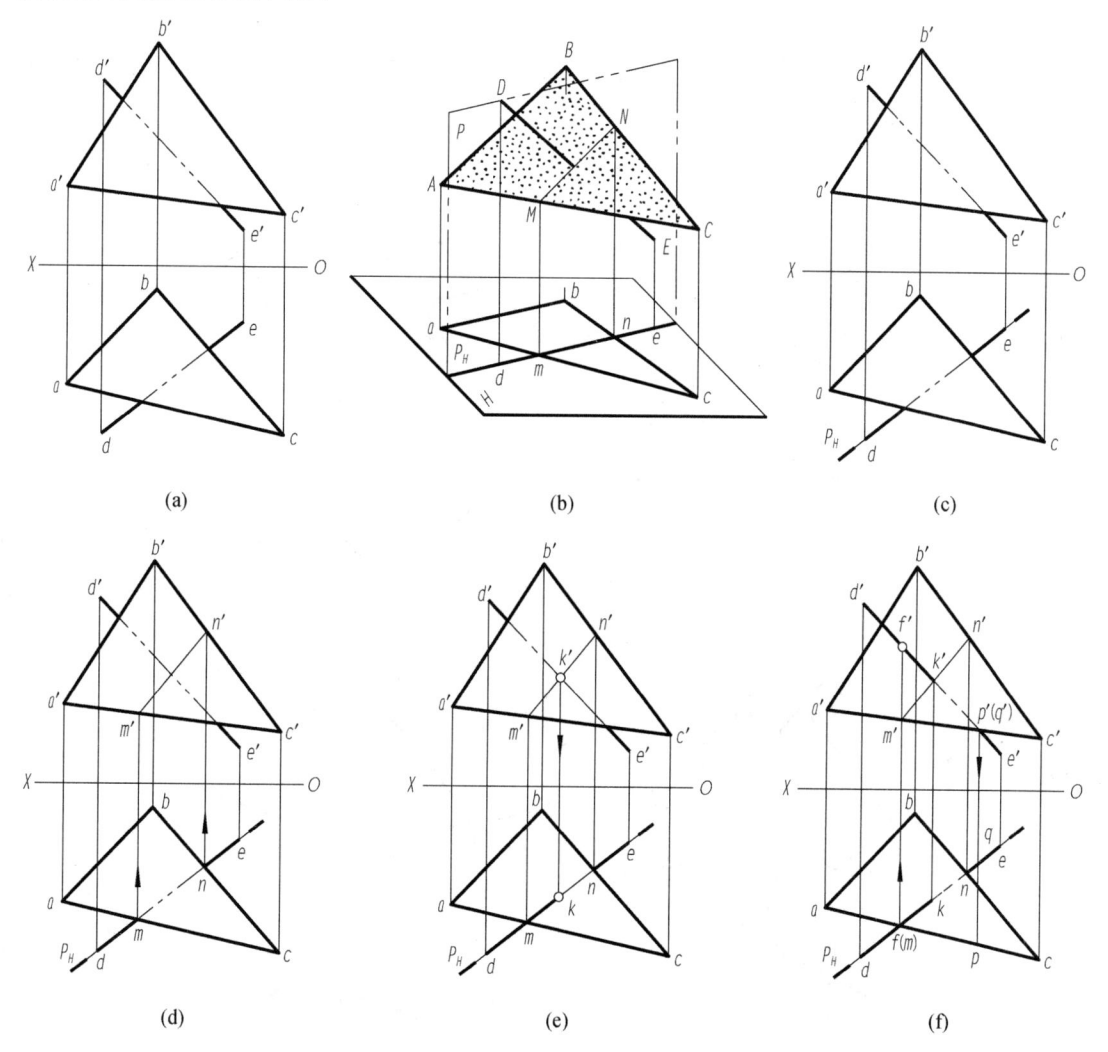

图 3 - 13　求一般位置直线与一般位置平面的交点
(a) 已知；(b) 直观图；(c) 作垂面；(d) 求辅助交线；(e) 求交点；(f) 判别可见性

作图步骤如下：

1. 求交点

(1) 过直线 DE 作一辅助平面 P（P 面为铅垂面，也可作正垂面），如图 3 - 13 (c) 所示。

(2) 求铅垂面 P 与已知平面 ABC 的交线 MN，如图 3 - 13 (d) 所示。

(3) 求辅助交线 MN 与已知直线 DE 的交点 K，如图 3 - 13 (e) 所示。

2. 判别可见性

利用重影点法判别可见性。如图 3 - 13 (f) 所示，在水平投影上标出交错两直线 AC 和 DE 上重影点 F 和 M 的重合投影 f(m)，过 f、m 向上作投影联系线求出 f' 和 m'。从图中可看出，F 点高于 M 点，说明 DK 段高于平面 ABC；水平投影 mk 可见，画成粗实线，而 kn 不可见，画成虚线。同理判别正面重影点 P、Q 的前后关系，dk 段可见，ke 不可见。

（二）两一般位置平面相交

【例 3-10】 求两一般位置平面 ABC 和 DEF 的交线 MN，如图 3-14 所示。

分析：如图 3-14（a）所示，两平面 ABC 和 DEF 的交线 MN，其端点 M 是直线 AC 与平面 DEF 的交点，另一端点 N 是直线 BC 与平面 DEF 的交点。可见，用辅助平面法求出两个交点，再连线即是所求的交线。

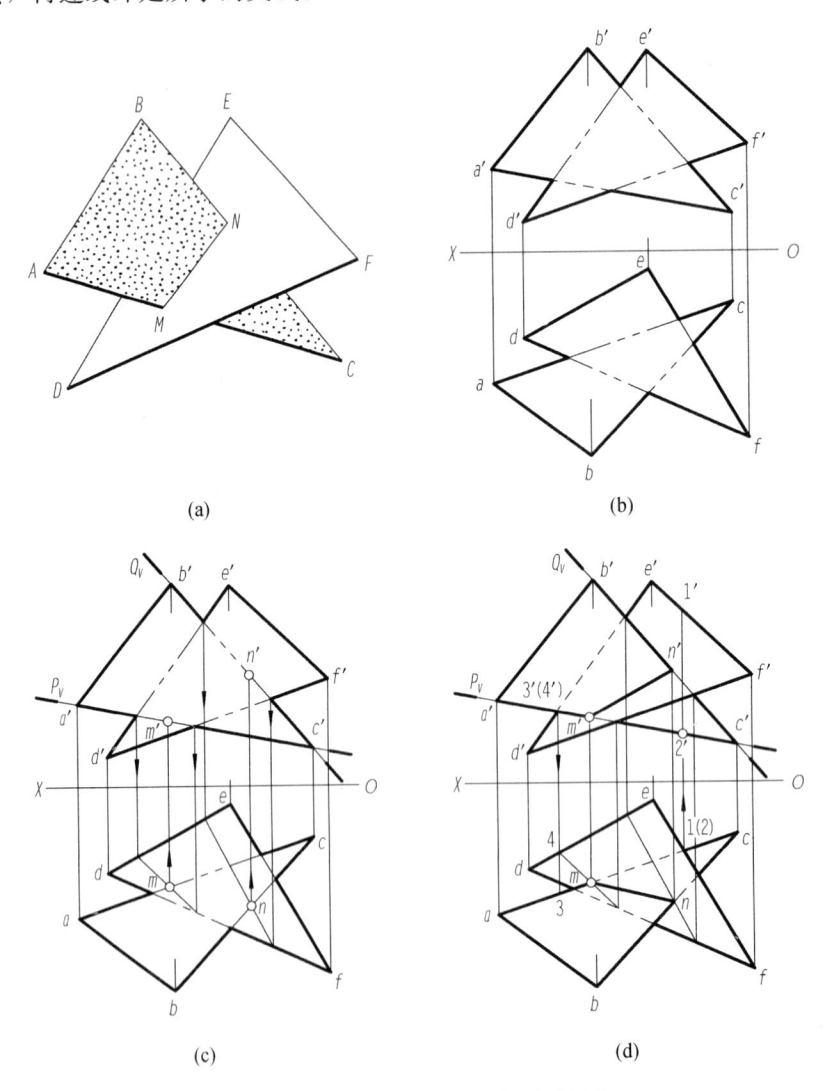

图 3-14 求两一般位置平面的交线
(a) 直观图；(b) 已知；(c) 求交点 M、N；(d) 连线判别可见性

作图步骤如下：

1. 求交线

(1) 用辅助平面法求 AC、BC 两直线与平面 DEF 的交点 M、N，如图 3-14（c）所示。

(2) 用直线连接点 M 和点 N，MN 即为所的交线，如图 3-14（d）所示。

2. 判别可见性

利用重影点法判别，具体判别过程同前所述，如图 3-14（d）所示。

第三节 垂 直 关 系

一、直线与平面垂直

直线与平面垂直的几何条件：若某直线垂直于平面内的任意两条相交直线，则该直线与该平面垂直。同时，直线与平面垂直，则直线与平面内的任意直线都垂直（相交垂直或交错垂直）。

与平面垂直的直线，称为该平面的垂线；反过来，与直线垂直的平面，称为该直线的垂面。

如图 3-15（a）所示，直线 MN 垂直于平面 P，则必垂直于平面 P 上的所有直线，其中包括水平线 AB 和正平线 CD。根据直角投影特性，投影图上必表现为直线 MN 的水平投影垂直于水平线 AB 的水平投影（$mn \perp ab$），直线 MN 的正面投影垂直于正平线 CD 的正面投影（$m'n' \perp c'd'$），如图 3-15（b）所示。

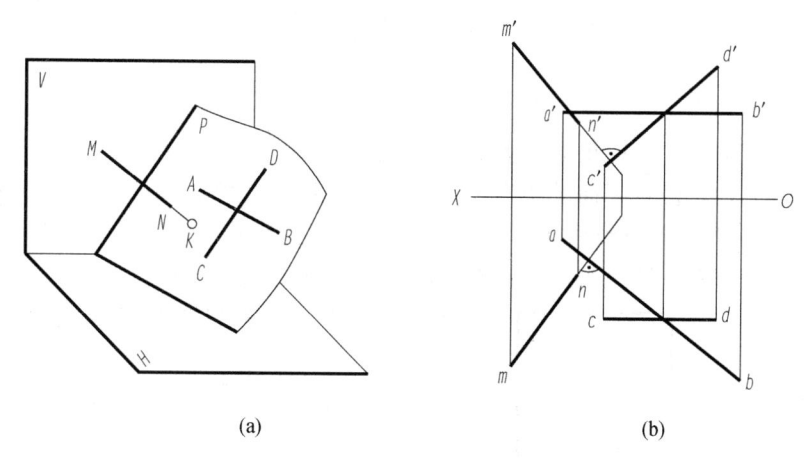

图 3-15 直线与平面垂直
(a) 直观图；(b) 投影图

由此得出直线与平面垂直的投影特性为：垂线的水平投影必垂直于平面上的水平线的水平投影，垂线的正面投影必垂直于平面上的正平线的正面投影。反之，若直线的水平投影垂直于平面上的水平线的水平投影，直线的正面投影垂直于平面上的正平线的正面投影，则直线必垂直于平面。

直线与平面垂直的投影特性通常用来图解有关垂直或距离的问题。

【例 3-11】 过定点 M 作平面 ABC 的垂线，并求出垂足 K，如图 3-16 所示。

分析：如图 3-16（a）所示，只要知道平面垂线的两个投影方向，并求出垂线与平面的交点，即可根据直线与平面垂直的投影特性作出垂线的两面投影。

作图步骤如图 3-16（b）所示：

(1) 作平面上的正平线 AE（ae，$a'e'$）和水平线 CD（cd，$c'd'$）。

(2) 过点 m' 作 $a'e'$ 的垂线 $m'n'$，$m'n'$ 便是垂线的正面投影；过点 m 作 cd 的垂线 mn，mn 便是垂线的水平投影。

(3) 用辅助平面法求垂线 MN 与平面 ABC 的交点 K。

(a)　(b)

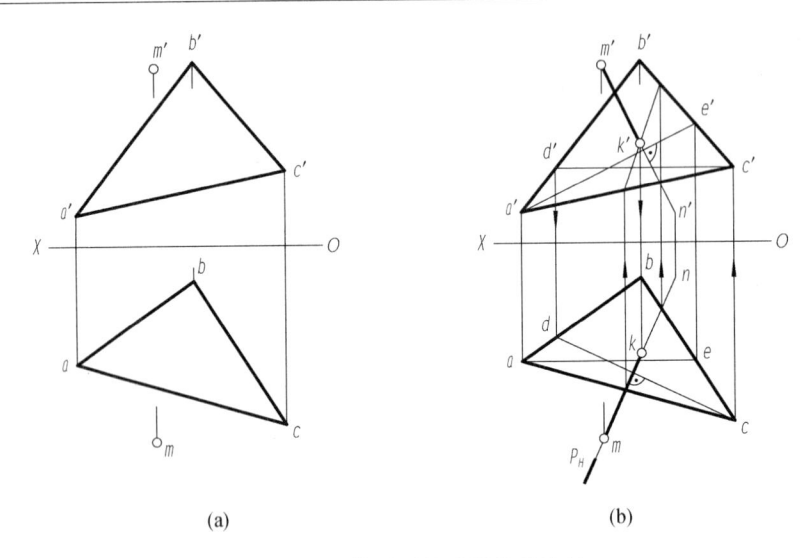

图 3 - 16　作平面的垂线并求垂足
(a) 已知；(b) 作图

如果还需求点到平面的距离，那么所求出的 mk 和 $m'k'$ 这两个投影并不反映点到平面距离的实长，所以还需用直角三角形法求出其实长。

如果要求点到特殊位置平面的距离，则使作图过程简化。如图 3 - 17 (a) 所示，求点 N 到铅垂面 P 的距离。因与铅垂面垂直的直线一定是水平线，而且水平线的水平投影应与铅垂面的积聚投影垂直，所以水平线的水平投影 ns 反映距离的实长。

(a)　(b)

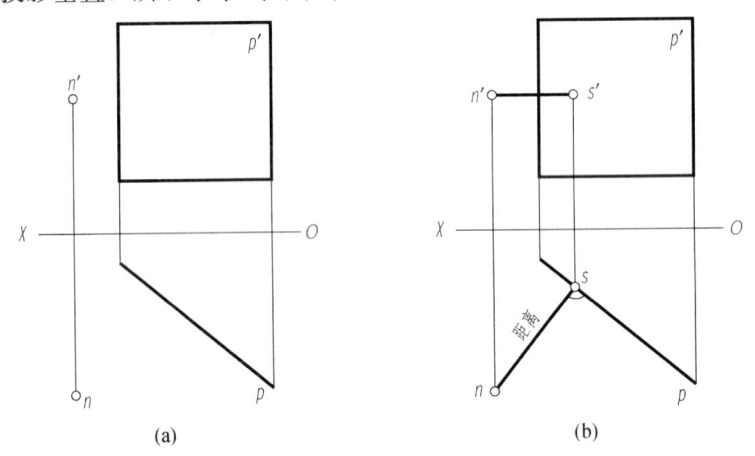

图 3 - 17　求点到特殊位置平面的距离
(a) 已知；(b) 作图

【例 3 - 12】　求点 A 到直线 BC 的距离，如图 3 - 18 所示。

分析：欲求图 3 - 18 (a) 中所示点到直线的距离，可见图 3 - 18 (b) 的示意图。点到直线的距离等于点到直线间的垂直线段的长度。该垂直线段必然位于过已知点且垂直于已知直线的垂面上。因此只要作出这个垂面，求出垂足，则连已知点和垂足的线段即为点到直线的距离。

作图步骤如图 3 - 18 (c) 所示：

(1) 作垂面上的正平线 ($a2$, $a'2'$) 和水平线 ($a1$, $a'1'$)。

(a)　(b)　(c)

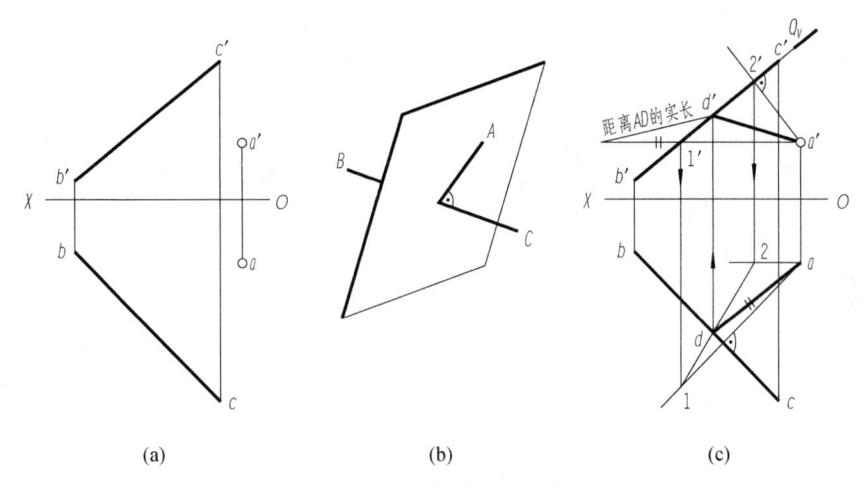

图 3 - 18　求点到直线的距离
(a) 已知；(b) 示意图；(c) 作图

(2) 用辅助平面法求垂面 Ⅰ A Ⅱ 与 BC 的交点 D。D 点即为过点 A 作 BC 垂线的垂足（图 3 - 18 中的辅助平面为正垂面 Q）。

(3) 连 A、D 两点，并用直角三角形法求 AD 的实长。该长度即为点 A 到直线 BC 的距离。

二、平面与平面垂直

平面与平面垂直的几何条件：若直线垂直于平面，则包含这条直线的所有平面都垂直于该平面。反之，若两平面互相垂直，则由第一平面上的任意一点向第二平面所作的垂线一定属于第一个平面。

(a)　(b)

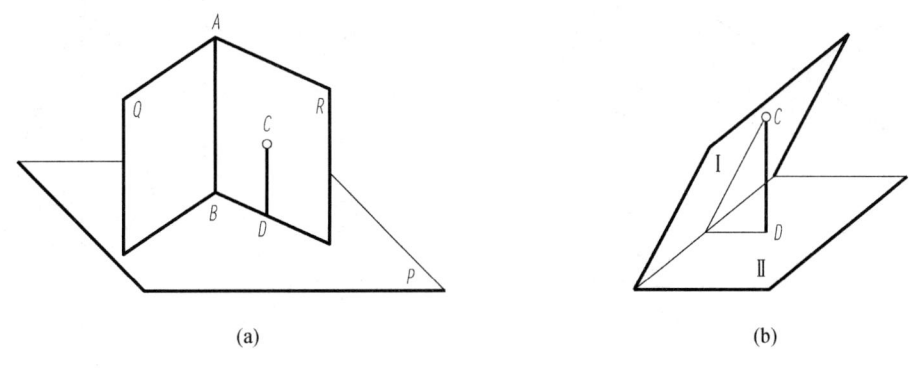

图 3 - 19　判断两平面是否垂直
(a) 两平面垂直；(b) 两平面不垂直

如图 3 - 19 (a) 所示，直线 AB 垂直于平面 P，则包含直线 AB 的 Q、R 两平面都垂直于平面 P。那么，过点 C 所作的平面 P 的垂线一定属于平面 R。如图 3 - 19 (b) 所示，由平面 Ⅰ 上的点 C 向平面 Ⅱ 作垂线 CD，由于直线 CD 不属于平面 Ⅰ，则两平面不垂直。

据此，可处理有关两平面互相垂直的投影作图问题。

【例 3 - 13】 过点 D 作一平面，使它与平面 ABC 和平面 P 都垂直，如图 3 - 20 所示。

分析：如图 3 - 20 (a) 所示，根据两平面垂直的几何条件，过点 D 分别作两平面的垂线，这两条垂线确定的平面与两已知平面都垂直。

作图步骤如图 3 - 20 (b) 所示：

(a)

(b)

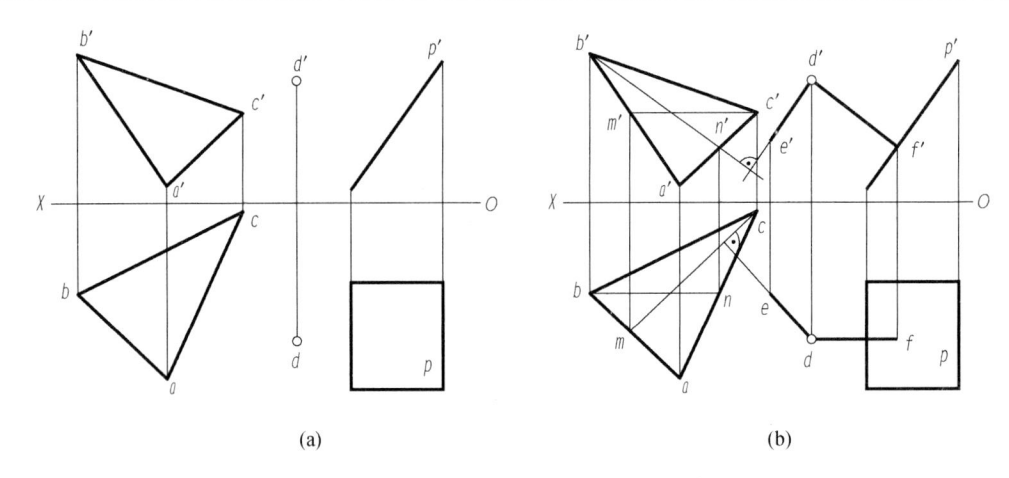

图 3-20 过点作一平面与两平面垂直
(a) 已知；(b) 作图

（1）根据直线与平面垂直的投影特性，首先在平面 ABC 上分别作水平线 MC 和正平线 BN，然后过 D 点作平面 ABC 的垂线，即 $de \perp mc$、$d'e' \perp b'n'$。

（2）过点 D 作平面 P 的垂线 DF。因为平面 P 是正垂面，所以其垂线一定是正平线，过点 d' 作 $d'f' \perp p'$，$df // OX$ 轴，则平面 EDF 即为所求的平面。

【例 3-14】 试判别△KMN 与两相交直线 AB 和 CD 所给定的平面是否垂直，如图 3-21 所示。

(a)

(b)

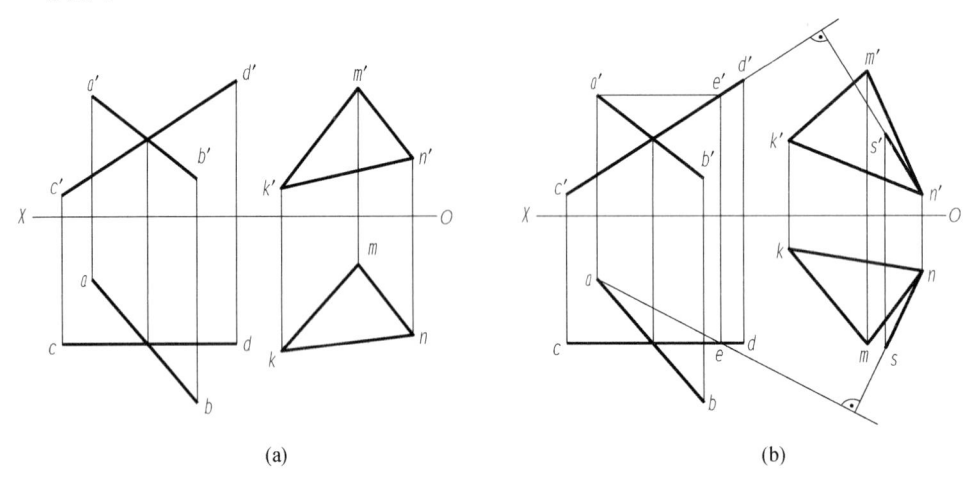

图 3-21 判别两平面是否垂直
(a) 已知；(b) 作图

分析：如图 3-21（a）所示，如果两平面互相垂直，则由第一平面上的任意一点向第二平面所作的垂线一定属于第一个平面。所以，任取平面 KMN 上的一点 N，过点 N 作平面 ABC 的垂线，再检查垂线是否属于平面 KMN。

作图步骤如图 3-21（b）所示：

（1）先在平面 ABCD 上作水平线 AE 和正平线 CD（已知），然后过点 N 作平面 ABCD 的垂线，即 $ns \perp ae$、$n's' \perp c'd'$。

（2）由于 NS 不属于平面 KMN，因此两平面不垂直。

第四章 投影变换

第一节 投影变换的实质和方法

由前述可知，直线、平面平行于投影面时，其投影反映实长和实形，即投影具有显实性；若直线、平面垂直于投影面，则投影具有积聚性。如图 4-1 所示，利用这两个特殊性，可以在投影图上直接或很容易地解决空间几何元素的定位问题和定量问题。而一般位置直线和平面没有上述投影特性，就需要一些较复杂的几何作图方法来解决有关问题。

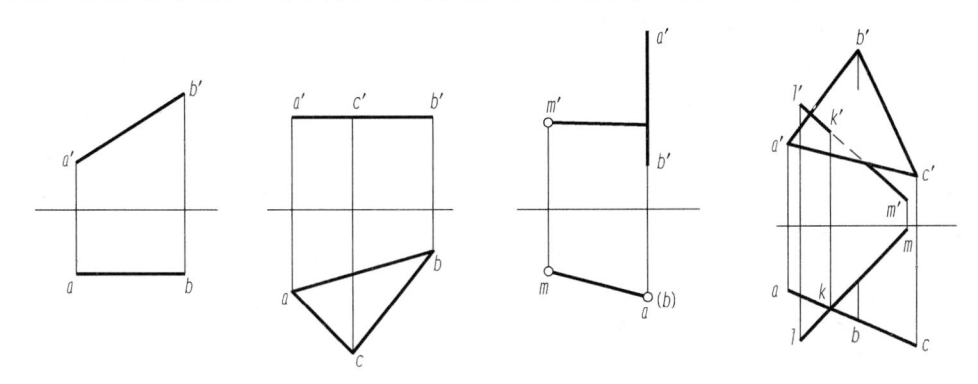

图 4-1 利用显实性、积聚性图解的实例

投影变换，就是研究如何使几何元素由一般位置变换为特殊位置，从而达到简化解题的目的。

投影变换的方法有以下两种：

（1）换面法：给出的几何元素不动，用新投影面替换旧投影面，使几何元素相对新投影面处于有利解题位置。如图 4-2（a）所示，用新 V_1 面替换旧 V 面，把一般位置直线 AB 变换成 V_1 面的平行线，则新投影 $a_1'b_1'$ 反映实长。

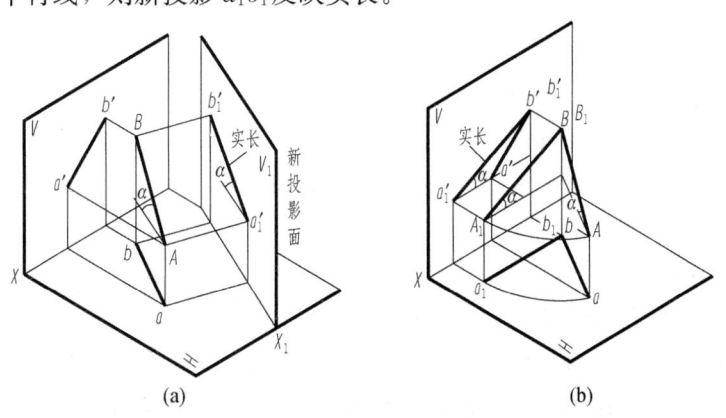

图 4-2 投影变换的方法
（a）换面法；（b）旋转法

(2) 旋转法：投影面保持不动，让几何元素绕一定的轴线旋转，使旋转后的几何元素相对投影面处于有利解题的位置。如图 4-2（b）所示，让一般位置直线 AB 绕轴线（过点 B 的铅垂线）旋转，把直线 AB 变换成 V 面的平行线，则新投影 $a_1'b_1'$ 反映实长。

本章将分别讨论换面法和旋转法的作图原理和基本作图，并运用基本作图来解决空间几何问题。

第二节 换 面 法

一、基本原理

1. 点的一次变换

如图 4-3 所示，点 A 在 V/H 投影体系中的投影为 a'、a，用新投影面 V_1 替换旧投影面 V，不变投影面 H，并使 $V_1 \perp H$。于是，投影面 H 和 V_1 就形成了新的两面投影体系 V_1/H，它们的交线 X_1 成为新的投影轴。原 V/H 投影体系称为旧体系，X 称为旧轴。点 A 在 V_1 面上的投影记作 a_1'，称为新的投影；在 V 面上的投影记作 a'，称为旧的投影；在 H 面上的投影记作 a，称为不变的投影。

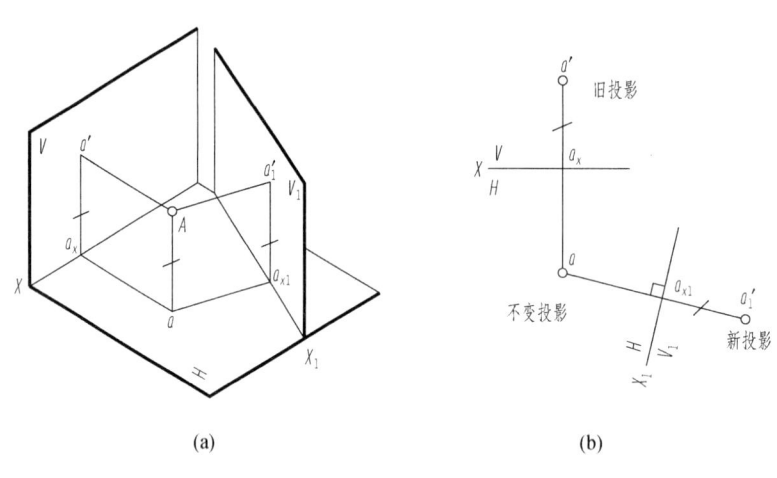

图 4-3 点的一次变换（换 V 面）
(a) 立体图；(b) 投影图

当将投影面 V、H 和 V_1 展开在一个平面上时，根据点的正面投影规律可知，新投影 a_1' 与不变投影 a 的连线垂直于新轴 X_1，即 $aa_1' \perp X_1$，新投影 a_1' 到新轴 X_1 的距离等于旧投影 a' 到旧轴 X 的距离（等于空间点 A 到 H 面的距离），即 $a_1'a_{x1} = a'a_x = Aa$。由此，点的换面规律可以归纳如下：

(1) 点的新投影和不变投影的连线垂直于新轴（$aa_1' \perp X_1$）。
(2) 点的新投影到新轴的距离等于旧投影到旧轴的距离（$a_1'a_{x1} = a'a_x$）。

如图 4-4 所示，在两面投影体系 V/H 中，用新的投影面 H_1 替换投影面 H，不变投影面 V，并使 $H_1 \perp V$，于是投影面 V 和 H_1 就形成了新的投影体系 V/H_1，它们的交线 X_1 为新的投影轴。点 A 在 H_1 面上的投影 a_1 称为新投影，在 H 面上的投影 a 称为旧投影，在 V 面上的投影 a' 称为不变投影。

(a)

(b)

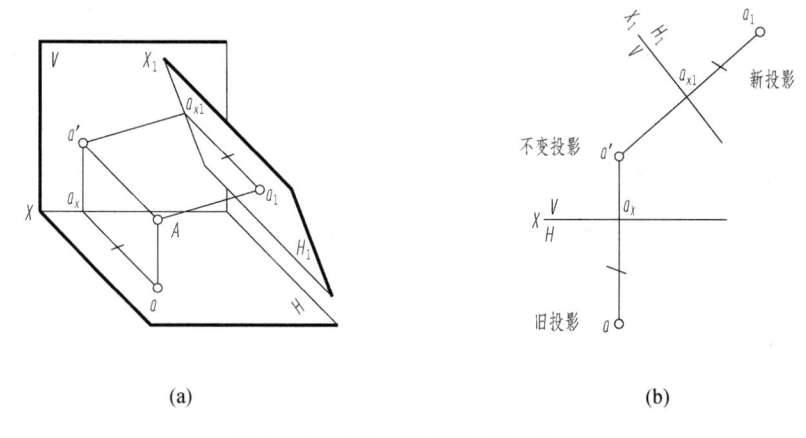

图 4-4 点的一次变换（换 H 面）
(a) 立体图；(b) 投影图

当将投影面 V、H 和 H_1 展开在一平面上时，其点换面规律和作图步骤同上。

由上述点的换面规律，即可根据点的两投影 a'、a 和新轴 X_1，作出其 V_1 面上的新投影，如图 4-5 所示。作图步骤如下：

(1) 自 a 引投影连线垂直于 X_1 轴。

(2) 在垂线上截取 $a_1' a_{x1} = a' a_x$，即得新投影 a_1'。

如图 4-6 所示，根据点的两投影 a'、a 和新轴 X_1，作出其 H_1 面上的新投影。作图步骤如下：

(1) 自 a' 引投影连线垂直于 X_1 轴。

(2) 在垂线上截取 $a_1 a_{x1} = a a_x$，即得新投影 a_1。

(a) (b)

(a) (b)

图 4-5 求 V_1 面上的新投影

图 4-6 求 H_1 面上的新投影

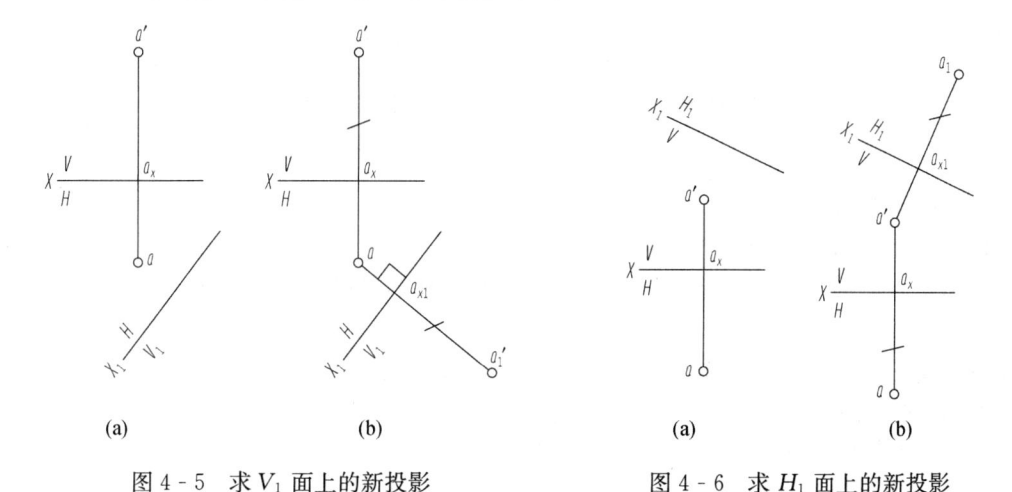

2. 点的二次变换

在求解空间几何问题时，一次换面通常不能满足解题需要，必须进行两次（或更多次的）换面。点在一次换面时的两条作图规律，对于多次换面也适用。

如图 4-7 所示，在 V/H 体系中，第一次用 V_1 面替换 V 面，形成 V_1/H 新体系，第二次再用 H_2 面替换 H 面，形成新体系 V_1/H_2，它们的交线 X_2 为新轴，a_2 为新投影。而 V_1/H

便成了旧体系，X_1 为旧轴，a 为旧投影，a_1' 为不变投影。点二次换面的作图规律与一次换面一样，即 $a_2a_1' \perp X_2$，$a_2a_{x2} = aa_{x1}$。

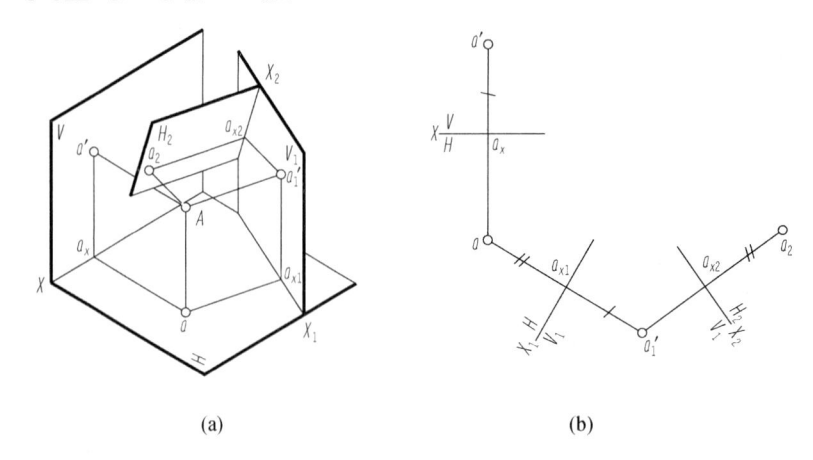

图 4-7 点的二次变换（先换 V 面后换 H 面）
(a) 立体图；(b) 投影图

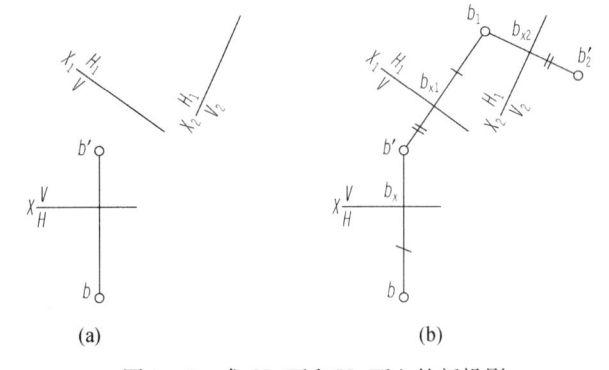

图 4-8 求 H_1 面和 V_2 面上的新投影
(a) 已知；(b) 作图

在图 4-8（a）中，已知点 B 的两投影 b' 和 b，以及新轴 X_1 和 X_2，求它们在 H_1 面上和 V_2 面上的新投影 b_1、b_2'。

作图方法如图 4-8（b）所示：

（1）过 b' 作 X_1 轴的垂线，并截取 $b_1b_{x1} = bb_x$，得 H_1 面上的新投影 b_1。

（2）过 b_1 作 X_2 轴的垂线，并截取 $b_2'b_{x2} = b'b_{x1}$，得 V_2 面上的新投影 b_2'。

二、基本作图

1. 将一般位置直线变换成投影面的平行线

如图 4-9（a）所示，要把一般位置直线 AB 变换为投影面的平行线，可用 V_1 面替换 V 面，并让 $V_1 \perp H$、$V_1 // AB$，这样直线 AB 就在 V_1/H 体系中成为 V_1 面的平行线；而且在不变投影面 H 上，必然有新轴 X_1 平行于不变投影 ab，即 $X_1 // ab$。

作图步骤如下：

（1）作新投影轴 $X_1 // ab$，如图 4-9（b）所示。

（2）分别作出 A、B 两点在 V_1 面上的新投影 a_1'、b_1'。

（3）用直线连接 $a_1'b_1'$，则 $a_1'b_1'$ 即为直线 AB 在 V_1 面上的新投影，且投影 $a_1'b_1'$ 的长度等于线段 AB 的实长，$a_1'b_1'$ 与 X_1 的夹角等于直线 AB 与 H 面的倾角 α。

在图 4-10 中，是用 H_1 面替换 H 面，把直线 AB 变换成投影面 H_1 的平行线。这里 $H_1 \perp V$、$H_1 // AB$，直线 AB 在 V/H_1 体系中为 H_1 面的平行线。新投影 a_1b_1 反映线段 AB 的实长，a_1b_1 与 X_1 轴的夹角等于直线 AB 与 V 面的倾角 β。

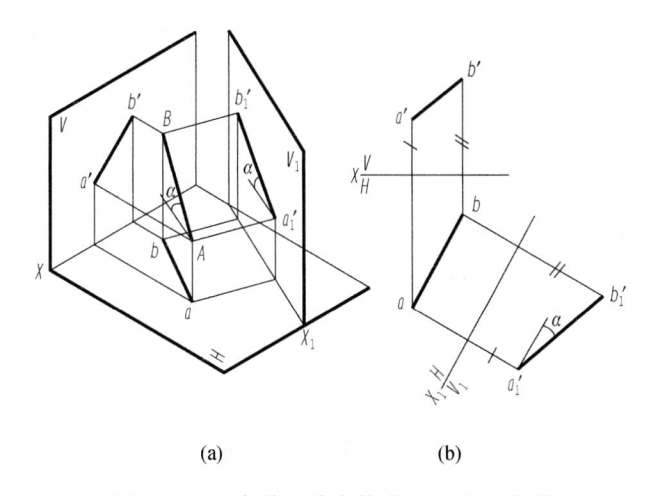

图 4-9 一般位置线变换成 V_1 面的平行线
(a) 立体图；(b) 投影图

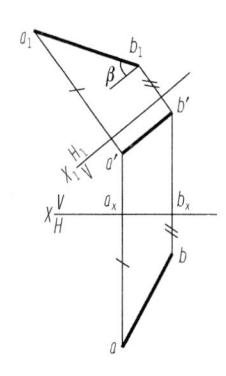

图 4-10 一般位置线变换成 H_1 面的平行线

2. 将投影面的平行线变换成投影面的垂直线

如图 4-11 所示，要把正平线 AB 变换成投影面的垂直线，必须用 H_1 面去替换 H 面，并使 $H_1 \perp V$、$H_1 \perp AB$，这样，直线 AB 在 H_1/V 体系中就成为 H_1 面的垂直线。而且，在不变投影面 V 上，必然有不变投影 $a'b'$ 垂直于新轴 X_1，即 $X_1 \perp a'b'$。

作图步骤如下：

(1) 作新投影轴 $X_1 \perp a'b'$，如图 4-11（b）所示。

(2) 作出 A、B 两点在 H_1 面的新投影 $a_1(b_1)$，积聚成一点。

图 4-12 所示为将水平线 AB 变换成 V_1 面垂直线的作图方法，所设新轴 X_1 要垂直于实长投影 ab，作出的新投影 $(a_1')b_1'$ 积聚成一点。

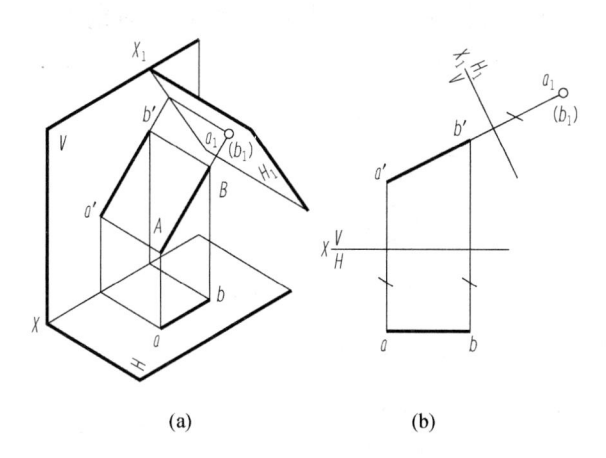

图 4-11 将正平线变换成 H_1 面的垂直线
(a) 立体图；(b) 投影图

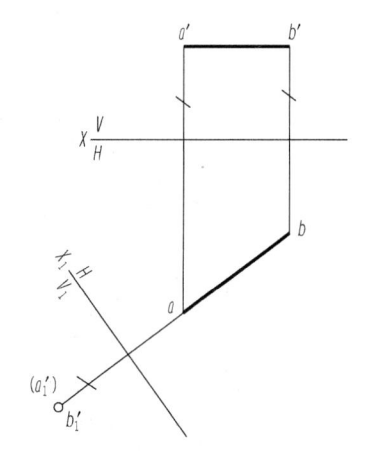

图 4-12 将水平线变换成 V_1 面的垂直线

3. 将一般位置直线变换成投影面的垂直线

由上述两个基本作图可知，要将一般位置直线变换成投影面的垂直线，必须经过两次变换（见图 4-13）：第一次换面是将一般位置直线变换成投影面的平行线，第二次换面再将投影面的平行线变换成投影面的垂直线。具体作图过程是基本作图 1 和基本作图 2 的综合（参见图 4-9 和图 4-11）。

(a)　　　　　　　　　(b)

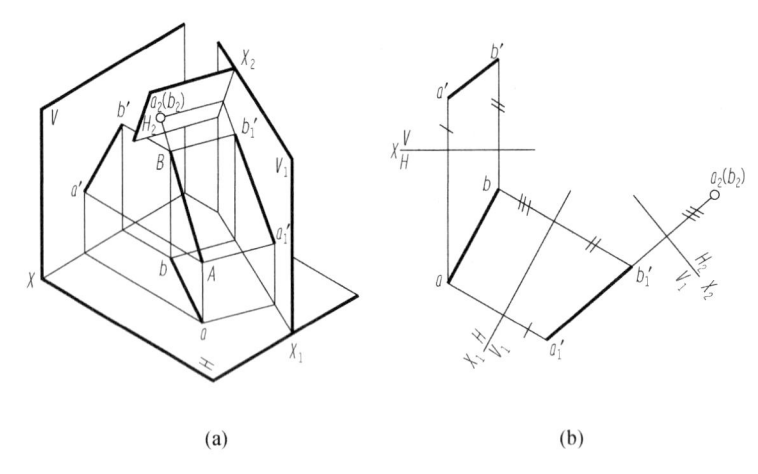

图 4-13　将一般位置直线变换成 H_2 面的垂直线
(a) 立体图；(b) 投影图

4. 将一般位置平面变换成投影面垂直面

如图 4-14 所示，将一般位置平面△ABC 变换成投影面的垂直面，可用 V_1 面替换 V 面，使 $V_1 \perp H$、$V_1 \perp \triangle ABC$。为此，应该在△ABC 上先作一条水平线 AD，然后让 V_1 面与水平线 AD 垂直，同时又垂直于 H 面。

作图步骤如下：

(1) 在△ABC 上作水平线 AD，其投影为 $a'd'$ 和 ad，如图 4-14 (b) 所示。

(2) 作新投影轴 $X_1 \perp ad$。

(3) 作△ABC 在 V_1 面的新投影 $a_1'b_1'c_1'$，则 $a_1'b_1'c_1'$ 积聚为一直线，它与 X_1 轴的夹角反映△ABC 对 H 面的倾角 α。

(a)　　　　　　　　　(b)

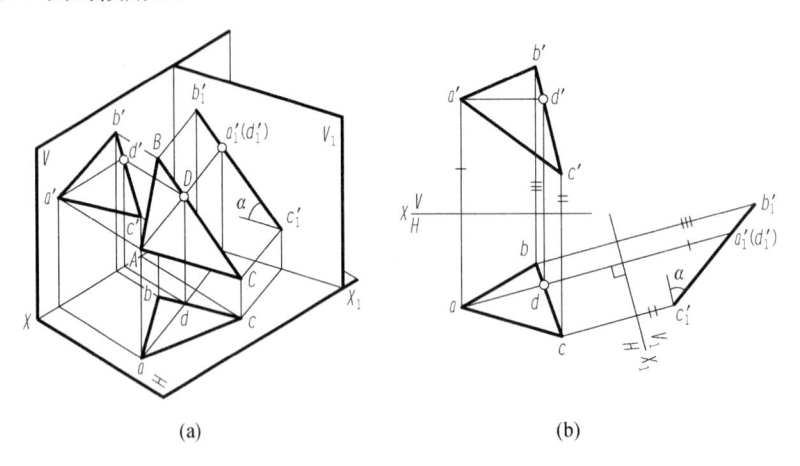

图 4-14　将一般位置面变换成 V_1 面的垂直面
(a) 立体图；(b) 投影图

图 4-15 所示为用 H_1 面替换 H 面，将一般位置平面变换成投影面垂直面的作图方法，此时 H_1 面必须垂直于平面上的一条正平线，才可能把平面变换成 V/H_1 体系中 H_1 面的垂直面。作图时，新轴 X_1 应垂直于正平线 AD 的实长投影 $a'd'$，作出的新投影 $a_1 b_1 c_1$ 就会积聚成一条直线，它与 X_1 轴的夹角等于△ABC 对 V 面的倾角 β。

5. 将投影面垂直面变换成投影面平行面

如图 4-16 所示，要将铅垂面△ABC 变换成投影面平行面，必须用 V_1 面替换 V 面，使 $V_1 \parallel \triangle ABC$、$V_1 \perp H_1$，这样铅垂面△$ABC$ 在 V_1/H 体系中就成为 V_1 面的平行面。

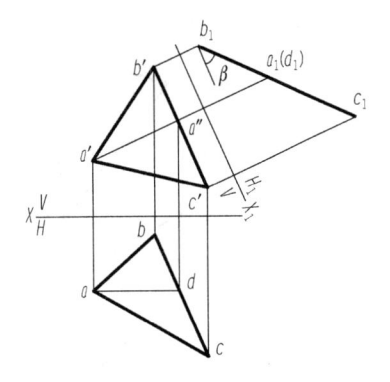

图 4-15 将一般位置平面变换成 H_1 面的垂直面

(a)　　　　　　(b)

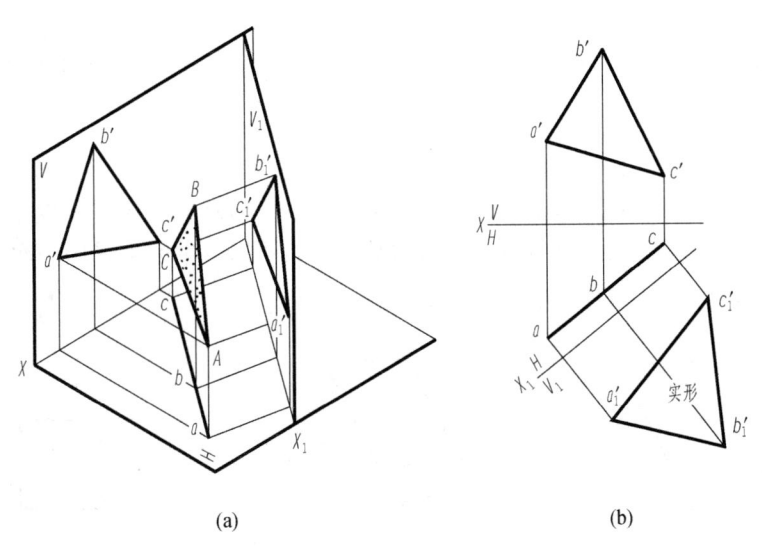

图 4-16 将铅垂面变换成 V_1 面的平行面
(a) 立体图；(b) 投影图

作图步骤如下：

(1) 作新轴 $X_1 \parallel abc$（积聚投影）。

(2) 分别作出 A、B、C 三点在 V_1 面上的新投影 a_1'、b_1'、c_1'。

(3) 连接 a_1'、b_1'、c_1' 成三角形，则 a_1'、b_1'、c_1' 即为△ABC 在 V_1 面的新投影，它反映平面△ABC 的实形。

图 4-17 所示为将正垂面变换成投影面平行面的作图方法，这时必须用 H_1 面替换 H 面，使 $H_1 \parallel \triangle ABC$、$H_1 \perp V$，这样△$ABC$ 在 H_1/V 体系中就成为平行于 H_1 面的平行面。作图时，新轴 X_1 要平行于 $a'b'c'$（积聚投影），新投影 $a_1 b_1 c_1$ 反映△ABC 的实形。

6. 将一般位置平面变换成投影面的平行面

如图 4-18 所示，要将一般位置平面变换成投影面的平行面，需经两次换面：第一次换面是将平面△ABC 变换成投影面的垂直面，第二次换面再将其变换成投影面的平行面。作图过程是基本作图 4 和基本作图 5 的综合（参见图 4-14 和图 4-17）。

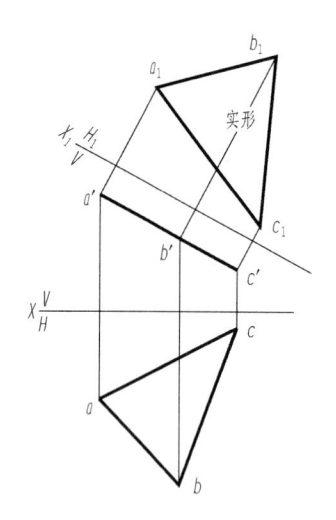

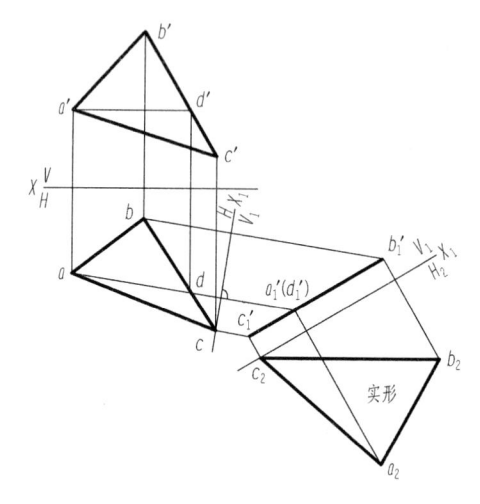

图 4-17 将正垂面变换成 H_1 面的平行面　　图 4-18 将一般位置平面变换成 H_2 面的平行面

三、应用举例

【**例 4-1**】 求作点 S 到平行四边形 $ABCD$ 的距离，如图 4-19（a）所示。

分析：当平面为投影面的垂直面时，如图 4-19（c）所示，利用平面投影的积聚性，能直接作出点到平面的距离，此距离为投影面的平行线。所以，本题可采用一次换面，将平行四边形 $ABCD$ 变换成 V_1 面的垂直面。

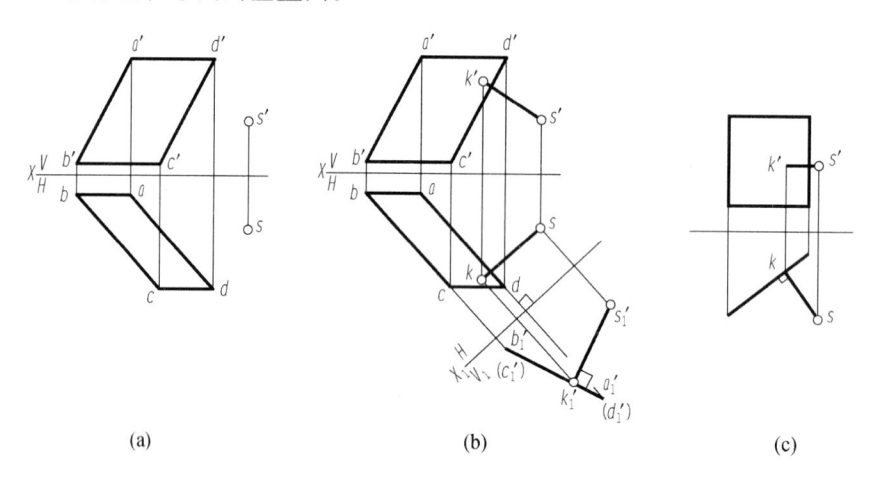

图 4-19 换面法求点到平面的距离
(a) 已知；(b) 作图过程；(c) 作图结果

作图步骤如下：

（1）作 X_1 轴垂直于平行四边形 $ABCD$ 上的水平线的水平投影，即 $X_1 \perp ad$，如图 4-19（b）所示。

（2）作出点 S 和平面 $ABCD$ 的新投影，并作 $s_1'k_1' \perp a_1'b_1'c_1'd_1'$ 得垂足 k_1'（$s_1'k_1'$ 反映距离实长）。

（3）返回作图求出 K 点在 H 面、V 面的投影 k、k'（$sk // X_1$），连接 s'、k' 和 s、k，则 $s'k'$ 和 sk 即为距离线段在 V 和 H 面上的投影。

第四章 投 影 变 换

【例 4-2】 已知点 M 的水平投影 m 及点 M 到直线 AB 的距离 L，求点 M 的正面投影，如图 4-20（a）所示。

分析：当直线 AB 为投影面垂直线时，直线积聚投影与点 M 投影之间的距离等于点 M 到直线 AB 的实际距离，如图 4-20（c）所示。要将一般位置直线变换为投影面的垂直线，需要二次变换。

作图步骤如下：

(1) 作新轴 $X_1 /\!/ ab$，如图 4-20（b）所示。

(2) 作出直线 AB 在 V_1 面的新投影 $a_1' b_1'$。

(3) 作新轴 $X_2 \perp a_1' b_1'$。

(4) 作出直线 AB 在 H_2 面上的新投影 $a_2(b_2)$。

(5) 求点 M 在 H_2 面上的新投影 m_2 时，是以 $a_2(b_2)$ 为圆心，以 L 为半径画圆，并与距离 X_2 等于 mm_{x1} 的平行线相交于 m_2。

(6) 分别过 m、m_2 向 X_1 和 X_2 轴作投影联系线相交于 m_1'，过 m 向 X 轴作投影联系线，取 $m'm_x = m_1' m_{x1}$，m' 即是点 M 在 V 面上的投影。

图 4-20（b）中也作出了点 M 到直线 AB 间垂直线段 MK 的 V、H 面投影。

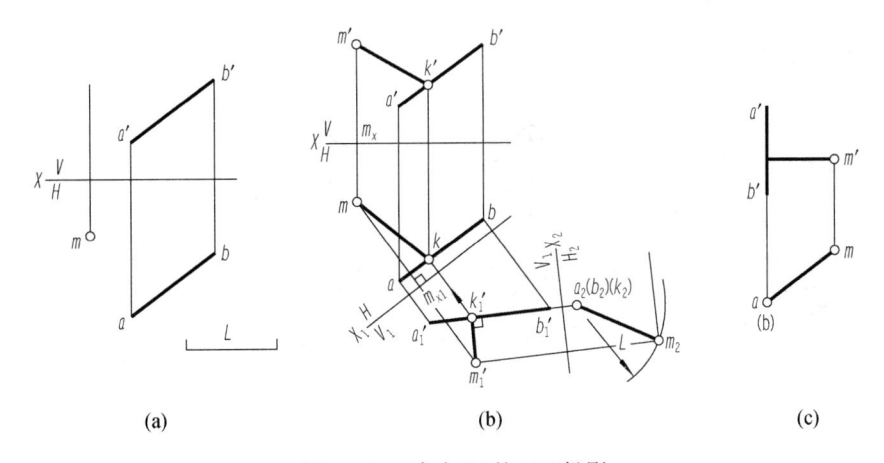

图 4-20 求点 M 的正面投影
(a) 已知；(b) 作图过程；(c) 作图结果

【例 4-3】 求两交错直线 AB、CD 的距离，如图 4-21（a）所示。

分析：AB、CD 两交错直线之间的距离为其公垂线，若将两交错直线中的直线 AB（或 CD），变换为新投影面的垂直线，则公垂线 LK 必成为平行于新投影面的平行线，如图 4-21（b）所示，其投影反映实长，且公垂线 LK 与直线 CD 在新投影面上的投影成直角。

作图步骤如下：

(1) 作新轴 $X_1 /\!/ ab$，如图 4-21（c）所示。

(2) 分别作出 AB、CD 两直线在 V_1 面上的新投影 $a_1' b_1'$、$c_1' d_1'$。

(3) 作新轴 $X_2 \perp a_1' b_1'$。

(4) 分别作出 AB、CD 两直线在 H_2 面上的新投影 $a_2(b_2)$、$c_2 d_2$。

(5) 作公垂线 LK 的新投影 $l_2(k_2)$，则 LK 即为两交错直线之间的距离。

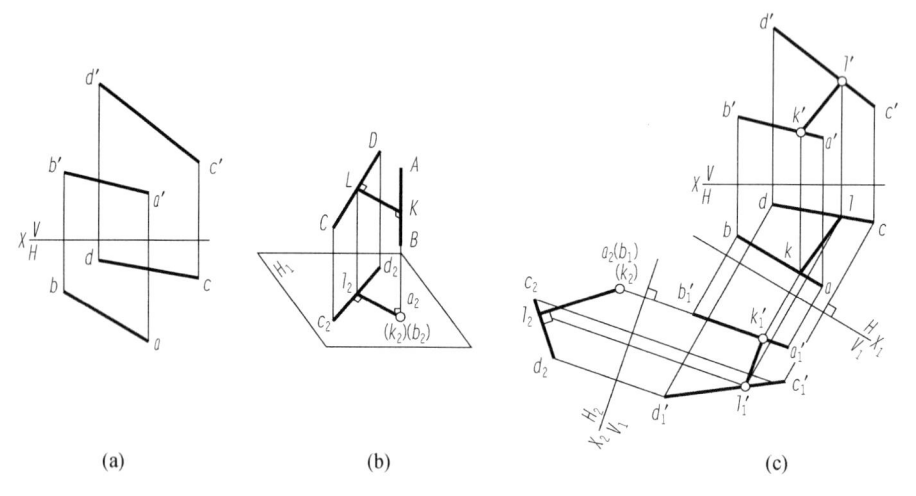

图 4-21 求两交错直线的距离
(a) 已知；(b) 原理分析；(c) 作图结果

图 4-21 (c) 中作出了公垂线在 V_1、H、V 面上的投影。

【例 4-4】 求平面 ABC 与平面 ABD 之间的夹角，如图 4-22 (a) 所示。

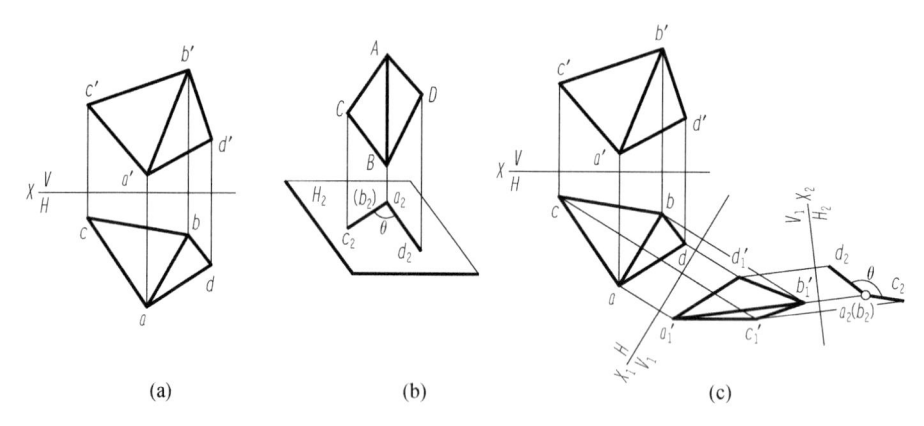

图 4-22 求两平面间的夹角
(a) 已知；(b) 原理分析；(c) 作图

分析：当两平面同时垂直于某一投影面时，如图 4-22 (b) 所示，它们在投影面上的投影积聚为两段直线，此两直线间的夹角就反映空间两平面的二面角 θ。要将两平面变换成新投影面的垂直面，只要将它们的交线变换为新投影面的垂直线即可。本题若将一般位置直线 AB 变换为投影面的垂直线，则需两次换面。

作图步骤如下：

(1) 作新轴 $X_1 \mathbin{/\mkern-6mu/} ab$，如图 4-22 (c) 所示。

(2) 作出两平面各顶点的新投影 a_1'、b_1'、c_1'、d_1'。

(3) 作新轴 $X_2 \perp a_1' b_1'$。

(4) 作出两平面二次变换的新投影，积聚为两条直线 $a_2(b_2)c_2$ 和 $a_2(b_2)d_2$，则两直线的夹角就是两平面的二面角 θ，如图 4-22 (c) 所示。

第三节　旋转法——绕投影面垂直线旋转

如图 4-23（a）所示，空间点 A 以铅垂线 MN 为轴线旋转，其运动轨迹是一个水平圆，圆心为直线 MN 上的点 O，半径为 OA；水平圆的水平投影是反映其实形的圆，正面投影是平行于 X 轴的线段，长度等于水平圆的直径。由此可知，当空间点绕铅垂线旋转时，点的水平投影作圆周运动，圆心为铅垂线的积聚投影，点的正面投影作水平移动（$/\!/X$ 轴）。

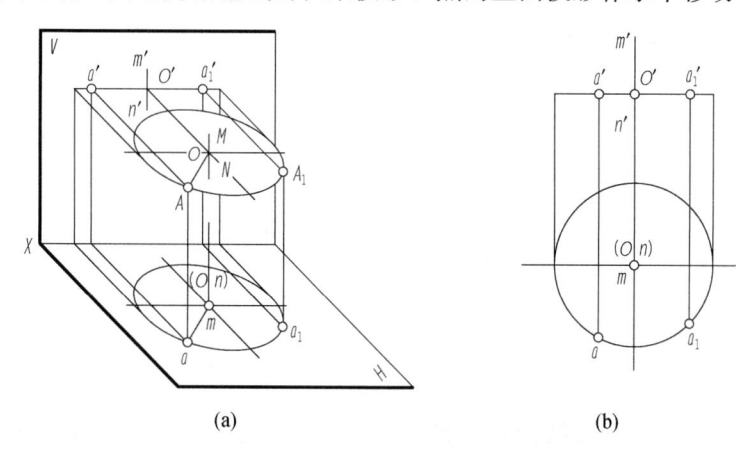

图 4-23　点绕垂直于 H 面的轴线旋转
(a) 立体图；(b) 投影图

图 4-24 所示为点 A 绕正垂线旋转时的情况，点 A 的运动轨迹是一个正平圆，因此，在正面投影上点的正面投影作圆周运动，水平投影作水平移动。

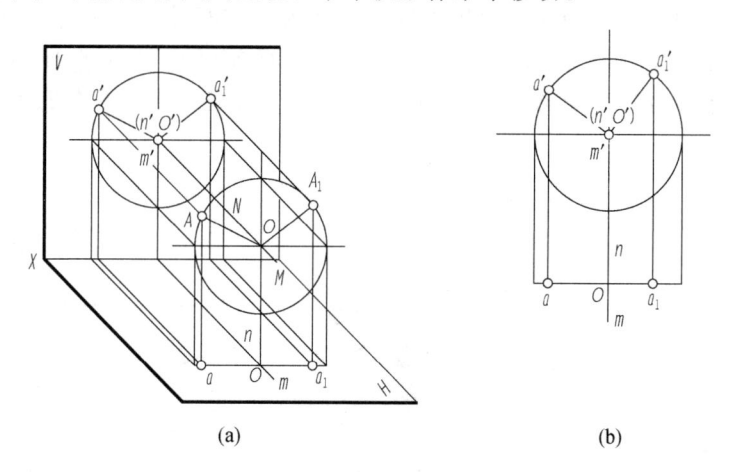

图 4-24　点绕垂直于 V 面的轴线旋转
(a) 立体图；(b) 投影图

具体作图时，要先作投影点运动轨迹为圆的投影，再作运动轨迹为水平移动的投影。

【例 4-5】 求一般位置直线 AB 的实长及对 H 面倾角 α，如图 4-25（a）所示。

分析：如图 4-25（b）所示，让一般位置直线 AB 绕铅垂线为轴线旋转，可将其变换成正平线，新的正面投影 $a_1'b_1'$ 反映直线 AB 的实长，且它与 X 轴的夹角等于直线 AB 对 H 面的倾角α。为使作图简便，选择通过端点B的铅垂线作旋转轴，这样点B在直线旋转过程中位置不变，只需旋转另一端点A即可完成作图。

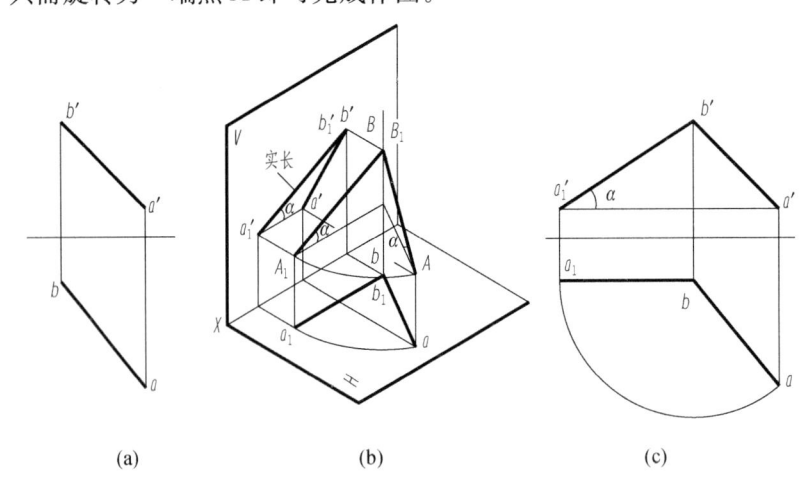

图 4 - 25 求一般位置直线的实长和倾角α
(a) 已知；(b) 作图过程；(c) 作图结果

作图步骤如下：

(1) 以b为圆心（也是轴线的积聚投影），ab为半径，将ab旋转到a_1b的位置，且使a_1b∥X轴，如图 4 - 25 (c) 所示。

(2) 由a'作X轴的平行线，在该线上求得a_1'，连接$a_1'b'$即得旋转后的正面投影。投影$a_1'b'$反映直线AB的实长，它与X轴的夹角反映直线AB对H面的倾角α。

【例 4 - 6】 求正垂面△ABC的实形，如图 4 - 26 (a) 所示。

分析：如图 4 - 26 (b) 所示，要将垂直于V面的△ABC旋转到平行于H面的位置，必须选择正垂线为轴线，可让轴线通过点A。当△ABC旋转至平行于H面的新位置得到△AB_1C_1时，它在V面上的新投影$a'b_1'c_1'$应成为平行于X轴的直线，在H面上新投影ab_1c_1则反映实形。

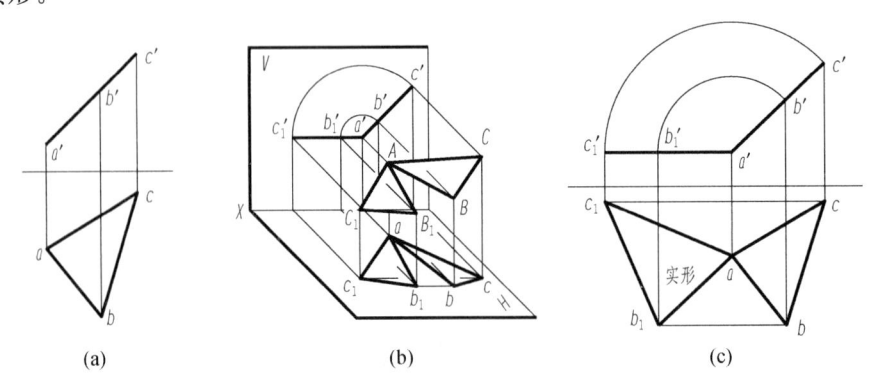

图 4 - 26 求△ABC的实形
(a) 已知；(b) 作图过程；(c) 作图结果

作图步骤如下：

(1) 以a'为圆心，$a'b'$、$a'c'$为半径，使新投影$a'b_1'c_1'$旋转至平行于X轴的位置，如

图 4-26（c）所示。

(2) 过 b、c 作 X 轴的平行线，分别与过 b_1'、c_1' 的投影联系线相交于 b_1、c_1 两点。

(3) 连线得到 $\triangle ab_1c_1$，即为 $\triangle ABC$ 的实形。

【例 4-7】 求点 S 到平行四边形 $ABCD$ 的距离，如图 4-27（a）所示。

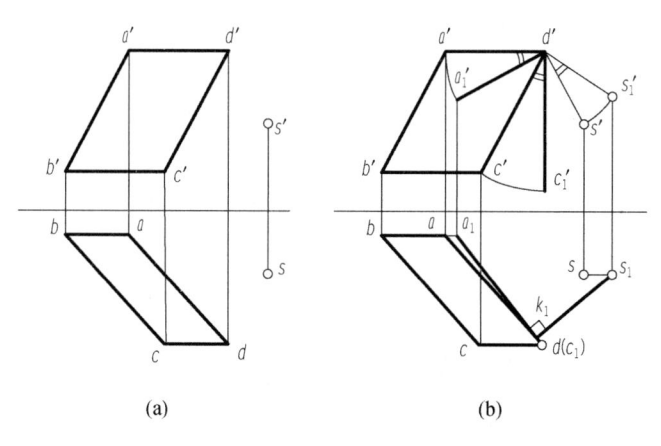

图 4-27 求点到平面的距离
(a) 已知；(b) 作图

分析：根据平行四边形的已知条件，可选择通过点 D 的正垂线为轴线，同时旋转点 S 和平行四边形上的 A、C、D 三点（此三点确定平行四边形 $ABCD$），并使 CD 边旋转成为铅垂线，则旋转后的平面垂直于 H 面。利用平面的积聚投影，可确定点 S 到平行四边形 $ABCD$ 的距离。

作图步骤如下：

(1) 把平行四边形 $ABCD$ 上的正平线 CD 边旋转成铅垂线（轴线为通过点 D 的正垂线），得正面投影 $c_1'd' \perp X$ 轴，水平投影积聚为一点 $d(c_1)$，如图 4-27（b）所示。

(2) 与点 C 同轴、同角、同方向，旋转点 A、S，并作出它们的新投影 a_1'、s_1' 和 a_1、s_1。

(3) 连接 $a_1d(c_1)$（积聚成一直线），即为平行四边形的新投影。

(4) 由 s_1 向平行四边形积聚投影 $a_1d(c_1)$ 作垂线，垂足为 k_1，则 s_1k_1 即为点 S 到平行四边形 $ABCD$ 的距离。

第五章　基本几何体的投影

工程上的形体，不论形状多么复杂，都可以看作是由基本几何体按照不同的方式组合而成的。基本几何体为表面规则而单一的几何体，按其表面性质，可以分为平面立体和曲面立体两类。

(1) 平面立体：立体表面全部由平面围成的立体，如棱柱和棱锥等。

(2) 曲面立体：立体表面全部由曲面或曲面和平面围成的立体，如圆柱、圆锥、圆球等。本章主要讨论基本几何体及其表面上点、线的投影作图方法。

第一节　平面立体的投影

平面立体的各表面都是平面图形，面与面的交线为棱线，棱线与棱线的交点为顶点。在投影图上表示平面立体，就是把组成立体的平面和棱线表示出来，并判断可见性；可见的平面或棱线的投影（称为轮廓线）画成粗实线，不可见的轮廓线画成虚线。

一、棱柱

棱柱由两个底面和若干棱面组成，棱面与棱面的交线称为棱线，棱线互相平行。棱线与底面垂直的棱柱称为正棱柱。本节仅讨论正棱柱的投影。

1. 棱柱的投影

棱柱按棱线的数量分为三棱柱、四棱柱……。下面以正六棱柱为例进行介绍。图 5-1 (a) 所示为一正六棱柱，该棱柱由上、下两个底面（正六边形）和六个棱面（长方形）组成。为了表达形体特征，以便看图和画图方便，设将该棱柱放置成上、下底面与水平投影面平行，并有两个棱面平行于正投影面。

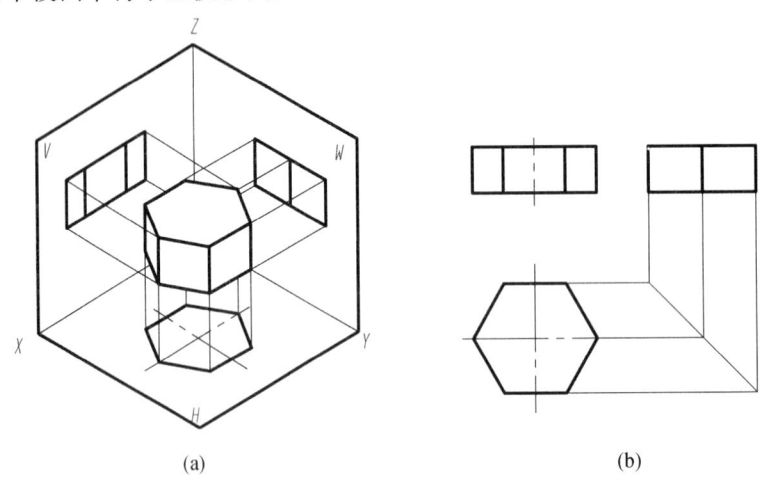

图 5-1　正六棱柱的投影
(a) 立体图；(b) 投影图

图 5-1（b）所示为正六棱柱的三面投影。该棱柱的上、下两底面均为水平面，它们的水平投影重合并反映实形，正面及侧面投影积聚为两条相互平行的直线。六个棱面中，前、后两个为正平面，它们的正面投影反映实形，水平投影及侧面投影积聚为一直线；其他四个棱面均为铅垂面，其水平投影均积聚为直线，正面投影和侧面投影均为类似形。

正棱柱的投影特征是：当棱柱的底面平行于某一个投影面时，棱柱在该投影面上投影的外轮廓为与其底面全等的正多边形，而另外两个投影则由若干个相邻的矩形线框组成。

为保证正六棱柱投影间的对应关系，三面投影图必须保证：正面投影和水平投影长对正，正面投影和侧面投影高平齐，水平投影和侧面投影宽相等。这也是三面投影图之间的"三等关系"。

2. 棱柱表面上点的投影

平面立体表面上取点，实际就是在平面上取点；不同的是，平面立体表面上的点存在可见性问题。规定点的投影用"○"表示，可见点的投影用相应投影面的投影符号表示，如 m、m'、m'' 等，不可见点的投影用相应投影面的投影符号加括号表示，如 (n)、(n')、(n'') 等。

棱柱表面上取点的方法为：利用点所在的面的积聚性法（因为正棱柱的各个面均为特殊位置平面，均具有积聚性）。首先应根据点的位置和可见性确定点位于立体的哪个平面上，并分析该平面的投影特性，然后再根据点的投影规律求得。

【例 5-1】 如图 5-2（a）和图 5-2（b）所示，已知棱柱表面上点 M、N 的正面投影 m'、n'，求作它们的其他两面投影。

(a)

(b)

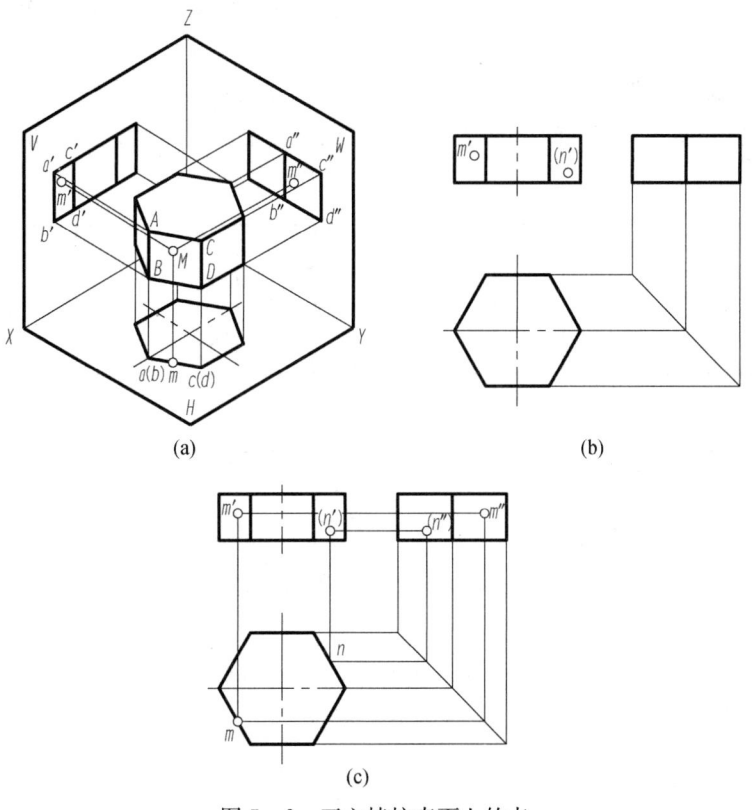

(c)

图 5-2 正六棱柱表面上的点
(a) 立体图；(b) 已知；(c) 作图

分析：因为 m' 可见，所以点 M 必在左前棱面 $ABCD$ 上。此棱面是铅垂面，其水平投影积聚成一条直线，故点 M 的水平投影 m 必在此直线上，接着再根据 m、m' 可求出 m''。由于 $ABCD$ 的侧面投影可见，故 m'' 也可见。因为 n' 不可见，所以点 N 必在右后棱面上。后棱面也是铅垂面，其水平投影积聚成一条直线，故点 N 的水平投影 n 必在此直线上，再根据 n、n' 即可求出 n''。由于右后棱面的侧面投影不可见，故 n'' 也不可见。

作图步骤如图 5-2（c）所示：

（1）从 m' 向 H 面作投影连线与正六棱柱左前棱面 $ABCD$ 的水平投影相交求得 m，由 m 和 m' 求得 m''。从 n' 向 H 面作投影连线与右后棱面的水平投影相交求得 n，由 n 和 n' 求得 n''。

（2）判断可见性：可见性的判断原则是，若点所在面的投影可见（或有积聚性），则点的投影也可见。由此可知，m' 和 m'' 均可见，n' 和 n'' 均不可见。

特别强调：点与积聚成直线的平面重影时，视为可见，投影不加括号。

3. 棱柱的表面上线的投影

平面立体表面上取线，实际还是在平面上取点。不同的是，平面立体表面上的线存在可见性问题。可见面上的线可见，用粗实线表示；不可见面上的线不可见，用虚线表示。

棱柱的表面上线的投影方法：利用点所在的面的积聚性法（因为正棱柱的各个面均为特殊位置平面，均具有积聚性）。首先应确定点位于立体的哪个平面上，并分析该平面的投影特性，然后再根据点的投影规律求各点的投影，最后将各点的投影连线。

以正六棱柱为例，正五棱柱、正三棱柱等的取线问题以此类推。

【例 5-2】 如图 5-3（a）所示，已知正六棱柱表面上线 $ABCD$ 的正面投影，求作该线的其他两面投影。

分析：首先按照 [例 5-1] 的方法将 A、B、C、D 四个点的水平投影和侧面投影求出，然后将各点连线。连线时需判断可见性，即面可见，面上的线可见；反之亦然。作图步骤如图 5-2（c）所示。

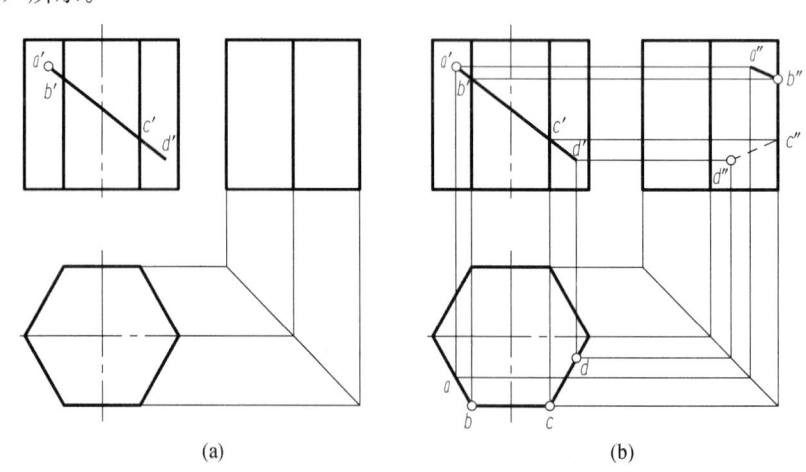

图 5-3 正六棱柱表面上的线
(a) 已知；(b) 作图

二、棱锥

1. 棱锥的投影

棱锥由一个多边形的底面和侧棱线交于锥顶的平面组成。棱锥的侧棱面均为三角形平面，棱锥有几条侧棱线就称为几棱锥。以正三棱锥（见图 5-4）为例，正三棱锥的表面由一个底面（正三边形）和三个侧棱面（等腰三角形）围成，设将其放置成底面与水平投影面平行，并有一个棱面垂直于侧投影面。将正三棱锥向三个投影面作正投影，即可得到图 5-4（b）所示的三面投影图。

由于锥底面△ABC 为水平面，因此其水平投影反映实形，正面投影和侧面投影分别积聚为直线段 $a'b'c'$ 和 $a''(c'')b''$。棱面△SAC 为侧垂面，其侧面投影积聚为一段斜线 $s''a''(c'')$，正面投影和水平投影为类似形△$s'a'c'$ 和△sac，前者不可见，后者可见。棱面△SAB 和△SBC 均为一般位置平面，它们的三面投影均为类似形。

棱线 SB 为侧平线，棱线 SA、SC 为一般位置直线，棱线 AC 为侧垂线，棱线 AB、BC 为水平线。

(a) 立体图；(b) 投影图

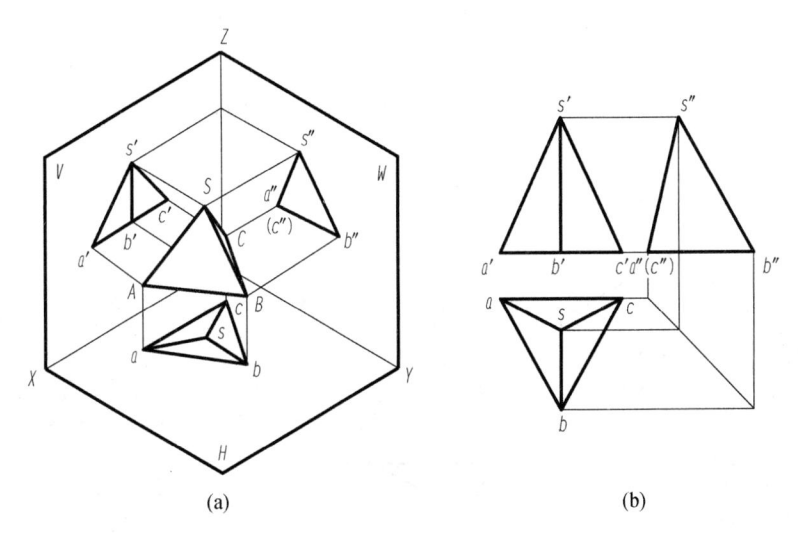

图 5-4 正三棱锥的投影

正三棱锥的投影特征为：当棱锥的底面平行于某一个投影面时，棱锥在该投影面上投影的外轮廓为与其底面全等的正多边形，而另外两个投影则由若干个相邻的三角形线框组成。

构成正三棱锥的各几何要素（点、线、面）应符合投影规律，三面投影图之间应符合"三等关系"。

2．棱锥表面上点的投影

首先确定点位于棱锥的哪个平面上，再分析该平面的投影特性。

若该平面为特殊位置平面，可利用投影的积聚性直接求得点的投影；若该平面为一般位置平面，可通过辅助线法求得。

具体投影方法如下：

（1）利用点所在的面的积聚性法。

（2）辅助线法。

【例 5-3】 如图 5-5（b）所示，已知正三棱锥表面上点 M 的正面投影 m' 和点 N 的水平面投影 n，求作 M、N 两点的其他面投影。

分析：因为 m' 可见，因此点 M 必在△SAB 上。△SAB 为一般位置平面，采用辅助线法，图 5-5（a）中过点 M 及锥顶点 S 作一条直线 SK，与底边 AB 交于点 K，即过 m' 作 $s'k'$，再作出其水平投影 sk。由于点 M 属于直线 SK，根据点在直线上的从属性可知 m 必在 sk 上，因此，求出水平投影 m，再根据 m、m' 即可求出 m''。

因为点 N 不可见，故点 N 必在棱面 $\triangle SAC$ 上。棱面 $\triangle SAC$ 为侧垂面，其侧面投影积聚为直线段 $s''a''(c'')$，因此 n'' 必在 $s''a''(c'')$ 上，由 n、n'' 即可求出 n'。

作图步骤如下：

(1) 过 n' 向侧面作投影连线与 $\triangle SAC$ 的侧面投影相交得 n''，由 n' 和 n'' 求得 n。

(2) 过点 M 作辅助线 SK，即连线 $s'm'$ 交底边 $a'b'$ 于 k'，然后求出 sk，由 m' 作投影线交 sk 于 m，再根据 m' 和 m 即可求出 m''。

(3) 判断可见性：$\triangle SAB$ 棱面的三面投影都可见，因此点 M 的三投影也都可见。$\triangle SAC$ 棱面的水平投影可见、侧面投影积聚，因此 n 和 n'' 均可见。

如图 5-5（c）所示，在 $\triangle SAB$ 上，也可过 m' 作 $m'd'//a'b'$，交左棱 $s'a'$ 于 d'。过 d' 向 H 面引投影连线交 sa 于 d，过 d 作 ab 的平行线与过 m' 向 H 面引投影连线交于 m，再用"二补三"作图，求 m''。

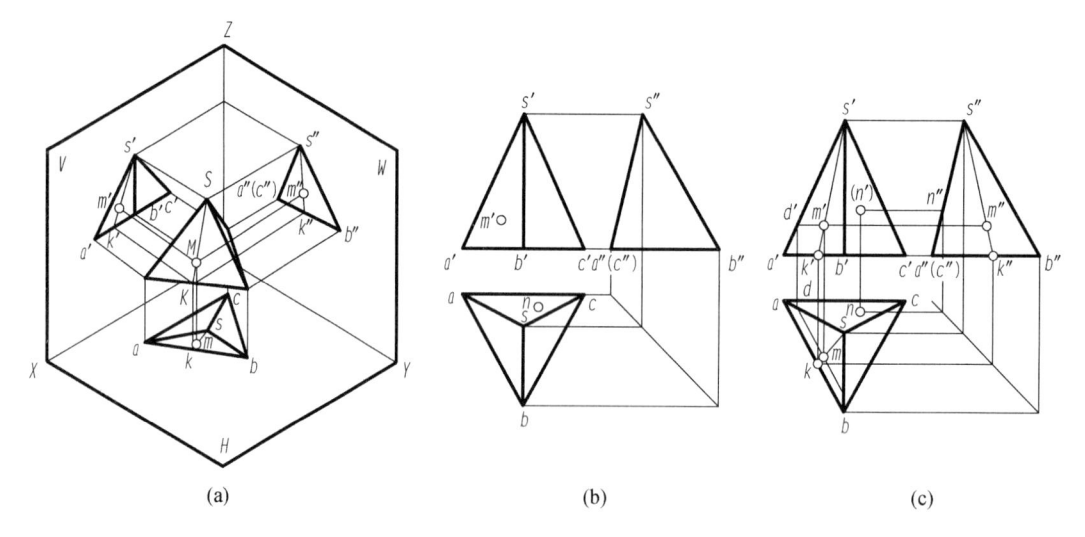

图 5-5 正三棱锥表面上的点
(a) 立体图；(b) 已知；(c) 作图

3. 棱锥表面上线的投影

以正三棱锥的表面取线为例，正四棱锥、正六棱锥等的取线问题以此类推。

【**例 5-4**】 如图 5-6（a）所示，已知正三棱锥表面上线 DEF 的正面投影 $d'e'f'$，求作 DEF 的其他面投影。

分析：因为 d' 可见，所以点 D 必在 $\triangle SAB$ 上。$\triangle SAB$ 为一般位置平面，采用辅助线法，即过点 D 及锥顶点 S 作一条直线 SK，与底边 AB 交于点 K。如图 5-6（b）所示，过 d' 作 $s'k'$，再作出其水平投影 sk。由于点 D 属于直线 SK，根据点在直线上的从属性质可知 d 必在 sk 上，因此，求出水平投影 d，再根据 d、d' 即可求出 d''。F 点的求法同此。

因为点 E 必在前棱 SB 上，故 e'' 必在 $s''b''$ 上，由 e'、e'' 即可求出 e。

连线 DE、EF。EF 在右棱面 $\triangle SBC$ 上，侧面投影不可见，故 EF 侧面投影 $e''f''$ 画成虚线。

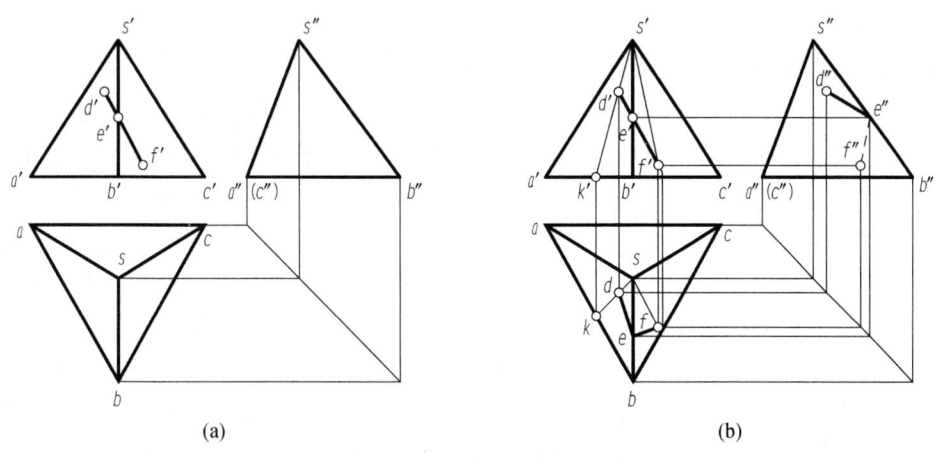

图 5‑6　正三棱锥表面上的线
(a) 已知；(b) 作图

第二节　曲面立体的投影

曲面立体的曲面是由一条母线（直线或曲线）绕定轴回转而形成的。在投影图上表示曲面立体，就是把围成立体的回转面或平面与回转面表示出来。画曲面立体的投影时，轴线用点画线画出，圆的中心线用互相垂直的点画线画出，其交点为圆心。所画点画线应超出圆轮廓线 3～5mm。

一、圆柱

圆柱表面由圆柱面和两底面围成。圆柱面可看作由一条直母线 AA_1 围绕与它平行的轴线 OO_1 回转而成，如图 5‑7 (a) 所示。圆柱面上任意一条平行于轴线的直线，称为圆柱面的素线。

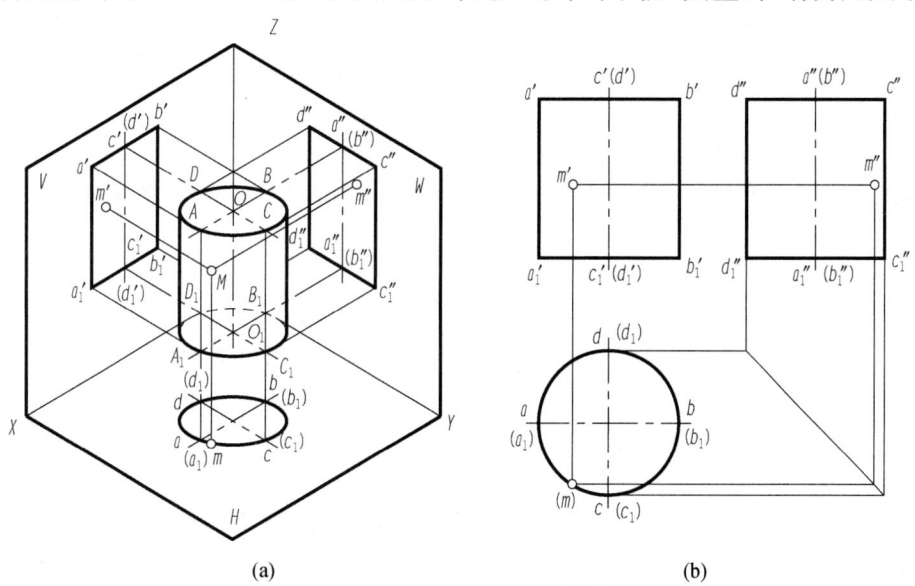

图 5‑7　圆柱的投影及其表面上的点
(a) 立体图；(b) 投影图

1. 圆柱的投影

作图时，一般常使圆柱的轴线垂直于某个投影面。

如图 5-7 (a) 所示，直立圆柱的轴线垂直于水平投影面，圆柱面上所有素线都是铅垂线，因此圆柱面的水平投影积聚成一个圆。圆柱上、下两个底面的水平投影反映实形并与该圆重合。两条互相垂直的点画线表示确定圆心的对称中心线，图中的点画线表示圆柱轴线的投影。圆柱面的正面投影是一个矩形，是圆柱面前半部与后半部的重合投影，其上、下两边分别为上、下两底面的积聚性投影，左、右两边 $a'a'_1$、$b'b'_1$ 分别是圆柱最左、最右素线的投影。最左、最右两条素线 AA_1、BB_1 是圆柱面由前向后的转向线，是正面投影中可见的前半圆柱面和不可见的后半圆柱面的分界线，也称为正面投影的转向轮廓线。正面投影转向轮廓线的侧面投影 $a''a''_1$、$b''b''_1$ 与轴线重合，不需画出。同理，可对侧面投影中的矩形进行类似的分析。圆柱面的侧面投影也是一个矩形，是圆柱面左半部与右半部的重合投影，其上、下两边分别为上、下两底面的积聚性投影，前、后两边 $c''c''_1$、$d''d''_1$ 分别是圆柱最前、最后素线的投影。最前、最后两条素线 CC_1、DD_1 是圆柱面由左向右的转向线，是侧面投影中可见的左半圆柱面和不可见的右半圆柱面的分界线，也称为侧面投影的转向轮廓线。侧面转向轮廓线的正面投影 $c'c'_1$、$d'd'_1$ 也与轴线重合，不需画出。正面和侧面转向轮廓线的水平投影积聚在圆周最左、最右、最前、最后四个点上。

圆柱的投影特征为：当圆柱的轴线垂直于某一个投影面时，必有一个投影为圆形，另外两个投影为全等的矩形。

2. 圆柱面上点的投影

在圆柱面上取点时，可采用辅助直线法（简称素线法）。当圆柱轴线垂直于某一投影面时，圆柱面在该投影面上的投影积聚成圆，可直接利用这一特性在圆柱表面上取点、取线。

【例 5-5】 如图 5-7 (b) 所示，已知圆柱面上点 M 的正面投影 m'，求作点 M 的其余两个投影。

分析：因为圆柱面的水平投影具有积聚性，所以圆柱面上点的水平投影一定重影在圆周上；又因为 m' 可见，所以点 M 必在前半圆柱面的水平投影上，由 m' 求得 m''，再由 m' 和 m'' 即可求得 m。

3. 圆柱表面上线的投影

方法：利用点所在的面的积聚性法（因为圆柱的圆柱面和两底面均至少有一个投影具有积聚性）。

【例 5-6】 如图 5-8 (a) 所示，已知圆柱面上曲线 ABC 的正面投影 $a'b'c'$，求作曲线的其余两个投影。

分析：由图 5-8 (a) 可知，曲线的正面投影均可见，说明曲线在圆柱的前半个柱面上，水平投影与柱面的前半个积聚投影半圆重合。AB 段在左半个柱面上，故侧面投影可见；BC 段在右半个柱面上，故侧面投影不可见。

作图步骤如下：

(1) 过 a' 向 H 面引投影连线与水平积聚投影圆前半圆交于 a，然后用"二补三"作图，确定其侧面投影 a''。

(2) 由正面投影可知，点 B 在最前轮廓线上，点 C 在最右轮廓线上。根据圆柱投影求 B、C 两点的另外两个投影。

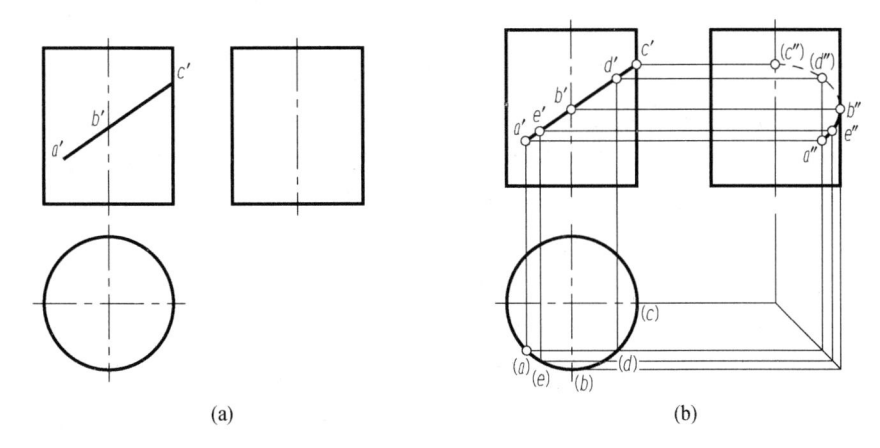

图 5-8 圆柱表面上的线
(a) 已知;(b) 作图

(3) D、E 两点应先求水平投影,过 d′、e′向 H 面引投影连线与水平积聚投影圆前半圆交于 d、e,然后用"二补三"作图,确定其侧面投影 d″、e″。

(4) 曲线 ABC 的水平投影积聚在前半个圆周上的圆弧。侧面投影 AB 在左半个圆柱面上,故侧面投影 a″b″可见,连成实线。侧面投影 BC 在右半个圆柱面上,故侧面投影 b″c″不可见,连成虚线。

二、圆锥

圆锥表面由圆锥面和底面围成。如图 5-9 (a) 所示,圆锥面可看作由一条直母线 SA 围绕与它相交的轴线 SO 回转而成。圆锥面上通过锥顶的任一直线称为圆锥面的素线。

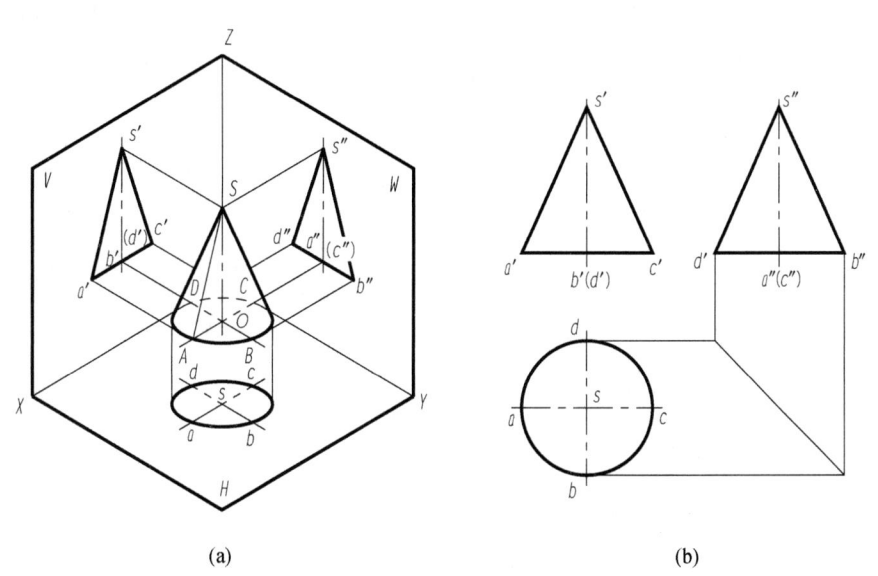

图 5-9 圆锥的投影
(a) 立体图;(b) 投影图

1. 圆锥的投影

画圆锥面的投影时，也常使其轴线垂直于某一投影面。

图 5-9 (a) 所示圆锥的轴线为铅垂线，底面为水平面，图 5-9 (b) 所示为该圆锥的投影图。圆锥的水平投影为一个圆，与圆锥底面圆的投影重合，反映底面的实形，同时也表示圆锥面的投影，顶点的水平投影在圆心处。圆锥的正面、侧面投影均为等腰三角形，其底边均为圆锥底面的积聚投影。正面投影中三角形的两腰 $s'a'$、$s'c'$ 分别表示圆锥面最左、最右轮廓素线 SA、SC 的投影，它们是圆锥面正面投影可见与不可见的分界线。SA、SC 的水平投影 sa、sc 和横向中心线重合，侧面投影 $s''a''(c'')$ 与轴线重合。侧面投影中三角形的两腰 $s''b''$、$s''d''$ 分别表示圆锥面最前、最后轮廓素线 SB、SD 的投影，它们是圆锥面侧面投影可见与不可见的分界线。SB、SD 的水平投影 sb、sd 和纵向中心线重合，正面投影 $s'b'(d')$ 与轴线重合。

圆锥的投影特征为：当圆锥的轴线垂直于某一个投影面时，圆锥在该投影面上的投影为与其底面全等的圆形，另外两个投影为全等的等腰三角形。

2. 圆锥面上点的投影

圆锥面的三个投影都没有积聚性，因此在圆锥表面上取点时，需利用其几何性质，采用作简单辅助线的方法。具体方法有：①过圆锥锥顶画辅助线法（素线法）；②用垂直于轴线的圆作为辅助线法（纬圆法）。

【例 5-7】 如图 5-10 所示，已知圆锥表面上 M 的正面投影 m'，求作点 M 的其余两个投影。

分析：因为 m' 可见，所以 M 必在前半个圆锥面的左边，故可判定点 M 的另两面投影均为可见。

作图方法：素线法。如图 5-10 (a) 所示，过锥顶 S 和 M 作一直线 SA，与底面交于点 A。点 M 的各个投影必在此 SA 的相应投影上。在图 5-10 (b) 中，过 m' 作 $s'a'$，然后求出其水平投影 sa。由于点 M 属于直线 SA，根据点在直线上的从属性可知 m 必在 sa 上，求出水平投影 m，再根据 m、m' 即可求出 m''。

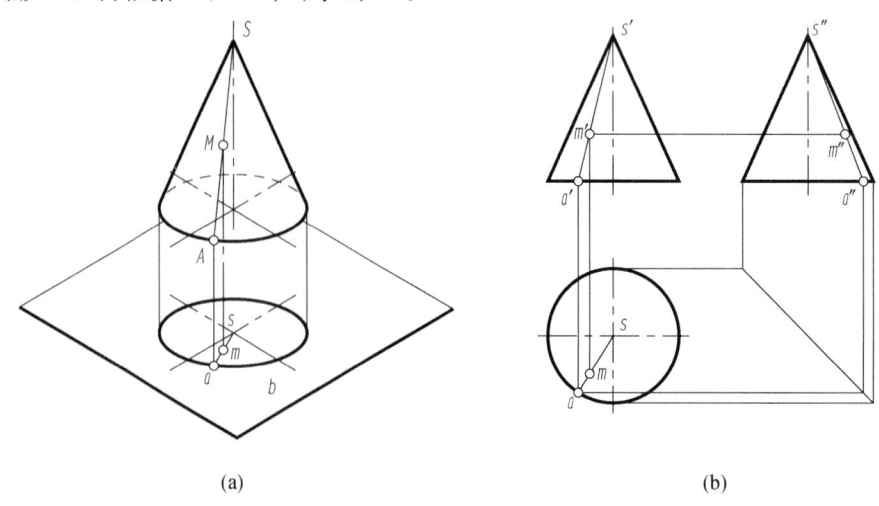

图 5-10 圆锥表面素线法取点
(a) 立体图；(b) 投影图

【例 5-8】 如图 5-11 所示，已知圆锥表面上 N 的正面投影 n′，求作点 N 的其余两个投影。

分析：因为 n′ 可见，所以 N 必在前半个圆锥面的右边，故可判定点 N 的侧面投影不可见。

作图方法：纬圆法。如图 5-11（a）所示，过圆锥面上点 N 作一垂直于圆锥轴线的辅助圆，点 N 的各个投影必在此辅助圆的相应投影上。在图 5-11（b）中，过 n′ 作水平线 a′b′，此为辅助圆的正面投影积聚线。辅助圆的水平投影为一直径等于 a′b′ 的圆，圆心为 s，由 n′ 向 H 面引投影连线与此圆相交，且根据点 N 的可见性即可求出 n，然后再由 n′ 和 n 求出 n″。

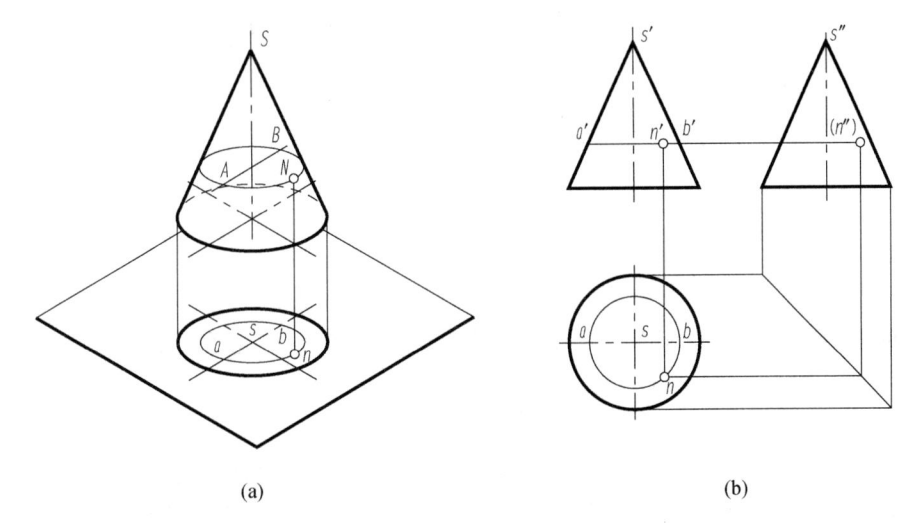

图 5-11 圆锥表面纬圆法取点
(a) 立体图；(b) 投影图

3. 圆锥表面上线的投影

【例 5-9】 如图 5-12 所示，已知圆锥面上线 SAB 的正面投影 s′a′b′，求作该线的其余两个投影。

分析：由图 5-12 可知，线 SAB 的正面投影 s′a′b′ 均可见，说明该线在圆锥的前半面上。其中，SA 段过锥顶且在左半个锥面上，故 SA 段是直线段，其侧面投影可见；AB 段垂直于轴线，故 AB 段是圆曲线；AC 段在左半圆锥，其侧面投影可见；BC 段在右半圆锥，其侧面投影不可见。

作图步骤如下：

（1）用纬圆法求水平投影 a，然后用"二补三"作图，确定其侧面投影 a″。由于 SA 为过锥顶的素线，因此其三面投影为直线，连 s′a′、s″a″。

（2）由正面投影可知，B 点在最右轮廓线上，C 点在最前轮廓线上。根据圆锥的投影特点可直接求出 B、C 两点的投影。

（3）圆曲线 AB 的水平投影为 ab 圆弧。由于 AC 段在左半圆锥面上，因此侧面投影 a″c″ 可见，连实线；BC 段在右半圆锥面上，侧面投影 b″c″ 不可见，连虚线。图中实线与虚线重合的部分画实线。

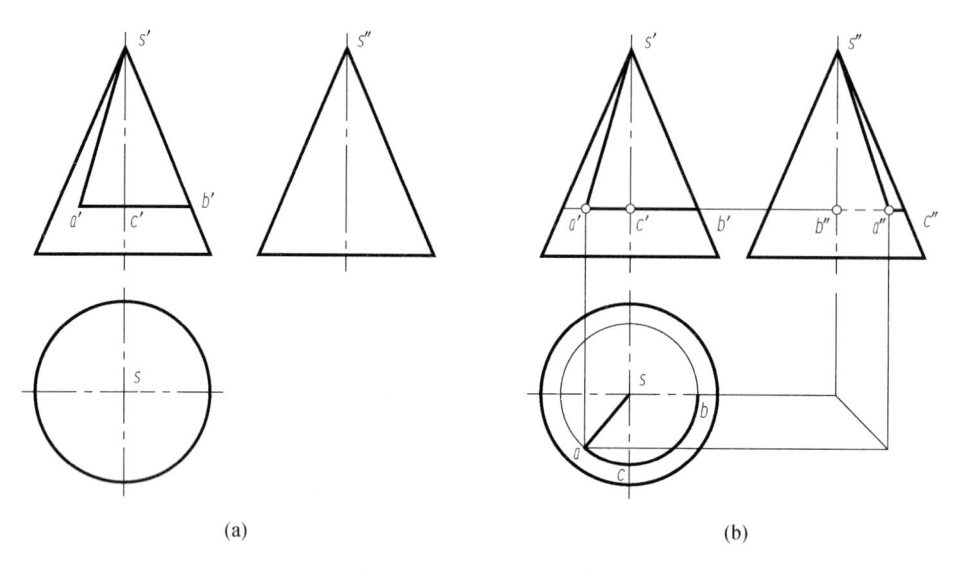

图 5-12 圆锥表面上的线
(a) 已知；(b) 作图

三、圆球

圆球的表面是球面，圆球面可看作是一条圆母线以其一条直径为轴线回转一周而成的曲面。

1. 圆球的投影

图 5-13 (a) 所示为圆球的立体图，图 5-13 (b) 所示为圆球的投影。圆球在三个投影面上的投影都是直径相等的圆，但这三个圆分别表示三个不同方向的转向轮廓线的投影。正面投影的圆 a' 是平行于 V 面的正面转向轮廓线圆 A（它是可见前半球与不可见后半球的分界线）的投影。A 的水平投影 a 与水平投影的横向中心线重合，A 的侧面投影 a'' 与侧面投

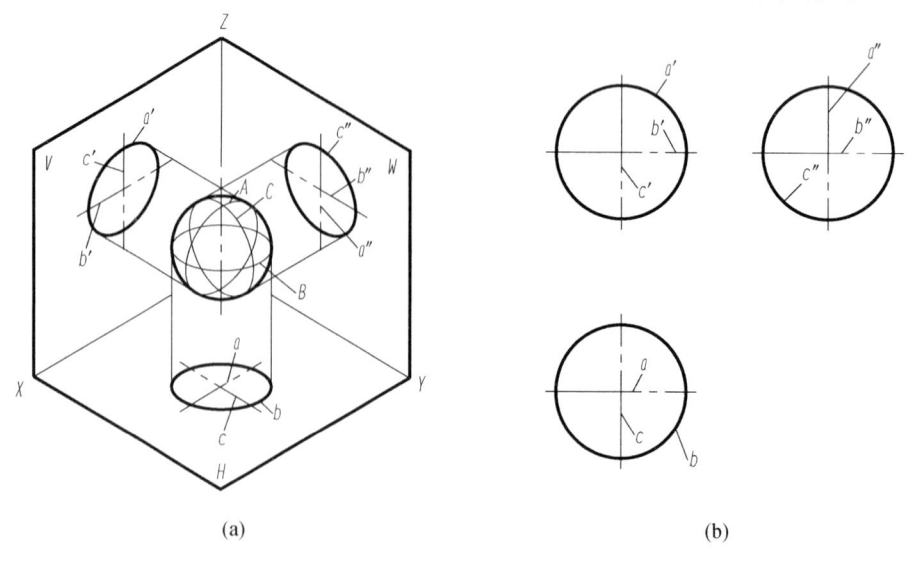

图 5-13 圆球的投影
(a) 立体图；(b) 投影图

影的纵向中心线重合，都不画出。水平投影的圆 b 是平行于 H 面的转向轮廓线圆 B（它是可见上半球与不可见下半球的分界线）的投影。B 的正面投影 b' 与正面投影的横向中心线重合，B 的侧面投影 b″ 与侧面投影的横向中心线重合，都不画出。侧面投影的圆 c″ 是平行于 W 面的侧面转向轮廓线圆 C 的侧面投影（它是可见左半球与不可见右半球的分界线）；C 的水平投影和正面投影均在纵向中心线上，也都不画出。

2. 圆球面上点的投影

圆球面的三个投影都没有积聚性，求作其表面上点的投影需采用辅助纬圆法，即过该点在球面上作一个平行于某一投影面的辅助纬圆。

【例 5-10】 如图 5-14（a）所示，已知球面上点 M 的水平投影，求作其余两个投影。

分析：由图 5-14 可知，M 点在上半球的左前半部分，为一般点，其正面投影和侧面投影均可见。

如图 5-14（b）所示，过点 M 作一平行于正面的辅助圆，它的水平投影为过 m 的直线 ab，正面投影为直径等于 ab 的圆。自 m 向 V 面引投影连线，在正面投影上与辅助圆相交于两点。又由于 m 可见，故点 M 必在上半个圆周上。据此可确定上半球的点即为 m'，再由 m、m' 即可求出 m″。M 点的正面投影和侧面投影也可利用水平圆或侧平圆，其结果相同，作图过程读者可自行分析。

(a)　　　　　　　　(b)

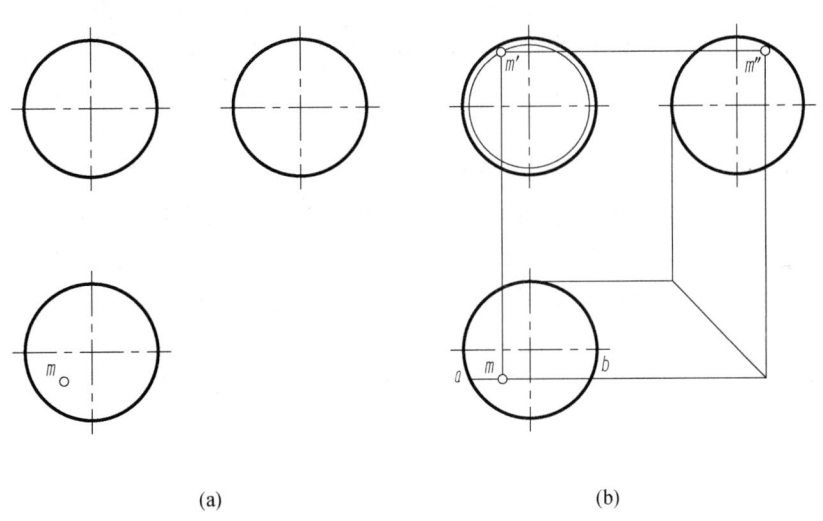

图 5-14　圆球表面上点的投影

(a) 已知；(b) 作图

3. 圆球的表面上线的投影

【例 5-11】 如图 5-15 所示，已知圆球面上曲线的正面投影，求作该曲线的其余两个投影。

分析：由投影图可知，Ⅰ、Ⅳ 两点在球正面投影轮廓圆上，Ⅲ 点在水平投影轮廓圆上，这三点是球面上的特殊点，可以通过引投影连线直接作出它们的水平投影和侧面投影。Ⅱ 点是曲线的特殊点，但是球面上的一般点，如图 5-15（b）所示，需要用纬圆法求其水平投影和侧面投影。

作图步骤如下：

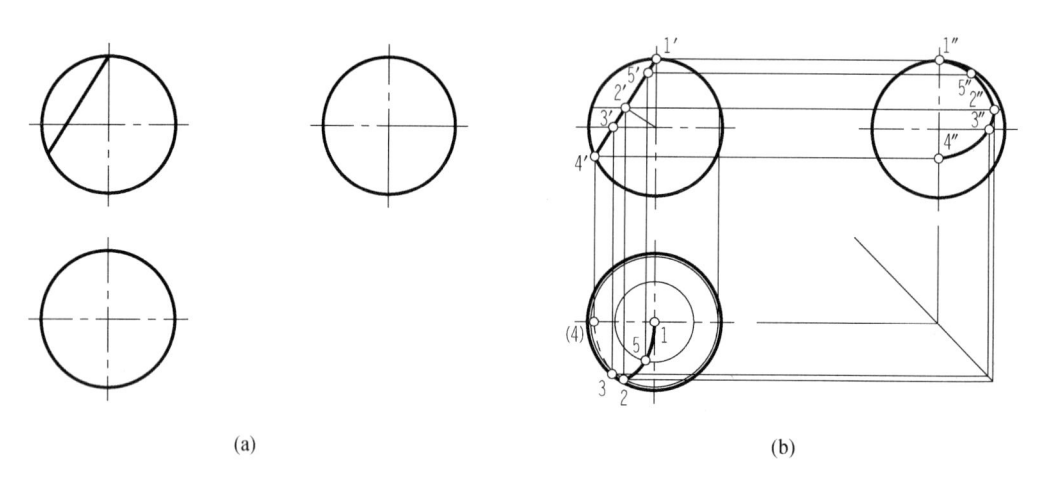

图 5-15 圆球表面上线的投影
(a) 已知；(b) 作图

（1）Ⅰ点是正面轮廓圆上的点，且是球面上的最高点，其水平投影 1 应在中心线的交点上，侧面投影 1″应在竖向中心线于侧面投影轮廓圆的交点上。Ⅲ点是水平投影轮廓圆上的点，其水平投影 3 应为自 3′向下引投影线与水平投影轮廓圆前半周的交点，水平投影 3″应在横向中心线上，可由水平投影引联系线求得。Ⅳ点是正面投影轮廓线上的点，其水平投影应为自 4′向下引联系线与横向中心线的交点，侧面投影 4″应为自 4′向右引联系线与竖向中心线的交点。

（2）用纬圆法求Ⅱ点的水平投影和侧面投影的作图过程是：在正面投影上过 2′作平行于横向中心线的直线，并与轮廓圆交于两点，则两点间线段是过点Ⅱ纬圆的正面投影；在水平投影上，以轮廓圆的圆心为圆心，以纬圆正面投影线段的长度为直径画圆，即为过点Ⅱ的纬圆的水平投影，然后自 2′向下引联系线与纬圆前半圆周的交点即为Ⅱ点的水平投影，然后用"二补三"作图确定侧面投影 2″。同理，用纬圆法求Ⅴ点的水平投影和侧面投影。

（3）水平投影 123 段可见，连实线；34 段不可见，连虚线。侧面投影 1″2″3″4″均可见，连实线。

第六章　平面与立体相交

本书第五章介绍了基本几何体的投影及表面求点、求线，而在实际应用中，实际中的形体往往不是基本几何体，而是基本几何体经过不同方式的截切或组合而形成的。本章主要讨论立体被平面截切后的截交线的投影作图。

第一节　平面与平面立体相交

一、截交线的性质

1. 截交线的概念

平面与立体表面相交，可以认为是立体被平面截切，此平面通常称为截平面。截平面与立体表面的交线称为截交线。图6-1为平面与立体表面相交示例。

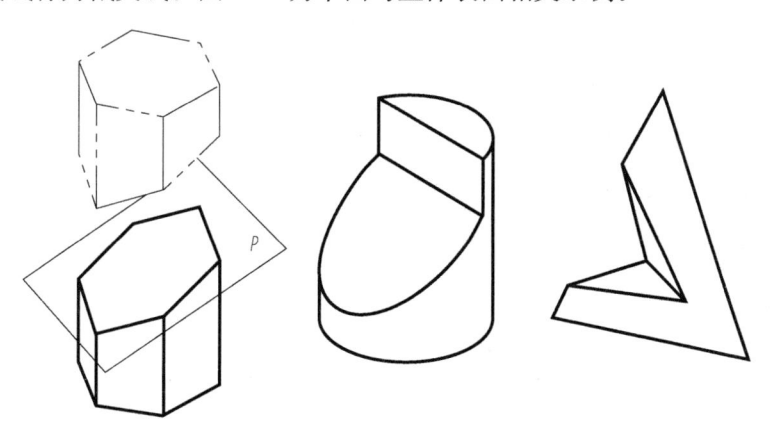

图6-1　平面与立体表面相交示例

2. 截交线的性质

截交线具有以下性质：

（1）截交线一定是一个封闭的平面图形。

（2）截交线既在截平面上，又在立体表面上，是截平面和立体表面的共有线。截交线上的点都是截平面与立体表面上的共有点。

因为截交线是截平面与立体表面的共有线，所以求作截交线的实质，就是求出截平面与立体表面的共有点。

二、平面与平面立体相交

平面立体的表面是平面图形，因此平面与平面立体的截交线为封闭的平面多边形。多边形的各个顶点是截平面与立体的棱线或底边的交点，多边形的各条边是截平面与平面立体表面的交线。因此，求平面立体截交线的问题，可归为求两平面的交线，或求直线与平面的交点问题。

截交线的可见性，取决于各段交线所在表面的可见性，只有表面可见，交线才可见，画成实线；表面不可见，交线也不可见，画成虚线。表面积聚成直线，其交线的投影不用判别可见性。

1. 平面与棱柱相交

下面通过例题讲解平面立体截交线的画法。

【例 6-1】 如图 6-2 (a) 所示，求作正垂面 P 与正六棱柱的截交线。

分析：由于截平面 P 与正六棱柱的六个侧棱相交，因此截交线是六边形，六边形的六个顶点即六棱柱的六条棱线与截平面的交点。截交线的正面投影积聚在 P_V 上，而六棱柱六个棱面的水平投影具有积聚性，故截交线的水平投影与六棱柱的水平投影重合，侧面投影只需求出六边形的六个顶点即可。

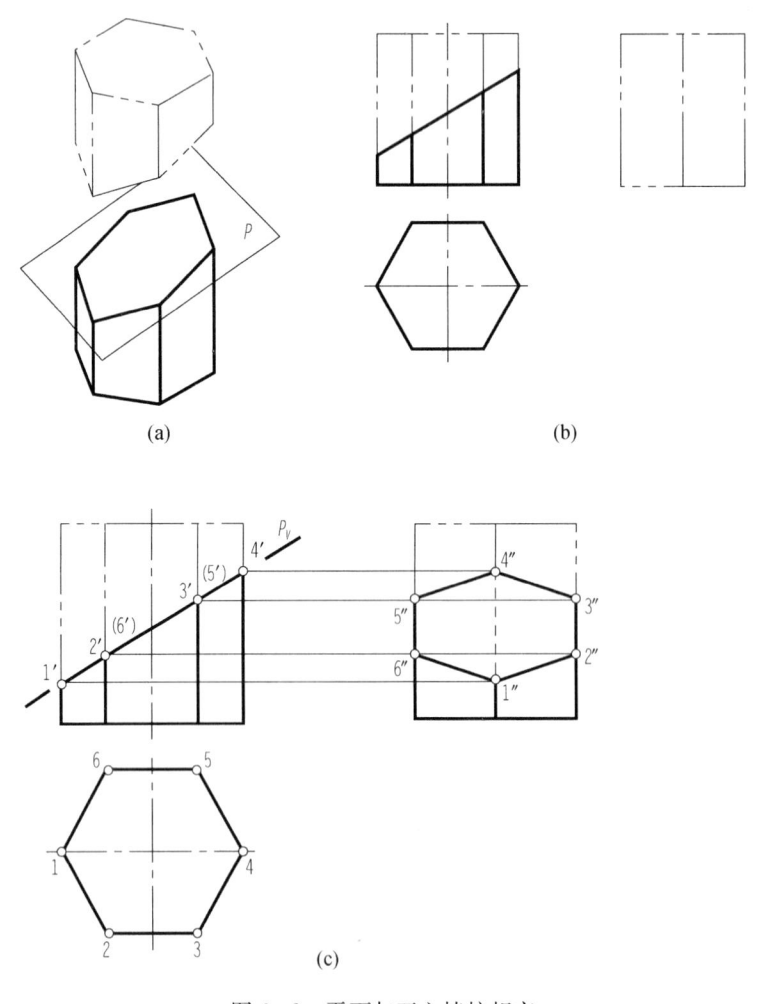

图 6-2 平面与正六棱柱相交
(a) 立体图；(b) 已知；(c) 作图

作图步骤如下：

(1) 利用点的投影规律，可直接求出截平面与棱线交点的侧面投影，即 $1''\sim6''$。

(2) 依次连接六点即得截交线的侧面投影。

（3）判断可见性：截交线侧面投影均可见，故连成实线；六棱柱的右侧棱线侧面投影不可见，应画成虚线；虚线与实线重合部分画实线。

（4）将各棱线按投影关系补画到相应各点，完成六棱柱的侧面投影。

2. 平面与棱锥相交

【例 6-2】 如图 6-3（a）所示，求作正垂面 P 斜切正四棱锥的截交线。

分析：截平面与正四棱锥的四条棱线相交，可判定截交线是四边形，其四个顶点分别是四条棱线与截平面的交点。截交线的正面投影积聚在截平面的正面投影 P_V 上。因此，只要求出截交线的四个顶点的水平投影和侧面投影，然后依次连接顶点的同名投影，即得截交线的投影。

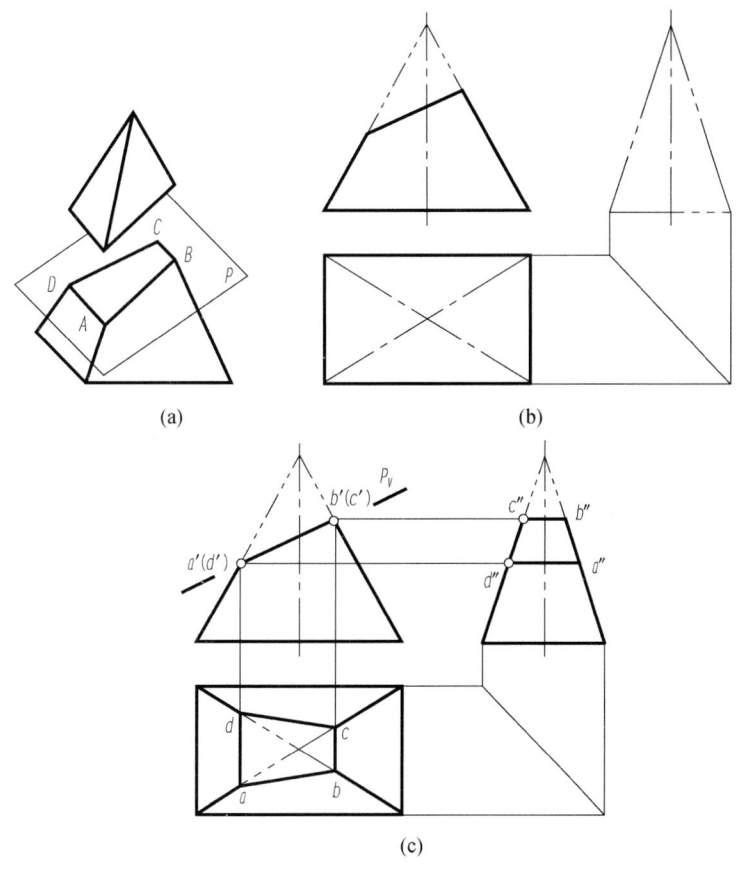

图 6-3 平面与正三棱锥相交
(a) 立体图；(b) 已知；(c) 作图

作图步骤如下：

（1）利用点的投影规律，求出截平面与正四棱锥交点的水平投影 a、b、c、d 和侧面投影 a''、b''、c''、d''。

（2）依次连接各点即得截交线的水平投影和侧面投影。

（3）判断可见性：截交线的水平投影、侧面投影均可见，故连成实线。

（4）补全其他轮廓线，完成正四棱锥的投影。

当用两个以上的平面截切平面立体时，在立体上会出现切口、凹槽或穿孔等。作图时，只要作出各个截平面与平面立体的截交线，并画出各截平面之间的交线，就可作出这些平面立体的投影。

【例 6-3】 如图 6-4 (a) 所示，一带切口的正三棱锥，已知其正面投影，求其另两面投影。

分析：该正三棱锥的切口是由两个相交的截平面切割而形成。两个截平面中，一个是水平面，一个是正垂面，它们都垂直于正面投影，因此切口的正面投影具有积聚性。水平截面与正三棱锥的底面平行，因此它与棱面△SAB 和△SAC 的交线 DE、DF 必分别平行于底边 AB 和 AC，水平截面的侧面投影积聚成一条直线。正垂截面分别与棱面△SAB 和△SAC 交于直线 GE、GF。由于两个截平面都垂直于正面，因此两截平面的交线一定是正垂线，作出以上交线的投影即可得出所求投影。

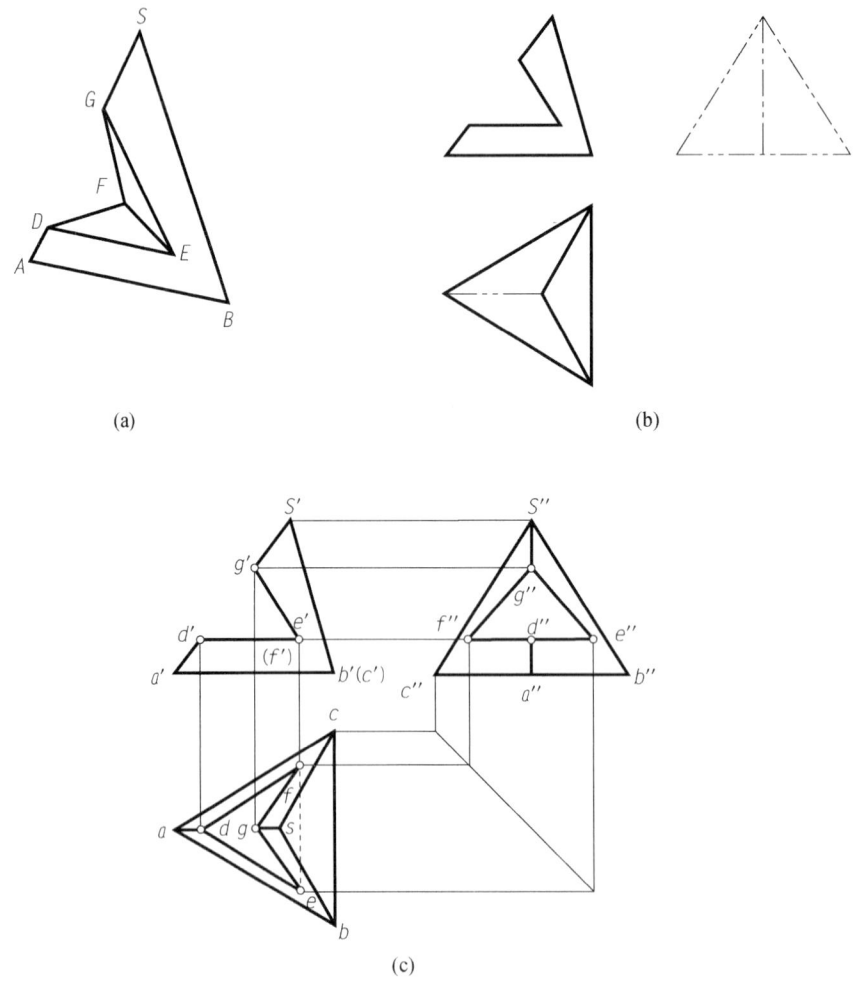

图 6-4 带切口的正三棱锥的投影
(a) 立体图；(b) 题目；(c) 作图

作图步骤如下：

(1) 在正面投影上，标出各点的正面投影 d'、e'、f'、g'。

(2) DE、DF 线段分别于它们同面的底边平行，因此，利用投影的平行规律求出交点

D、E、F 的水平投影 d、e、f，然后用"二补三"求出它们的侧面投影 d''、e''、f''。

（3）G 点在正三棱锥的棱线上，利用三棱锥的投影规律，求出交点 G 的水平投影 g 和侧面投影 g''。

（4）依次连接各点，即得截交线的水平投影和侧面投影。

（5）判断可见性：截交线的水平投影、侧面投影均可见，故连成实线；交线 EF 的水平投影 ef 不可见，故连成虚线。

（6）补全其他轮廓线，整理图面，完成正三棱锥的投影。

第二节　平面与曲面立体相交

前面学习了平面立体的截交线，本节继续学习曲面立体的截交线。平面与曲面立体相交产生的截交线一般是封闭的平面曲线，也可能是由曲线与直线围成的平面图形，其形状取决于截平面与曲面立体的相对位置。

截交线是截平面和曲面立体表面的共有线，截交线上的点也都是它们的共有点。因此，在求截交线的投影时，先在截平面具有积聚性的投影上确定截交线的一个投影，并在这个投影上取一系列点；然后把这些点看成曲面立体表面上的点，用曲面立体表面定点的方法，求出它们的另外两个投影；最后，将这些点的同面投影光滑连接，并判断投影的可见性。

为准确求出曲面立体截交线的投影，通常要作出能确定截交线形状和范围的特殊点，即极限点（最高点、最低点、最前点、最后点、最左点、最右点）、投影轮廓线上的点、截交线固有的特殊点（如椭圆长短轴端点、抛物线和双曲线的顶点等），然后按需要再取一些一般点。

当截平面或曲面立体的表面垂直于某一投影面时，截交线在该投影面上的投影具有积聚性，可直接利用面上取点的方法作图。

常见的截交线有平面与圆柱、圆锥、圆球等回转体表面相交而形成的截交线。下面介绍特殊位置平面与这些回转体表面的截交线画法。

一、圆柱的截交线

平面截切圆柱时，根据截平面与圆柱轴线的相对位置不同，其截交线有三种不同的形状，见表 6-1。

表 6-1　　　　　　　　　　　圆 柱 截 交 线

截平面的位置	垂直于轴线	平行于轴线	倾斜于轴线
立体图			

截平面的位置	垂直于轴线	平行于轴线	倾斜于轴线
投影图			
截交线形状	圆	矩形	椭圆

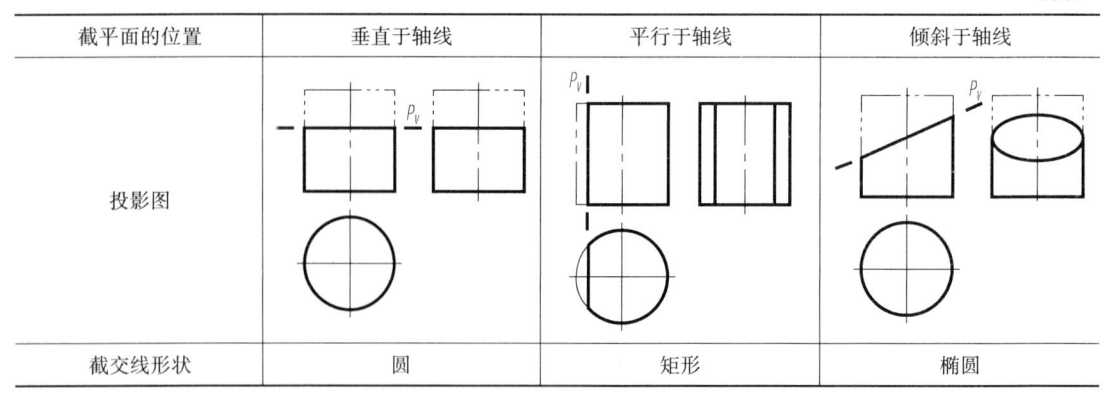

由表 6-1 可以看出：

(1) 当截平面垂直于圆柱的轴线时，截交线为圆。

(2) 当截平面通过圆柱的轴线或平行于圆柱轴线时，截交线为矩形。

(3) 当截平面倾斜于圆柱的轴线时，截交线为椭圆。

【例 6-4】 如图 6-5（a）所示，求圆柱被正垂面截切后的截交线。

分析：截平面与圆柱的轴线倾斜，故截交线为椭圆。此椭圆的正面投影积聚为一直线。由于圆柱面的水平投影积聚为圆，而椭圆位于圆柱面上，故椭圆的水平投影与圆柱面水平投影重合。椭圆的侧面投影是它的类似形，仍为椭圆。可根据投影规律，由正面投影和水平投影求出侧面投影。

作图步骤如下：

(1) 在正面投影上，选取椭圆长轴和短轴端点 $1'$、$2'$、$3'(4')$，然后选取一般点 $5'(6')$、$7'(8')$。

(2) 由以上 8 点的正面投影向 H 面引投影线，在圆周上找到它们的水平投影。

(3) 用"二补三"作图，求以上 8 点的侧面投影。

(4) 光滑连接以上 8 点的侧面投影，即得椭圆的侧面投影。

(5) 整理轮廓线，圆柱的侧面转向轮廓线分别画到 $3''$、$4''$ 处。

【例 6-5】 如图 6-6（a）所示，完成被截切圆柱的水平投影和侧面投影。

分析：由正面投影可知，圆柱是被一个侧平面 P 和一个正垂面 Q 切割，截交线是一段椭圆弧和一个矩形。正面投影分别

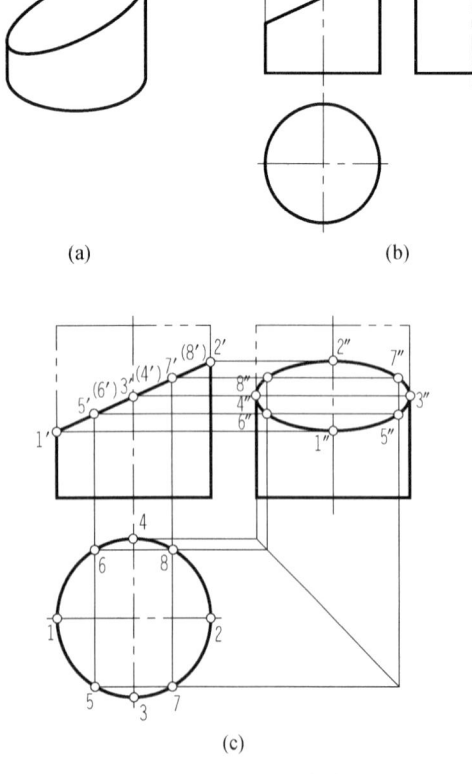

图 6-5 正垂面切割圆柱
(a) 立体图；(b) 已知；(c) 作图

积聚在 P_V 和 Q_V 面上，水平投影分别积聚在圆周的一段圆弧上和 P_H 面上。利用"二补三"作图可以求得它们的侧面投影。

作图步骤如下：

（1）在正面投影上，取椭圆长轴和短轴端点 $1'$、$2'$、$3'$，椭圆与矩形结合点 $4'$、$5'$，矩形端点 $6'(7')$，然后选取一般点 $8'(9')$。

（2）由以上几点的正面投影向 H 面引投影线，在圆周上找到它们的水平投影。

（3）用"二补三"作图，求它们的侧面投影。

（4）光滑连接 $1''$、$2''$、$3''$、$4''$、$5''$、$8''$、$9''$ 点的侧面投影即得椭圆的侧面投影，连接 $4''$、$5''$、$6''$、$7''$ 即得矩形的侧面投影。

（5）整理轮廓线，侧面转向轮廓线应补画到 $2''$、$3''$ 点，至此即完成圆柱切割体的投影。

【**例 6-6**】 如图 6-7 所示，已知圆柱上通槽的正面投影，求其水平投影和侧面投影。

分析：通槽可看作是圆柱被两平行于圆柱轴线的侧平面及一个垂直于圆柱轴线的水平面所截切，两侧平面截圆柱的截交线为矩形，水平面截圆柱的截交线为前、后各一段圆弧。作图结果如图 6-7 所示。

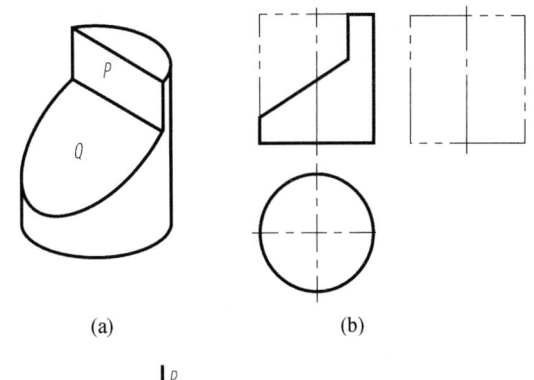

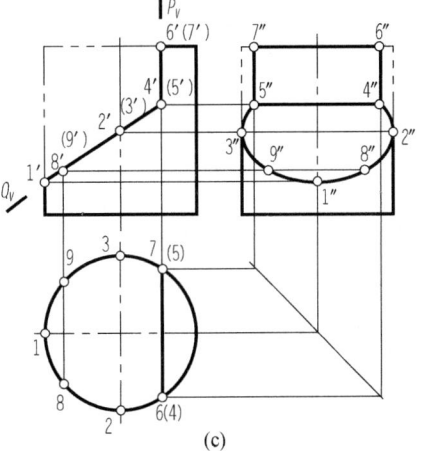

图 6-6 圆柱切割体
（a）立体图；（b）已知；（c）作图

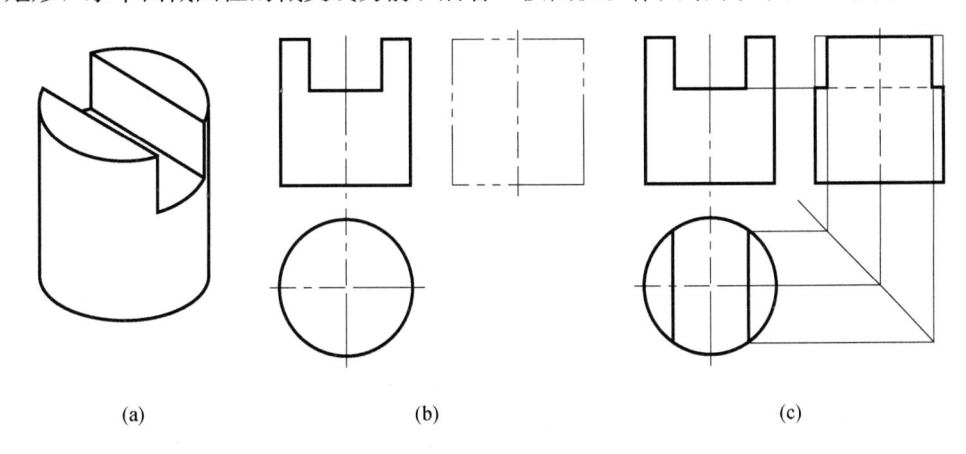

图 6-7 圆柱开通槽
（a）立体图；（b）已知；（c）作图

【**例 6-7**】 如图 6-8 所示，已知圆管开通槽的正面投影和水平投影，求其侧面投影。

分析：圆管可看作两个同轴而直径不同的圆柱表面（外柱面和内柱面）。圆管上端开的通槽可看作是圆管被两平行于圆管轴线的侧平面及一个垂直于圆管轴线的水平面所截切。三个截面与圆管的内外表面均有截交线。截交线的正面投影与截切的三个平面重合在三段直线上，水平投影重合在四段直线和四段圆弧上，这四段圆弧重合在圆管内、外表面的水平投影圆上。两侧平面截圆管的截交线为矩形，水平面截圆管的截交线为前后各两段圆弧。可根据截交线的正面投影和水平投影，求其侧面投影。作图结果如图 6-8 所示，圆管开通槽后，圆管内、外表面的最前和最后素线在开槽部分已被截去，故在侧面投影中，槽口部分圆柱的内、外轮廓线已不存在，所以不画线。

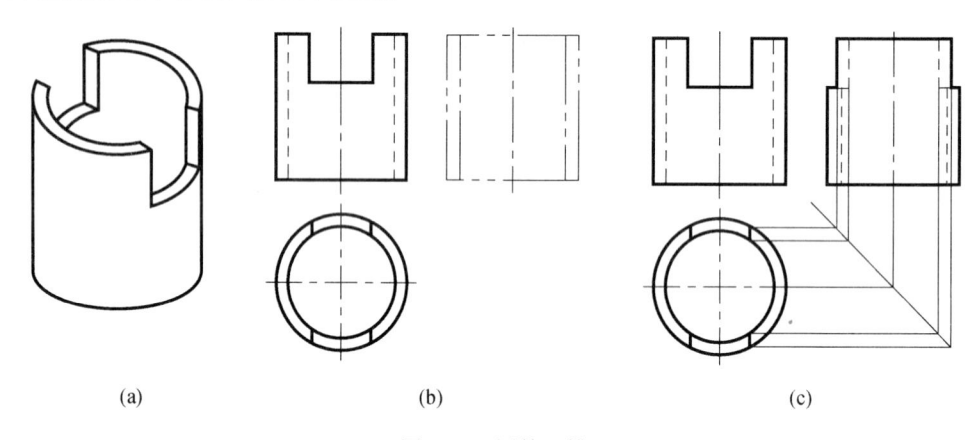

图 6-8 圆管开槽
(a) 立体图；(b) 已知；(c) 作图

二、圆锥的截交线

平面截切圆锥时，根据截平面与圆锥轴线的相对位置不同，其截交线有五种不同的情况，见表 6-2。

表 6-2　　圆 锥 截 交 线

截平面的位置	垂直于轴线	过锥顶	倾斜于轴线	平行于一条素线	平行于轴线
立体图					
投影图					
截交线形状	圆	等腰三角形	椭圆	抛物线	双曲线

由于圆锥面的投影没有积聚性，因此为了求解截交线的投影，可采用素线法或纬圆法求出截交线上的点，并将这些点的同面投影光滑连成曲线，同时要判断可见性，整理转向轮廓线，完成作图。

【例 6-8】 如图 6-9（a）所示，求正垂面与圆锥的截交线。

分析：由正面投影可知，截平面与圆锥轴线的夹角大于母线与轴线的夹角，所以截交线为椭圆。椭圆的正面投影积聚在截平面的积聚投影上为线段，水平投影和侧面投影仍然是椭圆，都不反映实形。

为求椭圆的水平投影和侧面投影，先在椭圆的正面投影上标出所有的特殊点（椭圆长、短轴端点，正面和侧面投影轮廓线上的点）和几个一般点，然后将这些点看作圆锥表面上的点，用圆锥表面定点的方法（素线法或纬圆法）求出它们的水平投影和侧面投影，再将它们的同面投影依次光滑连接成椭圆。

作图步骤如下：

（1）在正面投影上，取椭圆长、短轴端点 1′、2′、3′（4′），其中 3′（4′）位于线段 1′、2′的中点处，1′、2′也是正面投影轮廓线上的点；侧面投影轮廓线上的点 5′（6′）和一般点 m′（n′）。

（2）由 1′、2′、5′（6′）向 H 面和 W 面引投影连线，求出它们的水平投影 1、2、5、6 和侧面投影 1″、2″、5″、6″。

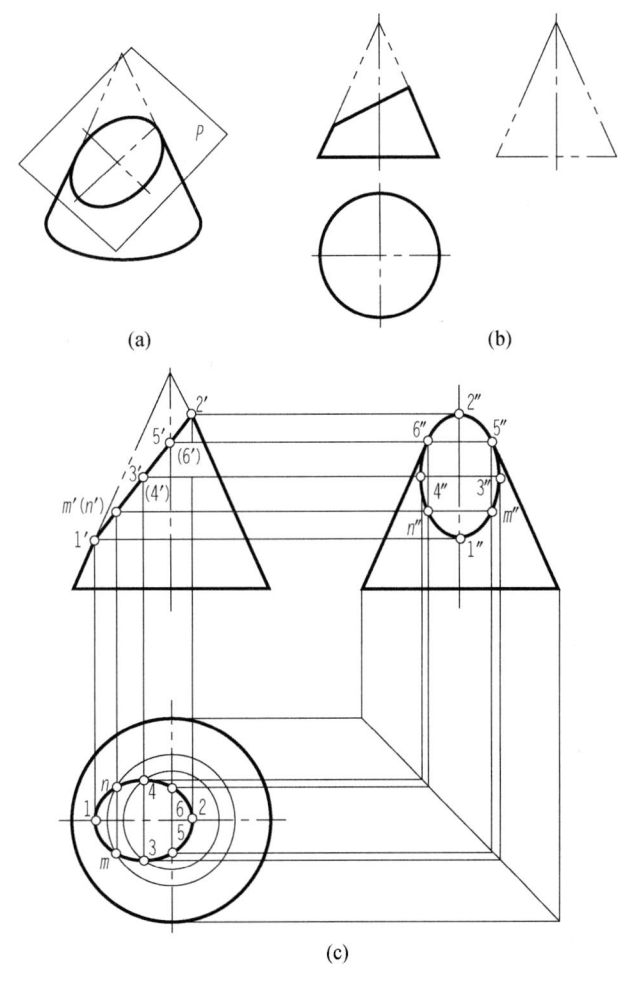

图 6-9 正垂面切割圆锥
(a) 立体图；(b) 已知；(c) 作图

（3）用纬圆法求出Ⅲ、Ⅳ、M、N 的水平投影 3、4、m、n，然后用"二补三"求出它们的侧面投影 3″、4″、m″、n″。

（4）光滑连接以上几点的水平投影和侧面投影，即得椭圆的水平投影和侧面投影。

（5）整理轮廓线，侧面转向轮廓线的投影画到 5″、6″两点，完成圆锥切割体的投影。

【例 6-9】 如图 6-10（a）所示，求作被正平面截切的圆锥的截交线。

分析：因截平面为正平面，与轴线平行，故截交线为双曲线。截交线的水平投影和侧面投影都积聚为直线，只需求出正面投影。

作图步骤如下：

（1）在水平投影上，取特殊点 a、b、e，其中 a、b 为双曲线的端点，e 为双曲线的顶点。

(2) 由 a、b 向 V 面引投影线, 求出它们的正面投影 a′、b′; 用纬圆法求出 E 点的正面投影 e′, 然后用 "二补三" 求出它们的侧面投影 a″、b″、e″。

(3) 用纬圆法求出一般点 C、D 的正面投影 c′、d′, 再用 "二补三" 求出它们的侧面投影 c″、d″。

(4) 光滑连接 a′、b′、c′、d′、e′ 各点, 求得正面投影; 连接 a″、b″、e″、c″、d″ 各点, 求得侧面投影。

(5) 整理轮廓线, 完成圆锥切割体的投影。

【例 6-10】 如图 6-11 (a) 所示, 有缺口的圆锥正面投影已知, 求作其水平投影。

分析: 圆锥缺口部分可看作是被三个截面截切而成的。P 平面是垂直于圆锥直线的水平面, 截交线是圆的一部分; Q 平面是过锥顶的正垂面, 截交线是两条交于锥顶的直线; R 平面也是正垂面, 与圆锥轴线倾斜, 且与轴线夹角大于锥顶角, 截交线是部分椭圆弧。即缺口圆锥的截交线是由直线、圆弧、椭圆弧组成, 截平面间的交线为虚线。

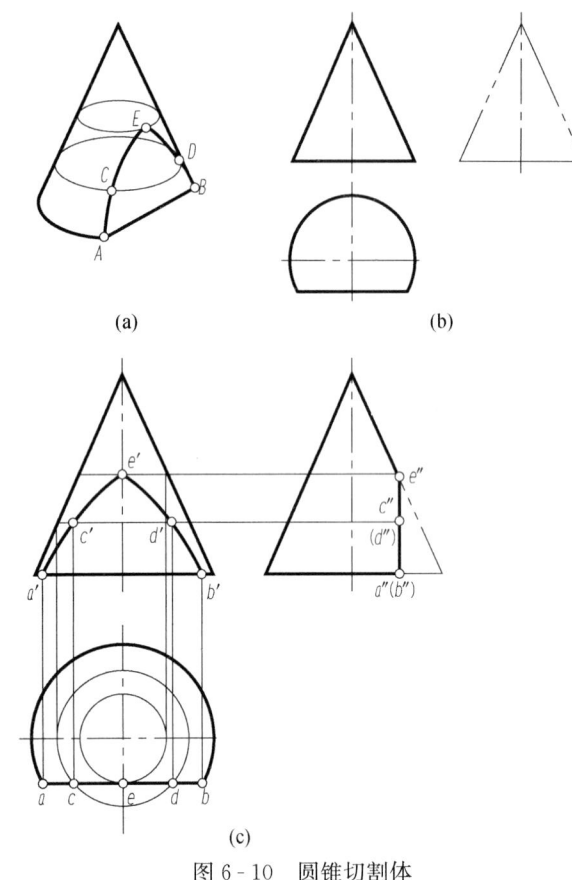

图 6-10 圆锥切割体
(a) 立体图; (b) 已知; (c) 作图

作图步骤如下:

(1) 在正面投影上, 选取特殊点 1′、10′、8′(9′) (为转向轮廓线上的点), 2′(3′)、4′(5′) (为各段截交线结合点), 6′(7′) (为椭圆端点, 即 6′、7′ 点所在整个线段的中点处)。

(2) 由 1′、10′ 向 H 面引投影线, 可直接求出它们的水平投影 1、10; 用纬圆法求出其余各点的水平投影。

(3) 用纬圆法再求出一般点的水平投影 (图略)。

(4) 光滑连接各点的水平投影。三个截面间的两条交线均不可见, 画成虚线。

三、圆球的截交线

平面在任何位置截切圆球的截交线

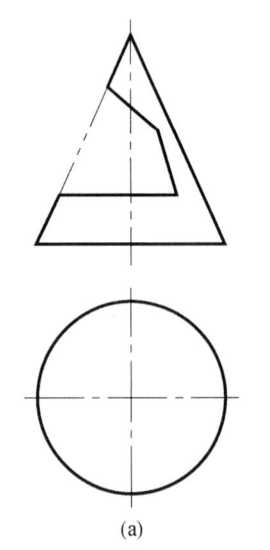

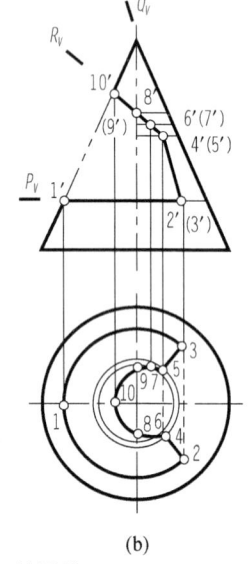

图 6-11 带缺口的圆锥
(a) 已知; (b) 作图

都是圆。

当截平面平行于某一投影面时，截交线在该投影面上的投影为圆的实形，在其他两面上的投影都积聚为线段（长度等于截圆直径）。

当截平面垂直于某一投影面时，截交线在该投影面上的投影为线段（长度等于截圆直径），在其他两面上的投影都为椭圆，见表6-3。

表 6-3　　　　　　　　　　　　　　圆 球 截 交 线

截平面的位置	为投影面平行面	为投影面垂直面
立体图		
投影图		
截交线形状	圆	

【例 6-11】 如图 6-12（a）所示，完成半圆球切割体的水平投影和侧面投影。

分析：半球由一个水平面和一个正垂面切割而成，两个平面的交线为正垂线。两平面的正面投影都积聚成直线段，即截交线的正面投影已知，求半球截切的水平投影和侧面投影。

作图步骤如下：

（1）作特殊点 1′、2′、3′、6′，其中 2′、3′为两截面截交线的分界点，1′、6′为正面投影转向轮廓线上的点。各点均可直接求出。

（2）取一般点 4′、5′，用纬圆法求出它们的其余投影。

（3）判断可见性：由于半球的左上部分被截切，因此水平投影和侧面投影均可见，将所求各点的同面投影依次光滑连接。

（4）整理轮廓线，水平投影外轮廓线是完整的圆，侧面转向线的投影只画 2″(3″) 以下的部分。

【例 6-12】 如图 6-13（a）所示，完成开槽半圆球的截交线。

分析：半球表面的凹槽由两个侧平面和一个水平面切割而成，两个侧平面和半球的交线为两段平行于侧面的圆弧，水平面与半球的交线为前后两段水平圆弧，截平面之间的交线为正垂线。

作图步骤如下：

（1）求水平面与半球的交线。交线的水平投影为圆弧，侧面投影为直线。

（2）求侧平面与半球的交线。交线的侧面投影为圆弧，水平投影为直线。

（3）补全半球轮廓线的侧面投影，并作出两截面的交线的侧面投影。交线的侧面投影为虚线。

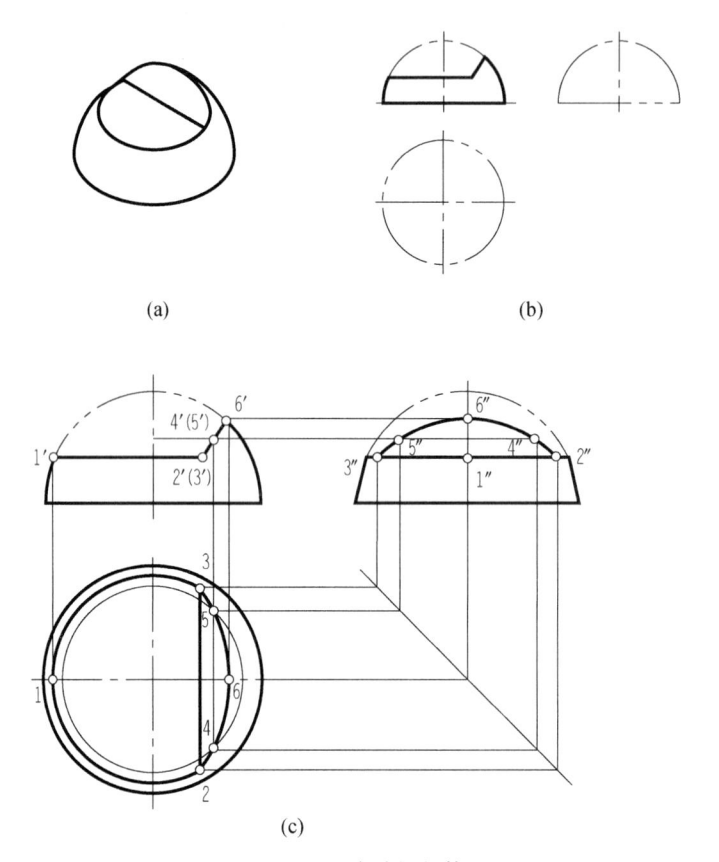

图 6-12 半球切割体
(a) 立体图；(b) 已知；(c) 作图

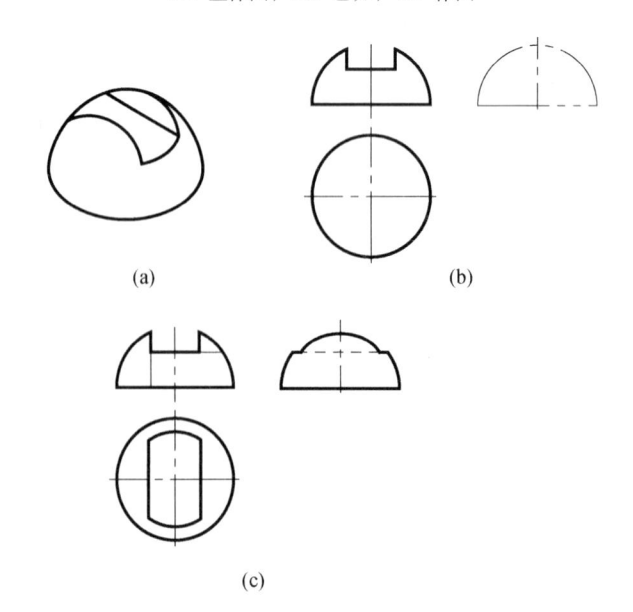

图 6-13 半球切割体
(a) 立体图；(b) 已知；(c) 作图

第七章 立体与立体相交

两个相交的立体称为相贯体，两立体表面的交线称为相贯线。相贯线是两立体表面的共有线，其形状和数量是由两立体的形状及相对位置决定的。本章主要讨论两平面立体、平面立体与曲面立体及两曲面立体相交时，在投影图中相贯线的画法。

第一节 两平面立体相交

一、相贯线及其性质

两立体表面相交时所产生的交线称为相贯线。相贯线具有以下性质：
(1) 相贯线是两立体表面的共有线，也是两立体表面的分界线。
(2) 一般情况下，相贯线是封闭的空间折线。

如图 7-1 所示，相贯线上每一段直线都是两平面立体表面的交线，而每一个折点都是一个平面立体的棱线与另一个平面立体棱面的交点。因此，求两平面立体的相贯线，实际上就是求棱线与棱面的交点及棱面与棱面的交线。

当一个立体全部贯穿到另一个立体时，在立体表面形成两组相贯线，这种相贯形式称为全贯，如图 7-1（a）所示；当两个立体各有一部分棱线参与相交时，在立体表面上形成一组相贯线，这种相贯形式称为互贯，如图 7-1（b）所示。

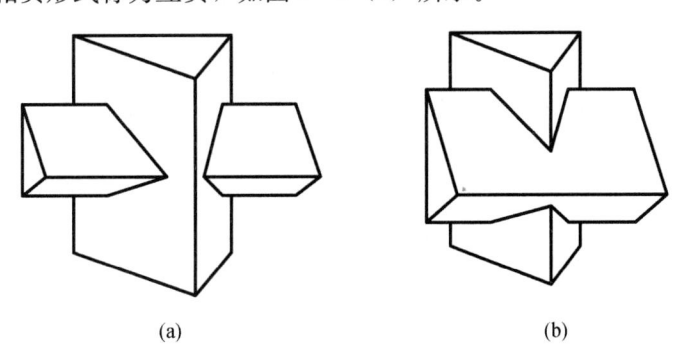

图 7-1 立体相贯的两种形式
(a) 全贯时有两组相贯线；(b) 互贯时有一组相贯线

二、求两平面立体相贯线的步骤

求两平面立体相贯线的步骤如下：
(1) 确定两立体参与相交的棱线和棱面。
(2) 求出参与相交的棱线与棱面的交点。
(3) 依次连接各交点的同面投影。连点的原则：只有当两个点对两个立体而言都位于同一个棱面时才能连接。
(4) 判别相贯线的可见性。判别的原则：在同一投影中只有两个可见棱面的交线才可

(5) 补画棱线和外轮廓线的投影。

相贯的两个立体是一个整体，所以一个立体穿入另一个立体内部的棱线不必画出。

【例 7-1】 求作直立三棱柱与水平三棱柱相贯的正面投影，如图 7-2 所示。

空间及投影分析：从水平投影和侧面投影可以看出，两三棱柱相互贯穿，相贯线应是一组空间折线。

因为直立三棱柱的水平投影具有积聚性，所以相贯线的水平投影必然积聚在直立三棱柱的水平投影轮廓线上；同样，相贯线的侧面投影积聚在水平三棱柱的侧面投影轮廓线上。于是，相贯线的三个投影，只需求出正面投影。

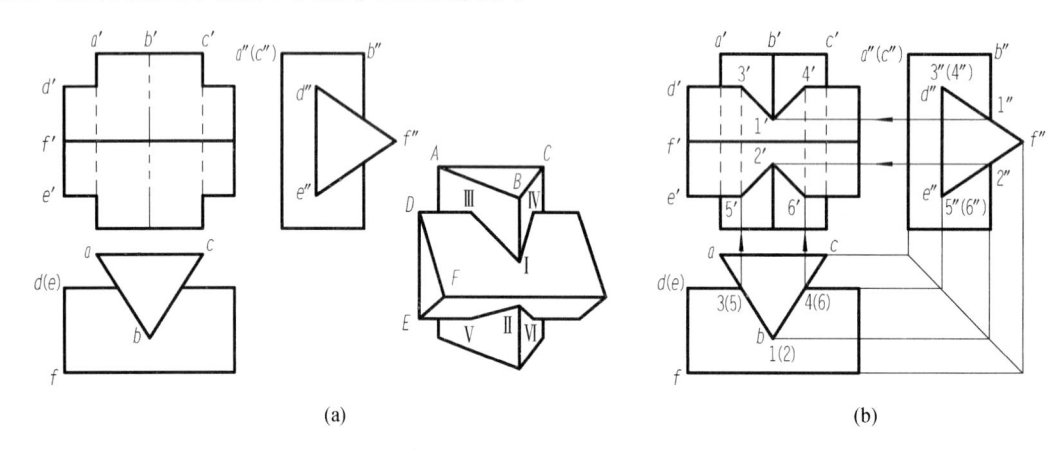

图 7-2 两三棱柱相贯
(a) 已知和立体图；(b) 作图

从立体图中可以看出，水平三棱柱的 D 棱、E 棱和直立三棱柱的 B 棱参与相交，每条棱线有两个交点，可见相贯线上总共有 6 个折点，连接各点便求出相贯线的正面投影。

作图步骤如图 7-2 (b) 所示：

(1) 在相贯线的已知投影上标出 6 个折点的投影 1(2)、3(5)、4(6) 和 1″、2″、3″(4″)、5″(6″)。

(2) 过 3(5)、4(6) 向上引联系线与 d′棱 e′棱相交于 3′、4′和 5′、6′，再由 1″、2″向左引联系线与 b′棱相交于 1′、2′。

(3) 连点并判别可见性（图 7-2 中 3′5′和 4′6′两段线是不可见的，应连成虚线）。

(4) 补画棱线和外轮廓的投影。

【例 7-2】 求作三棱锥与四棱柱相贯的水平投影和侧面投影，如图 7-3 所示。

空间及投影分析：从三面投影可以看出，四棱柱从前向后整个贯入三棱锥，这种情况叫做全贯。全贯时相贯线应是两组空间折线。

因为四棱柱的正面投影具有积聚性，那么相贯线的正面投影必然积聚在四棱柱的正面投影轮廓线上，所以只需求出相贯线的水平投影和侧面投影。

从立体图中可以看出，四棱柱的四条棱线和三棱锥的一条棱线（SB）参与相交，相贯线上总共有 10 个折点，连接各点便求出相贯线的未知投影。

作图步骤如图 7-3 (b) 所示：

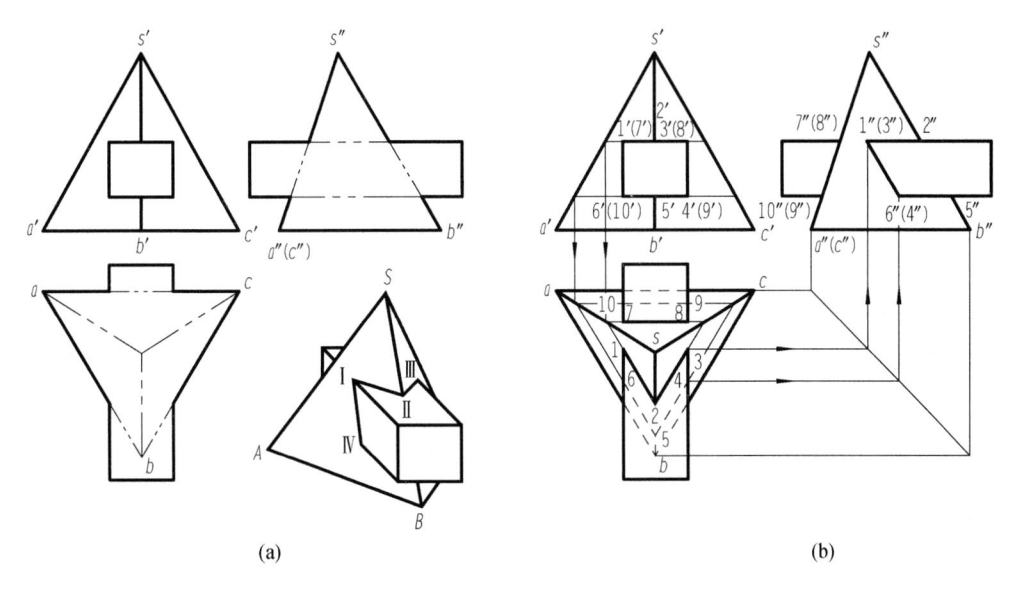

图 7-3 三棱锥与四棱柱相贯
(a) 已知和立体图；(b) 作图

(1) 在相贯线的正面投影上标出 10 个折点的投影 $1'(7')$、$2'$、$3'(8')$、$4'(9')$、$5'$、$6'(10')$。

(2) 利用棱锥表面定点的方法求出其水平投影 1、2、3、…、10。

(3) 用"二补三"作图，求出各折点的侧面投影 $1''$、$2''$、$3''$、…、$10''$。

(4) 顺序连接各点：水平投影 6 至 1、1 至 2、2 至 3、3 至 4 可见，连成实线；4 至 5、5 至 6 不可见，连成虚线；10 至 7、7 至 8、8 至 9 可见，连成实线；9 至 10 不可见，连成虚线。侧面投影 $2''$ 至 $1''$、$1''$ 至 $6''$、$6''$ 至 $5''$ 连线，$7''8''9''10''$ 积聚在棱锥的后棱面上。

(5) 补画棱线和外轮廓的投影。

第二节 平面立体与曲面立体相交

一、相贯线及其性质

两立体表面相交时所产生的交线称为相贯线。相贯线具有以下性质：

(1) 相贯线是两立体表面的共有线，也是两立体表面的分界线。

(2) 一般情况下，相贯线是由几段平面曲线结合而成的空间曲折线。

如图 7-4 所示，相贯线上每段平面曲线都是平面立体的棱面与曲面立体的截交线，相邻两段平面曲线的连接点（也称结合点）是平面立体的棱线与曲面立体的交点。因此，求平面立体与曲面立体的相贯线，就是求平面与曲面立体的截交线和棱线与曲面立体的交点。

二、求平面立体与曲面立体相贯线的步骤

(1) 求出平面立体棱线与曲面立体的交点。

(2) 求出平面立体棱面与曲面立体的截交线。

(3) 判别相贯线的可见性。判别的原则：在同一投影中只有两个可见表面的交线才可见，连成实线；否则不可见，连成虚线。

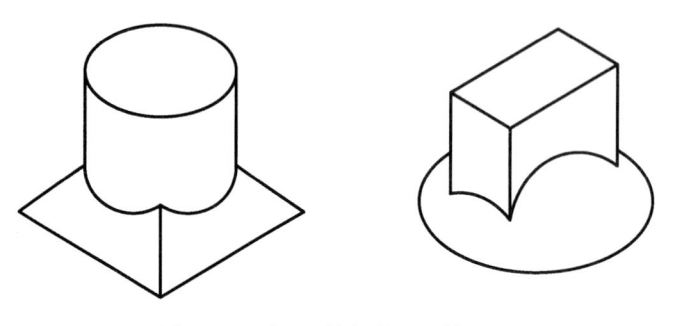

图 7-4 平面立体与曲面立体相贯

（4）补画棱线和外轮廓线的投影。

【例 7-3】 求作四棱锥与圆柱相贯的正面投影和侧面投影，如图 7-5 所示。

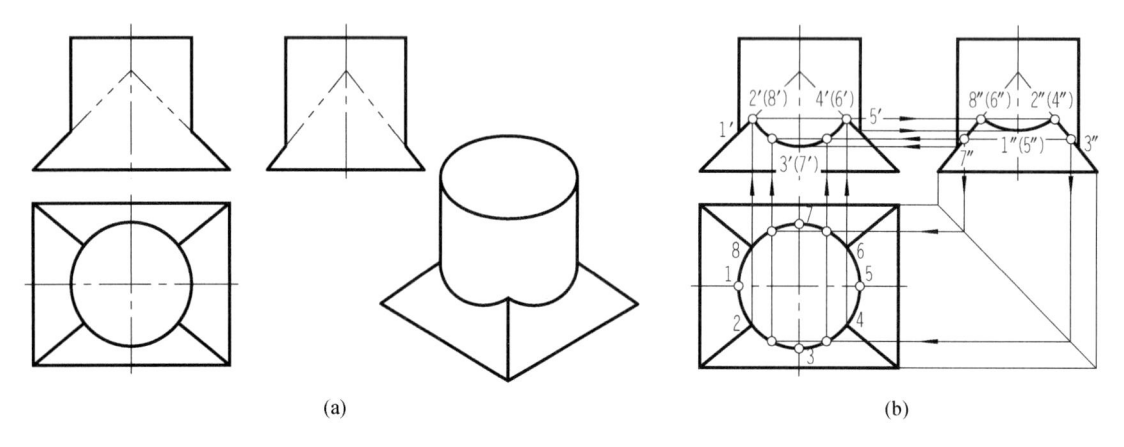

图 7-5 四棱锥与圆柱相贯
(a) 已知和立体图；(b) 作图

空间及投影分析：从立体图及水平投影图可知，相贯线是由四棱锥的 4 个棱面与圆柱相交所产生的 4 段椭圆弧（前后对称、左右对称）组成的空间曲折线，四棱锥的 4 条棱线与圆柱的 4 个交点是 4 段椭圆弧的结合点。

由于圆柱的水平投影具有积聚性，因此，相贯线上的 4 段圆弧及 4 个结合点的水平投影都积聚在圆柱的水平投影上，即相贯线的水平投影是已知的，而相贯线的 V、W 两面上的投影需作图求出。正面投影上，前后两段椭圆弧重影，左右两段椭圆弧分别积聚在四棱锥左右两棱面的正面投影上；侧面投影上，左右两段椭圆弧重影，前后两段椭圆弧分别积聚在四棱锥前后两棱面的侧面投影上；作图时注意对称性。

作图步骤如图 7-5 (b) 所示：

（1）在相贯线的水平投影上，标出 4 个结合点的投影 2、4、6、8，并在 4 段椭圆弧的中点标出每段的最低点 1、3、5、7，这 8 个点是椭圆弧上的特殊点；在前后两段椭圆弧上还需确定 4 个一般点。

（2）利用棱锥表面定点的方法求出各点的正面投影和侧面投影。

（3）顺序连接各点：正面投影上，连接 2′(8′)、3′(7′)、4′(6′) 及中间的一般点；在侧面投影上，连接 8″(6″)、1″(5″)、2″(4″)，4 段椭圆弧的另外一个投影积聚在棱锥 4 个棱面上。

【例 7-4】 求作四棱柱与圆锥相贯的正面投影和侧面投影，如图 7-6 所示。

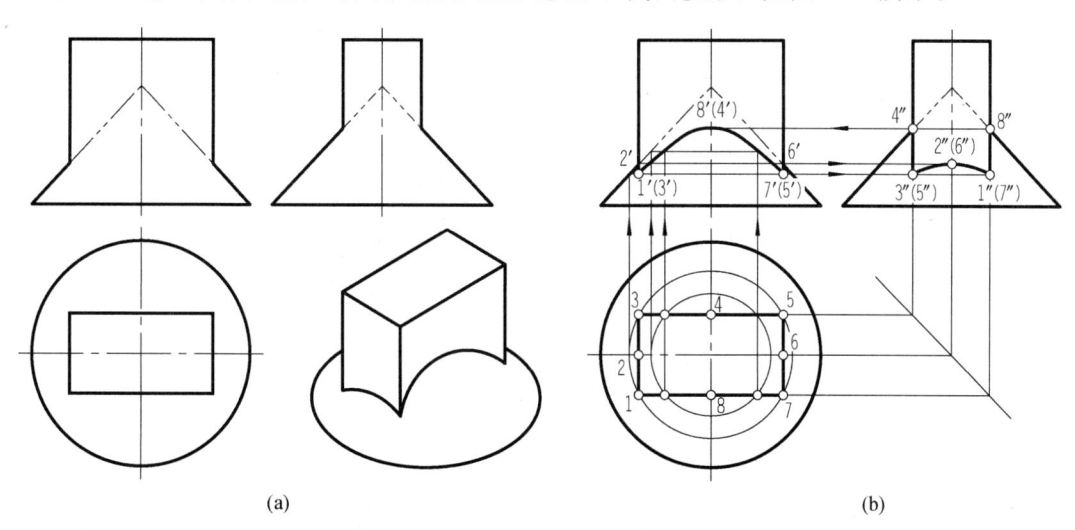

图 7-6 四棱柱与圆锥相贯
(a) 已知和立体图；(b) 作图

空间及投影分析：从立体图和水平投影可知，相贯线是由四棱柱的 4 个棱面与圆锥相交所产生的 4 段双曲线（前后两段较大，左右两段较小，前后、左右对称）组成的空间曲折线，四棱柱的 4 条棱线与圆锥的 4 个交点是 4 段双曲线的结合点。

由于棱柱的水平投影具有积聚性，因此，相贯线上的 4 段双曲线及 4 个结合点的水平投影都积聚在四棱柱的水平投影上，即相贯线的水平投影是已知的，而相贯线的 V、W 两面上的投影需作图求出。正面投影上，前后两段双曲线重影，左右两段双曲线分别积聚在四棱柱左右两棱面的正面投影上；侧面投影上，左右两段双曲线重影，前后两段双曲线分别积聚在四棱柱前后两棱面的侧面投影上；作图时注意对称性。

作图步骤如图 7-6 (b) 所示：

(1) 在相贯线的水平投影上，标出 4 个结合点的投影 1、3、5、7，并在 4 段双曲线的中点标出每段的最高点 2、4、6、8，这 8 个点是双曲线上的特殊点；在前后两段双曲线上还需确定 4 个一般点。

(2) 在锥表面上，用纬圆法求出结合点 Ⅰ、Ⅲ、Ⅴ、Ⅶ 及 4 个一般点的正面投影和侧面投影。

(3) 用素线法求出 4 段交线上的最高点 Ⅱ、Ⅳ、Ⅵ、Ⅷ 的正面投影和侧面投影。

(4) 顺序连接点：正面投影上，连接 1′(3′)、8′(4′)、7′(5′) 及中间的一般点；在侧面投影上，连接 3″(5″)、2″(6″)、1″(7″)，4 段双曲线的另外一个投影积聚在棱柱 4 个棱面上。

【例 7-5】 求作三棱柱与半球相贯的正面投影和侧面投影，如图 7-7 所示。

空间及投影分析：从立体图和水平投影可知，相贯线是由三棱柱的 3 个棱面与半球相交所产生的 3 段圆弧组成的空间曲线，三棱柱的 3 条棱线与半球的 3 个交点是 3 段圆弧的结合点。

由于棱柱的水平投影具有积聚性，因此，相贯线上的 3 段圆弧及 3 个结合点的水平投影都积聚在三棱柱的水平投影上，即相贯线的水平投影是已知的，而相贯线的 V、W 两面上

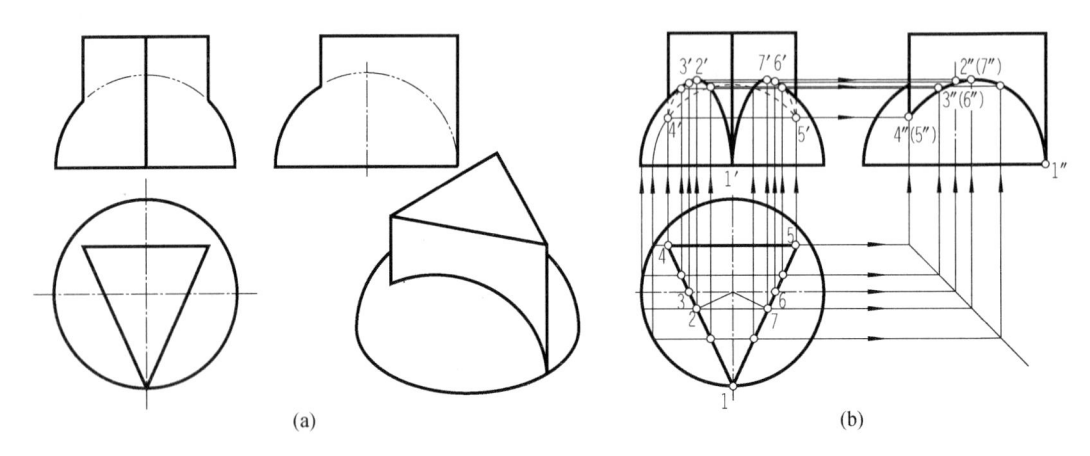

图 7-7 三棱柱与半球相贯
(a) 已知和立体图；(b) 作图

的投影需作图求出。后面那段圆弧的正面投影反映实形，其侧面投影积聚在后棱面上；左右两段圆弧的正面投影和侧面投影为椭圆弧，可用纬圆法求出。

作图步骤如图 7-7 (b) 所示：

(1) 在相贯线的水平投影上，标出 3 段圆弧的投影 1234、45、5671；其中 1、4、5 是 3 个结合点，2、7 是左右两端圆弧的最高点，3、6 是半球正面轮廓线上的点，这 7 个点是相贯线上的特殊点；在左右两段圆弧上（V、W 两面上的投影为椭圆弧）还需确定 4 个一般点。

(2) 正面投影 4′5′应是一段圆弧，可用圆规直接画出（不可见，画成虚线），侧面投影 4″5″积聚在后棱面上。

(3) 用纬圆法在球表面上求出左右两段圆弧的正面投影 1′2′3′4′、1′7′6′5′和侧面投影 4″(5″)、3″(6″)、2″(7″)、1″，以及 4 个一般点的两面投影，然后连成椭圆弧（因该两端圆弧左右对称，故侧面投影重合）。

(4) 补画棱线和外轮廓的投影。

第三节　两曲面立体相交

一、相贯线及其性质

两曲面立体相交时，相贯线具有以下性质：

(1) 相贯线是两立体表面的共有线，也是两立体表面的分界线，相贯线上的点是两曲面立体表面的共有点。

(2) 一般情况下，相贯线是封闭的空间曲线，如图 7-8 (a) 和图 7-8 (b) 所示，特殊情况下则为平面曲线或直线，如图 7-8 (c) 所示。

二、求相贯线的方法及步骤

求相贯线常用的方法有表面取点法和辅助平面法。

求相贯线时，首先应进行空间及投影分析，分析两相交立体的几何形状、相对位置，弄清相贯线是空间曲线还是平面曲线或直线。当相贯线的投影是非圆曲线时，一般按如下步骤

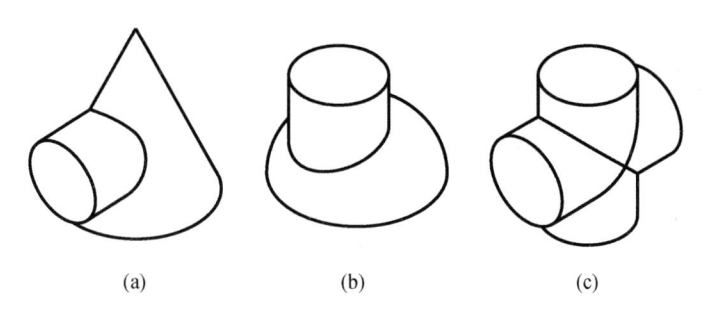

图 7-8 两曲面立体相贯
(a) 圆柱与圆锥相贯；(b) 圆柱与半球相贯；(c) 两圆柱相贯

求相贯线：①求出能确定相贯线的投影范围的特殊点，这些点包括曲面立体投影轮廓线上的点和极限点，即最高、最低、最左、最右、最前、最后点；②在特殊点中间求作相贯线上若干个一般点；③判别相贯线投影可见性后，用粗实线或虚线依次光滑连线。

可见性的判别原则：只有同时位于两立体可见表面的相贯线才可见。

1. 表面取点法

当相交的两曲面立体之一有一个投影具有积聚性时，相贯线上的点可利用积聚性通过表面取点法求得。

【例 7-6】 求作轴线正交的两圆柱相贯的正面投影，如图 7-9 所示。

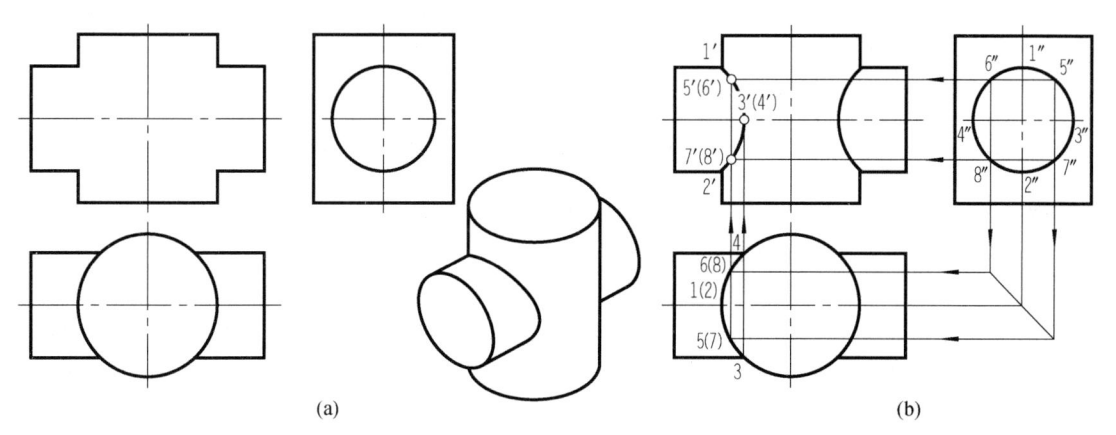

图 7-9 两圆柱相贯
(a) 已知和立体图；(b) 作图

空间及投影分析：从立体图和投影图可知，两圆柱的轴线垂直相交，有共同的前后对称面和左右对称面，小圆柱横穿过大圆柱。因此，相贯线是左右对称的两组封闭空间曲线。

因为相贯线是两圆柱面的共有线，所以，其水平投影积聚在小圆柱穿过大圆柱处的左右两段圆弧上，侧面投影积聚在小圆柱侧面投影的圆周上，因此只需求出相贯线的正面投影即可。因相贯线前后对称，所以相贯线的正面投影重合，为左右各一段圆弧。

作图步骤如图 7-9（b）所示：

（1）求特殊点。先在相贯线的水平投影和侧面投影上，标出左侧相贯线的最上、最下、最前、最后点的投影 1、2、3、4 和 1″、2″、3″、4″，再利用"二补三"作出这 4 个点的正面投影 1′、2′、3′、4′。由水平投影可看出，1(2)、3(4) 又是相贯线上最左、最右点的投影。

(2) 求一般点。一般点决定曲线的趋势。任取对称点 Ⅴ、Ⅵ、Ⅶ、Ⅷ 的侧面投影 5″、6″、7″、8″，然后求出水平投影 5、6、7、8，最后求出正面投影 5′(6′)、7′(8′)。

(3) 连曲线。按各点侧面投影的顺序，将各点的正面投影连成光滑的曲线，即得左侧相贯线的正面投影，然后利用对称性作出右侧相贯线的正面投影。

(4) 判别可见性。两相贯体前后对称，其相贯线的正面投影前后重合，所以只画可见的 1′5′3′7′2′ 即可。

(5) 整理外形轮廓线。两圆柱正面投影外形轮廓线画到 1′、2′ 两点即可，而大圆柱外形轮廓线在 1′、2′ 之间不能画线。

【例 7 - 7】 求作轴线正交的圆柱和圆锥相贯的正面投影和水平投影，如图 7 - 10 所示。

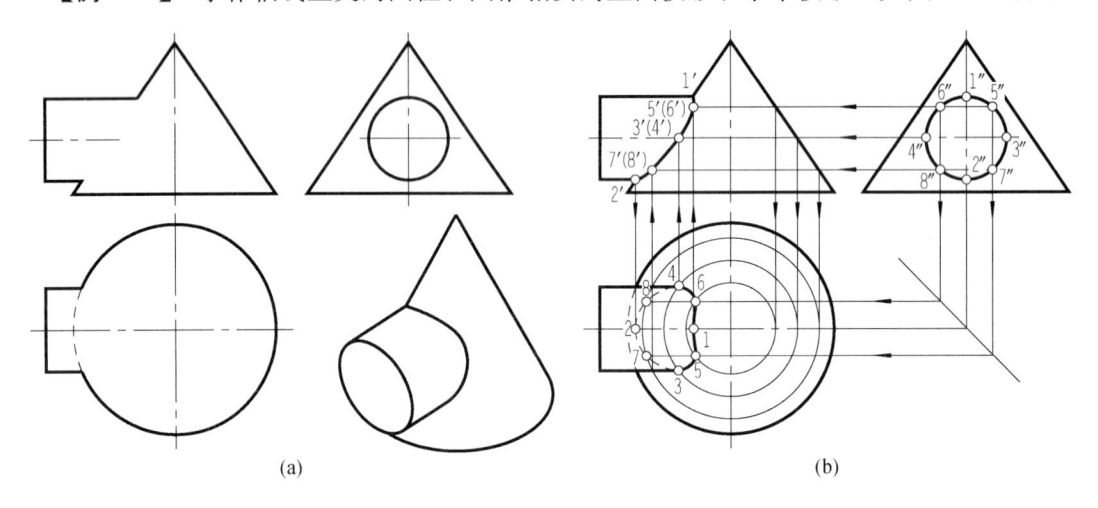

图 7 - 10 圆柱与圆锥相贯
(a) 已知和立体图；(b) 作图

空间及投影分析：从立体图和投影图可知，圆柱与圆锥的轴线垂直相交，有共同的前后对称面，整个圆柱在圆锥的左侧相交，相贯线是前后对称的一组封闭空间曲线。

因为相贯线是两立体表面的共有线，所以，其侧面投影积聚在圆柱侧面投影的圆周上，即相贯线的侧面投影已知，因此只需求出相贯线的正面投影和水平投影即可。由于相贯线前后对称，因此相贯线的正面投影前后重影，为一段曲线；相贯线的水平投影为一闭合的曲线，在上半个圆柱面上的一段曲线可见（画成实线），下半个圆柱面上一段曲线不可见（画成虚线）。

作图步骤如图 7 - 10 (b) 所示：

(1) 求特殊点。先在相贯线的侧面投影上，标出相贯线的最上、最下、最前、最后点的投影 1″、2″、3″、4″。其中，Ⅰ、Ⅱ 两点在圆锥的正面轮廓线上，又在圆柱上下两条素线上，所以在正面投影中可直接求出 1′、2′，水平投影 1、2 用"二补三"作图得出。Ⅲ、Ⅳ 两点在锥面的同一个纬圆上，因此用纬圆法求出水平投影 3、4，再求出正面投影 3′、4′。

(2) 求一般点。任取对称点 Ⅴ、Ⅵ、Ⅶ、Ⅷ 的侧面投影 5″、6″、7″、8″，然后用纬圆法在锥表面上求出水平投影 5、6、7、8，最后求出正面投影 5′(6′)、7′(8′)。

(3) 连曲线。按各点侧面投影的顺序，将它们的正面投影和水平投影连成光滑的曲线。

(4) 判别可见性。正面投影上，两相贯体前后对称，其相贯线的正面投影前后重合，所以只画可见的 1′、5′、3′、7′、2′即可。水平投影上，以 3、4 为分界点，相贯线上半部分 3、5、1、6、4 可见，画成实线；下半部分 4、8、2、7、3 不可见，画成虚线。

（5）整理外形轮廓线。正面投影外形轮廓线画到 1′、2′两点即可，水平投影上，圆柱外形轮廓线画到 3、4 两点。

【例 7 - 8】 求作轴线平行的圆柱和半球相贯的正面投影和侧面投影，如图 7 - 11 所示。

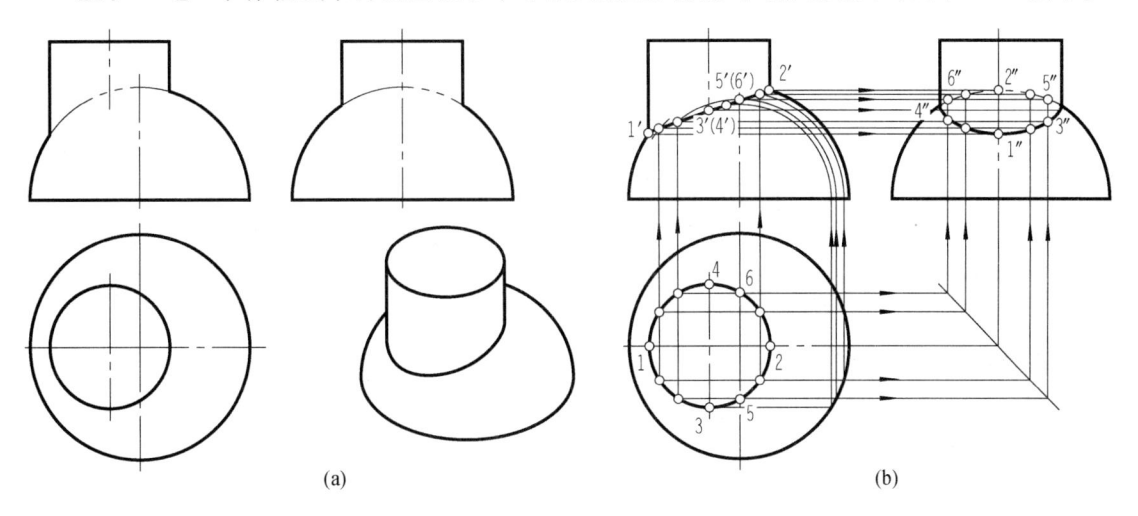

图 7 - 11　圆柱与半球相贯
(a) 已知和立体图；(b) 作图

空间及投影分析：从立体图和投影图可知，圆柱与半球的轴线互相平行，有共同的前后对称面，整个圆柱在半球的上面相交，相贯线是前后对称的一组封闭空间曲线。

因为相贯线是两立体表面的共有线，所以，其水平投影积聚在圆柱水平投影的圆周上，即相贯线的水平投影已知，因此只需求出相贯线的正面投影和侧面投影即可。由于相贯线前后对称，因此相贯线的正面投影前后重影，为一段曲线；相贯线的侧面投影为一闭合的曲线，在左半个圆柱面上的一段曲线可见（画成实线），右半个圆柱面上一段曲线不可见（画成虚线）。

作图步骤如图 7 - 11（b）所示：

（1）求特殊点。先在相贯线的水平投影上，标出相贯线上的最左、最右、最前、最后及半球侧面投影轮廓线点的投影 1、2、3、4、5、6，其中Ⅰ、Ⅱ两点也是最下、最上的点。同前题，Ⅰ、Ⅱ两点的正面投影可直接求出 1′、2′，侧面投影 1″、2″用"二补三"作图得出；Ⅴ、Ⅵ两点的侧面投影可根据宽相等直接在侧面投影轮廓线上得出；Ⅲ、Ⅳ两点则用纬圆法求出。

（2）求一般点。在水平投影中任取 6 个对称点，用纬圆法求出 6 个点的另两个投影。

（3）连曲线。按各点水平投影的顺序，将它们的正面投影和侧面投影连成光滑的曲线。

（4）判别可见性。正面投影上，两相贯体前后对称，其相贯线的正面投影前后重合，所以只画可见的 1′、3′、5′、2′及 3 个一般点即可。侧面投影上，以 3″、4″为分界点，相贯线上左半部分 4′、1′、3′可见，画成实线；右半部分 3′、5′、2′、6′、4′不可见，画成虚线。

（5）整理外形轮廓线。正面投影外形轮廓线画到 1′、2′两点即可，侧面投影上，圆柱外形轮廓线画到 3″、4″两点，半球外轮廓画到 5″、6″两点（在柱面右面的轮廓不可见）。

2. 辅助平面法

辅助平面法就是假想用一个平面截切相交两立体,所得截交线的交点就是相贯线上的点。在相交部分作出若干个辅助平面,求出相贯线上一系列点的投影,依次光滑连接,即得相贯线的投影。

为便于作图,应选择截两立体截交线的投影都是简单易画的直线或圆为辅助平面,一般选择特殊位置平面作为辅助平面,如图 7-12 所示。假想用一水平的辅助平面截切两回转体,辅助平面与球和圆锥的截交线各为一个纬圆,两个圆在水平投影中相交于Ⅰ、Ⅱ两点,这些交点就是相贯线上的点。求出一系列这样的点并连成曲线,即为两曲面立体的相贯线。

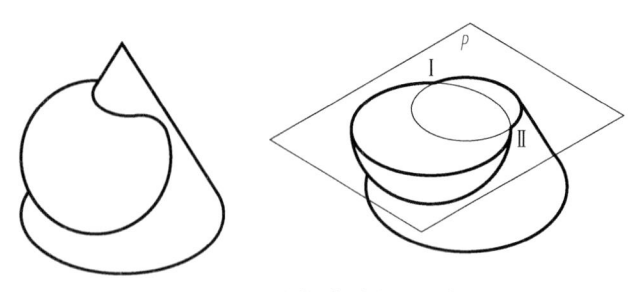

图 7-12 圆锥与球相贯示例

【**例 7-9**】 求作圆锥和球相贯的正面投影和水平投影,如图 7-13 所示。

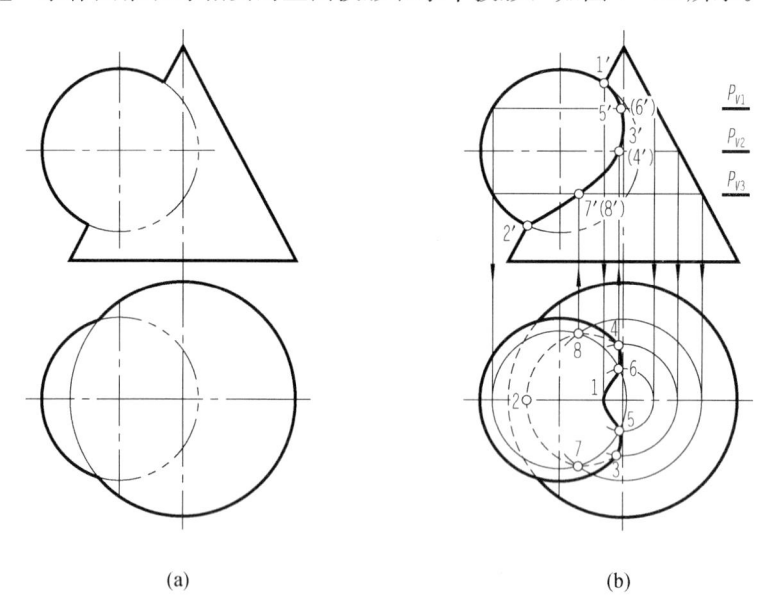

图 7-13 圆锥与球相贯的投影作图
(a) 已知;(b) 作图

空间及投影分析:从图 7-13(a)可知,球的中心线与圆锥的轴线互相平行,有共同的前后对称面,相贯线是前后对称的一组封闭空间曲线。

因为两立体投影没有积聚性,因此相贯线就没有已知投影,所以不能用表面取点法求相贯线上的点,而用辅助平面法可求出相贯线上的点。由于相贯线前后对称,因此相贯线的正面投影前后重影,为一段曲线;相贯线的水平投影为一闭合的曲线,在球面上半部分的一段曲线可见(画成实线),球面下半部分的一段曲线不可见(画成虚线)。

作图步骤如图 7-13(b)所示:

(1) 求特殊点。在正面投影中,球的轮廓线与圆锥轮廓线的交点 $1'$、$2'$ 是相贯线上的最高、最低点,它们的水平投影 1、2 可直接作联系线得出;在水平投影中,球的轮廓线上的相贯点是相贯线可见和不可见的分界点,过球心作水平辅助平面 P_{II},与两立体截交线的交点 3、4 即为球面水平轮廓线上的分界点,它们的正面投影 3′、4′ 可直接作联系线得出。

(2) 求一般点。在以上特殊点之间均匀作辅助平面图 P_{I}、P_{III},利用纬圆法求出一般点的水平投影 5、6、7、8,然后利用点在平面积聚线段上的特性,求出正面投影 5′(6′)、7′(8′)。

(3) 连曲线。依次将各点的正面投影和侧面投影连成光滑的曲线。

(4) 判别可见性。正面投影上,两相贯体前后对称,其相贯线的正面投影前后重合,所以只画可见的 1′、5′、3′、7′、2′。在水平投影上,以 3″、4″ 为分界点,相贯线上半部分 4、6、1、5、3 可见,画成实线;下半部分 3、7、2、8、4 不可见,画成虚线。

(5) 整理外形轮廓线。水平投影外形轮廓线用实线画到 3、4 两点即可。圆锥的底面是完整的,只需将被球遮挡的底圆轮廓画成虚线即可。

三、相贯线的变化

两曲面立体相交,由于它们的形状、大小和轴线相对位置不同,相贯线不仅形状和变化趋势不同,而且数量也不同,如图 7-14 和图 7-15 所示。

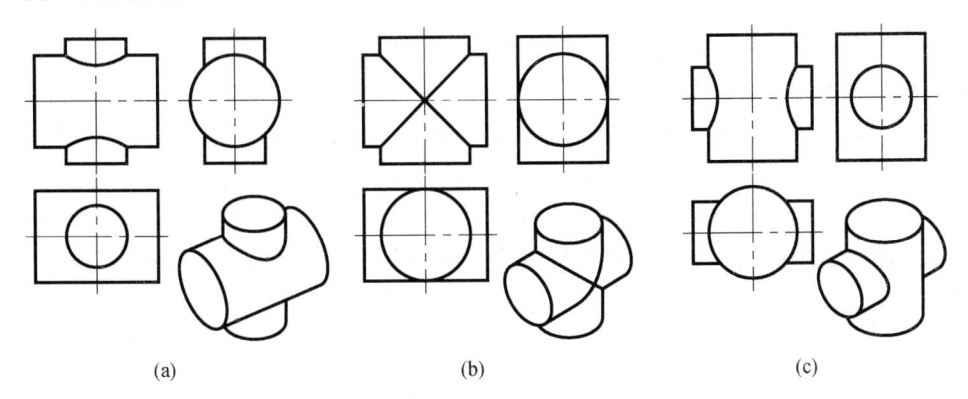

图 7-14 两圆柱尺寸变化时相贯线的变化
(a) 直立圆柱直径小于水平圆柱直径;(b) 两圆柱直径相等;(c) 直立圆柱直径大于水平圆柱直径

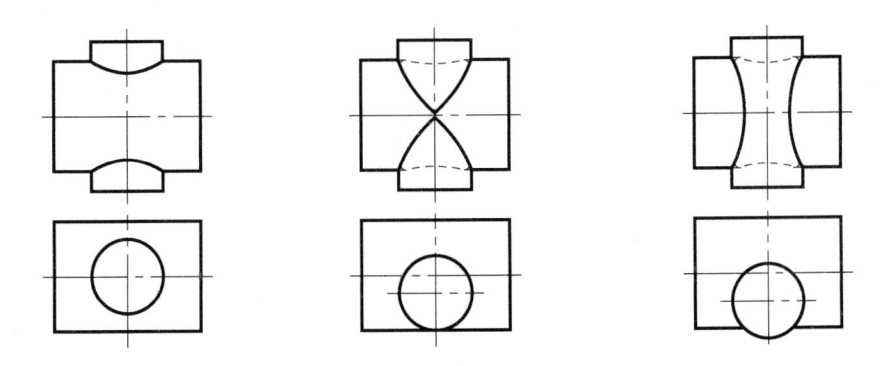

图 7-15 直立圆柱位置变化时相贯线的变化

四、相贯线的特殊情况

一般情况下,两曲面立体的相贯线是空间曲线,特殊情况下是平面曲线或直线。

(1) 两回转体共轴时，相贯线为垂直于轴线的圆。

如图 7-16（a）所示，圆柱与球同轴；如图 7-16（b）所示，圆锥台与球同轴，因为它们的轴线平行于正面，所以在正面投影中，相贯线圆的投影都是直线。

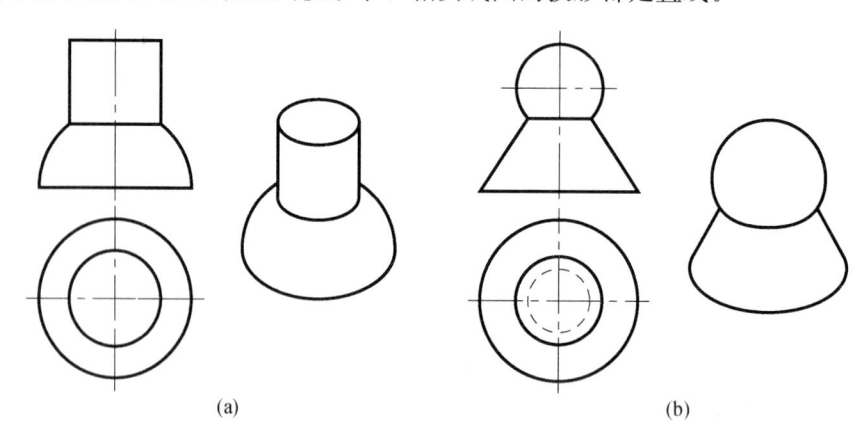

图 7-16 共轴的两回转体相贯
(a) 圆柱与球同轴；(b) 圆锥台与球同轴

(2) 当相交两回转体表面共切于一球面时，其相贯线为椭圆。在两回转体轴线同时平行的投影面上，椭圆的投影积聚为直线。

图 7-17（a）所示为正交两圆柱，两者直径相等，轴线垂直相交，同时外切于一个球面，其相贯线为大小相等的两个正垂椭圆，其正面投影积聚为两相交直线，水平投影积聚在竖直圆柱的投影轮廓圆上。图 7-17（b）所示为正交的圆锥与圆柱共切于一球面，相贯线为大小相等的两个正垂椭圆，其正面投影积聚为两相交直线，水平投影为两个椭圆。

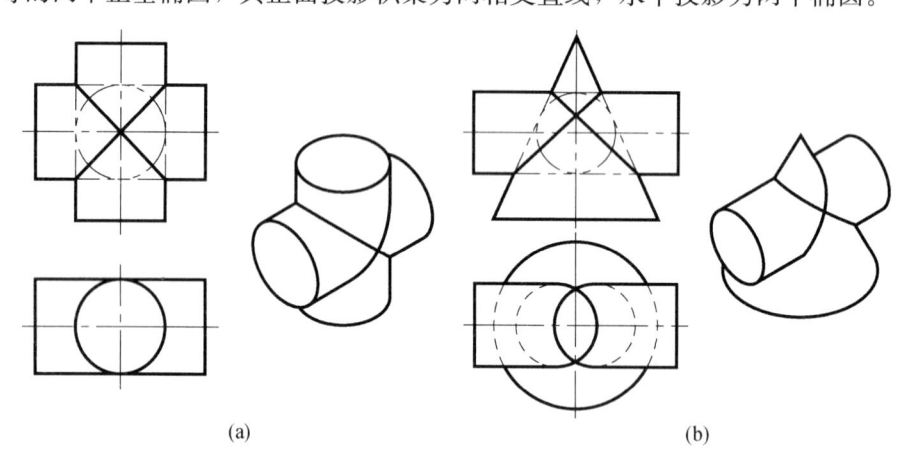

图 7-17 共切于球面的两回转体相贯
(a) 正交的两圆柱；(b) 正交的圆锥与圆柱

第四节 穿孔体的投影

如图 7-18（b）所示，带有穿孔的立体叫做穿孔体。画穿孔体投影的关键在于画出立体表面上孔口线的投影。由图 7-18 可以清楚地看出，将相贯体上的四棱柱抽掉后，就形成了带有方孔的穿孔体。可见，穿孔体上的孔口线同相贯体上的相贯线实际上是一回事。

(a)

(b)

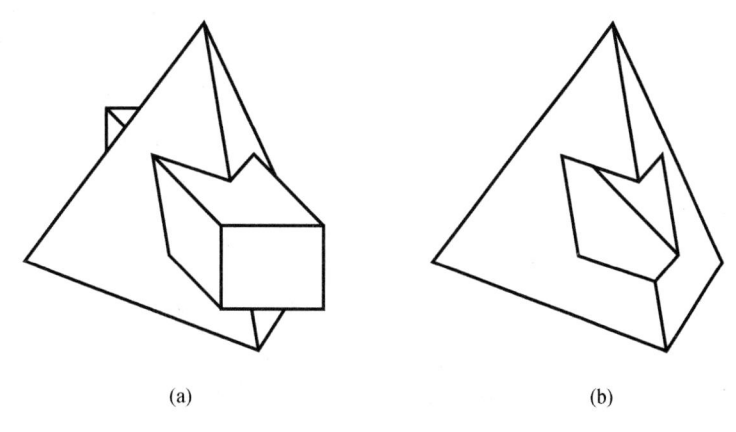

图 7-18 相贯体与穿孔体的比较
(a) 相贯体；(b) 穿孔体

【例 7-10】 求作三棱锥上长方孔的水平投影和侧面投影，如图 7-19 所示。

(a)

(b)

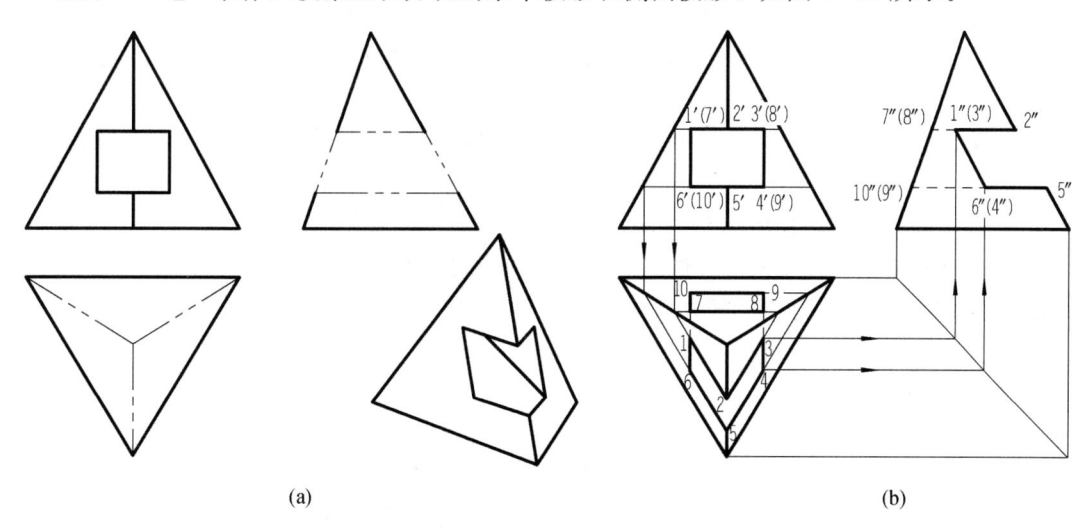

图 7-19 三棱锥穿孔体
(a) 已知和立体图；(b) 作图

作图方法和步骤同图 7-3 一样，用棱锥表面定点的方法求出前后两部分孔口线的水平投影和侧面投影。需要注意的是：方孔内的棱线不可见，应画成虚线。

【例 7-11】 求作圆台上三角孔的水平投影和侧面投影，如图 7-20 所示。

空间及投影分析：从立体图和正面投影可知，三角孔与圆台表面的交线相当于三棱柱与圆台的相贯线，它是前后对称的两组空间曲线。每组空间曲线均由 3 段平面曲线结合而成，上面一段是圆弧，左右两段是相同的椭圆弧。三棱柱的 3 条棱线与圆台的 3 个交点是 3 段曲线的结合点。

由于三棱柱的正面投影具有积聚性，因此，孔口线的正面投影是已知的，而其 H、W 两面上的投影需作图求出。

作图步骤如图 7-20（b）所示：

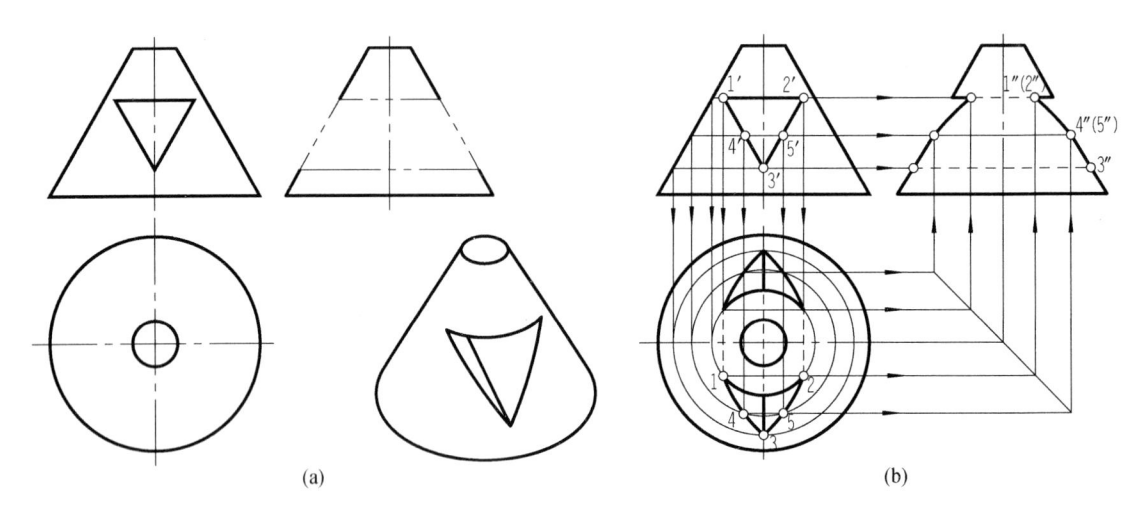

图 7-20 圆台穿孔体
(a) 已知和立体图；(b) 作图

(1) 在交线的正面投影上标出 3 段平面曲线的 3 个结合点 1′、2′、3′和一般点 4′、5′。

(2) 水平投影 12 应是一段圆弧，可用圆规直接画出，侧面投影积聚在三棱柱孔上的棱面上。

(3) Ⅰ、Ⅳ、Ⅲ和Ⅲ、Ⅴ、Ⅱ两段椭圆弧的水平投影和侧面投影，用纬圆法在圆台表面上求出。

(4) 采用同样的方法作出圆台后面交线的投影。

(5) 整理轮廓线。画出三角孔的 3 条棱线（注意可见性）。

【例 7-12】 求作半球上四棱柱孔的水平投影和侧面投影，如图 7-21 所示。

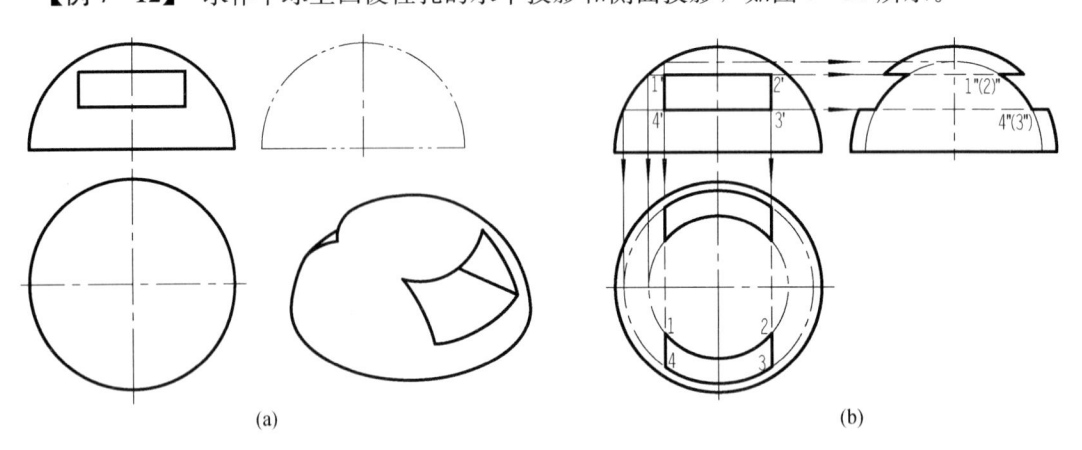

图 7-21 半球穿孔体
(a) 已知和立体图；(b) 作图

空间及投影分析：从立体图和正面投影可知，四棱柱孔与半球表面的交线相当于四棱柱与半球的相贯线，它是前后对称的两组空间曲线。每组空间曲线均由 4 段圆弧结合而成。四棱柱的 4 条棱线与半球的 4 个交点是 4 段圆弧的结合点。

由于四棱柱的正面投影具有积聚性，因此，孔口线的正面投影是已知的，而其 H、W

两面上的投影需作图求出。

作图步骤如图 7-21 (b) 所示：

(1) 在交线的正面投影上标出 4 段圆弧的 4 个结合点 $1'$、$2'$、$3'$、$4'$。

(2) 水平投影 12、34 应是两段圆弧，可用圆规直接画出，侧面投影积聚在四棱柱孔上、下两棱面上。

(3) 侧面投影 $1''(2'')$、$4''(3'')$ 投影重合，可用圆规直接画出，水平投影积聚在四棱柱孔左、右两棱面上。

(4) 采用同样的方法作出半球后面交线的投影。

(5) 整理轮廓线。画出四棱柱孔的 4 条棱线（注意可见性）。

第八章 轴 测 投 影

多面正投影图通常能较完整、确切地表达出物体各部分的形状，且绘图方便，所以是工程上常用的图样，如图 8-1（a）所示。但是，这种图样缺乏立体感，只有具有一定读图能力的人才能看懂。为了帮助看图，工程上还采用轴测投影图，如图 8-1（b）所示。

轴测投影图能在一个投影上同时反映物体的正面、顶面和侧面的形状，立体感强、直观性好。但轴测投影图也有缺陷，它不能确切地表达形体的实际形状与大小，如形体上原来的长方形平面，在轴测投影图上会变形成平行四边形，圆会变形成椭圆，且作图复杂，因而轴测图在工程上仅用作辅助图样。

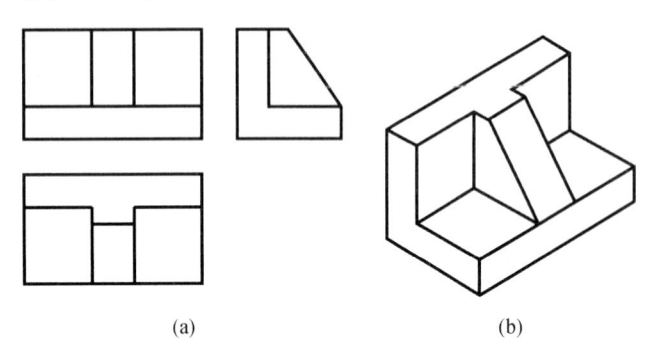

图 8-1 多面正投影图与轴测图
(a) 三面投影图；(b) 轴测图

第一节 基 本 知 识

一、轴测投影的形成

将物体和确定该物体位置的直角坐标系，按投影方向 S 用平行投影法投影到某一选定的投影面 P 上得到的投影图，称为轴测投影图，简称轴测图；该投影面 P 称为轴测投影面。通常，轴测图有以下两种基本形成方法，如图 8-2 所示：

（1）投影方向 S_Z 与轴测投影面 P 垂直，将物体倾斜放置，使物体上的三个坐标面和 P 面都斜交，这样所得的投影图称为正轴测投影图。

（2）投影方向 S_X 与轴测投影面 P 倾斜，这样所得的投影图称为斜轴测投影图。将正立投影面 V 当作轴测投影面 P，所得斜轴测投影称为正面斜轴测投影；将水平投影面 H 当作轴测投影面 P，所得斜轴测投影称为水平斜轴测投影。

二、轴间角及轴向变形系数

空间直角坐标轴 OX、OY、OZ 在轴测投影面 P 上的投影 O_1X_1、O_1Y_1、O_1Z_1 称为轴测投影轴，简称轴测轴。轴测轴之间的夹角 $\angle X_1O_1Y_1$、$\angle X_1O_1Z_1$ 和 $\angle Y_1O_1Z_1$ 称为轴间角。轴测轴上单位长度与相应坐标轴上单位长度之比称为轴向变形系数，分别用 p、q、r 表示，即 $p=O_1X_1/OX$、$q=O_1Y_1/OY$、$r=O_1Z_1/OZ$。p、q、r 分别称为 X、Y、Z 轴的轴向变形系数。

由于轴测投影采用的是平行投影，因此两平行直线的轴测投影仍平行，且投影长度与线段长度成定比。凡是平行于 OX、OY、OZ 轴的线段，其轴测投影必然相应地平行于 O_1X_1、O_1Y_1、O_1Z_1 轴，且具有和 X、Y、Z 轴相同的轴向变形系数。由此可见，凡是平行于原坐

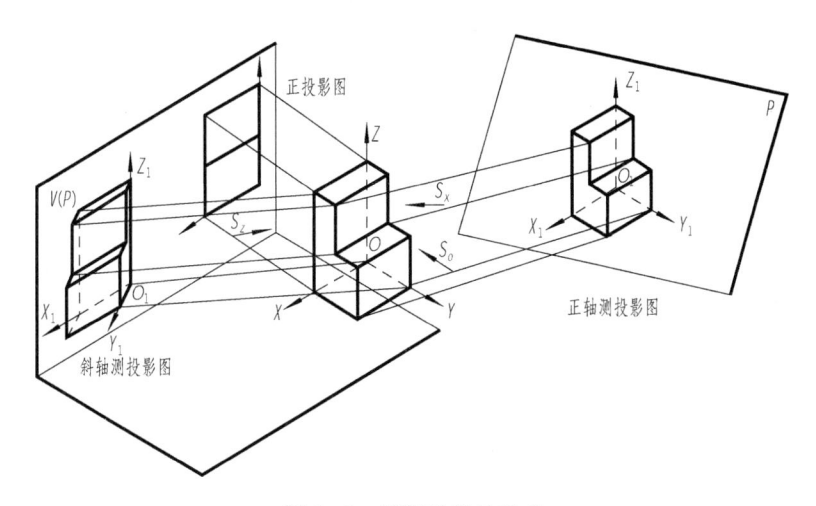

图 8-2 轴测投影的形成

标轴的线段长度乘以相应的轴向变形系数,就是该线段的轴测投影长度。换言之,在轴测图中,只有沿轴测轴方向测量的长度才与原坐标轴方向的长度有一定的对应关系,轴测投影由此而得名。

三、轴测投影的分类

如前所述,根据投影方向和轴测投影面的相对关系,轴测投影可分为正轴测投影和斜轴测投影。这两类轴测投影,根据轴向变形系数的不同,又可分为以下三种:

(1) 当 $p=q=r$ 时,称为正(或斜)等轴测投影,简称为正(或斜)等测。

(2) 当 $p=q\neq r$,或 $p\neq q=r$ 或 $p\neq r=q$ 时,称为正(或斜)二等轴测投影,简称为正(或斜)二测。

(3) 当 $p\neq q\neq r$ 时,称为正(或斜)三轴测投影,简称为正(或斜)三测。

第二节 正 轴 测 投 影

一、正等测和正二测的轴间角和轴向变形系数

1. 正等测

根据理论分析(证明从略),正等测的轴间角 $\angle X_1O_1Y_1=\angle X_1O_1Z_1=\angle Y_1O_1Z_1=120°$。作图时,一般使 O_1Z_1 轴处于铅垂位置,则 O_1X_1 和 O_1Y_1 轴与水平线成 $30°$,可利用 $30°$ 三角板方便地作出,如图 8-3(a)所示。正等测的轴向变形系数 $p=q=r\approx 0.82$。但在实际作图时,按上述轴向变形系数计算尺寸却相当麻烦。由于绘制轴测图的主要目的是为了表达物体的直观形状,故为了作图方便,常采用一组轴向的简化变形系数,在正等测中,取 $p=q=r=1$,作图时就可以将视图上的尺寸直接度量到相应的 O_1X_1、O_1Y_1 和 O_1Z_1 轴上。如图 8-4(a)所示,长方体的长、宽和高分别为 a、b 和 h,按轴向的简化变形系数作出的正等测如图 8-4(b)所示。它与实际变形系数相比较,其形状不变,仅是图形按一定比例放大,图上线段的放大倍数为 $1/0.82\approx 1.22$。

2. 正二测

正二测的轴间角 $\angle X_1O_1Y_1=\angle Y_1O_1Z_1=131°25'$,$\angle X_1O_1Z_1=97°10'$。作图时,一般使

O_1Z_1 轴处于铅垂位置，则 O_1X_1 轴与水平线成 $7°10'$，O_1Y_1 轴与水平线成 $41°25'$，由于 $\tan 7°10' \approx 1/8$，$\tan 41°25' \approx 7/8$，因此可利用此比例作出正二测的轴测轴，如图 8-3（b）所示。正二测的轴向变形系数 $p=r\approx 0.94$、$q\approx 0.47$，为作图方便，取轴向的简化变形系数 $p=r=1$、$q=0.5$，这样作出长方体的正二测如图 8-4（c）所示，图上线段的放大倍数为 $1/0.94=0.5/0.47\approx 1.06$。

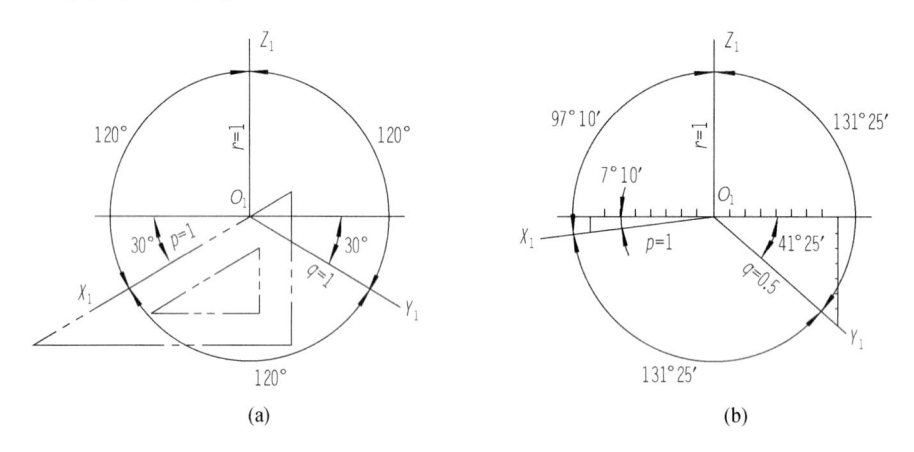

图 8-3 正等测和正二测的轴间角及轴向变形系数
(a) 正等测；(b) 正二测

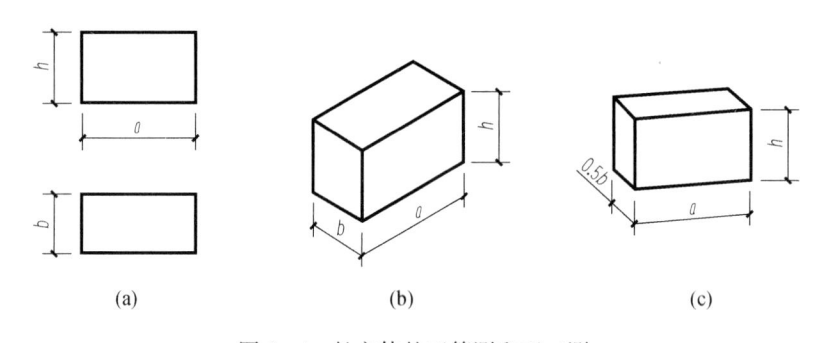

图 8-4 长方体的正等测和正二测
(a) 三视图；(b) 正等测；(c) 正二测

二、平面立体的正等测和正二测画法

轴测图的基本画法为坐标法。但在实际作图时，还应根据物体的形状特点不同，结合叠加法和切割法，灵活采用不同的作图步骤。下面举例说明不同形状特点的平面立体轴测图的几种具体作法。

【例 8-1】 求作图 8-5（a）所示的正六棱柱的正等轴测图。

分析：由于作物体的轴测图时，习惯上不画出其虚线，如图 8-4 所示，因此作正六棱柱的轴测图时，为了减少不必要的作图线，宜选择六棱柱的上底面作为 XOY 面；又由于正六棱柱前后、左右均对称，故选其上底面的中心为坐标原点 O，则轴线为 OZ 轴，如图 8-5（a）所示。

作图步骤如下：

（1）在投影图上定出坐标轴和原点。取六棱柱上底面中心为原点 O，并标出上底面各顶点及坐标轴上的点 1~8，如图 8-5 (a) 所示。

(2) 画轴测轴，按尺寸作出 1、4、7、8 各点的轴测投影 1_1、4_1、7_1、8_1；然后过 7_1、8_1 作 O_1X_1 轴的平行线，按 X 坐标值作出 2_1、3_1、5_1、6_1 四个顶点，连接各顶点，完成六棱柱上底面的轴测投影，如图 8-5 (b) 所示。

(3) 过各顶点向下作 O_1Z_1 轴的平行线，并量取棱高 h，得到下底面各顶点，连接各点即得到六棱柱下底面的轴测投影，如图 8-5 (c) 所示。

(4) 最后擦去多余的作图线并描深，即完成正六棱柱的正等测，如图 8-5 (d) 所示。

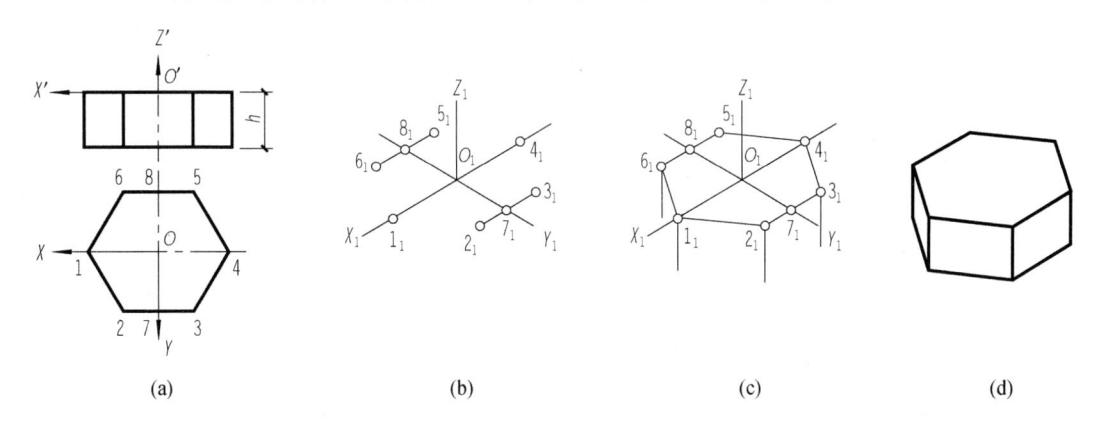

图 8-5 正六棱柱的正等测画法

【**例 8-2**】 求作图 8-6 (a) 所示的截头三棱锥的正二等轴测图。

分析：根据截头三棱锥的形状特点，宜选择其底面作为 XOY 面，顶点 C 为坐标原点 O，采用坐标法作出三棱锥及截断面上各顶点的轴测投影，然后连接各顶点，这样作图较为方便。

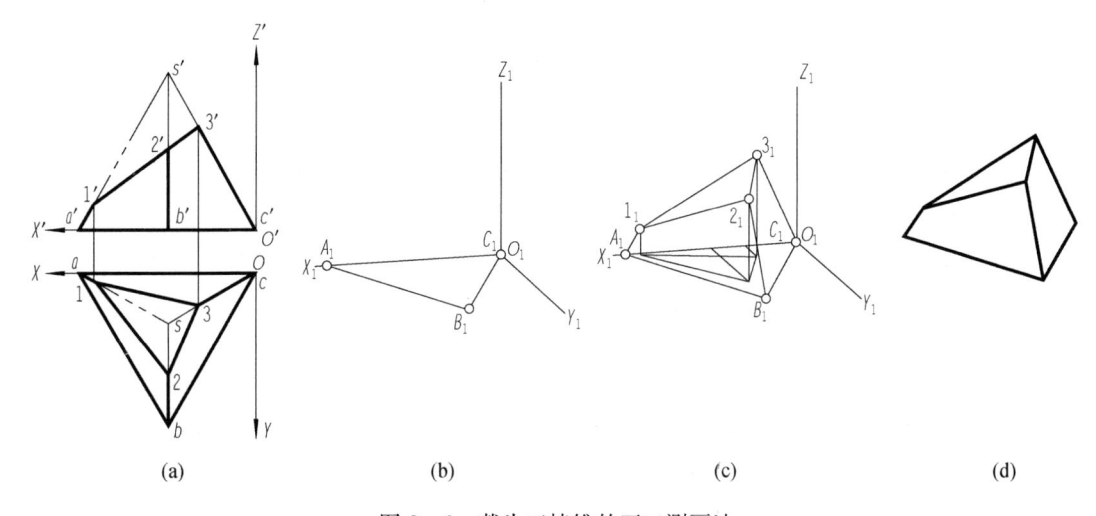

图 8-6 截头三棱锥的正二测画法

作图步骤如下：

(1) 在投影图上定出坐标轴和原点。取顶点 C 为原点 O，并标出截断面上各顶点 1、2、3，如图 8-6 (a) 所示。

(2) 画轴测轴，则原点 O_1 就是点 C 的轴测投影 C_1；按尺寸作出 A 点的轴测投影 A_1；按坐标值作出 B 点的轴测投影 B_1，连接各顶点，完成三棱锥底面的轴测投影，如图 8-6 (b) 所示。

(3) 按坐标值作出截断面上各顶点 1、2、3 的轴测投影 1_1、2_1、3_1，连接各顶点，完成三棱锥截断面和各棱线的轴测投影，如图 8-6 (c) 所示。

(4) 最后擦去多余的作图线并描深，完成截头三棱锥的正二测，如图 8-6 (d) 所示。

【例 8-3】 求作图 8-7 (a) 所示的组合体的正等轴测图。

分析：通过形体分析可知，该组合体是由基本几何体叠加和切割而成。因此画其轴测图时，除了基本的坐标法，还需结合叠加法和切割法，这样作图更为简便。宜选择组合体底面作为 XOY 面，组合体的右后下顶点为坐标原点 O。

作图步骤如下：

(1) 在投影图上定出坐标轴和原点。取组合体的右后下顶点为原点 O，如图 8-7 (a) 所示。

(2) 画轴测轴，按组合体的长、宽、高作出其外形长方体的轴测投影，并将长方体切割成 L 形，如图 8-7 (b) 所示。

(3) 按尺寸在右端叠加上一个三棱柱，在左上方斜切掉一个角，如图 8-7 (c) 所示。

(4) 最后擦去多余的作图线并描深，完成组合体的正等测，如图 8-7 (d) 所示。

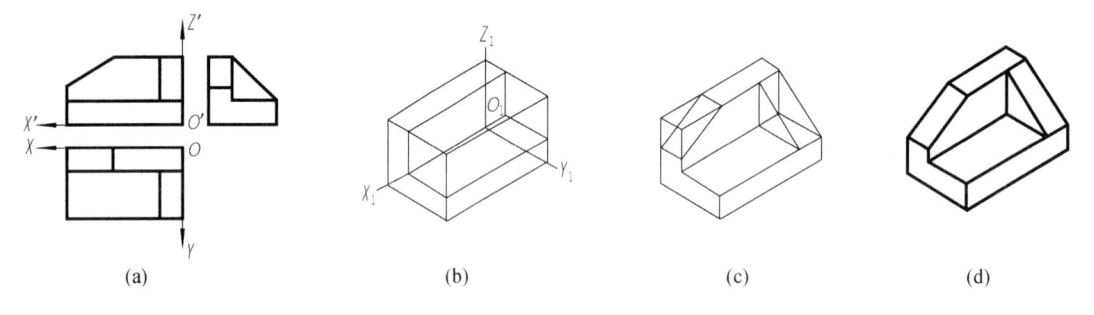

图 8-7 组合体的正等测画法

【例 8-4】 求作图 8-8 (a) 所示的梁板柱节点的正等测。

分析：通过形体分析可知，梁板柱节点是由若干个棱柱叠加而成的，且上大下小，为了能表示出下部构造，投影方向应为仰视方向，并结合叠加法作出其轴测图。宜选择楼板的下底面作为 XOY 面，楼板中心点为坐标原点 O。

作图步骤如下：

(1) 在投影图上定出坐标轴和原点。取楼板中心点为原点 O，如图 8-8 (a) 所示。

(2) 画轴测轴，按楼板的长、宽、高作出其轴测投影，如图 8-8 (b) 所示。

(3) 按尺寸作出立柱的轴测投影，如图 8-8 (c) 所示。

(4) 按尺寸作出各主、次梁的轴测投影，如图 8-8 (d) 所示。

(5) 最后擦去多余的作图线并描深，完成梁板柱节点的正等测，如图 8-8 (e) 所示。

三、圆的正等测和正二测

(一) 圆的正轴测投影的性质

在一般情况下，圆的轴测投影为椭圆。根据理论分析（证明从略），坐标面（或其平行

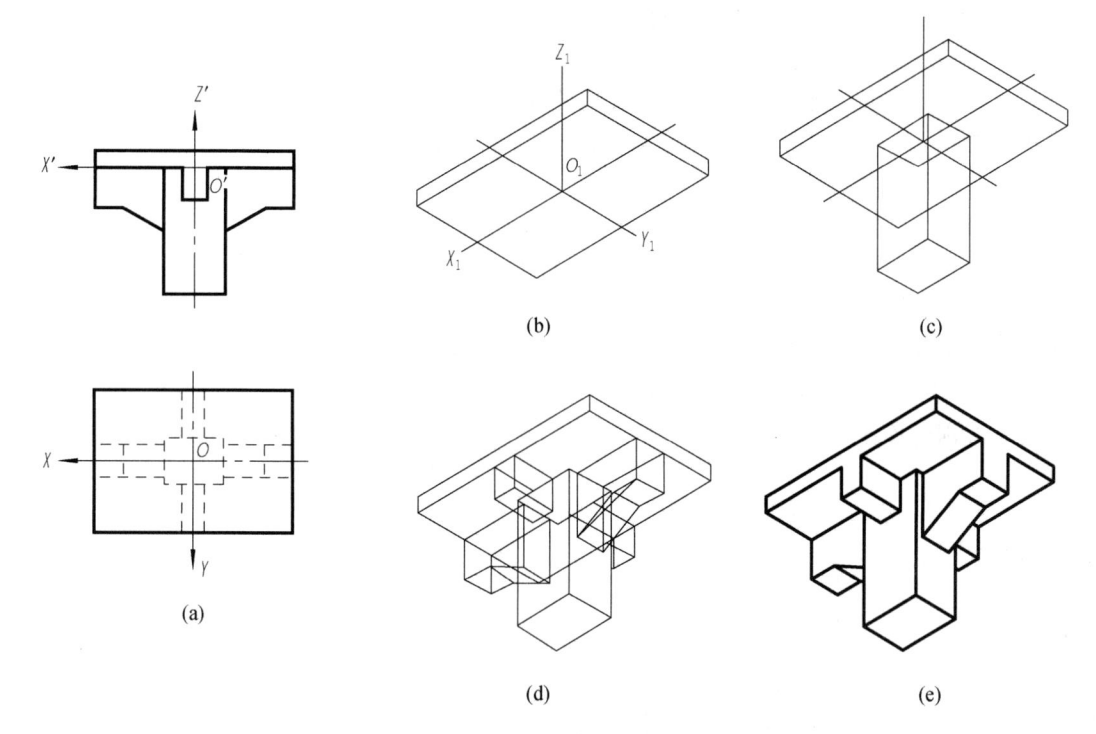

图 8-8 梁板柱节点的正等测画法

面）上圆的轴测投影（椭圆）的长轴方向与该坐标面垂直的轴测轴垂直；短轴方向与该轴测轴平行，如图 8-9 所示。

在正等轴测图中，椭圆的长轴为圆的直径 d，短轴为 $0.58d$。如按简化变形系数作图，其长、短轴长度均放大 1.22 倍，即长轴长度等于 $1.22d$，短轴长度等于 $0.7d$，如图 8-9（a）所示。在正二等轴测图中，椭圆的长轴为圆的直径 d，在 $X_1O_1Y_1$ 及 $Y_1O_1Z_1$ 坐标面上短轴为 $0.33d$，在 $X_1O_1Z_1$ 坐标面上短轴为 $0.88d$。如按简化变形系数作图，其长、短轴长度均放大 1.06 倍，即长轴长度等于 $1.06d$，在 $X_1O_1Y_1$ 及 $Y_1O_1Z_1$ 坐标面上短轴长度等于 $0.35d$，在 $X_1O_1Z_1$ 坐标面上短轴长度等于 $0.94d$，如图 8-9（b）所示。

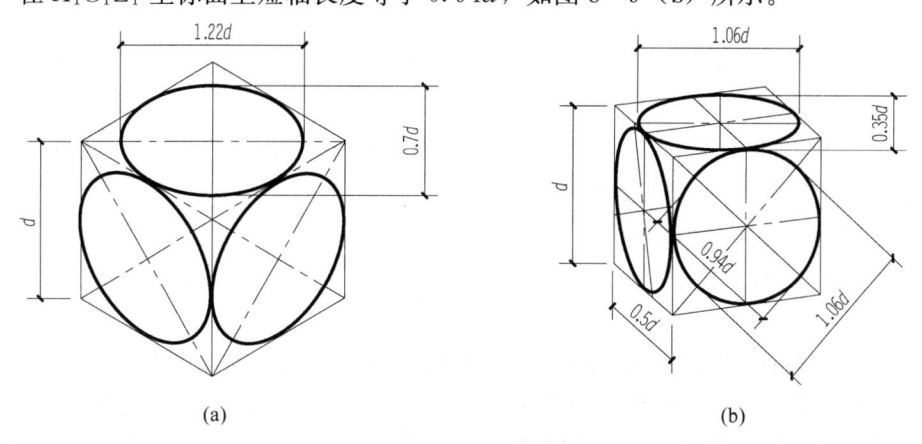

图 8-9 坐标面上圆的正等测和正二测
（a）正等测；（b）正二测

(二) 圆的正轴测投影（椭圆）的画法

1. 一般画法——弦线法

对于处在一般位置平面或坐标面（或其平行面）上的圆，都可以用弦线法作出圆上一系列点的轴测投影，然后光滑地连接起来，即得到圆的轴测投影。图 8-10 (a) 所示为一水平面上的圆，其正轴测投影的作图步骤如下：

(1) 首先画出 X_1、Y_1 轴，并在其上按直径大小直接定出 1_1、2_1、3_1、4_1 点，如图 8-10 (b) 所示。

(2) 过 OY 轴上的 A、B 等点作一系列平行于 OX 轴的平行弦，如图 8-10 (a) 所示，然后按坐标值相应地作出这些平行弦长的轴测投影，即求得椭圆上的 5_1、6_1、7_1、8_1 等点，如图 8-10 (b) 所示。

(3) 光滑地连接 1_1、2_1、3_1、4_1、5_1、6_1、7_1、8_1 等各点，即为该圆的轴测投影（椭圆）。

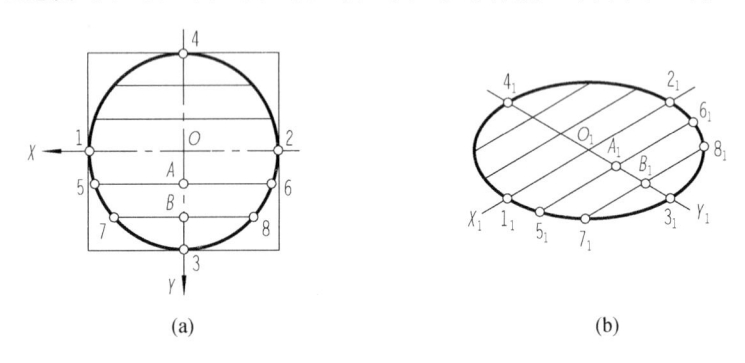

图 8-10 圆的正轴测投影的一般画法

2. 近似画法——四心圆法

为了简化作图，通常采用椭圆的近似画法——四心圆法。图 8-11 所示为直径为 d 的圆在正等测中 $X_1O_1Y_1$ 面上椭圆的画法；$X_1O_1Z_1$ 和 $Y_1O_1Z_1$ 面上的椭圆仅长、短轴的方向不同，其画法与在 $X_1O_1Y_1$ 面上的椭圆画法相同。

(1) 做圆的外切正方形 $ABCD$ 与圆相切于 1、2、3、4 四个切点，如图 8-11 (a) 所示。

(2) 画轴测轴，按直径 d 作出四个切点的轴测投影 1_1、2_1、3_1、4_1，并过其分别作 X_1 轴与 Y_1 轴的平行线。由此所形成的菱形的对角线即为长、短轴的位置，如图 8-11 (b) 所示。

(3) 连接 $D_1 1_1$ 和 $B_1 2_1$，并分别与菱形对角线 $A_1 C_1$ 交于 E_1、F_1 两点，则 B_1、D_1、E_1、F_1 为该四个圆心，如图 8-11 (c) 所示。

(4) 分别以 B_1、D_1 为圆心，以 $B_1 2_1$、$D_1 1_1$ 为半径作圆弧，如图 8-11 (d) 所示。

(5) 再分别以 E_1、F_1 为圆心，以 $E_1 1_1$、$F_1 2_1$ 为半径作圆弧，即得到近似椭圆，如图 8-11 (e) 所示。

上述四心圆法可以演变为切点垂线法，用这种方法画圆弧的正等测更为简单。图 8-12 (a) 中所示的圆角部分，作图时用切点垂线法，如图 8-12 (b) 所示，其作图步骤如下：

(1) 在角上分别沿轴向取一段长度等于半径 R 的线段，得 A、A 和 B、B 点，过 A、B 点作相应边的垂线分别交于 O_1 及 O_2 点。

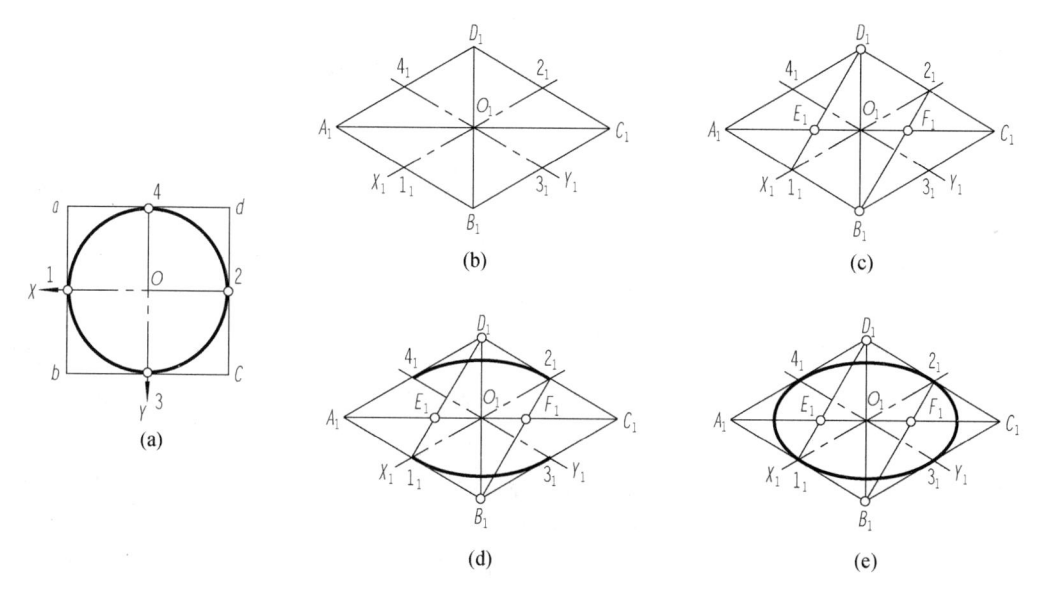

图 8-11 圆的正等测的近似画法

(2) 以 O_1 及 O_2 为圆心，以 O_1A 及 O_2B 为半径作弧，即为顶面上圆角的轴测图。

(3) 分别将 O_1 和 O_2 点垂直下移，取 O_3、O_4 点，使 $O_1O_3=O_2O_4=h$（物体厚度）。以 O_3 及 O_4 为圆心，作底面上圆角的轴测投影，再作上、下圆弧的公切线，即完成作图。

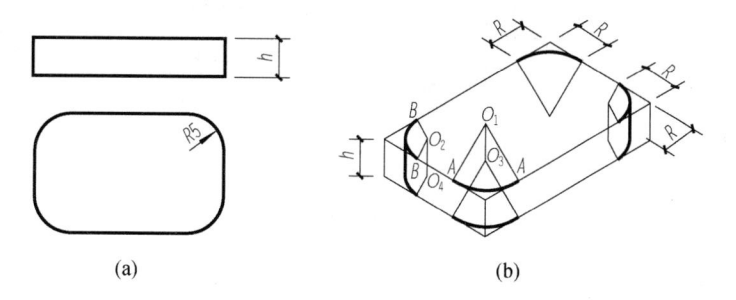

图 8-12 圆角的正等测画法

图 8-13 所示为 XOZ 面上直径为 d 的圆在正二测中椭圆的画法，具体画图步骤如下。

(1) 画轴测轴，按直径 d 作出四个切点的轴测投影 A_1、B_1、C_1、D_1，并过其分别作 X_1 轴与 Z_1 轴的平行线，如图 8-13（a）所示。

(2) 所形成的菱形的对角线即为长、短轴的位置，如图 8-13（b）所示。

(3) 过点 A_1、C_1 作水平线，交对角线于 1、2、3、4 点。以 1、3 为圆心，以 $1A_1$ 或 $3C_1$ 为半径作两个圆弧，如图 8-13（c）所示。

(4) 以 2、4 为圆心，以 $2A_1$ 或 $4C_1$ 为半径作两个圆弧，即得到近似椭圆，如图 8-13（d）所示。

图 8-14 所示为 XOY 面上直径为 d 的圆在正二测中椭圆的画法。$Y_1O_1Z_1$ 面上的椭圆仅长、短轴的方向不同，其他画法与在 $X_1O_1Y_1$ 面上的椭圆画法相同。

(1) 画轴测轴，在 X_1 轴上按直径 d 量取点 A_1、C_1，在 Y_1 轴上按 $0.5d$ 量取点 B_1、D_1，并过其分别作 X_1 轴与 Y_1 轴的平行线，如图 8-14（a）所示。

(a) (b) (c) (d)

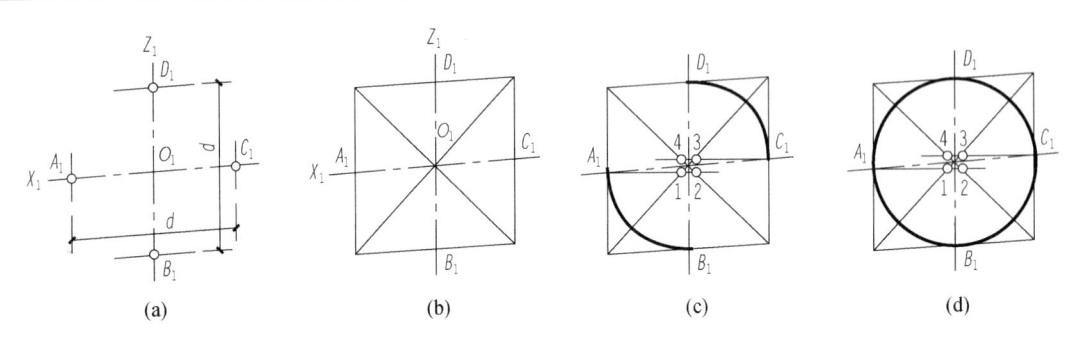

图 8-13 正二测中 XOZ 面上圆的近似画法

（2）过 O_1 点作水平线，即为长轴的位置；再作铅垂线，即为短轴的位置，如图 8-14 (b) 所示。

（3）取 $O_11=O_13=d$，分别以 1、3 为圆心，以 $3A_1$ 或 $1C_1$ 为半径作两个大圆弧；连接 $3A_1$ 和 $1C_1$ 与长轴交于 2、4 两点，如图 8-14 (c) 所示。

（4）分别以 2、4 为圆心，以 $2A_1$ 或 $4C_1$ 为半径作两个小圆弧与大圆弧相切，即得到近似椭圆，如图 8-14 (d) 所示。

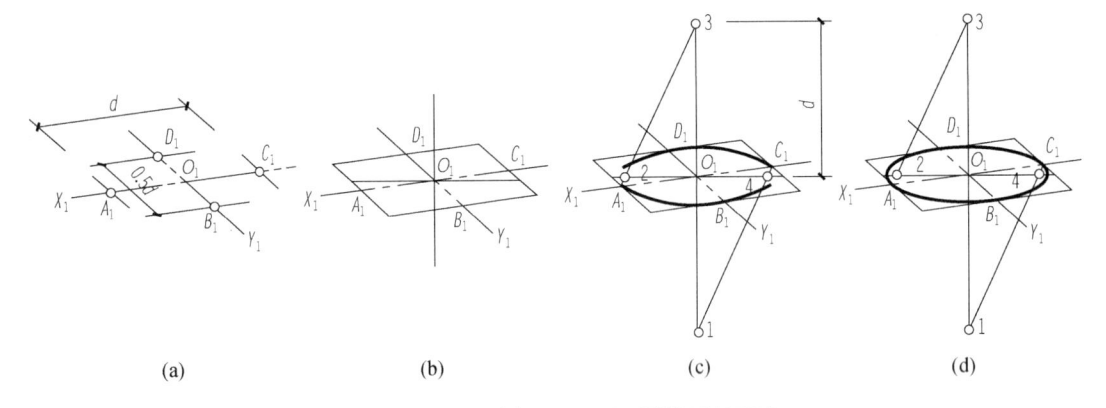

(a) (b) (c) (d)

图 8-14 正二测中 XOY 面上圆的近似画法

四、曲面立体的正等测画法

掌握了圆的正轴测投影画法后，就不难画出回转曲面立体的正轴测图，如图 8-15 所示。图 8-15 (a) 和图 8-15 (b) 所示为圆柱和圆锥台的正等轴测图，作图时分别作出其顶面和底面的椭圆，再作其公切线即可。图 8-15 (c) 所示为上端被切平的球，由于按简化变形系数作图，因此取 $1.22d$（d 为球的实际直径）为直径先作出球的外形轮廓，然后作出切平后截交线（圆）的轴测投影即可。图 8-15 (d) 所示为任意回转体，可将其轴线分为若干份，以各分点为中心，作出回转体的一系列纬圆，再对应地作出这些纬圆的轴测投影，然后作出它们的包络线即可。

下面举例说明不同形状特点的曲面立体轴测图的几种具体作法。

【例 8-5】 求作图 8-16 (a) 所示的组合体的正等测。

分析：通过形体分析可知，组合体是由底板、竖板和三角形肋板三部分叠加而成的。底板前端一侧为四分之一圆角，且底板中间有一个圆柱孔；竖板底面与底板等长，上面开有圆柱孔。画这类组合体的轴测投影时，宜采用叠加法，将其分解为多个基本体，按其相对位置

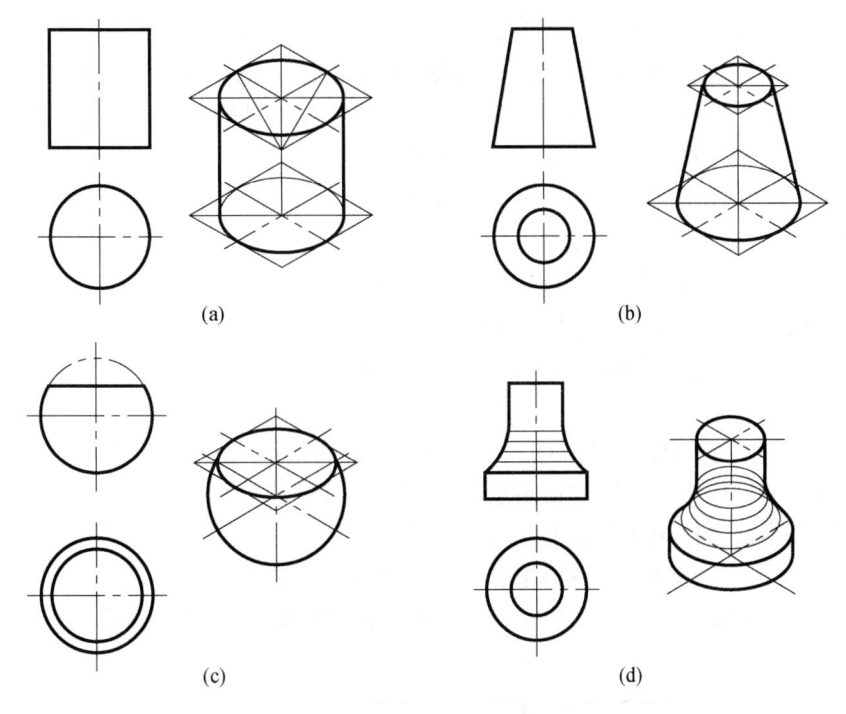

图 8-15　几种回转曲面立体的轴测图

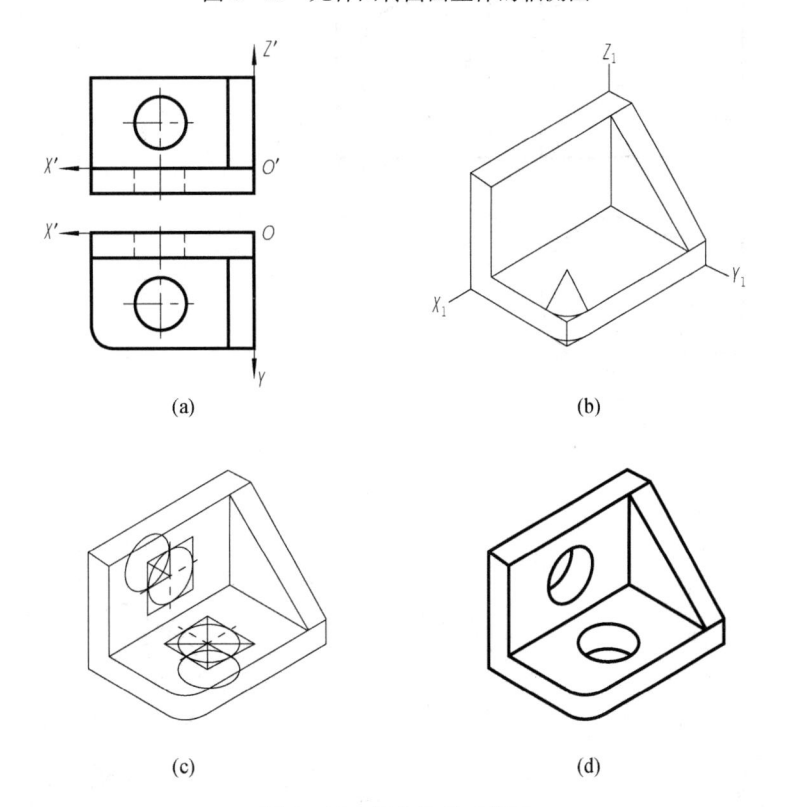

图 8-16　组合体的正等测

逐一画出它们的轴测图，最后得到组合体轴测图。

作图步骤如下：

(1) 在投影图上定出坐标轴和原点。取底板上表面右后点为原点 O，如图 8-16 (a) 所示。

(2) 画轴测轴，按底板、竖板和三角形肋板的尺寸作出其轴测投影，用切点垂线法画出底板上 1/4 圆角的轴测投影，如图 8-16 (b) 所示。

(3) 按近似画法作出底板和竖板上圆的轴测投影，如图 8-16 (c) 所示。

(4) 最后擦去多余的作图线并描深，完成组合体的正等测，如图 8-16 (d) 所示。

【例 8-6】 求作图 8-17 (a) 所示的两相交圆柱的正等测。

分析：作相交两圆柱的轴测图时，可利用辅助平面法的原理，在轴测图上直接作辅助平面，从而求得相贯线上各点的轴测投影。选择大圆柱的底面圆作为 XOY 面，圆心为坐标原点 O。

作图步骤如下：

(1) 在投影图上定出坐标轴和原点。取大圆柱的底面圆心为原点 O，如图 8-17 (a) 所示。

(2) 画轴测轴，作出两圆柱的轴测投影，如图 8-17 (b) 所示。

(3) 用辅助平面法作出相贯线上各点的轴测投影，如图 8-17 (c) 所示。

(4) 依次光滑连接各点，即得到相贯线的轴测投影，如图 8-17 (d) 所示。

(5) 最后擦去多余的作图线并描深，完成相交两圆柱的正等测，如图 8-17 (e) 所示。

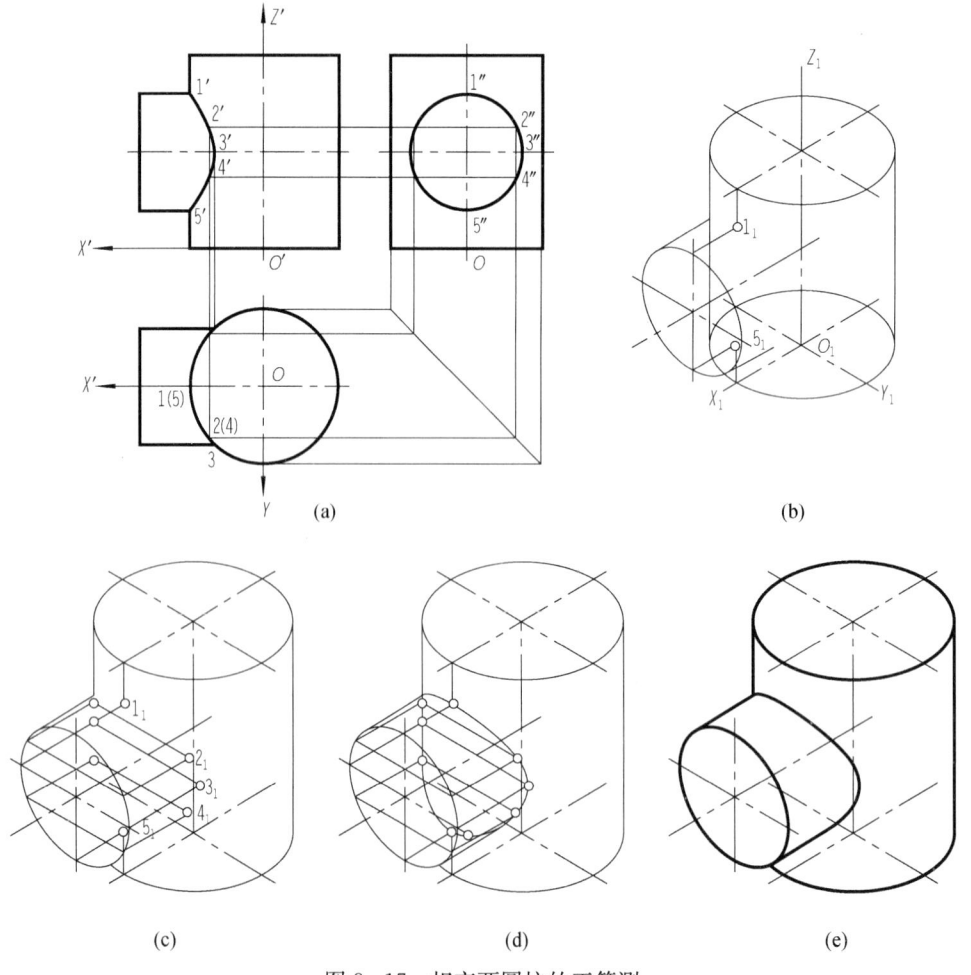

图 8-17 相交两圆柱的正等测

第三节 斜轴测投影

工程上常用的斜轴测投影为斜二测，它画法简单、立体感好。本节主要讨论斜二测的画法。

一、斜二测的轴间角和轴向变形系数

1. 正面斜二测

从图 8-18（a）可以看出，在斜轴测投影中通常将物体放正，即使物体上某一坐标面平行于轴测投影面 P，投射方向 S 倾斜于 P 面，因而该坐标面或其平行面上的任何图形在 P 面上的投影总是反映实形。若将正立投影面 V 作为轴测投影面 P，使物体 XOZ 坐标面平行于 P 面放正，此时得到的投影就称为正面斜轴测投影，常用的一种是正面斜二等轴测投影，简称正面斜二测。因为 XOZ 坐标面平行于投影面 P，所以轴间角 $\angle X_1O_1Z_1=90°$，X 轴和 Z 轴的轴向变形系数 $p=r=1$。轴测轴 O_1Y_1 的方向和轴向变形系数与投射方向 S 有关，为了作图方便，取轴间角 $\angle X_1O_1Y_1=\angle Y_1O_1Z_1=135°$，$q=0.5$。作图时，一般使 O_1Z_1 轴处于铅垂位置，则 O_1X_1 轴为水平线，O_1Y_1 轴与水平线成 $45°$，可利用 $45°$ 三角板方便地作出，如图 8-18（b）所示。

(a)　　　　　　　　　　(b)

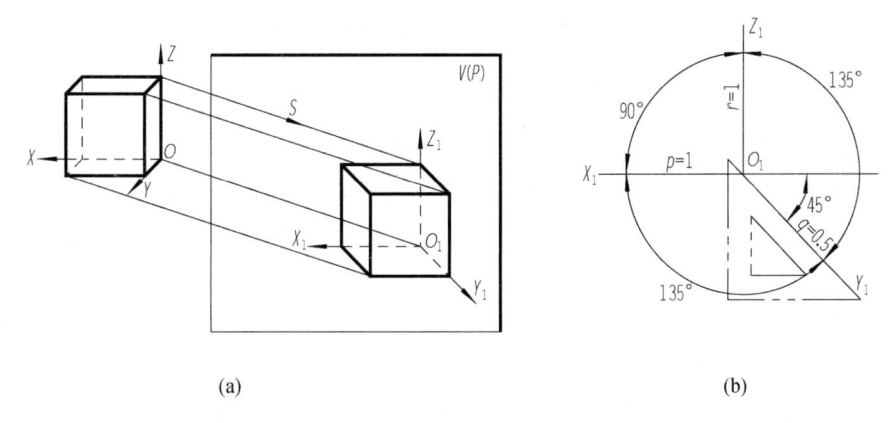

图 8-18　正面斜二测投影

2. 水平斜二测

将水平投影面 H 作为轴测投影面 P，使物体 XOY 坐标面平行于 P 面，此时得到的投影就称为水平斜轴测投影，如图 8-19（a）所示。常用的斜轴测投影为水平斜二等轴测投影，简称水平斜二测。因为 XOY 坐标面平行于投影面 P，所以轴间角 $\angle X_1O_1Y_1=90°$，X 轴和 Y 轴的轴向变形系数 $p=q=1$。为了作图方便，取轴间角 $\angle X_1O_1Z_1=120°$，$\angle Y_1O_1Z_1=150°$，$r=0.5$。作图时，习惯上使 O_1Z_1 轴处于铅垂位置，则 O_1Y_1 轴与水平线成 $30°$，而 O_1X_1 轴和 O_1Y_1 轴成 $90°$，可利用 $30°$ 三角板方便地作出，如图 8-19（b）所示。

二、圆的斜二测

由于 XOZ 面（或其平行面）的轴测投影反映实形，因此 XOZ 面上的圆的轴测投影仍为圆，其直径与实际的圆相同。在 XOY、YOZ 面（或其平行面）上的圆的轴测投影为椭圆，这些椭圆可采用图 8-10 所示的一般画法作出，也可采用近似画法。图 8-20 所示为

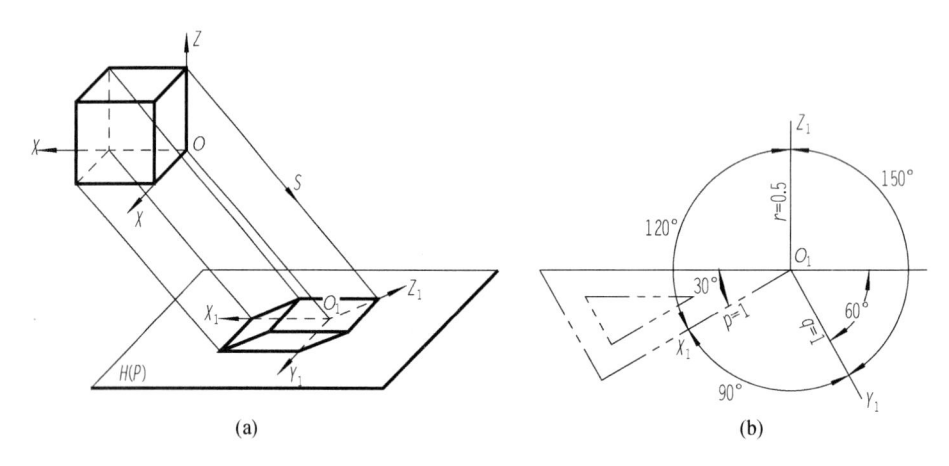

图 8 - 19 水平斜二测投影

XOY 面上直径为 d 的圆在斜二测中椭圆的近似画法，$Y_1O_1Z_1$ 面上的椭圆仅长、短轴的方向不同，其他画法与之相同，具体作图步骤如下：

(1) 画轴测轴，在 X_1 轴上按直径 d 量取点 A_1、C_1，在 Y_1 轴上按 $0.5d$ 量取点 B_1、D_1，并过其分别作 X_1 轴与 Y_1 轴的平行线，如图 8 - 20 (a) 所示。

(2) 过 O_1 点作与 X_1 轴约成 7°斜线，即为长轴的位置；再过 O_1 点作长轴的垂线，即为短轴的位置，如图 8 - 20 (b) 所示。

(3) 取 $O_11=O_13=d$，分别以 1、3 为圆心，以 $3A_1$ 或 $1C_1$ 为半径作两个大圆弧；连接 $3A_1$ 和 $1C_1$ 与长轴交与 2、4 两点，如图 8 - 20 (c) 所示。

(4) 分别以 2、4 为圆心，以 $2A_1$ 或 $4C_1$ 为半径作两个小圆弧与大圆弧相切，即得到近似椭圆，如图 8 - 20 (d) 所示。

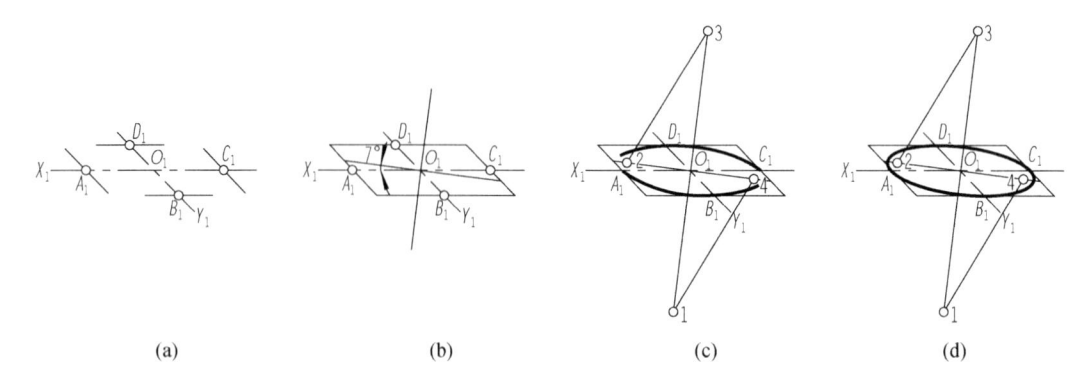

图 8 - 20 斜二测中 XOY 面上圆的近似画法

三、斜二测的画法

画图前，首先要根据物体的形状特点选定斜二测的种类。通常情况下选用正面斜二测，只有画一些建筑物的鸟瞰图时才选用水平斜二测。工程上常用水平斜二测来绘制一个区域的总平面布置或绘制一幢建筑物的水平剖面。

作斜二测时，只要采用上述轴间角和轴向变形系数，其作图步骤和正等测、正二测完全相同。图 8 - 4 (a) 所示的长方体的斜二测如图 8 - 21 所示。

在斜二测中，由于 XOZ 面（或其平行面）的轴测投影仍反映实形，因此应把物体形状较为复杂的一面作为正面，尤其具有较多圆或圆弧连接时，此时采用斜二测作图就非常方便。

【例 8-7】 求作图 8-22（a）所示的空心砖的斜二测。

分析：因为空心砖的正面形状比较复杂，因此选用正面斜二测作图最为简便。选择空心砖的前表面作为 XOZ 面，前表面右下顶点为坐标原点 O。

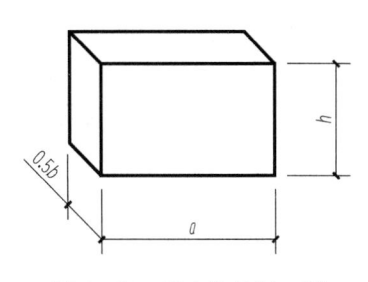

图 8-21 长方体的斜二测

作图步骤如下：

（1）在投影图上定出坐标轴和原点。取前表面右下顶点为原点 O，如图 8-22（a）所示。

（2）画轴测轴，作空心砖前表面的正面斜轴测投影（即为 V 面投影实形），再过其上各角点作 O_1Y_1 轴的平行线（即形体宽度线，不可见不画），在其上取空心砖厚度的 1/2，得后表面各顶点的轴测投影，画出空心砖后表面的可见轮廓线，如图 8-22（b）所示。

（3）最后擦去多余的作图线并描深，完成空心砖的正面斜二测，如图 8-22（c）所示。

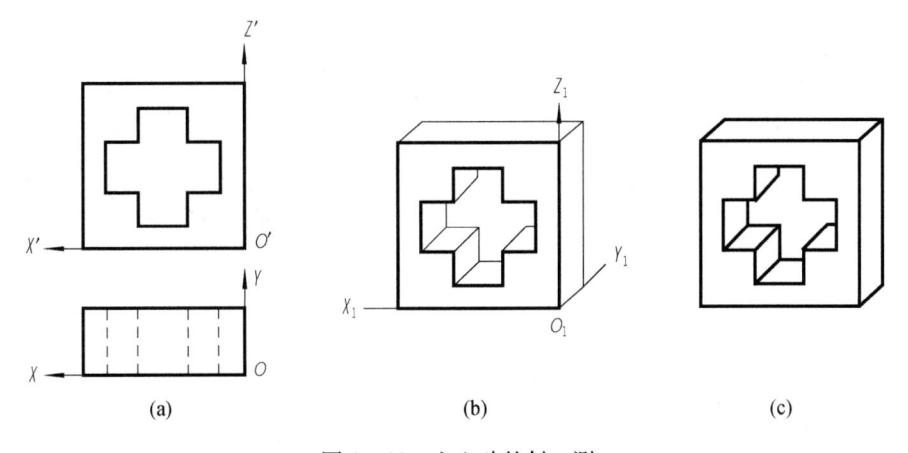

图 8-22 空心砖的斜二测

【例 8-8】 求作图 8-23（a）所示的拱门的斜二测。

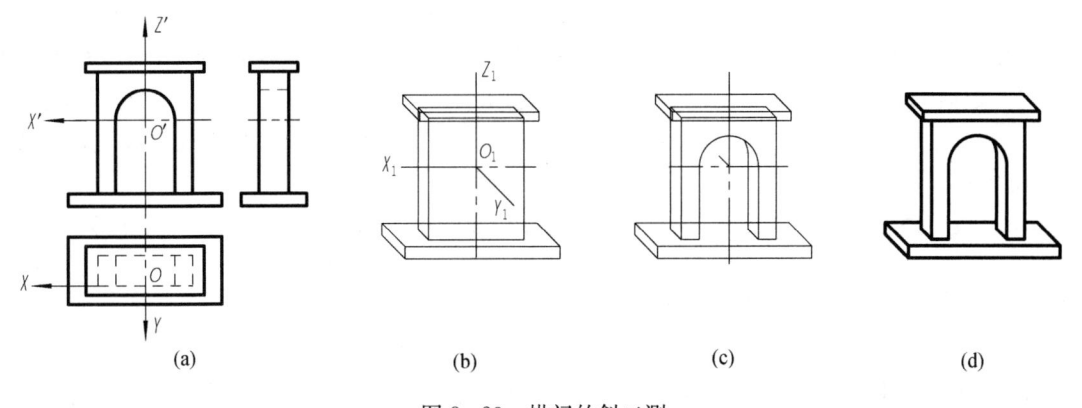

图 8-23 拱门的斜二测

分析：因为拱门的正面有圆，因此选用正面斜二测作图最为简便。拱门是由地台、门身和顶板三部分组成的，宜采用叠加法，按其相对位置逐一画出它们的轴测图，最后得拱门整体的轴测图。选择拱门的前表面作为 XOZ 面，前表面圆心为坐标原点 O。

作图步骤如下：

（1）在投影图上定出坐标轴和原点。取前表面圆心为原点 O，如图 8-23（a）所示。

（2）画轴测轴，作出门身、地台及顶板的斜轴测投影。作图时必须注意各形体的相对位置，如图 8-23（b）所示。

（3）作出门洞的轴测投影，注意画出从门洞中能够看到的后边缘，如图 8-23（c）所示。

（4）最后擦去多余的作图线并描深，完成拱门的正面斜二测，如图 8-23（d）所示。

【例 8-9】 求作图 8-24（a）所示的某区域总平面图的水平斜二测。

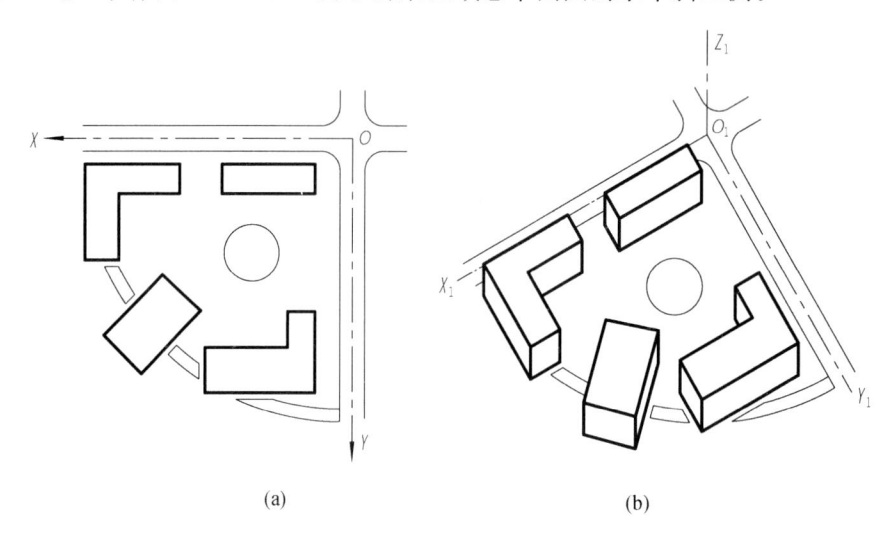

图 8-24 区域总平面的水平斜二测

分析：应采用水平斜二测绘制区域总平面图，选择地面为 XOY 面，街道中心为坐标原点 O。

作图步骤如下：

（1）在投影图上定出坐标轴和原点。取街道中心为原点 O，如图 8-24（a）所示。

（2）画轴测轴，使 O_1Z_1 轴为竖直方向，O_1X_1 轴与水平方向成 30°，O_1X_1 轴与 O_1Y_1 轴成 90°。根据水平投影作出各建筑物底面的轴测投影（与水平投影图的形状、大小及位置均相同）。沿 Z_1 轴方向，过各角点作建筑图可见棱线的轴测投影，并取各建筑物高度的 1/2，再画出各建筑物顶面的轮廓线，如图 8-24（b）所示。

（3）最后擦去多余的作图线并描深，完成总平面的水平斜二测，如图 8-24（b）所示。

第四节 轴测投影图的选择

前面介绍了正等测、正二测和斜二测这三种轴测图。在考虑选用哪一种轴测图来表达物体时，既要使立体感强、度量性好，又要确保作图简便。下面将从以下几个方面对这三种轴测图作一比较。

1. 直观性

一般正轴测投影的立体感比斜轴测投影好,特别是正二测,比较符合人们观察物体所看到的真实效果,因此采用正二测作图时立体感更强。

2. 度量性

正等测在三个轴测轴方向上都能直接度量,而正二测和斜二测只能在两个轴测轴方向上直接度量,在另一个方向必须经过换算。

3. 操作性

当物体在一个坐标面及其平行面上有较多的圆或圆弧,且在其他平面上图形较简单时,采用斜二测作图最容易。而对于在三个坐标面及其平行面上均有圆或圆弧的物体,采用正等测较为方便,正二测则最为烦琐。

究竟如何选用,还应考虑物体的具体结构而定。图 8-25 所示的三种轴测图,由于物体上开有圆柱孔,如采用正等测,圆柱孔大部分被遮挡住不能表达清楚,而正二测和斜二测没有上述缺点,直观性较好。另考虑该物体基本上是平面立体,采用正二测并不会使作图过程过于复杂,因此采用正二测来表达是比较适合的。

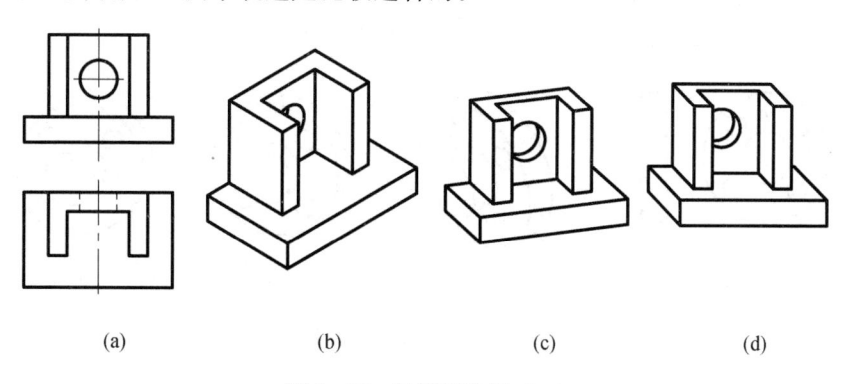

图 8-25 轴测图选择（一）
(a) 视图；(b) 正等测；(c) 正二测；(d) 斜二测

此外,图 8-26 所示的三种轴测图,若采用正等测,则物体上很多平面的轴测投影都积聚成直线,就削弱了立体感,直观性很差。而正二测和斜二测就避免了这一缺点,且正二测最自然,因此采用正二测来表达是比较适合的。

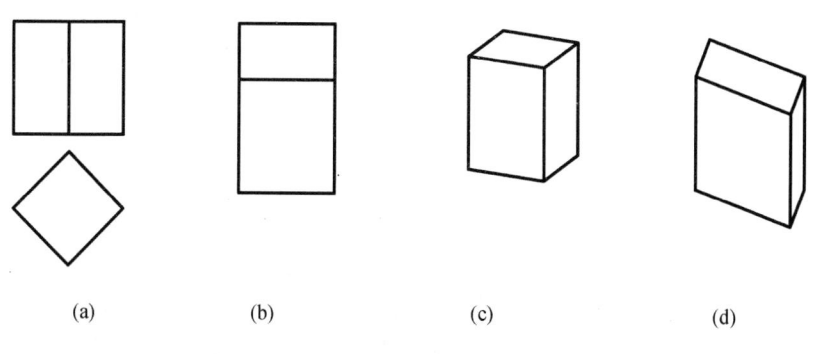

图 8-26 轴测图选择（二）
(a) 视图；(b) 正等测；(c) 正二测；(d) 斜二测

又如图 8-27 所示的三种轴测图，由于物体在三个与坐标面平行的平面上都有圆，采用正等测来表达最自然，且正等测在不同坐标面上圆的轴测画法相同，所以作图也较简便，因此选择用正等测表达较为合适。

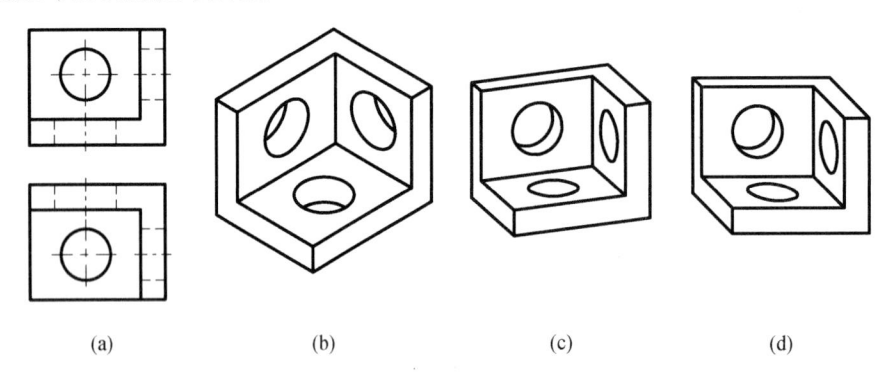

图 8-27 轴测图选择（三）
(a) 视图；(b) 正等测；(c) 正二测；(d) 斜二测

再如图 8-28 所示的三种轴测图，从直观性看，三种轴测图的差别不大。但物体的正面形状较复杂，用斜二测作图最简便，故选用斜二测表达更为合适。

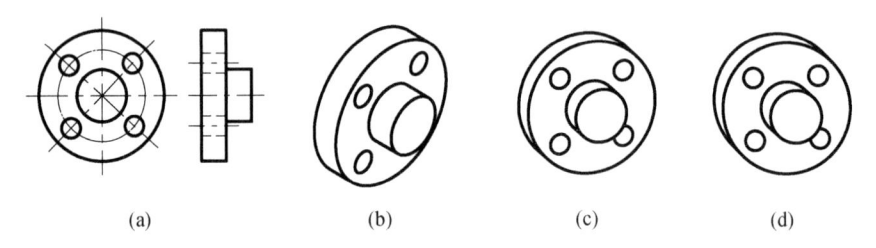

图 8-28 轴测图选择（四）
(a) 视图；(b) 正等测；(c) 正二测；(d) 斜二测

总之，在选用哪一种轴测图来表达物体时，要根据物体的结构特点，综合分析上述各方面因素，才能获得较满意的结果。

第九章 组合体的投影

第一节 组合体的组成与分析

一、组合体的三视图

1. 三视图的形成

在绘制工程图样时，将物体向投影面作正投影所得到的图形称为视图。在三面投影体系中可得到物体的三个视图，其正面投影称为主视图，水平投影称为俯视图，侧面投影称为左视图，如图 9-1 所示。

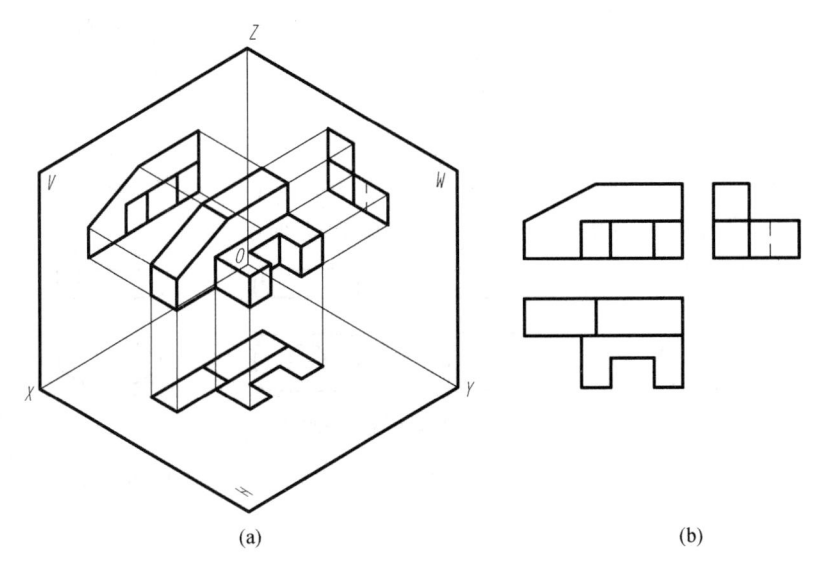

图 9-1 物体的三视图
(a) 投影过程；(b) 三视图

在工程图上，视图主要用来表达物体的形状，不需要表达物体与投影面间的距离。因此在绘制视图时就没有必要画出投影轴。为了使图形清晰可见，也不必画出投影间的连线，如图 9-1 (b) 所示。通常，视图间的距离可根据图纸幅面、尺寸标注等因素来确定。

2. 三视图的位置关系和投影规律

绘制三视图时，虽然不需要画出投影轴和投影间的连线，但三视图间仍应保持各投影之间的位置关系和投影规律。如图 9-2 所示，三视图的位置关系为：俯视图在主视图的下方，左视图在主视图的右方。按照这种位置配置视图时，国家标准规定一律不标注视图名称。

对照图 9-1 (a) 和图 9-2 还可以看出：

(1) 主视图反映了物体上下、左右的位置关系，即反映了物体的高度和长度。
(2) 俯视图反映了物体前后、左右的位置关系，即反映了物体的长度和宽度。
(3) 左视图反映了物体上下、前后的位置关系，即反映了物体的高度和宽度。

由此可知，三视图之间的投影规律为：

(1) 主、俯视图——长对正。
(2) 主、左视图——高平齐。
(3) 俯、左视图——宽相等。

"长对正、高平齐、宽相等"是画图和读图必须遵循的最基本的投影规律。不仅整个物体的投影要符合这条规律,物体局部结构的投影也必须符合这条规律。在应用此投影规律作图时,要注意物体上、下、左、右、前、后六个部位与视图的关系,如图9-2所示。如俯视图的下面和左视图的右面都反映物体的前面,俯视图的上面和左视图的左面都反映物体的后面,因此在俯视图、左视图上量取宽度时,不但要注意量取的起点,还要注意量取的方向。

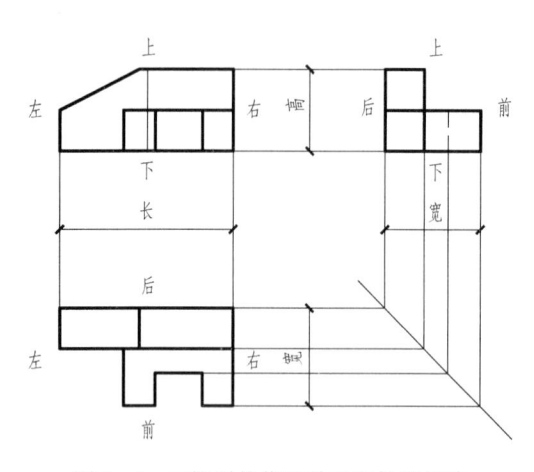

图9-2 三视图的位置关系和投影规律

二、组合体的形体分析

多数物体都可以看作是由一些基本形体经过叠加、切割、穿孔等方式组合而成的组合体。这些基本形体可以是一个完整的几何体(如棱柱、棱锥、圆柱、圆锥、球等),也可以是一个不完整的几何体或是它们的简单组合,如图9-3所示。

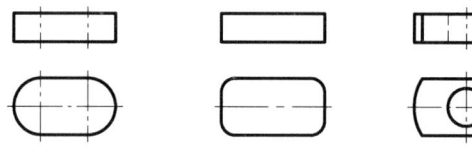

图9-3 常见基本形体举例

图9-4所示为一肋式杯形基础,它可以看成由四棱柱底板、中间四棱柱和六个梯形肋板叠加而成,然后再在中间四棱柱中挖去一楔形块而得。

(a)　　　　　　　　　　　　(b)

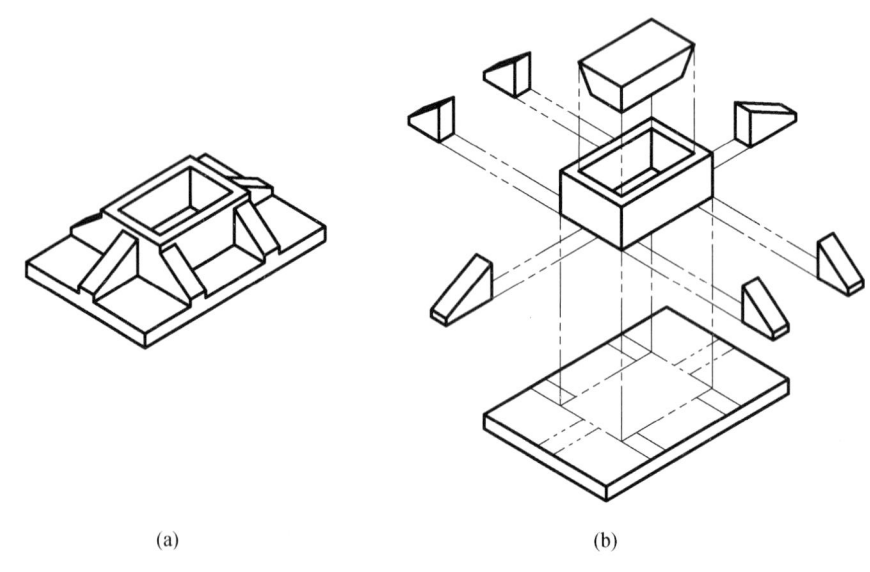

图9-4 肋式杯形基础的组成
(a) 组合体;(b) 组合体的形成

由此可见，形体分析法就是把物体（组合体）分解成一些简单的基本形体以及确定它们之间组合形式的一种思维方法。在学习画图、读图和尺寸标注时，经常要运用形体分析法，使复杂问题变得较为简单。下面我们具体分析各种不同的组合形式以及它们的投影特征。

（一）基本形体的叠加

基本形体的叠加有简单叠加、相切和相交三种情况。

1. 简单叠加

简单叠加是指两基本形体的表面相互结合。图 9-5 为一组合体的形体分析图，该组合体可看成由底部的底板（四棱柱）、后面的竖板（四棱柱）和右面的肋板（三棱柱）简单叠加而成。图 9-5（a）表示底部的四棱柱底板；图 9-5（b）表示底板的后上部有一四棱柱竖板，因为竖板的长度和底板的长度相同，四棱柱底板的左右面和四棱柱竖板的左右面对齐，因此在左视图上两形体的结合处就不存在隔开线；图 9-5（c）表示底部和竖板之间的右侧有一三棱柱肋板。

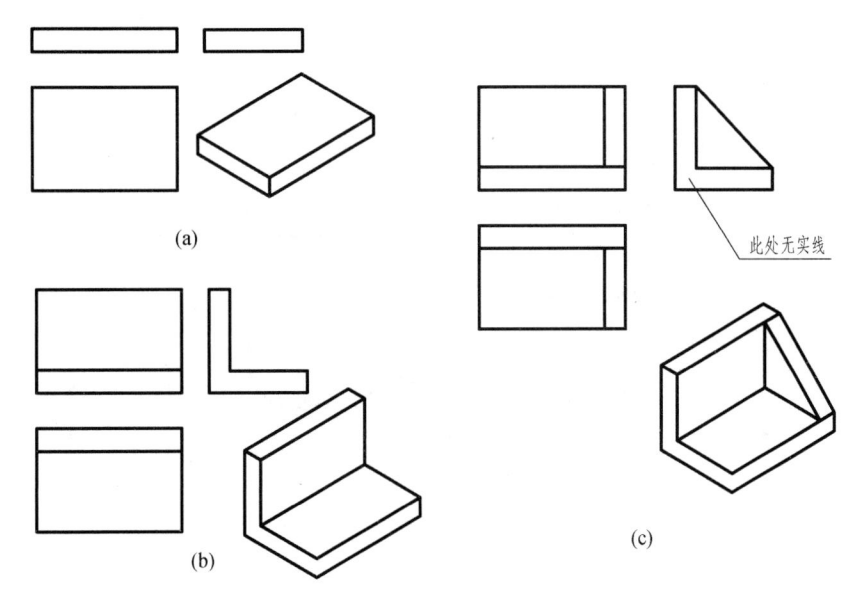

图 9-5 组合体的形体分析图——简单叠加

在此必须注意，当两形体叠加时，形体之间存在两种表面连接关系：对齐与不对齐。两形体的表面对齐时，中间没有线隔开，如图 9-6（a）所示；两形体的表面不对齐时，中间有线隔开，如图 9-6（b）所示。

2. 相切

相切是指两基本形体的表面光滑过渡。当曲面与曲面、曲面与平面相切时，在相切处不存在轮廓线。图 9-7 为一组合体的形体分析图。图 9-7（a）表示该组合体中间的圆柱；图 9-7（b）表示左端的底板；图 9-7（c）表示底板和圆柱相切组合，在主、左视图上相切处不要画轮廓线，且底板上表面的投影要画到切点处为止。

3. 相交

相交是指两基本形体的表面相交，在相交处会产生各种性质的交线。图 9-8 为一组合体的形体分析图。图 9-8（a）表示该组合体中间的半圆柱；图 9-8（b）表示半圆柱上部与

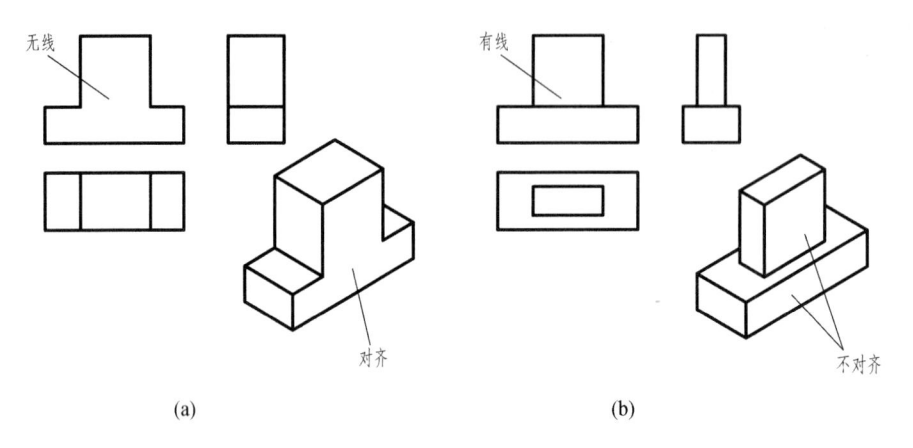

图 9-6 叠加时形体间的表面连接关系
(a) 对齐；(b) 不对齐

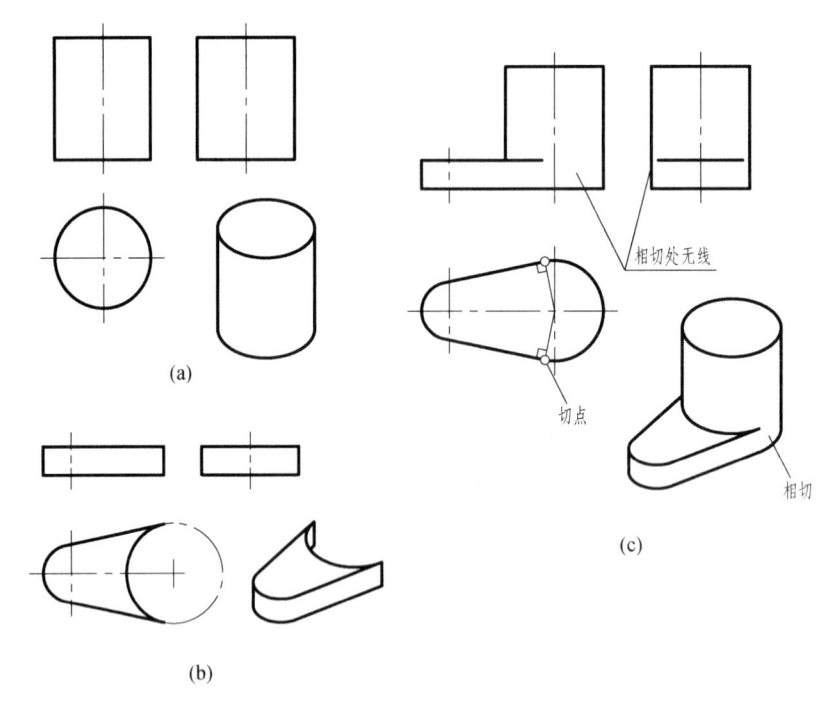

图 9-7 组合体的形体分析图——相切

另一小圆柱相交，于是在两圆柱表面产生了交线，在左视图上必须分别画出这些曲面与曲面间交线（相贯线）的投影；图 9-8（c）表示该组合体左右分别与两四棱柱相交，因此其上表面与半圆柱面产生了交线，在俯视图上必须画出这些平面与曲面间交线（相贯线）的投影。

（二）基本形体被切割或穿孔

基本形体被切割或穿孔时，可以有各种不同情况。如一个基本形体被几个平面所切割，也可能有两个以上的基本形体被同一个平面切割或被同一个孔贯穿等。

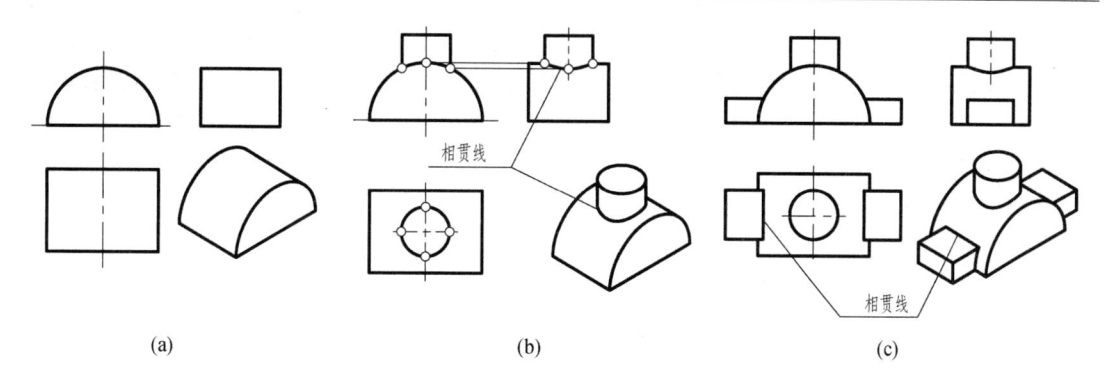

图9-8 组合体的形体分析图——相交

1. 切割

基本形体被平面切割时，画视图的关键是作出其截交线的投影。图9-9为手柄头的形体分析图。图9-9（a）表示手柄头是由基本形体圆柱和球共轴相交而成，因而交线为一个圆，它在主、俯视图上的投影为直线；图9-9（b）表示球的上、下分别被水平面所切割，截交线在俯视图上的投影为圆；图9-9（c）表示球的上端又开了一个凹槽，槽的底面与球相交，截交线在俯视图上的投影为一圆弧，槽的侧面和球相交，所得截交线在左视图上的投影为一圆弧。

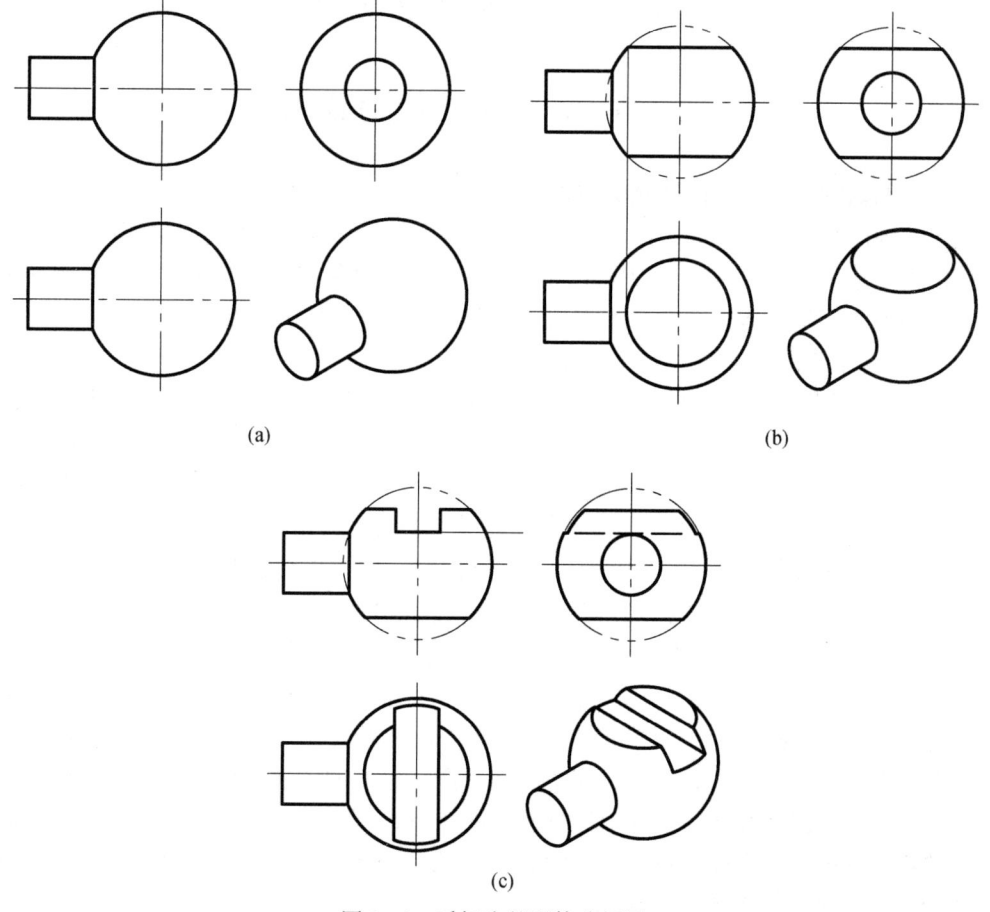

图9-9 手柄头的形体分析图

2. 穿孔

基本形体被穿孔时，画视图的关键是作出其交线的投影。图 9-10 为圆柱穿孔后的形体分析图。图 9-10（a）表示完整的基本形体圆柱；图 9-10（b）表示圆柱中穿了一个棱柱孔，孔的侧面和圆柱相交，根据"宽相等"作出交线在左视图上的投影。孔的上下底面和圆柱相交，交线为一圆弧，左视图上的投影为直线。

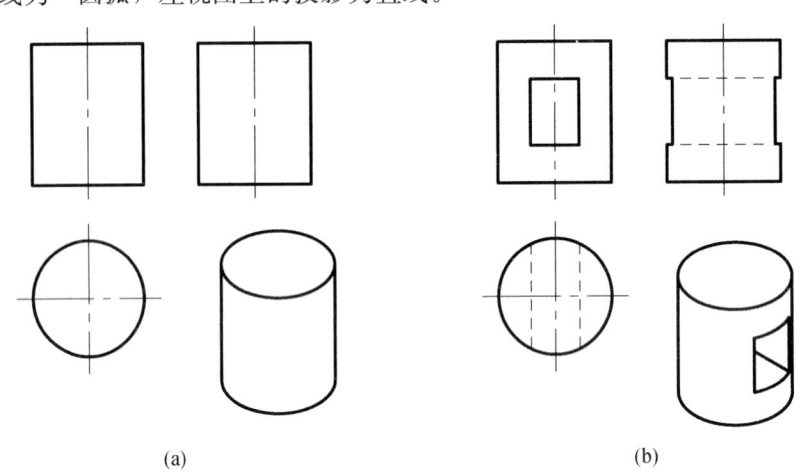

图 9-10 圆柱穿孔体的形体分析图

第二节 组合体视图的读图

一、读图时构思物体空间形状的方法

读图和画图是学习本课程的两个重要环节。画图是用正投影方法将空间物体表达在平面上，读图则是运用正投影方法，根据平面图形（视图）想象出空间物体的结构形状的过程。本节将举例说明读组合体视图的基本方法，为今后读工程图样打下基础。

（一）将几个视图联系起来进行构思

通常，一个视图不能确定较复杂物体的形状，因此，读图时一般要根据几个视图，运用投影规律进行分析、构思，才能想象出空间物体的形状。图 9-11 所示为根据三视图构思出物体形状的过程。图 9-11（a）所示为该物体的三视图。首先根据主视图，只能够想象出该物体是一个⌐形物体，如图 9-11（b）所示，但无法确定该物体的宽度，也不能判断主视图内的三条虚线和一条实线分别表示什么。在上面构思的基础上，进一步观察俯视图并进行想象，如图 9-11（c）所示，即能确定该物体的宽度，以及其左端的形状为前、后各有一个 45°的倒角，中间开了一个长方形槽，但右端直立部分的形状仍无法确定。最后观察左视图并进一步想象，如图 9-11（d）所示，便能确定右端是一个顶部为半圆形的竖板，中间开了一个圆柱孔（在主、俯视图上用虚线表示）。经过这样构思与分析，最终完整地想象出了该物体的形状。

图 9-12（a）～图 9-12（d）给出了 4 组视图，它们的主视图均相同，图 9-12（a）～图 9-12（c）的左视图相同，图 9-12（a）和图 9-12（d）的俯视图相同，但它们却是 4 种不同形状物体的投影。由此可见，读图时必须将几个视图结合起来，互相对照，同时分析，这样才能正确地想象出物体的形状。

第九章 组合体的投影

图 9-11 根据三视图构思出物体形状的过程

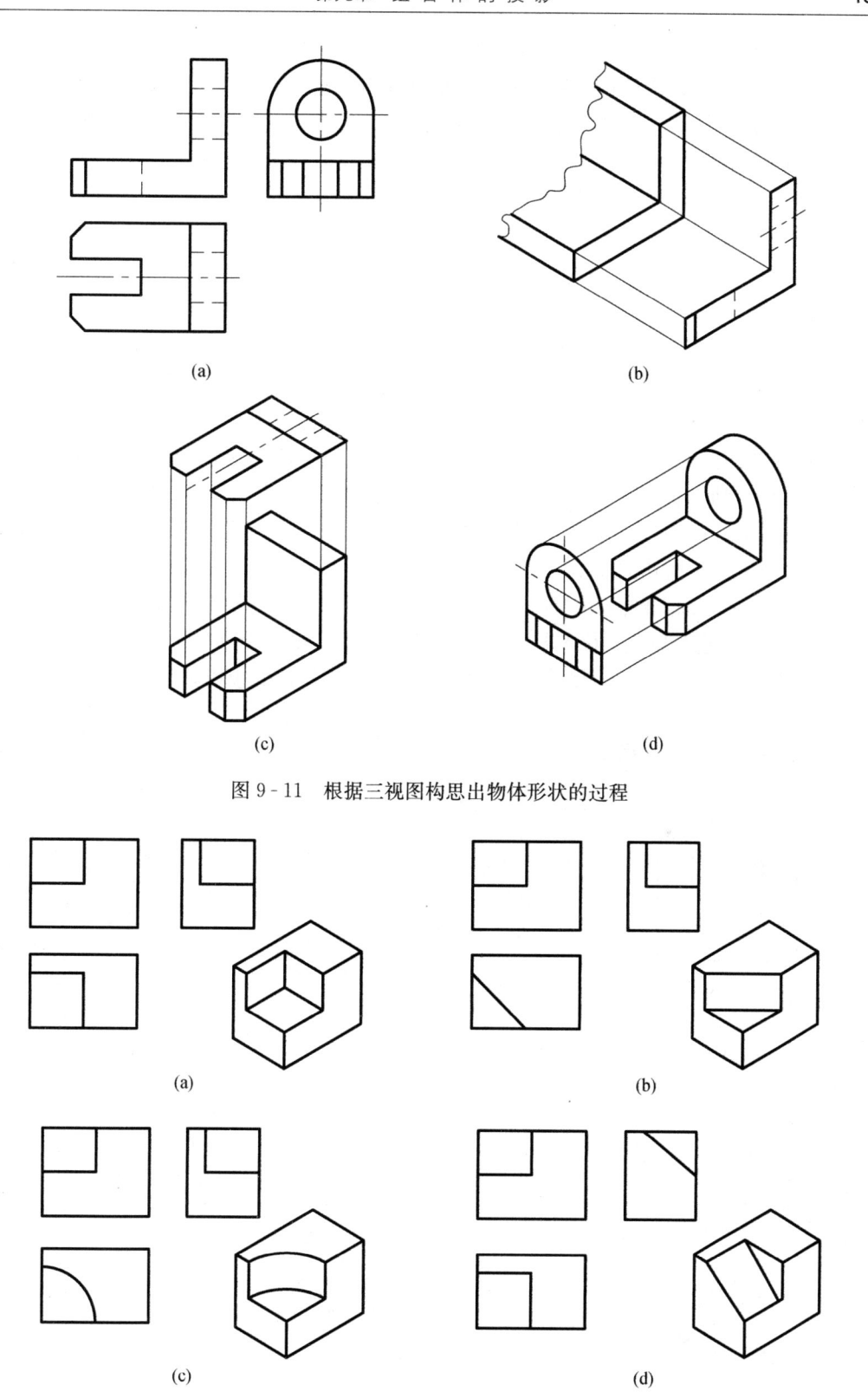

图 9-12 同时分析几个视图最终确定物体形状的过程

（二）通过读图实践逐步提高空间构思能力

为了正确、迅速地读懂视图和培养空间思维能力，还应当通过读图实践，逐步提高空间构思能力。图 9-13（a）仅给出了物体的一个视图，因而可以构思出它可能是多种不同形状的物体的投影，图 9-13（b）～图 9-13（f）仅表示了其中 5 种物体的形状。随着空间物体形状的改变，在同样一个主视图上，它的每一条线及每个封闭线框所表示的意义均不相同。通过分析图 9-13 所示的例子，可以得到以下三条性质：

（1）视图上的每一条线可以是物体上下列要素的投影。

1）两表面的交线：如视图上的直线 m，可以是物体上两平面交线的投影，如图 9-13（c）所示；也可以是平面与曲面交线的投影，如图 9-13（d）和图 9-13（e）所示。

2）垂面的投影：如视图上的直线 m 和 n，可以是物体上相应侧平面 M 和 N 的投影，如图 9-13（b）所示。

3）曲面的转向轮廓线：如视图上的直线 n，可以是物体上圆柱的转向轮廓线的投影，如图 9-13（d）所示。

（2）视图上的每一封闭线框（图线围成的封闭图形），可以是物体上不同位置平面或曲面的投影，也可以是通孔的投影。

1）平面：如视图上的封闭线框 A，可以是物体上平行面的投影，如图 9-13（e）和图 9-13（f）所示；也可以是斜面的投影，如图 9-13（b）和图 9-13（c）所示。

2）曲面：如视图上的封闭线框 A，可以是物体上圆柱面的投影，如图 9-13（d）所示。

3）曲面和其切平面：如视图上的封闭线框 D，可以是物体上圆柱面以及和它相切平面的投影，如图 9-13（e）所示。

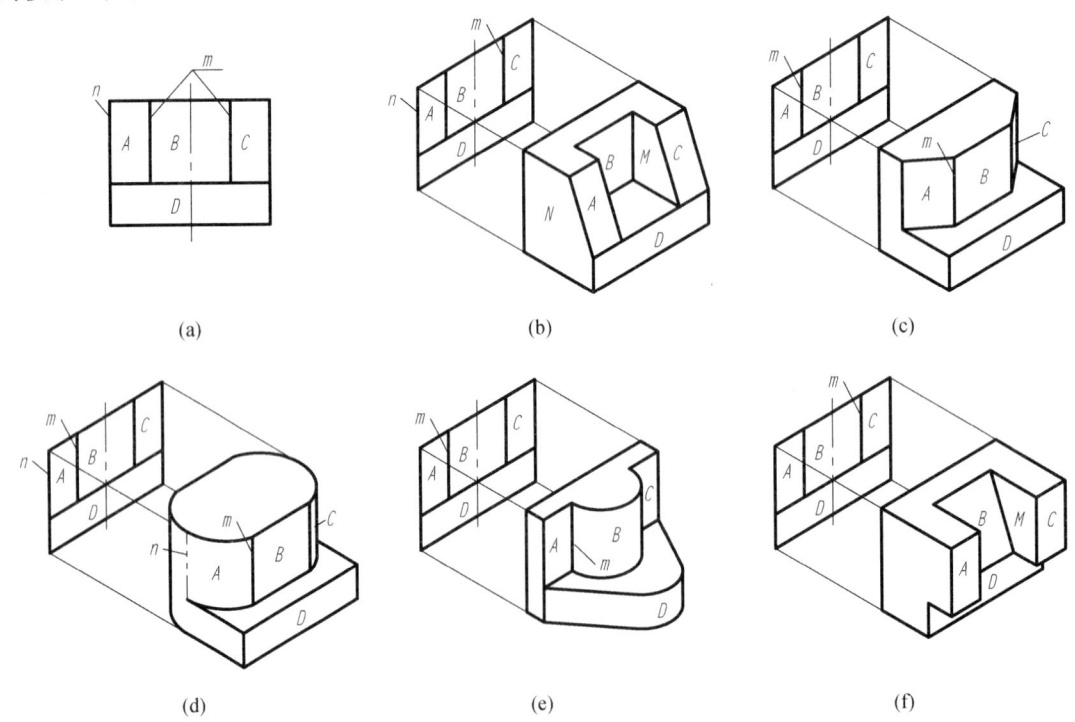

图 9-13 根据一个视图构思物体的各种可能形状

4）通孔的投影：图 9-11（a）中左视图上的圆形线框表示圆柱通孔的投影。

（3）视图上任何相邻的封闭线框，必定是物体上相交的或有前后的两个面（或其中一个是通孔）的投影。

图 9-13（c）～图 9-13（e）中，线框 C 和 B 为相交的两个面（平面或曲面）的投影；图 9-13（b）和图 9-13（f）中，线框 C 和 B 为前后两个面的投影。

上述性质在读图时非常有用，可以帮助我们提高构思的能力，下面在分析读图的具体方法时还要进一步运用到。

二、读图的基本方法

（一）形体分析法

形体分析法是最基本的读图方法。通常，从最能反映物体形状特征的主视图着手，分析物体是由哪些基本形体组成以及它们的组成形式；然后运用投影规律，逐个找出每个形体在其他视图上的投影，从而想象出各个基本形体的形状以及各形体之间的相对位置关系，最后想象出整个物体的形状。

图 9-14 所示为组合体 4 个组成部分的读图分析过程。图 9-14（a）所示为一组合体的三视图，从主视图上大致可看出它由 4 个部分组成。图 9-14（b）表示其下部底板的投影，它是一个左右两端各有一圆柱孔的倒 L 形棱柱。图 9-14（c）表示底板上部中间有一开有半圆柱孔的长方体，从俯视图上看出它在底板的后部。图 9-14（d）表示在底板上的长方体两侧各有一三角形肋板。这样逐一分析形体，最后就能想象出组合体的整体形状。

（二）线面分析法

线面分析法是根据面、线的空间性质和投影规律，分析形体的表面或表面间的交线与视图中的线框和图线的对应关系进行读图的方法。读图时，在运用形体分析法的基础上，对局部较难看懂的地方，常常要结合线面分析法来帮助读图。

1. 分析面的相对关系

前面已分析过，视图上任何相邻的封闭线框必定是物体上相交的或有前后的两个面的投影，但这两个面的相对位置究竟如何，必须根据其他视图来分析。现仍以图 9-13（b）和图 9-13（f）为例，图 9-15 所示为其分析方法。图 9-15（a）中，比较 A、B、C 和 D 面，由于在俯视图上都是实线，故只可能是 D 面凸出在前、A、B、C 面凹进在后。再比较 A、C 和 B 面，由于左视图上出现虚线，从主、俯视图来看，只可能 A、C 面在前，B 面在后。又左视图的右面是条斜线，虚线是条垂直线，故 A、C 面为侧垂面，B 面为正平面。弄清面的前后关系，就能想象出该物体的形状。图 9-15（b）中，由于俯视图左右出现虚线，中间为实线，故可断定 A、C 面相对 D 面凸出在前，B 面处在 D 面的后部。又左视图上出现一条斜虚线，可知凹进的 B 面为侧垂面，正好和 D 面相交。下面举例说明此种方法在读图中的应用。

【例 9-1】 图 9-16（a）所示为组合体的主、俯视图，要求补画出其左视图。

分析：首先运用形体分析方法，根据给出的主、俯视图分析组合体是由三个基本形体叠加组成，并挖去一个圆柱孔；然后运用投影规律，分别找出每个形体在主、俯视图上的投影，从而想象出各个基本形体的形状，结合线面分析法得到各形体之间的相对位置关系，最后想象出整个组合体的形状。

作图步骤如下：

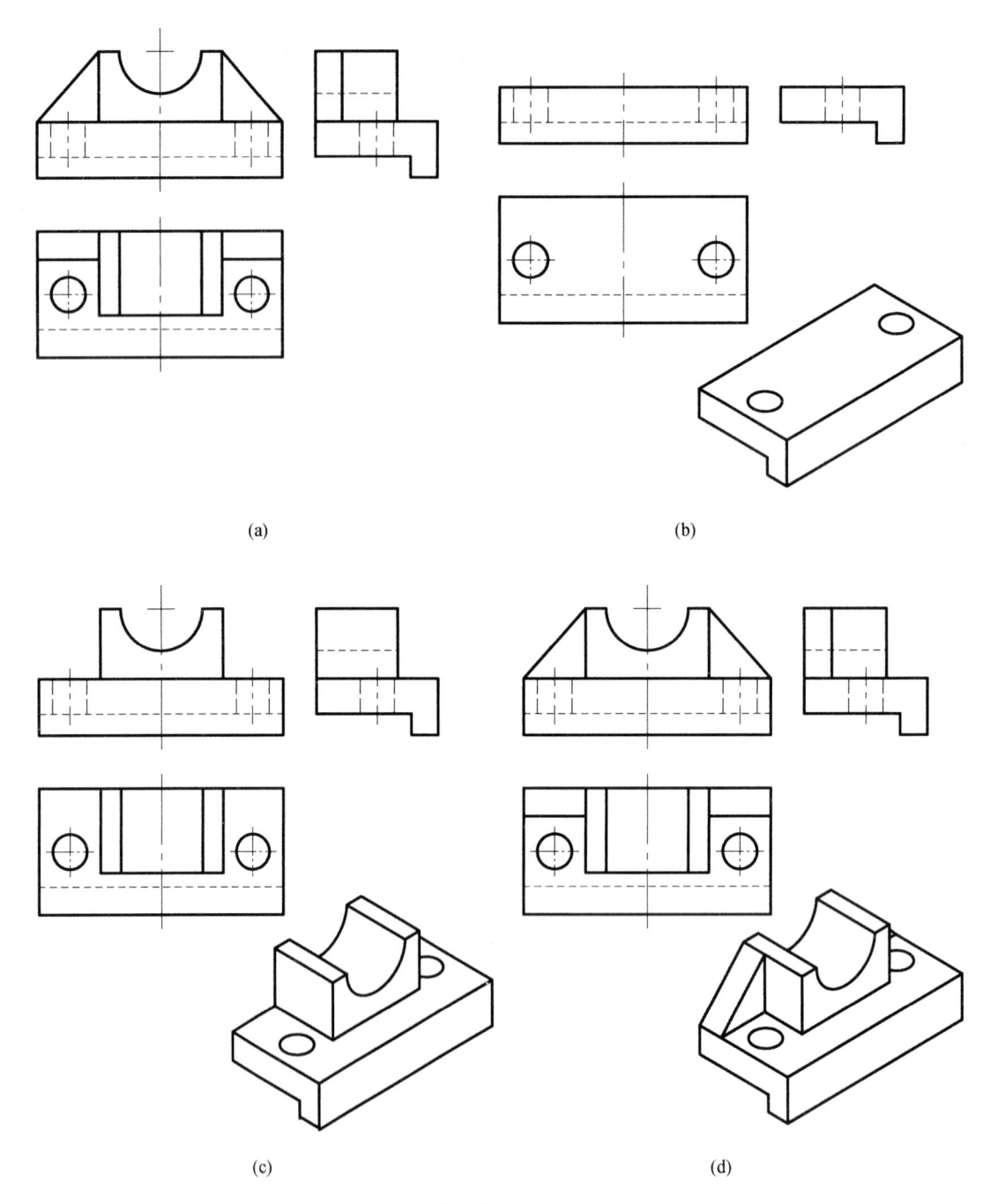

图 9-14 组合体的读图分析——形体分析法

(1) 图 9-16 (b) 表示组合体下部为一长方体，分析面 A 和面 B，可知 B 面在前、A 面在后，故该长方体是一个凹形长方体。补出长方体的左视图，凹进部分用虚线表示。

(2) 图 9-16 (c) 分析了主视图上的 C 面，可知在长方体前面有一凸块，在左视图上补出该凸块的投影。

(3) 图 9-16 (d) 分析了长方体上面一带孔的竖板，因图上引线所指处没有轮廓线，故

第九章 组合体的投影   143

(a)

(b)

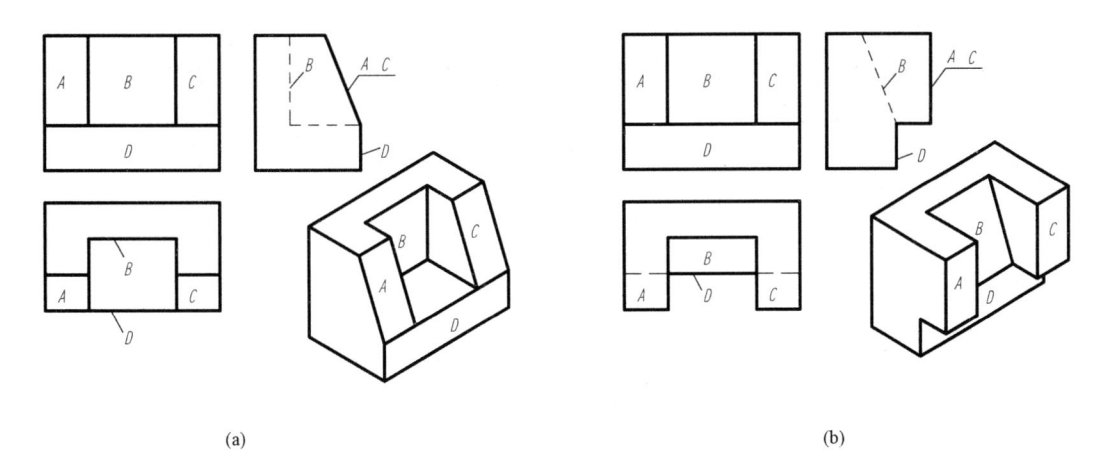

图 9-15 分析面的相对关系

可知竖板的前面与上述的 A 面是同一平面。补出竖板的左视图，即完成整个组合体的左视图。

(a)

(b)

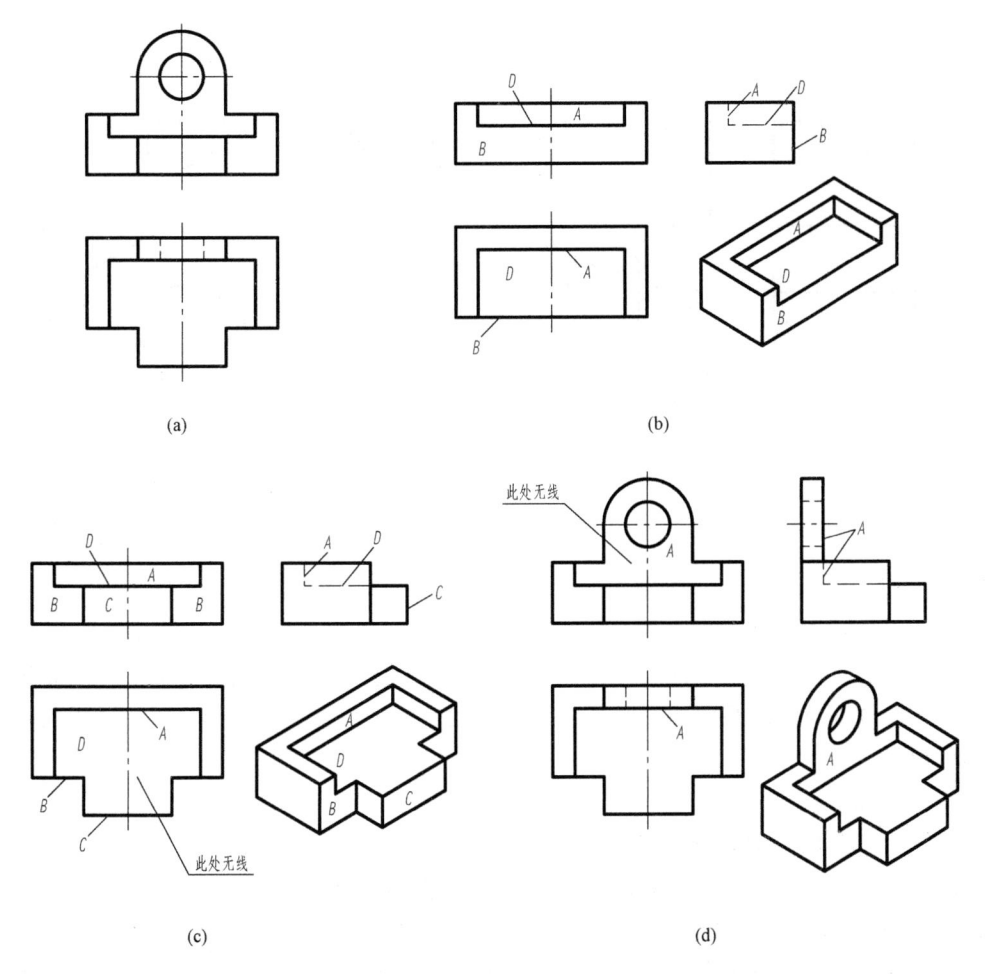

(c)

(d)

图 9-16 组合体的补图分析——分析面的相对关系

2. 分析面的形状

当平面图形与投影面平行时，其投影反映实形；当平面图形倾斜时，它在该投影面上的投影一定是一个类似形。图 9-17 中四个物体上有阴影平面的投影均反映此特性。图 9-17 (a) 中有一个 L 形的铅垂面，图 9-17 (b) 中有一个 ⊥ 形的正垂面，图 9-17 (c) 中有一个 U 形的侧垂面，其投影除在一个视图上积聚成直线外，其他两视图上均是类似形；图 9-17 (d) 有一个梯形的一般位置平面，它在三视图上的投影均为梯形。下面举例说明此种方法在读图中的应用。

(a)

(b)

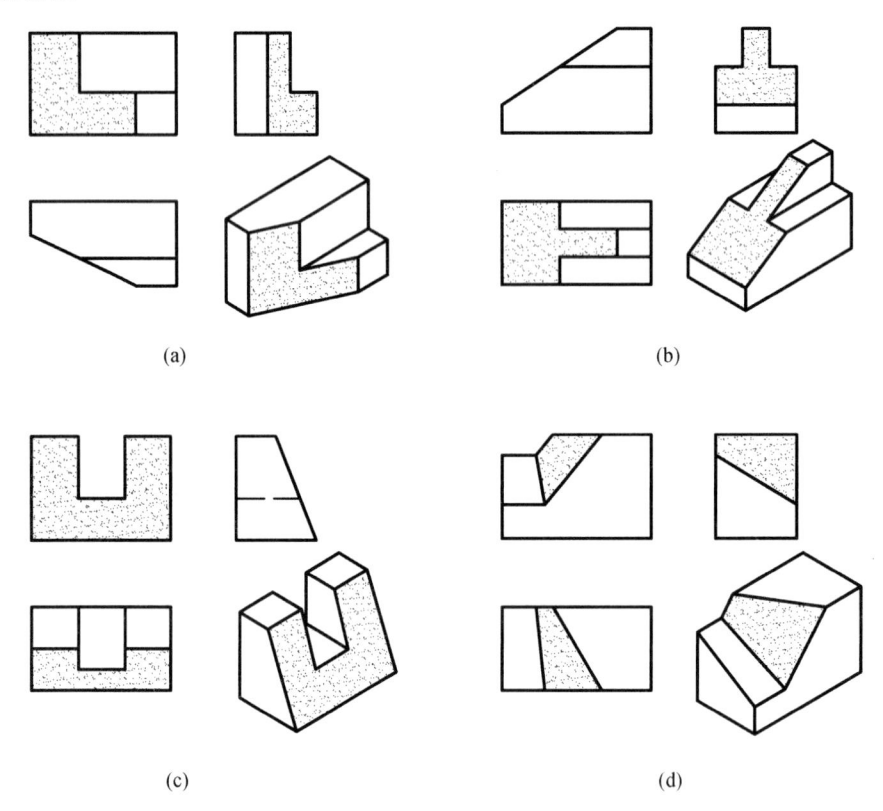

(c)

(d)

图 9-17 斜面的投影为类似形

【例 9-2】 图 9-18 (a) 所示为组合体的主、左视图，要求补画出其俯视图。

分析：首先运用形体分析方法，根据给出的主、左视图分析该组合体是将一长方体的前、后、左、右被倾斜地切去四块，并在底部挖去一个长方形的通槽而形成的；然后运用投影规律，结合线面分析法想象出组合体各表面之间的相对位置和具体形状，最后想象出整个组合体的形状。

作图步骤如下：

(1) 图 9-18 (b) 中分析该组合体为一长方体的前、后、左、右被倾斜地切去四块。补画俯视图时，除了应画出长方形轮廓外，还应画出斜面之间的交线的投影，如正垂面 P 和侧垂面 Q 的交线的投影。这时正垂面 P 是梯形，其水平投影和侧面投影均为梯形。

(2) 图 9-18 (c) 所示为组合体的底部挖去了一个长方形的通槽，这时 P 面的水平投影和侧面投影应为类似形，运用投影规律，作出 P 面的水平投影。图 9-18 (d) 所示为最后完成的组合体三视图，通过分析斜面的投影为类似形而想象出组合体的形状。

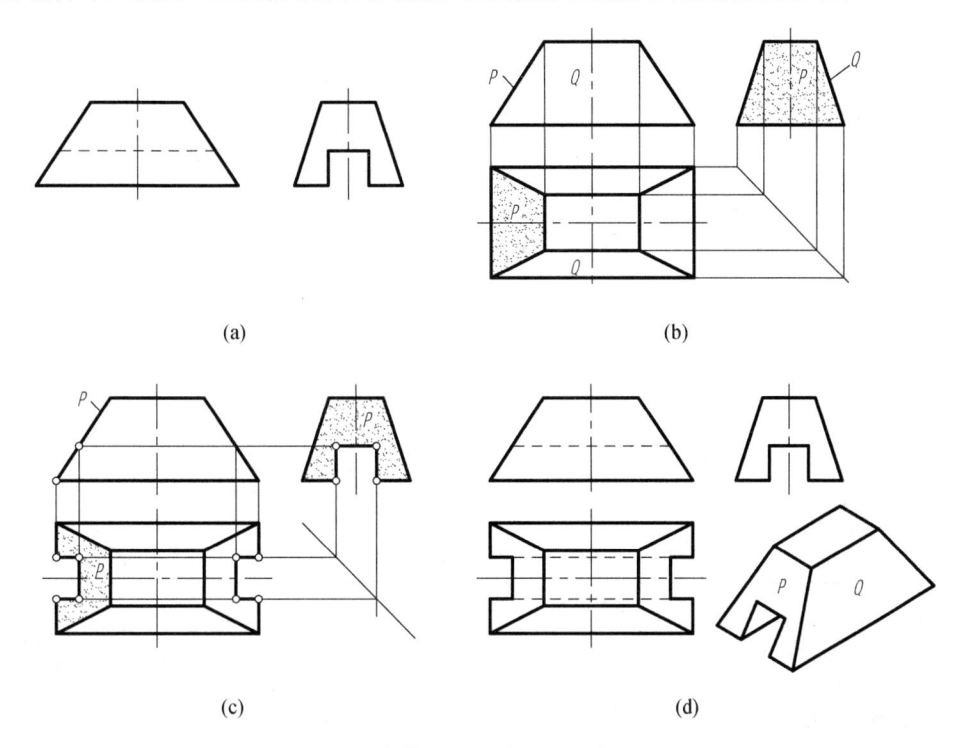

图 9 - 18 组合体的补图分析——分析面的形状

3. 分析面与面的交线

当视图上出现较多面与面的交线时，会给读图带来一定困难，这时必须运用画法几何方法，对交线性质及画法进行分析才能读懂视图。下面举例说明如何通过分析交线来帮助读图和补图。

【例 9 - 3】 图 9 - 19（a）所示为组合体的主、俯视图，要求补画出其左视图。

分析：首先运用形体分析方法，根据给出的主、俯视图分析组合体是由两个基本形体叠加组成，其中一个形体可以看成是长方体斜切两刀，另一个为梯形块；然后运用投影规律，分别找出两个形体在主、俯视图上的投影，从而想象出这两个基本形体的形状，结合线面分析法得到各形体之间的相对位置关系，最后想象出整个组合体的形状。

作图步骤如下：

(1) 图 9 - 19（b）分析了组合体的下部为一长方体被正垂面 D 切割，并补出组合体的左视图。

(2) 图 9 - 19（c）分析了组合体下部左端被铅垂面 A 切割而产生面 A 与 D 之间的交线 ⅠⅡ，标出交线的正面投影 1′2′和水平投影 12，运用投影规律，在左视图上作出交线的侧面投影 1″2″。此处特别注意，A、D 面在三视图上的投影应为类似形。

(3) 图 9 - 19（d）分析了组合体的上部凸出一个梯形块，梯形块的左端面 E 为侧平面。在左视图上画出 E 面的投影，它与面 D 的交线为正垂线 ⅤⅥ，运用投影规律，在左视图上作出交线的侧面投影 5″6″。梯形块前面是铅垂面 C，与 D 面的交线为ⅣⅤ，根据交线的已知投影就可以作出其侧面投影 4″5″。必须注意到，D 面的侧面投影 1″2″3″4″5″6″7″和 D 面的水平投影为类似形。同理，C 面的主、左视图也为类似形，根据此投影特性，作出 C 面的侧面投影 4″5″8″9″10″，即最后完成组合体的左视图。

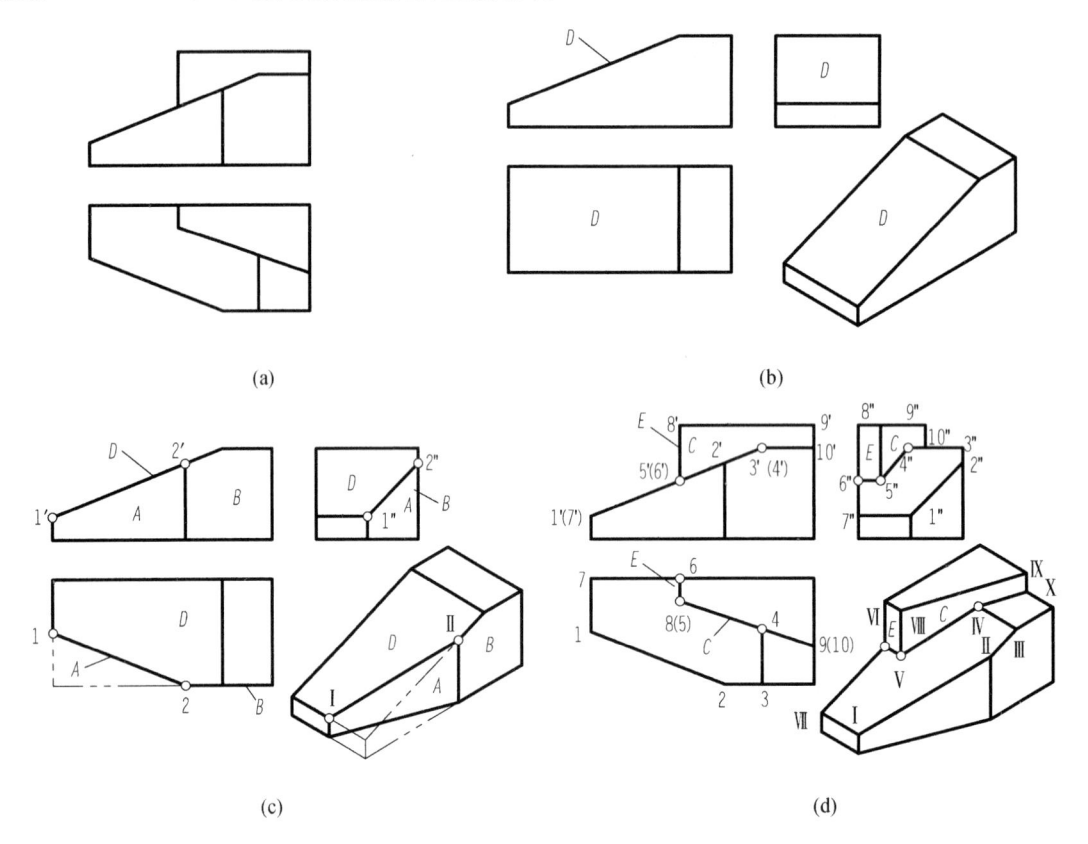

图 9-19 组合体的补图分析——分析面与面的交线

三、读图步骤小结

归纳以上的读图实例，可总结出读图的具体步骤如下：

（1）分线框，对投影，初步了解。根据组合体的已知视图，初步了解其大概形状，并按形体分析法分析该组合体由哪几个基本形体组成、如何组成。一般从较多地反映物体形状特征的主视图着手。

（2）逐个分析，识形体，定位置。采用形体分析法和线面分析法，对组合体各组成部分的形状和线面逐个进行分析，想象出各形体的形状，并确定它们的相对位置以及相互间的关系。

（3）综合起来想整体。通过各种分析了解组合体的各部分形状，确定了它们的相对位置以及相互间的关系后，完整的组合体的形状就清楚了，从而即可想象出组合体的整体形状。

【例 9-4】 图 9-20（a）所示为组合体的主、左视图，要求补画出其俯视图。

分析：首先运用形体分析方法，根据给出的主、左视图分析组合体是由上下两部分形体叠加组合而成。下部是一个四棱柱，其中下部又挖去一个小四棱柱；上部是一个七棱柱，其前后端面被两个侧垂面各切去一部分，如图 9-20（b）所示。然后运用投影规律，结合线面分析法想象出组合体各表面之间的相对位置和具体形状，最后想象出整个组合体的形状。

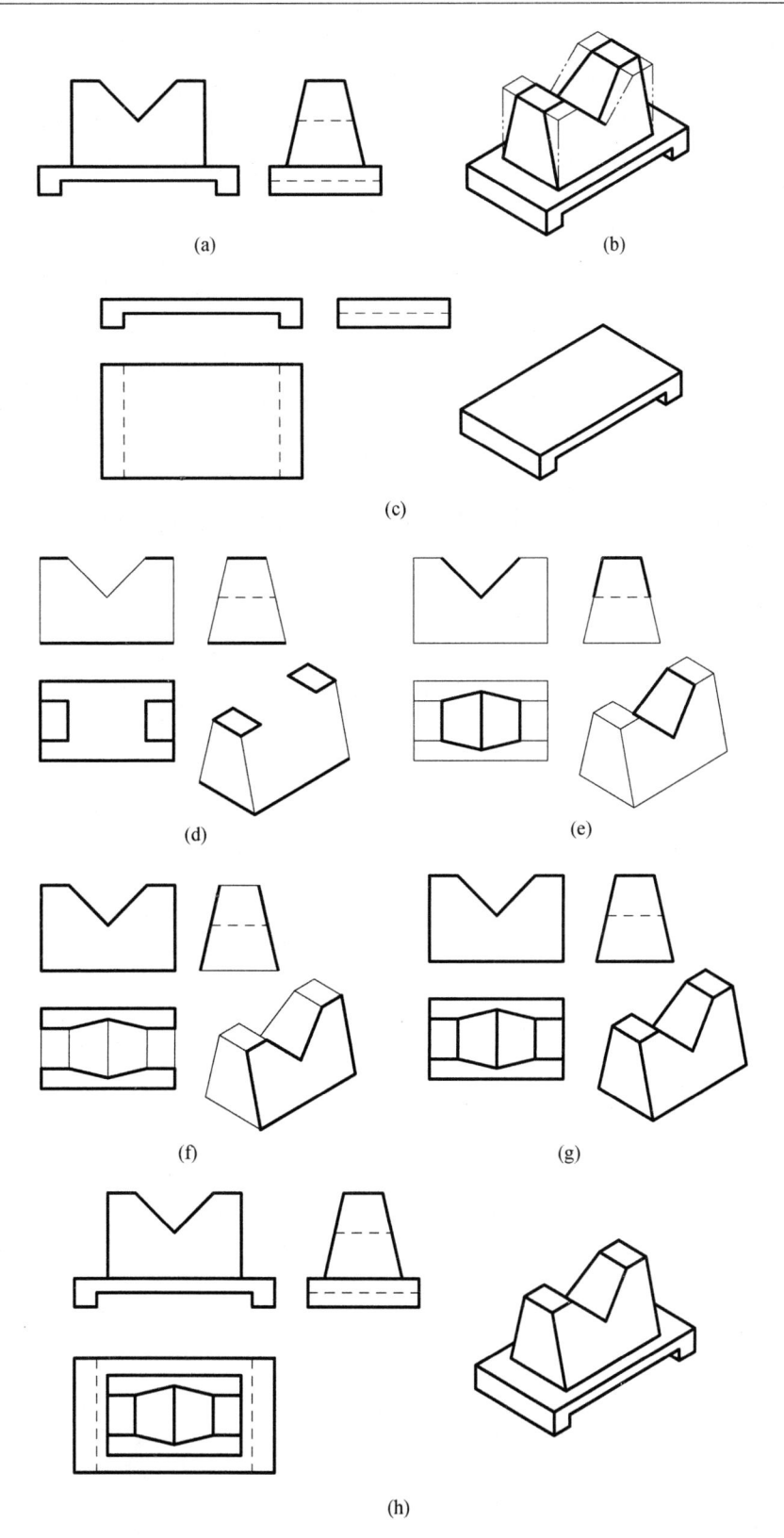

图 9-20 组合体的读图步骤

作图步骤如下：

(1) 分线框，对投影，初步了解：如图 9-20 (a) 所示，组合体主视图有两个封闭线框，对照投影关系，左视图也有两个封闭线框与之相对应，由此可初步判断该组合体由两个基本形体组成。下部是一个四棱柱，其中下部又挖去一个小四棱柱；上部是一个七棱柱，其前后端面被两个侧垂面各切去一部分，如图 9-20 (b) 所示。

(2) 逐个分析，识形体，定位置：

1) 根据步骤 (1) 的分析，作出下部形体的俯视图，如图 9-20 (c) 所示。

2) 根据步骤 (1) 的分析，已可以想象出上部形体的空间形状，但为了准确无误地画出其俯视图，还必须结合线面分析。该部分形体共由九个平面围成，分别是三个矩形水平面，两个梯形正垂面，两个七边形侧垂面和两个梯形侧平面。逐个作出各个平面的水平投影，如图 9-20 (d) ~图 9-20 (f) 所示，作图时要注意四个垂面投影的类似性，最后作出上部形体的俯视图，如图 9-20 (g) 所示。

(3) 综合起来想整体：将两部分形体按相对位置叠加组合起来，想象出整个组合体的空间形状，并作出其完整的俯视图，如图 9-20 (h) 所示。

在整个读图过程中，一般以形体分析法为主，结合线面分析，边分析、边想象、边作图，这样可以更快、更有效地读懂视图。

第十章　标　高　投　影

建筑物是建在地面上或地面下的,因此,地面的形状对建筑群的布置、建筑物的施工、各类建筑设施的安装等都有较大的影响。一般来讲,地面形状比较复杂,高低不平,没有一定规律,而且地面的高度和地面的长度、宽度比较起来一般显得很小。如果用前面介绍的各种图示方法表示地面形状,则难以表达清楚,而标高投影可以解决此问题。标高投影属于单面正投影,标高投影图实际上就是标出高度的水平投影图。因此,标高投影具有正投影的一些特性。

第一节　点、直线和平面的标高投影

一、点的标高投影

如图 10-1（a）所示,设水平投影面 H 为基准面,其高度为零,点 A 在 H 面上方 4m,点 B 在 H 面上,点 C 在 H 面下方 3m。若在 A、B、C 三点的水平投影 a、b、c 的右下角标明其高度值 4、0、$-3(a_4、b_0、c_{-3})$,就可得到 A、B、C 三点的标高投影图,如图 10-1（b）所示。高度数值称为标高或高程,单位为 m。高于 H 面的点标高为正值;低于 H 面的点标高为负值,在数字前加"一"号;在 H 面上的点标高值为零,如图中的 a_4、b_0、c_{-3} 所示。图中应画出由一粗一细平行双线所表示的比例尺。

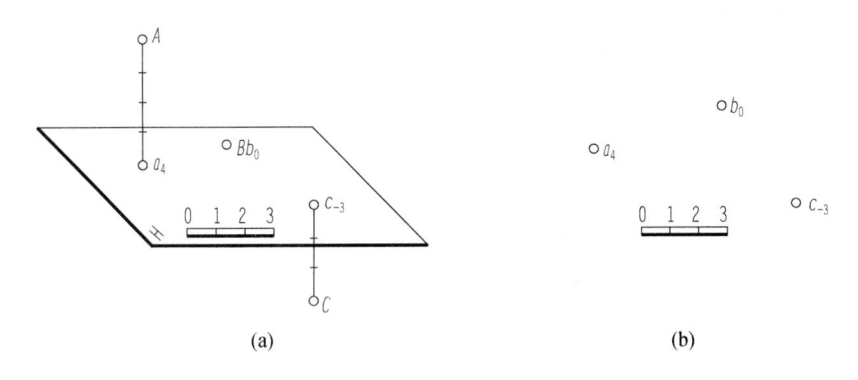

图 10-1　点的标高投影
（a）空间状态；（b）标高投影

由于水平投影给出了 X、Y 坐标,标高给出了 Z 坐标,因而根据一点的标高投影,就可以唯一确定点的空间位置。例如,由 a_4 点作垂直于 H 面的投射线,向上量 4m 即可得到 A 点。

二、直线的标高投影

1. 直线的标高投影表示法

直线的位置是由直线上两点或直线上一点以及该直线的方向确定。因此,直线的标高投影有两种表示法。其一,直线的水平投影加注直线上两点的标高,如图 10-2（b）所示。一

般位置直线 AB、铅垂线 CD 和水平线 EF，它们的标高投影分别为 a_5b_2、c_5d_2 和 e_3f_3。其二，直线上一个点的标高投影加注直线的坡度和方向，如图 10-2（c）所示，图中箭头指向下坡，3：4 表示直线的坡度。

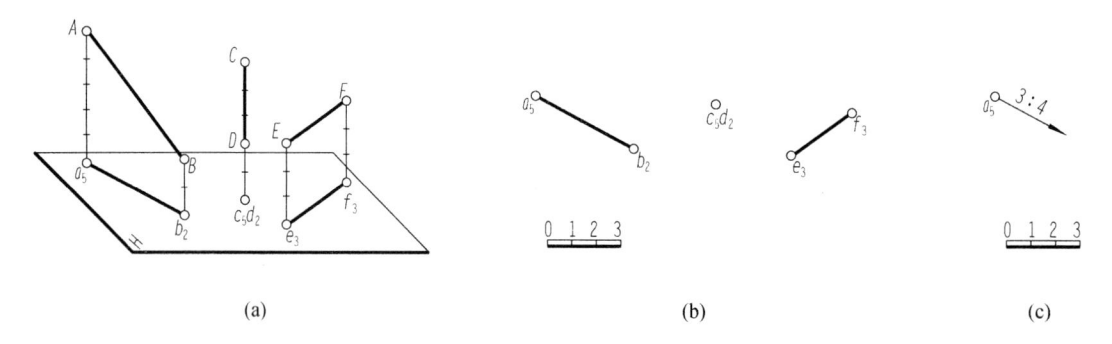

图 10-2　直线的标高投影
(a) 空间状态；(b)、(c) 标高投影

水平线也可由其水平投影加注一个标高来表示。如图 10-3 所示，由于水平线上各点的标高相等，因而只标出一个标高值，该线称为等高线。

2. 直线的实长、倾角、刻度、平距和坡度

（1）直线的实长、倾角：在标高投影中求直线的实长时，可采用正投影中的直角三角形法。如图 10-4 所示，以直线标高投影 a_6b_2 为一直角边，以 A、B 两端点的标高差（$6-2=4$）为另一直角边，用给定的比例

图 10-3　等高线

尺作出直角三角形后，斜边即为直线的实长。斜边与标高投影的夹角等于 AB 直线与投影面 H 的夹角 α。

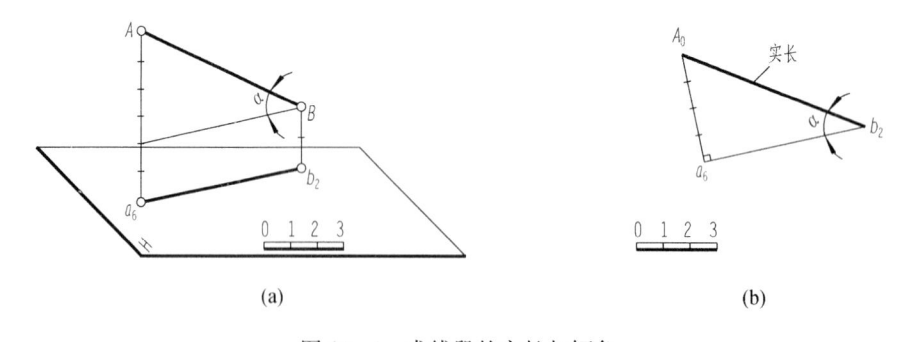

图 10-4　求线段的实长与倾角
(a) 空间状态；(b) 求实长与倾角

（2）直线的刻度：将直线上有整数标高的各点的投影全部标注出来，即为对直线作刻度。如给线段 $a_{2.5}b_6$ 作刻度，如图 10-5 所示，需要在该线段上找到标高为 3、4、5 的三个整数标高点的投影。此时，可在表示实长的三角形上，作出标高为 3、4、5 的直线平行于 $a_{2.5}b_6$，由它们与斜边 $a_{2.5}B_0$ 的交点向 $a_{2.5}b_6$ 作垂线，垂足即为刻度 3、4、5。

（3）直线的坡度和平距：在标高投影中用直线的坡度和平距表示直线的倾斜程度。直线上任意两点的高度差 ΔH 与其水平距离 L 的比值称为该直线的坡度。坡度也相当于两点间的水平距离为 1 单位长度（m）时的高度差 Δh，通常用 i 表示，即

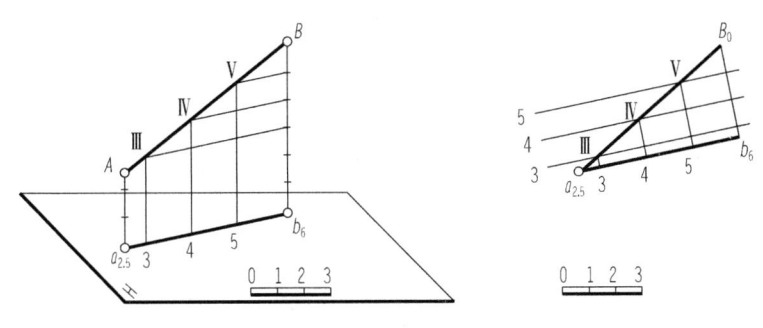

图 10-5 给直线作刻度

$$i = \Delta H/L = \Delta h/1 = \tan\alpha$$

如图 10-6 所示，直线 AB 的高度差 $\Delta H=6-3=3\mathrm{m}$，用比例尺量得其水平距离 $L=6\mathrm{m}$，所以该直线的坡度 $i=\Delta H/L=3/6=1/2=1:2$。

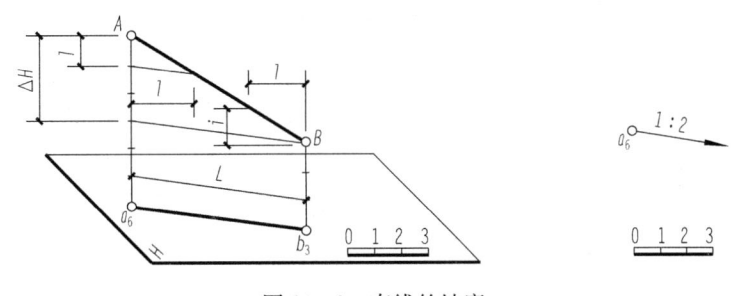

图 10-6 直线的坡度

两点间的高差为 1 个单位长度（m）时的水平距离称为平距，用符号 I 表示，即

$$I = L/\Delta H = I/1 = c\tan\alpha = 1/\tan\alpha = 1/i$$

由此可见，平距和坡度互为倒数。因此，直线的坡度越大，平距越小；反之，直线的坡度越小，平距越大。

【例 10-1】 如图 10-7 所示，已知直线 AB 的标高投影 $a_{3.2}b_{6.8}$ 和直线上一点 C 的水平投影 c，求直线上各整数标高点及 C 的标高。

求解步骤如下：

1) 平行于 $a_{3.2}b_{6.8}$ 作五条等距（间距按比例尺）的平行线。
2) 由点 $a_{3.2}b_{6.8}$ 作直线垂直于 $a_{3.2}b_{6.8}$。
3) 在其垂线上分别按其标高数字 3.2 和 6.8 定出 A、B 两点，连 AB 即为实长。
4) AB 与各平行线的交点Ⅳ、Ⅴ、Ⅵ即为直线 AB 的整数标高点，由此可定出各整数标高点的投影 4、5、6。
5) 由 c 作 $a_{3.2}b_{6.8}$ 的垂线，与 AB 交于 C 点，就可以由长度 cC 定出 C 点的标高为 4.5m。

三、平面的标高投影

1. 平面上的等高线和最大坡度线

等高线是平面上具有相等高程点的连线。平面上所有水平线都是平面上的等高线，也可看成是水平面与该平面的交线。平面与水平面 H 的交线是高度为零的等高线。在实际工程应用中，常取整数标高的等高线。图 10-8（a）中，0、1、2…表示平面上的等高线；图

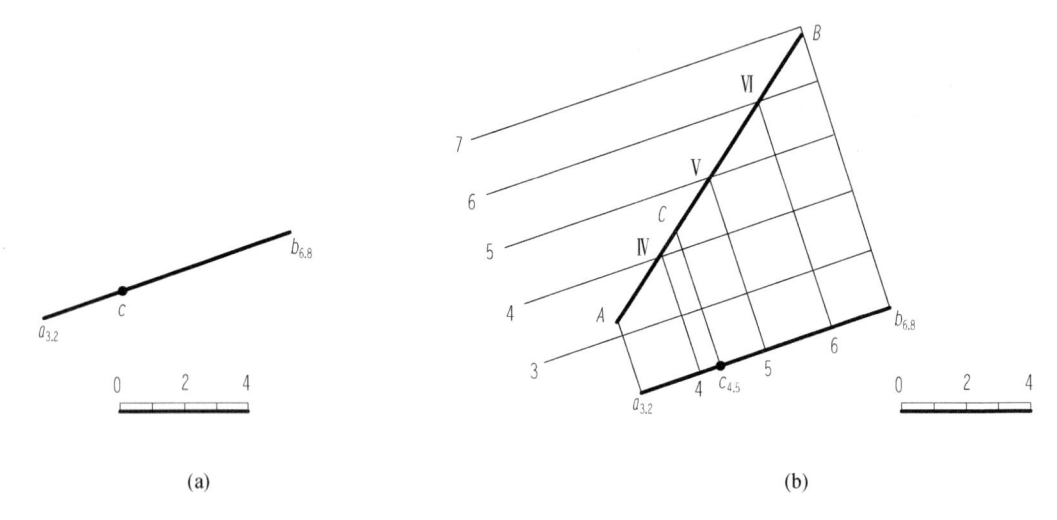

图 10-7 求直线上各整数标高点
(a) 条件；(b) 解法

10-8（b）中，0、1、2…表示平面上等高线的标高投影。等高线用细实线表示。

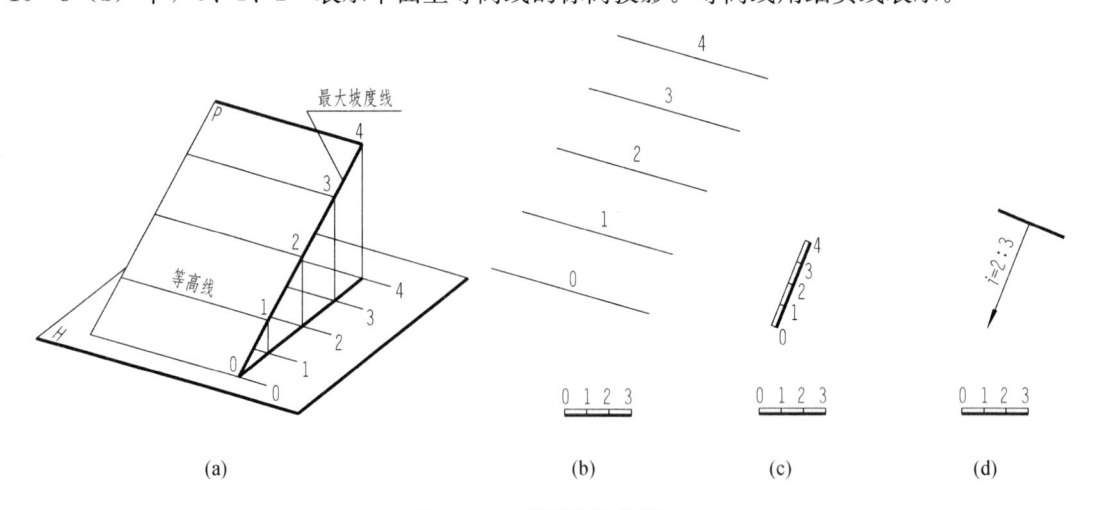

图 10-8 平面的标高投影
(a) 空间状况；(b) 等高线；(c) 坡度比例尺；(d) 坡度线

等高线具有如下特性：
(1) 等高线是相互平行的直线。
(2) 等高线高差相等，水平间距也相等。
图中相邻等高线的高差为 1m，其水平间距就是平距。
最大坡度线就是平面上对 H 面的最大斜度线，平面上凡是与水平线垂直的直线都是平面的最大坡度线。根据直角投影定理，它们的水平投影相互垂直，如图 10-8（d）所示。最大坡度线的坡度就是该平面的坡度。
平面上带有刻度的最大坡度线的标高投影，称为平面的坡度比例尺，用平行的一粗一细双线表示。如图 10-8（c）所示，P 平面的坡度比例尺用字母 P_i 表示。

2. 平面的表示法

平面的标高投影可用几何元素的标高投影表示，即不在同一直线上的三点、一直线和直线外一点、相交两直线、平行两直线、任意一平面图形。

平面的标高投影还可用下列形式表示：

(1) 用一组等高线表示平面：如图 10-8 (b) 所示，一组等高线的标高数字的字头应朝向高处。

(2) 用坡度比例尺表示平面：如图 10-8 (c) 所示，过坡度比例尺上的各整数标高点作它的垂线，就是平面上相应高程的等高线，由此来决定平面的位置。

(3) 用平面上任意一条等高线和一条最大坡度线表示平面：如图 10-8 (d) 所示，最大坡度线用注有坡度 i 和带有下降方向箭头的细实线表示。

(4) 用平面上任意一条一般位置直线和该平面的坡度表示平面：如图 10-8 (a) 所示，由于平面下降的方向是大致方向，故坡度方向线用虚线表示。

图 10-9 (b) 所示为根据上述两条件作出等高线的方法：过 a_2、b_5 分别有一条标高为 2、5 的等高线，它们之间的水平距离 L 应为

$$L = \Delta H / i = 5 - 2/(1/2) = 3 \times 2 = 6$$

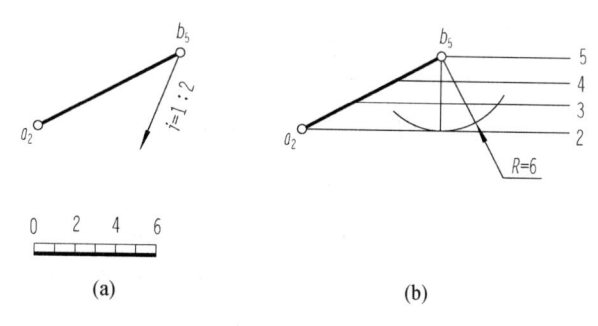

图 10-9 用直线和平面的坡度表示平面
(a) 直线和坡度；(b) 作等高线

以 b_5 为圆心、$L=6$ 为半径（按比例尺量取）画弧，过 a_2 作圆弧切线就得到标高为 2 的等高线。过 b_5 作平行线得到标高为 5 的等高线。将两等高线间距离三等分，并过等分点作平行线，得到 3、4 两条等高线。

(5) 水平面的表示法：水平面用一个完全涂黑的三角形加注标高来表示，如图 10-12 所示。

3. 求两平面的交线

在标高投影中，求两平面的交线时通常采用水平面作辅助平面。如图 10-10 (a) 所示，用两个标高为 5 和 8 的水平面作辅助平面，与 P、Q 两面相交，其交线是标高为 5 和 8 的两对等高线，这两对等高线的交点 M、N 是 P、Q 两平面的公共点，连接 M、N 即为所求交线。

【例 10-2】 已知两个平面的标高投影，其中一个由坡度比例尺 a_0b_4 表示，另一个由等高线 3 和坡度线表示，坡度为 1:2，如图 10-11 所示。求两平面交线的标高投影。

空间及投影分析：求两平面的交线，关键是作出两平面上标高相同的两对等高线。在此取两组标高为 0 和 3 的等高线。

求解步骤如下：

(1) 在由坡度比例尺表示的平面上，以刻度 0 和 3 作坡度比例尺的垂线，可得出等高线 0 和 3。

(2) 在由等高线 3 和坡度线表示的平面上，平距 $L=1/i=2$，则等高线 3 与 0 的间距为 $3 \times 2 = 6$，根据比例尺，可作出标高为 0 的等高线。

(3) 两对等高线分别交于 c_0d_3，连 c_0d_3 即为所求。

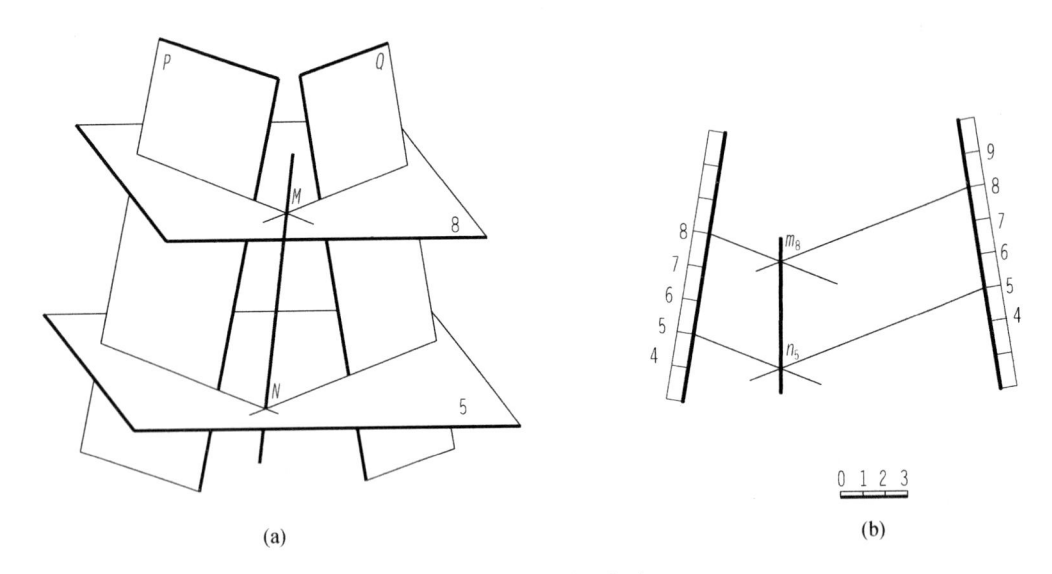

图 10-10 两平面相交
(a) 分析；(b) 作图

在工程中，建筑物相邻两坡面的交线称为坡面交线，坡面与地面的交线称为坡脚线（填方）或开挖线（挖方）。

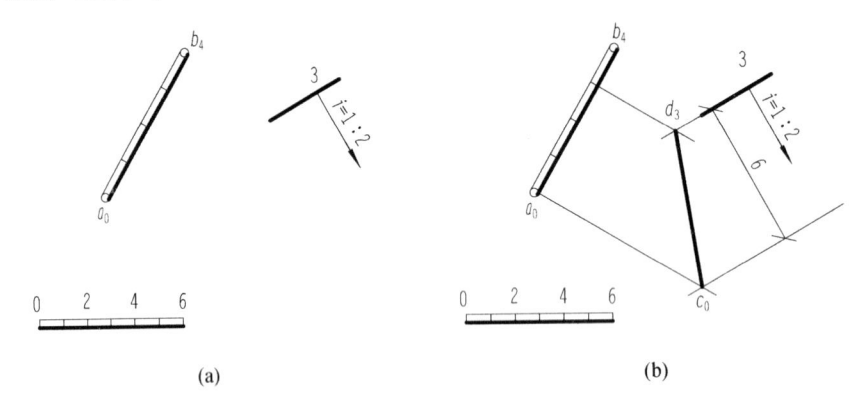

图 10-11 求两平面的交线
(a) 已知；(b) 作图

【例 10-3】 已知坑底的标高为 −4m，坑底的大小和各坡面的坡度如图 10-12 (a) 所示，地面标高为 0，求作开挖线和坡面交线。

求解步骤如下：

(1) 求开挖线：地面标高为 0，因此开挖线就是各坡面上高程为 0 的等高线，它们分别与坑底的相应底边线平行，高差为 4m，水平距离 $L_1 = 2 \times 4 = 8m$，$L_2 = 3/2 \times 4 = 6m$，$L_3 = 1 \times 4 = 4m$。

(2) 求坡面交线：连接相邻两坡面高程相同的两条等高线交点，即为 4 条坡面交线。

(3) 将结果加深，画出各坡面的示坡线（画在坡面高的一侧，且为一长一短相同间隔的细线，方向垂直于等高线）。

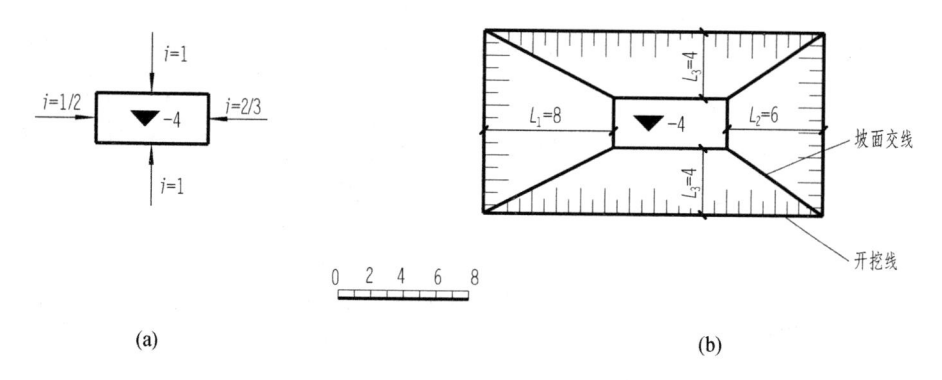

图 10-12　求开挖线和坡面线
(a) 已知；(b) 作图

第二节　曲面的标高投影

工程上常见的曲面有锥面、同坡曲面和地形面等。曲面的标高投影通常采用曲面上的一组等高线表示，这组等高线就是一组水平面与曲面的交线。

一、圆锥曲面

如图 10-13 所示，正圆锥的等高线都是水平圆，它们的水平投影是大小不同的同心圆。分别标出这些同心圆的高程，就是正圆锥面的标高投影。当圆锥正立时，标高向圆心递升；当圆锥倒立时，标高向圆心递减。正置的斜圆锥，如图 10-14 所示，由于该锥面的左侧坡度大、右侧坡度小，故等高线间距距离左侧密、右侧稀，因而等高线为一些不同心的圆。

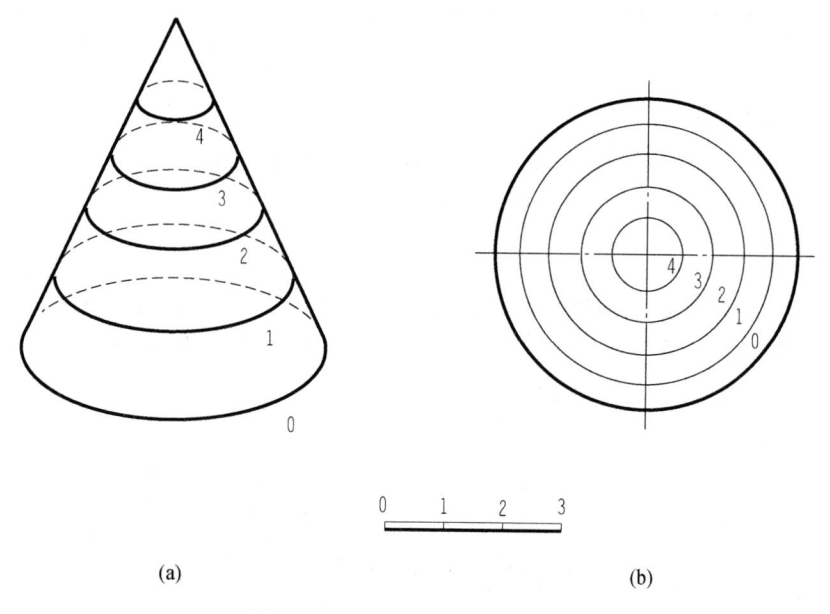

图 10-13　正圆锥面的标高投影
(a) 空间状况；(b) 标高投影

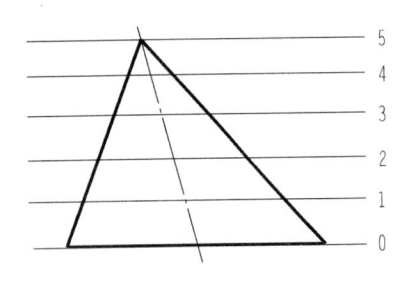

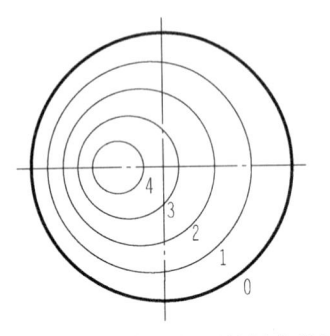

图 10-14 斜圆锥面的标高投影

二、同坡曲面

各处坡度均相等的曲面称为同坡曲面，正圆锥面属于同坡曲面。如图 10-15（a）所示，一个正圆锥的锥顶沿着曲导线 $A_1B_2C_3$ 移动，各位置圆锥的包络面即为同坡曲面。同坡曲面的坡度线就是同坡曲面与圆锥相切的素线。因此，同坡曲面的坡度处处相等。

如图 10-15（b）所示，已知空间曲导线的标高投影及同坡曲面的坡度，分别以 $a_1、b_2、c_3$ 为圆心，用平距为半径差作出各圆锥面上同心圆形状的等高线，作等高线的包络切线，即为同坡曲面上的等高线。

同坡曲面常见于弯曲路面的边坡，它与平直路面的边坡相交，就是同坡曲面与平面相交。

【例 10-4】 如图 10-16（a）所示，一弯曲倾斜引道与干道相连，若干道顶面的标高为 4m，地面标高为 0，弯曲引道由地面逐渐升高与干道相连，各边坡的坡度见图示，求各坡面等高线与坡面的交线。

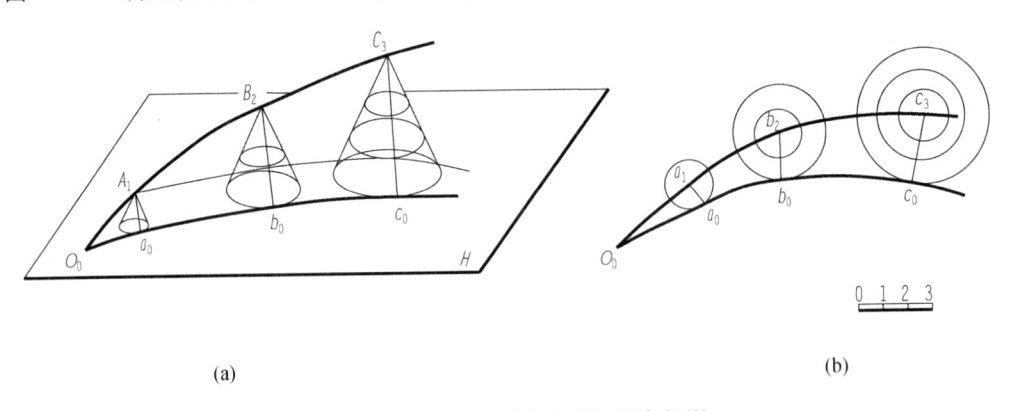

图 10-15 同坡曲面的形成及标高投影
（a）形成；（b）标高投影

求解步骤如下：

(1) 引道两边的边坡是同坡曲面，其平距为 $L=1$。引道的两条路边即为同坡曲面的导线，在导线上取整数标高点 1、2、3、4（平均分割导线），作为锥顶的位置。

(2) 以 1、2、3、4 为圆心，分别以 $R=1、2、3、4$ 为半径画同心圆，即为各正圆锥的等高线。

(3) 作出各正圆锥上同名等高线的包络线，就是同坡曲面上的等高线。

(4) 干道的边坡坡度为 2∶1，则平距为 1/2，由此作出等高线。

(5) 连接同坡曲面与干道坡面相同等高线的交点，即为两坡面的交线。

三、地形图

用等高线表示地形面形状的标高投影，称为地形图。如图 10-17 所示，由于地形面是不规则的曲面，因此其等高线是不规则的曲线。它们的间隔不同，疏密不同。等高线越密，

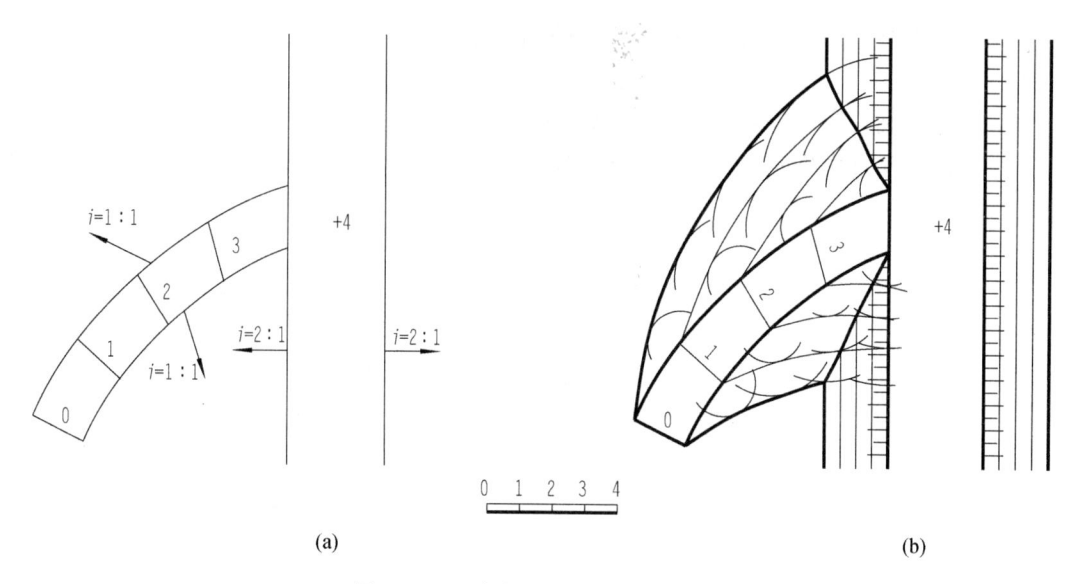

图 10-16 求各坡面等高线坡面交线
（a）条件；（b）标高投影

表示地势越陡峭；等高线越疏，表明地势越平坦。

为便于看图，地形图等高线一般每隔四条有一条画成粗实线，并标注其标高，这样的粗实线称为计曲线。

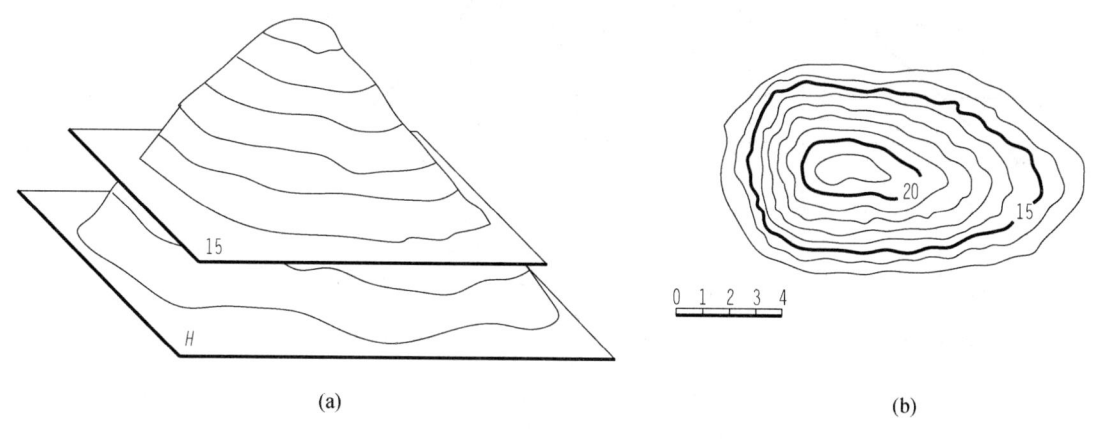

图 10-17 地形图
（a）空间状况；（b）标高投影

【例 10-5】 如图 10-18 所示，已知管线两端的高程分别为 19.5m 和 20.5m，求管线 AB 与地形面的交点。

空间及投影分析：求直线与地面的交点，一般都是包含直线作铅垂面，作出铅垂面与地形面的交线，即断面的轮廓线，再求直线与断面轮廓线的交点，就是直线与地形面的交点。

求解步骤如下：

（1）在地形图上方间距为 1 的平行线，且平行于 $a_{19.5}b_{20.5}$，标出各线的高程。

（2）在地形图上过管线 AB 作铅垂面 P。

（3）求断面图（P 面与地形面的截交线）：自 P_H 线与等高线相交的各地面点分别向上

引垂线，并根据其标高找到它们在标高线上的相应位置，再把标高线上的各点连成曲线，即得地形断面图。

（4）根据标高投影 $a_{19.5}b_{20.5}$，在断面图上作出 AB 直线。

（5）找出 AB 直线与地面线的交点 K_1、K_2、K_3、K_4。由此可在地形图中得到交点的标高投影。

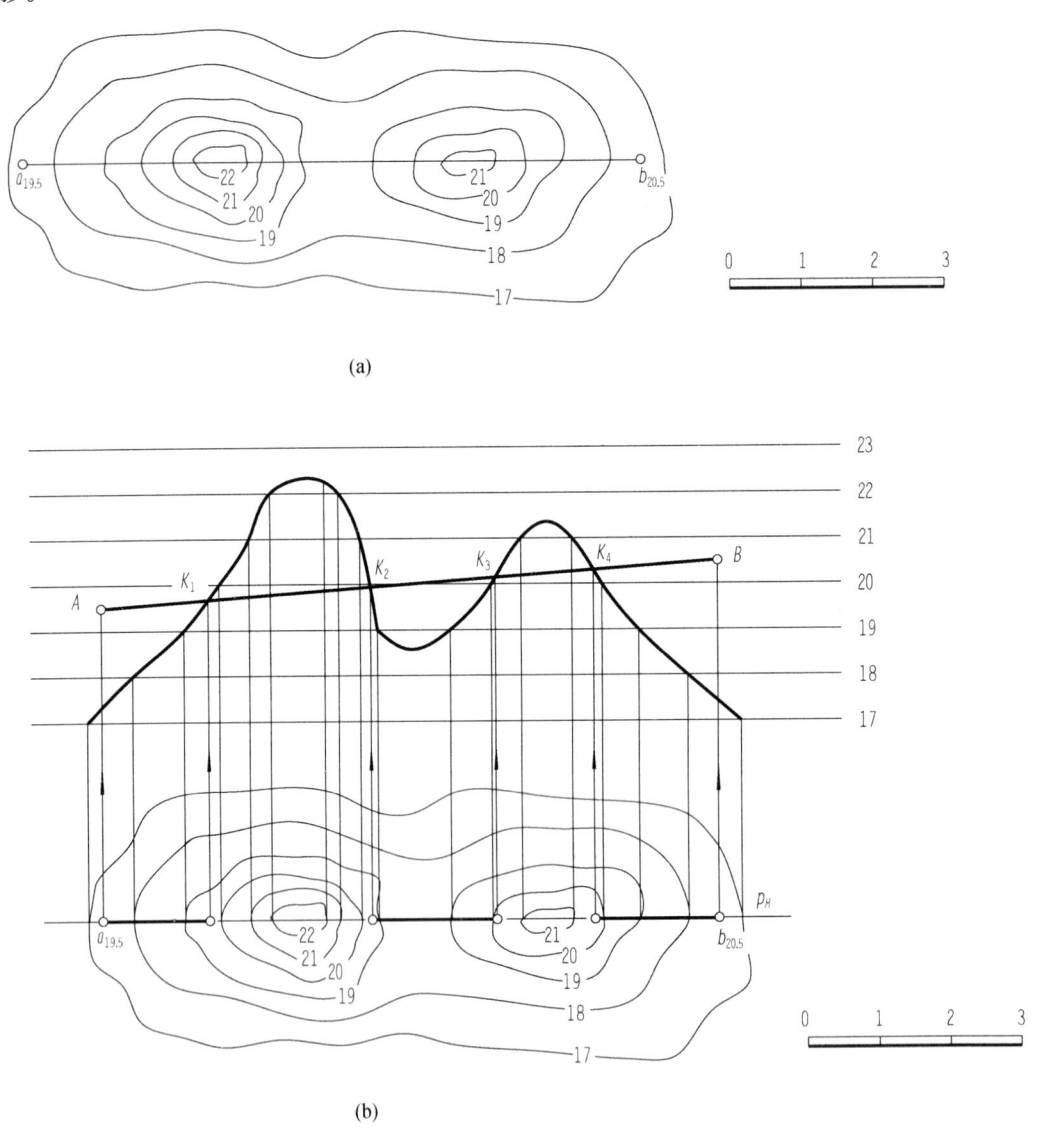

图 10-18 求管线与地形图的交点
(a) 已知；(b) 作图

【例 10-6】 如图 10-19 所示，路面标高为 62，挖方坡度 $i=1$，填方坡度 $i=2/3$，求挖方、填方的边界线。

空间及投影分析：该段道路由直道与弯道两部分组成。直道部分地形面高于路面，故求挖方的边界线。这段边界线实际就是坡度 $i=1$ 的平面与地形面的交线。弯道部分地形面低

表示地势越陡峭；等高线越疏，表明地势越平坦。

为便于看图，地形图等高线一般每隔四条有一条画成粗实线，并标注其标高，这样的粗实线称为计曲线。

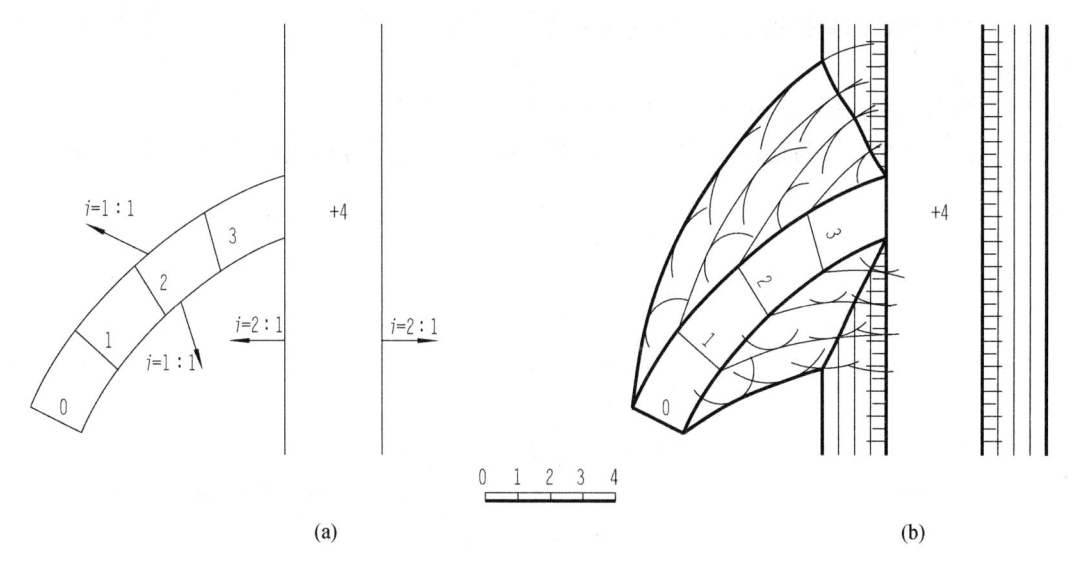

图 10-16 求各坡面等高线坡面交线
(a) 条件；(b) 标高投影

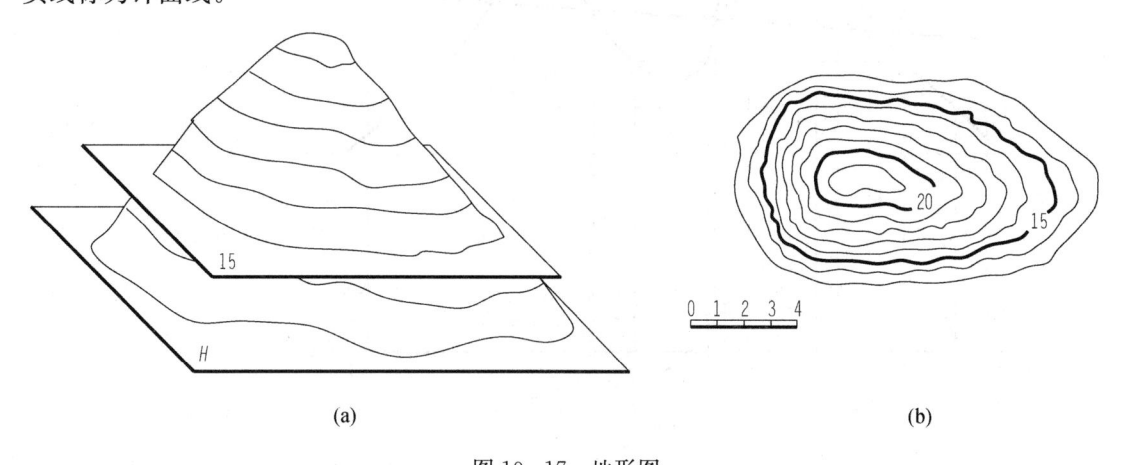

图 10-17 地形图
(a) 空间状况；(b) 标高投影

【例 10-5】 如图 10-18 所示，已知管线两端的高程分别为 19.5m 和 20.5m，求管线 AB 与地形面的交点。

空间及投影分析：求直线与地面的交点，一般都是包含直线作铅垂面，作出铅垂面与地形面的交线，即断面的轮廓线，再求直线与断面轮廓线的交点，就是直线与地形面的交点。

求解步骤如下：

(1) 在地形图上方作间距为 1 的平行线，且平行于 $a_{19.5}b_{20.5}$，标出各线的高程。

(2) 在地形图上过管线 AB 作铅垂面 P。

(3) 求断面图（P 面与地形面的截交线）：自 P_H 线与等高线相交的各地面点分别向上

引垂线，并根据其标高找到它们在标高线上的相应位置，再把标高线上的各点连成曲线，即得地形断面图。

（4）根据标高投影 $a_{19.5}b_{20.5}$，在断面图上作出 AB 直线。

（5）找出 AB 直线与地面线的交点 K_1、K_2、K_3、K_4。由此可在地形图中得到交点的标高投影。

(a)

(b)

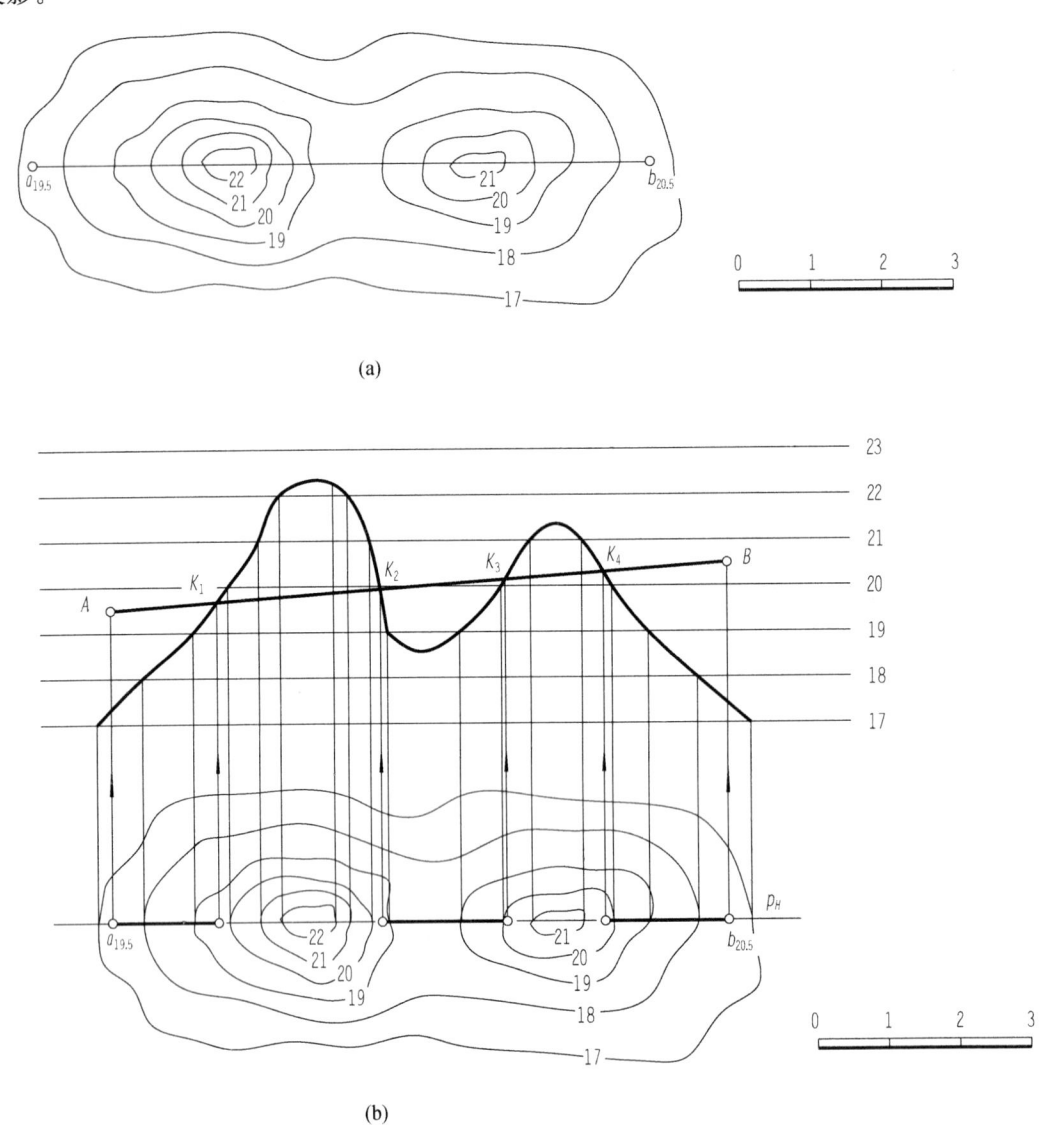

图 10-18 求管线与地形图的交点
(a) 已知；(b) 作图

【例 10-6】 如图 10-19 所示，路面标高为 62，挖方坡度 $i=1$，填方坡度 $i=2/3$，求挖方、填方的边界线。

空间及投影分析：该段道路由直道与弯道两部分组成。直道部分地形面高于路面，故求挖方的边界线。这段边界线实际就是坡度 $i=1$ 的平面与地形面的交线。弯道部分地形面低

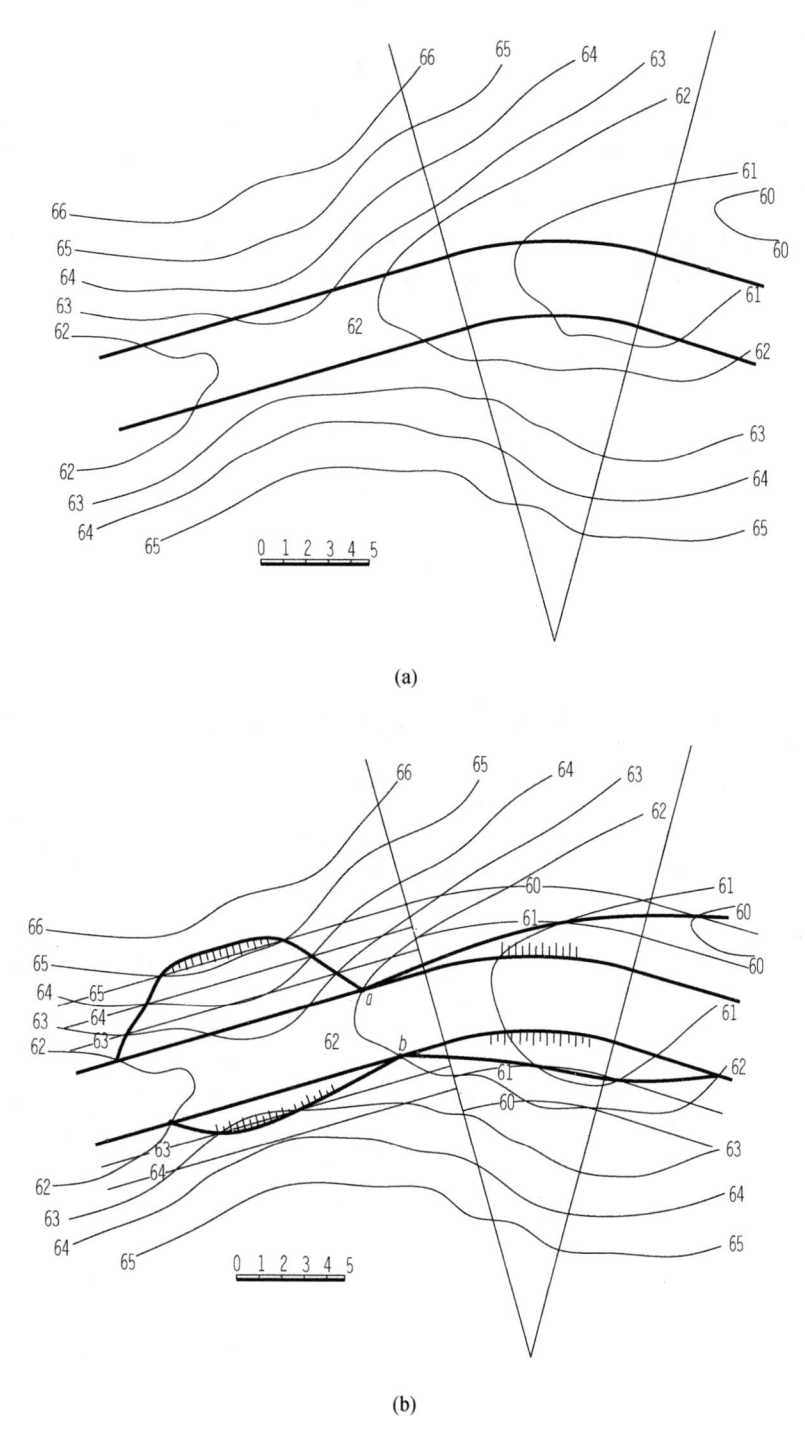

图 10-19 求道路两侧挖方、填方的边界
(a) 已知；(b) 作图

于路面，故求填方的边界线。这段边界线实际就是坡度 $i=2/3$ 的同坡曲面与地形面的交线。上述两种分界线均用等高线求解。

求解步骤如下：

(1) 地形面上与路面上高程相同点 a、b 为填挖分界点，左边为挖方，右边为填方。

(2) 在挖方路两侧，根据 $i=1(l=1)$ 作出挖方坡面的等高线（平行于路面边界线）。

(3) 在填方路面两侧，根据 $i=2/3(l=2/3)$ 作出填方坡面的等高线（实际就是以 O 为圆心，以平距差 $l=2/3$ 为半径的同心圆）。

(4) 求出这些等高线与地形面上相同高度等高线的交点。

(5) 用曲线依次连接各交点，即得到挖、填方的边界线。

(a)

(b)

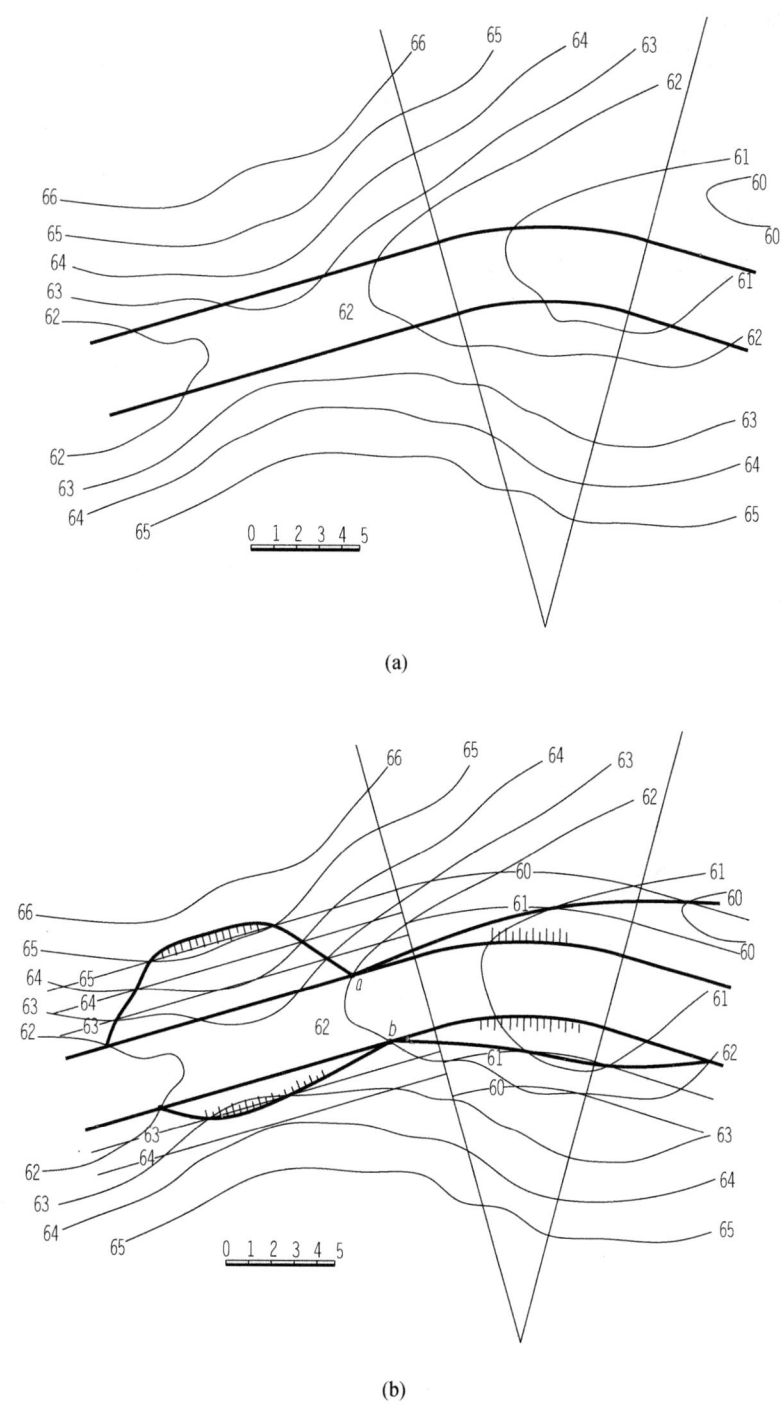

图 10-19 求道路两侧挖方、填方的边界
(a) 已知；(b) 作图

于路面，故求填方的边界线。这段边界线实际就是坡度 $i=2/3$ 的同坡曲面与地形面的交线。上述两种分界线均用等高线求解。

求解步骤如下：

(1) 地形面上与路面上高程相同点 a、b 为填挖分界点，左边为挖方，右边为填方。

(2) 在挖方路两侧，根据 $i=1(l=1)$ 作出挖方坡面的等高线（平行于路面边界线）。

(3) 在填方路面两侧，根据 $i=2/3(l=2/3)$ 作出填方坡面的等高线（实际就是以 O 为圆心，以平距差 $l=2/3$ 为半径的同心圆）。

(4) 求出这些等高线与地形面上相同高度等高线的交点。

(5) 用曲线依次连接各交点，即得到挖、填方的边界线。

第十一章 制图的基本知识与技能

根据投影原理、标准或有关规定，表示工程对象，并有必要的技术说明的图称为图样。图样被喻为工程界的语言，是工程技术人员用来表达设计思想，进行技术交流的重要工具。为便于绘制、阅读和管理工程图样，国家标准管理机构依据国际标准化组织制定的国际标准，制定并颁布了各种工程图样的制图国家标准，简称"国标"，代号"GB"。其中，技术制图适用于工程界各种专业技术图样。有关建筑制图国家标准共有六种，包括总纲性质的《房屋建筑制图统一标准》（GB/T 50001—2011）和专业部分的《总图制图标准》（GB/T 50103—2011）、《建筑制图标准》（GB/T 50104—2010）、《建筑结构制图标准》（GB/T 50105—2011）、《给水排水制图标准》（GB/T 50106—2011）、《暖通空调制图标准》（GB/T 50114—2010）。工程建设人员应熟悉并严格遵守国家标准的有关规定。

本章主要介绍《技术制图图纸幅面和格式》（GB/T 14689—2008）、《技术制图比例》（GB/T 14690—1993）、《技术制图字体》（GB/T 14691—1993）和《房屋建筑制图统一标准》（GB/T 50001—2011）中有关制图技能的基本知识及基本规定。

第一节 制 图 标 准

一、图幅和格式

1. 图幅

图幅即图纸幅面的大小，图纸的幅面是指图纸宽度与长度组成的图面。为了使用和管理图纸方便、规整，所有的设计图纸的幅面必须符合国家标准的规定，见表 11-1。

表 11-1　　　　　　　　　　　图纸幅面及图框尺寸　　　　　　　　　　　　　　mm

幅面代号	A0	A1	A2	A3	A4
尺寸（$b×l$）	841×1189	594×841	420×594	297×420	210×297
c	10				5	
a	25				

必要时允许选用规定的加长幅面，图纸的短边一般不应加长，长边可以加长，但应符合表 11-2 的规定。

表 11-2　　　　　　　　　　　图纸长边加长尺寸　　　　　　　　　　　　　　mm

幅面尺寸	长边尺寸	长边加长后尺寸
A0	1189	1486、1635、1783、1932、2080、2230、2378
A1	841	1051、1261、1471、1682、1892、2102
A2	594	743、891、1041、1189、1338、1486、1635、1783、1932、2080
A3	420	630、841、1051、1261、1471、1682、1892

注　有特殊需要的图纸，可采用 $b×l$ 为 841×891 与 1189×1261 的幅面。

2. 格式

图框是图纸上限定绘图区域的线框，是图纸上绘图区域的边界线。图框的格式有横式和立式两种，以短边作为垂直边称为横式，以短边作为水平边称为立式，如图 11-1 所示。

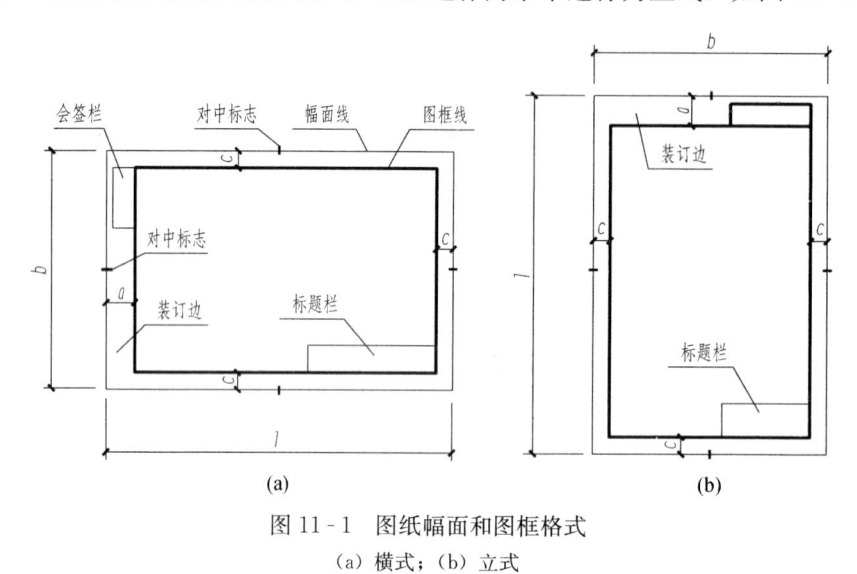

图 11-1 图纸幅面和图框格式
(a) 横式；(b) 立式

一般 A0～A3 图纸宜横式使用，必要时也可立式使用。绘制图样时应优先选用表 11-1 中所规定的图纸幅面和图框尺寸，必要时允许按国标的有关规定加长图纸长边，短边一般不加长。加长的详细尺寸可查阅表 11-2。

二、标题栏和会签栏

1. 标题栏

由名称及代号区、签字区、更改区和其他区组成的栏目称为标题栏。标题栏是用来标明设计单位、工程名称、图名、设计人员签名和图号等内容的，必须画在图框内右下角，标题栏中的文字方向代表看图方向，如图 11-2 所示。涉外工程的标题栏内，各项主要内容的中文下方应附有译文，设计单位的上方或左方应加注"中华人民共和国"字样。

图 11-2 标题栏

2. 会签栏

会签栏是各设计专业负责人签字用的一个表格，如图 11-3 所示。会签栏宜画在图框外侧，如图 11-1 所示。不需会签的图纸，可不设会签栏。

3. 对中标志

需要缩微复制的图纸，可采用对中标志。对中标志应画在图纸各边长的中点处，线宽应为 0.35mm，伸入框区内应为 5mm，如图 11-1 所示。

三、图线

1. 图线宽度

为了使图样表达统一和图面清晰，国家标准规定了各类工程图样中图线的宽度 b。绘图时，应根据图样的复杂程度与比例大小，从下列线宽系列中选取粗线宽度 $b=2.0$、1.4、1.0、0.7、0.50、0.35mm，常用的 b 值为 $0.35\sim1.0$mm；

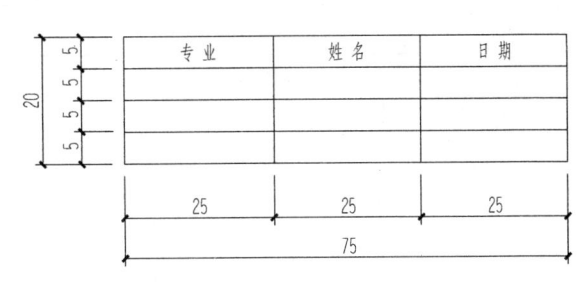

图 11-3 会签栏

工程图样中各种线型分粗、中、细三种图线宽度，线宽比率为 4：2：1。按表 11-3 所规定的线宽比例确定中线、细线，由此得到绘图所需的线宽组。

表 11-3　　　　　　　　　　线　宽　组　　　　　　　　　　　　　　　mm

线宽	线　宽　组					
b	2.0	1.4	1.0	0.7	0.5	0.35
$0.5b$	1.0	0.7	0.5	0.35	0.25	0.18
$0.25b$	0.5	0.35	0.25	0.18		

注　1. 需要微缩的图纸，不宜采用 0.18mm 及更细的线宽。
　　2. 同一张图纸内，各不同线宽中的细线，可统一采用较细的线宽组的细线。

图纸的图框和标题栏线，可采用表 11-4 中规定的线宽。

表 11-4　　　　　　　图框、标题栏的线宽　　　　　　　　　　mm

图幅代号	图框线	标　题　栏	
		外框线	分格线
A0、A1	1.4	0.7	0.35
A2、A3、A4	1.0	0.7	0.35

2. 图线线型及用途

各类图线及其主要用途见表 11-5。

表 11-5　　　　　　　　　　图　　线

名　称		线　型	线宽 (mm)	主　要　用　途
实线	粗	———————	b	主要可见轮廓线，图名下横线、剖切线
	中	———————	$0.5b$	可见轮廓线
	细	———————	$0.25b$	可见轮廓线、尺寸线、标注引出线，标高符号，索引符号，图例线
虚线	粗	- - - - - - -	b	详见有关专业制图标准，如采暖回水管、排水管
	中	- - - - - - -	$0.5b$	不可见轮廓线
	细	- - - - - - -	$0.25b$	不可见轮廓线、图例线

续表

名　　称		线　　型	线宽(mm)	主　要　用　途
单点长画线	粗		b	详见有关专业制图标准，如柱间支撑、垂直支撑、设备基础轴线图中的中心线
	细		$0.25b$	定位轴线、对称线、中心线
双点长画线	粗		b	详见有关专业制图标准，如预应力钢筋线
	细		$0.25b$	假想轮廓线、成型前原始轮廓线
折断线			$0.25b$	断开界线
波浪线			$0.25b$	断开界线

3. 图线的要求及注意事项

（1）同一张图纸内，相同比例的各个图样应选用相同的线宽组。

（2）同一种线型的图线宽度应保持一致。图线接头处要整齐，不要留有空隙。

（3）虚线、点画线的线段长度和间隔宜各自相等。

（4）点画线的两端不应是点。各种图线彼此相交处都应画成线段，而不应是间隔或画成点。虚线为实线的延长线时，两者之间不得连接，应留有空隙，如图 11-4 所示。

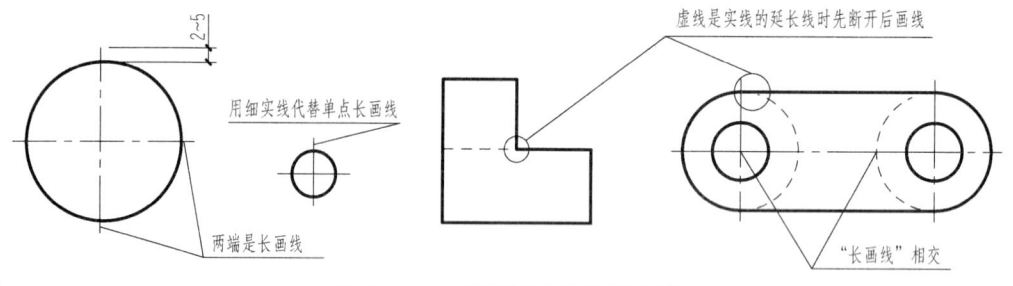

图 11-4　图线的要求及注意事项

（5）图线不得与文字、数字或符号重叠、混淆，不可避免时，应首先保证文字清晰。各种图线在实际绘图中的用法如图 11-5 所示。

(a)　　　　　　　　　　(b)

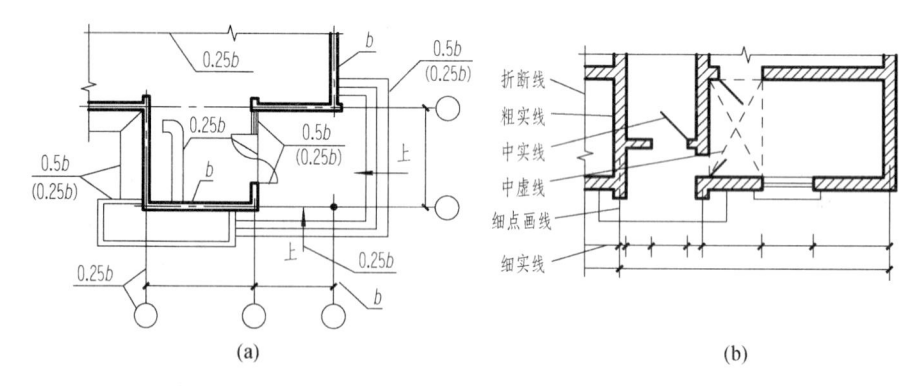

图 11-5　各种图线在实际绘图中的用法

四、字体

字体是指图样上汉字、数字、字母和符号等的书写形式。国家标准规定，书写字体均应字体工整、笔划清晰、排列整齐、间隔均匀，标点符号应清楚、正确。文字、数字或符号的书写大小用号数表示。字体号数表示的是字体的高度（h），应从如下系列中选用：1.8、2.5、3.5、5、7、10、14、20mm。字体宽度约为 $h/\sqrt{2}$。如 10 号字的字体高度为 10mm，字体宽度约为 0.7mm。

1. 汉字

图样及说明中的汉字应采用国家公布的简化字，宜采用长仿宋体书写，字号一般不小于 3.5。书写长仿宋体的基本要领是：横平竖直、注意起落、结构均匀、填满方格。图 11-6 所示为长仿宋体字示例。

图 11-6　长仿宋体字示例

2. 数字和字母

阿拉伯数字、拉丁字母和罗马字母的字体有正体和斜体（逆时针向上倾斜 75°）两种写法，字号一般不小于 2.5。拉丁字母示例如图 11-7 所示，罗马数字、阿拉伯数字示例如图 11-8 所示。用作指数、分数、注脚等的数字及字母一般应采用小一号字体。

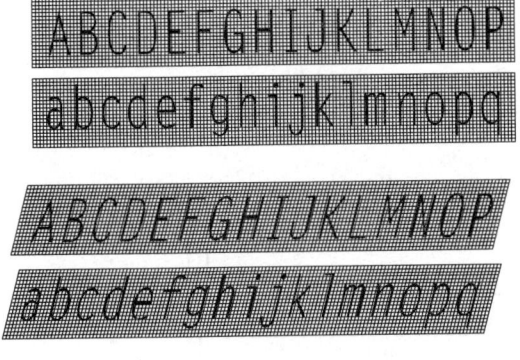

图 11-7　拉丁字母示例（正体与斜体）　　图 11-8　罗马字母、阿拉伯数字示例（正体与斜体）

五、比例

图样中图形与实物相应要素的线性尺寸之比称为比例。绘图所选用的比例是根据图样的用途和被绘对象的复杂程度来确定的。图样一般应选用表 11-6 中给出的常用比例,特殊情况下也可选用可用比例。

表 11-6　　　　　　　　　　绘　图　比　例

常用比例	1∶1、1∶2、1∶5、1∶10、1∶20、1∶50
	1∶100、1∶150、1∶200、1∶500、1∶1000、1∶2000
	1∶5000、1∶10 000、1∶2000、1∶50 000、1∶100 000、1∶200 000
可用比例	1∶3、1∶4、1∶6、1∶15、1∶30、1∶40、1∶60、1∶80
	1∶250、1∶300、1∶400、1∶600

比例必须采用阿拉伯数字表示,一般标注在标题栏中的"比例"栏内,如 1∶50 或 1∶100 等。比例一般注写在图名的右侧,字的基准下对齐。比例的字高一般比图名的字高小一号或两号,如 基础平面图 1∶100。

比例分为原值比例、放大比例和缩小比例三种。原值比例即比值为 1∶1 的比例;放大比例即为比值大于 1 的比例,如 2∶1 等;缩小比例即为比值小于 1 的比例,如 1∶2 等,如图 11-9 所示。

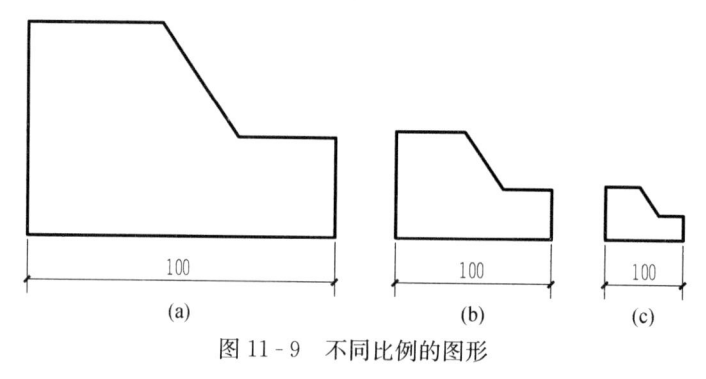

图 11-9　不同比例的图形

六、尺寸标注

图形只能表达形体的形状,而形体的大小则必须依据图样上标注的尺寸来确定。尺寸标注是绘制工程图样的一项重要内容,是施工的依据,应严格遵照国家标准中的有关规定,保证所标注的尺寸完整、清晰、准确。

1. 尺寸的组成与基本规定

图样上的尺寸由尺寸界线、尺寸线、尺寸起止符号和尺寸数字四部分组成,如图 11-10 (a) 所示。

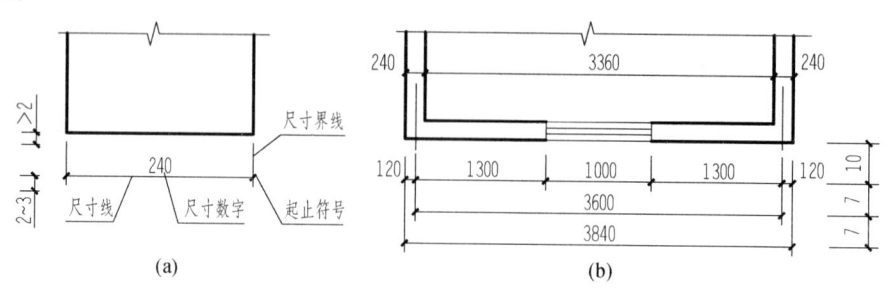

图 11-10　尺寸的组成与标注示例

(1) 尺寸界线：用细实线绘制，表示被注尺寸的范围。一般应与被注长度垂直，其一端应离开图样轮廓线不小于 2mm，另一端宜超出尺寸线 2～3mm，如图 11-10（a）所示。必要时，图样轮廓线可用作尺寸线，如图 11-10（b）所示的 240 和 3360。

(2) 尺寸线：表示被注线段的长度。用细实线绘制，不能用其他图线代替。尺寸线应与被注长度平行，且不宜超出尺寸界线。每道尺寸线之间的距离一般为 7mm，如图 11-10（b）所示。

(3) 尺寸起止符号：一般应用中粗斜短线绘制，其倾斜方向与尺寸界线成顺时针 45°角，高度（h）宜为 2～3mm，如图 11-11（a）所示。半径、直径、角度与弧长的尺寸起止符号应用箭头表示，箭头尖端与尺寸界线接触，不得超出也不得分开，如图 11-11（b）所示。

(4) 尺寸数字：表示被注尺寸的实际大小，它与绘图所选用的比例和绘图的准确程度无关。图样上的尺寸应以尺寸数字为准，不得从图上直接量取。尺寸的单位除标高和总平面图以 m（米）为单位外，其他一律以 mm（毫米）为单位，图样上的尺寸数字不再注写单位。同一张图样中，尺寸数字的大小应一致。

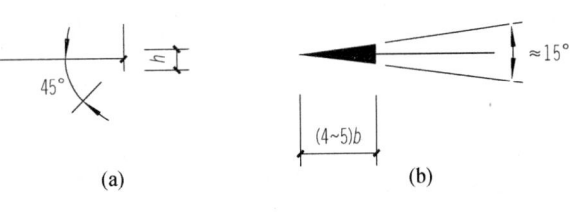

图 11-11 尺寸起止符号

尺寸数字应按图 11-12（a）所示的规定的方向注写。若尺寸数字在 30°斜线区内，宜按图 11-12（b）所示的形式注写。

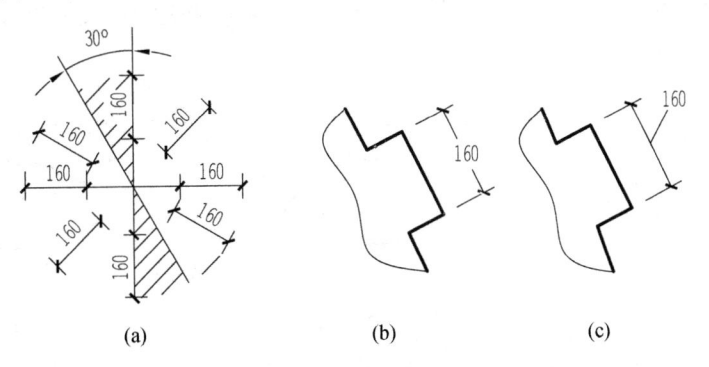

图 11-12 尺寸数字的注写

(5) 尺寸的排列与布置：尺寸宜标注在图样轮廓线以外，不宜与图线、文字及符号等相交；互相平行的尺寸线，应从图样轮廓线由内向外整齐排列，小尺寸在内，大尺寸在外；尺寸线与图样轮廓线之间的距离不宜小于 10mm，尺寸线之间的距离为 7～10mm，并保持一致，如图 11-10（b）所示。

狭小部位的尺寸界线较密，尺寸数字没有位置注写时，最外边的尺寸数字可写在尺寸界线外侧，中间相邻的可错开或引出注写，如图 11-13 所示。

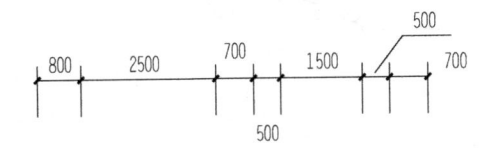

图 11-13 狭小部位的尺寸标注

2. 直径、半径、球径的尺寸标注

标注圆的直径或半径尺寸时，在直径或半径数字前应加注符号"ϕ"或"R"。在圆内标注的直径尺寸线应通过圆心画成斜线，圆内的半径尺寸线的一端从圆心开始，圆外的半径尺寸线应指向圆心。

直径尺寸线、半径尺寸线不可用中心线代替。标注球的直径或半径尺寸时，应在直径或半径数字前加注符号"Sϕ"或"SR"，如图 11-14 所示。

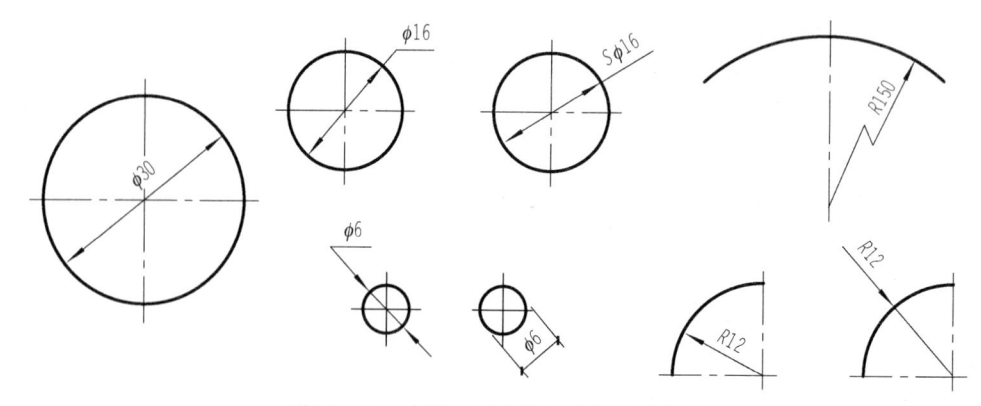

图 11-14 直径、半径及球径的尺寸标注

3. 角度、弧长、弦长的尺寸标注

（1）角度的尺寸线画成圆弧，圆心应是角的顶点，角的两条边为尺寸界线。角度数字一律水平书写。如果没有足够的位置画箭头，可用圆点代替箭头，如图 11-15（a）所示。

（2）标注圆弧的弧长时，尺寸线应以与该圆弧线同心的圆弧表示，尺寸界限垂直于该圆弧的弦，用箭头表示起止符号，弧长数字的上方应加注圆弧符号，如图 11-15（b）所示。

（3）标注圆弧的弦长时，尺寸线应以平行于该弦的直线表示，尺寸界限垂直于该弦，起止符号以中粗斜短线表示，如图 11-15（c）所示。

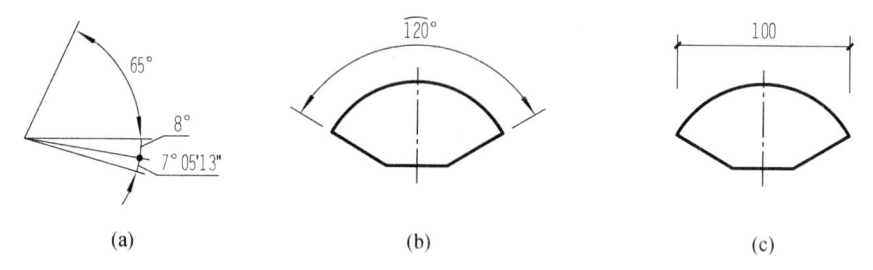

图 11-15 角度、弧长、弦长的尺寸标注

4. 坡度、薄板厚度、正方形、非圆曲线等的尺寸标注

（1）坡度可采用百分数或比例的形式标注。在坡度数字下，应加注坡度符号（单面箭头），箭头应指向下坡方向，如图 11-16（a）所示。坡度也可用直角三角形的形式标注，如图 11-16（b）所示。

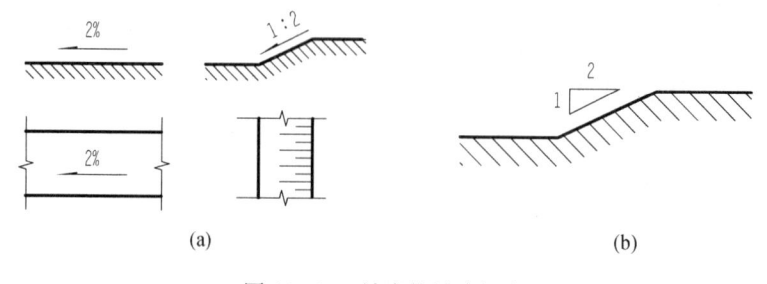

图 11-16 坡度的尺寸标注

(1) 尺寸界线：用细实线绘制，表示被注尺寸的范围。一般应与被注长度垂直，其一端应离开图样轮廓线不小于 2mm，另一端宜超出尺寸线 2～3mm，如图 11-10（a）所示。必要时，图样轮廓线可用作尺寸界线，如图 11-10（b）所示的 240 和 3360。

(2) 尺寸线：表示被注线段的长度。用细实线绘制，不能用其他图线代替。尺寸线应与被注长度平行，且不宜超出尺寸界线。每道尺寸线之间的距离一般为 7mm，如图 11-10（b）所示。

(3) 尺寸起止符号：一般应用中粗斜短线绘制，其倾斜方向与尺寸界线成顺时针 45°角，高度（h）宜为 2～3mm，如图 11-11（a）所示。半径、直径、角度与弧长的尺寸起止符号应用箭头表示，箭头尖端与尺寸界线接触，不得超出也不得分开，如图 11-11（b）所示。

(4) 尺寸数字：表示被注尺寸的实际大小，它与绘图所选用的比例和绘图的准确程度无关。图样上的尺寸应以尺寸数字为准，不得从图上直接量取。尺寸的单位除标高和总平面图以 m（米）为单位外，其他一律以 mm（毫米）为单位，图样上的尺寸数字不再注写单位。同一张图样中，尺寸数字的大小应一致。

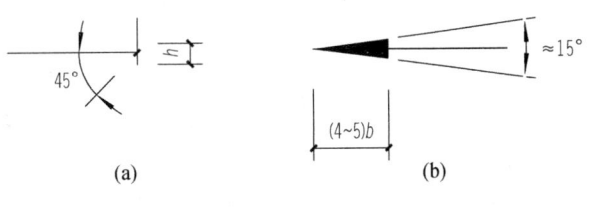

图 11-11 尺寸起止符号

尺寸数字应按图 11-12（a）所示的规定的方向注写。若尺寸数字在 30°斜线区内，宜按图 11-12（b）所示的形式注写。

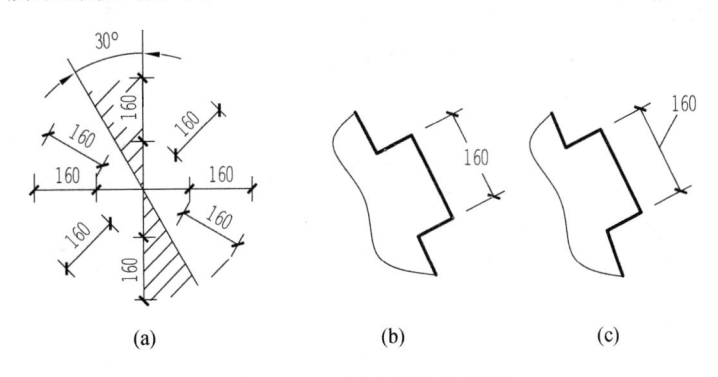

图 11-12 尺寸数字的注写

(5) 尺寸的排列与布置：尺寸宜标注在图样轮廓线以外，不宜与图线、文字及符号等相交；互相平行的尺寸线，应从图样轮廓线由内向外整齐排列，小尺寸在内，大尺寸在外；尺寸线与图样轮廓线之间的距离不宜小于 10mm，尺寸线之间的距离为 7～10mm，并保持一致，如图 11-10（b）所示。

狭小部位的尺寸界线较密，尺寸数字没有位置注写时，最外边的尺寸数字可写在尺寸界线外侧，中间相邻的可错开或引出注写，如图 11-13 所示。

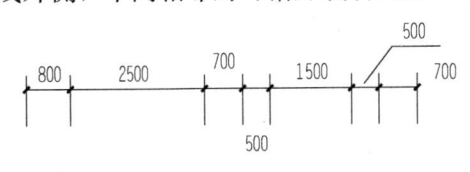

图 11-13 狭小部位的尺寸标注

2. 直径、半径、球径的尺寸标注

标注圆的直径或半径尺寸时，在直径或半径数字前应加注符号"ϕ"或"R"。在圆内标注的直径尺寸线应通过圆心画成斜线，圆内的半径尺寸线的一端从圆心开始，圆外的半径尺寸线应指向圆心。

直径尺寸线、半径尺寸线不可用中心线代替。标注球的直径或半径尺寸时，应在直径或半径数字前加注符号"$S\phi$"或"SR"，如图 11-14 所示。

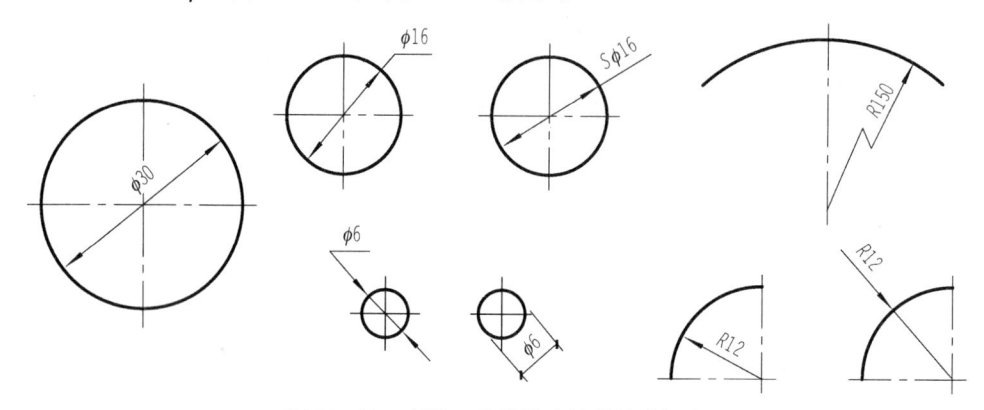

图 11-14 直径、半径及球径的尺寸标注

3. 角度、弧长、弦长的尺寸标注

（1）角度的尺寸线画成圆弧，圆心应是角的顶点，角的两条边为尺寸界线。角度数字一律水平书写。如果没有足够的位置画箭头，可用圆点代替箭头，如图 11-15（a）所示。

（2）标注圆弧的弧长时，尺寸线应以与该圆弧线同心的圆弧表示，尺寸界限垂直于该圆弧的弦，用箭头表示起止符号，弧长数字的上方应加注圆弧符号，如图 11-15（b）所示。

（3）标注圆弧的弦长时，尺寸线应以平行于该弦的直线表示，尺寸界限垂直于该弦，起止符号以中粗斜短线表示，如图 11-15（c）所示。

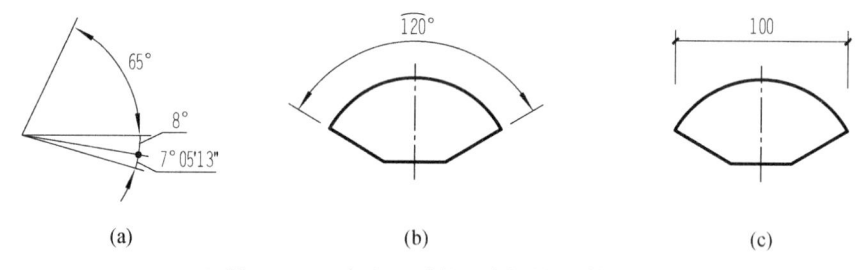

图 11-15 角度、弧长、弦长的尺寸标注

4. 坡度、薄板厚度、正方形、非圆曲线等的尺寸标注

（1）坡度可采用百分数或比例的形式标注。在坡度数字下，应加注坡度符号（单面箭头），箭头应指向下坡方向，如图 11-16（a）所示。坡度也可用直角三角形的形式标注，如图 11-16（b）所示。

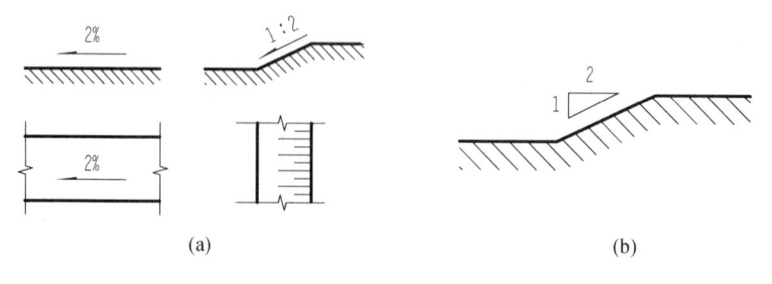

图 11-16 坡度的尺寸标注

(2) 在薄板板面标注板的厚度时，应在表示厚度的数字前加注符号"t"，如图 11-17 所示。

(3) 在正方形的一边标注正方形的尺寸，可以采用"边长×边长"表示法，如图 11-18 (a) 所示；也可以在边长数字前加注表示正方形的符号"□"，如图 11-18 (b) 所示。

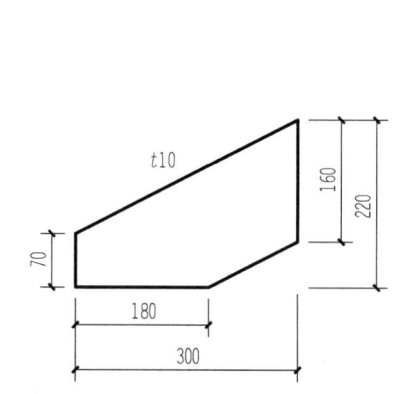

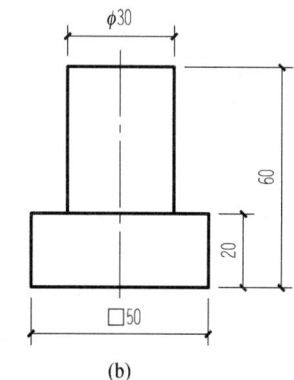

图 11-17 薄板厚度的尺寸标注

图 11-18 正方形的尺寸标注

(4) 外形为非圆曲线的构件，一般用坐标形式标注尺寸，如图 11-19 所示。

(5) 复杂的图形，可用网格形式标注尺寸，如图 11-20 所示。

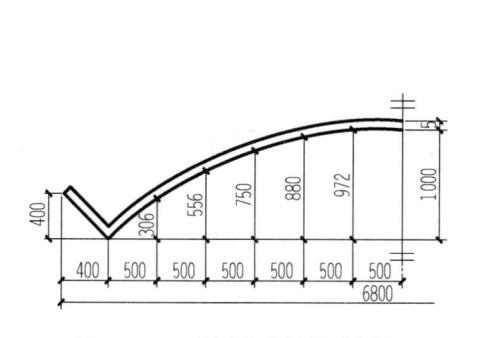

图 11-19 非圆曲线的尺寸标注

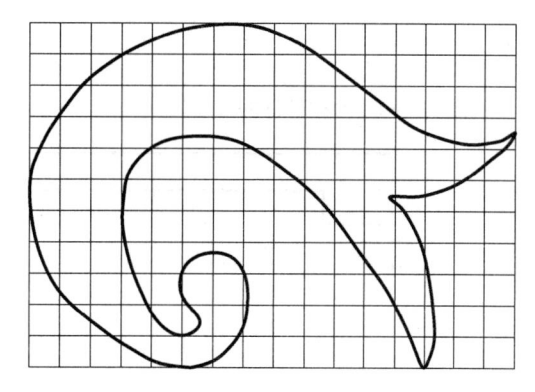

图 11-20 复杂图形的尺寸标注

5. 尺寸的简化标注

(1) 杆件或管线的长度，在单线图（如桁架简图、钢筋简图、管线简图等）上，可直接将尺寸数字沿杆件或管线的一侧注写，但读数方法依旧按前述规则执行，如图 11-21 所示。

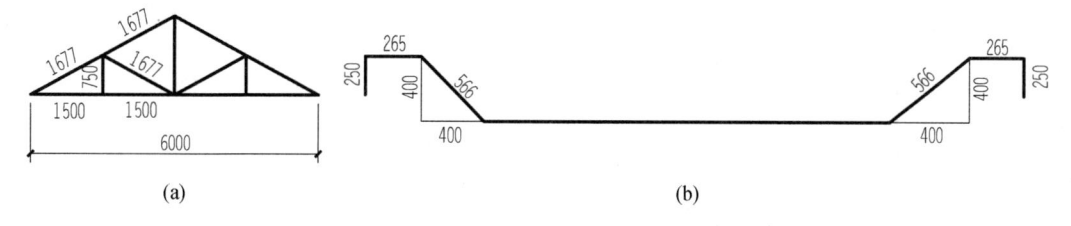

图 11-21 杆件长度的尺寸标注

(2) 连续排列的等长尺寸，可采用"个数×等长尺寸＝总长"的乘积形式表示，如图 11-22 所示。

（3）构配件内具有诸多相同构造要素（如孔、槽）时，可只标注其中一个要素的尺寸，如图 11-23 所示。

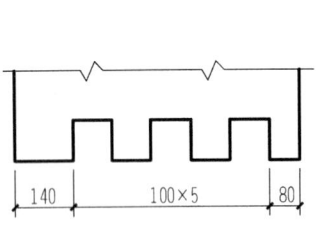

图 11-22　等长尺寸的尺寸标注

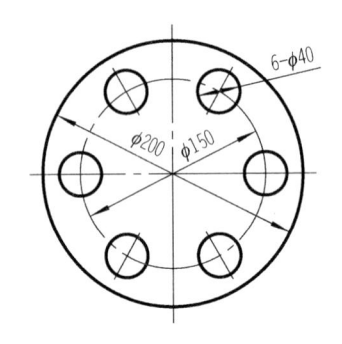

图 11-23　相同构造要素的尺寸标注

（4）对称构配件采用对称省略画法时，该对称构配件的尺寸线应略超过对称符号，仅在尺寸线的一端画尺寸起止符号，尺寸数字应按整体全尺寸注写，其注写位置宜与对称符号对齐，如图 11-24 所示。

（5）两个构配件，如个别尺寸数字不同，可在同一图样中将其中一个构配件的不同尺寸数字注写在括号内，该构配件的名称也应注写在相应的括号内，如图 11-25 所示。

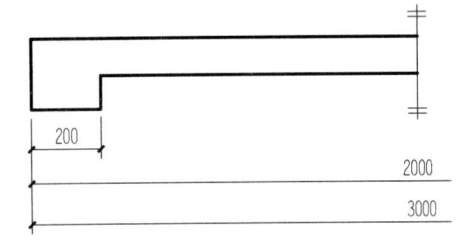

图 11-24　对称杆件的尺寸标注

图 11-25　形状相似构件的尺寸标注

（6）数个构配件，如仅某些尺寸不同，这些有变化的尺寸数字可用拉丁字母注写在同一图样中，其具体尺寸另列表格写明，如图 11-26 所示。

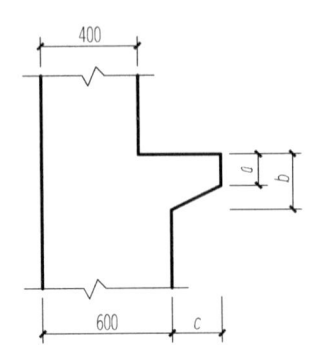

构件编号	a	b	c
z-1	200	200	200
z-2	250	450	200
z-3	200	450	250

图 11-26　多个相似构配件尺寸的列表标注

七、图例

以图形规定出的画法称为图例,图例应按"国标"规定的画法绘出。绘制工程图时,如使用了一些"国标"上没有的图例,应在图纸的适当位置加以说明。

常用建筑材料图例见表 11-7。

表 11-7　　　　　　　　　　　常用建筑材料图例

序号	名　称	图　例	说　明
1	自然土壤		包括各种自然土壤
2	夯实土壤		
3	砂、灰土		靠近轮廓线点较密
4	砂砾石、碎砖、三合土		
5	天然石材		包括岩层、砌体、铺地、贴面等材料
6	毛石		
7	普通砖		(1) 包括砌体、砌块; (2) 断面较窄,不易画出图例线时可涂红
8	耐火砖		包括耐酸砖等
9	空心砖		包括各种多孔砖
10	饰面砖		包括铺地砖、陶瓷锦砖、人造大理石等
11	混凝土		(1) 该图例仅适用于能承重的混凝土及钢筋混凝土; (2) 包括各种标号、骨料、添加剂的混凝土;
12	钢筋混凝土		(3) 在剖面图上画出钢筋时,不画图例线; (4) 断面较窄、不易画出图例线时,可涂黑

续表

序号	名　称	图　例	说　明
13	焦渣、矿渣		包括与水泥、石灰等混合而成的材料
14	多孔材料		包括水泥珍珠岩、沥青珍珠岩、泡沫混凝土、非承重加气混凝土、泡沫塑料、软木等
15	纤维材料		包括丝麻、玻璃棉、矿渣棉、木丝板、纤维板等
16	松散材料		包括木屑、石灰木屑、稻壳等
17	木材		上图为横断面，下图左为垫木、木砖、木龙骨，下图中右为纵断面
18	胶合板		应注明是几层胶合板
19	石膏板		
20	金属		(1) 包括各种金属； (2) 图形小时，可涂黑
21	网状材料		(1) 包括金属、塑料等网状材料； (2) 注明材料
22	液体		注明液体名称
23	玻璃		包括平板玻璃、磨砂玻璃、夹丝玻璃、钢化玻璃等
24	橡胶		
25	塑料		包括各种软、硬塑料及有机玻璃等

续表

序号	名称	图例	说明
26	防水材料		构造层次多或比例较大时，采用上面的图例
27	粉刷		该图例点较稀

注 序号为 1、2、5、7、8、12、14、18、24、25 的图例中的斜线、短斜线、交叉斜线等一律为 45°。

第二节　绘图工具和仪器的使用方法

正确使用绘图工具和绘图仪器对提高绘图速度和保证图面质量起着很重要的作用。因此，应对绘图工具的用途有所了解，并熟练掌握它们的使用方法。

常用的绘图工具有铅笔、绘图板、丁字尺、三角板、圆规、分规、鸭嘴笔、针管笔、比例尺、曲线板和各类模板。

一、铅笔

绘图铅笔有各种不同的硬度。标号 B、2B、…、6B 表示软铅芯，数字越大，表示铅芯越软。标号 H、2H、…、6H 表示硬铅芯，数字越大，表示铅芯越硬。标号 HB 表示中软。画底稿时宜用 H 或 2H，徒手作图时可用 HB 或 B，加重直线用 H、HB（细线）、HB（中粗线）、B 或 2B（粗线）。铅笔尖应削成锥形，铅芯露出 6~8mm。削铅笔时要注意保留有标号的一端，以便始终能识别其软硬度。使用铅笔绘图时用力要均匀，用力过大会划破图纸或在纸上留下凹痕，甚至折断铅芯。画长线时，要边画边转动铅笔，使线条粗细一致。画线时，从正面看笔身应倾斜约 60°，从侧面看笔身应铅直。持笔的姿势要自然，笔尖与尺边距离始终保持一致，线条才能画得平直、准确。砂纸板主要用来磨铅笔，如图 11-27 所示。

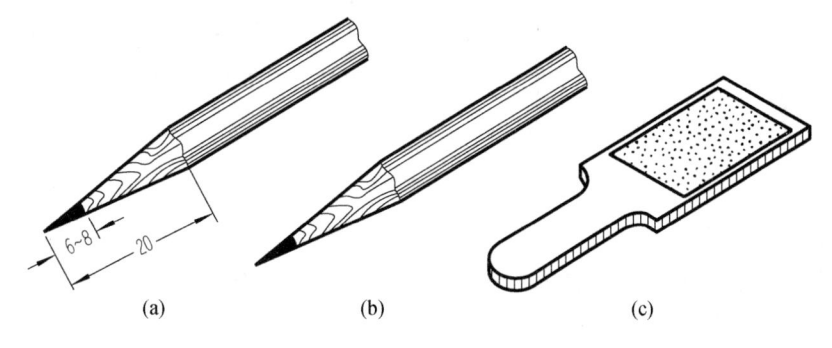

图 11-27　铅笔和砂纸

二、图板和丁字尺

图板是作画图时所用的垫板，要求板面平坦、光洁。贴图纸时应用透明胶纸，不宜用图钉。如图 11-28 所示，图板的左侧为导边，导边要求平直，从而使丁字尺的工作边在任何位置都能保持平衡。

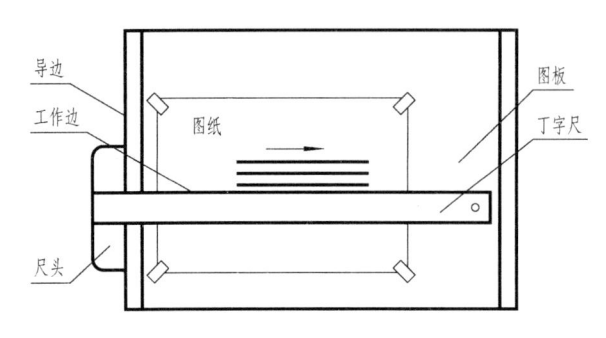

图 11-28 图板和丁字尺

图板的大小有各种不同规格，可根据需要而选定。0 号图板适用于画 A0 号图纸，1 号图板适用于画 A1 号图纸，四周还略有宽余。图板放在桌面上，板身宜与水平桌面成 10°～15°倾斜。图板不可用水刷洗，也不可在日光下暴晒。

丁字尺由相互垂直的尺头和尺身组成。尺身要牢固地连接在尺头上，尺头的内侧面必须平直，用时应紧靠图板的左侧——导边。画同一张图纸时，尺头不可以在图板的其他边滑动，以避免由于图板各边不成直角而导致画出的线不准确。丁字尺的尺身工作边必须平直、光滑，不可用丁字尺击物和用刀片沿尺身工作边裁纸。丁字尺用完后，宜竖直挂起来，以避免尺身弯曲变形或折断。

丁字尺主要用于画水平线，并且只能沿尺身上侧画线。作图时，左手把住尺头，使其始终紧靠图板左侧，然后上下移动丁字尺，直至工作边对准要画线的地方，再从左向右画水平线。画较长的水平线时，左手应按住尺身，以防止尺尾翘起和尺身摆动，如图 11-28 所示。

三、三角板

三角板每副有两块，与丁字尺配合可以画垂直线及 30°、60°、45°、15°、75°等倾斜线。两块三角板配合，可以画已知直线的平行线和垂直线。

画铅垂线时，先将丁字尺移动到所绘图线的下方，将三角尺放在应画线的右方，并使一直角边紧靠丁字尺的工作边，然后移动三角尺，直到另一直角边对准要画线的地方，再用左手按住丁字尺和三角尺，自下而上画线，如图 11-29 所示。

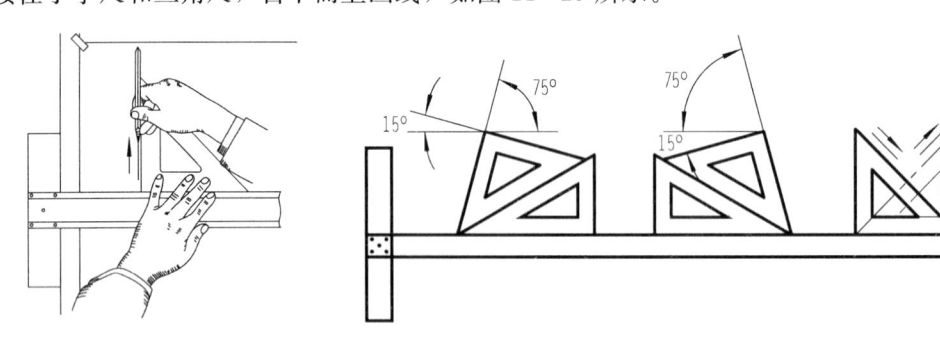

图 11-29 丁字尺与三角板

四、圆规

圆规主要用于画圆或圆弧，也可当分规使用。圆规的一条腿上装有钢针，用带台阶的一端画圆，以防止圆心扩大，从而保证画圆的准确度。另一条腿上附有插脚，可作不同用途。画圆时，圆规稍向前倾斜，顺时针旋转。画较大圆应调整针尖和插脚与纸面垂直。画更大圆要接延长杆。圆规铅芯宜磨成凿形，并使斜面向外。铅芯硬度比画同种直线的铅笔软一号，以保证图线深浅一致，如图 11-30 所示。

五、分规

分规用于量取长度和截取或等分线段，使用方法如图 11-31 所示。两脚并拢后，其尖对齐。从比例尺上量取长度时，切忌用尖刺入尺面。当量取若干段相等线段时，可令两个针

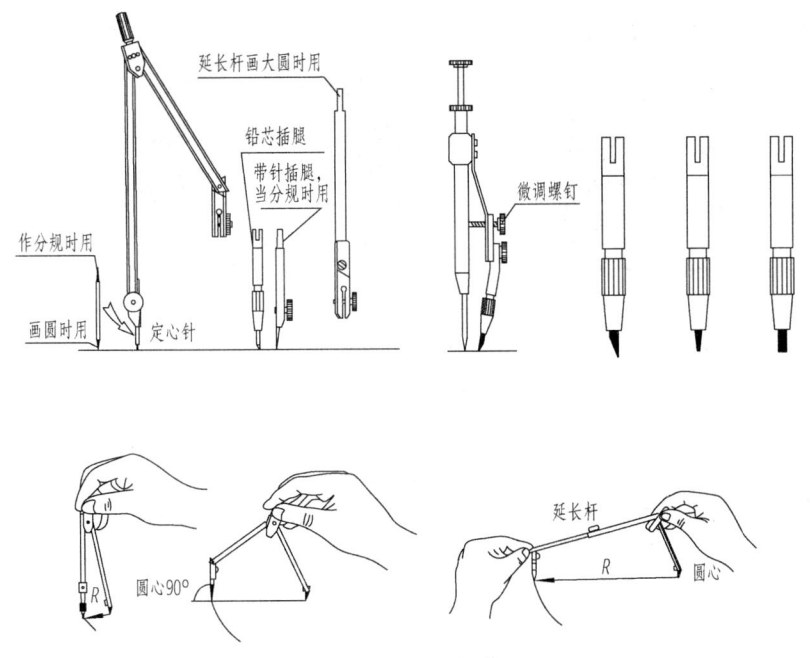

图 11-30 圆规的使用

尖交替地作为旋转中心，使分规沿着不同的方向旋转前进。

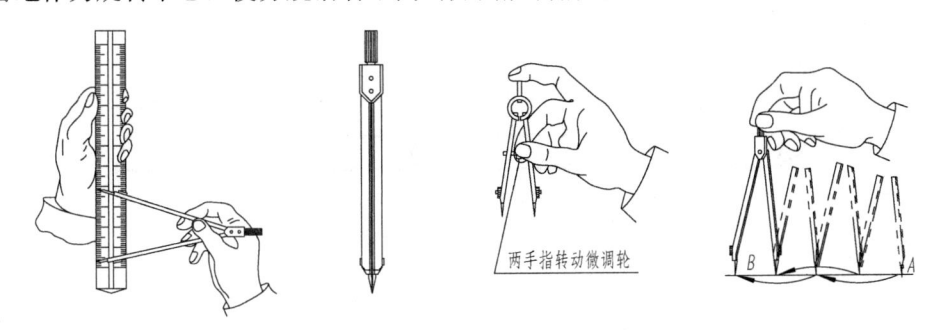

图 11-31 分规的使用

六、针管笔

绘图墨水笔的笔尖是一支细的针管，能像普通钢笔那样吸墨水，又名针管笔，如图 11-32 所示。针管笔是绘制图纸的基本工具之一，能绘制出均匀一致的线条。笔身呈钢笔状，笔头为长约 2cm 的中空钢制圆环，里面设计有一根活动的细钢针；上下摆动针管笔，能及时清除堵塞笔头的纸纤维。笔尖的口径有多种规格，针管笔的针管管径的大小决定所绘线条的宽窄，可视线型粗细而选用。制图时至少应备有细、中、粗三种不同粗细的针管笔。画直线时，直尺的斜边要在下面，笔一定要垂直于纸面，匀速行笔，并稍加转动。为保证墨水流畅，必须使用碳素墨水，用毕后洗净针管。

使用针管笔时应注意：

(1) 绘制线条时，针管笔身应尽量保持与纸面垂直，以保证画出粗细均匀的线条。

(2) 针管笔作图顺序应依照先上后下、先左后右、先曲后直、先细后粗的原则，运笔速度及用力应均匀、平稳。

图 11-32 针管笔

（3）用较粗的针管笔作图时，落笔及收笔均不应有停顿。

（4）针管笔除用来作直线段外，还可以借助圆规的附件和圆规连接起来作圆周线或圆弧线。

（5）平时宜正确使用和保养针管笔，以保证针管笔有良好的工作状态及较长的使用寿命。针管笔在不使用时应随时套上笔帽，以免针尖墨水干结，并应定时清洗针管笔，以保持用笔流畅。

七、比例尺

比例尺是刻有各种比例的直尺，绘图时用它直接量得物体的实际尺寸。常用的三棱比例尺刻有六种不同的比例，尺上刻度所注数字的单位为 m，如图 11-33 所示。比例尺只能用来量尺寸，不能作直尺用，以免损坏刻度。

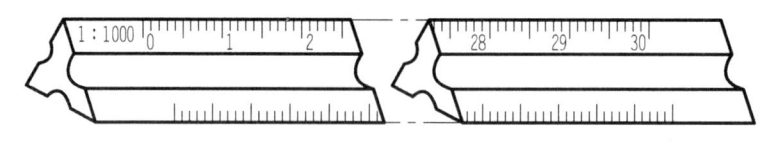

图 11-33 比例尺

八、曲线板

曲线板主要用来画非圆曲线，其轮廓线由多段不同曲率半径的曲线组成。使用曲线板之前，必须先定出曲线上的若干控制点，用铅笔徒手沿各点轻轻勾画出曲线；然后选择曲线板上曲率相应的部分，分段描绘。每次至少有三点与曲线板相吻合，并留下一小段不描，在下段中与曲线板再次吻合后描绘，以保证曲线光滑，如图 11-34 所示。

图 11-34 曲线板

九、其他

为了提高绘图质量和速度，还要准备一些其他用具，如模板、擦图片、胶带、橡皮、修图刀片等，如图 11-35 所示。

建筑模板主要用来画各种建筑标准图例和常用符号。模板上刻有可以画出各种不同图例或符号的孔，其大小已符合一定的比例，只要用笔沿孔内画一周，图例即可画出来。

图 11 - 35　其他绘图工具

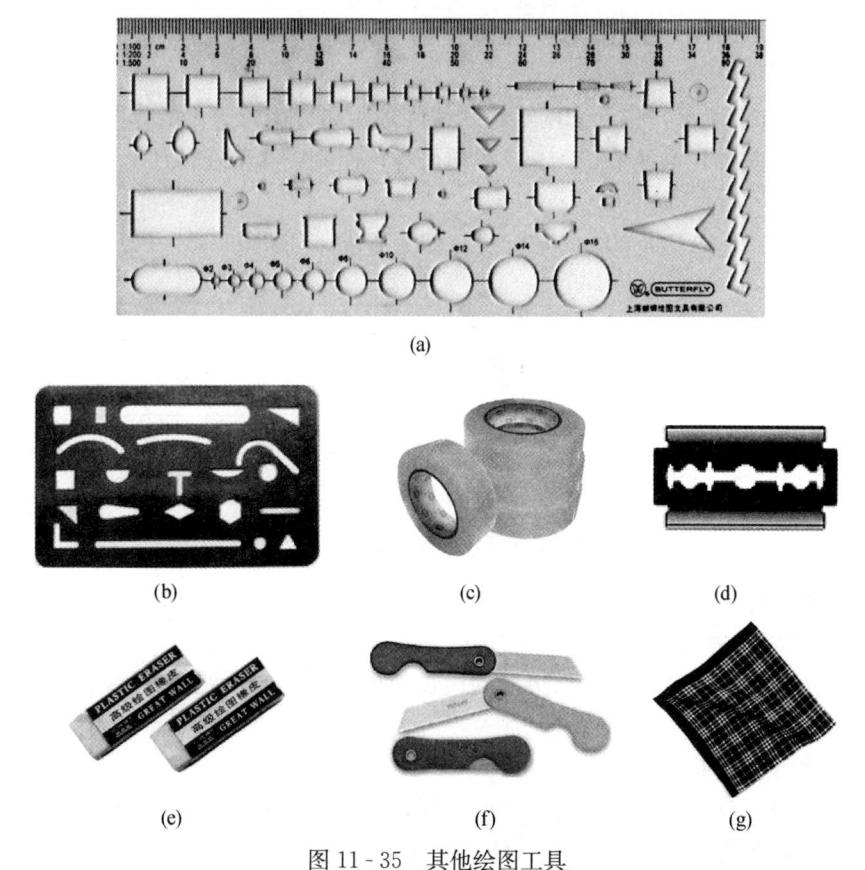

（a）建筑模板；（b）擦图片；（c）透明胶带；（d）修图刀片；（e）橡皮；（f）小刀；（g）手帕

第三节　几 何 作 图

几何作图是指只限用圆规和直尺等绘图工具，根据给定的条件，完成所需图形。

一、等分线段作图

1. 等分线段

如图 11 - 36（a）所示，将已知直线分成六等份的作图步骤如下：

（1）过点作任意直线 AC，用直尺在 AC 上从 A 点起截取任意长度的六等份，得点 1、2、3、4、5、6，如图 11 - 36（b）所示。

（2）连 B6，过其余点分别作直线平行于 B6，交 AB 于五个分点，即为所求，如图 11 - 36（c）所示。

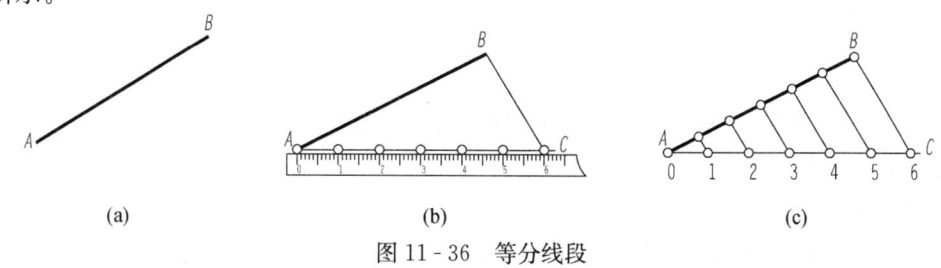

图 11 - 36　等分线段

利用类似方法可以等分任意等份的线段。

2. 等分两平行线段间的距离

如图 11-37（a）所示，将已知两平行直线间的距离分为四等份的作图步骤如下：

(1) 将直线刻度尺 0 点置于 CD 上，摆动尺身，使刻度 4 落在 AB 上，截得点 1、2、3，如图 11-37（b）所示。

(2) 过各等分点作 AB 或 CD 的平行线，即为所求，如图 11-37（c）所示。

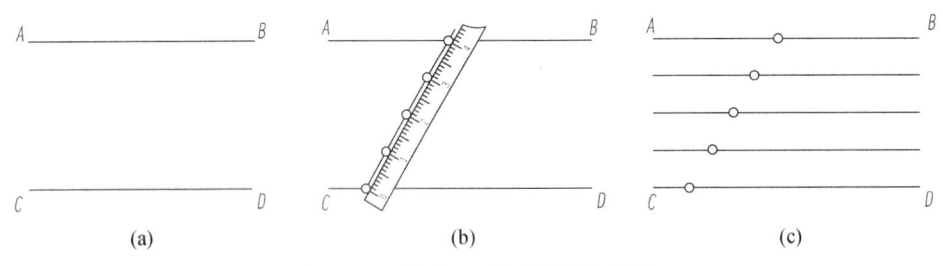

图 11-37　等分两平行线段间的距离

二、正多边形作图

1. 正六边形的画法

绘制正六边形时，一般利用正六边形的边长外接圆半径的原理进行绘制，绘制步骤如图 11-38 所示：

(1) 已知半径的圆 O，如图 11-38（a）所示。

(2) 分别以 A、D 为圆心，R 为半径作圆弧，分圆周为六等份，如图 11-38（b）所示。

(3) 依次连接各等分点 A、B、C、D、E、F、A 后即为所求，如图 11-38（c）所示。

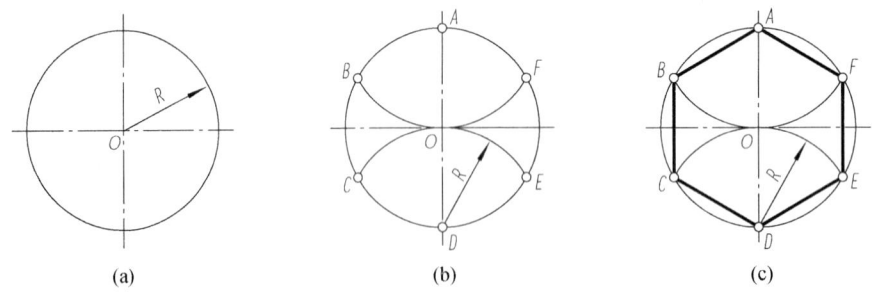

图 11-38　作已知圆的内接正六边形

作已知圆的内接正六边形，还可以利用直角三角板作图，方法如图 11-39 所示。

2. 正五边形的画法

正五边形的作图方法和步骤如图 11-40 所示：

(1) 已知半径的圆 O，如图 11-40（a）所示。

(2) 取半径 OF 的中点 M，以 M 为圆心，AM 为半径作圆弧，交直径于 N，如图 11-40（b）所示。

(3) 以 AN 为半径，分圆周为五等份，顺序连接各等分点 A、B、C、D、E、A 即为所求，如图 11-40（c）所示。

三、椭圆的画法

椭圆的画法很多，常用的椭圆近似画法为四心圆法。

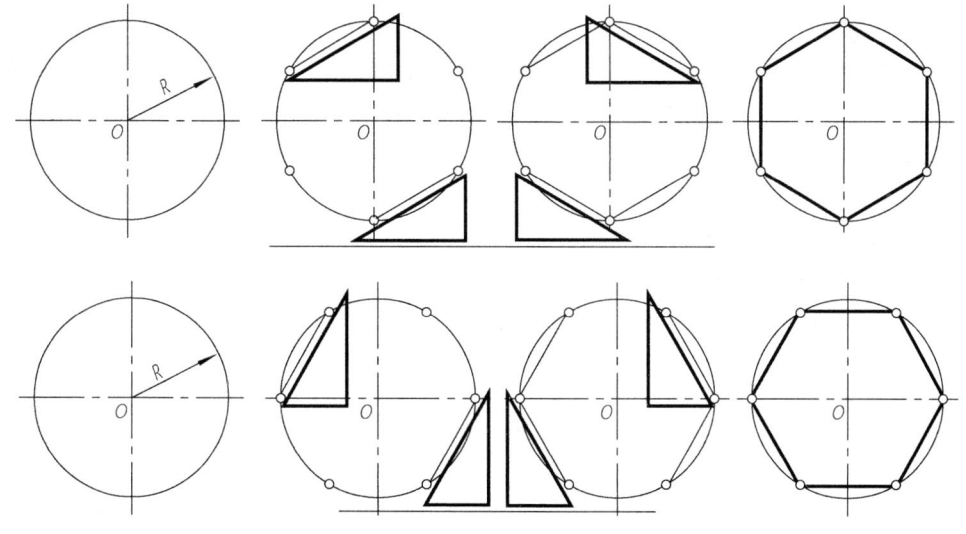

图 11-39 用三角板作已知圆的内接正六边形

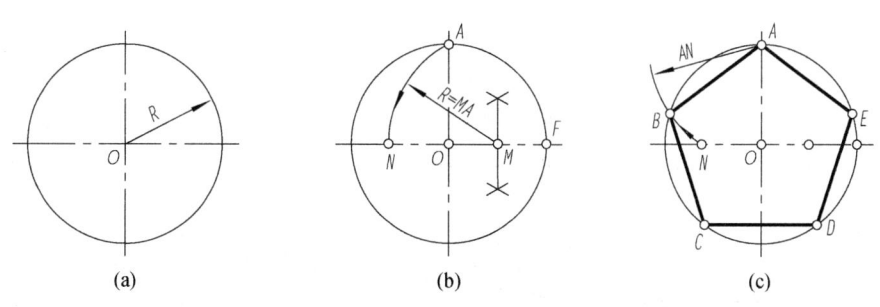

图 11-40 作已知圆的内接正五边形

图 11-41 所示为用四段圆弧连接起来的图形近似代替椭圆的方法。如果已知椭圆的长、短轴 AB、CD，则其近似画法的步骤如下：

(1) 连 AC，以 O 为圆心、OA 为半径画弧交 CD 延长线于 E，再以 C 为圆心、CE 为半径画弧交 AC 于 F，如图 11-41 (b) 所示。

(2) 作线段 AF 的中垂线分别交长、短轴于 O_1、O_2，并作 O_1、O_2 的对称点 O_3、O_4，即求出四段圆弧的圆心。在 AB 上截取 $OO_3=OO_1$，又在 CD 延长线上截取 $OO_4=OO_2$，如图 11-41 (c) 所示。

(3) 分别以 O_1、O_2、O_3、O_4 为圆心，O_1A、O_2C、O_3B、O_4D 为半径作弧画成近似椭圆，切点为 K、N、N_1、K_1，如图 11-41 (d) 所示。

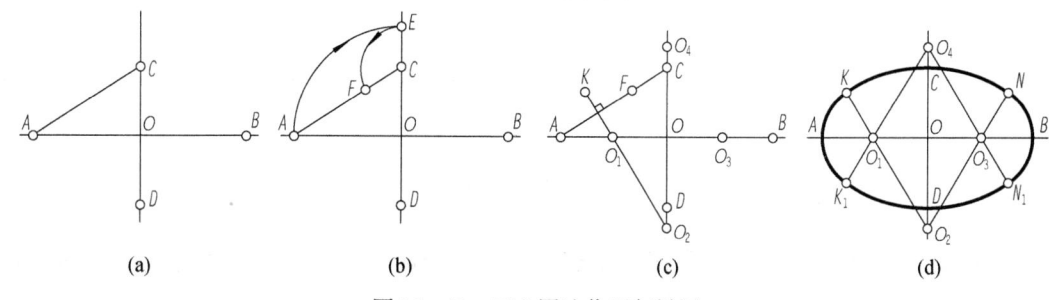

图 11-41 四心圆法作近似椭圆

四、圆弧连接

绘制工程图时，经常会遇到从一条线（包括直线和圆弧）光滑地过渡到另一条线的情况。这种光滑过渡就是平面几何中的相切，即用已知半径圆弧（称连接弧）光滑连接（即相切）已知直线或圆弧。要保证光滑连接，关键在于正确找出连接圆弧的圆心和切点。圆弧连接的典型作图方法见表 11-8。

表 11-8　　　　　　　　　　　圆弧连接的典型作图方法

种类	已知条件	作图步骤		
		求连接圆弧圆心 O	求切点 A 和 B	画连接圆弧
圆弧连接两直线				
圆弧内接直线和圆弧				
圆弧外接两圆弧				
圆弧内接两圆弧				
圆弧分别内外接两圆弧				

第四节　平面图形的画法

平面图形一般由一个或多个封闭线框组成，这些封闭线框又由一些线段连接而成。因此，要想正确地绘制平面图形，首先必须对平面图形进行尺寸分析和线段分析。

一、平面图形的尺寸分析

1. 定形尺寸

定形尺寸是指确定平面图形上几何元素形状大小的尺寸,如图 11-42 中的 $\phi 2400$、1000、400。一般情况下,确定几何图形所需定形尺寸的个数是一定的,如直线的定形尺寸是长度,圆的定形尺寸是直径,圆弧的定形尺寸是半径,正多边形的定形尺寸是边长,矩形的定形尺寸是长和宽两个尺寸等。

2. 定位尺寸

定位尺寸是指确定各几何元素相对位置的尺寸,如图 11-42 中的 1500、6740。确定平面图形的位置需要两个方向的定位尺寸,即水平方向和垂直方向;也可以以极坐标的形式定位,即半径加角度。

3. 尺寸基准

任意两个平面图形之间必然存在着相对位置,就是说必有一个是参照的。标注尺寸的起点称为尺寸基准,简称基准。平面图形尺寸有水平和垂直两个方向(相当于坐标轴 X 方向和 Y 方向),因此基准也必须从水平和垂直两个方向考虑。平面图形中尺寸基准是点或线。常用的点基准有圆心、球心、多边形中心点、角点等,线基准往往是图形的对称中心线或图形中的边线。图 11-42 所示图形的基准分别为水平路线的中轴线(1500 的起点)和垂直路线的中轴线(6740 的起点)。

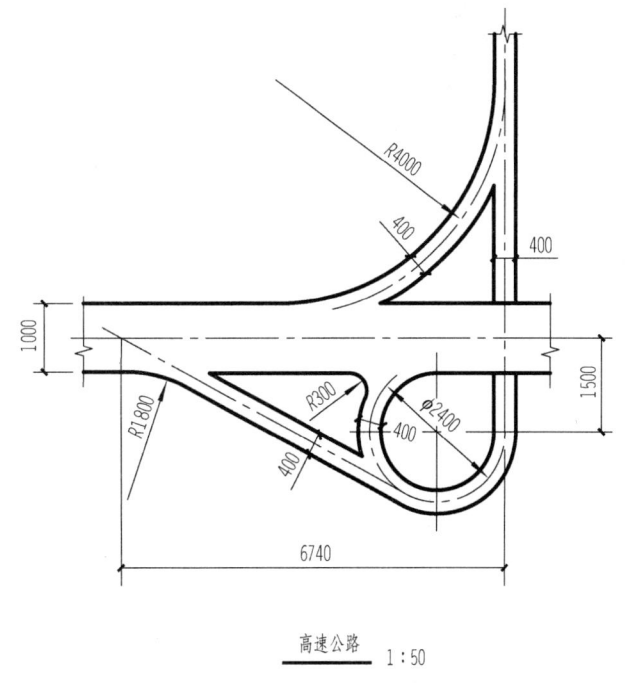

图 11-42 高速公路节点

二、平面图形的线段分析

根据定形、定位尺寸是否齐全,可以将平面图形中的图线分为以下三大类。

1. 已知线段

已知线段是指定形、定位尺寸齐全的线段。作图时,该类线段可以直接根据尺寸作图,如图 11-42 中的 $\phi 2400$ 的圆、($\phi 2400+400/2$) 的圆弧、($\phi 2400-400/2$) 的圆弧、1000 和 400 宽的直线均属已知线段。

2. 中间线段

中间线段是指只有定形尺寸和一个定位尺寸的线段。作图时,必须根据该线段与相邻已知线段的几何关系,通过几何作图的方法求出,如图 11-42 中轴线与 $\phi 2400$ 相切的宽度为 400 的线段。

3. 连接线段

连接线段是指只有定形尺寸而没有定位尺寸的线段。连接线段的定位尺寸需根据与线段相邻的两线段的几何关系,通过几何作图的方法求出,如图 11-42 中的 $R1800$、$R300$、$R4000$ 圆弧段以及 $R(4000+400/2)$、$R(4000-400/2)$ 圆弧段。

在两条已知线段之间，可以有多条中间线段，但必须而且只能有一条连接线段，否则尺寸将出现缺少或多余。

三、平面图形的画图步骤

高速公路的绘图步骤如图 11-43 所示。

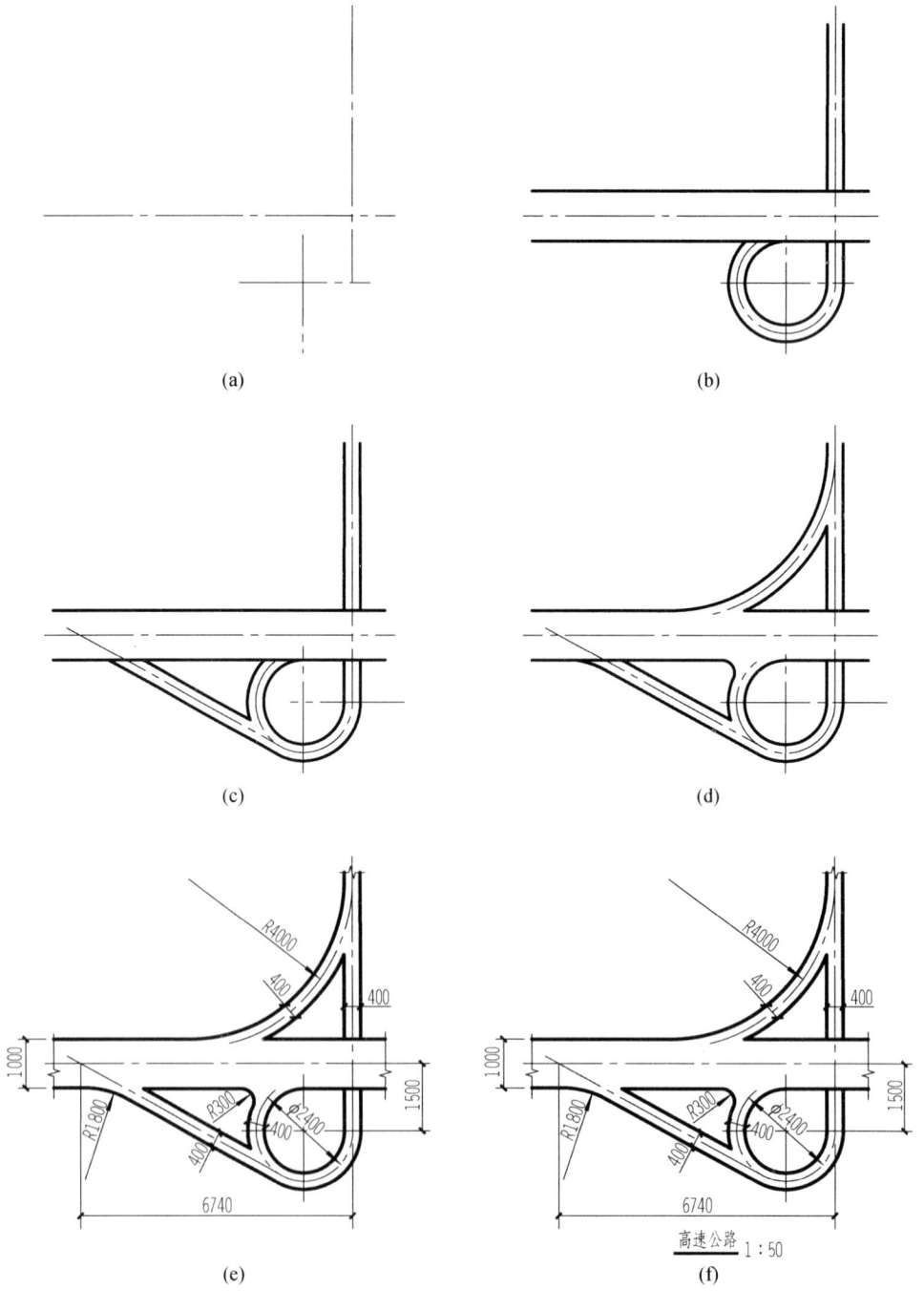

图 11-43　高速公路的绘图步骤
(a) 画基准；(b) 画已知线段；(c) 画中间线段；(d) 画连接线段；(e) 画其他、检查、标尺寸；(f) 成图

(1) 根据图形大小选择比例及图纸幅面。
(2) 分析平面图形中哪些是已知线段，哪些是连接线段，以及所给定的连接条件。
(3) 根据各组成部分的尺寸关系确定作图基准、定位线。
(4) 依次画基准线、定位线，已知线段，中间线段和连接线段。
(5) 整理全图，检查无误后加深图线，并标注尺寸。

第五节 制图的方法和步骤

手工绘制图样时，一般均要借助绘图工具和仪器。为了提高图样质量和绘图速度，除了必须熟悉国家制图标准，掌握几何作图的方法和正确使用绘图工具外，还必须掌握正确的绘图程序和方法。

一、绘图前的准备工作

(1) 阅读有关文件、资料，了解所画图样的内容和要求。
(2) 准备好绘图用的图板、丁字尺、三角板、圆规及其他工具、用品，并按线型要求将铅笔削好。
(3) 根据所绘图形或物体的大小和复杂程度选定比例，确定图纸幅面，用透明胶带将图纸固定在图板上。固定图纸时，应使图纸的上下边与丁字尺的尺身平行。当图纸较小时，应将图纸布置在图板的左下方，且使图板的下边缘至少留有一个尺深的宽度，以便放置丁字尺。

二、画底稿

(1) 按国家标准规定画图框和标题栏。
(2) 布置图形的位置。根据每个图形的长、宽尺寸确定位置，同时要考虑标注尺寸或说明等其他内容所占的位置，使每个图形的周围留有适当空余，各图形间要布置得均匀、整齐。
(3) 先画图形的轴线或对称中心线，再画主要轮廓线，然后由主到次、由整体到局部，画出其他所有图线。
(4) 画其他。图中的尺寸数字和说明在画底稿时可以不注写，待以后铅笔加深或上墨时直接注写，但必须在底稿上用轻、淡的细线画出注写的数字的字高线和仿宋字的格子线。

三、校对、修正

仔细检查校对，擦去多余的线条和污垢。

四、加深

加深或上墨的图线线型要遵守 GB/T 50001—2011 的规定，应做到线型正确、粗细分明、连接光滑、图面整洁。同一类线型，加深后的粗细要一致。加深或上墨宜先左后右、先上后下、先曲后直，分批进行，其顺序一般是：

(1) 加深点画线。
(2) 加深粗实线圆和圆弧。
(3) 由上至下加深水平粗实线，再由左至右加深垂直的粗实线，最后加深倾斜的粗实线。
(4) 按加深粗实线的顺序依次加深所有虚线圆及圆弧，以及水平的、垂直的和倾斜的虚线。

（5）加深细实线、波浪线。

（6）画符号和箭头，注尺寸，书写注释和标题栏等。

五、复核

复核已完成的图纸，发现错误和缺点应立即改正。如果在上墨图中发现描错或染有小点墨污需要修改时，应待其全干后在纸下垫上硬板，再用锋利的刀片轻刮，直至刮净，并作必要的修饰。

第十二章 建筑形体的表达方法

第一节 基本视图与辅助视图

视图主要用来表达形体的外部结构形状。根据《技术制图 图样画法 视图》(GB/T 17451—1998) 规定,视图分为基本视图和辅助视图两大类,其中辅助视图包括向视图、局部视图和斜视图。

一、基本视图

用正投影法在三个投影面（V、H、W）上获得形体的三个投影图,在工程上叫做三视图。其中,正面投影叫做主视图,水平投影叫做俯视图,侧面投影叫做左视图。从投影原理上讲,形体的形状一般用三面投影均可表示。三视图的排列位置以及它们之间的"三等关系"如图 12-1 所示。所谓三等关系,即主视图和俯视图反映形体的同一长度,主视图和左视图反映形体的同一高度,俯视图和左视图反映形体的同一宽度,也就是：长对正、高平齐、宽相等。

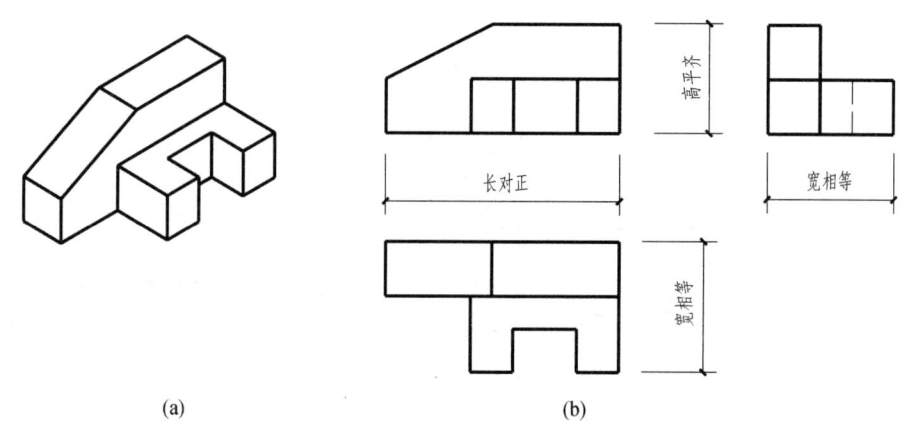

图 12-1 三视图
(a) 形体；(b) 形体的三视图

但是,当形体的形状比较复杂时,其六个面的形状都可能不相同。若单纯用三面投影图表示,则看不见的部分在投影中都要用虚线表示,这样在图中各种图线易于密集、重合,不仅影响图面清晰,有时也会给读图带来困难。为了清晰地表达形体的六个方面,标准规定在三个投影面的基础上,再增加三个投影面组成一个正方形立体。构成正方体的六个投影面称为基本投影面。

把形体放在正立方体中,将形体向六个基本投影面投影,可得到六个基本视图。这六个基本视图的名称分别是：从前向后投影得到主视图（正立面图）,从上向下投影得到俯视图（平面图）,从左向右投影得到左视图（左侧立面图）,从右向左投影得到右视图（右侧立面图）,从下向上投影得到仰视图（底面图）,从后向前投影得到后视图（背立面图）。括号内的名称为房屋建筑制图规定的名称。

六个投影面的展开方法如图 12-2 所示,即正投影面保持不动,其他各个投影面按箭头所指方向逐步展开到与正投影面在同一个平面上。

底面图

右侧立面图　　　正立面图　　　左侧立面图　　　背立面图

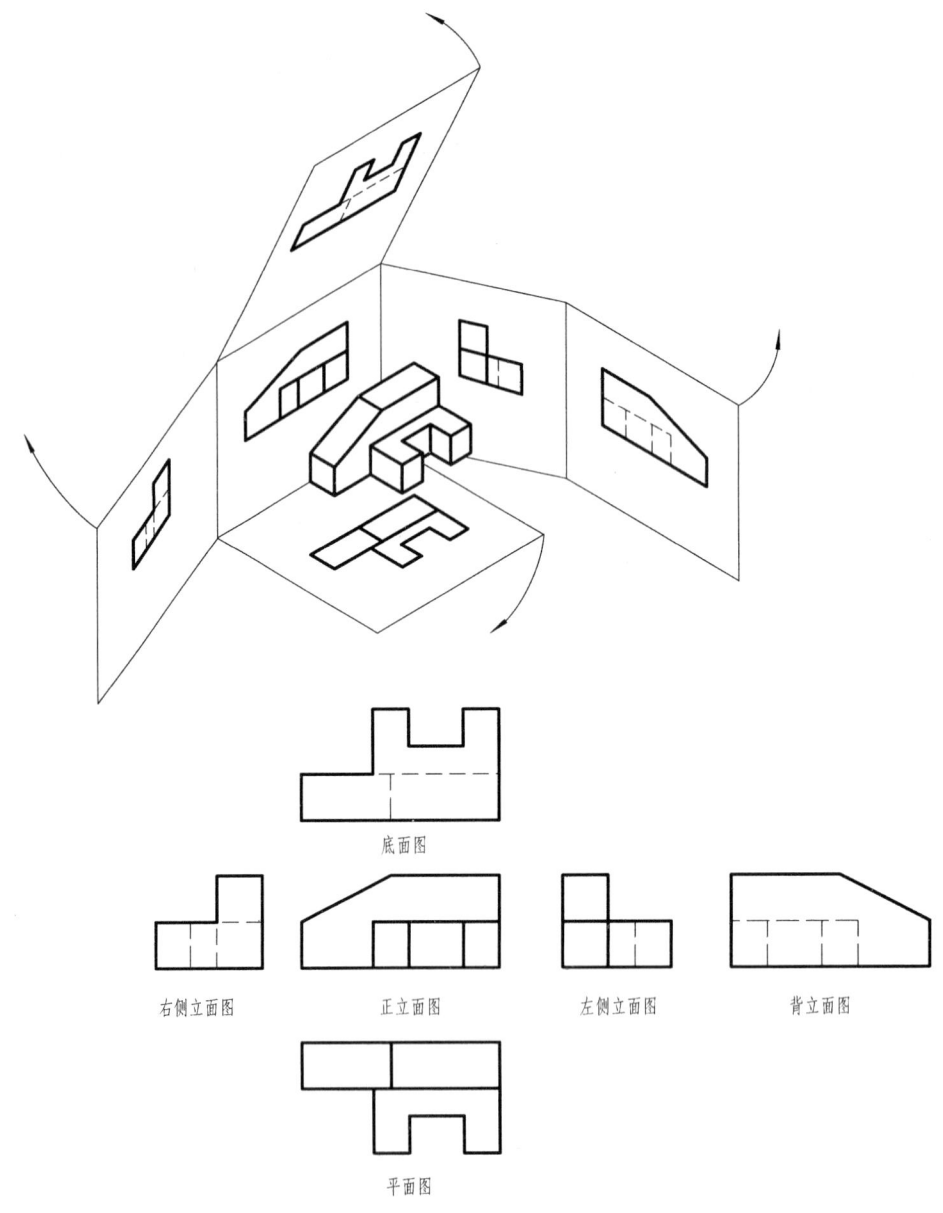

平面图

图 12-2　六面基本视图

当六个基本视图按展开后的位置如图 12-3 所示配置时，一律不标注视图的名称。

六个视图的投影对应关系是：

（1）六个视图的度量对应关系：仍保持"三等"关系，即主视图（正立面图）、后视图（背立面图）、左视图（左侧立面图）、右视图（右侧立面图）高度相等；主视图（正立面图）、后视图（背立面图）、俯视图（平面图）、仰视图（底面图）长度相等；左视图（左侧立面图）、右视图（右侧立面图）、俯视图（平面图）、仰视图（底面图）宽度相等。

（2）六个视图的方位对应关系：除后视图（背立面图）外，其他视图在远离主视图（正立面图）的一侧，仍表示物体的前面部分。

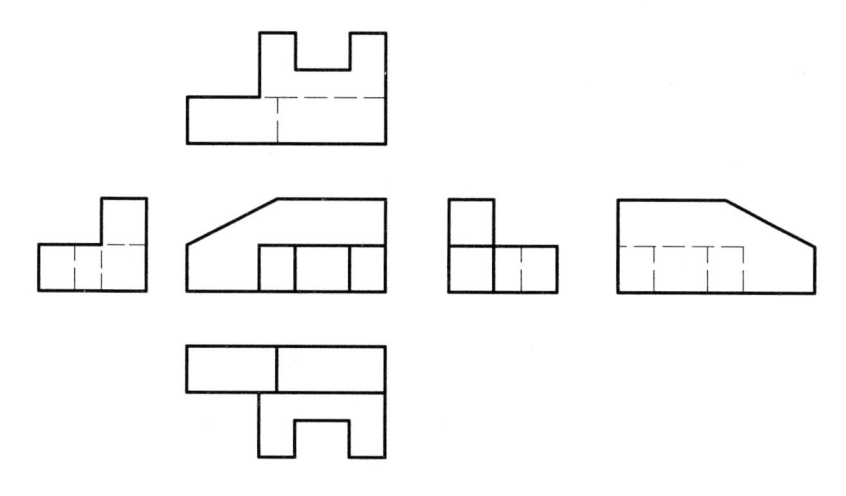

图 12-3 按投影关系安排的基本视图

二、辅助视图

1. 向视图

将形体从某一方向投影所得到的视图称为向视图。向视图是可自由配置的视图。根据专业的需要，只允许从以下两种表达方式中选择其一。

（1）若六个视图不按上述位置配置时，也可用向视图自由配置。即在向视图的上方用大写拉丁字母标注，同时在相应视图的附近用箭头指明投影方向，并标注相同的字母，如图 12-4 所示。

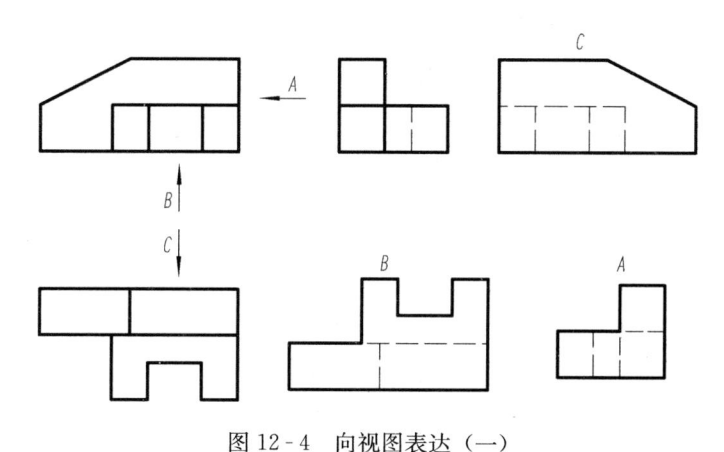

图 12-4 向视图表达（一）

（2）在视图下方标注图名，并在图名下方加注一条粗实线。标注图名的各视图的位置，应根据需要和可能，按相应的规则布置，如图 12-5 所示。

2. 局部视图

如果形体主要形状已在基本视图上表达清楚，只有某一部分形状尚未表达清楚，则可将形体的某一部分向基本投影面投影，所得的视图称为局部视图，如图 12-6 所示。

画局部视图时应注意下列几点：

（1）局部视图可按基本视图的配置形式配置，如图 12-6 中 A 向视图所示；也可按向视

图 12-5　向视图表达（二）

（图中各视图名称：正立面图、左侧立面图、背立面图、平面图、底面图、右侧立面图）

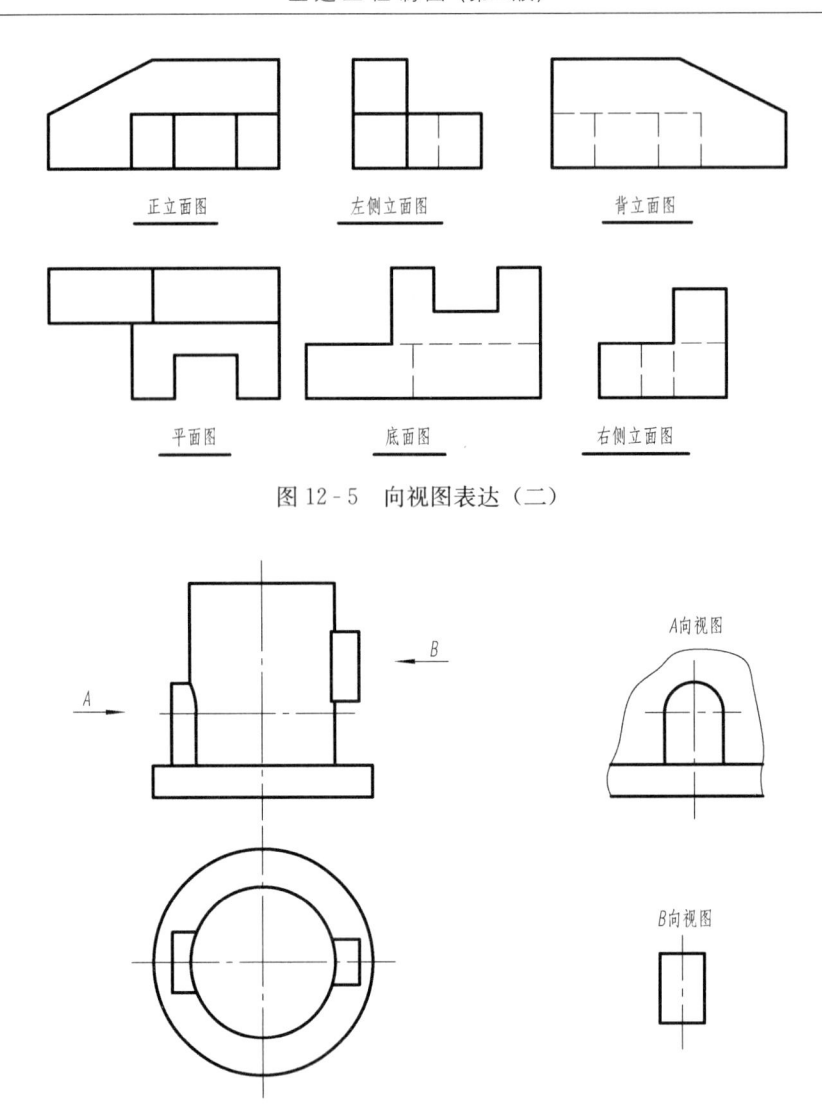

图 12-6　局部视图

图的配置形式配置，如图 12-6 中 B 向视图所示。

（2）标注的方式是用带字母的箭头指明投影方向，并在局部视图上方用相同字母注明视图的名称，如图 12-6 所示。

（3）局部视图的周边范围用波浪线表示，波浪线为细实线，如图 12-6 中 A 向视图所示。但若表示的局部结构是完整的，且外形轮廓又是封闭的，则波浪线可省略不画，如图 12-6 中 B 向视图所示。

3. 斜视图

当形体的某一部分与基本投影面成倾斜位置时，基本视图上的投影则不能反映该部分的真实形状。这时可设立一个与倾斜表面平行的辅助投影面，且垂直于 V 面，并对着此投影面投影，则在该投影面上便可得到反映倾斜部分真实形状的图形。像这样将形体向不平行于基本投影面的投影面投影所得到的视图称为斜视图，如图 12-7 所示。

图 12-7 斜视图

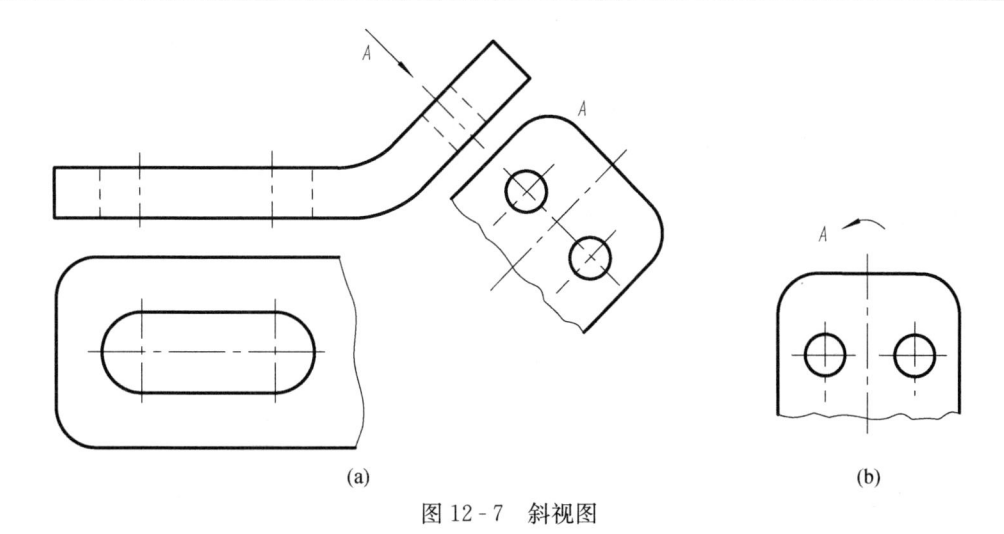

画斜视图时应注意下列几点：

（1）斜视图通常按向视图的配置形式配置并标注，即用大写拉丁字母及箭头指明投影方向，且在斜视图上方用相同字母注明视图的名称，如图 12-7（a）所示。

（2）斜视图只要求表达倾斜部分的局部性状，其余部分不必画出，可用波浪线表示其断裂边界。

（3）必要时，允许将斜视图旋转配置。表示该视图名称的大写拉丁字母应靠近旋转符号的箭头端，如图 12-7（b）所示。

4. 镜像视图

对某些工程构造，当用上述方法不易表达时，可用镜像投影法绘制。采用镜像投影法绘制的视图称为镜像视图，但应在图名后注写"镜像"二字，如图 12-8（b）所示；也可按图 12-8（c）所示的方法画出镜像投影画法识别符号。

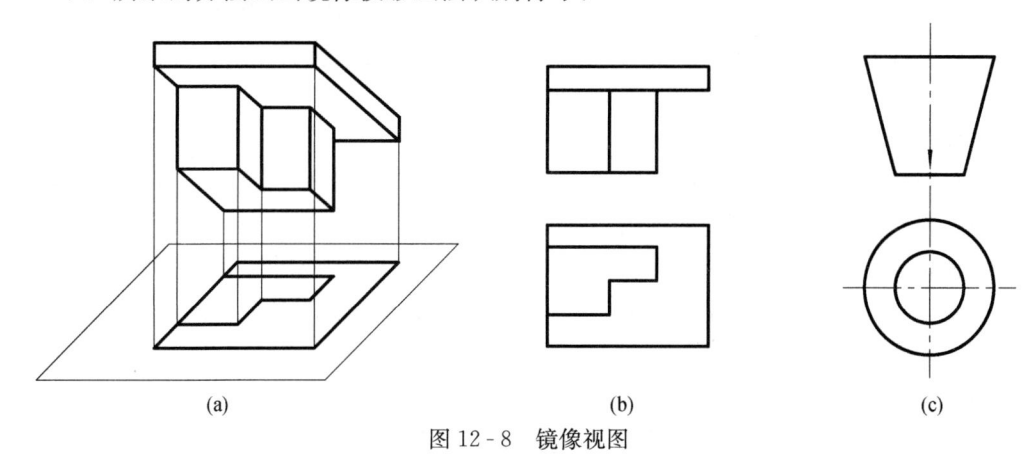

图 12-8 镜像视图
（a）视图的形成；（b）平面图（镜像）；（c）镜像投影识别符号

第二节 组合体视图的画法

画组合体视图时，首先要进行形体分析，在分析的基础上选择视图，特别是选择主视图。此外，为了画图方便，一般把组合体的主要表面或对称面放成与投影面平行，主要轴线与投影面垂直。具体画图时，先画由尺寸可以确定的主要形体和位置，然后画由主要形体来确定其他部分的形状和位置，并画出各形体表面连接关系，最后校核加深。下面举例说明。

一、叠加式组合体的画法

现以图 12-9 所示的组合体为例说明绘图过程。

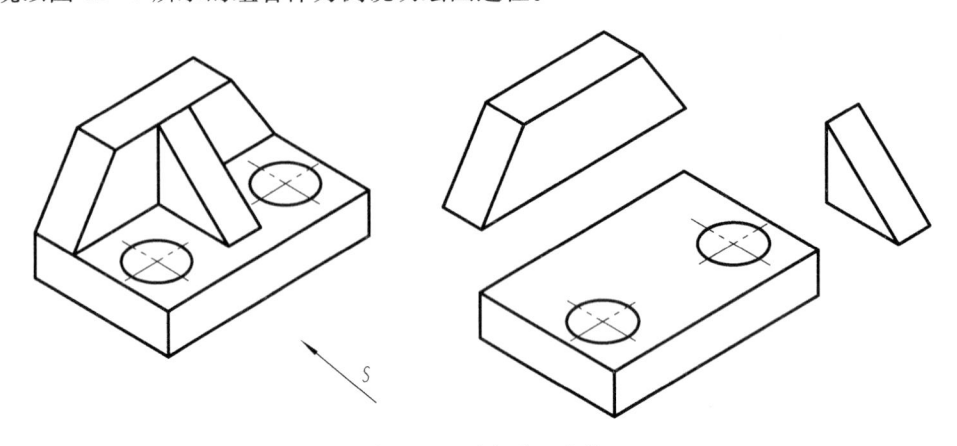

图 12-9　叠加式组合体

1. 形体分析

应用形体分析法，可将图 12-9 所示的组合体分解成三个部分：底板、立板、筋板。

2. 选择视图

在三视图中，主视图是最主要的视图，因此主视图的选择最为重要。选择主视图时通常将物体放正，而使物体的主要平面（或轴线）平行或垂直于投影面。一般选取最能反映物体结构形状特征的这一个视图作为主视图。通常将底板、立板的对称平面放成平行于投影面的位置。显然，选取 S 方向作为主视图的投影方向最好，因为组成该组合体的各基本形体及它们间的相对位置关系在此方向表达最清晰，最能反映该组合体的结构形状特征。

3. 画图步骤

具体画图步骤如图 12-10 所示：

（1）布置视图：画出各个视图的定位线、主要形体的轴线和中心线，并注意三个视图的间距，使视图均匀布置在图幅内，如图 12-10（a）所示。

（2）画底稿：从每一形体具有形状特征的视图开始，用细线逐个画出它们的各个投影。

画图的一般顺序是：先画主要部分，后画次要部分；先画大形体，后画小形体；先画整体形状，后画细节形状。

画图时应注意的几个问题：

1) 画图时，常常不是画完一个视图后再画另一个视图，而是尽可能做到三个视图同时画，以便利用投影之间的对应关系。

2) 各形体之间的相对位置要保持正确。例如，绘制图 12-10（a）时，孔应位于底板左右对称位置；绘制图 12-10（b）时，底板与立板的后表面应对齐；绘制图 12-10（c）时，筋板要画在左右对称中间。

3) 各形体之间的表面结合线要表示正确。例如，筋板与底板前表面不对齐，因此在画

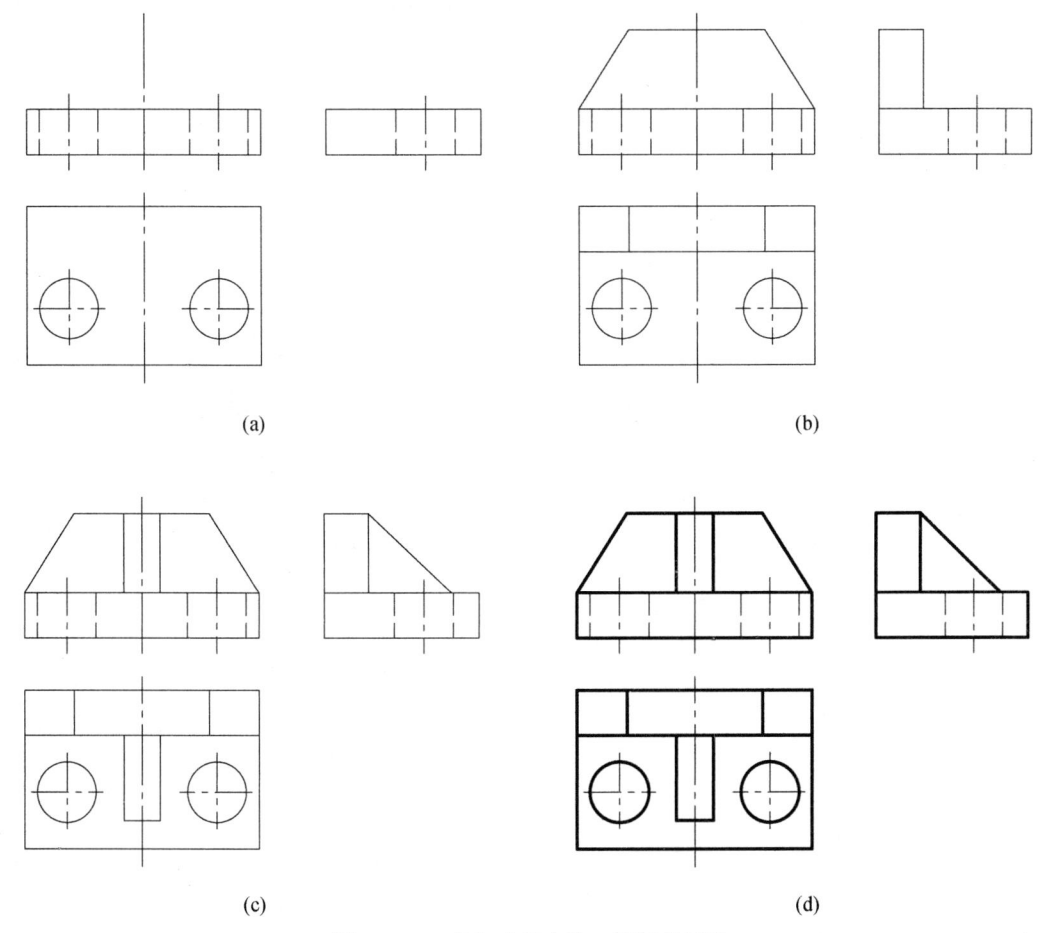

图 12-10 叠加式组合体三视图的画法
(a) 画底板；(b) 画立板；(c) 画筋板；(d) 成图

俯视图时，底板与筋板的结合处是有实线的。

（3）检查、加深：底稿完成后，应仔细检查。检查时，要分析每个形体的投影是否都画全了，相对位置是否都画对了，表面过渡关系是否都表达正确了。最后，擦去多余线，经过修改再加深，如图 12-10（d）所示。

二、挖切式组合体的画法

图 12-11 所示的形体可以看作是由四棱柱切去一个梯形四棱柱（双点画线）和一个斜面三棱柱（双点画线）而形成的。它的形体分析和上面所介绍的叠加式组合体基本相同，区别只是各个形体是一块块挖切下来，而不是叠加上去。

图 12-12 所示为该形体的画图步骤：

（1）画四棱柱的三视图：注意三个视图的间距，如图 12-12（a）所示。

（2）逐个画切去形体后的三视图：画切去梯形四棱柱后的三视图，如图 12-12（b）所示，注意三个视图产生的交线。画切去斜面三棱柱后的三视图，如图 12-12（c）所示，注意三个视图产生的交线。

（3）检查、加深：底稿完成后，应仔细检查缺少的线和多余的线，经过修改再加深，如图 12-12（d）所示。

图 12-11 挖切体

(a)

(b)

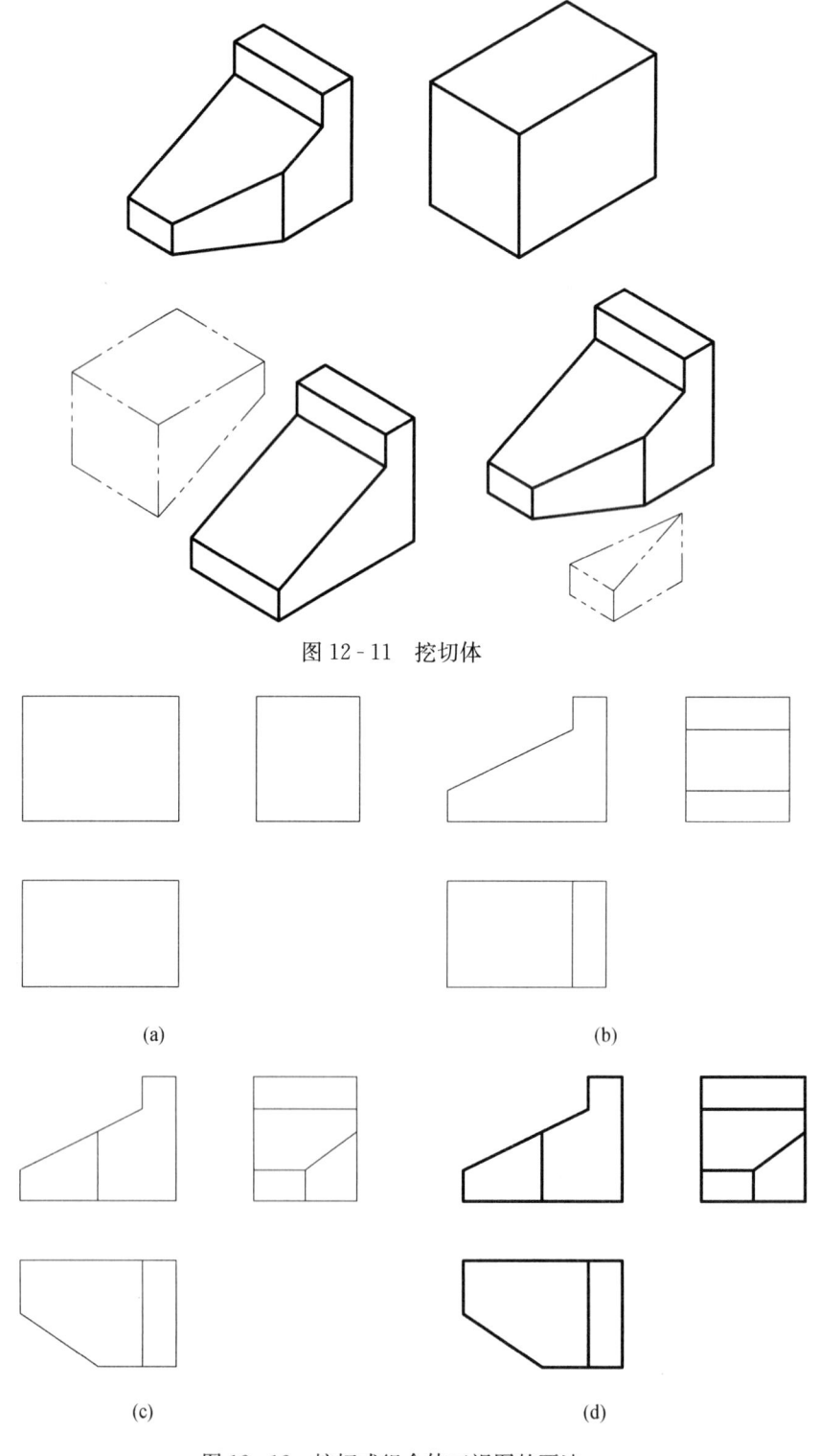

(c)

(d)

图 12-12 挖切式组合体三视图的画法
(a) 布置三视图的间距；(b) 画切去梯形四棱柱后的三视图；
(c) 画切去斜面三棱柱后的三视图；(d) 检查、加深、成图

画图时应注意两个问题：

(1) 对于被切去的形体，应先画出反映其形状特征的视图，然后再画其他视图。例如，图 12-12 (b) 中切去梯形四棱柱后的三视图应先画主视图。

(2) 画挖切式组合体时，若斜面比较多，则除了对物体进行形体分析外，还应对一些主要的斜面进行线面分析。根据前面所讲的平面的投影特性，一个平面在各个视图上的投影，除了有积聚性的投影外，其余的投影都应该表现为一个封闭线框，各封闭线框的形状应与该面的实形类似。例如，图 12-12 (c) 中画切去斜面三棱柱后的原形体前面左下角出现一个梯形四边形，主视图与左视图都出现了与实形类似的梯形的类似形的投影。在作图时，利用此特性对面的投影进行分析、检查，有助于正确地画图和看图，这种方法叫做线面分析法。

第三节 组合体的尺寸标注

工程中常见的形体或构（配）件大都是由基本形体通过叠加和挖切组合成的组合体，因此掌握组合体的尺寸标注非常重要。组合体尺寸标注的基本原则是要符合正确、完整和清晰的要求。正确是指尺寸标注要符合国家标准的有关规定。完整是指尺寸标注要齐全，不能遗漏。清晰是指尺寸布置要整齐，不重复，便于看图。

一、组合体的尺寸分类

组合体的尺寸，不仅能表达出组成组合体的各基本形状的大小，而且还能表达出各基本形体相互间的位置及组合体的整体大小。因此，组合体的尺寸可分为定形尺寸、定位尺寸和总体尺寸三类。

1. 定形尺寸

确定基本形体大小的尺寸称为定形尺寸。常见的基本形体有棱柱、棱锥、棱台、圆柱、圆锥、圆台、球等。这些常见的基本形体的定形尺寸标注如图 12-13 所示。

2. 定位尺寸

确定各基本形体之间相互位置所需要的尺寸称为定位尺寸。标注定位尺寸的起始点称为尺寸的基准。在组合体的长、宽、高三个方向上标注的尺寸都要有基准。通常把组合体的底面、侧面、对称线、轴线、中心线等作为尺寸基准。

图 12-14 所示为组合体的定位尺寸标注示例。

图 12-14 (a) 所示形体是由两长方体组合而成的，两形体有共同的底面，高度方向不需要定位，但应标注出两形体前后和左右的定位尺寸 a 和 b。标注尺寸 a 时，选后一长方体的后面为基准；标注尺寸 b 时，选后一长方体的左侧面为基准。

图 12-14 (b) 所示形体是由两长方体叠加而成的，两长方体有一重叠的水平面，高度方向不需要定位，但应标注其前后和左右两个方向的尺寸 a 和 b，它们的基准分别为下一长方体的后面和右面。

图 12-14 (c) 所示形体是由两长方体前、后对称叠加而成的，它们的前后位置可由对称线确定，而不必标出前后方向的定位尺寸，只需标注出左、右方向的定位 b 即可，其基准为下一长方体的右面。

图 12-14 (d) 所示形体是由圆柱和长方体叠加而成的。叠加时，前后、左右方向上都对称，相互位置可以由两条对称线确定。因此，长、宽、高三个方向的定位尺寸都可省略。

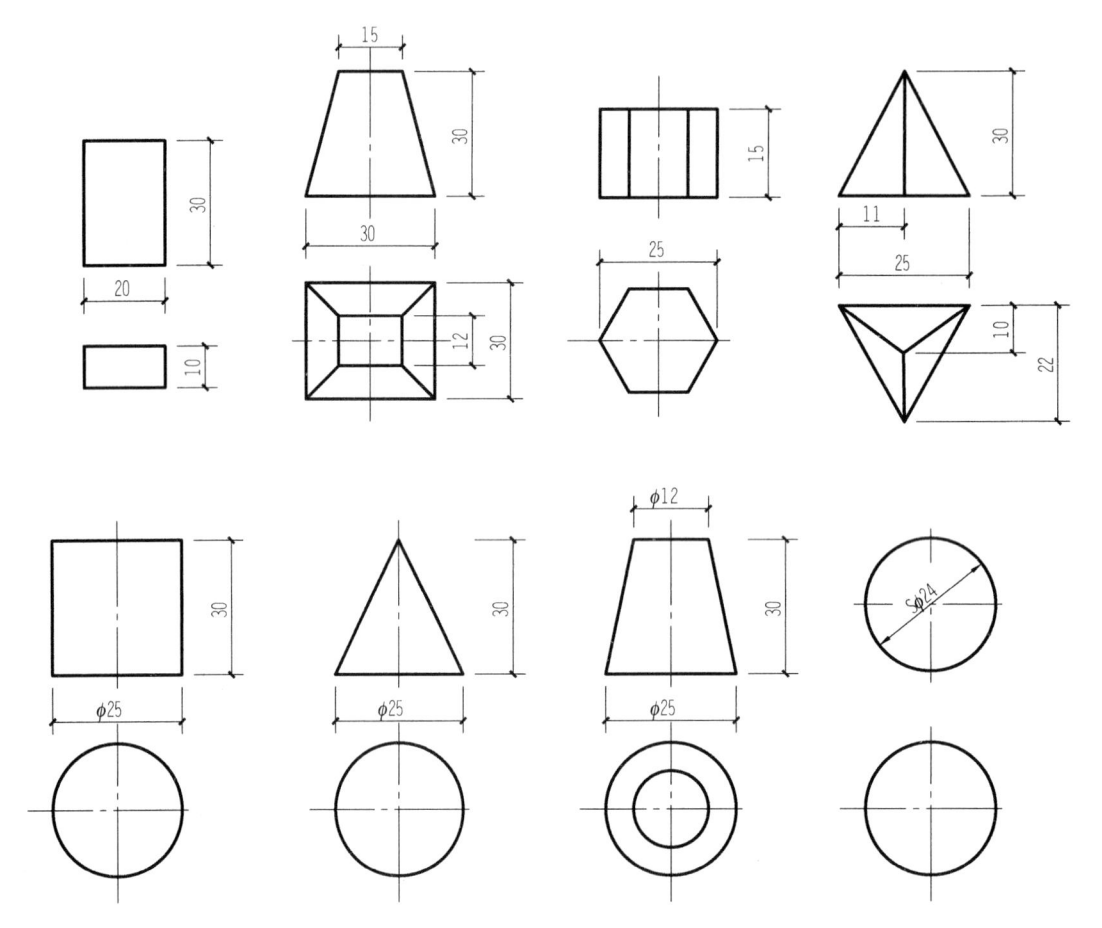

图 12-13 常见的基本形体的定形尺寸标注

图 12-14（e）所示形体是在长方体上挖切出两个圆孔而成的，两圆孔的定形尺寸为已知（图中未标出），为了确定这两个圆孔在长方体上的位置，必须标出它们的定位尺寸，即圆心的位置。在左右方向上，以长方体的左侧面为基准，标出左边圆孔的定位尺寸 15；然后再以左边圆孔的垂直轴线为基准，继续标注出右边圆孔的定位尺寸 25；在前后方向上，两个圆孔的定位尺寸在长方体的对称中心线上，它们的前后位置可由对称线确定，不必标出前后方向的定位尺寸。

3. 总体尺寸

确定组合体外形总长、总宽和总高的尺寸称为总体尺寸。为了能够知道组合体所占面积或体积的大小，一般需标注出组合体的总体尺寸。

在组合体的尺寸标注中，只有把上述三类尺寸都准确地标注出来，尺寸标注才完整。

二、尺寸标注要注意的几个问题

(1) 组合体中出现的截交线、相贯线尺寸不标注，而标注产生交线的形体或截面的定形和定位尺寸，如图 12-15 所示。

(2) 尺寸标注尽量做到能直接读出各部分的尺寸，不用临时计算。

(3) 尺寸标注要明显，一般布置在视图的轮廓之外，并位于两个视图之间。通常，属于

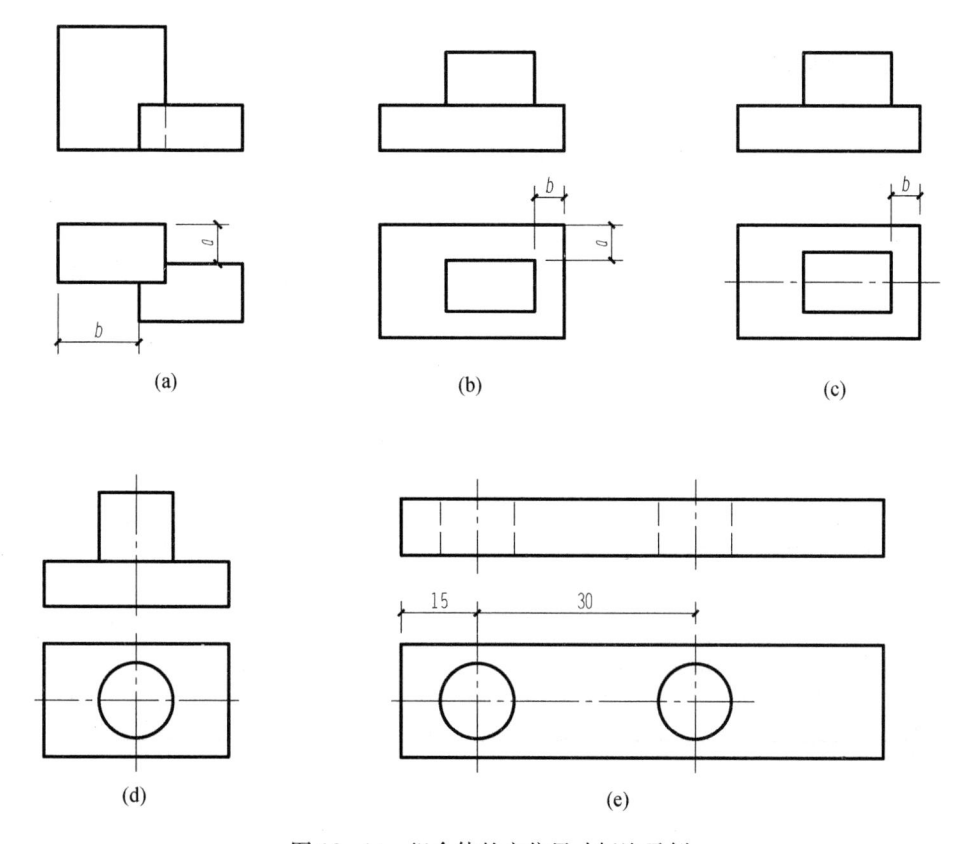

图 12-14　组合体的定位尺寸标注示例

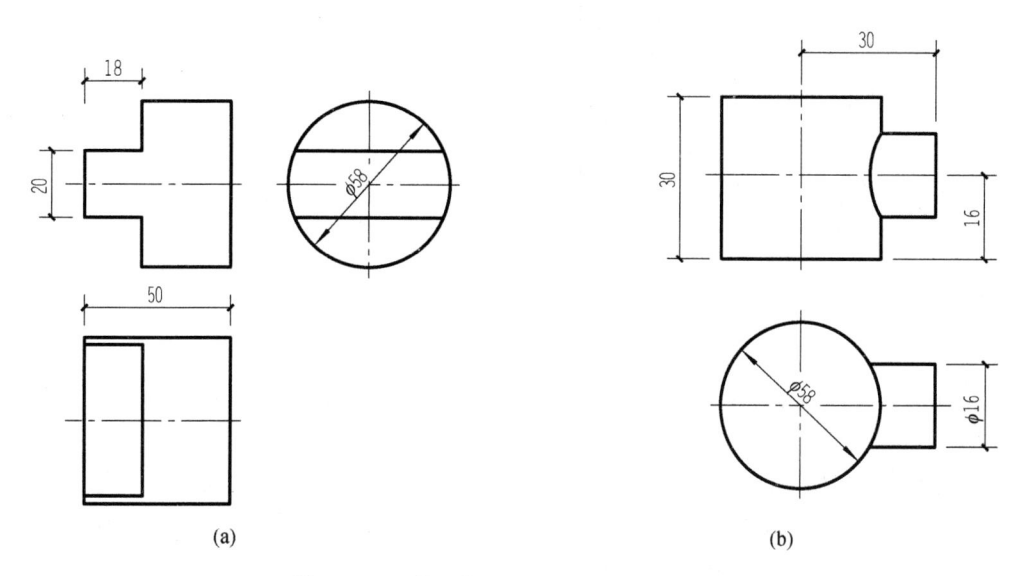

图 12-15　截交线、相贯线位置的尺寸标注

长度方向的尺寸应标注在正立面图与平面图之间；高度方向的尺寸应标注在正立面图与左侧立面图之间；宽度方向的尺寸应标注在平面图与左侧立面图之间。

（4）同一方向的尺寸尽量集中起来，排成几道，小尺寸在内，大尺寸在外，相互间要平行等距,距离为 7～10mm。

三、尺寸标注的步骤

标注组合体尺寸的步骤如下:
(1) 确定出每个基本形体的定形尺寸。
(2) 选定各个方向的定位基准,确定出每个基本形体相互间的定位尺寸。
(3) 确定出总体尺寸。
(4) 确定这三类尺寸的标注位置,分别画出尺寸界线、尺寸线、尺寸起止等符号。
(5) 注写尺寸数字。
(6) 检查、调整。

现举例说明组合体的尺寸标注。

【例 12-1】 标注图 12-16 所示的组合体的尺寸。

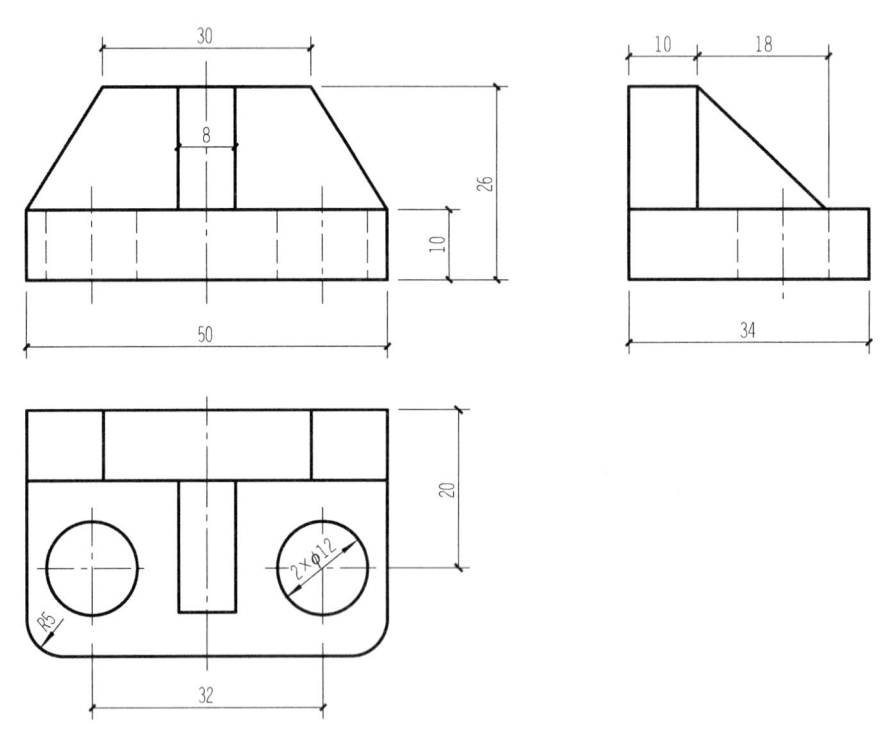

图 12-16 组合体的尺寸标注

由形体分析知:该组合体是由底板、立板和筋板组合而成的形体,在底板上挖切出两个圆孔。

(1) 定形尺寸的确定:底板的长、宽、高分别为 50、34、10;立板的长、宽、高分别为 50、30、10、16;筋板的长、宽、高分别为 8、18、16;底板上的圆孔直径为 12,孔深为 10;底板上的两个 1/4 圆角,圆角的半径为 5。

(2) 定位尺寸的确定:立板在底板的上面,其左、右和后面与底板对齐,所以在长度、高度、宽度方向上的定位都可省略;筋板在底板上面中间,其后面与立板的前面相靠,所以其高度、宽度、长度方向上的定位尺寸可省略。在底板上的两圆孔以底板的中心对称面为基准,在长度方向上的定位尺寸是 32;宽度方向以底板后面为基准,定位尺寸是 20。

(3) 总体尺寸的确定：总体尺寸为 50×34×26。
(4) 按尺寸标注的有关国家标准规定进行标注。
(5) 检查调整（去掉了立板和筋板的高度尺寸），以保证尺寸清晰。

第四节 剖 面 图

画形体的投影时，形体上不可见的轮廓线在投影图上需要用虚线画出。这样，对于内形复杂的形体，必然会出现虚实线交错、混淆不清的现象。长期的生产实践证明，解决这个问题的最好方法，是假想将形体剖开，让其内部显露出来，使形体中看不见的部分变成看得见的部分，然后用实线画出这些形体内部的投影图。《技术制图　图样画法　剖视图和断面图》（GB/T 17452—1998）、《技术制图　图样画法　剖面区域的表示法》（GB/T 17453—2005），《房屋建筑制图统一标准》（GB/T 50001—2010），《建筑制图标准》（GB/T 50104—2010）等都规定了剖面图的画法。

一、剖面图的基本概念

假想用一个（几个）剖切平面（曲面）沿形体的某一部分切开，移走剖切面与观察者之间的部分，将剩余部分向投影面投影，所得到的视图称为剖面图，简称剖面。剖切面与形体接触的部分称为截面或断面，截面或断面的投影称为截面图或断面图。

图 12-17 所示为一台阶的三面视图。左视图中踏步被遮板遮住而用虚线表示。现假想用一个剖切平面（侧平面）把台阶切开［见图 12-17（a）］，剖切平面（侧平面）与台阶交得的图形称为断面图，如图 12-17（c）中所示的 1-1 断面。移去剖切平面与观察者之间的那部分台阶，将剩余的部分台阶重新向投影面进行投影，所得的投影图称为剖面图，简称剖面，如图 12-17（b）中所示的 1-1 剖面。

断面图与剖面图既有区别又有联系，区别在于断面图是一个平面的实形，相当于画法几何中的截断面实形，而剖面图是剖切后剩下的那部分立体的投影；联系在于剖面图中包含了断面图，断面图存在于剖面图之中。

二、剖面图的画法

1. 确定剖切位置

剖切的位置和方向应根据需要来确定。例如，图 12-17 所示的台阶，在左视图中有表示内部形状的虚线，为了在左视图上作剖面，剖切平面应平行侧立投影面且通过物体的内部形状（有对称平面时，应通过对称平面）进行剖切。

2. 画剖面

剖切位置确定后，就可假想把物体剖开，画出剖面图。剖切平面剖切到的断面画图例线，通常用 45°细实线表示。各种建筑图例详见 GB/T 50001—2001。

由于剖切是假想的，画其他方向的视图或剖面图仍是完整的。

应当注意：画剖面时，除了要画出物体被剖切平面切到的图形外，还要画出被保留的后半部分的投影，如图 12-17（b）所示的 1-1 剖面图。

三、剖面图的标注

剖面的内容与剖切平面的剖切位置和投影方向有关，因此在图中必须用剖切符号指明剖切位置和投影方向。为了便于读图，还要对每个剖切符号进行编号，并在剖面图下方标注相

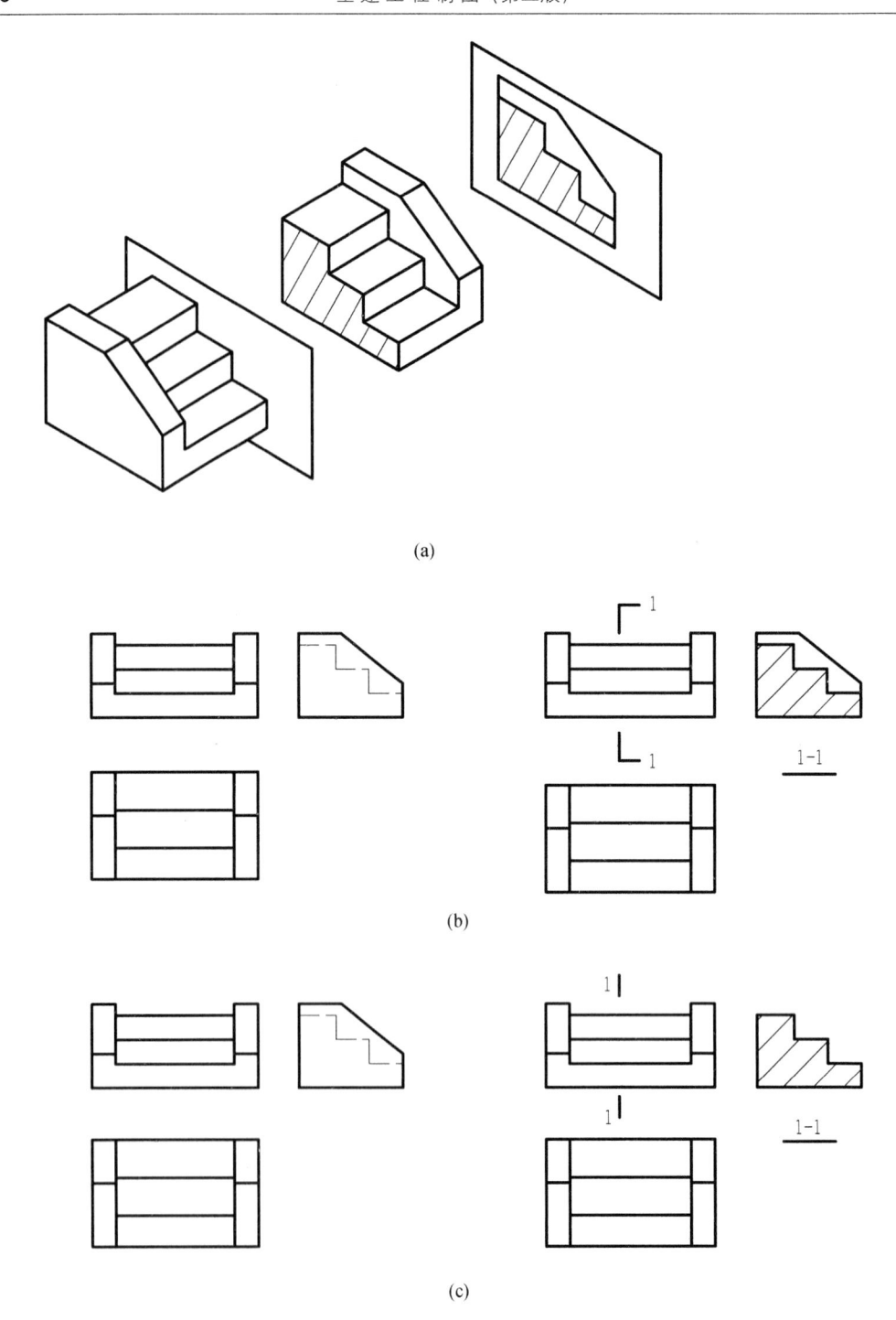

图 12-17 剖面图、断面图的形成

应的名称。具体标注方法如下：

(1) 剖切位置在图中用剖切位置线表示。剖切位置线用两段粗实线绘制，其长度为6～10mm。在图中不得与其他图线相交，如图 12-17（b）所示的"｜"。

(2) 投影方向在图中用剖视方向线表示。剖视方向线应垂直画在剖切位置线的两段，其长度应短于剖切位置线，宜为 4～6mm，并且用粗实线绘制，如图 12 - 17（b）所示的"—"。

（3）剖切符号的编号，要用阿拉伯数字按顺序由左至右、由下至上连续编排，并写在剖视方向线的端部；编号数字一律水平书写，如图 12 - 17（b）所示"1"。

（4）剖面图的名称要用与剖切符号相同的编号命名，且符号下面加上一粗实线，命名书写在剖面图的正下方，如图 12 - 17（b）中的"1-1"。

当剖切平面通过物体的对称平面，而且剖面又画在投影方向上，中间没有其他图形相隔时，上述标注可完全省略，例如，图 12 - 17（b）中的标注便可省略。

剖切符号、投影方向和数字的组合标注方法如图 12 - 18 所示。

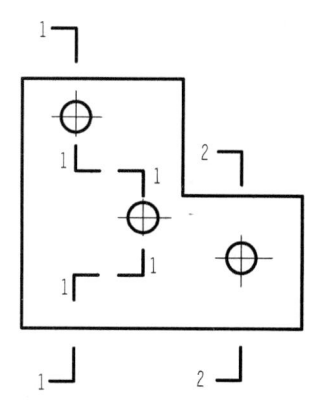

图 12 - 18　剖面图的标注

四、剖面图中应注意的几个问题

剖面图中应注意以下几个问题：

（1）剖面图只是假想用剖切面将形体剖切开，所以画其他视图时仍应按完整的考虑，而不应只画出剖切后剩余的部分，如图 12 - 19 所示，图（a）为错误画法，图（b）为正确画法。

（2）分清剖切面的位置。剖切面一般应通过形体的主要对称面或轴线，并要平行或垂直于某一投影面。如图 12 - 20 所示，1-1 剖面通过前后对称面，平行于正立投影面。

（3）当沿着筋板或薄壁纵向剖切时，剖面图不画剖面线，只用实线将它和相邻结构分开。

（4）在剖面图或其他视图上已表达清楚的结构、形状，在剖面图或其他视图中此部分为虚线时，一律不画出，如图 12 - 20 所示，1-1 剖面图中下部的虚线省略。但没有表示清楚的结构、形

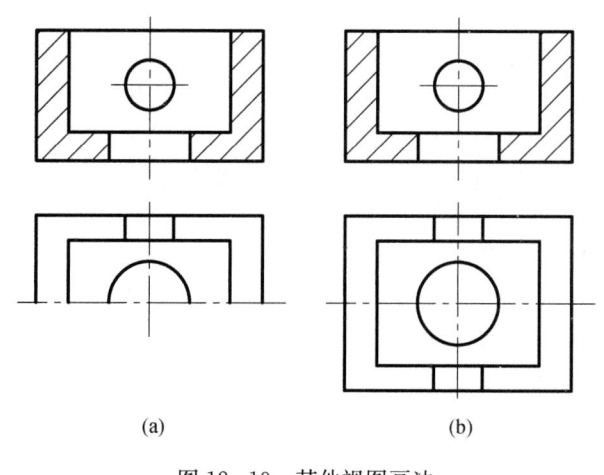

图 12 - 19　其他视图画法
(a) 错误；(b) 正确

状，需在剖面图或其他视图上画出少量的虚线，如图 12 - 20 中，俯视图中的虚线要画出。

五、剖面图的种类

1. 全剖面图

（1）用剖切面完全剖开形体的剖面图称为全剖面图，简称全剖面，如图 12 - 20 所示。

（2）全剖面图的适用范围。全剖面图适用于形体的外形较简单，内部结构较复杂，而图形又不对称的情况；对于外形简单的回转体形体，为了便于标注尺寸，也常采用全剖面，如图 12 - 21 所示。

（3）全剖面图的标注。全剖面图的标注如图 12 - 20 所示。但是，对于采用单一剖切面通过形体的对称面剖切，且剖面图按投影关系配置时，也可以省略标注。如图 12 - 20 中 1-1

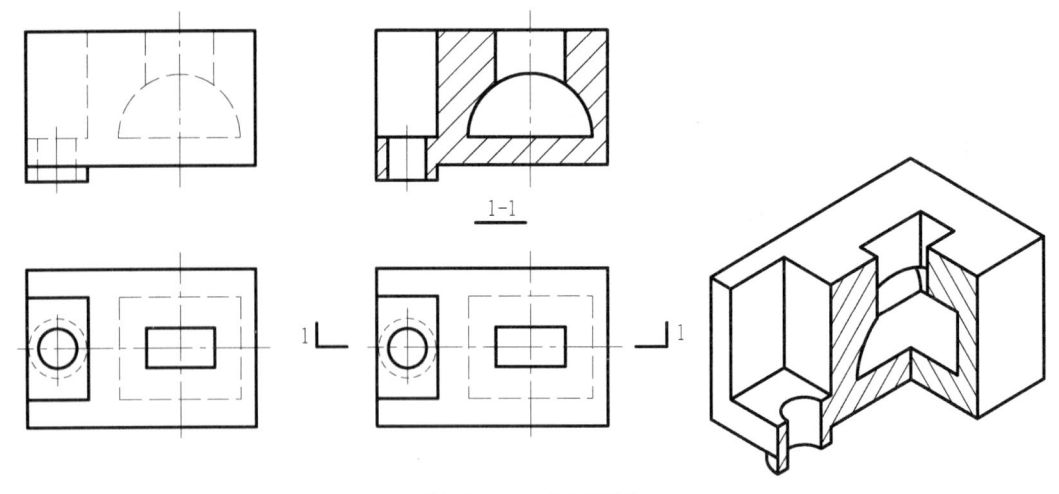

图 12-20 全剖面图

剖面标注可以省略。图 12-21 中即省略了标注。

2. 半剖面图

(1) 当形体具有对称平面时，向垂直于对称平面的投影面上投影所得的图形，可以以对称中心线为界，一半画成剖面图，一半画成视图，这种剖面图称为半剖面图，简称半剖面，如图 12-22 所示。

画半剖面图时，当视图与剖面图左右配置时，规定把剖面图画在中心线的右侧。当视图与剖面图上下配置时，规定把剖面图画在中心线的下方。

注意：不能在中心线的位置画上粗实线。

(2) 半剖面图的适用范围。半剖面图的特点是用剖面图和视图的各一半来表达形体的内部结构和外形。所以，当形体的内外形状都需要表达，且图形又对称时，常采用半剖面图，如图 12-22 所示的主视图。形体的形状接近于对称，且不对称部分已另有图形表达清楚时，也可采用半剖面图，如图 12-22 所示的左视图和俯视图。

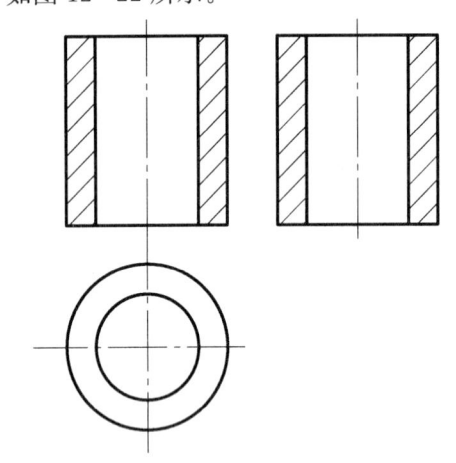

图 12-21 回转体全剖面图

(3) 半剖面图的标注。如图 12-22 所示，在主视图上的半剖面图，因剖切面与形体的对称面重合，且按投影关系配置，故可以省略标注，即 1-1 剖面的标注可以省略。同理，左视图上的半剖面图，因剖切面与形体的对称面重合，且按投影关系配置，故可以省略标注，即 2-2 剖面的标注可以省略。对俯视图来说，因剖切面未通过主要对称面，故需要标注，即 3-3 剖面的标注。

3. 局部剖面图

(1) 用剖切面局部地剖开形体所得的剖面图称为局部剖面图，简称局部剖面。

图 12-23 和图 12-24 所示的结构，若采用全剖面，则不能把各层结构表达出来，而且画图也麻烦，这种情况宜采用局部剖面。剖切后其断裂处用波浪线分界，以示剖切的范围。

(2) 局部剖面图的适用范围。局部剖面是一种比较灵活的表示方法，适用范围较广，但

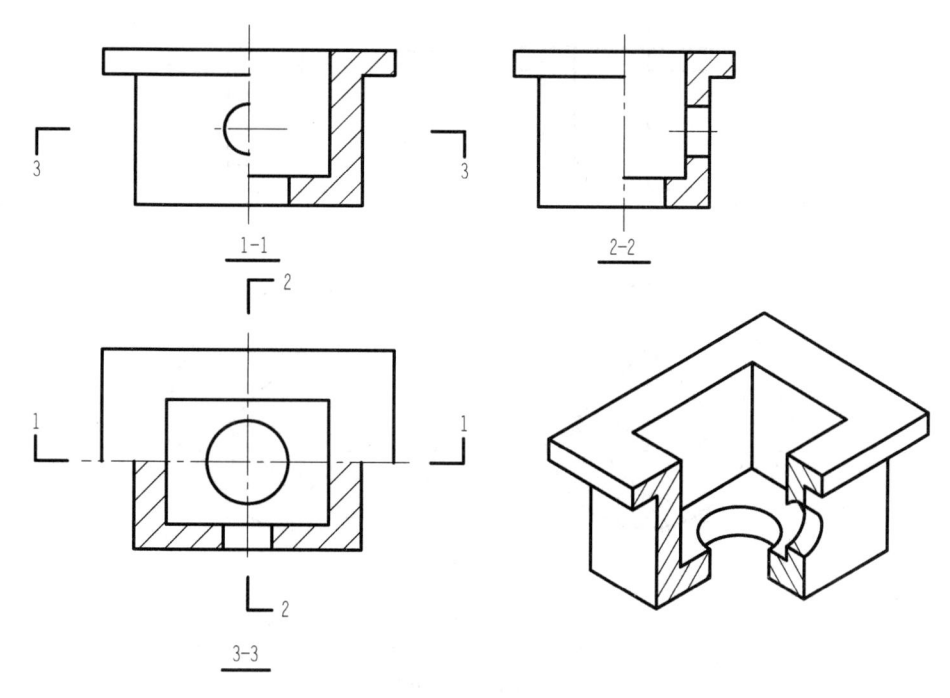

图 12-22　半剖面图

怎样剖切以及剖切范围多大需要根据具体情况而定。

（3）局部剖面图的标注。局部剖面图的剖切位置一般比较明显，故可省略标注。

注意：①表示断裂处的波浪线不应和图样上其他图线重合，如图 12-23 和图 12-24 所示；②如遇孔、槽等空腔，波浪线不能穿空而过，也不能超出视图的轮廓线，如图 12-25 所示，图（a）为波浪线的错误画法，图（b）为波浪线的正确画法。

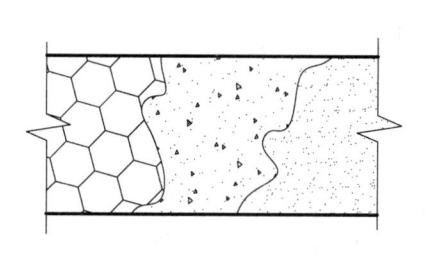

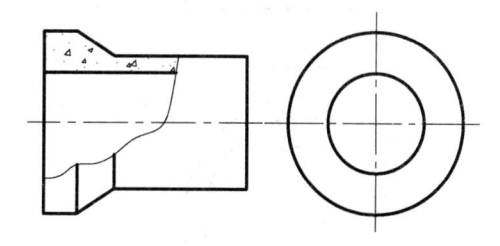

图 12-23　地面局部剖面　　　　图 12-24　水泥管剖面图的画法

4．旋转剖面图

（1）用相交的两剖切面剖切形体所得到的剖面图称为旋转剖面图，简称旋转剖面，如图 12-26 所示。

（2）旋转剖面图的适用范围。当形体的内部结构需用两个相交的剖切面剖切，且一个剖面图可以绕两个剖切面的交线为轴，旋转到另一个剖面图形的平面上时，宜采用旋转剖面图，如图 12-26 和图 12-27 所示。

（3）旋转剖面图的标注。旋转剖面图应标注剖切位置线、剖视方向线和数字编号，并在剖面图下方用相同数字标注剖视图的名称，如图 12-26 中"2-2（展开）"和图 12-27 中"1-1（展开）"。

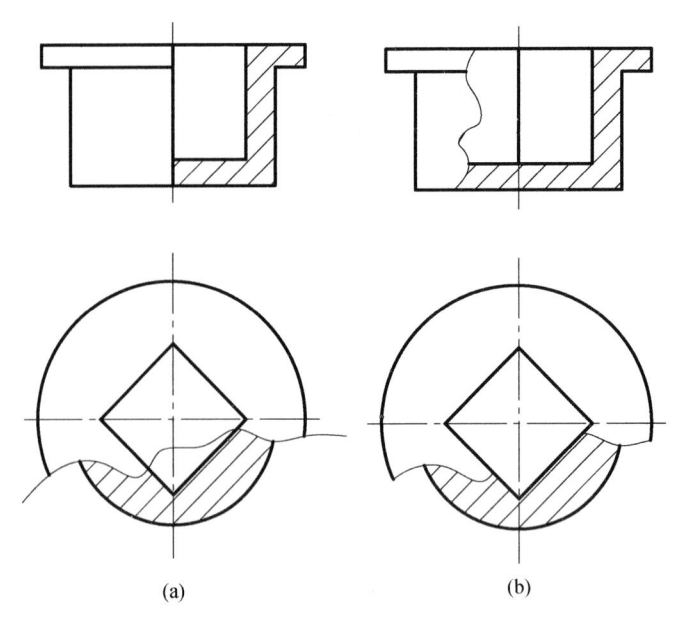

图 12-25 波浪线画法
(a) 错误；(b) 正确

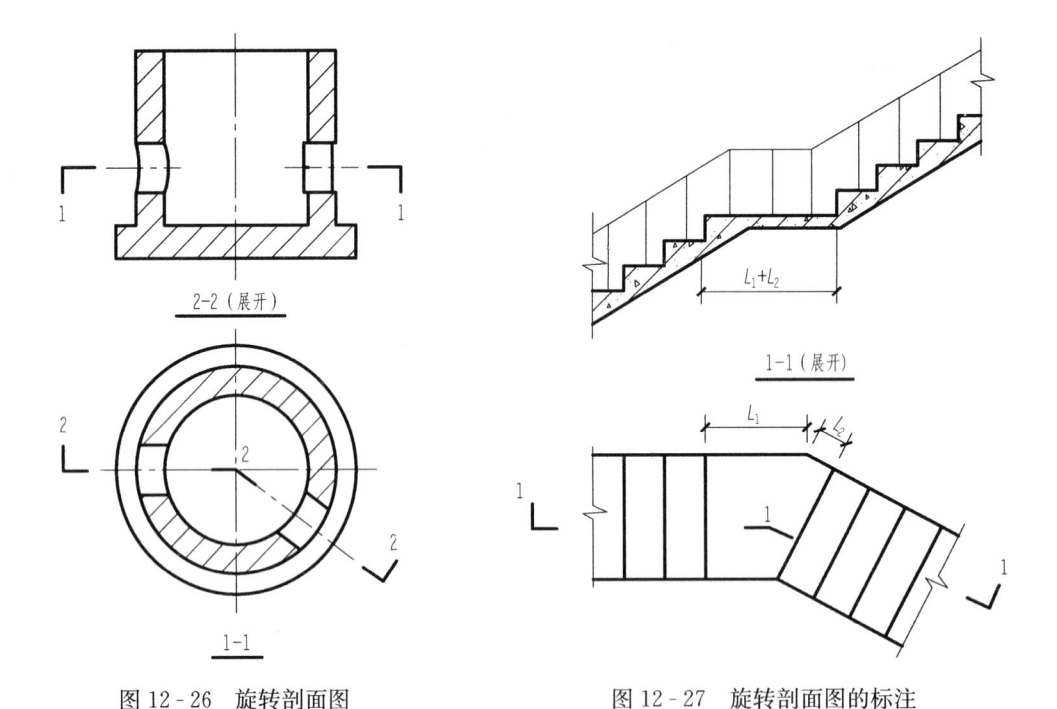

图 12-26 旋转剖面图

图 12-27 旋转剖面图的标注

注意：画旋转剖面图时，应注意剖切后的可见部分仍按原有位置投影，如图12-26所示的右边小孔。在旋转剖面图中，虽然两个剖切平面在转折处是相交的，但规定不能画出其交线。

5．阶梯剖面图

(1) 有些形体内部层次较多，其轴线又不在同一平面内，要把这些结构形状都表达出来，需要用几个相互平行的剖切面剖切。这种用几个相互平行的剖切面把形体剖切开所得到的剖面图称为阶梯剖面图，简称阶梯剖面，如图 12-28 所示。

注意：①剖切面的转折处不应与图上轮廓线重合，且不要在两个剖切面转折处画上粗实线投影，如图 12-28 中"1-1"所示；②在剖切图形内不应出现不完整的要素，仅当两个要素在图形上具有公共对称中心线或轴线时，才允许以对称中心线或轴线为界限各画一半，如图 12-29 所示。

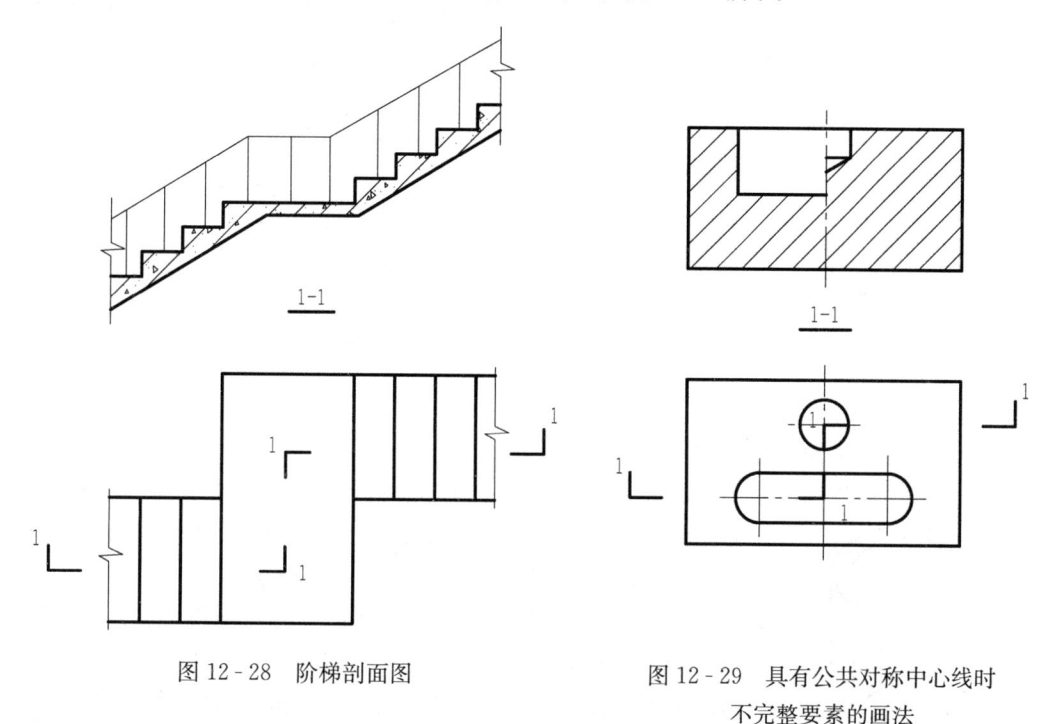

图 12-28　阶梯剖面图

图 12-29　具有公共对称中心线时不完整要素的画法

（2）阶梯剖面图的适用范围。当形体上的孔、槽、空腔等内部结构不在同一平面内而呈多层次时，应采用阶梯剖面图。

（3）阶梯剖面图的标注。阶梯剖面图应标注剖切位置线、剖视方向线和数字编号，并在剖面图的下方用相同数字标注剖面图的名称，如图 12-28 所示。

六、剖面图作图示例

【例 12-2】　如图 12-30 所示，将主视图改画成全剖面图，将左视图改画成作半剖面图。

具体画法如下：

（1）分析视图与投影，想清楚形体的内外形状。

（2）确定剖面图的剖切位置；此时剖切平面应平行于 V 面、W 面，且通过对称轴线。

（3）想清楚形体剖切后的情况：哪部分移走？哪部分留下？哪部分被切？哪部分没被切？没被切的部位后面有无可见轮廓线的投影？

（4）被切的部分断面上画上图例线。画图步骤一般是先画整体，后画局部；先画外形轮廓，再画内形结构，注意不要遗漏后面的可见轮廓线。

（5）检查、加深、标注，最后完成作图。

七、轴测剖面图

假想用剖切平面将形体的轴测图剖开，然后作出轴测图，这种对图形的表达称为轴测剖面图。轴测剖面图既能直观地表达形体的外部形状，又能准确看清形体的内部构造。

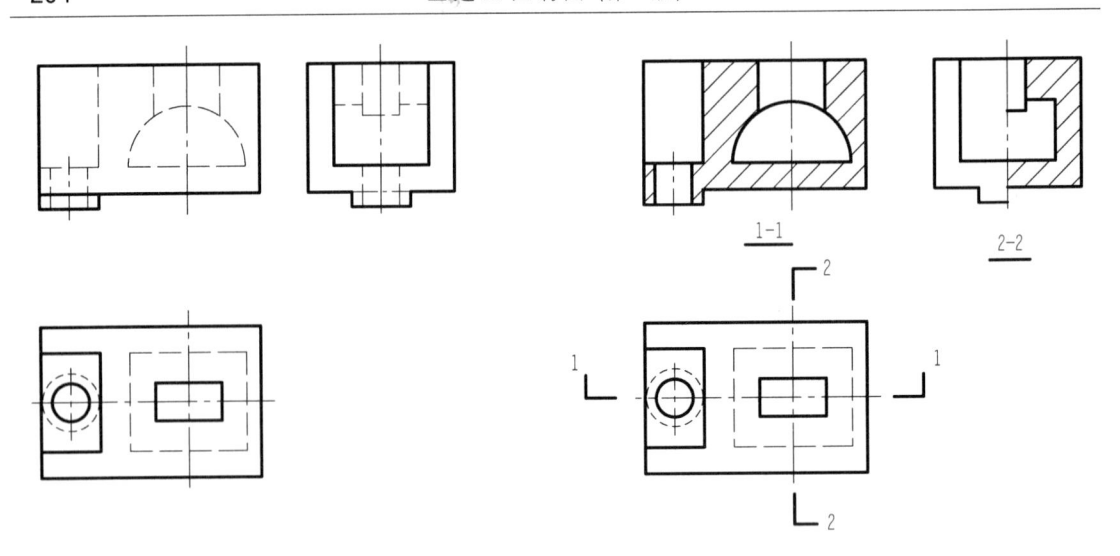

图 12-30 剖面图示例

轴测剖面图画法的一些规定：

（1）为了使轴测剖面图能同时表达形体的内、外部形状，一般采用互相垂直的平面剖切形体的 1/4，剖切平面应选取通过形体主要轴线或对称面的投影面平行面作为剖切平面，如图 12-31 所示。

图 12-31 剖切平图的位置

（2）在轴测剖面图中，断面的图例线不再画 45°方向斜线，而与轴测轴有关，其方向应按图 12-32 所示的方法绘出。在各轴测轴上，任取一单位长度并乘以该轴的变形系数后定点，然后连线，即为该坐标面轴测图剖面线的方向。

（3）当沿着筋板或薄壁纵向剖切时，轴测剖面图和剖面图一样都不画剖面线，只用实线将它和相邻的结构分开。如图 12-33 所示，图（a）为筋板在轴测剖面图中的画法，图（b）为筋板在剖面图中的画法。

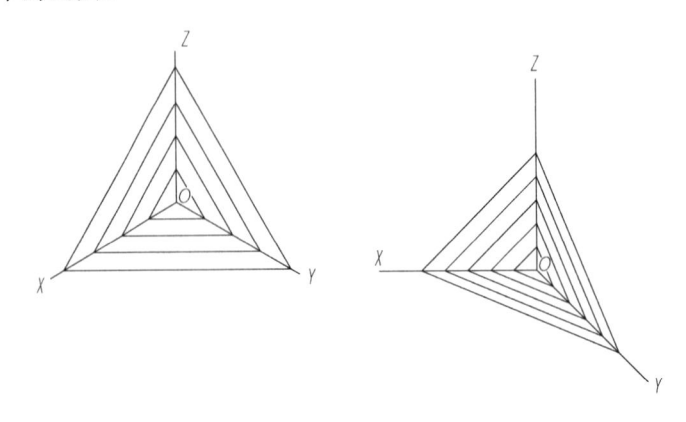

图 12-32 正等测、斜二测剖面线的画法

【例 12-3】 如图 12-34 所示，根据柱顶节点的投影图，作出其正等轴测剖面图。

具体画法如下：

（1）分析投影，想清楚形体的形状。

(a)   (b)

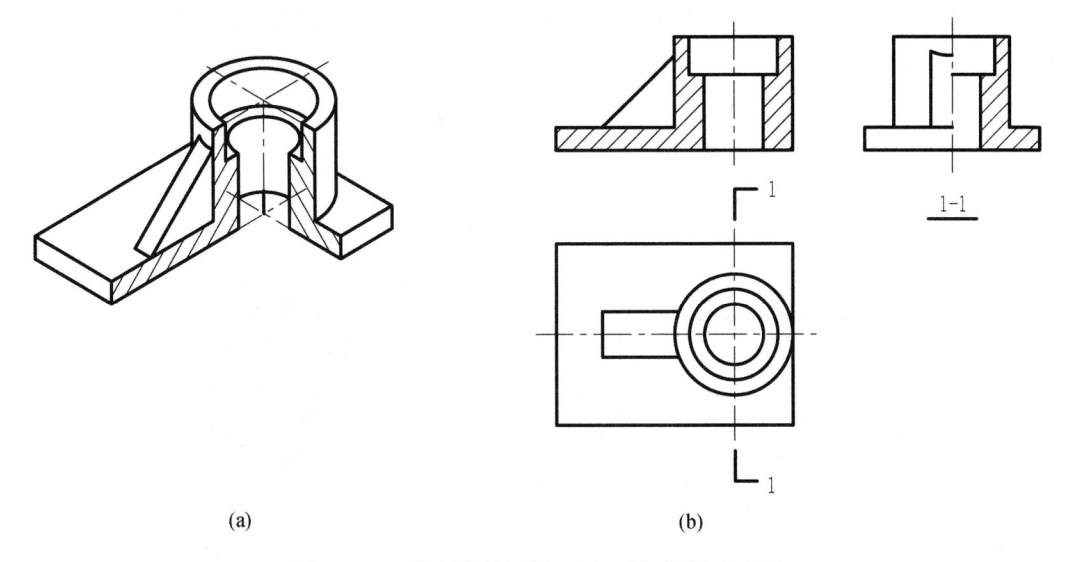

图 12-33 筋板在轴测剖面图、剖面图中的画法

（2）确定轴测方向，选择从下向上的投影方向，以便把节点表达清楚，不被遮挡。
（3）想清楚形体剖切后的情况：画出可见部位轮廓线的投影。
（4）被切的部分断面上画上图例线。注意图例线的方向，图例线为细实线。
（5）检查、加深，完成作图。

(a)   (b)

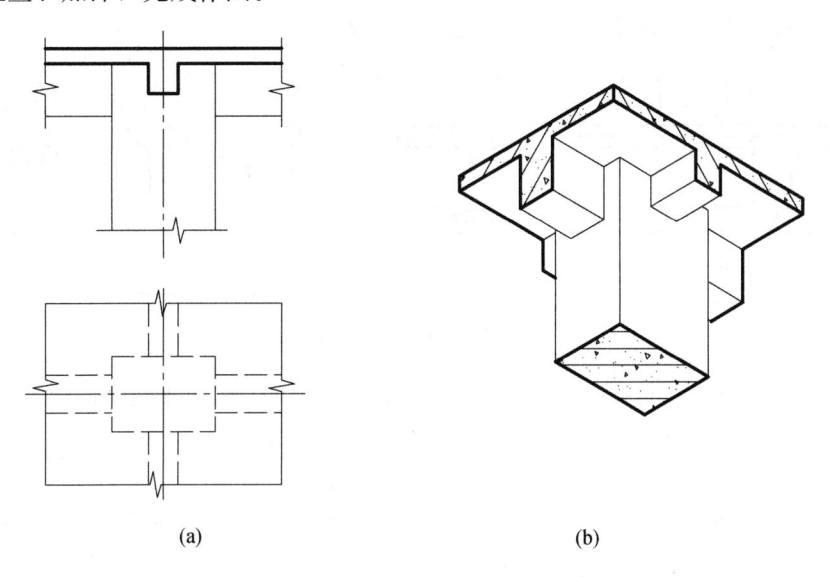

图 12-34 柱顶节点轴测剖面图的画法

第五节 断 面 图

一、断面图的基本概念

假想用剖切平面将形体切开，只画出被切到部分的图形称为断面图，简称断面，如图

12-35所示。断面图主要用于表达形体某一部位的断面形状。把断面同视图结合起来表示某一形体时，可使绘图大大简化。

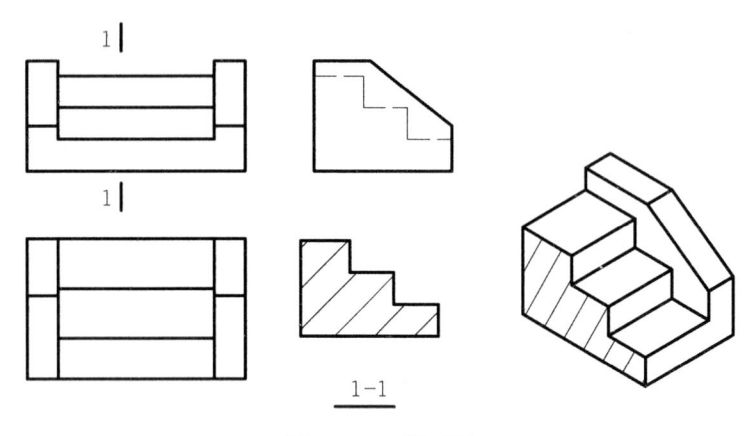

图 12-35　断面图

二、断面图的种类和画法

根据断面在绘制时所配置的位置不同，断面图可分为以下两种。

1. 移出断面图

画在视图外的断面图形称为移出断面图。移出断面的轮廓线用粗实线绘制，配置在剖切线的延长线上或其他适当位置，如图12-36所示，1-1、2-2为断面图，3-3为剖面图，它是视图的投影。断面图是面的投影，剖面图是体的投影。

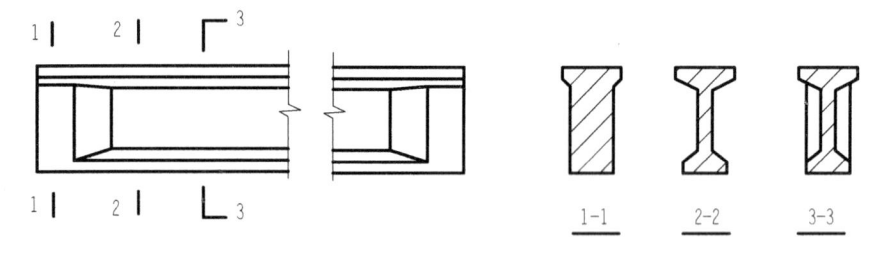

图 12-36　移出断面图与剖面图

断面图只画出剖切后的断面形状，但当剖面通过轴上的圆孔或圆坑的轴线时，为了清楚、完整地表示这些结构，仍按剖面图绘制，如图12-37所示。

2. 重合断面图

将断面展成90°画在视图内的断面图形称为重合断面图，重合断面的轮廓线用细实线绘制。当视图中轮廓线与重合断面的图形重叠时，视图中的轮廓线仍应连续画出，不可中断。图12-38所示为墙面装饰的重合断面图。

图12-39所示为现浇钢筋混凝土楼面的重合断面图，因楼板图形较窄，不易画出材料图例，故通过涂黑表示。

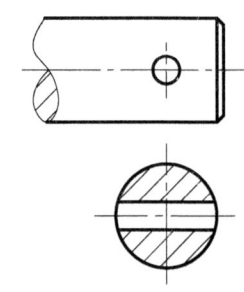

图 12-37　断面图的特殊情况

三、断面图的标注

（1）不画在剖切线延长线上的移出断面图，其图形又不对称时，

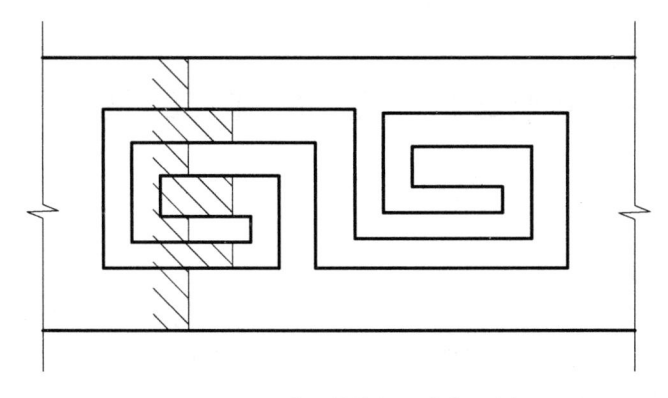

图 12-38　墙面装饰的重合断面图

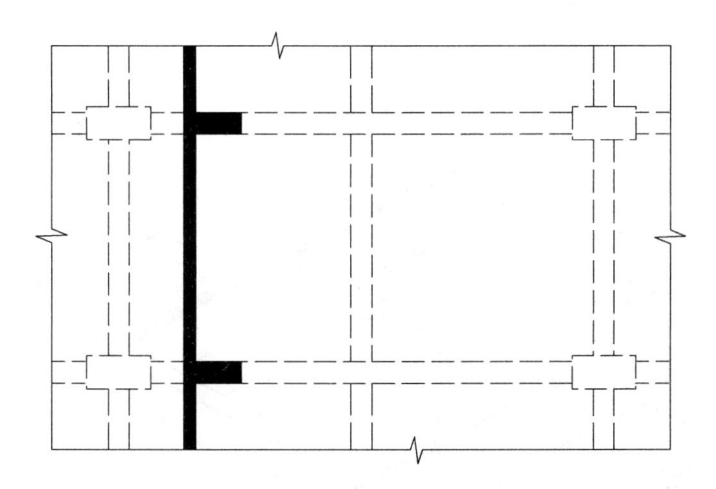

图 12-39　楼面的重合断面图

必须标注剖切线、剖切符号、数字，并在断面图下方用相同数字标注断面图的名称，如图 12-36 中 1-1 和 2-2 所示。

（2）画在剖切线上的重合断面图，或画在剖切线延长线上的移出断面图，其图形对称时可以不加标注，如图 12-37 所示。

配置在视图断开处的移出断面图，也可不加标注，如图 12-40 所示。

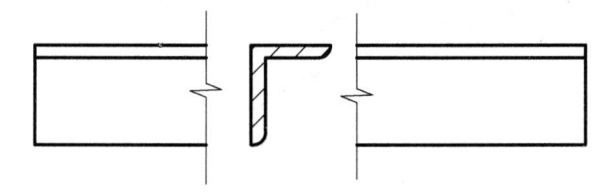

图 12-40　断开处的移出断面图

第十三章　建筑施工图

第一节　概　　述

一、房屋的组成及其作用

房屋是供人们生产、生活、学习、娱乐的场所，按其使用功能和使用对象的不同，通常可分为厂房、库房、农机站等生产性建筑，以及商场、住宅、体育场（馆）等民用建筑。各种不同的房屋，尽管它们在使用要求、空间组合、外部形状、结构形式等方面各自不同，但其基本构造却类似。现以图 13-1 所示的某小区的民用住宅为例，对房屋各组成部分名称及其作用作一简单介绍。

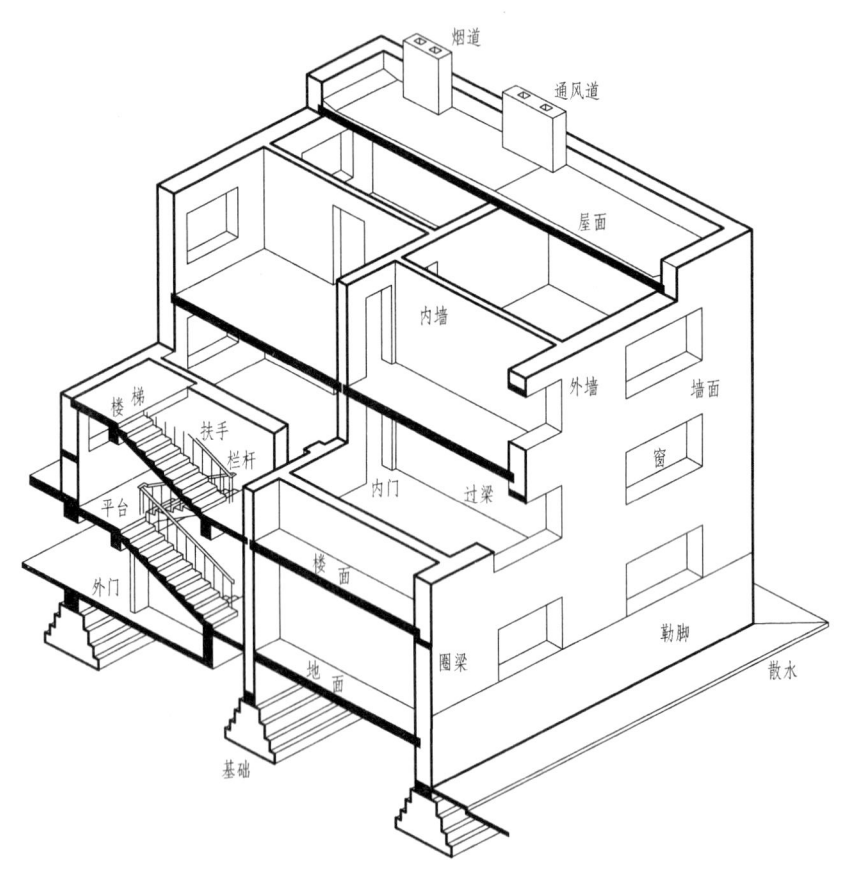

图 13-1　房屋的组成

一幢房屋，一般是由基础、墙或柱、楼面及地面、屋顶、楼梯和门窗等六大部分组成。它们各处在不同的部位，发挥着各自的作用。其中，起承重作用的部分称为构件，如基础、墙、柱、梁和板等；起维护及装饰作用的部分称为配件，如门窗和隔墙等。因此，房屋是由许多构件、配件和装修构造组成的。

基础是房屋最下部的承重构件。它承受着房屋的全部荷载，并将这些荷载传给地基。基础上面是墙，包括外墙和内墙，它们共同承受着由屋顶和楼面传来的荷载，并传给基础。同时，外墙还起着维护作用，可抵御自然界各种因素对室内的侵袭，而内墙具有分隔空间和组成各种用途的房间的作用。外墙与室外地面接近的部位称为勒脚；为保护墙身不受雨水浸蚀，常在勒脚处将墙体加厚并外抹水泥砂浆。

楼面、地面是房屋建筑中水平方向荷载的承重构件，除承受家具、设备和人体荷载及其本身重量外，还对墙身起水平支撑作用。

楼梯是房屋的垂直交通设施，供人们上下楼层、运输货物或紧急疏散之用。

屋顶是房屋最上层起覆盖作用的外围护构件，借以抵抗雨雪，避免日晒等自然界的影响。屋顶由屋面层和结构层组成。

窗的作用是采光、通风与围护。楼梯、走廊、门和台阶在房屋中起着沟通内外、上下交通的作用。此外，还有挑檐、雨水管、散水、烟道、通风道、排水、排烟等设施。

房屋的第一层称为底层或首层，最上一层称为顶层。底层与顶层之间的若干层可依次称之为二层、三层……，或统称为中间层。

二、施工图分类

在工程建设中，首先要进行规划、设计并绘制成图，然后照图施工。房屋工程图是工程技术的"语言"，它包括建筑物的方案图、初步设计图和扩大初步设计图以及施工图。所谓施工图，是指将一幢拟建房屋的内外形状和大小，以及各部分的结构、构造、装修、设备等内容，按照国家制定的制图标准的规定，用多面正投影方法详细、准确地画出，用于指导施工的一套图纸，是将已经批准的初步设计图，按照施工的要求给予具体化的图纸。

一套完整的施工图应包括图纸目录、设计总说明、建筑施工图、结构施工图、建筑装修图、设备施工图等。

1. 建筑施工图（简称建施图）

主要用来表示建筑物的规划位置、外部造型、内部各房间的布置、内外装修、构造及施工要求等，其主要内容包括施工图首页（图纸目录、设计总说明、门窗表等）、总平面图、各层平面图、立面图、剖面图及详图。

2. 结构施工图（简称结施图）

主要用来表示建筑物承重结构的结构类型、结构布置、构件种类、数量、大小及做法，其内容包括结构设计说明、结构平面布置图及构件详图。

3. 设备施工图（简称设施图）

主要用来表示建筑物的给水排水、暖气通风、供电照明、燃气等设备的布置和施工要求等，又分为给水排水施工图、采暖通风施工图、电气施工图三类，主要包括各种设备的布置图、系统图和详图等内容。

本章主要讲述建筑施工图的内容。

三、建筑施工图的图示特点

（1）建筑施工图中建筑平、立、剖面图一般按投影关系画在同一张图纸上，以便阅读。如房屋体型较大、层数较多、图幅不够，各图样也可分别画在几张图纸上，但应依次连续编号。每个图样应标注图名（见图 13-2）。

（2）房屋体型较大，施工图常用缩小比例绘制。构造较复杂的地方，可用大比例的详图

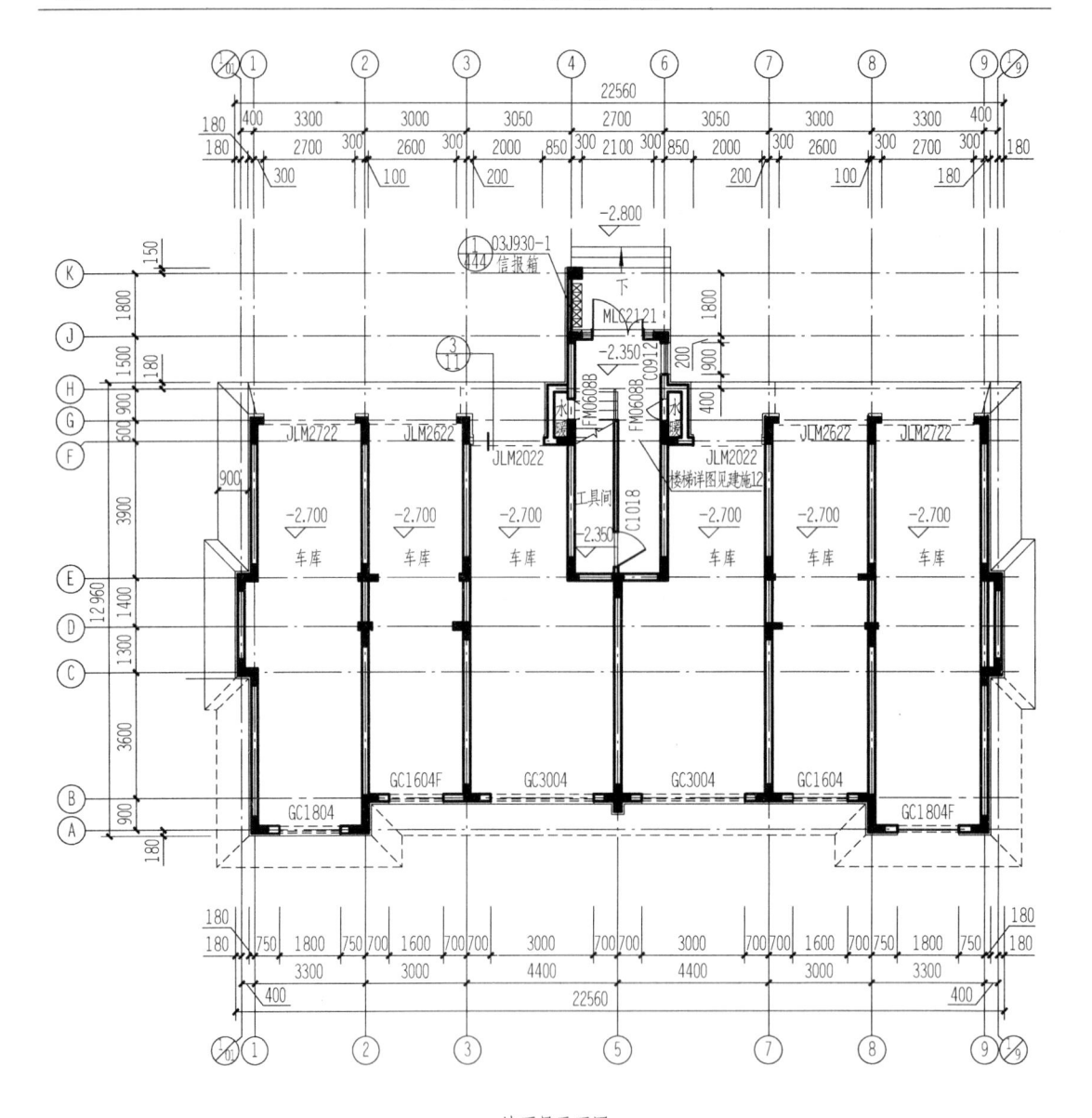

地下层平面图 1:100

图 13-2　住宅楼建筑施工图示例（一）

绘出。

（3）由于房屋的构、配件和材料种类较多，国家标准规定了一系列的图形符号来代表建筑构配件、卫生设备、建筑材料等，这种图形符号称为图例。为读图方便，国家标准还规定了许多标准符号。

（4）线形粗细变化。为了使所绘的图样重点突出、活泼美观，施工图上采用了很多线型，如立面图中室外地坪用1.4b的特粗线，门窗格子、墙面粉刷分格线用细实线等。

四、标准图

为了适应大规模建设的需要，加快设计施工速度、提高质量、降低成本，各种大量常用

一层平面图 1:100

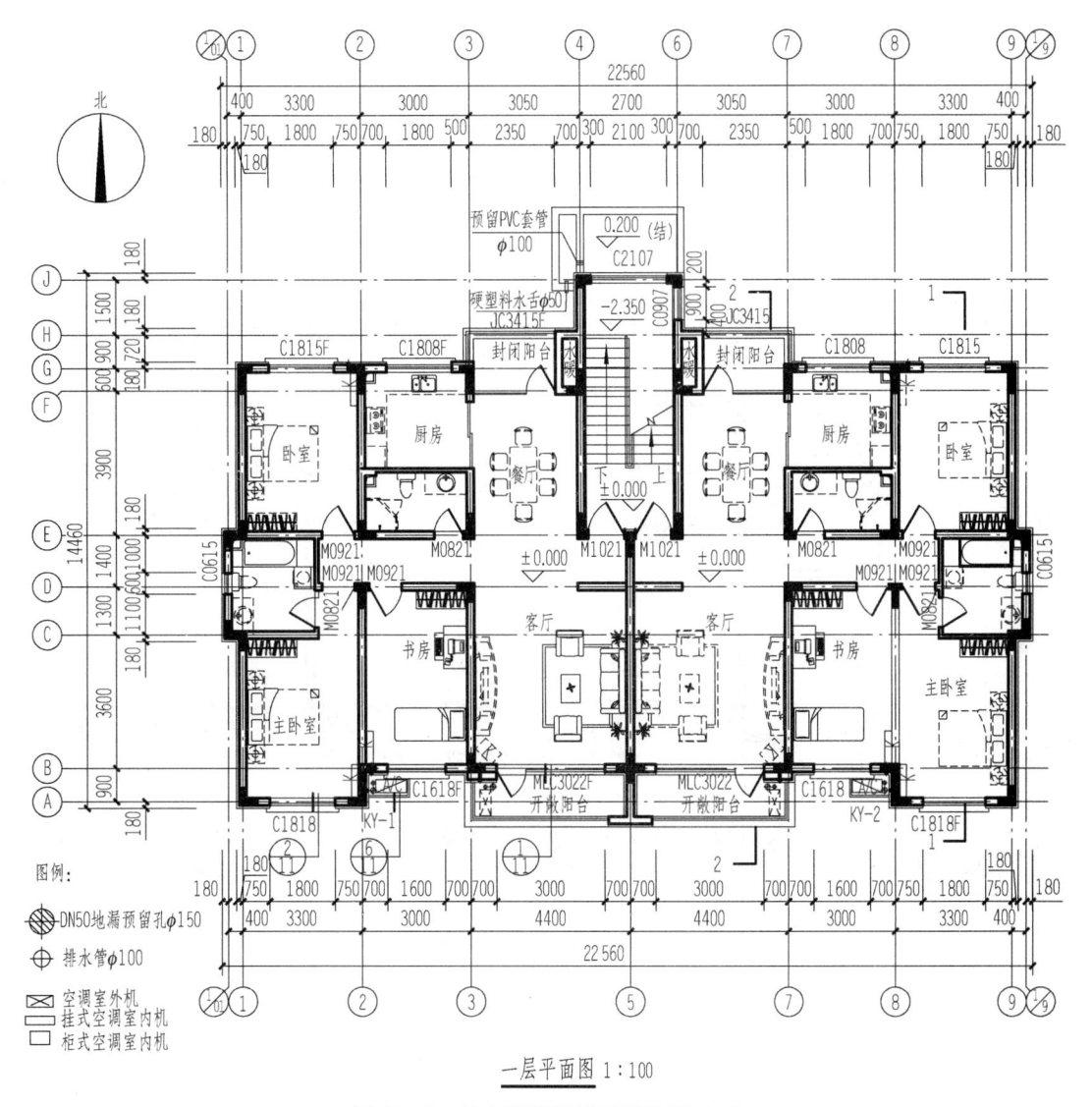

图13-2 住宅楼建筑施工图示例（二）

的建筑物及其构、配件应按国家标准规定的模数协调，并根据不同的规格标准，设计编绘成套的施工图，以供设计和施工时选用。这种图样称为标准图或通用图，将其装订成册即为标准图集或通用图集。

我国标准图有两种分类方法：一是按使用范围分类，二是按工种分类。

按使用范围分，大体可分为以下三类：

(1) 经国家部、委批准的，可在全国范围内使用。

(2) 经各省、市、自治区有关部门批准的，在各地区使用。

(3) 各设计单位编制的图集，供各设计单位内部使用。

按工种分，大体可分为以下两类：

(1) 建筑配件标准图，一般用"建"或"J"表示。

(2) 建筑构件标准图，一般用"结"或"G"表示。

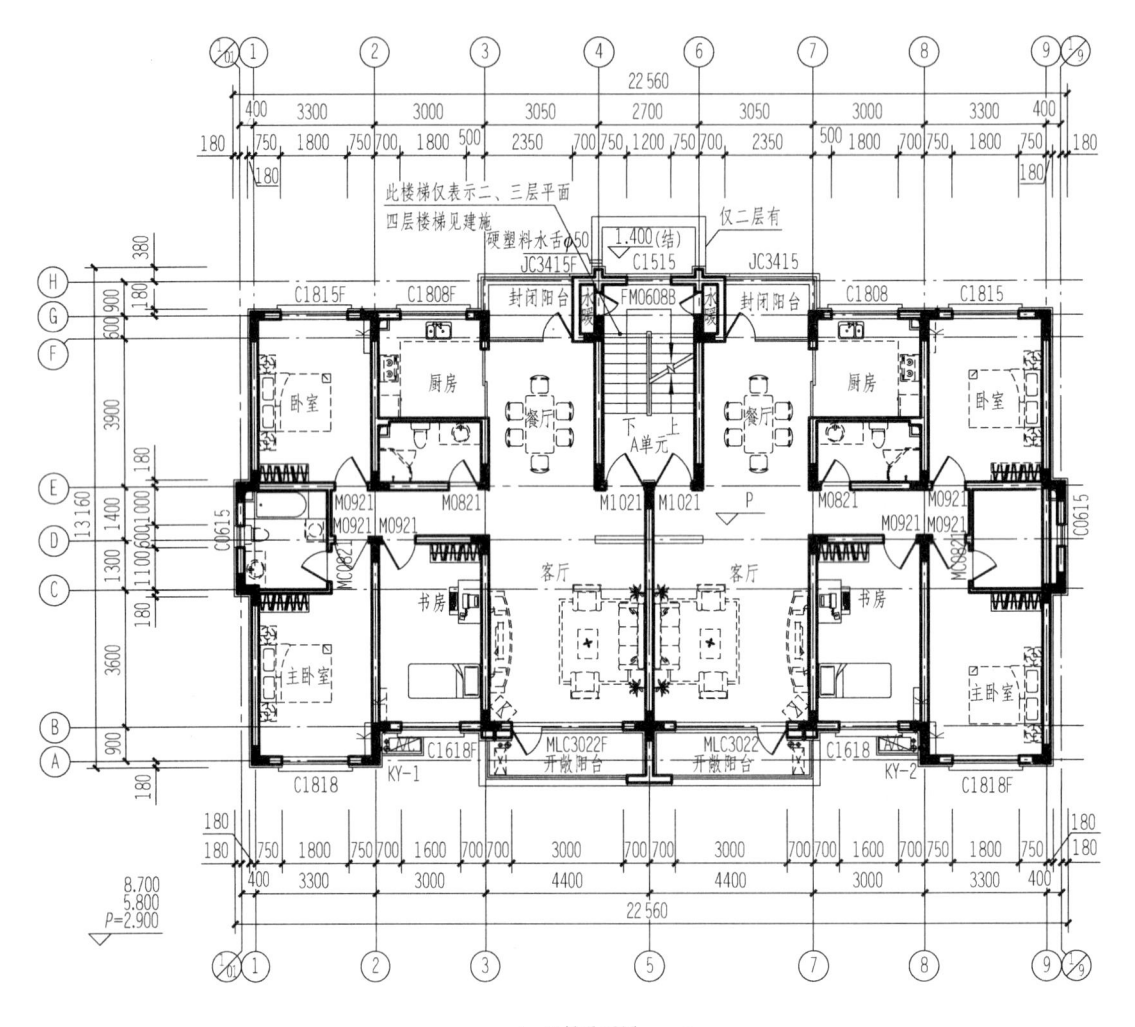

二~四层平面图 1:100

图 13-2 住宅楼建筑施工图示例（三）

五、建筑施工图的绘图步骤和方法

建筑施工图的绘图步骤和方法如下：

(1) 确定绘制图样的数量。根据房屋的外形、层数、平面布置和构造内容的复杂程度，以及施工的具体要求，确定图样的数量，做到表达内容既不重复也不遗漏。图样的数量在满足施工要求的条件下以少为好。

(2) 选择适当的比例。

(3) 进行合理的图面布置。图面布置要主次分明、排列均匀紧凑、表达清楚，尽可能保持各图之间的投影关系。同类型的、内容关系密切的图样，集中在一张或图号连续的几张图纸上，以便对照查阅。

(4) 施工图的绘制方法。绘制建筑施工图的顺序，一般是按总平面图→平面图→立面图→剖面图→详图的顺序进行。

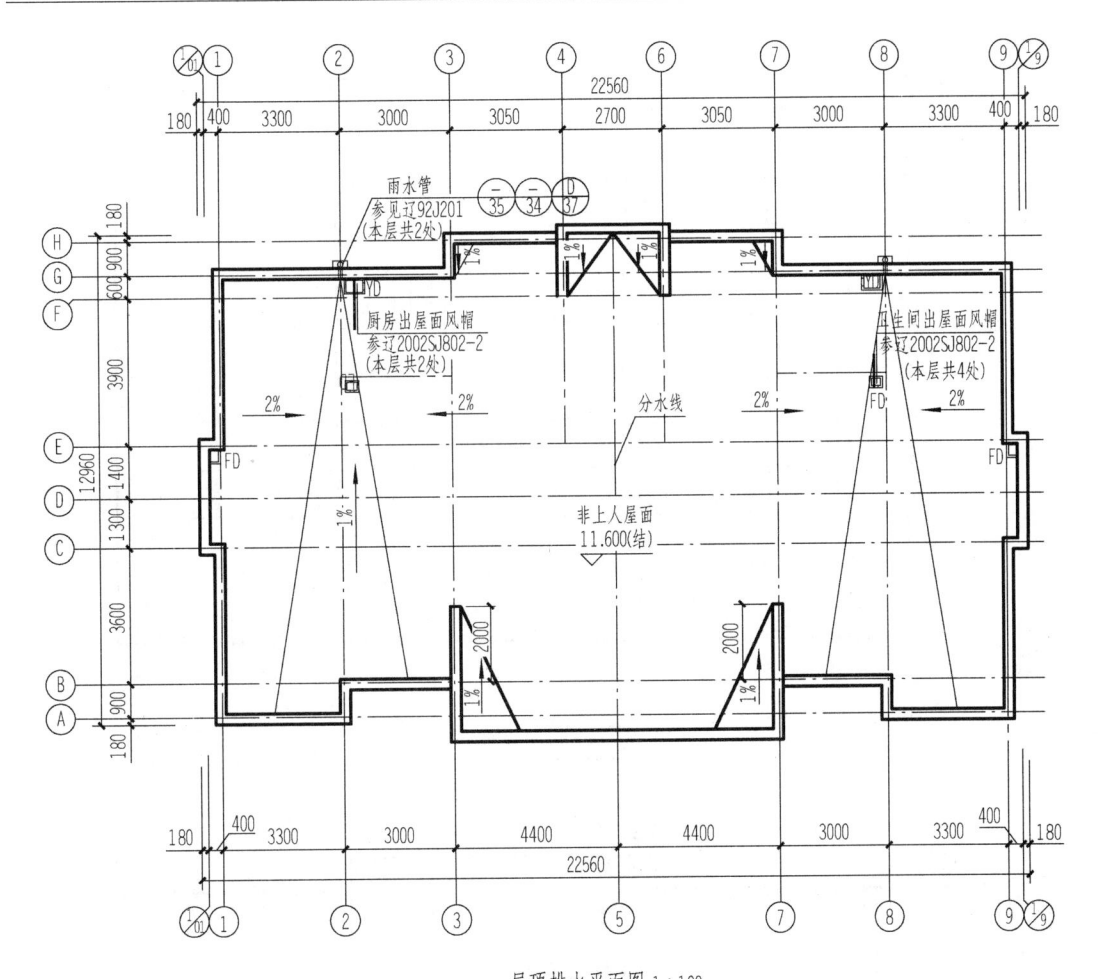

屋顶排水平面图 1:100

图 13-2 住宅楼建筑施工图示例（四）

六、建筑施工图的阅读方法

建筑施工图的阅读方法应是"由外向里看，由大到小看，由粗到细看，先主体，后局部，图样与说明互相对着看，建施与结施对着看"。具体阅读步骤如下：

（1）先看目录。了解建筑性质、结构类型、建筑面积大小、图纸张数等信息。

（2）按照图纸目录检查各类图纸是否齐全，有无错误，标准图是哪一类。待查全后将图后备在手边，以便随时查看。

（3）看设计说明。了解建筑概况和施工技术要求。

（4）看总平面图。了解建筑物的地理位置、高程、朝向及建筑的有关情况。

（5）依次看平面图、立面图、剖面图，并在脑海中逐步建立立体形象。

（6）通过平面图、立面图、剖面图形成建筑的轮廓以后，再通过详图了解各构件、配件的位置，以及它们之间是如何连接的。

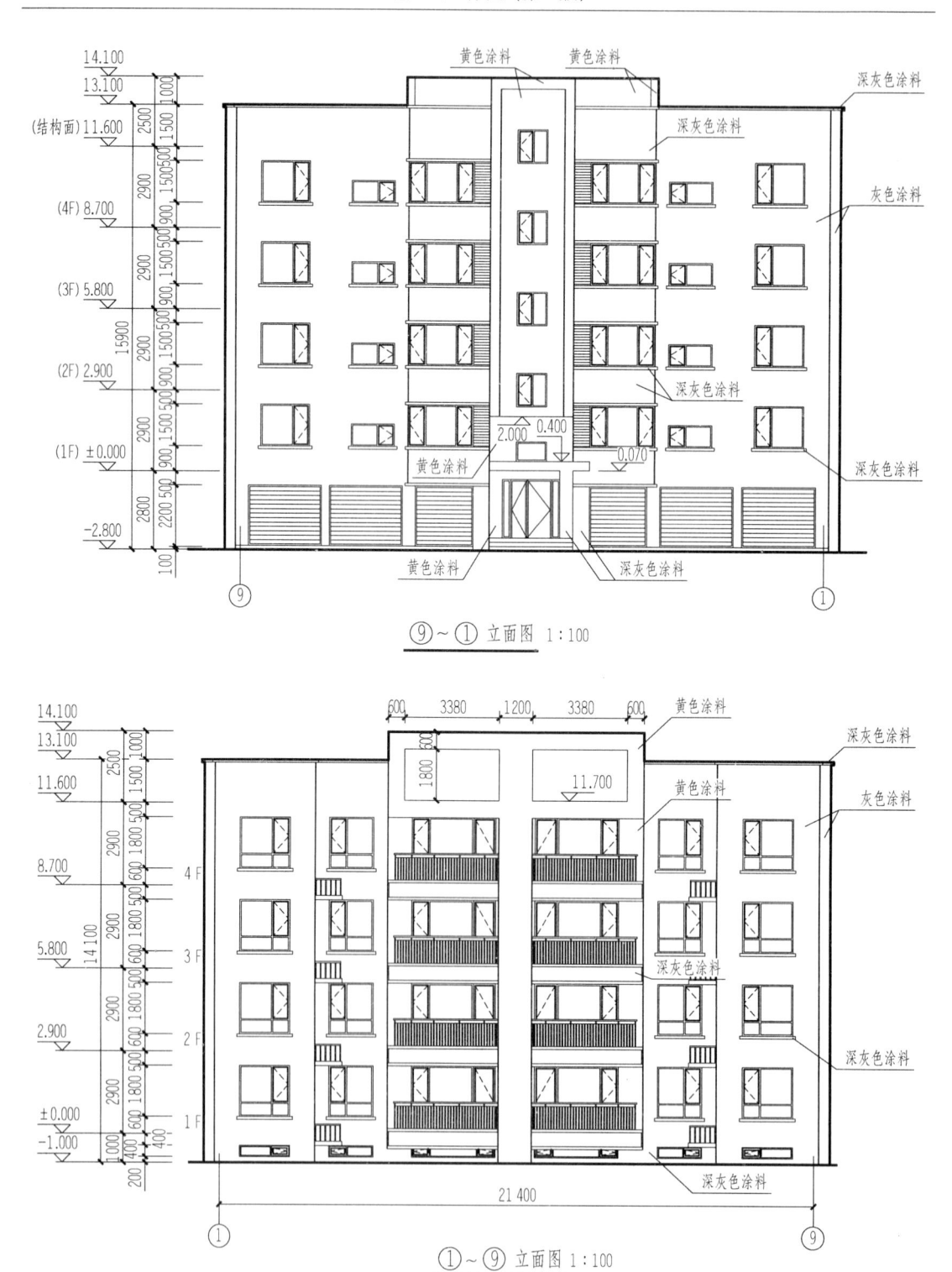

图 13-2 住宅楼建筑施工图示例（五）

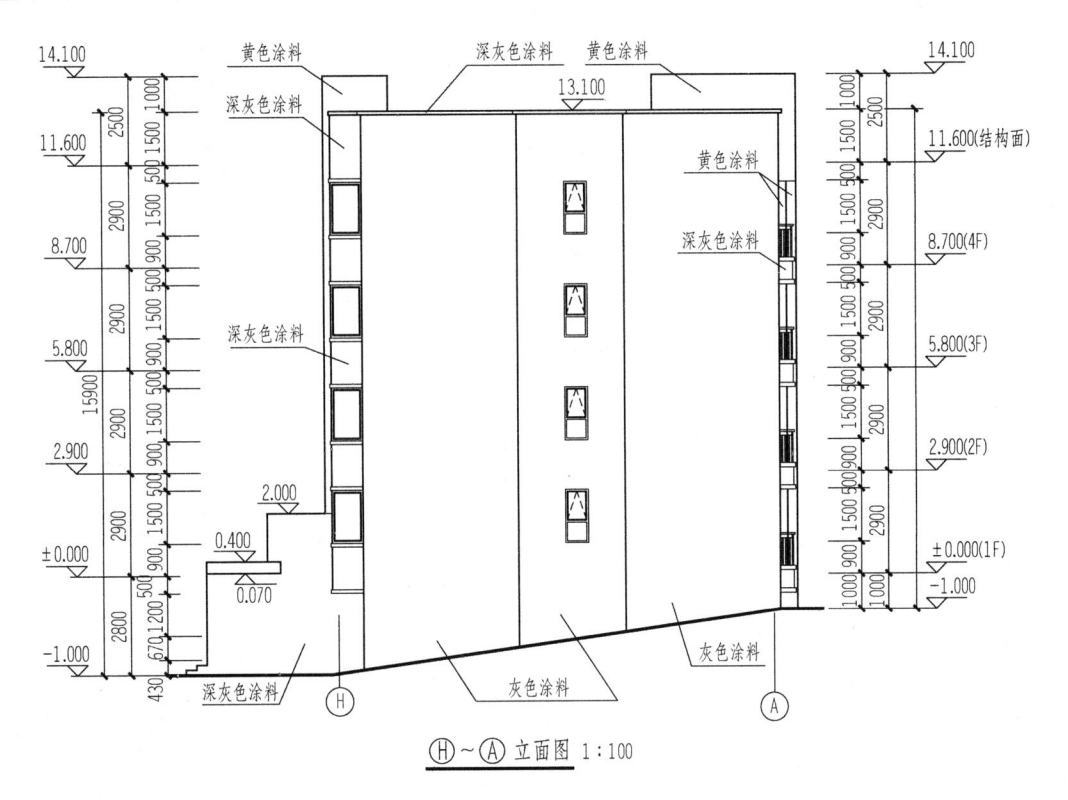

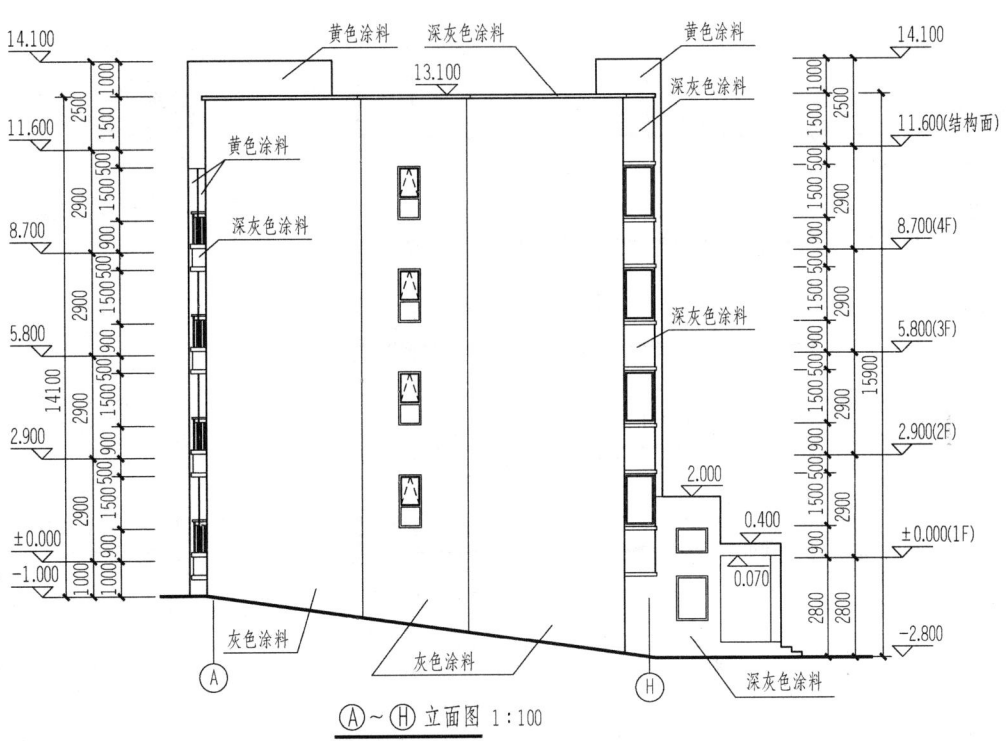

图 13-2 住宅楼建筑施工图示例（六）

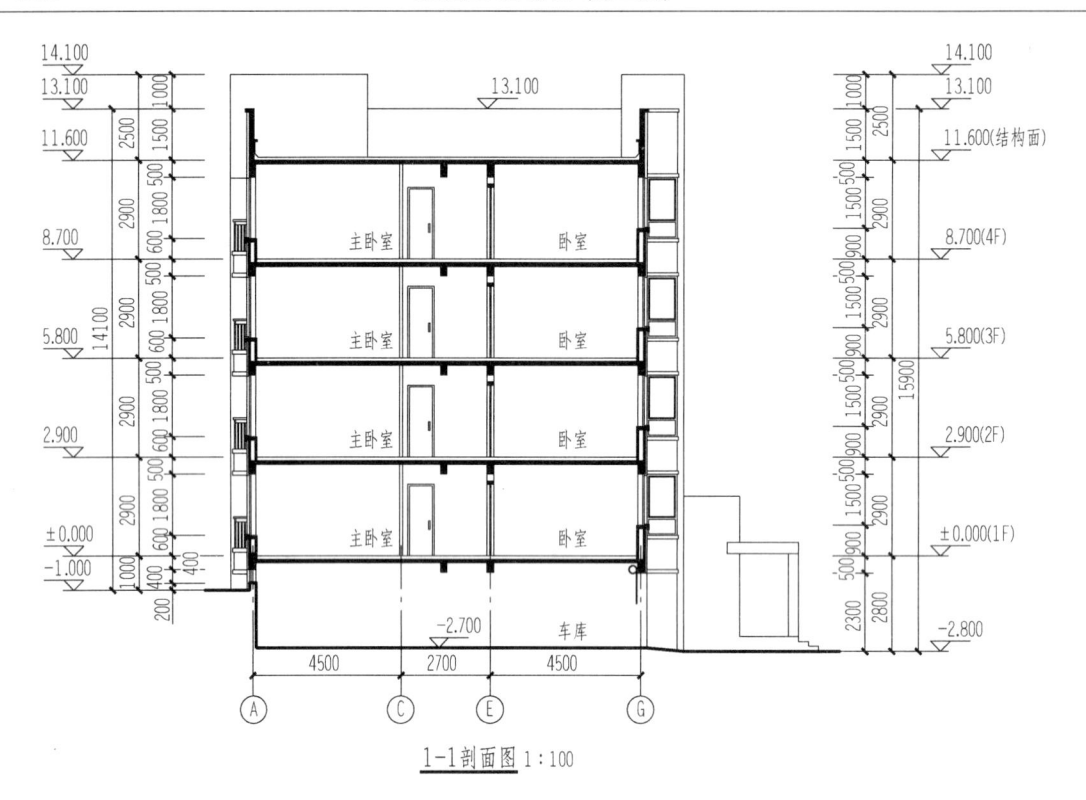

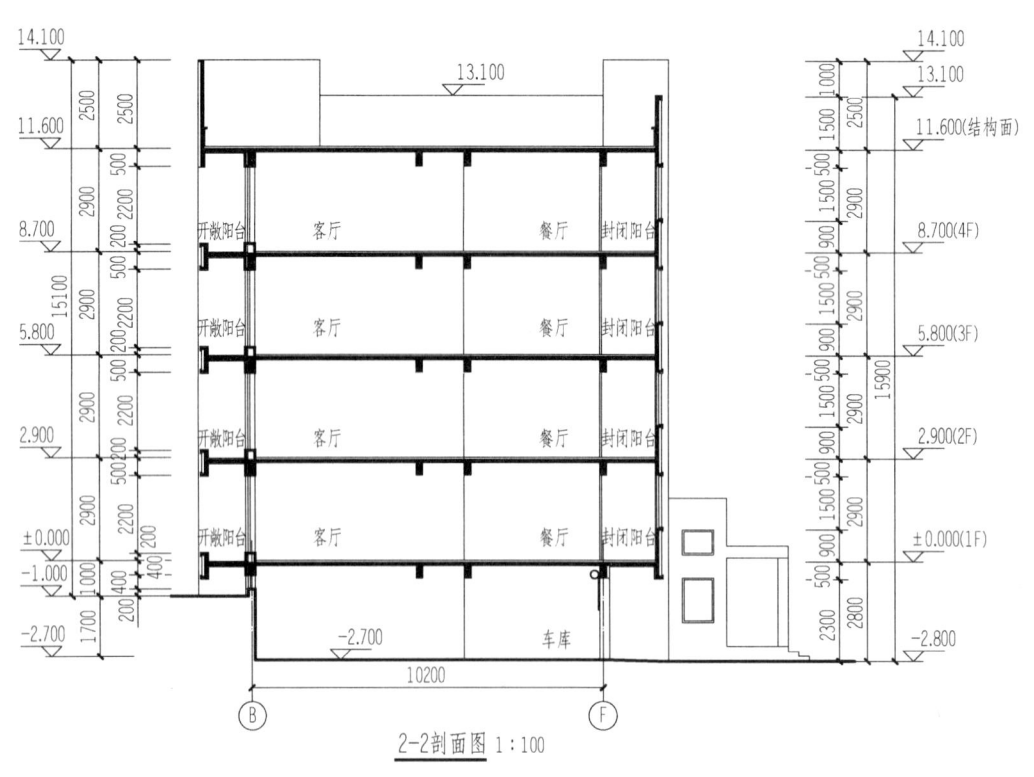

图 13-2 住宅楼建筑施工图示例（七）

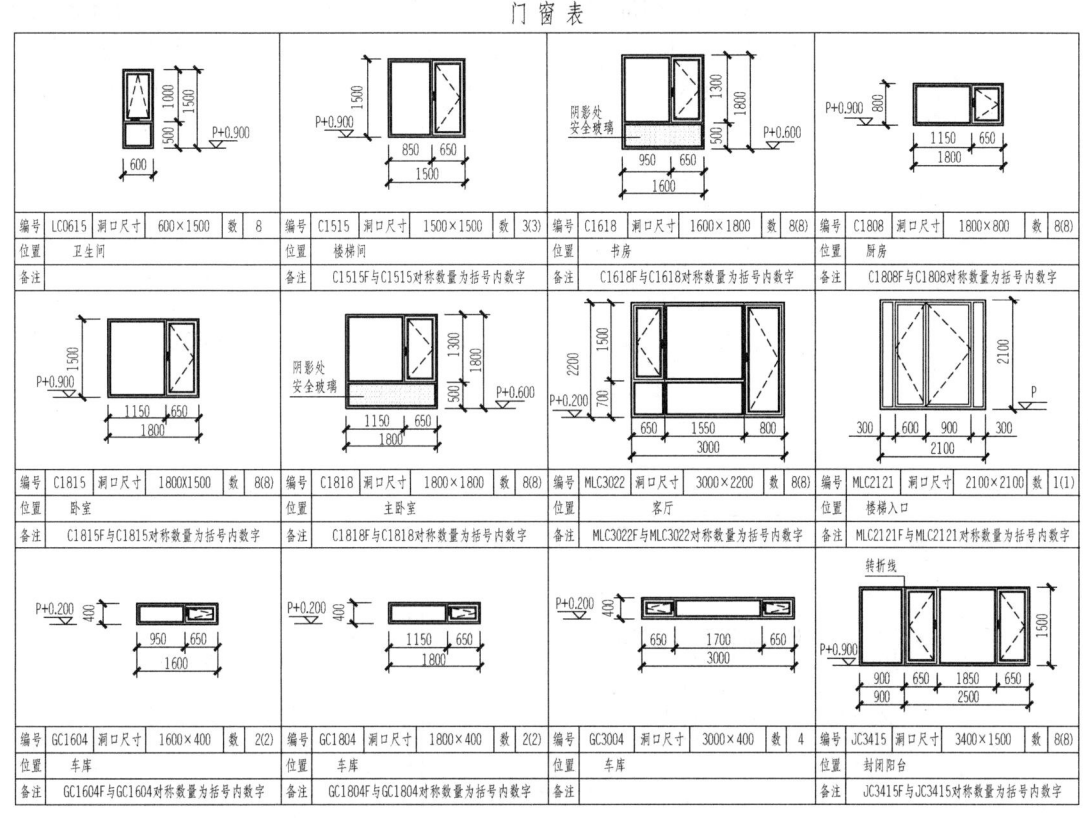

图 13-2 住宅楼建筑施工图示例（八）

第二节　建筑施工图中常用的符号及标注方式

一、指北针和风向频率玫瑰图

新建房屋的朝向与风向，可在图纸的适当位置绘制指北针或风向频率玫瑰图（简称"风玫瑰"）来表示。

指北针应按国家标准的规定绘制，如图 13-3 所示，其圆用细实线绘制，直径为 24mm；指北针尾部宽度为 3mm，头部应注"北"或"N"字。如需用较大直径绘制指北针时，指针尾部宽度宜为直径的 1/8。

风向频率玫瑰图是根据当地的气象统计资料，将一年中不同风向的吹风频率用同一比例画在 8 个或 16 个方位线上连接而成的。图中粗实折线距中心点最远的顶点表示该方向吹风频率最高，称为常年主导风向。图中细虚折线表示当地夏季 6、7、8 三个月的风向频率，称为夏季主导风向，如图 13-4 所示。

图 13-3　指北针

二、轴线

为了建筑工业化，在建筑平面图中，采用轴线网格划分平面，使房屋的平面构件和配件趋于统一，这些轴线称为定位轴线。定位轴线是确定房屋主要承重构件（墙、柱、梁）位置及标注尺寸的基线，采用细单点画线表示。国家标准规定：定位轴线一般应编号，编号应注

写在轴线端部的圆内。圆应用细实线绘制，直径为 8~10mm。定位轴线圆的圆心，应在定位轴线的延长线上或延长线的折线上。在平面图上横向编号应用阿拉伯数字，从左至右顺序编写（图 13-2 所示的平面图上为 1~9），竖向编号应用大写拉丁字母，从下至上顺序编写（图 13-2 所示的平面图上为 A~J）。拉丁字母的 I、O、Z 不得用作轴线编号，以免与阿拉伯数字中的 1、0、2 三个数字混淆。

　　组合较复杂的平面图中，其定位轴线也可采用分区编号（见图 13-5），编号的注写形式应为"分区号-该分区编号"。分区号采用阿拉伯数字或大写拉丁字母表示。

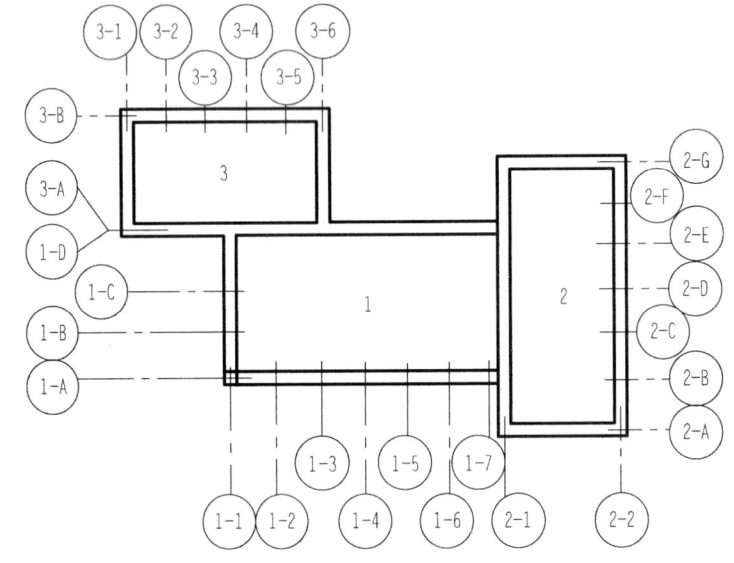

图 13-4　风向频率玫瑰图

图 13-5　轴线分区标注方法

　　如平面为折线型，定位轴线可采用分区编号，也可以自左至右依次编号（见图 13-6）。如平面为圆形，定位轴线则应以圆心为准呈放射状依次编号，并以距圆心距离决定其另一方向上的轴线位置及编号（见图 13-7）。

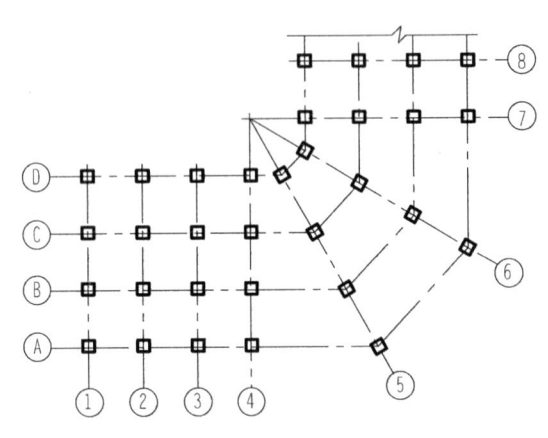

图 13-6　折线型平面定位轴线的标注 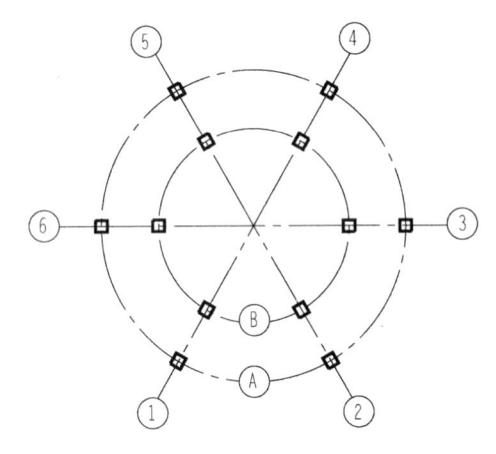　　　　　图 13-7　圆形平面定位轴线的标注

一般承重墙柱及外墙等编为定位轴线（又称主轴线），非承重墙、隔墙等编为附加轴线（又称分轴线）。附加轴线的编号是在主轴线后依次用1、2…编注。如主轴线②后的附加轴线编为1/2（见图13-8）。

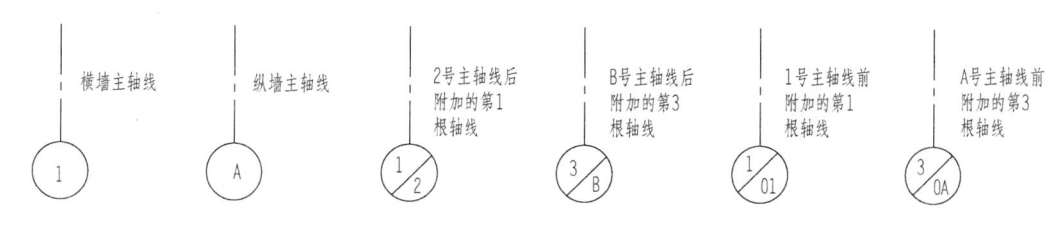

图13-8 轴线标注

三、标高

建筑物都要表达长、宽、高的尺寸。施工图中高度方向的尺度用标高来表示。

标高符号应以直角等腰三角形表示，按图13-9（a）所示形式用细实线绘制；如标注位置不够，也可按图13-9（b）所示形式绘制。标高符号的具体画法如图13-9（c）所示。

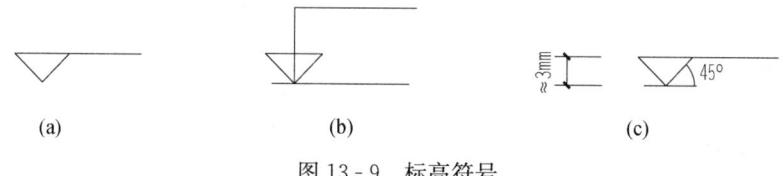

图13-9 标高符号

总平面图室外地坪标高符号宜用涂黑的三角形表示［见图13-10（a）］，具体画法如图13-10（b）所示。

标高符号的尖端应指至被注高度的位置。尖端一般应向下，也可向上。标高数字应注写在标高符号的左侧或右侧（见图13-11）。

标高数字应以m为单位，注写到小数点以后第三位。在总平面图中，可注写到小数点以后第二位。

图13-10 总平面图室外地坪标高符号

零点标高应注写成±0.000，正数标高不注"＋"，负数标高应注"－"，如3.000、－0.600。

在图样的同一位置需表示几个不同标高时，标高数字可按图13-12的形式注写。

图13-11 标高的指向　　图13-12 同一位置注写多个标高数字

四、索引符号和详图符号

1. 索引符号

图样中的某一局部或构件如需另见详图，应以索引符号（又称索引标志）索引，如图13-13（a）所示。索引符号由直径为10mm的圆和水平直径组成，圆及水平直径均应用细实线绘制。索引符号应按下列规定编写：

(1) 索引出的详图如与被索引的详图在同一张图纸内,应在索引符号的上半圆中用阿拉伯数字注明该详图的编号,并在下半圆中间画一段水平细实线,如图 13-13(b)所示。

(2) 索引出的详图如与被索引的详图不在同一张图纸内,应在索引符号的上半圆中用阿拉伯数字注明该详图的编号,在索引符号的下半圆中用阿拉伯数字注明该详图所在图纸的编号,如图 13-13(c)所示。数字较多时,可加文字标注。

(3) 索引出的详图如采用标准图,应在索引符号水平直径的延长线上加注该标准图册的编号,如图 13-13(d)所示。

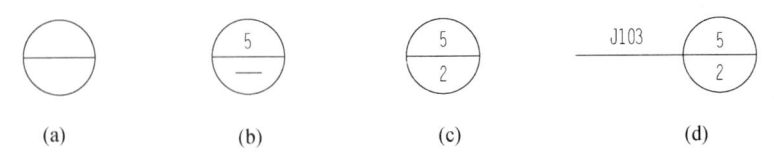

图 13-13 索引符号

索引符号如用于索引剖视详图,应在被剖切的部位绘制剖切位置线,并以引出线引出索引符号。引出线所在的一侧应为投射方向,如图 13-14 所示。

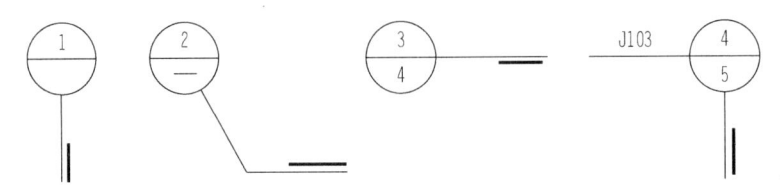

图 13-14 用于索引剖面详图的索引符号

2. 详图符号

详图的位置和编号应以详图符号(又称详图标志)表示。详图符号的圆应采用直径为 14mm 的粗实线绘制。详图应按下列规定编号:

(1) 详图与被索引的图样在同一张图纸内时,应在详图符号内用阿拉伯数字注明详图的编号,如图 13-15(a)所示。

(2) 详图与被索引的图样不在同一张图纸内时,应用细实线在详图符号内画一水平直径,在上半圆中注明详图编号,在下半圆中注明被索引的图纸的编号,如图 13-15(b)所示。

图 13-15 详图符号

五、引出线

引出线应用细实线绘制,宜采用水平方向的直线,与水平方向成 30°、45°、60°、90°的直线,或经上述角度再折为水平线。文字说明宜注写在水平线的上方,如图 13-16(a)所示,也可注写在水平线的端部,如图 13-16(b)所示。索引详图的引出线宜与水平直径线相连接,如图 13-16(c)所示。

图 13-16 引出线

同时引出几个相同部分的引出线宜互相平行，如图 13-17（a）所示，也可画成集中于一点的放射线，如图 13-17（b）所示。

图 13-17 共用引出线

多层构造或多层管道共用引出线应通过被引出的各层。文字说明宜注写在水平线的上方，或注写在水平线的端部，说明的顺序应由上至下，并应与被说明的层次相互一致；如层次为横向排序，则由上至下的说明顺序应与左至右的层次相互一致，如图 13-18 所示。

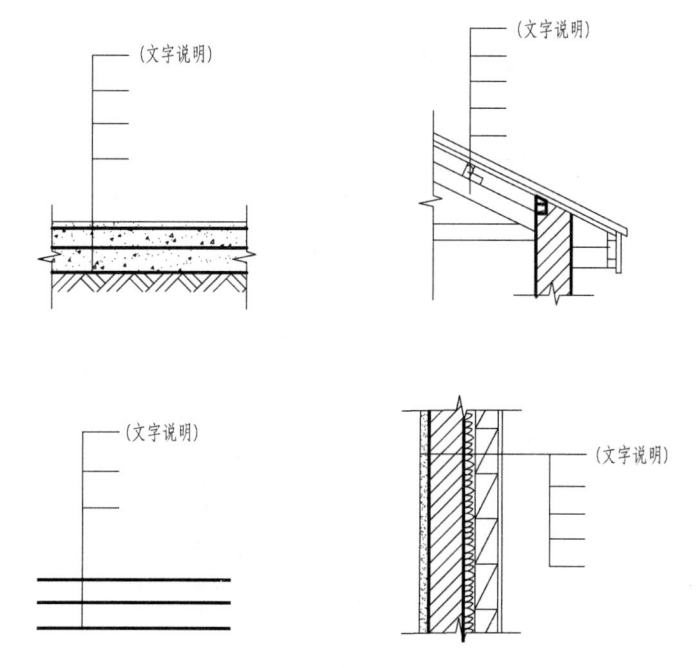

图 13-18 多层构造引出线

第三节 总 平 面 图

一、总平面图的形成及用途

总平面图（总平面布置图）是将拟建工程四周一定范围内的新建、拟建、原有、拆除的建筑物和构筑物连同其周围的地形地貌（道路、绿化、土坡、池塘等），用水平投影方法和相应的图例所画出的图样。

总平面图可以反映出上述建筑的形状、位置、朝向以及与周围环境的关系，它是新建筑物施工定位、土方设计，以及绘制水、暖、电等管线总平面图和施工总平面图设计的重要依据。

二、总平面图的比例

由于总平面图包括地区较大,因此国家制图标准(以下简称国标)规定:总平面图的比例应用1:500、1:1000、1:2000来绘制。实际工程中,由于国土资源局以及有关单位提供的地形图常为1:500的比例,故总平面图常用1:500的比例绘制。

三、总平面图图例

由于比例较小,故总平面图上的房屋、道路、桥梁、绿化等都用图例表示。

表13-1列出了国标规定的总平面图图例(以图形规定出的画法称为图例)。在较复杂的总平面图中,如采用了一些国标中没有的图例,应在图纸的适当位置加以说明。

表13-1 总平面图图例

名称	图例	说明	名称	图例	说明
新建的建筑物		(1)上图为不画出入口图例,下图为画出入口图例。(2)需要时,可在图形内右上角以点数或数字(高层宜用数字)表示层数。(3)用粗实线表示	新建的道路		(1)"R9"表示道路转弯半径为9m,"150.00"表示路面中心标高,"0.6"表示6%的纵向坡度,"101.00"表示变坡点间距离。(2)图中斜线为道路断面示意,根据实际需要绘制
原有的建筑物		用细实线表示	原有的道路		
计划扩建预留地或建筑物		用中粗线表示	计划扩建的道路		
拆除的建筑物		用细实线表示	室内标高	151.10(±0.00)	
挡土墙		被挡土在"突出"的一侧	室外标高	▼143.00 ●143.00	室外标高也可采用等高线表示
围墙及大门		(1)上图为实体性质的围墙,下图为通透性质的围墙。(2)如仅表示围墙时不画大门	填挖坡度		(1)边坡较长时,可在一端或两端局部表示。(2)下边线为虚线时表示填方
			护坡		

四、总平面图的图示内容

总图应按上北下南的方向绘制。根据场地形状或布局,可向左或右偏转,但不宜超过45°。总图中应绘制指北针或风玫瑰图,如图13-19所示。

1. 拟建建筑的定位

拟建建筑的定位有三种方式:第一种是利用新建筑与原有建筑或道路中心线的距离确定新建建筑的位置,第二种是利用建筑坐标确定新建建筑的位置,第三种是利用大地测量坐标确定新建建筑的位置。

总平面图常画在有等高线和坐标网格的地形图上。地形图上的坐标网格称为测量坐标网,是与地形图相同比例画出的50m×50m或100m×100m的方格网,此方格网的竖轴用

X，横轴用 Y 表示。建筑坐标网就是将建设地区的某一定点为"O"，水平方向为 B 轴，垂直方向为 A 轴，进行分格。格的大小一般为 100m×100m 或 50m×50m，比例尺与地形图相同。

坐标网格应用细实线表示。测量坐标网应画成交叉十字线，建筑坐标网应画成网格通线。

总平面图上有测量和建筑两种坐标系统时，应在附注中注明两种坐标系统的换算公式。

表示一般建筑物、构筑物位置的坐标，宜注其三个角的坐标；如建筑物、构筑物与坐标轴线平行，可注其对角坐标。

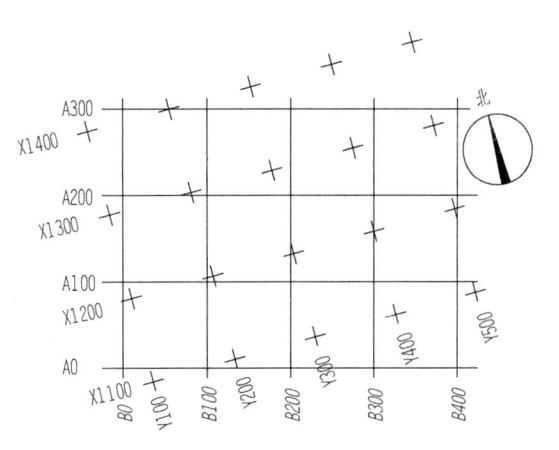

图 13-19 坐标网格

注：图中 X 为南北方向的轴线，X 的增量在 X 轴线上；Y 为东西方向的轴线，Y 的增量在 Y 轴线上。A 轴相当于测量坐标网中的 X 轴，B 轴相当于测量坐标网中的 Y 轴。

在一张图上，主要建筑物、构筑物用坐标定位时，较小的建筑物、构筑物也可用相对尺寸定位。

2. 拟建建筑、原有建筑物的位置和形状

在总平面图上将建筑物分成五种情况，即新建建筑物、原有建筑物、计划扩建的预留地或建筑物、拆除的建筑物和新建的地下建筑物或构筑物。建筑物外形一般以±0.000 高度处的外墙定位轴线或外墙面线为准。

在总平面图上，应绘出建筑物、构筑物的位置及与各类控制线（区域分界线、用地红线、建筑红线等）的距离。

3. 其他

建筑总平面图中还应包括保留的地形和地物；场地四邻原有及规划的道路、绿化带等的位置；道路、广场的主要坐标（或定位尺寸），停车场及停车位、消防车道及高层建筑消防扑救场地的布置；绿化、景观及休闲设施的布置示意，并表示出护坡、挡土墙和排水沟等。

五、总平面图的线型

总平面图中常用的线型有：

(1) 新建建筑物——粗实线。
(2) 原有建筑物——细实线。
(3) 计划扩建的预留地或建筑物——中虚线。
(4) 拆除建筑的建筑物——细实线加叉号。
(5) 用地红线——中实线。

六、总平面图的标注

总平面图上的尺寸应标注新建房屋的总长、总宽及与周围房屋或道路的间距。尺寸以 m 为单位，标注到小数点后两位。新建房屋的层数在房屋图形右上角上用点数或数字表示，一般低层、多层用点数表示层数，高层用数字表示。如果为群体建筑，也可统一用点数或数字表示。

新建房屋的室内地坪标高为绝对标高（以我国青岛市外黄海的平均海平面为±0.000 的

图 13-20 总平面图

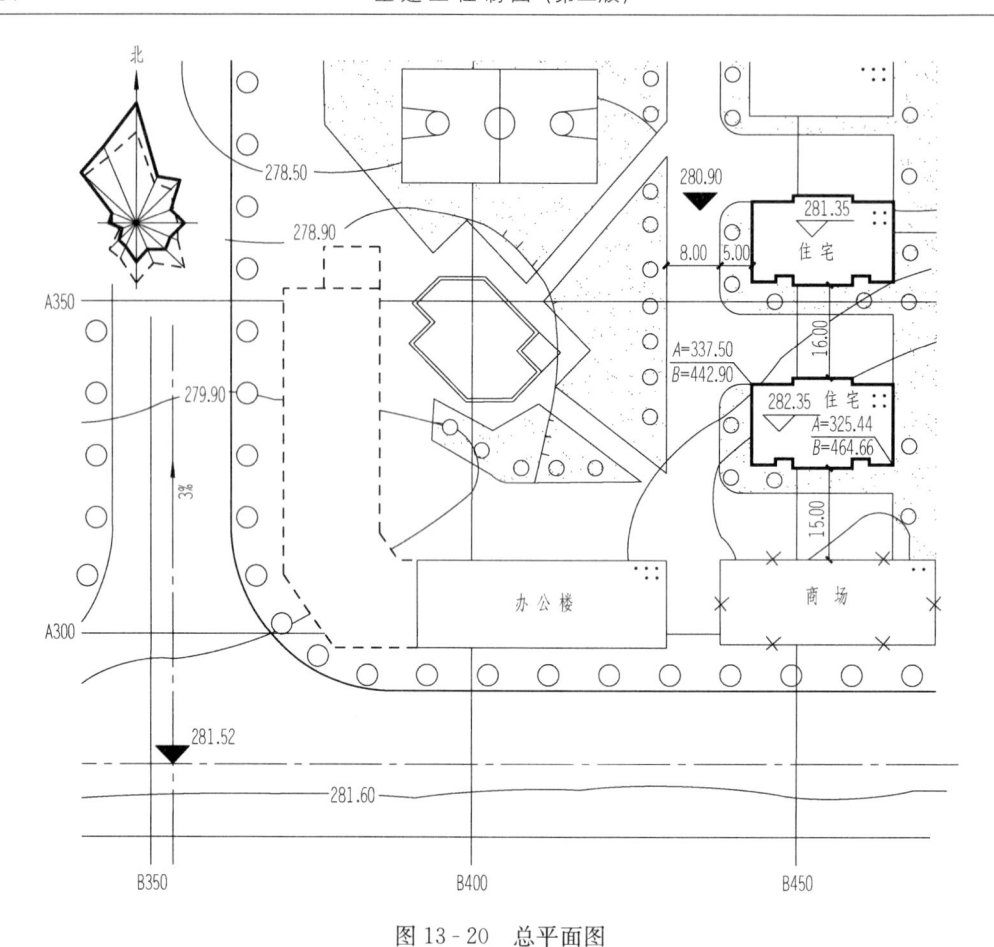

标高），这也是相对标高（以某建筑物底层室内地坪为±0.000 的标高）的零点。

总平面图上的建筑物、构筑物应注写名称，名称宜直接标注在图上。

七、总平面图看图示例

图 13-20 所示为某住宅工程的总平面图。从图中可以看出，整个建筑基地比较规整，基地南面与西面为主要交通干道，西、南公路交会处原有办公楼旁边为 L 形拟扩建预留地，办公楼东侧二层商场要拆除，新建两栋住宅楼在基地东侧。住宅楼南北朝向，4 层，距南面商场 15.0m，距西面的道路 5.0m，两住宅楼间距 16.0m。住宅楼底层室内整平标高为 281.70、282.35m，北侧住宅楼室外整平标高为 278.90m。整个基地主导风向为北偏西。从图中还可看出，基地四周布置建筑，中间为绿化用地、水池、球场等。

第四节 建筑平面图

一、建筑平面图的用途

建筑平面图是用于表达房屋建筑的平面形状，房间布置，内外交通联系，以及墙、柱、门窗等构配件的位置、尺寸、材料和做法等内容的图样，简称"平面图"。

平面图是建筑施工图的主要图纸之一，是施工过程中房屋的定位放线、砌墙、设备安装、装修，以及编制概预算、备料等的重要依据。

二、建筑平面图的形成

建筑物平面图应在建筑物的门窗洞口处水平剖切俯视（屋顶平面图应在屋面以上俯视），除顶棚平面图外，各种平面图应按正投影法绘制，图内应包括剖切面及投影方向可见的建筑构造，以及必要的尺寸、标高等，如图 13-21 所示。

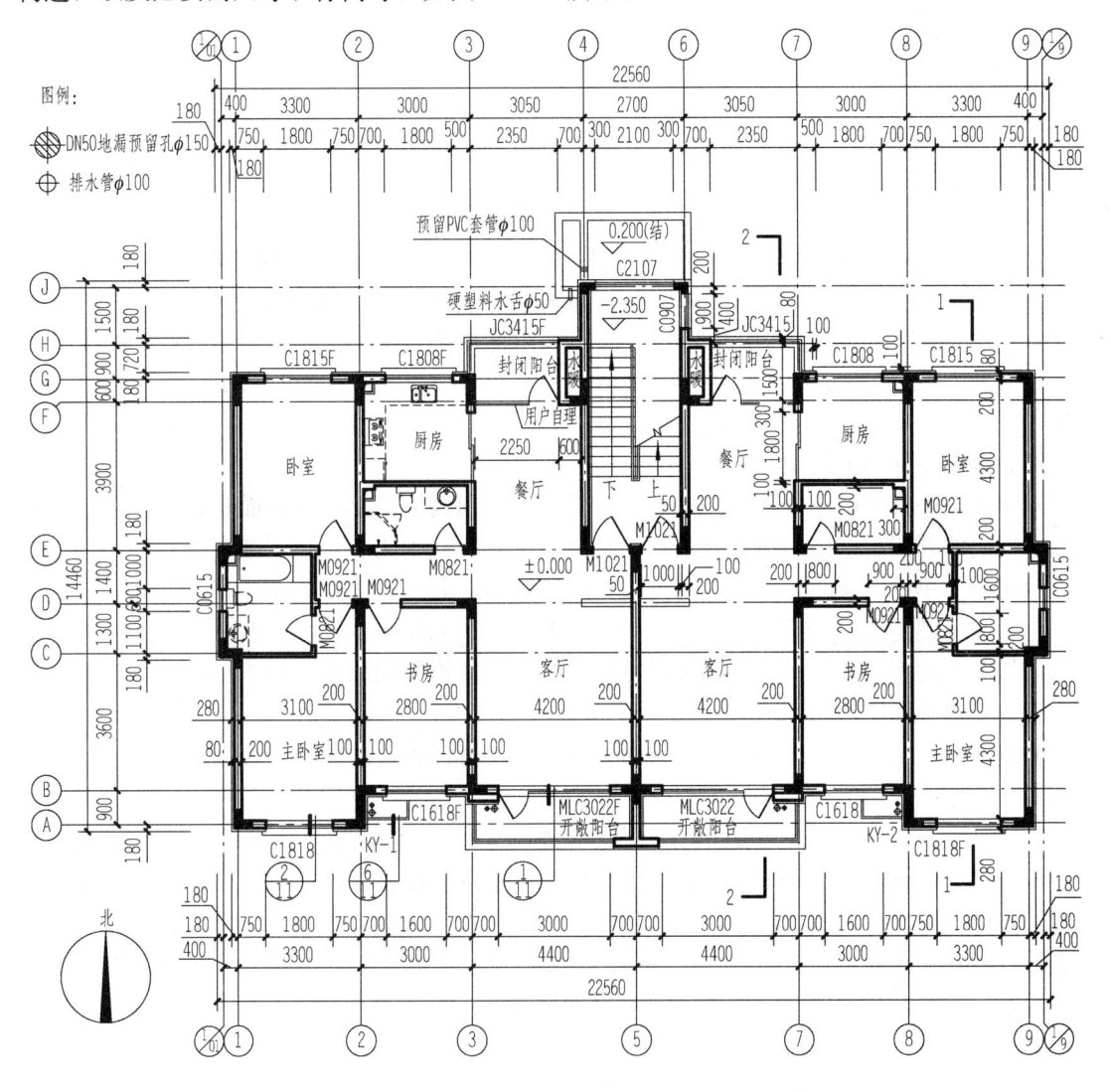

一层平面图 1:100

图 13-21 住宅一层平面图

在同一张图纸上绘制多于一层的平面图时，各层平面图宜按层数由低向高的顺序从左到右或从下到上布置。平面图的方向宜与总图方向一致。平面图的长边宜与横式幅面图纸的长边一致。

平面较大的建筑物，可分区绘制平面图，但每张平面图均应绘制组合示意图。

三、建筑平面图的比例及图名

平面图一般用1：50、1：100、1：150、1：200的比例绘制，实际工程中常用1：100的比例绘制。工程中常用比例见表13-2。

表 13-2　　　　　　　　　　工程中常用比例（GB/T 50104—2010）

图　　名	比　　例
建筑物或构筑物的平面图、立面图、剖面图	1：50、1：100、1：150、1：200、1：300
建筑物或构筑物的局部放大图	1：10、1：20、1：25、1：30、1：50
配件及构造详图	1：1、1：2、1：5、1：10、1：15、1：20、1：25、1：30、1：50

一般情况下，房屋的每一层都有相应的平面图，此外还有屋顶的平面图。即 n 层的房屋就有 $n+1$ 个平面图，并在每个平面图的下方标注相应的图名，如底层平面图、二层平面图、屋顶平面图等。图名下方应加画一粗实线，图名右方标注比例。当房屋中间若干层的平面布局和构造情况完全一致时，可用一个平面图来表达相同布局的若干层，称为标准层平面图。

四、建筑平面图的线型

对于建筑平面图的线型，按国标规定，凡是被剖切到的墙、柱的断面轮廓线宜用粗实线表示，门扇的开启示意线用中实线表示，其余可见投影线则用中实线、细实线表示。

绘制较简单的图样时，可采用两种线宽的线宽组，其线宽比宜为 $b：0.25b$。

屋顶平面图是屋顶的 H 面投影，除少数伸出屋面较高的楼梯间、水箱、电梯机房被剖到的墙体轮廓用粗实线表示外，其余可见轮廓线的投影均用细线表示。

五、建筑平面图的图示内容

建筑平面图主要表示建筑物的墙、柱位置，门、窗位置，楼梯的位置，室内设备（如卫生器具、水池等）的形状、位置等内容。

底层平面图应画出房屋本层相应的水平投影，以及与本栋房屋有关的台阶、花池、散水、垃圾箱等的投影；二层平面图除画出房屋二层范围的投影外，还应画出底层平面图无法表达的雨棚、阳台、窗楣等内容，而对于底层平面图上已表达清楚的台阶、花池、散水、垃圾箱等内容就不再画出；三层以上的平面图只需画出本层的投影内容及下一层的窗楣、雨棚等内容。屋顶平面图则主要用来表达房屋屋顶的形状、女儿墙位置、屋面排水方式、坡度、落水管位置等。

建筑平面图由于比例较小，各层平面图中的卫生间、楼梯间、门窗等投影难以详尽表示，便采用国标规定的图例来表达，而相应的详细情况则另用较大比例的详图来表达。房屋施工图常见图例见表13-3。

表 13-3　　　　　　　　　　房屋施工图常见图例（GB/T 50104—2010）

图　例	名　称	图　例	名　称
	底层楼梯平面		墙预留洞 墙预留槽

续表

图例	名称	图例	名称
	中间层楼梯平面		烟道 通风道
	顶层楼梯平面		单扇门 （平开或单面弹簧）
	可见检查孔 不可见检查孔		双扇门 （平开或单面弹簧）
	单扇双面弹簧门		单层固定窗
	双扇双面弹簧门		单层外开平开窗
	双扇内外开双层门 （平开或单面弹簧）		双层内外开平开窗

六、建筑平面图的标注

1. 轴线

为方便施工时定位放线和查阅图纸，常用定位轴线确定主要承重结构和构件（承重墙、梁、柱、屋架、基础等）的位置。对应次要承重构件，可用附加轴线表示。

图样对称时，一般标注在图样的下方和左侧；图样不对称时，以下方和左侧为主，上方和右方也要标注。

2. 尺寸

建筑平面图标注的尺寸有外部尺寸和内部尺寸。

(1) 外部尺寸：在水平方向和竖直方向各标注三道。最外一道尺寸标注房屋水平方向的总长、总宽，称为总尺寸；中间一道尺寸标注房屋的开间、进深，称为轴线尺寸（注：一般情况下两横墙之间的距离称为"开间"，两纵墙之间的距离称为"进深"）。最里边一道尺寸标注房屋外墙的墙段和门窗洞口及与其最邻近的轴线间的尺寸，称为细部尺寸。

如果建筑平面图图形对称，宜在图形的左边、下边标注尺寸；如果图形不对称，则需在图形的各个方向标注尺寸，或在局部不对称的部分标注尺寸。

(2) 内部尺寸：标注房屋内部门窗洞口、门垛、内墙厚、柱子截面等细部尺寸。

3. 标高

建筑物平面图宜标注室内外地坪、楼地面、地下层地面、阳台、平台、台阶等处的完成面标高。平屋面等不易标明建筑标高的部位可标注结构标高，并予以说明。结构找坡的平屋面，屋面标高可标注在结构板面最低点，并注明找坡坡度。

4. 门窗编号

为编制概预算的统计及施工备料，平面上的所有门窗都应编号。门常用"M1"、"M2"或"M-1"、"M-2"等表示，窗常用"C1"、"C2"或"C-1"、"C-2"表示，也可用标准图集上的门窗代号来编注门窗。门窗编号为"MF"、"LMT"、"LC"的含义分别为"防盗门"、"铝合金推拉门"、"铝合金窗"。为便于施工，图中还常列有门窗表（见表 13-4）。

表 13-4　　　　　　　　　　　门　窗　表

类别	设计编号	洞口尺寸（mm）		樘数	采用标准图集及编号		备注
		宽	高		图集代号	编号	
门							
窗							

5. 房间功能说明

建筑物平面图应注写房间的名称或编号。编号注写在直径为 6mm 的细实线绘制的圆圈内，并在同张图纸上列出房间名称表。图 13-21 采用的是注写房间名称的方式来表达。

6. 剖切位置及详图索引

建（构）筑物剖面图的剖切部位，应根据图纸的用途或设计深度，在平面图上选择能反映全貌、构造特征以及有代表性的部位剖切，剖切符号宜注在±0.000 标高的平面图（多为一层平面图）上，如图 13-21 所示。

7. 指北针

指北针应绘制在建筑物±0.000 标高的平面图（一层平面图）上，并放在明显位置，所指的方向应与总图一致。

七、建筑平面图看图示例

图 13-21 为某住宅一层平面图，绘图比例为 1:100，平面形状基本上为长方形，平面的下方为房屋的南向（具体朝向以指北针为准）。该住宅总长为 22.560m，总宽为 14.460m。

该住宅由北向楼梯间入口，每层两户，每户有三室两厅和一间厨房、两间卫生间。卧室开间 3.300m，主卧室进深较大，配置主卫生间，次卧室进深 4.500m。每户南北分别设置开敞和封闭阳台，分别与客厅或餐厅连接。住宅门窗采用标准图集编号，具体样式见表 13-4。

图 13-2 表明该住宅地上四层，另设半地下车库，楼梯入口处标高为 -2.350m（即低于一层地面 2.350m）。从屋顶平面图可看出，该住宅为平屋顶，单向找坡。屋面的排水方式为落水管外排水。

八、建筑平面图的绘图步骤

建筑平面图的绘图步骤如下：

（1）根据开间和进深的尺寸，先画出墙身定位轴线及柱网，再根据墙体、柱的位置和尺寸，用细实线画出内外墙厚度轮廓线或者柱轮廓线，如图 13-22（a）所示。

（2）根据门窗洞口的分段尺寸画出轮廓线，用细实线画出楼梯、平台、台阶、散水、雨棚等细部，再按图例画出门窗、厨房灶具、卫生间设备、烟道、通风道等，如图 13-22（b）所示。

（3）检查全图无误后，擦去多余线条，按图面要求加深所有图线，使图面层次清晰，如图 13-22（c）所示。

（4）标注轴线编号、标高尺寸、内外部尺寸、门窗编号、索引符号，书写其他文字说明。在底层平面图中，还应画剖切符号以及在图外适当的位置画上指北针图例，以表明方

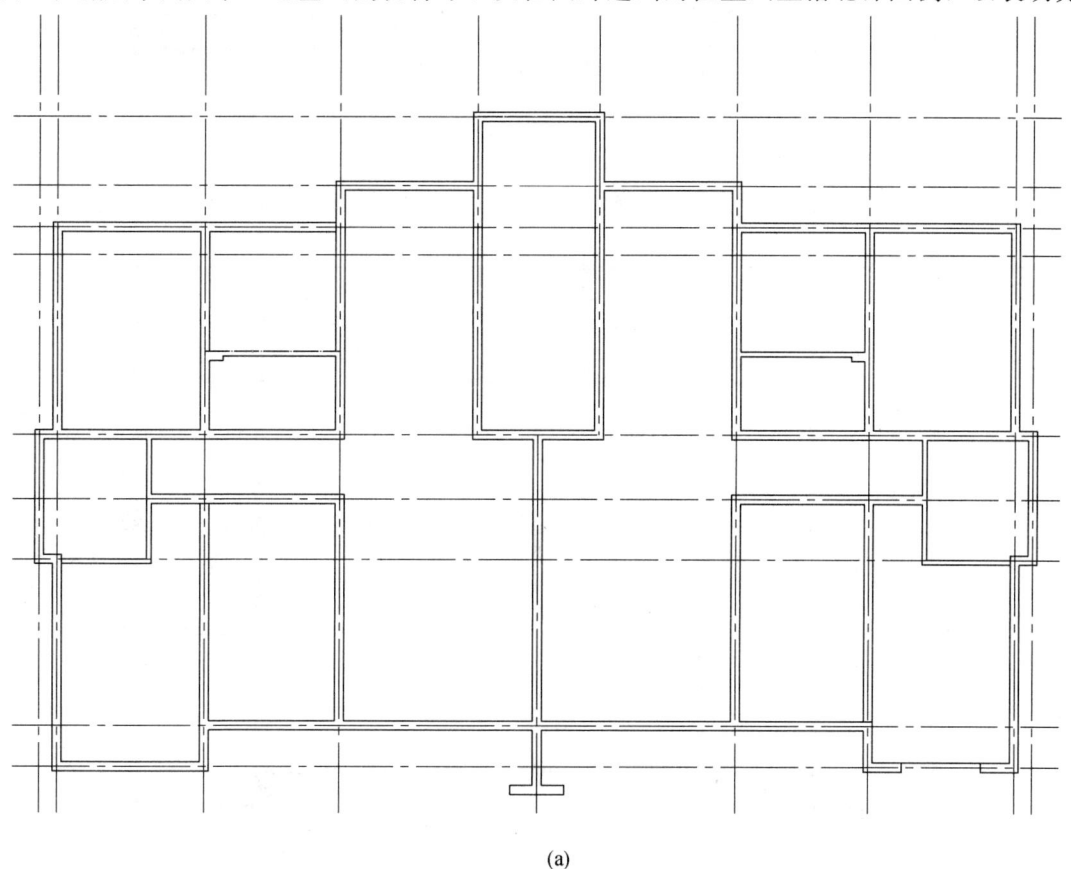

(a)

图 13-22 建筑平面图绘图步骤（一）

位，如图 13-22（d）所示。标注或书写时，汉字采用长仿宋体：图名一般为 7~10 号字，图内说明字一般为 5 号字。尺寸数字通常用 3.5 号字。字形要工整、清晰。

(b)

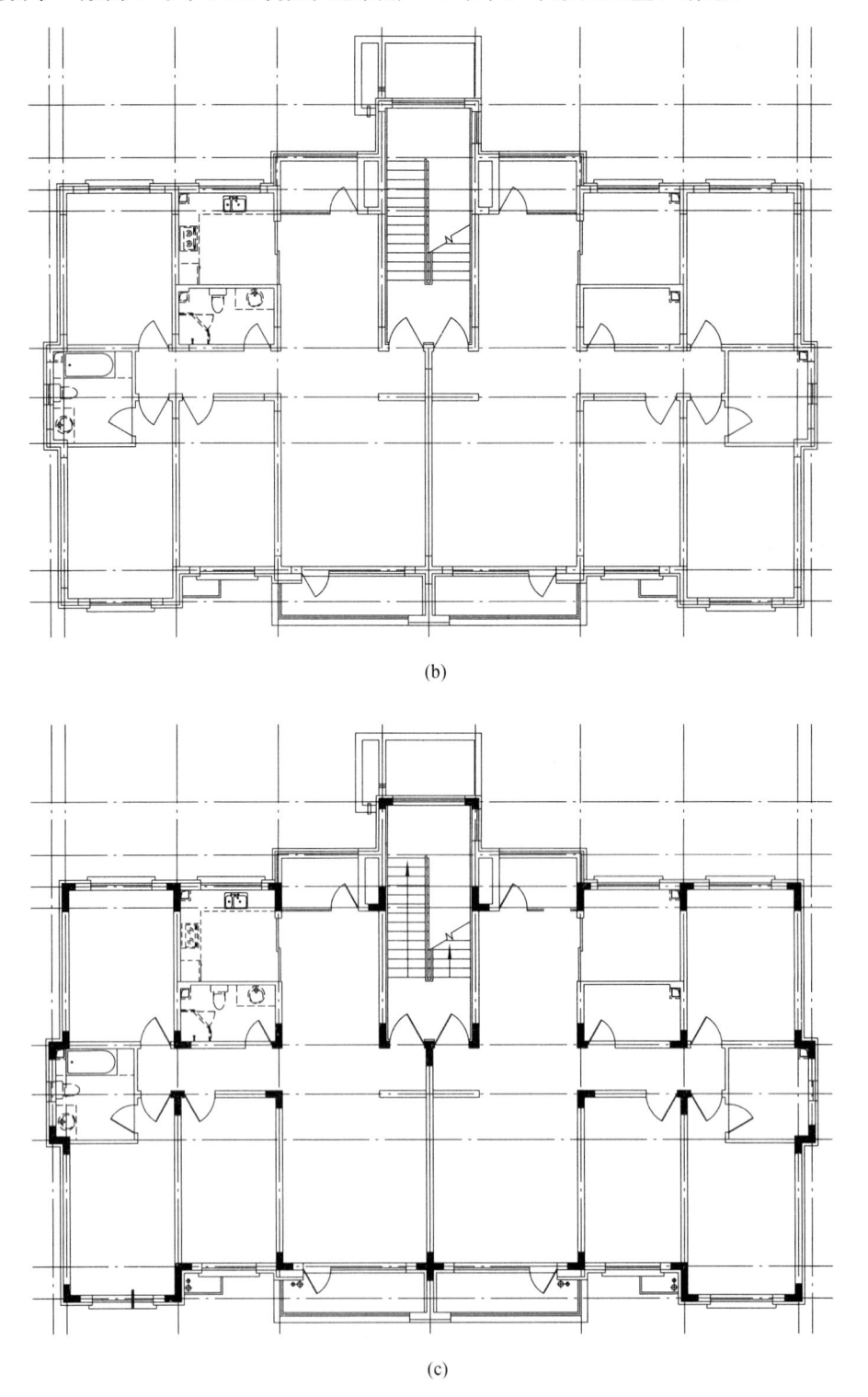

(c)

图 13-22 建筑平面图绘图步骤（二）

一层平面图 1:100

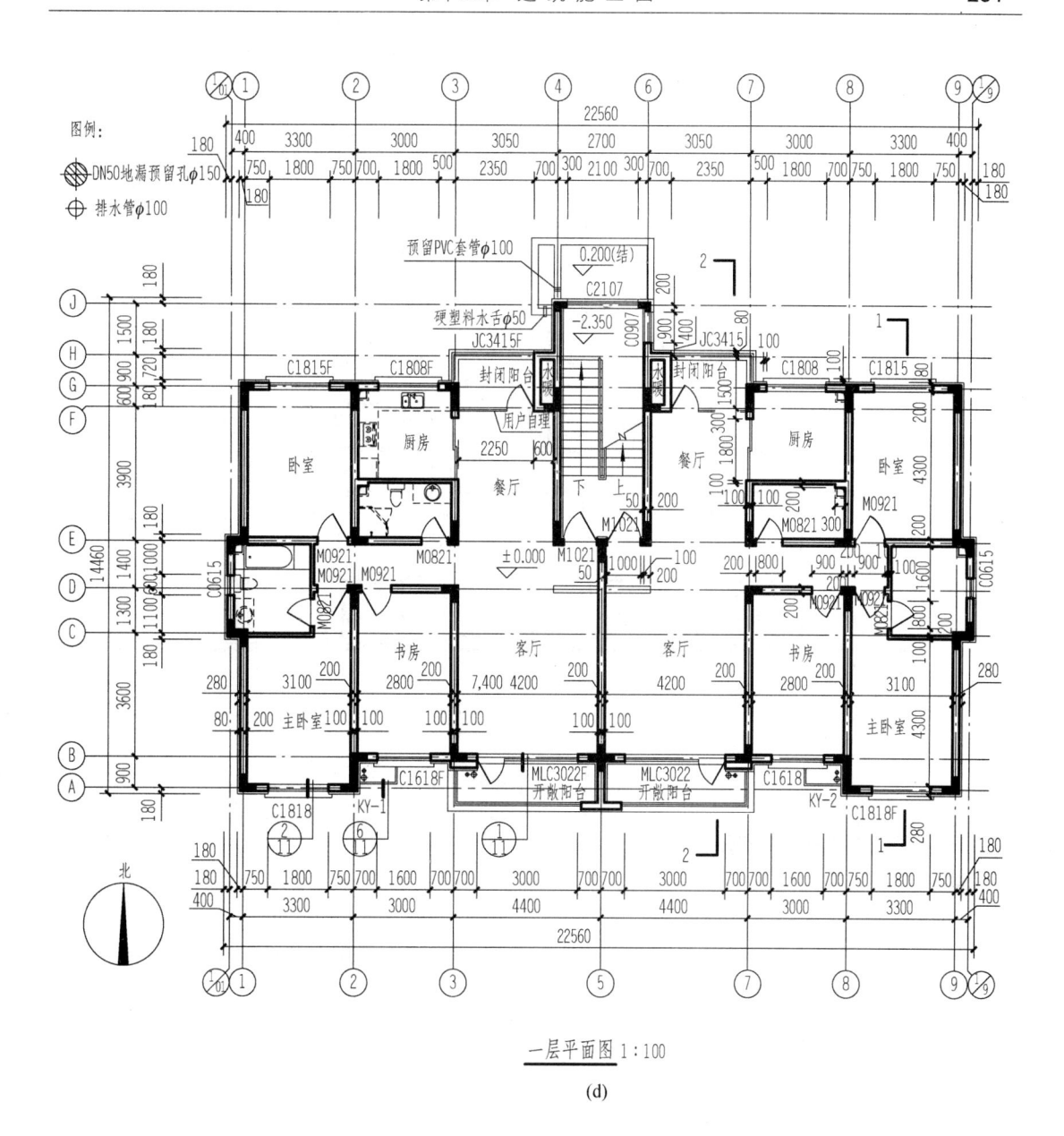

(d)

图 13-22　建筑平面图绘图步骤（三）

第五节　建筑立面图

一、建筑立面图的用途

建筑立面图简称立面图，主要用来表达房屋的外部造型、门窗位置及形式、外墙面装修、阳台、雨篷等部分的材料和做法等，如图 13-23 所示。

二、建筑立面图的形成

建筑立面图是按正投影法绘制，将建筑物的墙面向与该墙面平行的投影面投影所得到的投影图。

图 13-23　住宅建筑立面图

三、建筑立面图的比例及图名

建筑立面图的比例与平面图一致，常用 1∶50、1∶100、1∶150、1∶200 的比例绘制。

建筑立面图常用以下三种方式命名：

(1) 以建筑墙面的特征命名：常把建筑主要出入口所在墙面的立面图称为正立面图，其余几个立面相应称为背立面图、侧立面图等。

(2) 以平面图各面的朝向确定名称，如东立面图、西立面图、南立面图、北立面图。

(3) 有定位轴线的建筑物，宜根据两端定位轴线号编注立面图名称，如①～⑨立面图，Ⓐ～Ⓗ立面图等。

如果建筑物的平面形状较曲折，则可绘制展开立面图。圆形或多边形平面的建筑物，可分段展开绘制立面图，但应在图名后加注"展开"二字。

四、建筑立面图的图示内容

立面图应根据正投影原理绘出建筑物外墙面上所有门窗、雨篷、檐口、壁柱、窗台、窗楣及底层的勒脚、入口处的台阶、花池等的投影。由于比例较小，立面图上的门、窗等构件也用图例表示。相同的门窗、阳台、外檐装修、构造做法等可在局部重点表示，绘出其完整图形，其余部分可只画轮廓线。

五、建筑立面图的线型

为使建筑立面图主次分明、图面美观，通常用粗实线表示立面图的最外轮廓线，而凸出或凹进墙面的雨篷、阳台、柱子、窗台、窗楣、门窗洞口、台阶、花池等的投影线用中粗线画出，地坪线用加粗线（粗于标准粗度的 1.4 倍）画出，其余如门、窗、扇及墙面分格线、落水管以及材料符号引出线、说明引出线等用细实线画出。

六、建筑立面图的标注

1. 轴线

有定位轴线的建筑物，立面图宜标注建筑物两端的定位轴线及其编号。

2. 尺寸

建筑立面图在竖直方向标注三道尺寸。最内一道尺寸标注房屋的室内外高差，门窗洞口高度，垂直方向窗间墙、窗下墙高，檐口高度等细部尺寸；中间一道尺寸标注层高尺寸；最外一道尺寸为总高尺寸。

立面图水平方向一般不注尺寸。

3. 标高

建筑立面图宜注写各主要部位的完成面标高（相对标高），如室外地坪、窗台、阳台、雨篷、女儿墙顶、屋顶水箱间及楼梯间屋顶等的标高。

4. 装修说明

在建筑物立面图上，外墙表面分格线应表示清楚。应用文字说明各部位所用面材及色彩，也可以在建筑设计说明中列出外墙面的装修做法，而不注写在立面图中，以保证立面图完整、美观。

七、建筑立面图看图示例

图 13-23 所示的立面图，绘图比例与平面图一样，为 1:100，以便对照阅读。此立面图为该住宅的⑨～①立面图，由一层平面图可看出是北立面图。此立面室内外高差为 2.800m，层高为 2.900m，地上共有四层，建筑总高为 16.90m，各层窗台高为 0.900m；在建筑的主要出入口处设有一悬挑雨篷，有一个三级台阶；该立面外形规则，立面造型简洁，外墙采用黄色、灰色和深灰色涂料饰面，以获得良好的立面效果。

八、建筑立面图的绘图步骤

建筑立面图的绘图步骤如下：

（1）画室外地坪及两端的定位轴线、外墙轮廓线、屋顶线等，如图 13-24（a）所示。

（2）根据层高、各部分标高和平面图门窗洞口尺寸，画出立面图中门窗洞、檐口、雨篷、雨水管等细部的外形轮廓，如图 13-24（b）所示。

（3）画出门窗、墙面分格线、雨水管等细部，对于相同的构造、做法（如门窗立面和开启形式），可以只详细画出其中一个，其余的只画外轮廓，如图 13-24（c）所示。

（4）检查无误后加深图线，并注写尺寸、标高、首尾轴线号、墙面装修说明文字、图名和比例，说明文字用 5 号字，如图 13-24（d）所示。

(a)

(b)

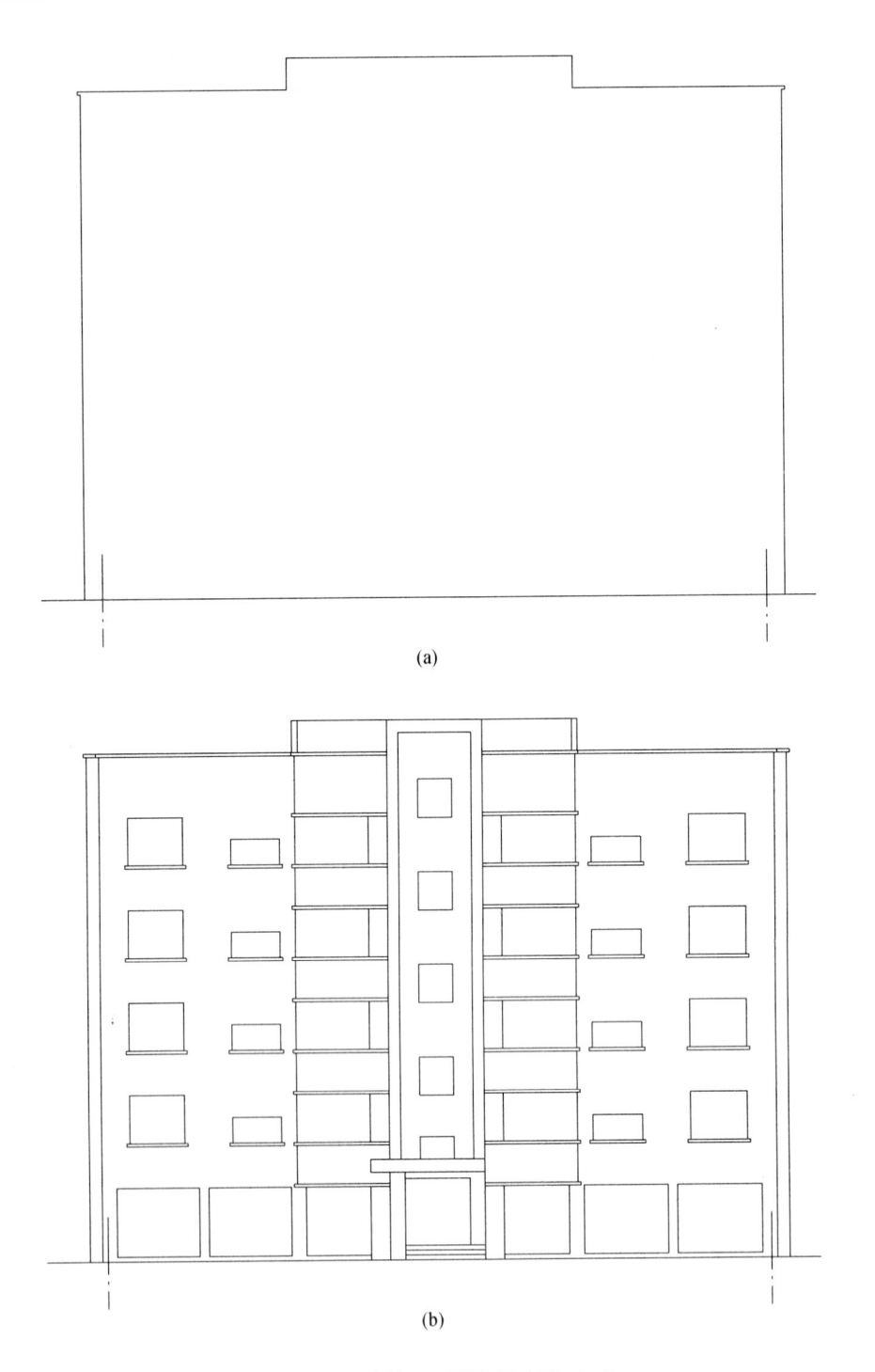

图 13-24 建筑立面图绘图步骤（一）

(c)

(d)

图 13-24 建筑立面图绘图步骤（二）

第六节 建筑剖面图

一、建筑剖面图的用途

建筑剖面图简称剖面图，主要用于表示房屋内部的结构或构造方式，如屋面（楼、地面）形式、分层情况、材料、做法、高度尺寸及各部位的联系等。它与平面图、立面图互相配合，用于计算工程量，指导各层楼板和屋面施工、门窗安装和内部装修等，如图13-25所示。

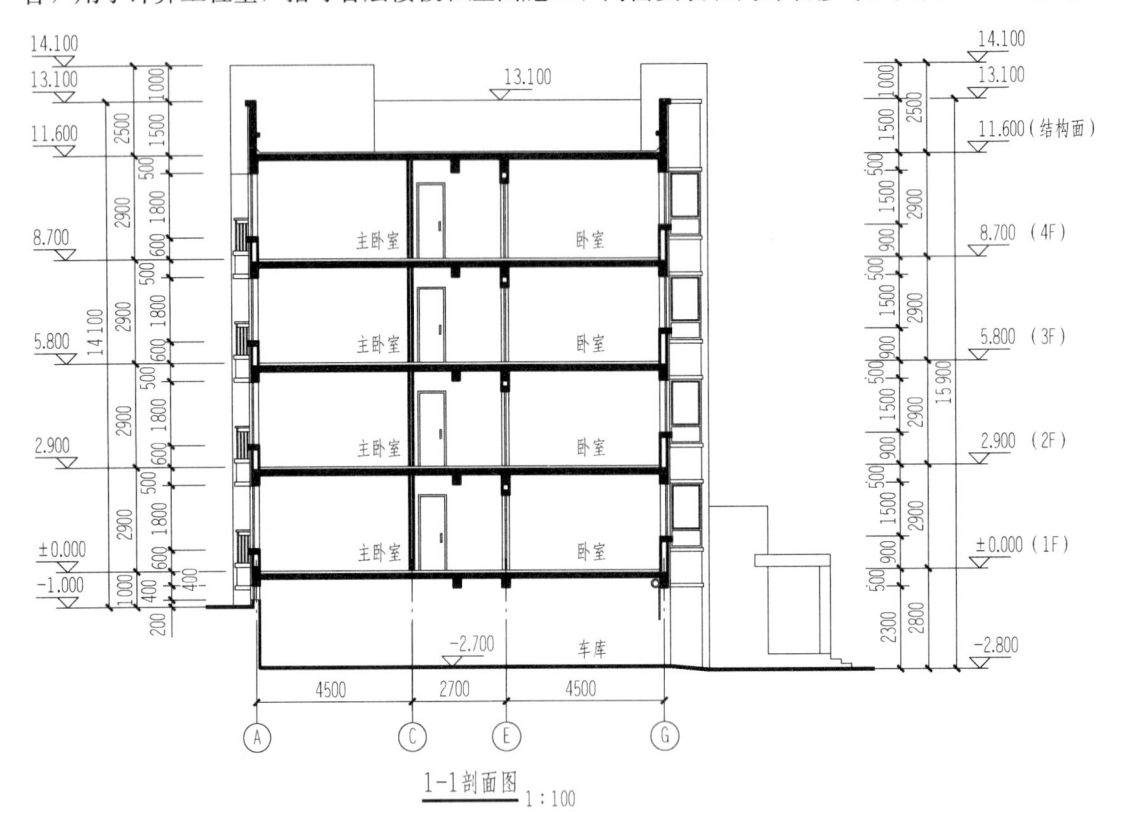

图13-25 某住宅建筑剖面图

二、建筑剖面图的剖切位置

剖面图是假想用一铅垂剖切面将房屋剖切开后移去靠近观察者的部分而作出的剩下部分的投影图。

剖面图的数量是根据房屋的复杂情况和施工实际需要确定的；剖面图的剖切部位，应根据图纸的用途或设计深度，在平面图上选择能反映全貌、构造特征以及有代表性的部位剖切，如门窗洞口和楼梯间等位置，并应通过门窗洞口剖切。剖面图的图名符号应与底层平面图上的剖切符号相对应。

三、建筑剖面图的比例

剖面图的比例常与平面图、立面图的比例一致，即采用1∶50、1∶100、1∶150、1∶200的比例绘制。由于比例较小，剖面图中的门、窗等构件也采用国标规定的图例来表示。

四、建筑剖面图的图示内容

剖面图每层都以楼板为分界，主要表示房屋的内部竖向构造，一般包括：

(1) 必要的定位轴线及轴线编号。

(2) 剖切到的屋面、楼面、墙体、梁等的轮廓及材料做法。

(3) 建筑物内部分层情况以及竖向、水平方向的分隔。

(4) 即使没被剖切到，但在剖视方向可以看到的建筑物构配件。

(5) 屋顶的形式及排水坡度。

(6) 标高及必须标注的局部尺寸。

(7) 必要的文字注释。

五、建筑剖面图的线型

按国标规定，凡是剖到的墙、板、梁等构件的剖切线，均用粗实线表示；而没剖到的其他构件的投影，则常用中实线、细实线表示。

六、建筑剖面图的标注

1. 轴线

常标注剖到的墙、柱及剖面图两端的轴线和轴线编号。

2. 尺寸

(1) 竖直方向：标注三道尺寸，最外一道为总高尺寸，从室外地坪起标注建筑物的总高度；中间一道尺寸为层高尺寸，标注各层层高（从某层的楼面到其上一层的楼面之间的尺寸称为层高，某层的楼面到该层的顶棚面之间的尺寸称为净高）；最里边一道尺寸为细部尺寸，标注墙段及洞口尺寸。

(2) 水平方向：常标注剖到的墙、柱及剖面图两端的轴线间距。

3. 标高

标注建筑物的室内地面、室外地坪、各层楼面、门顶、窗台、窗顶、墙顶、梁底等部位完成面标高。

4. 其他标注

由于剖面图比例较小，某些部位，如墙脚、窗台、过梁、墙顶等节点不能详细表达，可在剖面图上的该部位画上详图索引标志，另用详图来表示其细部构造尺寸。此外，楼地面及墙体的内外装修可用文字分层标注。

七、建筑剖面图看图示例

如图13-25所示，由图名可知为该例住宅的"1-1剖面图"，根据图13-21一层平面图上的1-1剖切符号、轴线编号，可知"1-1剖面"是一个剖切平面通过两间卧室和主卫生间剖切后向西投射所得的横剖面图。比例与平面、立面一致，即为1∶100。图上涂黑部分是钢筋混凝土梁（包括框架梁、门窗过梁等）。

剖面图上反映了被剖到处屋面的形式，该住宅为平屋顶。从图中还可看出，该住宅南北室外地坪高度差别较大（高差为1.800m）。

该例因是横剖面图，所以在剖面图下方注有进深尺寸。该住宅四层层高均为2.900m。

八、建筑剖面图的绘图步骤

建筑剖面图的绘图步骤如下：

(1) 画定位轴线、室内外地坪线、各层楼面线和屋面线，并画出墙身轮廓线，如图13-

26（a）所示。

（2）画出楼板、屋顶的构造厚度，再确定门窗位置及细部（如梁、板、楼梯段与休息平台等）如图 13-26（b）所示。

（3）经检查无误后，擦去多余线条。按施工图要求加深图线，画材料图例。注写标高、尺寸、图名、比例及有关文字说明，如图 13-26（c）所示。

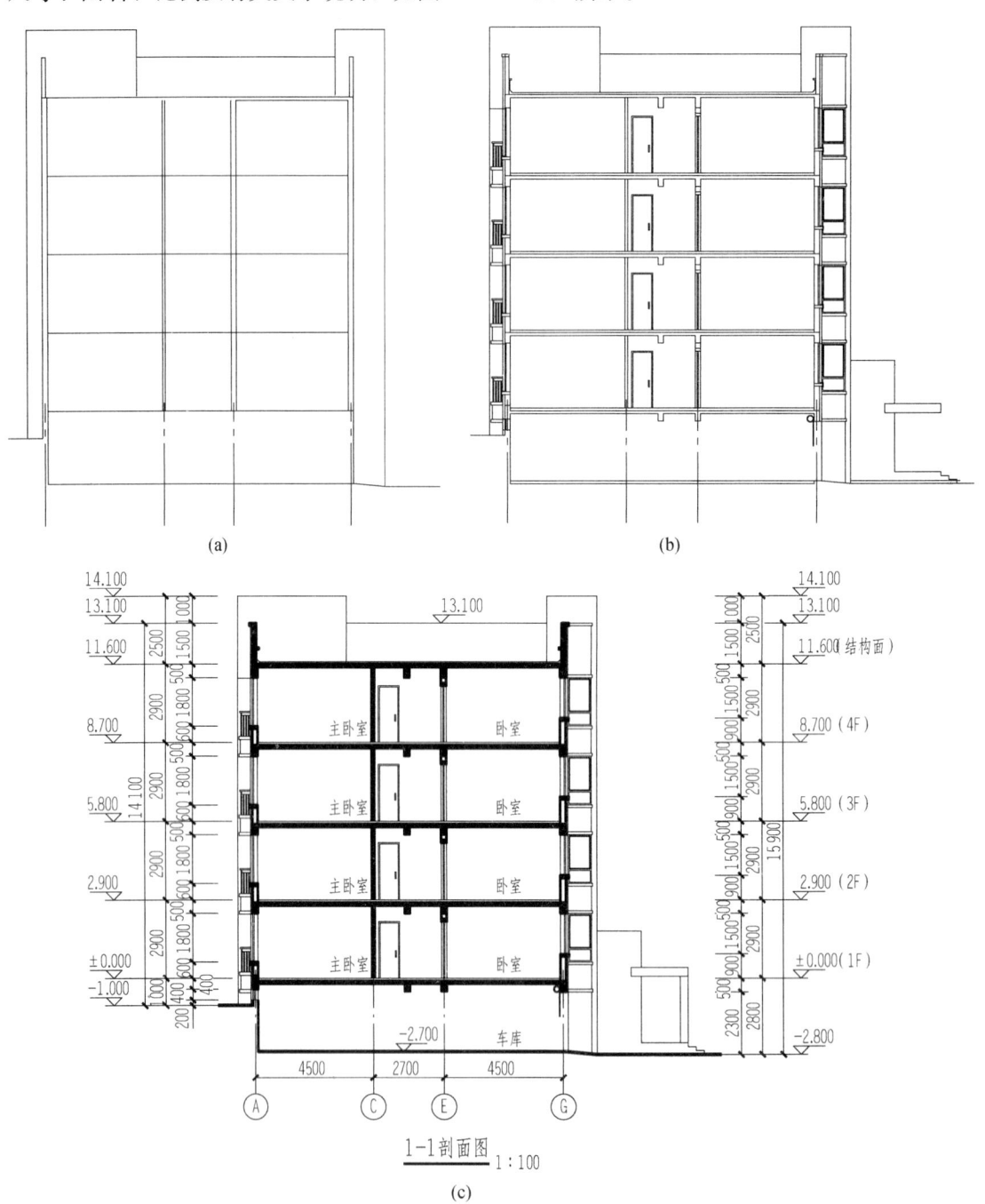

图 13-26　建筑剖面图绘图步骤

《建筑制图标准》（GB/T 50104—2010）规定，不同比例的平面图、剖面图，其抹灰层、楼地面、材料图例的省略画法应符合下列规定：

（1）比例大于 1∶50 的平面图、剖面图，应画出抹灰层与楼地面、屋面的面层线，并宜画出材料图例。

（2）比例等于 1∶50 的平面图、剖面图，宜画出楼地面、屋面的面层线，抹灰层的面层线应根据需要而定。

（3）比例小于 1∶50 的平面图、剖面图，可不画出抹灰层，但宜画出楼地面、屋面的面层线。

（4）比例为 1∶100～1∶200 的平面图、剖面图，可画简化的材料图例（如砌体墙涂红、钢筋混凝土涂黑等），但宜画出楼地面、屋面的面层线。

（5）比例小于 1∶200 的平面图、剖面图，可不画材料图例，剖面图的楼地面、屋面的面层线可不画出。

第七节 建 筑 详 图

一、建筑详图的用途

从建筑的平面图和立面图及剖面图上虽然可以看到房屋的外形、平面布置、立面概况和内部构造及主要尺寸，但由于图幅的限制，局部细节的构造在这些图上不能够明确地表达出来。为了清楚地表达这些细节构造，对房屋的细部或构配件用较大的比例将其形状、大小、材料和做法，按正投影的画法详细地表示出来的图样，称为建筑详图，亦称建筑大样图。

建筑详图包括建筑外檐剖面详图、楼梯详图、门窗等所有建筑装修和构造，以及特殊做法的详图，其详尽程度以能满足施工预算、施工准备和施工依据为准。

1. 建筑详图的特点

（1）大比例：详图的比例宜用 1∶1、1∶2、1∶5、1∶10、1∶20、1∶50 绘制，必要时也可选用 1∶3、1∶4、1∶25、1∶30、1∶40 等。详图上应画出建筑材料图例符号及各层次构造，如抹灰线。

（2）全尺寸：图中所画出的各构造，除用文字注写或索引外，都需详细注出尺寸。

（3）详图说明：因详图是建筑施工的重要依据，不仅要大比例，还必须确保图例和文字详尽、清楚，有时还引用标准图。

2. 建筑详图的分类

常用的详图基本上可以分为三类，即节点详图、房间详图和构配件详图。

（1）节点详图：节点详图用索引和详图表达某一节点部位的构造、尺寸做法、材料、施工需要等。最常见的节点详图是外墙剖视详图，它是将外墙各构造节点等部位，按其位置集中画在一起构成的局部剖视图。

（2）房间详图：房间详图是用更大的比例将某一房间绘制出来的图样，如楼梯详图、单元详图、厨厕详图。一般来说，这些房间的构造或固定设施都比较复杂。

（3）构配件详图：构配件图是表达某一构配件的形式、构造、尺寸、材料、做法的图样，如门窗详图、雨篷详图、阳台详图，一般情况下采用国家和某地区编制的建筑构造和构配件的标准图集。

下面主要介绍楼梯详图、墙身详图。

二、楼梯详图

楼梯是由楼梯段、休息平台、栏杆或栏板组成。楼梯详图主要表示楼梯的类型、结构形式、各部位的尺寸及装修做法等，是楼梯施工放样的主要依据。

楼梯的建筑详图一般有楼梯平面图、楼梯剖面图以及踏步和栏杆等节点详图。楼梯详图应尽量安排在同一张图纸上，以便阅读。

1. 楼梯平面图

楼梯平面图实际上是建筑平面图中楼梯间部分的局部放大图，如图 13-27 所示。

楼梯平面图通常要分别画出底层楼梯平面图、顶层楼梯平面图及中间各层的楼梯平面图。当中间各层的楼梯位置、楼梯数量、踏步数、梯段长度都完全相同时，可以只画一个中间层楼梯平面图。这种相同的中间层的楼梯平面图称为标准层楼梯平面图。各层楼梯平面图宜上下对齐（或左右对齐），其中底层、……、顶层平面图依次从下到上（或从左到右）布置，以便于阅读和尺寸标注，其比例常为 1∶50。

楼梯平面图的水平剖切位置，除顶层在安全栏板（或栏杆）之上外，其余各层均在上行第一跑中间。楼梯段被水平剖切后，其剖切线是水平线，而各级踏步也是水平线。为了避免混淆，剖切处规定画 30°或 45°折断符号，首层楼梯平面图中的折断符号宜以楼梯平台板与梯段的分界处为起始点画出，使第一梯段的长度保持完整。

楼梯平面图主要表明梯段的长度和宽度、上行或下行的方向、踏步数和踏面宽度、楼梯休息平台的宽度、栏杆扶手的位置以及其他一些平面形状。

楼梯平面图中，梯段的上行或下行方向是以各层楼地面为基准标注的。向上者称为上行，向下者称为下行，并用长线箭头和文字在梯段上注明上行、下行的方向及踏步总数。

楼梯平面图上应注出定位轴线和编号，以确定其在建筑平面图中的位置，还应注出楼梯间的开间尺寸、进深尺寸、梯段的水平投影长度和宽度、踏步面的个数和宽度、平台宽度、楼梯井宽度等。此外，注出各层楼面、休息平台面及底层地面的标高。如有详图说明的节点，还应画出索引符号。梯段长度尺寸标为：踏面宽×踏面数＝梯段长，如二~四层平面图中的 260×8＝2080，表示该梯段有 8 个踏面，每一踏面宽为 260，楼梯长为 2080。在底层楼梯平面图中，还应注出楼梯剖面图的剖切位置和投影方向。

楼梯平面图的画法如下：

（1）根据楼梯间的开间和进深画出定位轴线，然后画出墙的厚度及门窗洞位置等，如图 13-28（a）所示。

（2）画出楼梯平台宽度、梯段长度、宽度，再根据踏步级数 n 在梯段上用等分平行线间距的方法画出踏步面数（等于 $n-1$），如图 13-28（b）所示。

（3）画出栏杆、楼梯折断线、门窗等细部内容，并根据图线层次进行加深，再标注标高、尺寸、轴线编号、楼梯上下方向指示线及箭头楼梯剖切符号等，如图 13-28（c）所示。

2. 楼梯间剖面图

楼梯剖视图的形成与建筑剖视图相同，主要表明各梯段、休息平台的形式和构造，如图 13-29 所示。

楼梯剖面图绘制的比例与楼梯平面图的比例相同或者更大，其剖切位置宜选择在通过第一跑梯段及门窗洞口，并向未剖到的第二跑梯段方向投影。图 13-29 为按图 13-27 剖切位

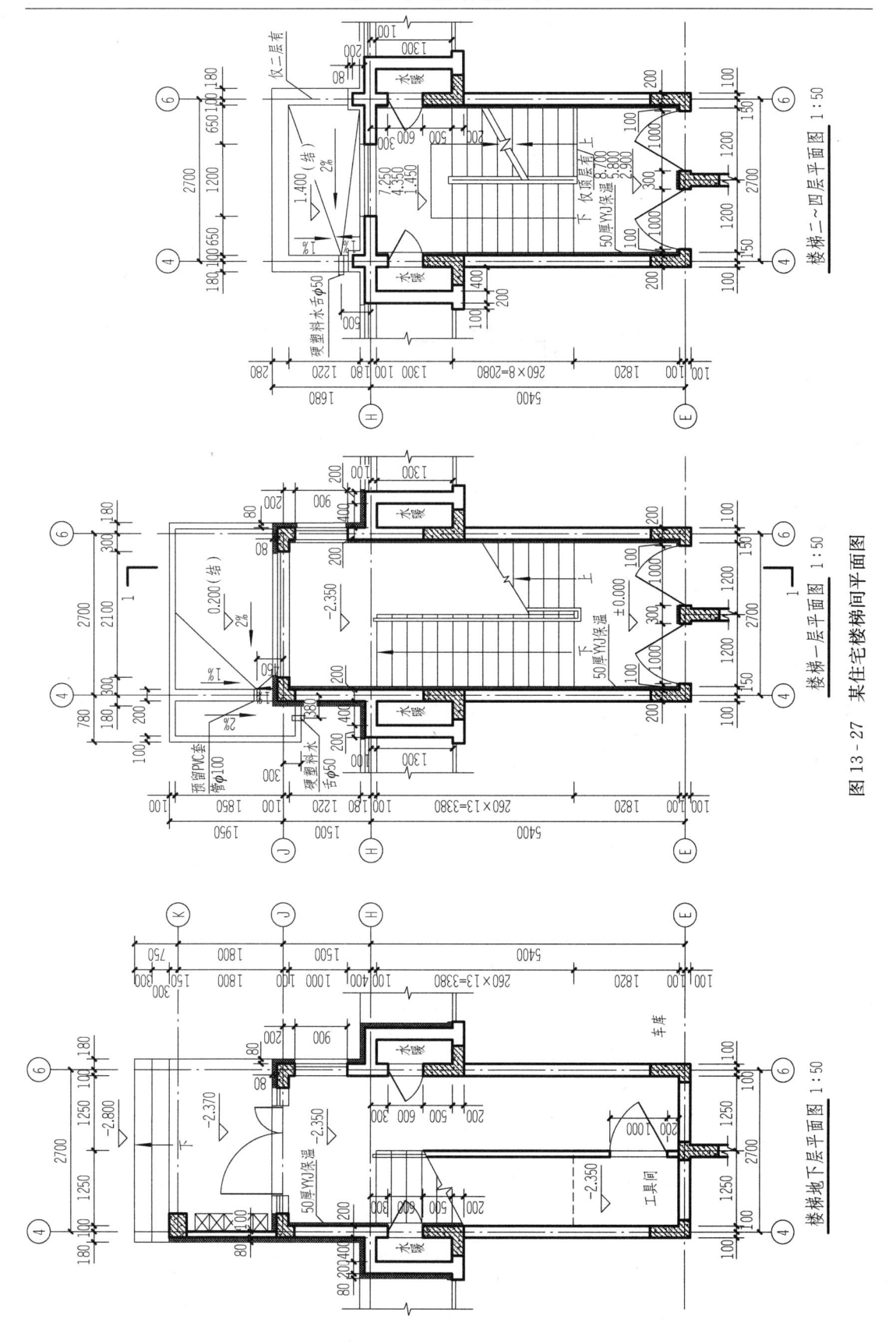

图 13-27 某住宅楼梯间平面图

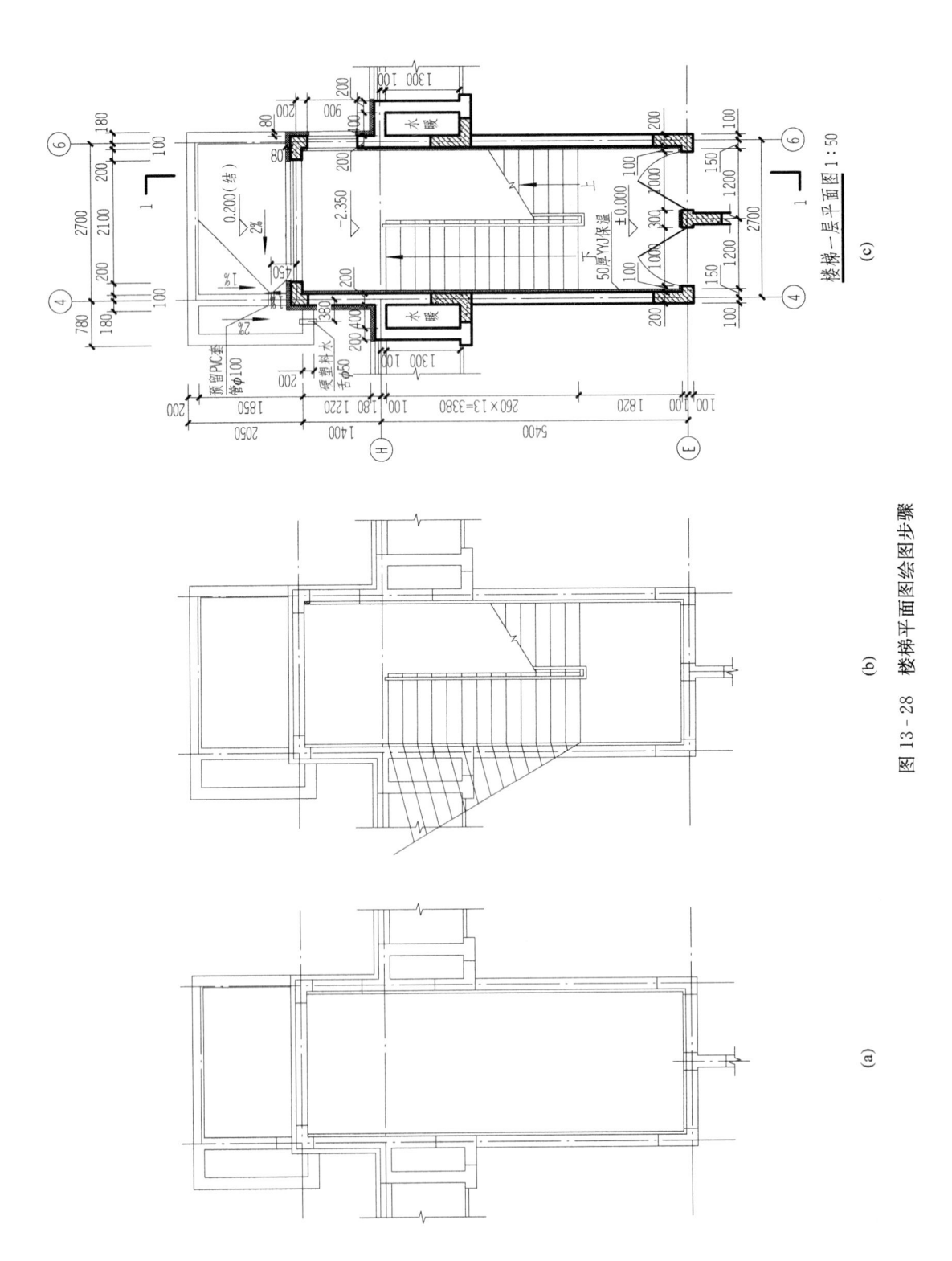

图 13-28 楼梯平面图绘图步骤

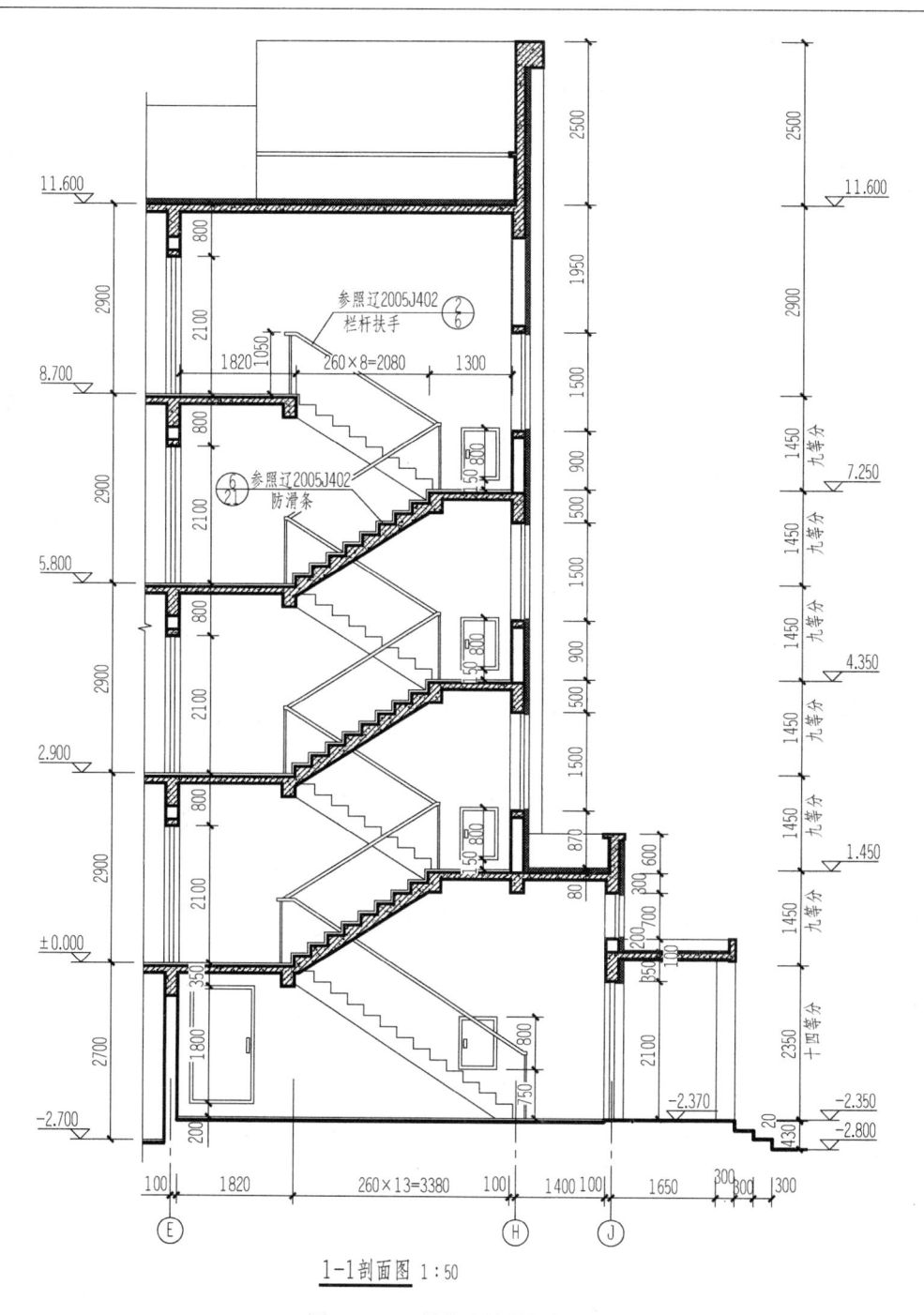

图 13-29 某住宅楼梯间剖面图

置绘制的剖面图。

被剖切到梯段的步级数可直接看到,未剖切到梯段的步级数因栏板遮挡或因梯段为暗步梁板式等原因而不可见时,可用虚线表示,也可直接从其高度尺寸上看出该梯段的步级数。

多层或高层建筑的楼梯间剖面图,如中间若干层构造一样,可用一层表示这相同的若干层剖面,此层的楼面和平台面的标高可看出所代表的若干层情况。若楼梯间的屋面构造做法没有特殊之处，一般不再画出。

楼梯间剖面图的主要标注内容有：

(1) 水平方向：标注被剖切墙的轴线编号、轴线尺寸及中间平台宽、梯段长等细部尺寸。

(2) 竖直方向：标注剖到墙的墙段、门窗洞口尺寸及梯段高度、层高尺寸。梯段高度应标成：步级数×踢面高＝梯段高。

(3) 标高及详图索引：楼梯间剖面图上应标出各层楼面、地面、休息平台面及平台梁下底面的标高。对需画出踏步、扶手等的详图，则应标出其详图索引符号和其他尺寸，如栏杆（或栏板）高度。

从图 13-29 中可看出：此剖面图的剖切位置是通过第一跑梯段及 E 轴线墙上的门、H 轴线墙上的窗洞口。室外至一层为一跑楼梯，有 14 级；其他各层为双跑楼梯，每跑楼梯 9 级，每层 18 个踏步，踏面宽尺寸 260，栏杆高 1050。各楼地面及平台面标高都在图中清楚表达，扶手、栏杆、防滑条做法引用标准图集表示。

楼梯剖面图的画法如下：

(1) 画出定位轴线及墙身，再根据标高画出室内外地面线，各层楼面、楼梯休息平台所在位置，如图 13-30（a）所示。

(2) 根据楼梯段的长度 L、平台宽度 a、踏步级数 n 定出楼梯的位置，再用等分两平行

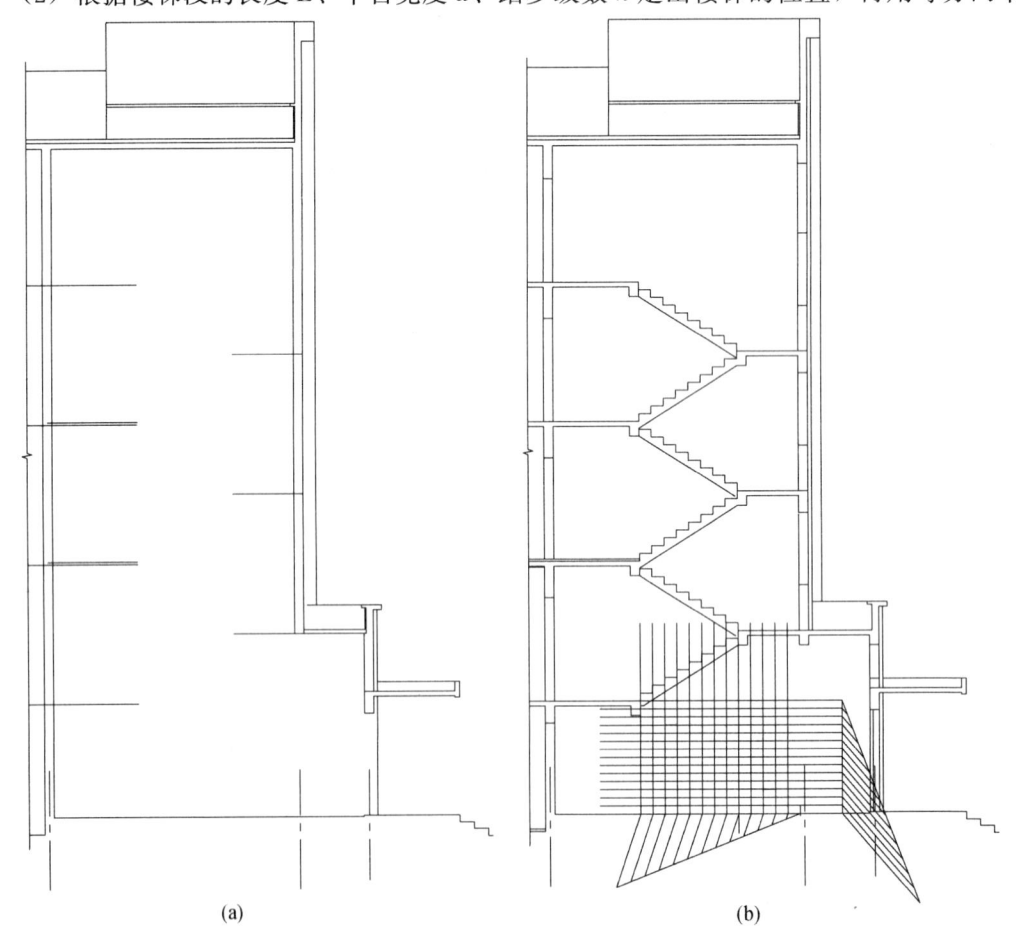

图 13-30 楼梯剖面图绘图步骤（一）

线距离的方法画出踏步的位置，如图 13-30（b）所示。

（3）画出门、窗、梁、板、台阶、雨篷、扶手、栏杆等细部，加深图线并标注标高、尺寸、轴线编号等，如图 13-30（c）所示。

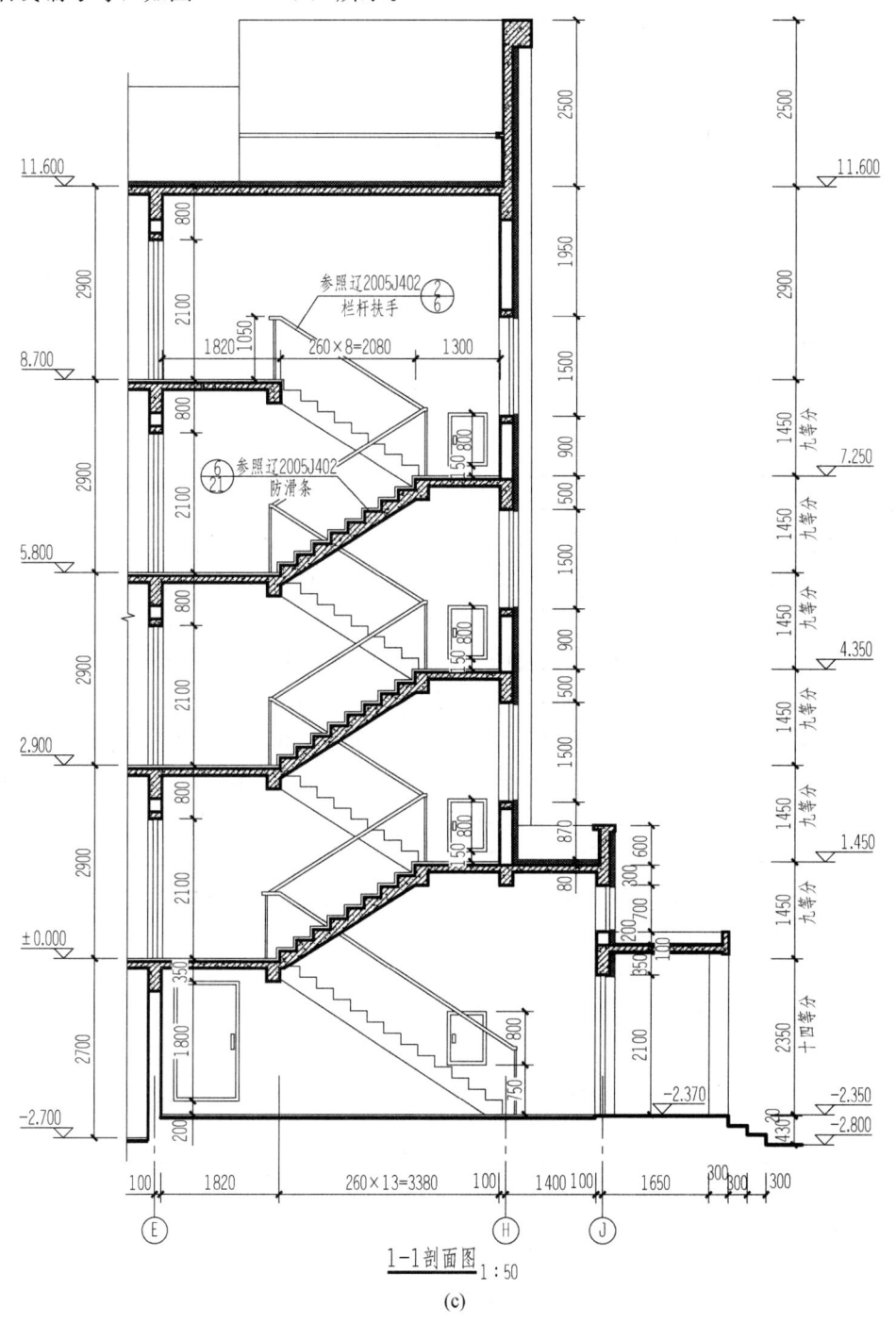

1-1 剖面图 1:50

(c)

图 13-30　楼梯剖面图绘图步骤（二）

3. 楼梯节点详图

楼梯节点详图主要是指栏杆详图、扶手详图及踏步详图。它们分别用索引符号与楼梯平面图或楼梯剖面图联系。

踏步详图表明踏步的截面尺寸、大小、材料及面层的做法。栏杆与扶手详图主要表明栏杆及扶手的形式、大小、所用材料及其与踏步的连接等情况。

在工程实践中,楼梯节点详图多引用标准图集中图样,如图13-31中详图①是根据标准图集辽2005J402中第6页的详图②绘制的栏杆扶手详图。

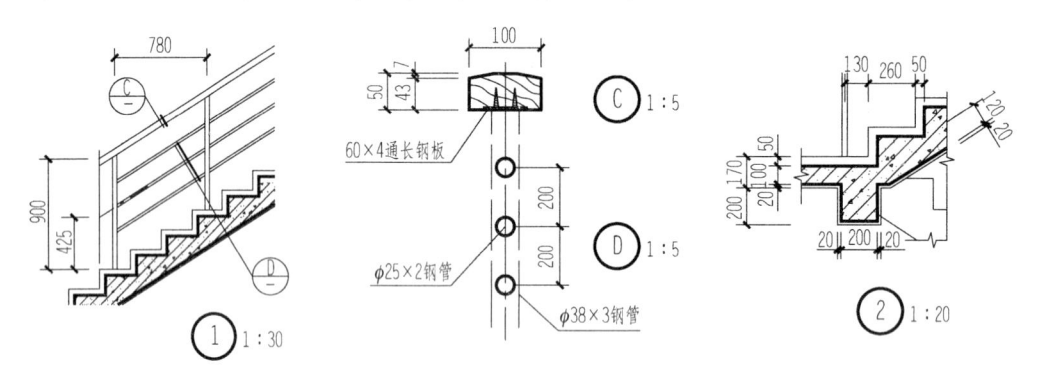

图13-31 某住宅楼梯节点详图

三、墙身详图

墙身详图也称墙身大样图,实际上是建筑剖面图的有关部位的局部放大图。它主要表达墙身与地面、楼面、屋面的构造连接情况,以及檐口、门窗顶、窗台、勒脚、防潮层、散水、明沟的尺寸、材料、做法等构造情况,如图13-32所示。墙身详图是砌墙、室内外装修、门窗安装、编制施工预算及材料估算等的重要依据。有时在外墙详图上引出分层构造,注明楼地面、屋顶等的构造情况,而在建筑剖面图中省略不标。

墙身详图常用较大比例(如1∶20)绘制,线型同剖面图,详细地表明外墙身从防潮层至屋顶间各主要节点的构造。为表达简洁、完整,常在门窗洞中间(如窗台与窗顶之间)断开,因此在门窗洞口处出现双折断线(该部位图形高度变小,但标注的窗洞竖向尺寸不变),成为几个节点详图的组合。多层房屋中,若中间几层的情况相同,也可以只画底层、顶层和一个中间层来表示。有时墙身详图不以整体形式布置,而把各个节点详图分别单独绘制,也称墙身节点详图。

1. 墙身详图的图示内容

如图13-32~图13-34所示,墙身详图的图示内容如下:

(1) 墙身的定位轴线及编号,墙体的厚度、材料及其本身与轴线的关系。

(2) 勒脚、散水节点构造,主要反映墙身防潮做法、首层地面构造、室内外高差、散水做法、一层窗台标高等。

(3) 标准层楼层节点构造,主要反映标准层梁、板等构件的位置及其与墙体的联系,以及构件表面抹灰、装饰等内容。

(4) 檐口部位节点构造,主要反映檐口部位包括封檐构造(如女儿墙或挑檐)、圈梁、过梁、屋顶泛水构造、屋面保温、防水做法和屋面板等结构构件。

(5) 图中的详图索引符号等。

外墙身详图的±0.000或防潮层以下的基础以结构施工图中的基础图为准。屋面、楼面、地面、散水、勒脚等和内外墙面装修做法、尺寸等,与建筑施工图中首页的统一构造说

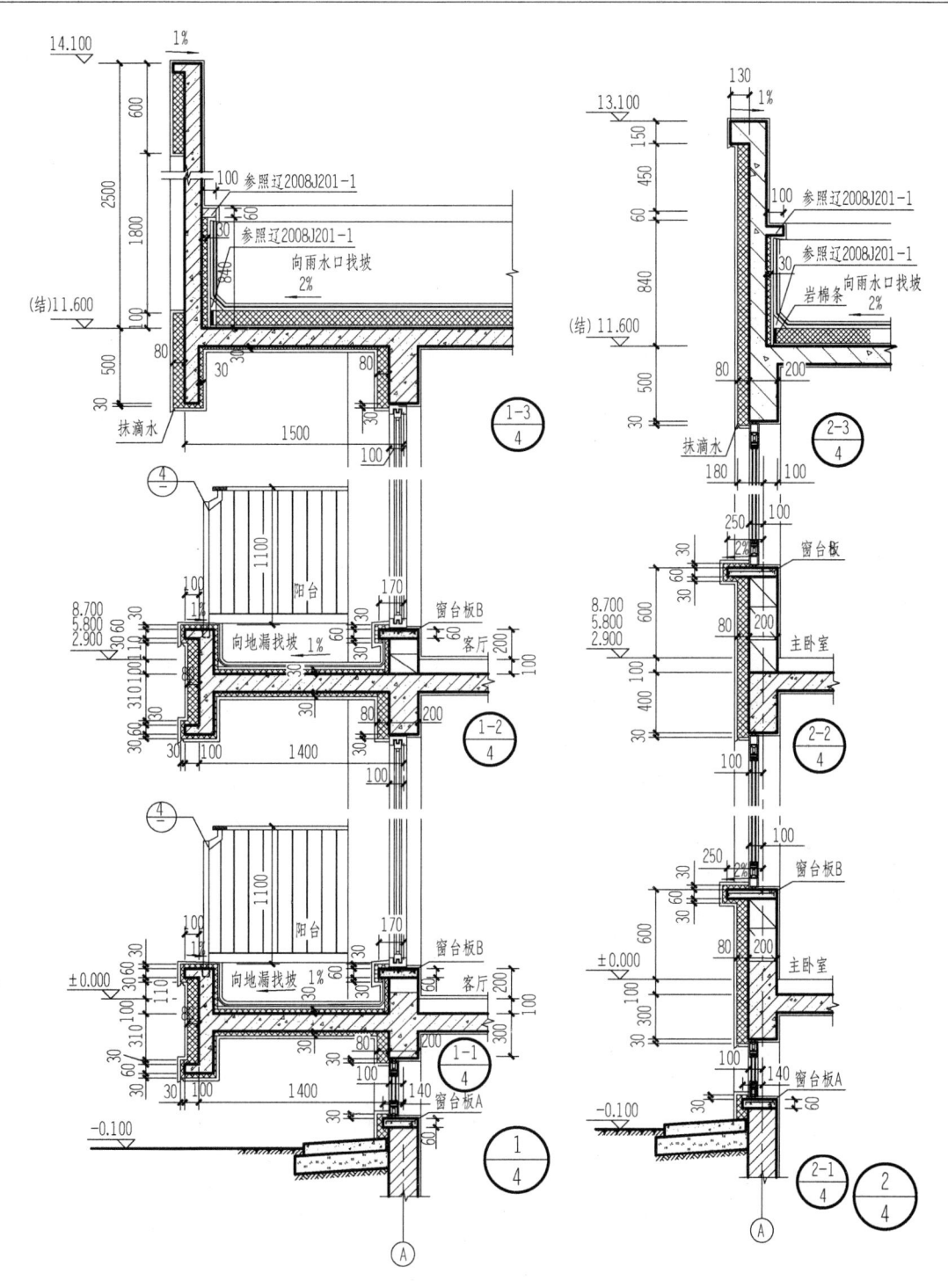

图 13-32 某住宅外墙身详图（一）

明相对应。

2. 墙身详图的阅读举例

（1）图 13-32 和图 13-33 所示为 A 轴外墙和 F 轴外墙详图。从图中可见，该住宅外墙

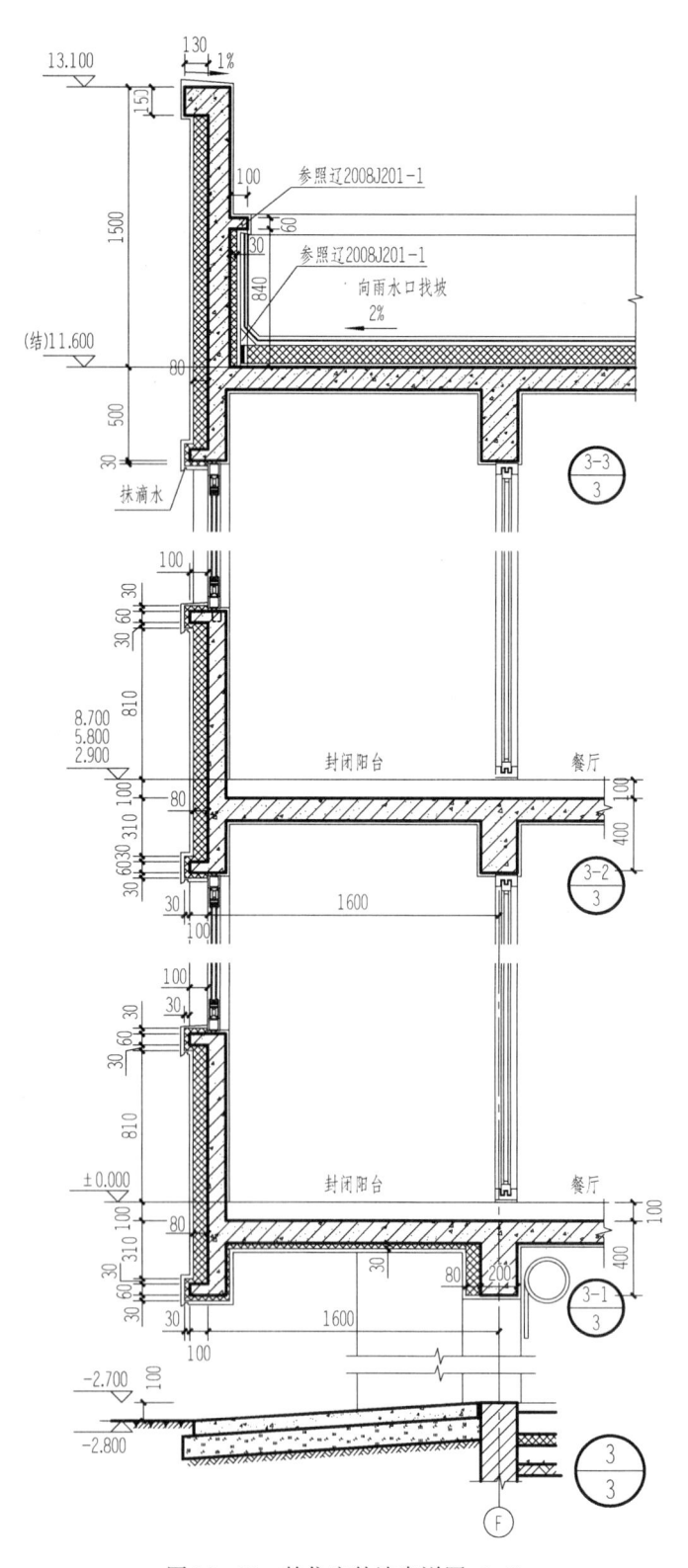

图 13-33 某住宅外墙身详图（二）

主体厚 200mm，外加 80mm 厚保温层。

（2）屋面、楼面、地面、散水、勒脚等和内外墙面装修做法、尺寸等，因已在建施图首页中有统一构造说明，因此该详图没有涉及。

（3）此套建施图较详细地设计了窗台板、开敞阳台栏杆、空调隔板的具体做法，可用于指导施工，如图 13-34 所示。

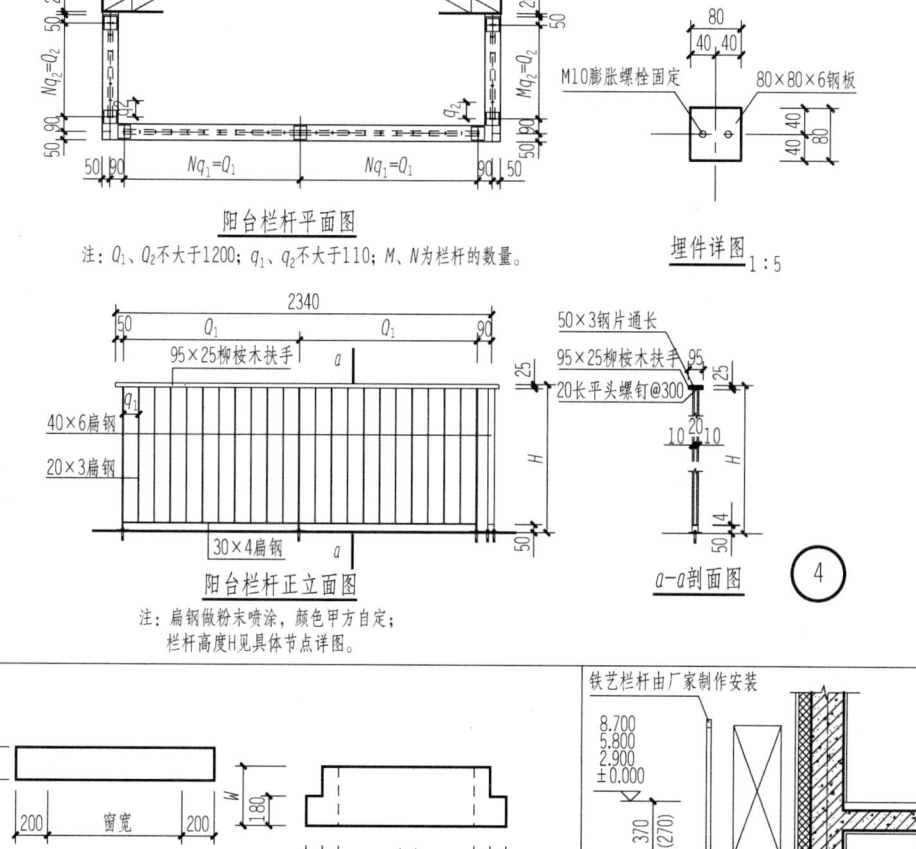

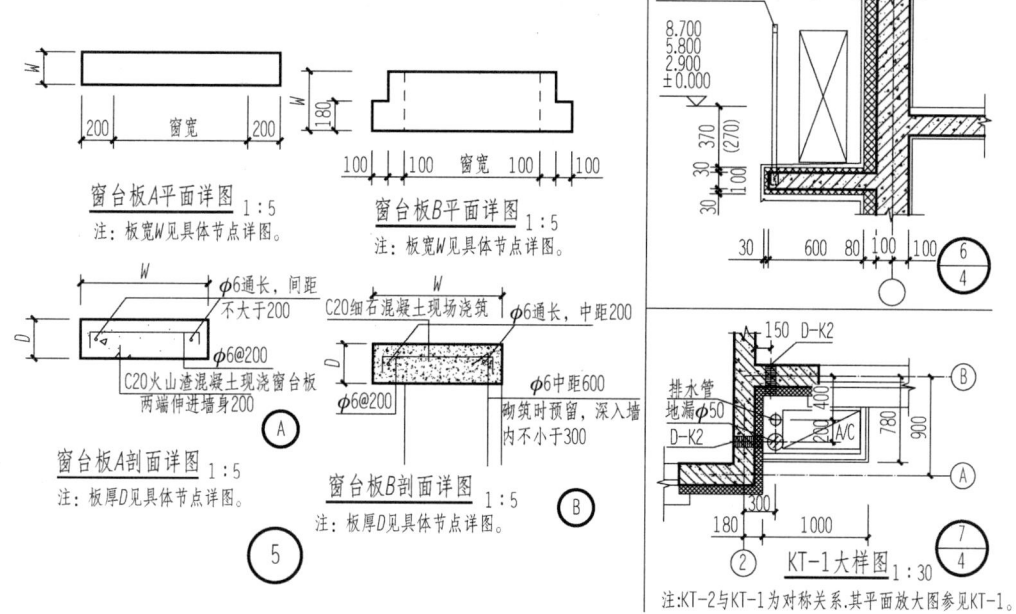

图 13-34　某住宅外墙身详图（三）

四、其他详图

在建筑设计中，对大量重复出现的构配件，如门窗、台阶、面层做法等，通常采用标准设计，即可参照由国家或地方编制的一般建筑常用的构配件详图进行设计，以减少不必要的重复劳动。读图时要学会查阅这些标准图集。

第十四章　结　构　施　工　图

结构施工图简称结施，一般可分为结构布置图和构件详图两大类。结构布置图是房屋承重结构的整体布置图，主要表示结构构件的位置、数量、型号及相互关系。房屋的结构布置按需要可用结构平面图、立面图、剖视图表示。其中，结构平面图较常用，如基础平面图、楼层结构平面图、屋面结构平面图、柱网平面图等。结构构件详图是表示单个构件形状、尺寸、材料、构造及工艺的图样，如梁、板、柱、基础、屋架等详图。

根据建筑物所用材料不同，结构施工图分为钢筋混凝土、钢、木、砖、石等结构的施工图。本章主要介绍钢筋混凝土结构施工图。

第一节　钢筋混凝土结构图

一、钢筋混凝土简介

（一）钢筋混凝土的一般概念

混凝土是由水泥、粗细骨料和水按一定的比例配合后，浇筑在模板内经振捣密实和养护而成的一种人工石材。与天然石材一样，混凝土的抗压强度较高而抗拉强度很低。如图14-1所示的简支梁，在荷载作用下，中性层以上为受压区，中性层以下为受拉区，由于混凝土抗拉强度很低，当荷载值不大时，混凝土就会在拉区开裂而破坏，而压区混凝土的抗压强度却远远没有被充分利用，因此混凝土的承载力取决于混凝土的抗拉强度。如果在梁的受拉区适量配置抗拉和抗压强度都很高的钢筋帮助混凝土承担拉力，则梁的承载力将取决于拉区钢筋的抗拉强度和压区混凝土的抗压强度，两种材料的强度都得到了充分利用。梁的承载力将大大提高。这种在混凝土中加入适量钢筋的结构称为钢筋混凝

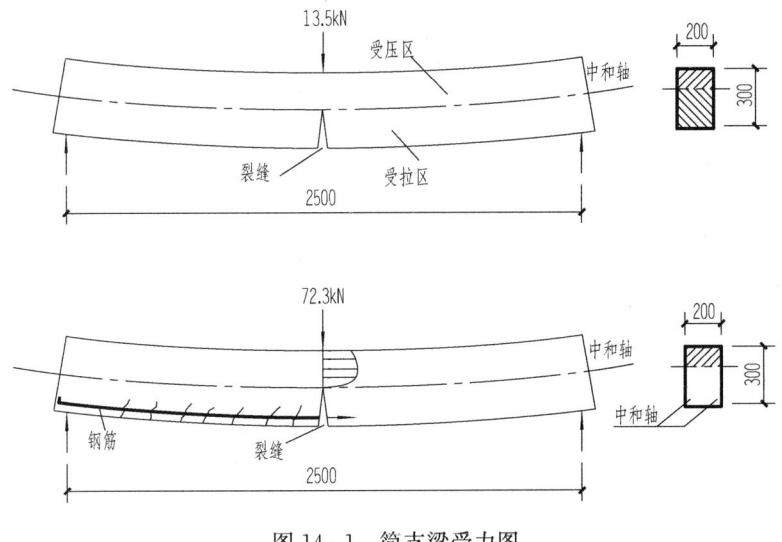

图14-1　简支梁受力图

土结构，用钢筋混凝土制成的梁、板、柱等称为钢筋混凝土构件。钢筋混凝土构件在现场浇筑制作的称为现浇构件，在预制构件厂先期制成的则称为预制构件。此外，为了增强构件的抗拉和抗裂性能，在构件制作时，先将钢筋张拉、预加一定的压力，这种构件称为预应力钢筋混凝土构件。

（二）钢筋与混凝土的种类及性能

1. 钢筋的种类与性能

我国的钢筋产品分为热轧钢筋、中高强钢丝和钢绞线以及冷加工钢筋三大系列。普通钢筋混凝土结构一般均采用热轧钢筋。热轧钢筋是钢厂用普通低碳钢（碳含量不大于0.25%）和普通低合金钢（合金元素不大于5%）制成。其常用种类、代表符号和直径范围见表14-1。

表14-1中，HPB300为热轧光面钢筋，HRB335、HRB400、HRB500是热轧变形钢筋，RRB400是余热处理钢筋。

表 14-1　　　　　常用热轧钢筋的种类、代表符号和直径范围

强度等级代号	符　号	公称直径 d(mm)	屈服强度标准值 f_{yk}(N/mm²)	极限强度标准值 f_{stk}(N/mm²)
HPB300	ϕ	6～22	300	420
HRB335	Φ	6～50	335	455
HRB400	Φ	6～50	400	540
RRB400	Φ^R			
HRB500	Φ	6～50	500	630

2. 混凝土的种类与性能

我国《混凝土结构设计规范》（GB 50010—2010）规定，混凝土的强度等级分为14级：C15、C20、C25、C30、C35、C40、C45、C50、C55、C60、C65、C70、C75、C80。其中符号C表示混凝土，C后面的数字表示立方体抗压强度标准值，单位为N/mm²。等级越高强度也越高。

建筑工程中，素混凝土结构的混凝土强度等级不应低于C15；钢筋混凝土结构的混凝土强度等级不应低于C20；当采用强度等级400MPa及以上的钢筋时，混凝土强度等级不应低于C25；预应力混凝土结构的混凝土强度等级不宜低于C40，且不应低于C30；承受重复荷载的钢筋混凝土构件，混凝土强度等级不应低于C30。

（三）钢筋混凝土基本构件的配筋及作用

1. 梁的配筋及作用

梁内通常配置下列几种钢筋，如图14-2所示。

（1）纵向受力筋。纵向受力筋主要用来承受由弯矩在梁内产生的拉力，放在梁的受

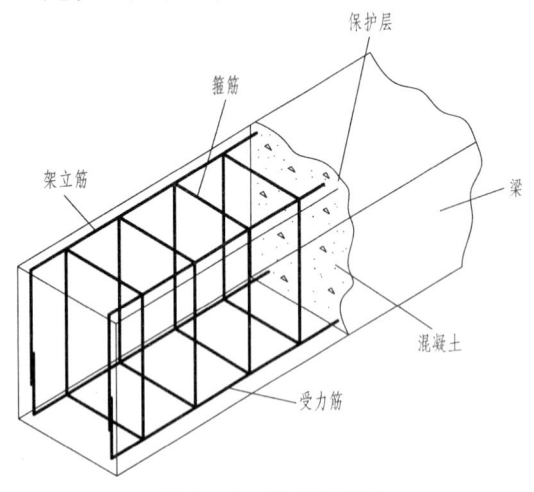

图14-2　梁内配筋图

拉一侧（有时受压一侧也要放置），其直径通常采用15～25mm。

（2）箍筋。箍筋主要用来承受由剪力和弯矩在梁内引起的主拉应力。同时，通过绑扎和焊接把其他钢筋联系在一起，形成一个空间的钢筋骨架。

（3）弯起钢筋。由纵向受力钢筋弯起而成，其作用除在跨中承受正弯矩产生的拉力外，靠近支座的弯起段则用来承受弯矩和剪力共同产生的主拉应力。

（4）架立钢筋。架立钢筋主要用于固定箍筋的正确位置和形成钢筋骨架（如有受压钢筋，则不再配置架立钢筋）。此外，架立钢筋还承受因温度变化和混凝土收缩而产生的应力，防止发生裂缝。

（5）其他钢筋。因构件构造要求或施工安装需要而配置的构造钢筋，如预埋在构件中的锚固钢筋、吊环等。

2. 板的配筋及作用

梁式板中仅配有受力筋和分布筋两种钢筋。如图14-3所示：受力筋沿板的跨度方向布置在受拉区，承受弯矩产生的拉力，分布筋沿垂直受力筋方向布置，将板上的荷载更有效地传递到受力筋上去；防止由于温度或混凝土收缩等原因沿跨度方向引起裂缝；固定受力钢筋的正确位置。

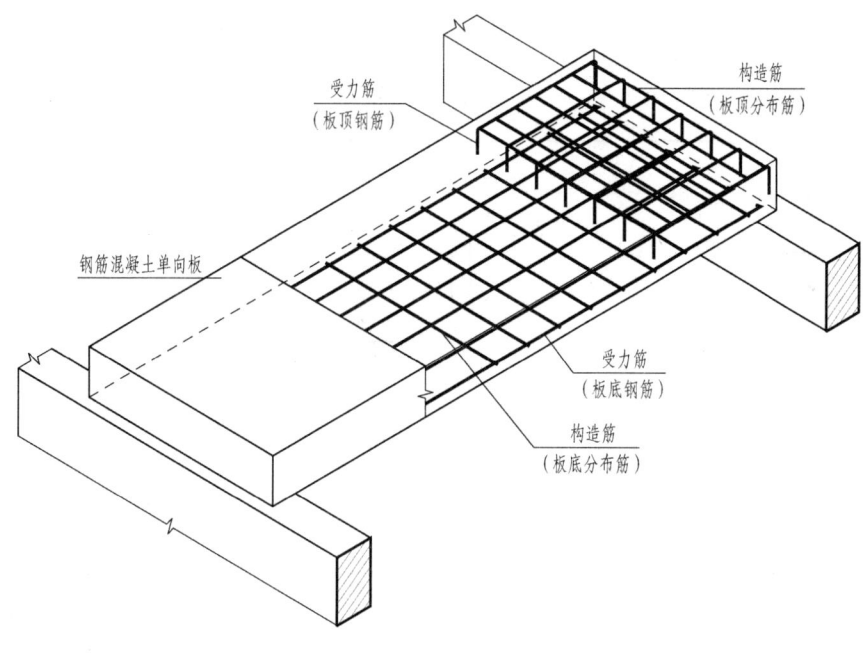

图14-3 板内配筋

3. 柱的配筋及作用

柱中配有纵向受力筋和箍筋，如图14-4所示：纵向受力筋承受纵向的拉力及压力。箍筋既可保证纵向钢筋的位置正确，又可以防止纵向钢筋压曲（受压柱），从而提高柱的承载力。

（四）混凝土保护层及钢筋的弯钩

1. 混凝土保护层

为了防止钢筋锈蚀和保证钢筋与混凝土紧密黏结，梁、板、柱都应有足够的混凝土保

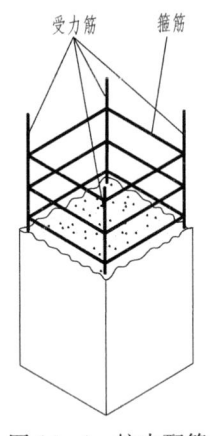

图 14-4 柱内配筋

护层。混凝土保护层应从钢筋的外边缘算起。梁、板、柱的混凝土保护层最小厚度见表 14-2。

2. 钢筋的弯钩

光圆钢筋与混凝土之间的黏结强度小，当受力筋采用光面钢筋时，为了提高钢筋的锚固效果，要求将钢筋的端部做成弯钩。常见的几种弯钩形式及简化画法如图 14-5 所示。图中用双点画线表示弯钩伸直后的长度，该长度为备料计算钢筋总长度时需要的长度。变形钢筋与混凝土之间的黏结强度大，故变形钢筋的端部可不做弯钩，按《混凝土结构设计规范》（GB 50010—2010）规定采用锚固长度，就可保证钢筋的锚固效果。箍筋两端在交接处也要做出弯钩。

表 14-2　　　　　　梁、板、柱的混凝土保护层最小厚度　　　　　　mm

项次	环境条件	构件名称	强度等级 ≤C20	C25 及 C30	≥C35
1	室内正常环境	板、墙、壳	15		
		梁和柱	25		
2	露天或室内高湿度环境	板、墙、壳	35	25	15
		梁和柱	45	35	25

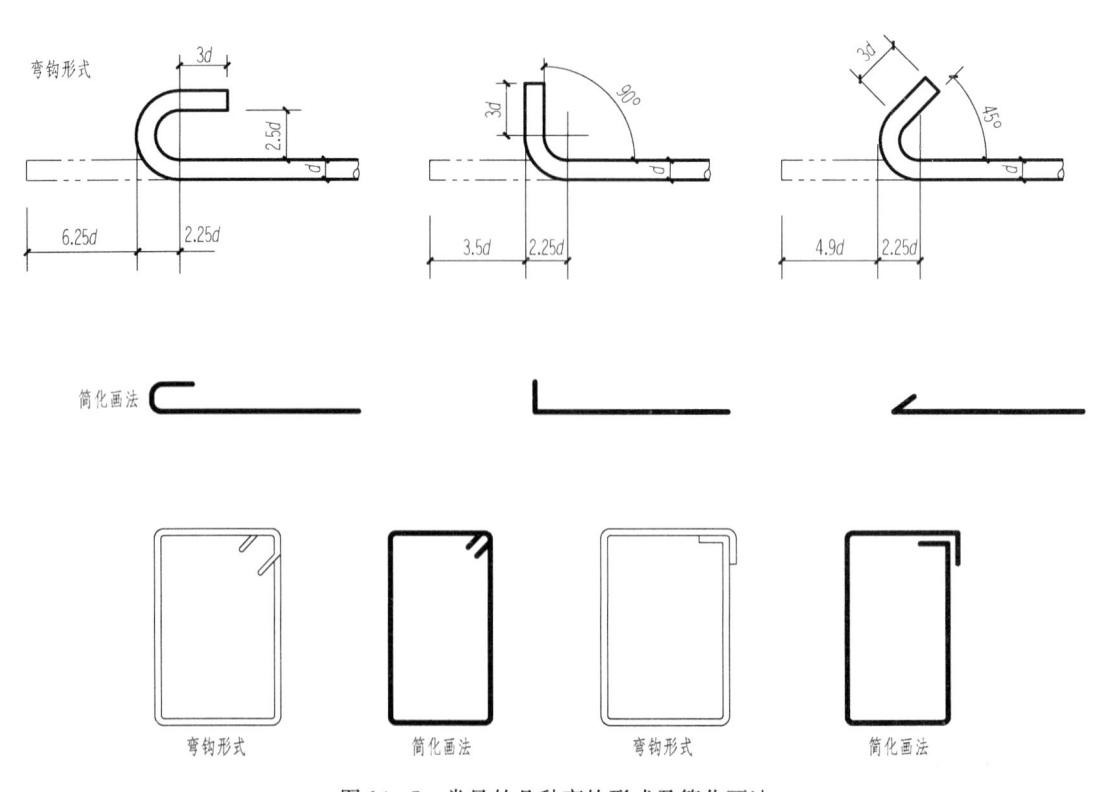

图 14-5 常见的几种弯钩形式及简化画法

二、钢筋混凝土构件图的图示方法

钢筋混凝土构件图由模板图、配筋图、预埋件详图及钢筋明细表组成。

(一) 模板图

模板图多用于较复杂的构件,如图 14-11 所示,主要是注明构件的外形尺寸及预埋件、预留孔的大小和位置。它是模板制作与安装的重要依据,同时可用来计算混凝土方量。模板图一般比较简单,所以比例不要很大,但尺寸一定要全。对于简单的构件,模板图与配筋图合并。

(二) 配筋图

配筋图除表达构件的外形、大小以外,主要是表明构件内部钢筋的分布情况。表示钢筋骨架的形状以及在模板中的位置,为绑扎骨架用。为避免混淆,凡规格、长度或形状不同的钢筋,必须编以不同的编号,写在小圆圈内,并在编号引线旁注上这种钢筋的根数及直径。配筋图不一定都要画出三面视图,而是根据需要来决定。一般不画平面图,只用正立面图、断面图和钢筋详图来表示,如图 14-8、图 14-10 和图 14-11 所示。

1. 立面图

立面图是把构件视为一透明体而画出的一个纵向正投影图,构件的轮廓线用细实线表示,钢筋用粗实线表示,以突出钢筋的表达。当钢筋的类型、直径、间距均相同时,可只画出其中的一部分,其余省略不画,如图 14-8 和图 14-11 所示。

2. 断面图

配筋断面图是构件的横向剖切投影图。一般在构件断面形状或钢筋数量、位置有变化之处,均应画出断面图。在断面图中,构件断面轮廓线用细实线表示,钢筋的截面用直径为 1mm 的小黑圆点表示,一般不画混凝土图例,如图 14-8 和图 14-11 所示。

3. 钢筋详图

钢筋详图是表明构件中每种钢筋加工成型后的形状和尺寸的图。图上直接标注钢筋各部分的实际尺寸,可不画尺寸线和尺寸界线。应详细注明钢筋的编号、根数、直径、级别、数量(或间距)以及单根钢筋断料长度,是钢筋断料和加工的依据(见表 14-5)。

4. 钢筋的标注方法

在钢筋立面图和断面图中,为了区分各种类型和不同直径的钢筋,规定对钢筋应加以编号。每类(即形式、规格、长度相同)只编一个号。编号字体规定用阿拉伯数字,编号小圆圈和引出线均为细实线,小圆圈直径为 6mm,引出线应指向相应的钢筋。钢筋编号的顺序应有规律,一般为自下而上、自左向右、先主筋后分布筋。

钢筋的标注内容应有钢筋的编号、数量、代号、直径、间距及所在位置。钢筋的标注内容均注写在引出线的水平线上,具体标注方式如图 14-6 所示。

图 14-6 钢筋的标注内容

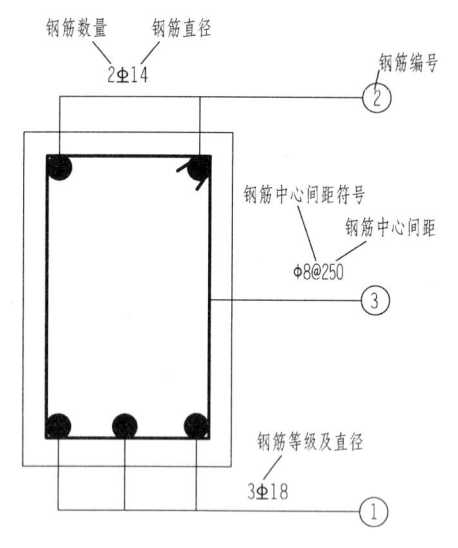

图 14-7 钢筋标注形式

例如，3Φ18 表示 1 号钢筋是 3 根直径为 18mm 的 Ⅱ 级钢筋。又如，Φ8@250 表示 3 号钢筋是 Ⅰ 级钢筋直径为 8mm，每 250mm 放置一根（个）（@为等间距符号），如图 14-7 所示。

配筋图上各类钢筋的交叉重叠很多，为了更方便区分，对配筋图上钢筋画法与图例也有规定，常见的见表 14-3。

（三）预埋件详图

有时在浇筑钢筋混凝土构件时，需要配置一些预埋件，如吊环、钢板等。预埋件详图可用正投影图或轴测图表示，如图 14-12 中 M1、M2、M3 所示。

（四）钢筋明细表

在钢筋混凝土构件配筋图中，如果构件比较简单，可不画钢筋详图，而只列一钢筋明细表，供施工备料和编制预算使用。在钢筋明细表中，要表明钢筋的编号、简图、直径、级别、长度、根数、总长度和总质量。钢筋简图可按钢筋近似形状画出，如图 14-9 和表 14-6 所示。

表 14-3　　　　　　　钢筋的画法图例

序号	名称	图例	说明
1	钢筋横断面	●	
2	无弯钩的钢筋端部		长短钢筋重叠时，45°短画线表示短钢筋的端部
3	带半圆形弯钩的钢筋端部		
4	带直钩的钢筋端部		
5	带丝扣的钢筋端部		
6	无弯钩的钢筋搭接		
7	带半圆形弯钩的钢筋搭接		
8	带直钩的钢筋搭接		
9	套管接头（花篮螺钉）		用文字说明机械连接的方式（或锥螺纹等）
10	在平面图中配置双层钢筋时，向上或向左的弯钩表示底层钢筋，向上或向右的钢筋表示顶层钢筋		

续表

序号	名称	图例	说明
11	配双层钢筋的墙体，在配筋立面图中，向上或向左的弯钩表示远面的钢筋，向下或向右的弯钩表示近面钢筋		
12	若在断面图中不能表达清楚的钢筋布置，应在断面图外增加钢筋大样图		

三、构件代号和标准图集

（一）构件代号

钢筋混凝土构件在建筑工程中使用种类繁多，布置复杂。为区分清楚构件，便于设计与施工，《建筑结构制图标准》（GB/T 50105—2010）中已对各种构件的代号作了具体规定，常用构件代号见表14-4。

表14-4　　　　　　　　　　　　常用构件代号

名称	代号	名称	代号	名称	代号
板	B	圈梁	QL	承台	CT
屋面板	WB	过梁	GL	设备基础	SJ
空心板	KB	联系梁	LL	桩	ZH
槽型板	CB	基础梁	JL	挡土墙	DQ
折板	ZB	楼梯梁	TL	地沟	DG
密肋板	MB	框架梁	KL	柱间支撑	ZC
楼梯板	TB	框支梁	KZL	垂直支撑	CC
盖板或沟盖板	GB	屋面框架梁	WKL	水平支撑	SC
挡雨板或槽口板	YB	檩条	LT	梯	T
吊车安全走道板	DB	屋架	WJ	雨棚	YP
墙板	QB	托架	TJ	阳台	YT
天沟板	TGB	天窗梁	CJ	梁垫	LD
梁	L	框架	KJ	预埋件	M—
屋面梁	WL	刚架	GL	天窗端壁	TD
吊车梁	DL	支梁	ZL	钢筋网	W
单轨吊车梁	DDL	柱	Z	钢筋骨架	G
轨道连接	DGL	框架柱	KZ	基础	J
车档	CD	构造柱	GZ	暗柱	AZ

注　预应力混凝土构件的代号，应在构件代号前加注"Y-"，如Y-DL即表示预应力钢筋混凝土吊车梁。

(二) 标准图集

为了便于构件工业生产，钢筋混凝土构件应系列化、标准化。国家及各省、市都编制了定型构件标准图集。凡选用定型构件的，在绘制施工图时，可直接引用标准图集，而不必绘制构件施工图。生产构件时，可直接根据构件的编号查出。

下面介绍几个构件的编号、代号和标记的应用示例。

【例 14-1】 GLB18.3b—2（LG325）。

编号意义：LG325——黑龙江省建筑标准设计图集（混凝土过梁）。

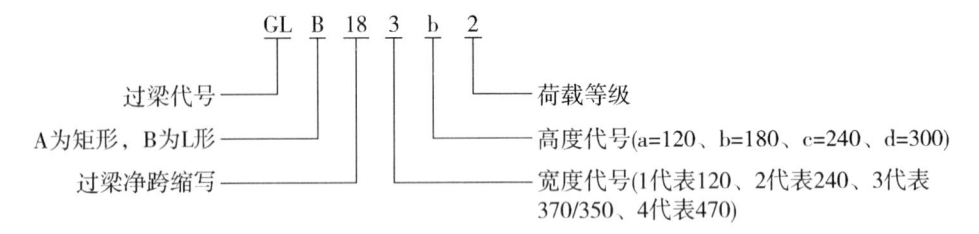

```
    GL  B  18  3  b  2
    │   │   │   │  │  │
  过梁代号          荷载等级
  A为矩形，B为L形    高度代号(a=120、b=180、c=240、d=300)
  过梁净跨缩写       宽度代号(1代表120、2代表240、3代表
                           370/350、4代表470)
```

【例 14-2】 5Y-KB33-3A（LG401）。

编号意义：LG401——黑龙江省建筑标准设计图集（预应力混凝土空心板）。

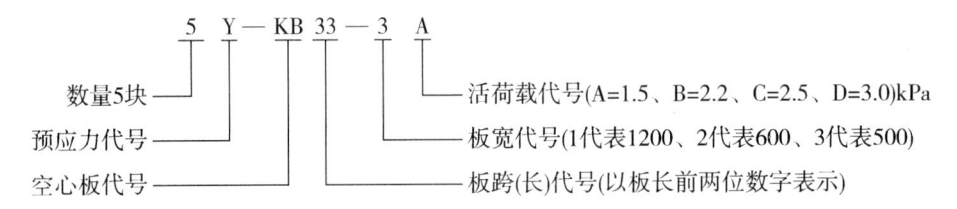

```
    5  Y — KB  33 — 3  A
    │  │    │  │    │  │
  数量5块          活荷载代号(A=1.5、B=2.2、C=2.5、D=3.0)kPa
  预应力代号        板宽代号(1代表1200、2代表600、3代表500)
  空心板代号        板跨(长)代号(以板长前两位数字表示)
```

四、钢筋混凝土构件图示实例

(一) 钢筋混凝土简支梁

1. 模板图

图 14-8 所示的钢筋混凝土简支梁比较简单，可不单独绘制模板图，而是将模板图与配筋图合并表示，只画其配筋图。

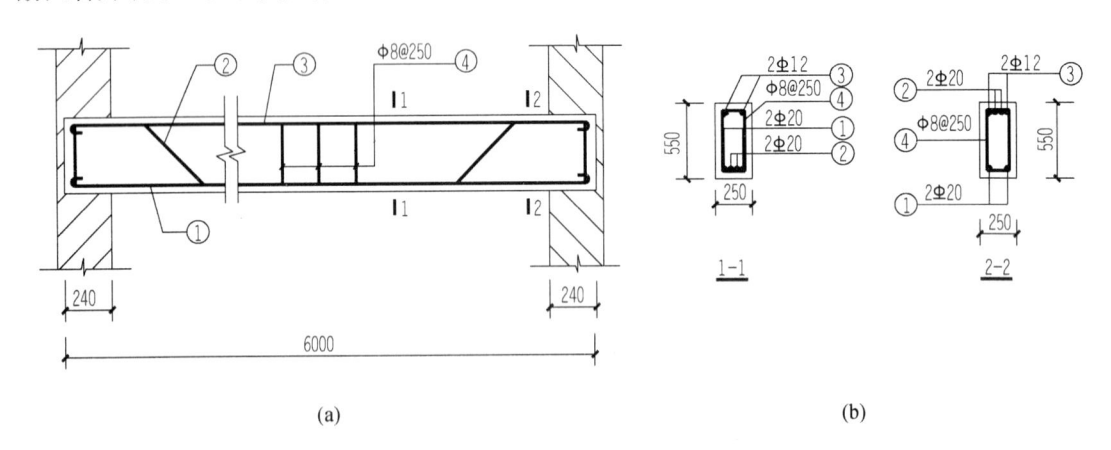

图 14-8 钢筋混凝土简支梁

2. 配筋图

配筋图主要表示构件内各种钢筋的形状、大小、数量、级别和配置情况。配筋图主要包括立面图，如图 14-8（a）所示；断面图，如图 14-8（b）中 1-1、2-2 所示；钢筋详图，如图 14-9 所示。

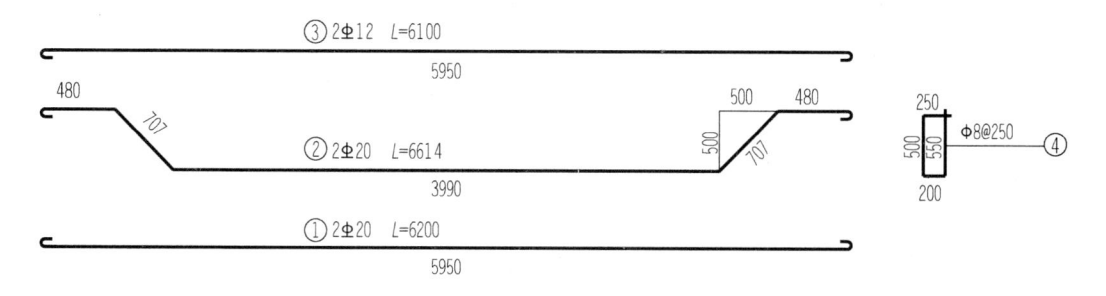

图 14-9 钢筋详图

（1）直钢筋：如图 14-8 所示，钢筋①为一直钢筋，其上段所注尺寸 5950mm 是指钢筋两端弯钩外缘之间的距离，即为全梁长 6000mm 减去两端弯钩外保护层各 25mm。此长度再加上两端弯钩长即可得出钢筋全长。本例弯钩按 6.25mm 计算，则钢筋①的全长为 $5950+2\times6.25\times20=6200$mm。同样，架立钢筋③的全长为 $5950+2\times6.25\times12=6100$mm。

（2）弯起钢筋：图 14-8 中钢筋②为弯起钢筋。所注尺寸中弯起部分的高度以弯起钢筋的外皮计算，即从梁高 550mm 中减去上下混凝土保护层，$550-50=500$mm。由于弯折角 $a=45°$，故弯起部分的底宽及斜边各为 500mm 及 707mm。钢筋②弯起后的水平直段长度为 480mm（由结构计算确定），钢筋②中间水平直线段的长度为 $6000-2\times25-480\times2-500\times2=3990$mm，则钢筋②的全长为 $6.25\times20\times2+480\times2+707\times2+3990=6614$mm。

（3）箍筋：箍筋尺寸注法各工地不完全统一，大致分为注箍筋外缘尺寸及注内口尺寸两种。前者的好处在于与其他钢筋一致，即所注尺寸均代表钢筋的外皮到外皮的距离；注内口尺寸的好处在于便于校核，箍筋内口尺寸即构件截面外形尺寸减去主筋混凝土保护层厚度，箍筋内口高度也即是弯筋的外皮高度。在注箍筋尺寸时，最好注明尺寸是内口还是外缘。图中箍筋长度为 $2(500+200)+100=1500$mm（内口）。

（4）钢筋详图：钢筋详图表明了钢筋的形状、编号、根数、等级、直径、各段长度和总长度等，如图 14-9 所示。例如：①钢筋两端带弯钩，其上标注的 5950（mm）是指梁的长度 6000（mm）减去两端弯钩外保护层各 25（mm）。两端弯钩长度共为 $2\times6.25\times20=250$（mm），则①钢筋的总长度为 $5950+2\times6.25\times20=6200$mm。②钢筋的全长为 $6.25\times20\times2$（两端弯钩）$+480\times2$（弯起后直段长度）$+707\times2$（弯起钢筋斜段长度）$+3990$（钢筋下部直段长度）$=6614$mm。

必须注意，钢筋表内的钢筋长度还不是钢筋加工时的断料长度。由于钢筋在弯折及弯钩时要伸长一些，因此断料长度等于钢筋计算长度扣除钢筋伸长值。伸长值与弯曲角度大小有关，各工地也不完全统一，具体可参阅有关施工手册。箍筋长度如注内口，则计算长度即为断料长度。

3. 钢筋明细表

在钢筋混凝土构件的施工中，还要附加一个钢筋明细表，此简支梁的钢筋明细表见表

14-5。以供施工备料和编制预算时使用。

表 14-5　　　　　　　　　　　　钢　筋　明　细　表

编号	形　状	直径（mm）	长度（mm）	根数	总长（mm）
①		20	6200	2	12400
②		20	6614	2	13228
③		14	6100	2	12200
④		8	1500	25	37500

（二）钢筋混凝土板

1. 模板图

板大多为现场浇筑，即在施工现场绑扎钢筋、支模板、浇筑混凝土、振捣、养护，可不绘制模板图；如需绘制时，要求同前。

2. 配筋图

钢筋混凝土板按其受力不同，可分为单向受力板和双向受力板。单向受力板中的受力筋配置在受力筋的下侧，双向受力板中两个方向的钢筋都是受力筋，但与板短边平行的钢筋配置在下侧。如果现浇板中的钢筋是均匀配置的，那么同一形状的钢筋只可画其中一根。

在板的详图中，用细实线画出板的平面形状，用中粗虚线画出板下边的墙、梁、柱。对于板厚或梁的断面形状，用重合断面的方法表示。钢筋在板中的位置，按结构受力情况确定。配筋绘在板的平面图上，并绘出板内受力筋的形状和配置情况，注明其编号、规格、直径、间距（或数量）等。对弯起钢筋，要注明弯起点到端部（轴线）的距离以及伸入邻跨板中的长度，如图 14-10 所示。

3. 钢筋用量表

板的钢筋用量表与梁的主要内容相同，一般在简图中表明钢筋详图，不再单独画钢筋详图，本例省略。

（三）钢筋混凝土柱

图 14-11 所示的钢筋混凝土柱选自《全国通用工业厂房结构构件标准图集》（05G335）。由于该钢筋混凝土柱的外形、配筋、预埋件比较复杂，因此，除了画出其配筋图外，还应画出其模板图、预埋件详图和钢筋明细表。

1. 模板图

由图 14-11 所示的模板图可以看出：该柱总高度为 9600mm，分为上柱和下柱两部分。上柱高为 3300mm，下

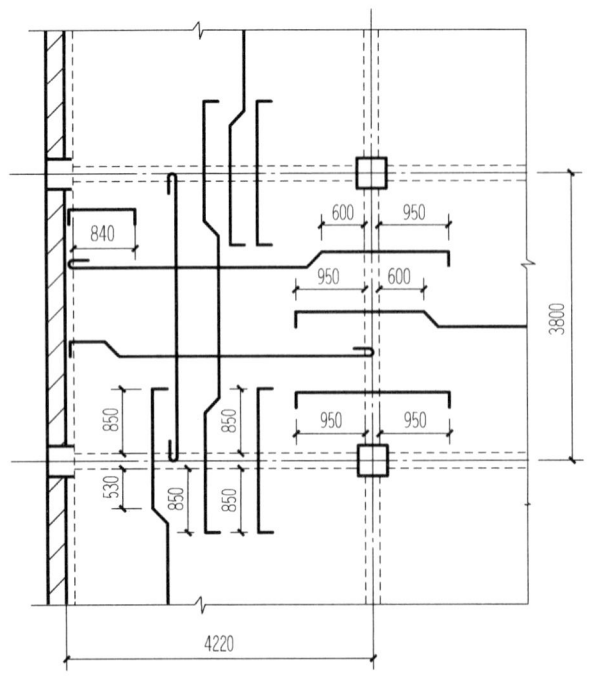

图 14-10　板的配筋图

柱高为 6300mm。上柱断面为正方形，尺寸为 400mm×400mm；下柱断面为工字形，尺寸为 700mm×400mm。下柱的上端有一个突出的牛腿，用于支撑吊车梁。牛腿断面 2-2 为矩形，尺寸为 1000mm×400mm。

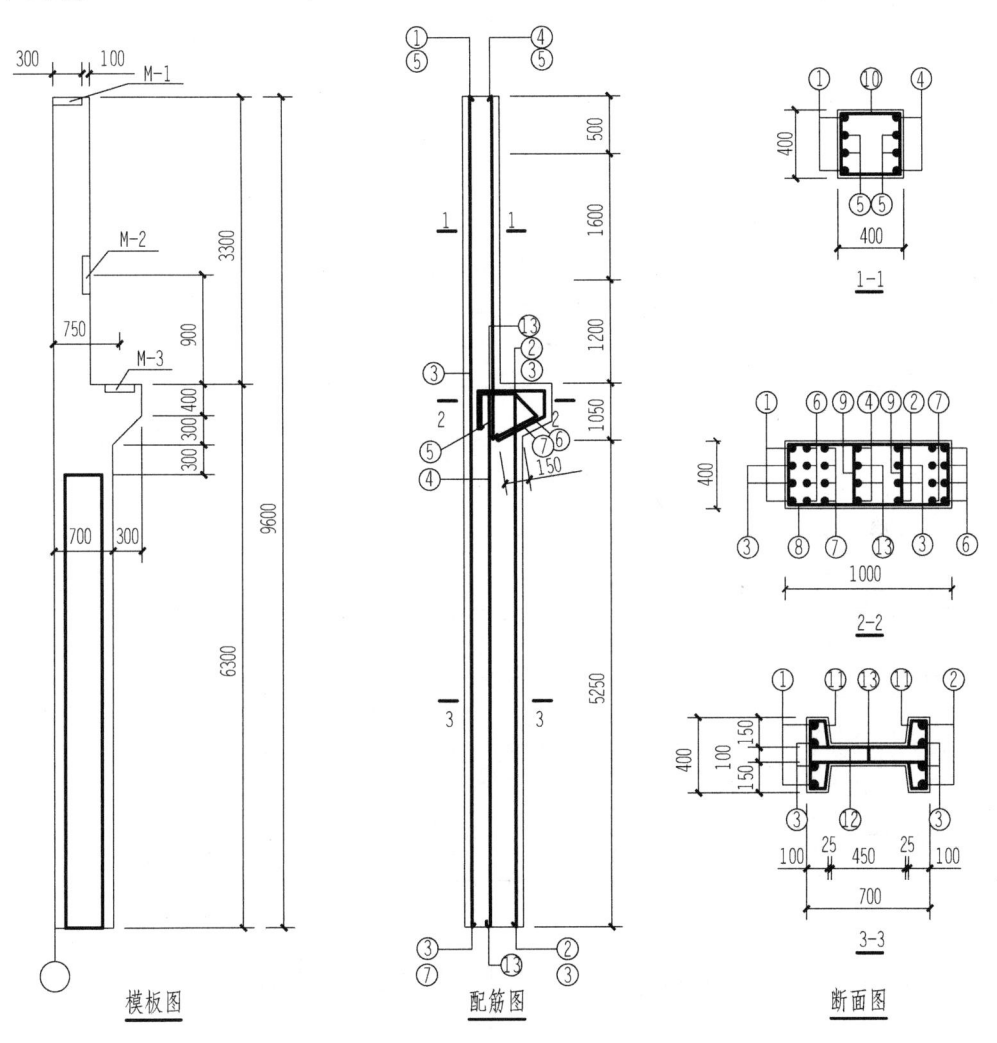

图 14-11 钢筋混凝土柱配筋图

2. 配筋图

配筋图以立面图为主，再配合三个断面图。从图 14-11 中可以看出，上柱受力筋为①、④、⑤号钢筋，下柱的受力筋为①、②、③号钢筋；由 1-1 断面图可知，上柱的钢箍为⑩号钢筋。由 2-2 断面图可知，牛腿中的配筋为⑥、⑦号钢筋，其形状可由钢筋明细表中查得；其中⑧号钢筋为牛腿中的钢箍，其尺寸随断面变化而变化。⑨号钢筋是单肢钢箍，在牛腿中用于固定受力筋②、③、④和⑬的位置。由 3-3 断面图可以看出，在下柱腹板内又加配两根⑬号钢筋，⑪、⑫号钢筋为钢箍。

3. 钢筋用量表

钢筋用量表（见表 14-6）中列出了钢筋编号、钢筋规格、钢筋简图、钢筋长度、钢筋根数、总长和总质量。

表 14-6　　　　　　　　　　　　　钢 筋 用 量 表

钢筋编号	钢筋规格	钢筋简图	长度（mm）	根数	总长（mm）
①	Φ16	9550	9550	2	19 100
②	Φ16	6250	6250	2	12 500
③	Φ14	6250	6250	4	25 000
④	Φ16	4300	4300	2	8600
⑤	Φ16	3900	3900	4	15 600
⑤	Φ20	4050	4050	4	16 200
⑤	Φ25	4250	4250	4	17 000
⑥	Φ14	880/200/570/360	2010	4	8040
⑦	Φ14	250/330/460/520	1580	4	6320
⑧	Φ8	350/750-1050/450/650-950	2200～2800	11	27 500
⑨	Φ8	350	450	18	8100
⑩	Φ6	350/450/350/450	1600	29	46 400
⑪	Φ6	460/350/520	750	88	66 000
⑫	Φ6	680	680	88	59 840
⑬	Φ10	6250	6380	2	12 760

4. 预埋件详图

M1 为柱与屋架焊接的预埋件，M2、M3 为柱与吊车梁焊接的预埋件，形状和尺寸见图 14-12。

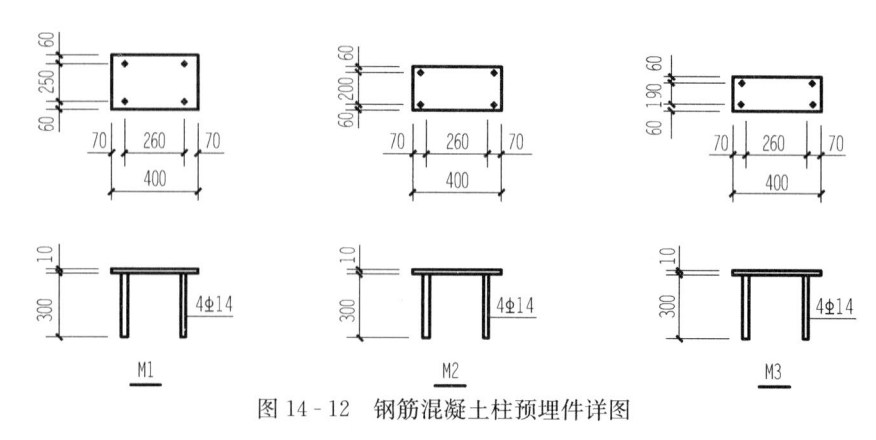

图 14-12　钢筋混凝土柱预埋件详图

第二节 结构平面布置图

结构平面布置图是表示建筑楼层中梁、板、柱等各承重构件平面布置的图样。它是承重构件在建筑施工中布置与安装的主要依据，也是计算构件数量和作施工预算的依据。

结构平面布置图包括楼层结构平面布置图和屋顶结构平面布置图，两者的图示内容和图示方法基本相同。

一、形成

结构平面布置图是假想用一个剖切平面沿着楼板上部水平剖开，移走上部建筑物后所得到的水平投影图样，主要表示了承重构件的位置、类型和数量或钢筋的配置。

二、图示方法

（一）选比例和布图

一般采用1∶100，较简单时可用1∶200。画出轴线，结构平面布置图上的轴线应与建筑平面图上的轴线编号和尺寸完全一致。

（二）确定墙、柱、梁的大小及位置

剖到的梁、板、柱、墙身可见轮廓线用中粗实线表示，楼板可见轮廓线用粗实线表示，楼板下的不可见墙身轮廓线用中粗虚线表示，可见的钢筋混凝土楼板的轮廓线用细实线表示。

（三）结构构件

1. 预制楼板的图示方法

预制楼板按实际布置情况用细实线绘制，布置方案相同时用同一名称表示，并将该房间楼板画上对角线，标注板的数量和构件代号；不同时要分别绘制。一般包含数量、标志长度、板宽、板厚、荷载等级等内容。如图14-13所示，①～②轴线间的房间标注为8Y-KB36-2A，含义如下：8—数量；Y—预应力；KB—空心板；36—标志长度，3600mm；2—板宽600mm；A—活荷载，1.5kPa。

2. 预制钢筋混凝土梁的图示方法

在结构平面图中，规定圈梁和其他过梁用粗虚线（单线）表示其位置，并将构件代号和编号标注在梁的旁侧，如图14-13中所示的代号GL1为窗上的过梁。

3. 现浇钢筋混凝土板的图示方法

对于现浇楼板应另绘详图，并在结构平面布置图上只画对角线，注明板的代号和编号，如图14-13中所示的XB1，在详图上注明钢筋编号、规格、直径、间距或数量等；也可在板上直接绘出配筋图，并注明钢筋编号、直径、种类、数量等。

4. 详图

为了便于施工，通常还要画出节点剖面放大详图，如图14-14中所示的QL1配筋图。

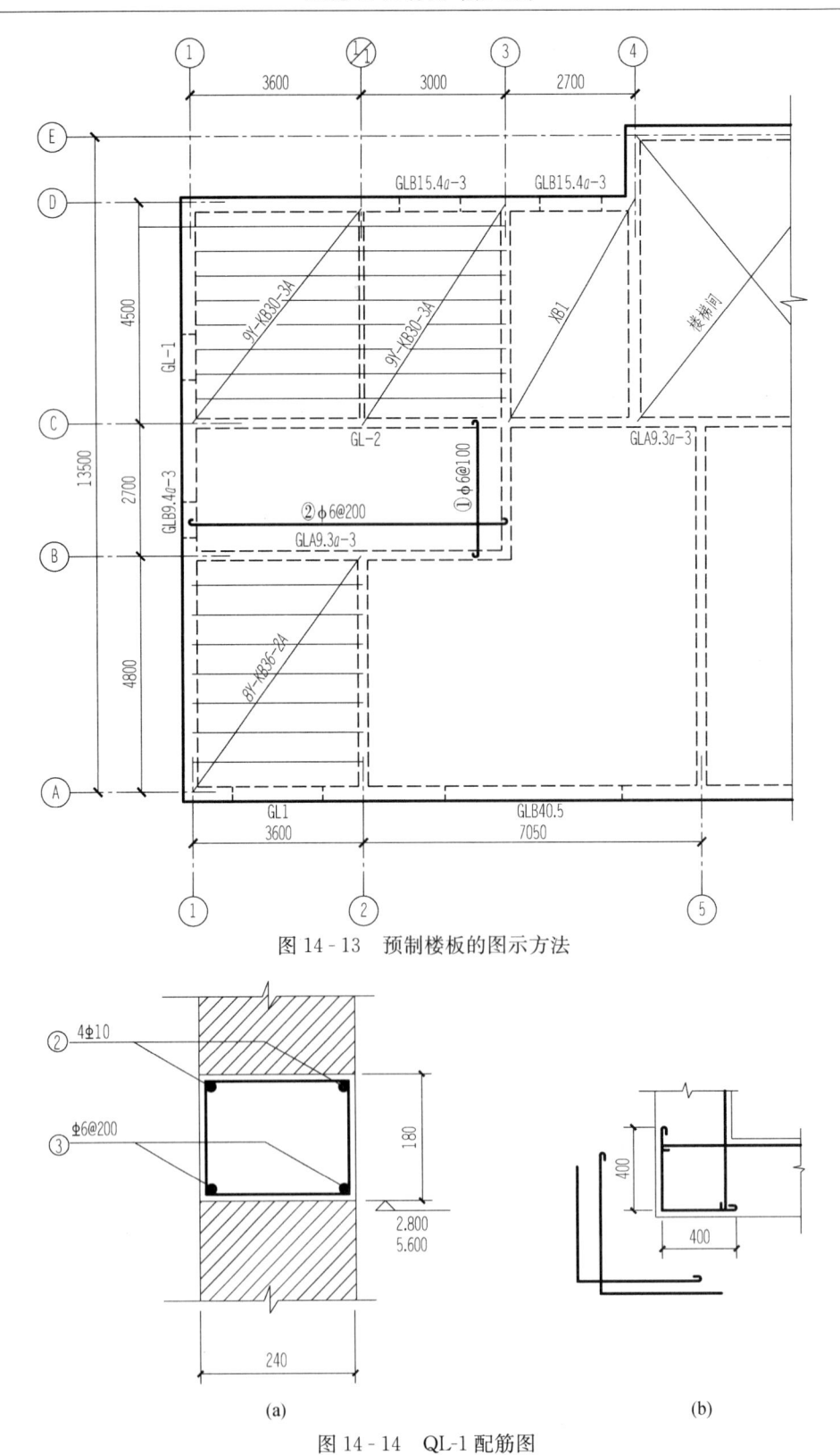

图 14-13　预制楼板的图示方法

图 14-14　QL-1 配筋图
(a) 剖面图；(b) 转角配筋图

第三节 基础施工图

建筑物地面以下承受房屋全部荷载的构件称为基础。它不但承受上部墙、柱等构件传来的所有荷载，还将传给位于基础下面的地基。施工放线、基槽开挖、砌筑、施工组织和预算都要以基础施工图为依据，其主要图纸有基础平面图和基础详图。基础的形式很多，且使用的材料也不相同，常用的有条形基础和独立基础，如图14-15所示。本节主要介绍这两种基础。

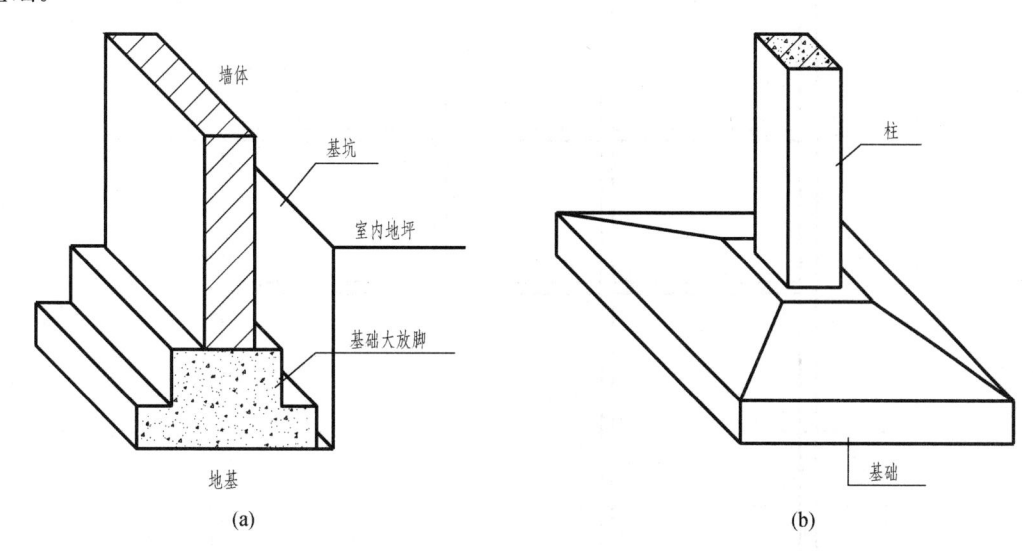

图 14-15 常见的基础形式
(a) 条形基础；(b) 独立基础

一、基础平面图

（一）形成

假象用一个水平剖切面，沿着建筑物室内地面（±0.000）与防潮层之间将房屋建筑剖开，移走上面建筑物，向水平面作正投影所得到的投影图称为基础平面图。

（二）条形基础平面图的图示方法

条形基础平面图如图14-16所示。

1. 确定定位轴线

画出与建筑平面图中心定位轴线完全一致的轴线和编号。

2. 墙身轮廓线

被剖到的墙身轮廓线用粗实线表示，一般情况下可以不画材料图例。

3. 基础外轮廓线

基础外轮廓线用细实线绘制，大放脚的水平投影省略不画。因此，对一般墙体的条形基础而言，基础平面图中只画4条线，即2条粗实线（墙身线）和2条细实线（基础底部宽度）。

4. 基础平面图的尺寸

在基础平面图中，应注出基础定位轴线间的尺寸和横向与纵向的两端轴线间的尺寸。此

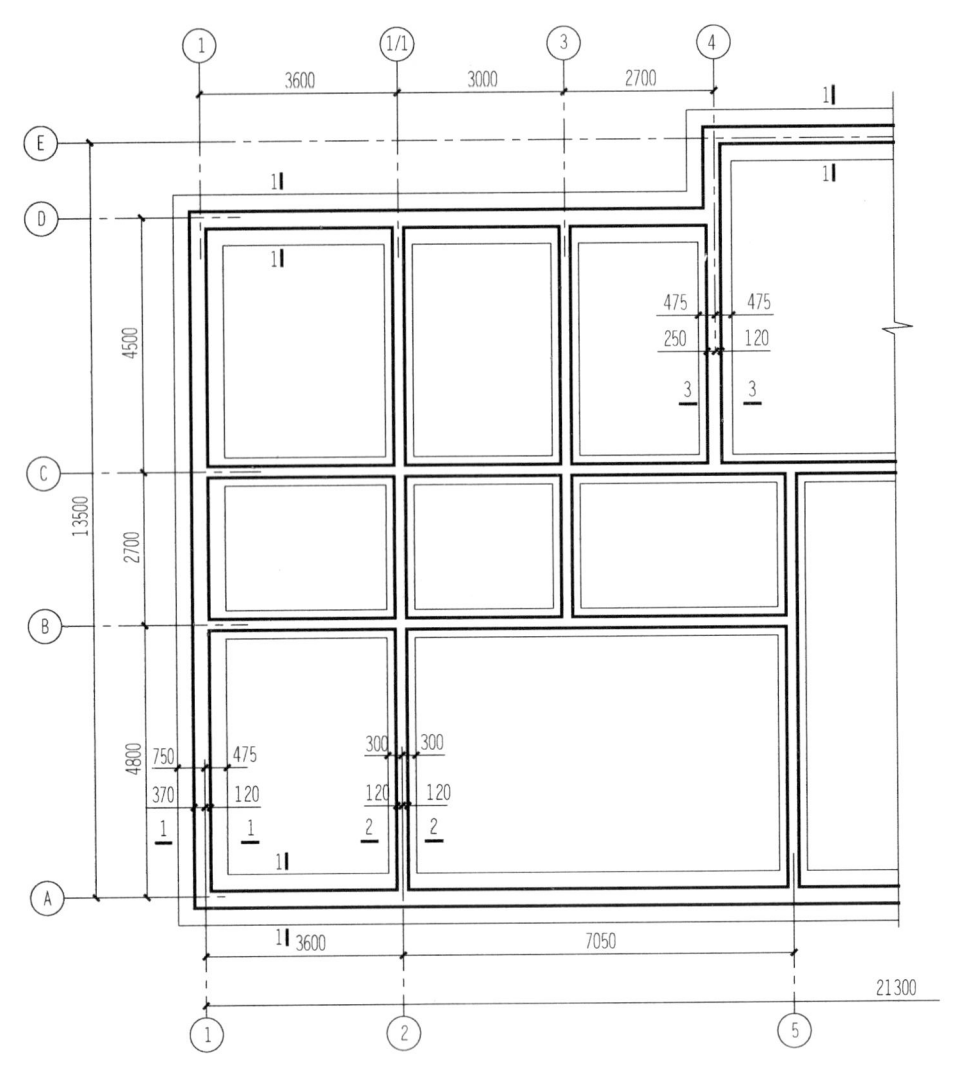

图 14-16 条形基础平面图

外,还应注出内外墙宽度尺寸、基础底部宽度尺寸及定位尺寸、预留空洞(用虚线表示)尺寸和标高、地沟宽度尺寸和标高等。

5. 其他构造图示方法

可见的基础梁用粗实线(单线)表示,不可见的梁用粗虚线表示。剖到的钢筋混凝土柱用涂黑表示。穿过基础的管道洞口用细虚线表示,地沟用细虚线表示。

6. 断面详图位置符号

基础平面图上不同断面应绘制断面位置符号,并用不同的编号表示。相同的用同一断面编号表示。

(三) 独立基础平面图的图示方法

独立基础平面图如图 14-17 所示。

1. 轴线

用与建筑平面图一致的轴线及编号画出轴线。

2. 基础轮廓线

按基础的位置和形状用细实线画出平面投影图。

3. 基础梁

若有基础梁,用粗实线绘制。

4. 编号

独立基础平面图不但要表示出基础的平面形状,还要标明独立基础的相对位置。对不同类型的独立基础,要分别编号。

5. 尺寸标注

平面图上只标注轴线间尺寸和总尺寸。对基础的尺寸,可在详图中标注。

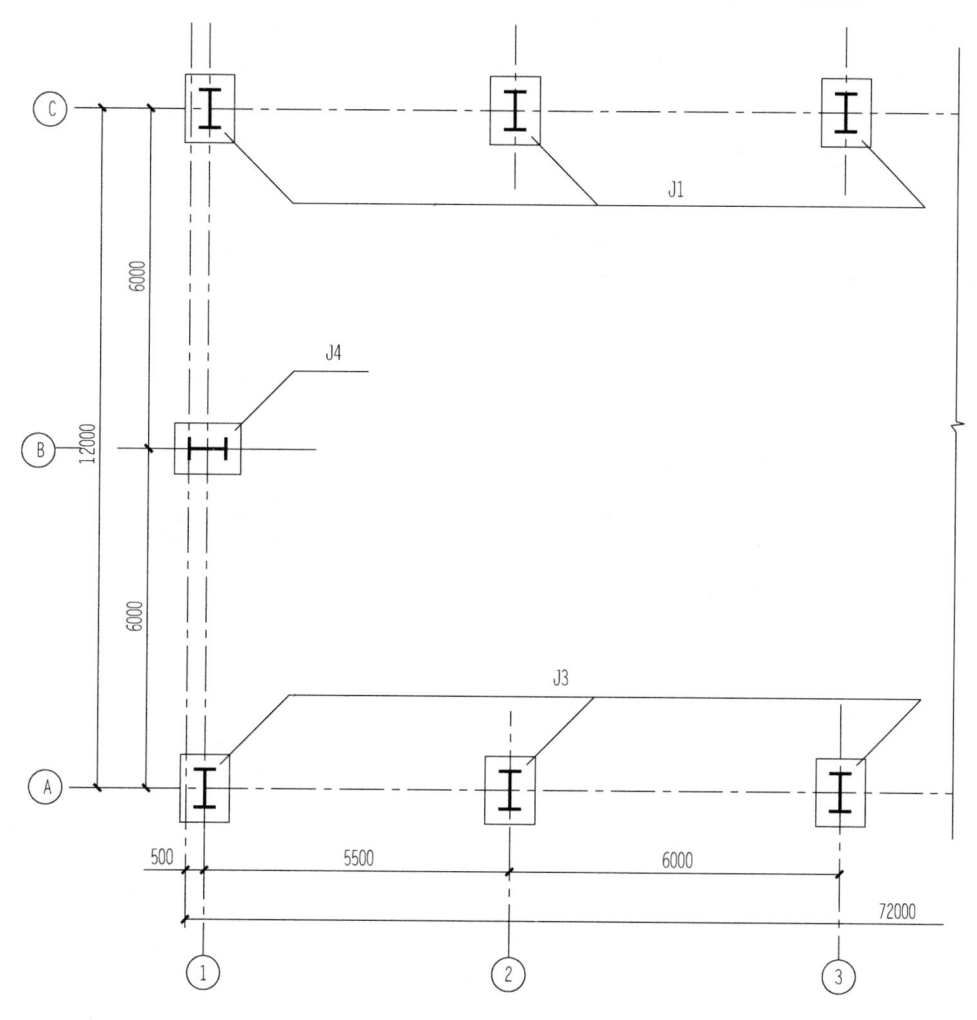

图 14-17 独立基础平面图

二、基础详图

（一）形成

基础平面图只确定了基础最外轮廓线宽度尺寸,对于断面形状、尺寸和构成材料,需用详图画出。基础详图的形成是假想用剖切平面垂直地将基础剖开,用较大比例画出剖切断面图，此图称为基础详图。对独立基础，有时还附一单个基础的平面详图。

(二) 条形基础详图的图示方法

1. 定位轴线

按断面垂直方向画出定位轴线。

2. 线型

室内、外地面用粗实线绘制。剖到的不同材料，用各自的材料图例分隔，材料图例用细实线绘制。

3. 尺寸标注

因为是详图，所以尺寸标注要详细，以便于施工、预算等。尺寸标注分为标高尺寸和构造尺寸。标高尺寸表明室内地面、室外地坪及基础地面标高；构造尺寸是以轴线为基准，标明墙宽、基础地面宽度及放脚处宽度，标明各台阶宽度及整体深度尺寸。

4. 材料符号

用材料图例表明基础所用材料，或用文字注明。

5. 其他构造设施

如有管沟、洞口等构造，除在平面图上标明外，在详图上也要详细画出并标明尺寸、材料。图 14-18 所示为图 14-16 中断面 1-1、2-2 的基础详图。

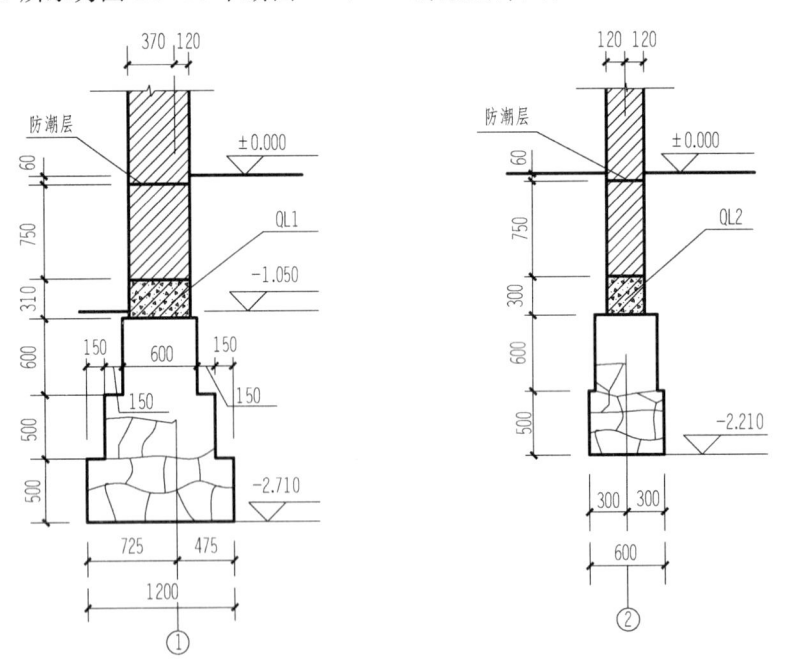

图 14-18 条形基础详图

(三) 独立基础详图的图示方法

钢筋混凝土独立基础详图一般应画出平面图和剖面图，用于表达每一基础的形状、尺寸和配筋情况。

1. 独立基础平面详图

(1) 轴线。画出对应的定位轴线，并画出基础的外部形状和杯口形状。垫层可以不画。

(2) 钢筋。按局部剖视的方法画出钢筋并标注编号、直径、种类、根数（或间距）等。

(3) 尺寸标注。以轴线为基准标注基础底面宽度、台阶宽度、杯口宽度等尺寸。

2. 独立基础剖面详图

独立基础剖面详图一般在对称平面处剖开，且画在对应投影位置，所以不加标注。

独立基础平面详图和独立基础剖面详图如图 14-19 所示。图示为一锥形的独立基础。它除了画出垂直剖视图外，还画出了平面图。垂直剖视图清晰地反映了基础柱、基础及垫层三部分。基础底部为 2000mm×2200mm 的矩形，基础为高 600mm 的四棱台形，基础底部配置了 Φ8@150、Φ8@100 的双向钢筋。基础下面是 C10 素混凝土垫层，高 100mm。基础柱尺寸为 400mm×350mm，预留插筋 8Φ16，钢筋下端直接插入基础内部，上端与柱中的钢筋搭接。

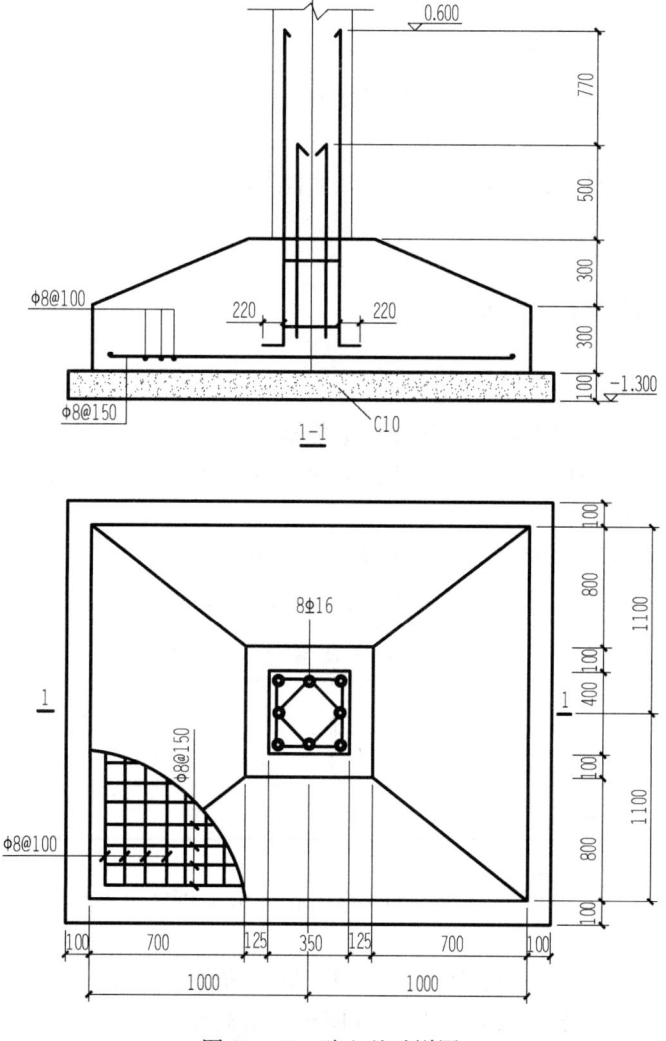

图 14-19 独立基础详图

第四节　钢筋混凝土结构平面布置图的整体表示法

目前，钢筋混凝土结构平面布置图的整体表示法常采用"平法"。"平法"制图，即建筑结构施工图的平面整体设计方法。它是采用整体表达方法绘制结构布置平面图，将结构构件的尺寸和配筋等整体直接表达在各类构件的结构平面布置图上，再与《混凝土结构施工图平面整体表示方法制图规则和构造详图（现浇混凝土框架、剪力墙、梁、板）》（11G101—1）等配合，构成一套新型、完整的结构设计施工图。"平法"制图对我国传统的混凝土结构施工图的设计表示方法作了重大改革，改变了传统的将构件从结构平面布置图中索引出来，再逐个绘制配筋详图的烦琐方法，因此大大提高了设计效率，减少了绘图工作量，使图纸表达更为直观，也便于识读，被国家科学技术委员会列为"'九五'国家级科技成果重点推广计划"项目，被住建部列为"1996年科技成果重点推广项目"。

"平法"制图主要针对钢筋混凝土结构柱、剪力墙、梁构件的结构施工图表达。下面分别介绍这几种构件"平法"的基本知识和识读方法。

一、柱平法施工图

柱平法施工图是在柱平面布置图上采用截面注写方式或列表注写方式绘制柱的配筋图，可以将柱的配筋情况直观地表达出来。

1. 柱平法施工图的主要内容

柱平法施工图的主要内容包括：

（1）图名和比例。

（2）定位轴线及其编号、间距和尺寸。

（3）柱的编号、平面布置，应反映柱与定位轴线的关系。

（4）每一种编号柱的标高、截面尺寸、纵向受力钢筋和箍筋的配置情况。

（5）必要的设计说明。

柱平法表示有截面注写方式和列表注写方式两种。这两种绘图方式均需要对柱按其类型进行编号，编号由其类型代号和序号组成，其编号的含义见表14-7。

表14-7　　　　　　　　　柱编号及其含义

柱类型	代　号	序　号	柱类型	代　号	序　号
框架柱	KZ	××	梁上柱	LZ	××
框支柱	KZZ	××	剪力墙上柱	QZ	××

例如，KZ10表示第10种框架柱，而LZ01表示第1种梁上起柱。

2. 截面注写方式

截面注写方式是在柱平面布置图上，在同一编号的柱中选择一个截面，直接在截面上注写截面尺寸和配筋的具体数值，如图14-20所示，是截面注写方式的图例。

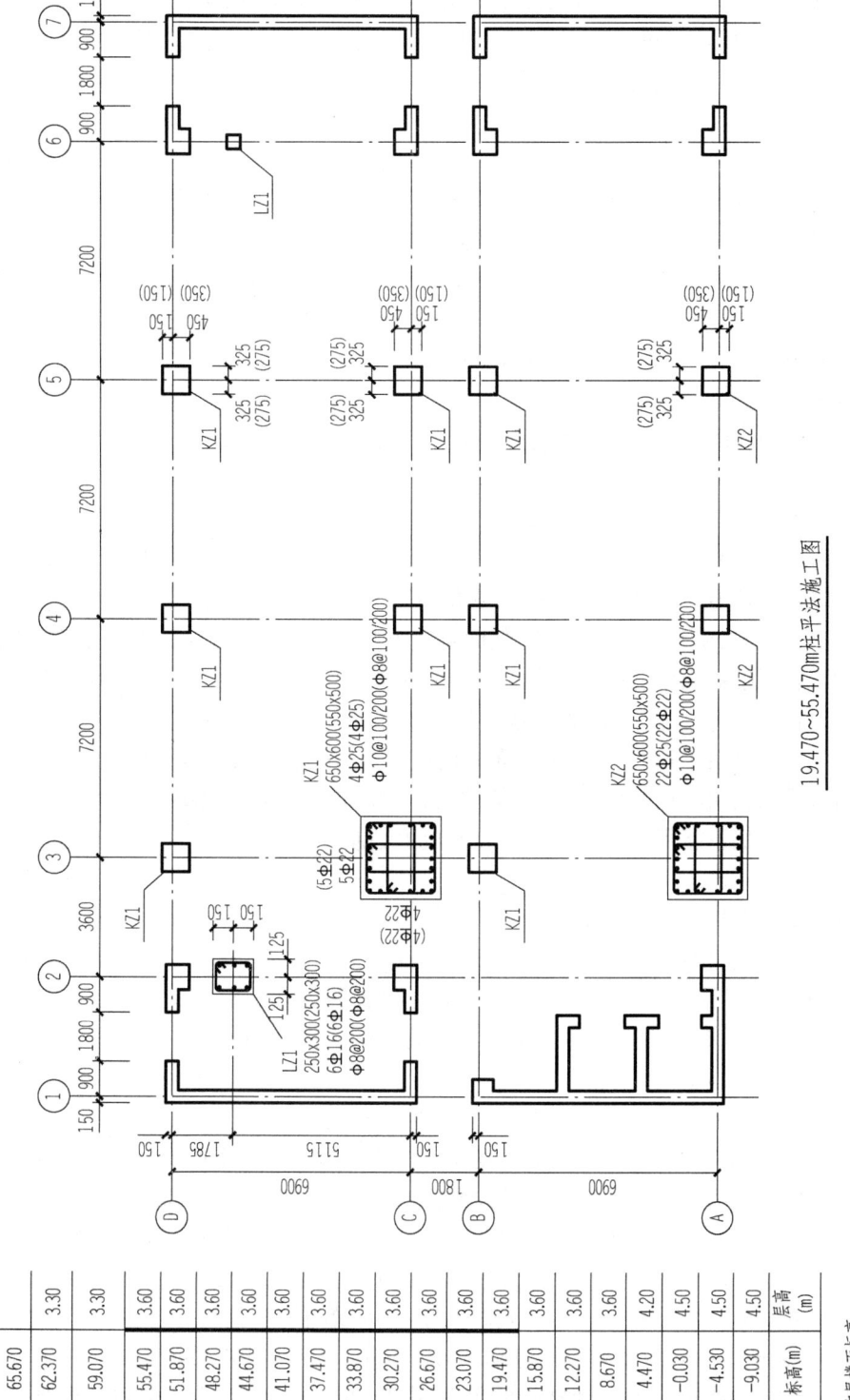

图 14-20 柱平法施工图的截面注写方式

图 14-20 所示为某结构从标高 19.470m 到 59.070m 的柱配筋图，即结构从 6 层到 16 层柱的配筋图，这在楼层表中用粗实线来注明。由于在标高 37.470m 处，柱的截面尺寸和配筋发生了变化，但截面形式和配筋的方式没有改变。因此，这两个标高范围的柱可通过一张柱平面图来表示，但这两部分的数据需分别注写，故将图中的柱分 19.470～37.470m 和 37.470～59.070m 两个标高范围注写有关数据。

如图 14-20 所示，图中画出了柱相对于定位轴线的位置关系，柱截面注写方式配筋图是采用双比例绘制的，首先对结构中的柱进行编号，将具有相同截面、配筋形式的柱编为一个号，从其中挑选出任意一个柱，在其所在的平面位置上按另一种比例原位放大绘制柱截面配筋图，并标注尺寸和柱配筋数值。在标注的文字中，主要有以下内容：

(1) 柱截面尺寸 $b \times h$。如 KZ1 是 650mm×650mm（500mm×500mm），说明在标高 19.470～37.470m 范围内，KZ1 的截面尺寸为 650mm×650mm；标高 37.470～59.070m 范围内，KZ1 的截面尺寸为 500mm×500mm。

(2) 柱相对定位轴线的位置关系，即柱定位尺寸。在截面注写方式中，对每个柱与定位轴线的相对关系，不论柱的中心是否经过定位轴线，都要给予明确的尺寸标注。相同编号的柱如果只有一种放置方式，则可只标注一个。

(3) 柱的配筋。柱的配筋包括纵向受力钢筋和箍筋。纵向钢筋的标注有两种情况，一种情况如 KZ1，其纵向钢筋有两种规格，因此将纵筋的标注分为角筋和中间筋分别标注。集中标注中的 4Φ25，指柱四角的角筋配筋；截面宽度方向上标注的 5Φ22 和截面高度方向上标注的 4Φ22，表明了截面中间配筋情况（对于采用对称配筋的矩形柱，可仅在一侧注写中部钢筋，对称边省略不写）。另一种情况是，其纵向钢筋只有一种规格，如 KZ2 和 LZ1，因此在集中标注中直接给出了所有纵筋的数量和直径，如 LZ1 的 6Φ16，对应配筋图中纵向钢筋的布置图，可以很明确地确定 6Φ16 的放置位置。箍筋的形式和数量可直观地通过截面图表达出来，如果仍不能很明确，则可以将其放大绘制详图。

3. 列表注写方式

列表注写方式则是在柱平面布置图上，分别在每一编号的柱中选择一个（有时几个）截面标注与定位轴线关系的几何参数代号，通过列柱表注写柱号、柱段起止标高、几何尺寸（含柱截面对轴线的偏心情况）与配筋具体数值，并配以各种柱截面形状及其箍筋类型图说明箍筋形式，如图 14-21 所示即为柱列表注写方式的图例。采用柱列表注写方式时，柱表中注写的内容主要有：

(1) 柱编号。柱编号由类型代号（见表 14-7）和序号组成。

(2) 各段柱的起止标高。自柱根部往上以变截面位置或截面未改变但配筋改变处为界分段注写。框架柱或框支柱的根部标高是指基础顶面标高。梁上柱的根部标高是指梁的顶面标高。剪力墙上柱的根部标高分为两种：当柱纵筋锚固在墙顶面时，其根部标高为墙顶面标高；当柱与剪力墙重叠一层时，其根部标高为墙顶面往下一层的楼层结构层楼面标高。

(3) 柱截面尺寸。对于矩形柱，注写柱截面尺寸 $b \times h$ 及与轴线关系的几何参数代号 b_1、b_2 和 h_1、h_2 的具体数值，应对应于各段柱分别注写。其中，$b=b_1+b_2$，$h=h_1+h_2$。当截面的某一边收缩变化至与轴线重合或偏到轴线的另一侧时，b_1、b_2 和 h_1、h_2 中的某项为零或为负值。对于圆柱，表中 $b \times h$ 一栏改用在圆柱直径数字前加 d 表示，为表达简单，圆柱与轴线的关系也用 b_1、b_2 和 h_1、h_2 表示，并使 $d=b_1+b_2=h_1+h_2$。

柱截面配筋表

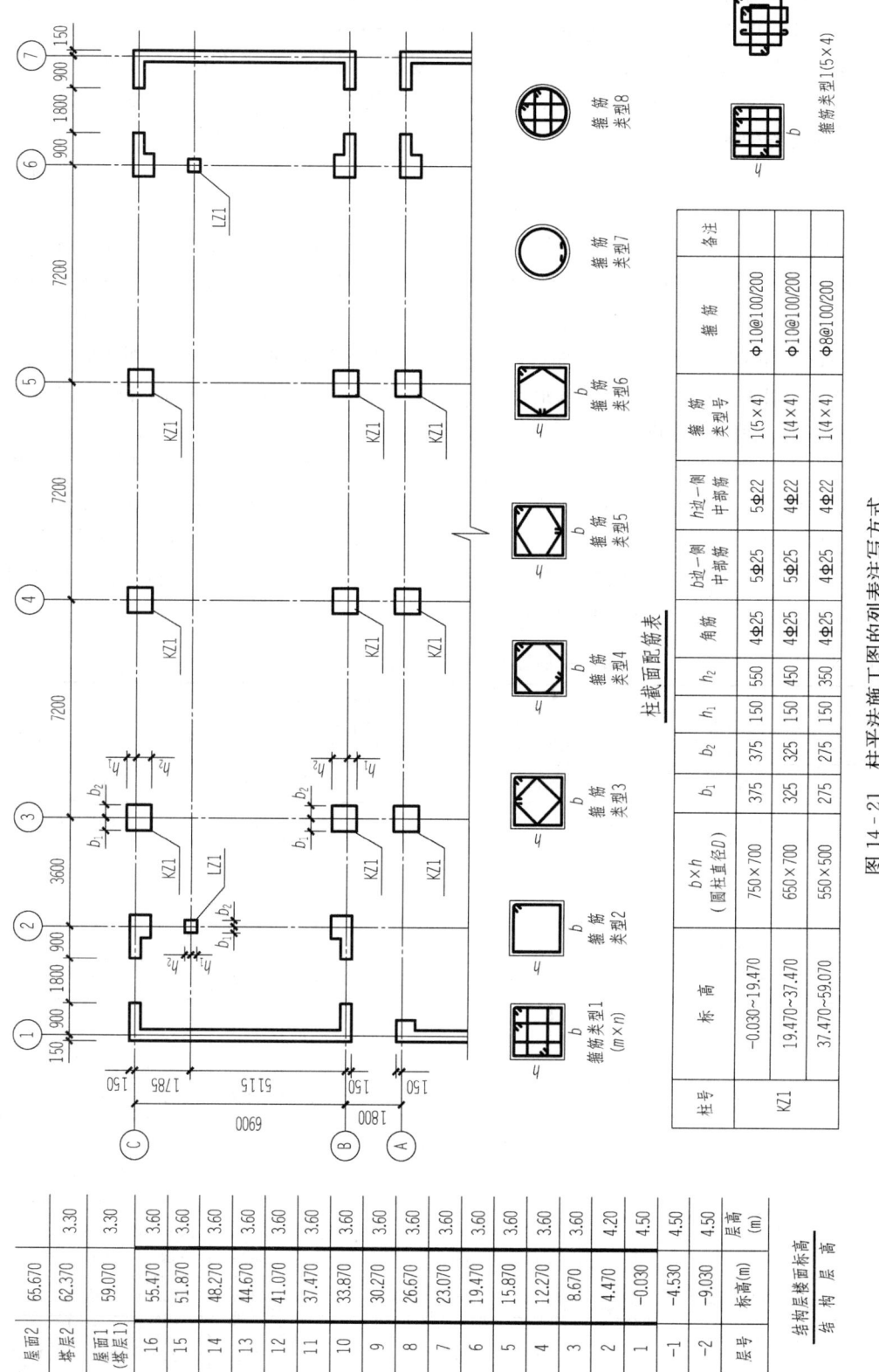

柱号	标高	b×h(圆柱直径D)	b_1	b_2	h_1	h_2	角筋	b边一侧中部筋	h边一侧中部筋	箍筋类型号	箍筋	备注
KZ1	-0.030~19.470	750×700	375	375	150	550	4⎈25	5⎈25	5⎈22	1(5×4)	Φ10@100/200	
	19.470~37.470	650×700	325	325	150	450	4⎈25	5⎈25	4⎈22	1(4×4)	Φ10@100/200	
	37.470~59.070	550×500	275	275	150	350	4⎈25	4⎈25	4⎈22	1(4×4)	Φ8@100/200	

图 14-21 柱平法施工图的列表注写方式

屋面2	65.670	3.30
塔层2	62.370	3.30
屋面1(塔层1)	59.070	3.60
16	55.470	3.60
15	51.870	3.60
14	48.270	3.60
13	44.670	3.60
12	41.070	3.60
11	37.470	3.60
10	33.870	3.60
9	30.270	3.60
8	26.670	3.60
7	23.070	3.60
6	19.470	3.60
5	15.870	3.60
4	12.270	3.60
3	8.670	3.60
2	4.470	4.20
1	-0.030	4.50
-1	-4.530	4.50
-2	-9.030	4.50
层号	标高(m)	层高(m)

结构层楼面标高
结构层高

(4) 柱纵筋。将柱纵筋分成角筋、b 边中部筋和 h 边中部筋三项分别注写（对于采用对称配筋的矩形柱，可仅侧注写一侧中部钢筋，对称边省略不写）。

(5) 箍筋类型号及箍筋肢数。箍筋的配置略显复杂，因为柱箍筋的配置有多种情况，不仅和截面的形状有关，还和截面的尺寸、纵向钢筋的配置有关系。因此，应在施工图中列出结构可能出现的各种箍筋形式，并分别予以编号，如图 14-23 所示的类型 1、类型 2 等。箍筋的肢数用 ($m×n$) 来说明，其中 m 对应宽度 b 方向箍筋的肢数，n 对应宽度 h 方向箍筋的肢数。

(6) 柱箍筋，包括钢筋级别、直径与间距。当为抗震设计时，用斜线"/"区分柱端箍筋加密区和柱身非加密区长度范围内箍筋的不同间距。至于加密长度，就需要施工人员对照标准构造图集相应节点自行计算确定。例如，Φ10@100/200，表示箍筋为 HPB300 级钢，直径为 10，加密区间距 100，非加密区间距 200。当箍筋沿柱全高为一种间距时，则不使用斜线"/"，如Φ12@100，表示箍筋为 HPB300 级钢，直径为 12，箍筋沿柱全高间距 100。如果圆柱采用螺旋箍筋时，应在箍筋表达式前加"L"，如 LΦ10@100/200。

总之，柱采用"平法"制图方法绘制施工图，可直接把柱的配筋情况注明在柱的平面布置图上，简单明了。但在传统的柱立面图中可以看到纵向钢筋的锚固长度及搭接长度，而在柱的平法施工图中，则不能直接在图中表达这些内容。实际上，箍筋的锚固长度及搭接长度是根据 GB 50010—2010 计算出来的，为了使用方便，国标图集 11 G101—1 将其计算出来并以表格的形式给出，见表 14-8～表 14-11。

表 14-8　　　　　　　　　　受拉钢筋基本锚固长度 l_{ab}、l_{abE}

钢筋种类	抗震等级	混凝土强度等级								
		C20	C25	C30	C35	C40	C45	C50	C55	≥C60
HPB300	一、二级（l_{abE}）	45d	39d	35d	32d	29d	28d	26d	25d	24d
	三级（l_{abE}）	41d	36d	32d	29d	26d	25d	24d	23d	22d
	四级（l_{abE}）非抗震（l_{ab}）	39d	34d	30d	28d	25d	24d	23d	22d	21d
HRB335	一、二级（l_{abE}）	44d	38d	33d	31d	29d	26d	25d	24d	24d
	三级（l_{abE}）	40d	35d	31d	28d	26d	24d	23d	22d	22d
	四级（l_{abE}）非抗震（l_{ab}）	38d	33d	29d	27d	25d	23d	22d	21d	21d
HRB400	一、二级（l_{abE}）	—	46d	40d	37d	33d	32d	31d	30d	29d
	三级（l_{abE}）	—	42d	37d	34d	30d	29d	28d	27d	26d
	四级（l_{abE}）非抗震（l_{ab}）	—	40d	35d	32d	29d	28d	27d	26d	25d
HRB500	一、二级（l_{abE}）	—	55d	49d	45d	41d	39d	37d	36d	35d
	三级（l_{abE}）	—	50d	45d	41d	38d	36d	34d	33d	32d
	四级（l_{abE}）非抗震（l_{ab}）	—	48d	43d	39d	36d	34d	32d	31d	30d

表 14-9 受拉钢筋锚固长度 l_a、抗震锚固长度 l_{aE}

非抗震	抗震	
$l_a = \zeta_a l_{ab}$	$l_{aE} = \zeta_{aE} l_a$	1. l_a 不应小于 200。 2. 锚固长度修正系数 ζ_a 按表 14-10 取用，当多于一项时，可连乘计算，但不应小于 0.6。 3. ζ_{aE} 为抗震锚固长度修正系数，对一、二级抗震等级取 1.15，对三级抗震等级取 1.05，对四级抗震等级取 1.00

表 14-10 受拉钢筋锚固长度修正系数 ζ_a

锚固条件		ζ_a	
带肋钢筋的公称直径大于 25		1.10	
环氧树脂涂层带肋钢筋		1.25	
施工过程中易受扰动的钢筋		1.10	
锚固区保护层厚度	$3d$	0.80	中间时按内插值。 d 为锚固钢筋直径
	$5d$	0.70	

表 14-11 受拉钢筋绑扎搭接长度及修正系数

纵向受拉钢筋绑扎搭接长度 l_l、l_{lE}		1. 在任何情况下不应小于 300mm。 2. 当不同直径钢筋搭接时，按较小直径计算	纵向受拉钢筋搭接长度修正系数 ζ_l			
抗震	非抗震		接头百分率（%）	≤25	50	100
$l_{lE} = \zeta_l l_{aE}$	$l_{lE} = \zeta_l l_{aE}$		ζ_l	1.2	1.4	1.6

因此，只要知道钢筋的级别和直径，就可以查表确定钢筋的锚固长度和最小搭接长度，不一定在图中表达出来。施工时，先根据柱的平法施工图，确定柱的截面、配筋的级别和直径，再根据表等其他规范的规定进行放样和绑扎。采用平法制图不再单独绘制柱的配筋立面图或断面图，可以极大地节省绘图工作量，同时不影响图纸内容的表达。

4. 柱平法施工图识读步骤

柱平法施工图识读步骤如下：

（1）查看图名、比例。

（2）校核轴线编号及间距尺寸，必须与建筑图、基础平面图保持一致。

（3）与建筑图配合，明确各柱的编号、数量及位置。

（4）阅读结构设计总说明或有关分页专项说明，明确标高范围柱混凝土的强度等级。

（5）根据各柱的编号，查对图中截面或柱表，明确柱的标高、截面尺寸和配筋；再根据抗震等级、标准构造要求确定纵向钢筋和箍筋的构造要求（包括纵向钢筋连接的方式、位置、锚固搭接长度、弯折要求、柱头节点要求，以及箍筋加密区长度范围等）。

二、剪力墙平法施工图

剪力墙根据配筋形式可将其看成由剪力墙柱、剪力墙身和剪力墙梁（简称墙柱、墙身、墙梁）三类构件组成。剪力墙平法施工图，是在剪力墙平面布置图上采用截面注写方式或列表方式来表达剪力墙柱、剪力墙身、剪力墙梁的标高、偏心、截面尺寸和配筋情况等。

1. 剪力墙平法施工图的主要内容

剪力墙平法施工图的主要内容包括：

(1) 图名和比例。
(2) 定位轴线及其编号、间距和尺寸。
(3) 剪力墙柱、剪力墙身、剪力墙梁的编号和平面布置。
(4) 每一种编号剪力墙柱、剪力墙身、剪力墙梁的标高、截面尺寸及钢筋配置情况。
(5) 必要的设计说明和详图。

注写每种墙柱、墙身、墙梁的标高、截面尺寸及配筋。同柱一样有截面注写方式和列表注写方式两种方式。同样，无论哪种绘图方式，均需要对剪力墙构件按其类型进行编号，编号由其类型代号和序号组成，其编号的含义见表 14-12 和表 14-13。

表 14-12　　　　　　　　　　墙柱编号及其含义

墙柱类型	代　号	序　号	墙柱类型	代　号	序　号
约束边缘构件	YBZ	××	非边缘暗柱	AZ	××
构造边缘构件	GBZ	××	扶壁柱	FBZ	××

如：YBZ10 表示第 10 种约束边缘构件，而 AZ01 表示第 1 种非边缘暗柱。

表 14-13　　　　　　　　　　墙梁编号及其含义

墙梁类型	代　号	序　号	墙梁类型	代　号	序　号
连梁	LL	××	连梁（集中对角斜筋配筋）	LL (DX)	××
连梁（对角暗撑配筋）	LL (JC)	××	暗梁	AL	××
连梁（交叉斜筋配筋）	LL (JX)	××	边框梁	BKL	××

如：LL10 表示第 10 种普通连梁，而 LL (JC) 10 表示第 10 种有对角暗撑配筋的连梁。

2. 截面注写方式

截面注写方式，是在分标准层绘制的剪力墙平面布置图上，以直接在墙柱、墙身、墙梁上注写截面尺寸和配筋具体数值的方式来表达剪力墙平法施工图。在剪力墙平面布置图上，在相同编号的墙柱、墙身、墙梁中选择一根墙柱、一道墙身、一个墙梁，以适当的比例原位将其放大进行注写。

剪力墙柱注写的内容有：绘制截面配筋图，并标注截面尺寸、全部纵向钢筋和箍筋的具体数值。

剪力墙身注写的内容有：依次引注墙身编号（应包括注写在括号内墙身所配置的水平分布钢筋和竖向分布钢筋的排数）、墙厚尺寸、水平分布筋、竖向分布钢筋和拉筋的具体数值。

剪力墙梁注写的内容有：

(1) 墙梁编号。
(2) 墙梁顶面标高高差，是指墙梁顶面与所在结构层楼面标高的高差值，高于者为正值，低于者为负值；无高差时不注。
(3) 墙梁截面尺寸 $b \times h$、上部纵筋、下部纵筋和箍筋的具体数值。
(4) 当连梁设有对角暗撑时［代号为 LL (JC) ××］，注写暗撑的截面尺寸（箍筋外皮尺寸);注写暗撑的全部纵筋,并标注×2表明有两根暗撑相互交叉;以及暗撑箍筋的具体数值。

(5) 当连梁设有交叉斜筋时［代号为 LL (JX) ××］,注写连梁一侧对角斜筋的配筋值,并标注×2表明对称设置;注写对角斜筋在连梁端部设置的拉筋根数、规格及直径,并标注×4表示四个角都设置;注写连梁一侧折线筋配筋值,并标注×2表明对称设置。

(6) 当连梁设有集中对角斜筋时［代号为 LL (DX) ××］,注写一条对角线上的斜筋值,并标注×2表明对称设置。

图 14-22 所示为截面注写方式的图例。

3. 列表注写方式

列表注写方式,是在剪力墙平面布置图上,通过列剪力墙柱表、剪力墙身表和剪力墙梁表来注写每一种编号剪力墙柱、剪力墙身、剪力墙梁的标高、截面尺寸与配筋具体数值。图 14-23 和图 14-24 所示为列表注写方式的图例。

剪力墙柱表中注写的内容有：注写编号,加注几何尺寸（几何尺寸按标准构造详图取值时,可不注写）,绘制截面配筋图并注明墙柱的起止标高、全部纵筋和箍筋的具体数值。

剪力墙身表中注写的内容有：注写墙身编号、墙身起止标高、水平分布筋、竖向分布筋和拉筋的具体数值。

剪力墙梁表中注写的内容有：

(1) 墙梁编号、墙梁所在楼层号。

(2) 墙梁顶面标高高差,是指墙梁顶面与所在结构层楼面标高的高差值,高于者为正值,低于者为负值;无高差时不注。

(3) 墙梁截面尺寸 $b×h$、上部纵筋、下部纵筋和箍筋的具体数值。

(4) 当连梁设有对角暗撑时［代号为 LL (JC) ××］,注写规定同截面法相应条款。

(5) 当连梁设有交叉斜筋时［代号为 LL (JX) ××］,注写规定同截面法相应条款。

(6) 当连梁设有集中对角斜筋时［代号为 LL (DX) ××］,注写规定同截面法相应条款。

4. 剪力墙平法施工图识读步骤

剪力墙平法施工图识读步骤如下：

(1) 查看图名、比例。

(2) 校核轴线编号及间距尺寸,必须与建筑平面图、基础平面图保持一致。

(3) 与建筑图配合,明确各剪力墙边缘构件的编号、数量及位置、墙身的编号、尺寸、洞口位置。

(4) 阅读结构设计总说明或有关分页专项说明,明确各标高范围剪力墙混凝土的强度等级。

(5) 根据各剪力墙身的编号,查对图中截面或墙身表,明确剪力墙的标高、截面尺寸和配筋;再根据抗震等级、标准构造要求确定水平分布钢筋、竖向分布钢筋和拉筋的构造要求（包括水平分布钢筋、竖向分布钢筋连接的方式、位置、锚固搭接长度和弯折要求）。

(6) 根据各剪力墙柱的编号,查对图中截面或墙柱表,明确剪力墙柱的标高、截面尺寸和配筋;再根据抗震等级、标准构造要求确定纵向钢筋和箍筋的构造要求（包括纵向钢筋连接的方式、位置、锚固搭接长度、弯折要求、柱头节点要求,以及箍筋加密区长度范围等）。

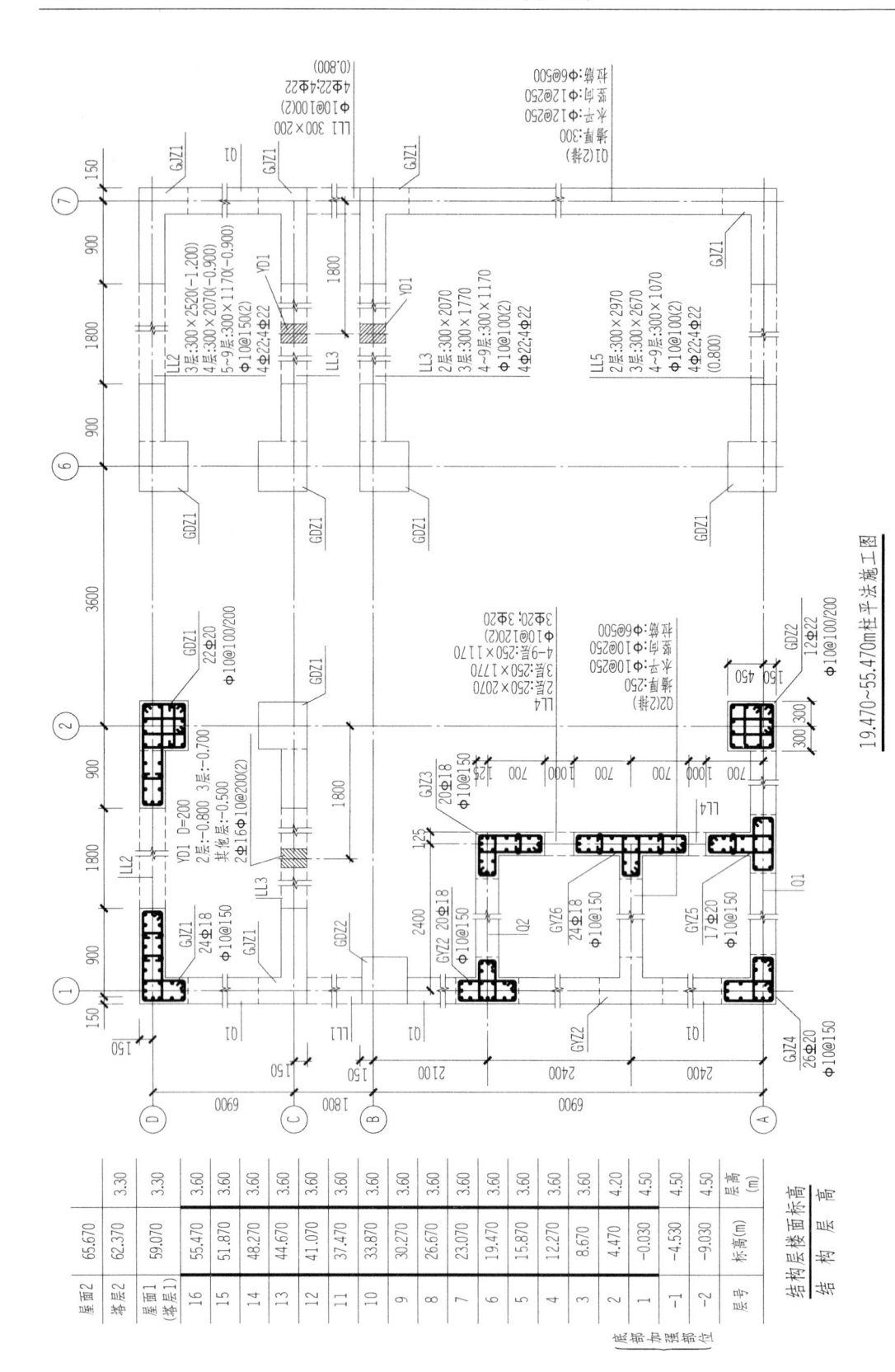

图 14-22 剪力墙平法施工图的截面注写方式

剪力墙梁表

编号	所在楼层号	梁顶相对标高高差	梁截面 b×h	上部纵筋	下部纵筋	箍筋
LL1	2~9	0.800	300×2000	4Φ22	4Φ22	Φ10@100(2)
	10~16	0.800	250×2000	4Φ20	4Φ20	Φ10@100(2)
	屋面1		250×1200	4Φ20	4Φ20	Φ10@100(2)
LL2	3	-1.200	300×2520	4Φ22	4Φ22	Φ10@150(2)
	4	-0.900	300×2070	4Φ22	4Φ22	Φ10@150(2)
	5~9	-0.900	300×1770	4Φ22	4Φ22	Φ10@100(2)
	10~屋面1	-0.900	300×1770	3Φ22	3Φ22	Φ10@100(2)
LL3	2		300×2070	4Φ22	4Φ22	Φ10@100(2)
	3		300×1770	4Φ22	4Φ22	Φ10@100(2)
	4~9		300×1170	4Φ22	4Φ22	Φ10@100(2)
	10~屋面1		250×2070	3Φ20	3Φ20	Φ10@120(2)
LL4	2		250×1770	3Φ20	3Φ20	Φ10@120(2)
	3		250×1770	3Φ20	3Φ20	Φ10@120(2)
	4~屋面1		250×1170	3Φ20	3Φ20	Φ10@120(2)

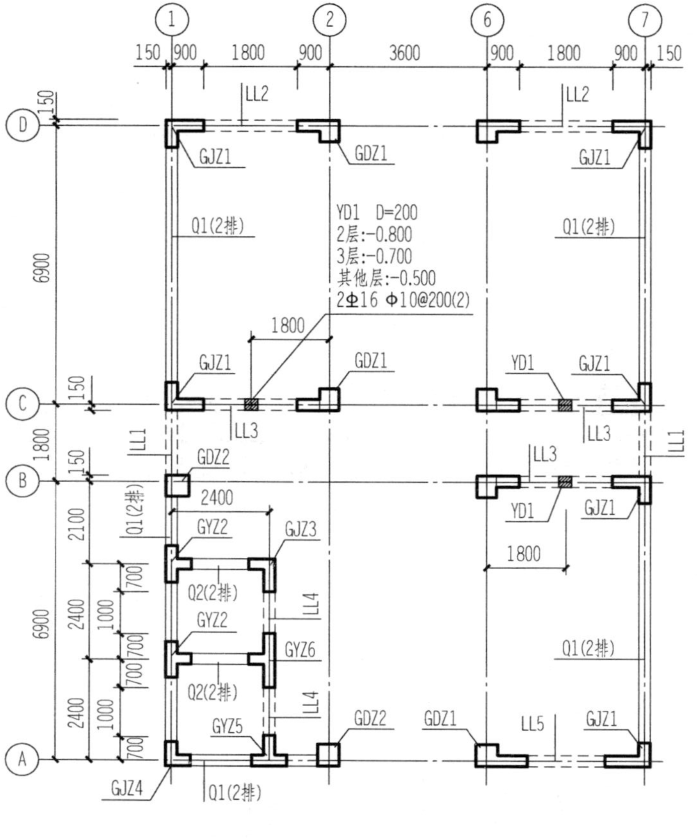

剪力墙身表

编号	标高	墙厚	水平分布筋	垂直分布筋	拉筋
Q1(2排)	-0.300~30.270	300	Φ12@250	Φ12@250	Φ6@500
	30.270~59.070	250	Φ12@250	Φ12@250	Φ6@500
Q2(2排)	-0.300~30.270	250	Φ12@250	Φ12@250	Φ6@500
	30.270~59.070	200	Φ12@250	Φ12@250	Φ6@500

19.470~55.470m柱平法施工图

图 14-23 剪力墙平法施工图(部分墙柱表)

屋面2	65.670	3.30
塔层2	62.370	3.30
屋面1(塔层1)	59.070	3.60
16	55.470	3.60
15	51.870	3.60
14	48.270	3.60
13	44.670	3.60
12	41.070	3.60
11	37.470	3.60
10	33.870	3.60
9	30.270	3.60
8	26.670	3.60
7	23.070	3.60
6	19.470	3.60
5	15.870	3.60
4	12.270	3.60
3	8.670	3.60
2	4.470	4.20
1	-0.030	4.50
-1	-4.530	4.50
-2	-9.030	4.50
层号	标高(m)	层高(m)

结构层楼面标高
结构层高

底部加强部位

图 14-24 剪力墙平法施工图的列表注写方式

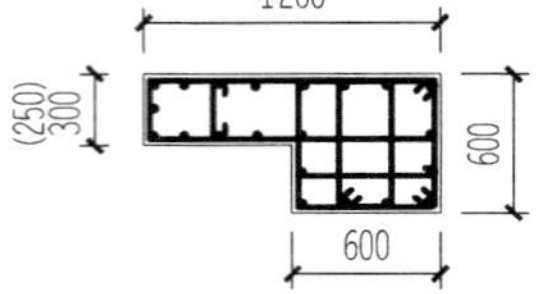

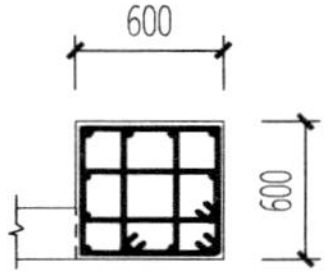

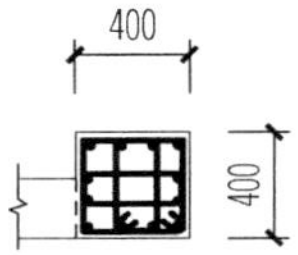

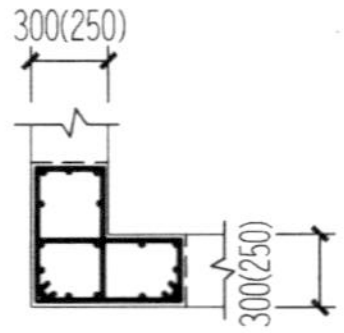

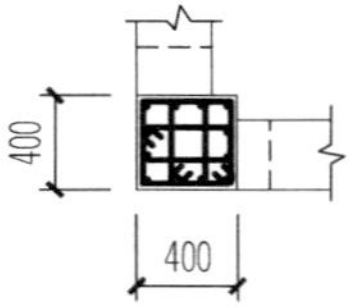

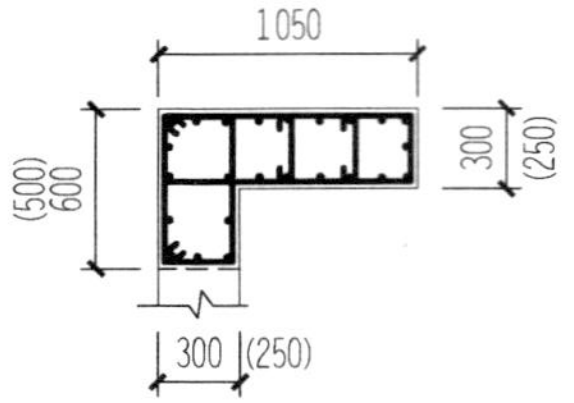

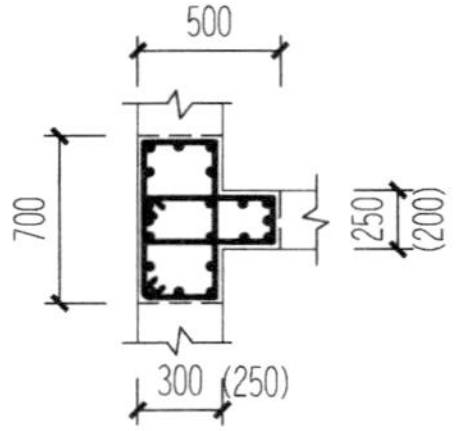

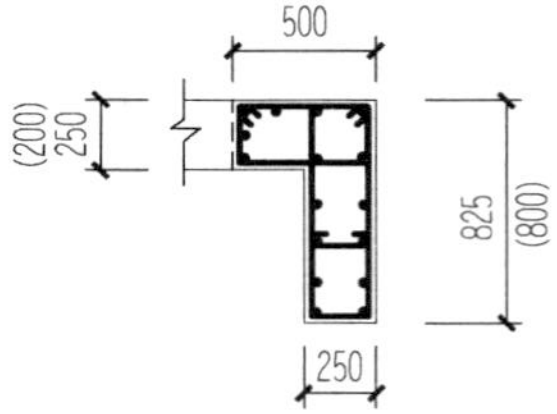

(7) 根据各剪力墙梁的编号，查对图中截面或墙梁表，明确剪力墙梁的标高、截面尺寸和配筋；再根据抗震等级、标准构造要求确定纵向钢筋和箍筋的构造要求（包括纵向钢筋锚固搭接长度、箍筋的摆放位置等）。

这里需要特别指出的是，剪力墙，尤其是高层建筑中的剪力墙一般情况下是沿着高度方向混凝土强度等级不断变化的；每层楼面的梁、板混凝土强度等级也可能有所不同，因此，施工人员在看图时应格外注意，避免出现错误。

三、梁平法施工图

梁平法施工图是将梁按照一定规律编号，将各种编号的梁配筋直径、数量、位置和代号一起注写在梁平面布置图上，直接在平面图中表达，不再单独绘制梁的剖面图。梁平法施工图的表达方式有平面注写方式和截面注写方式两种。

1. 梁平法施工图的主要内容

梁平法施工图的主要内容包括：

(1) 图名和比例。

(2) 定位轴线及其编号、间距和尺寸。

(3) 梁的编号、平面布置。

(4) 每一种编号梁的标高、截面尺寸、钢筋配置情况。

(5) 必要的设计说明和详图。

2. 平面注写方式

梁施工图平面注写方式，是在梁平面布置图上，分别在不同编号的梁中各选一根梁，在其上注写截面尺寸和配筋具体数值的方法表达梁平法配筋图，如图 14-25 (a) 所示。按照图集 11G101—1，梁平面注写方式包括集中标注和原位标注。集中标注表达梁的通用数值，如截面尺寸、箍筋配置、梁上部贯通钢筋等；当集中标注的数值不适用于梁的某个部位时，采用原位标注。原位标注表达梁的特殊数值，如梁在某一跨改变的梁截面尺寸、该处的梁底配筋或增设的钢筋等。施工时，原位标注取值优先于集中标注。

图 14-25 (b) 所示为与梁平法施工图对应的传统表达方法，要在梁上不同的位置剖切并绘制断面图来表达梁的截面尺寸和配筋情况，而采用平法则不需要。

首先，在梁的集中标注内容中，有 5 项必注值和 1 项选注值，分别如下：

(1) 梁的编号（必注值）。梁编号由梁类型代号、序号、跨数及有无悬挑代号组成，应符合表 14-14 的规定。

表 14-14　　　　　　　　梁　编　号

梁 类 型	代 号	序 号	跨数及是否带有悬挑	备 注
楼层框架梁	KL	××	(××)、(××A) 或 (××B)	
屋面框架梁	WKL	××	(××)、(××A) 或 (××B)	(××A) 为一端有悬挑；
框支梁	KZL	××	(××)、(××A) 或 (××B)	(××B) 为两端有悬挑；悬
非框架梁	L	××	(××)、(××A) 或 (××B)	挑不计入跨数
悬挑梁	XL	××	(××)、(××A) 或 (××B)	
井字梁	JZL	××	(××)、(××A) 或 (××B)	

例如，KL7 (5A) 表示第 7 号框架梁，5 跨，一端有悬挑；L9 (7B) 表示第 9 号非框

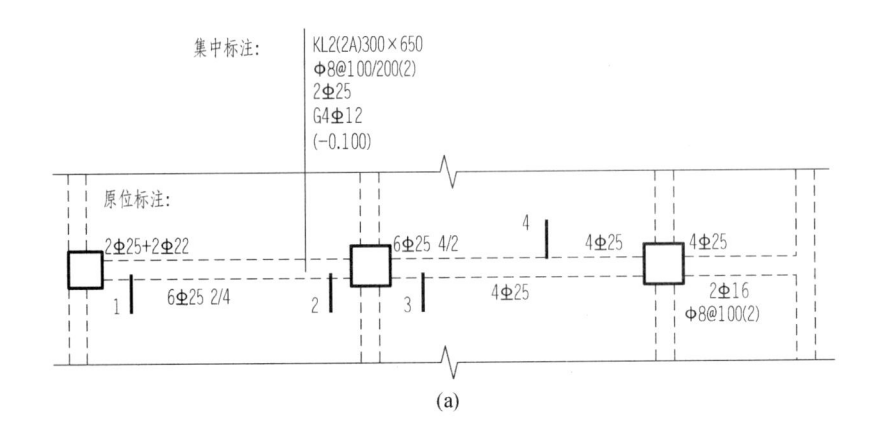

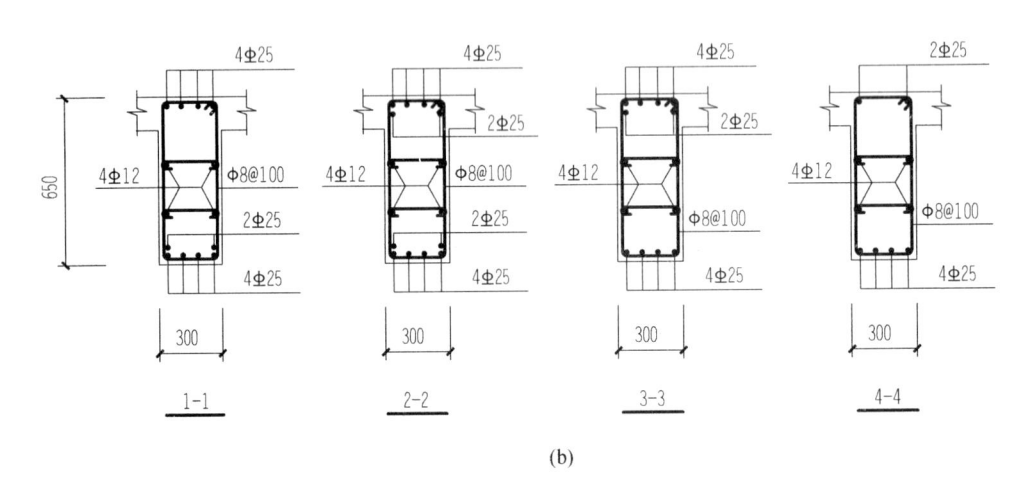

图 14-25 梁面注写方式
(a) 平面注写方式；(b) 传统的梁筋截面表达方式

架梁，7 跨，两端有悬挑。

(2) 梁截面尺寸（必注值）。当为等截面梁时，用 $b\times h$ 表示；当为加腋梁时，用 $b\times h$、$YC_1\times C_2$ 表示，Y 为加腋的标志，C_1 为腋长，C_2 为腋高。如图 14-26 (a) 所示，梁跨中截面尺寸为 300×750 ($b\times h$)，梁两端加腋，腋长 500mm，腋高 250mm，因此该梁表示为 300×750、Y500×250。当有悬挑梁且根部和端部截面高度不同时，用斜线"/"分隔根部与端部的高度值，即为 $b\times h_1/h_2$，b 为梁宽，h_1 为梁根部的高度，h_2 为梁端部的高度。如图 14-26 (b) 所示，图中的悬挑梁宽 300mm，梁高从根部 700mm 减小到端部的 500mm。

(3) 梁箍筋（必注值），包括钢筋级别、直径、加密区与非加密区间距与肢数。箍筋加密区与非加密区的不同间距与肢数用斜线"/"分隔；当梁箍筋为同一种间距及肢数时，不需用斜线；当加密区与非加密区的箍筋肢数相同时，则将肢数注写一次；箍筋肢数注写在括号内。加密区的长度范围则根据梁的抗震等级见相应的标准构造详图。例如，Φ10@100/200(4)，表示箍筋为 HPB300 级钢，直径为Φ10，加密区间距为 100mm，非加密区间距为 200mm，均为四肢箍；又如Φ8@100(4)/150 (2)，表示箍筋为 HPB300 级钢，直径为Φ8，加密区间距为 100mm，四肢箍；非加密区间距为 150mm，两肢箍。

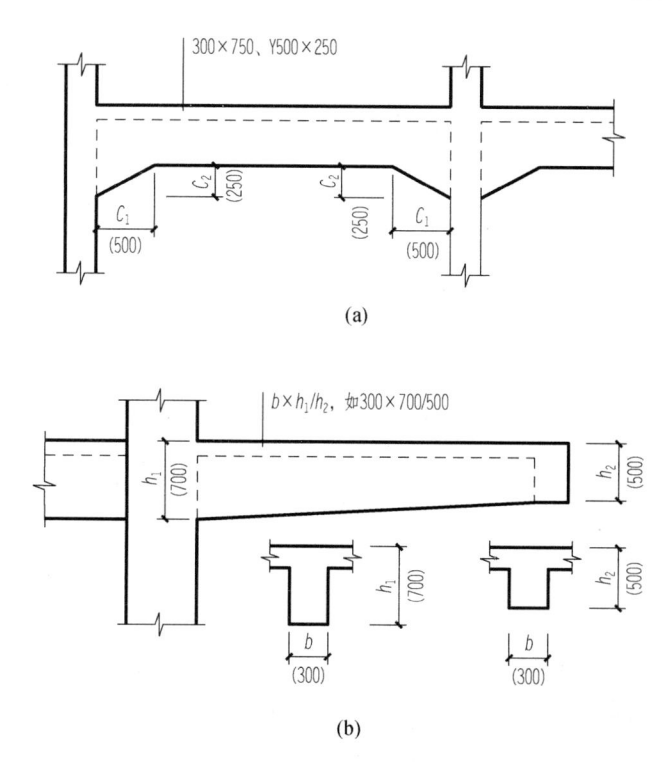

图 14-26 悬挑梁不等高截面尺寸注写
(a) 加腋梁；(b) 悬挑梁

(4) 梁上部通长钢筋或架立筋配置（必注值）。这里所标注的规格与根数应根据结构受力的要求及箍筋肢数等构造要求而定。当同排纵筋中既有通长筋又有架立筋时，应用加号"+"将通长筋和架立筋相连。注写时需将角部纵筋写在加号的前面，架立筋写在加号后面的括号内，以示不同直径及与通长钢筋的区别。当全部是架立筋时，则将其写在括号内。例如，2Φ22 用于双肢箍；2Φ22＋(4Φ12) 用于六肢箍，其中 2Φ22 为通长筋，4Φ12 为架立筋。

梁的上部纵筋和下部纵筋均为贯通筋，且多数跨相同时，也可将梁上部和下部贯通筋同时注写，中间用";"分隔，如 3Φ22；3Φ20，表示梁上部配置 3Φ22 通长钢筋，梁的下部配置 3Φ20 通长钢筋。

(5) 梁侧面纵向构造钢筋或受扭钢筋的配置（必注值）。当梁腹板高度大于 450mm 时，需配置梁侧纵向构造钢筋，其数量及规格应符合规范要求。注写此项时以大写字母 G 打头，接续注写设置在梁两个侧面的总配筋值，且对称配置，如 G4Φ12，表示梁的两个侧面共配置 4Φ12 的纵向构造钢筋，每侧配置 2Φ12。当梁侧面需要配置受扭纵向钢筋时，此项注写值时以大写字母 N 打头，接续注写设置在梁两个侧面的总配筋值，且对称配置。受扭纵向钢筋应满足侧面纵向构造钢筋的间距要求，且不再重复配置纵向构造钢筋，如 N6Φ22，表示梁的两个侧面共配置 6Φ22 的受扭纵向钢筋，每侧配置 3Φ22。

(6) 梁顶面标高差（选注值）。梁顶面标高差是指梁顶面相对于结构层楼面标高的差值，用括号括起。当梁顶面高于楼面结构标高时，其标高高差为正值；反之为负值。如果两者没有高差，则没有此项。如果是（－0.100），则表示该梁顶面比楼面标高低 0.1m；如果是

(0.100)，则表示该梁顶面比楼面标高高 0.1m。

以上所述是梁集中标注的内容，梁原位标注的内容主要有以下几个方面：

(1) 梁支座上部纵筋的数量、级别和规格，其中包括上部贯通钢筋，写在梁的上方，并靠近支座。

当上部纵筋多于一排时，用"/"将各排纵筋分开，如 6Φ25 4/2 表示上排纵筋为 4Φ25，下排纵筋为 2Φ25；如果是 4Φ25/2Φ22，则表示上排纵筋为 4Φ25，下排纵筋为 2Φ22。

当同排纵筋有两种直径时，用"+"将两种直径的纵筋连在一起，注写时将角部纵筋写在前面。例如，梁支座上部有 4 根纵筋，2Φ25 放在角部，2Φ22 放在中部，则应注写为 2Φ25+2Φ22；又如，4Φ25+2Φ22/4Φ22 表示梁支座上部共有 10 根纵筋，上排纵筋为 4Φ25 和 2Φ22，4Φ25 中有 2 根放在角部，另 2Φ25 和 2Φ22 放在中部，下排还有 4Φ22。

当梁中间支座两边的上部钢筋不同时，需在支座两边分别注写；当梁中间支座两边的上部钢筋相同时，可仅在支座的一边标注配筋值，另一边省去不注。

(2) 梁的下部纵筋的数量、级别和规格写在梁的下方，并靠近跨中处。

当下部纵筋多于一排时，用"/"将各排纵筋分开，如 6Φ25 2/4 表示上排纵筋为 2Φ25，下排纵筋为 4Φ25；如果是 2Φ20/3Φ25，则表示上排纵筋为 2Φ20，下排纵筋为3Φ25。

当同排纵筋有两种直径时，用"+"将两种直径的纵筋连在一起，注写时将角部纵筋写在前面。例如，梁下部有 4 根纵筋，2Φ25 放在角部，2Φ22 放在中部，则应注写为 2Φ25+2Φ22；又如，3Φ22/3Φ25+2Φ22 表示梁下部共有 8 根纵筋，上排纵筋为 3Φ22，下排纵筋为 3Φ25 和 2Φ22，3Φ25 中有 2 根放在角部。

梁的集中标注中已经注写了梁上部和下部均为通长钢筋的数值时，则不在梁下部重复注写原位标注。

(3) 附加箍筋或吊筋。在主次梁交接处，有时要设置附加箍筋或吊筋，可直接画在平面图中的主梁上，并引注总配筋值，如图 14-27 所示。当多数附加箍筋或吊筋相同时，可在梁平法施工图上统一注明，少数与统一注明值不同时，再原位引注。

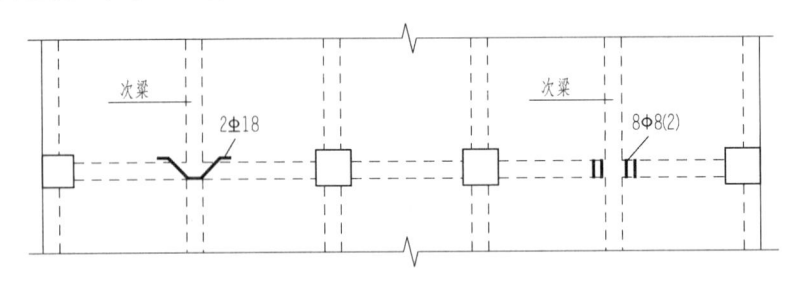

图 14-27 附加箍筋或吊筋画法

(4) 当在梁上集中标注的内容（即梁截面尺寸、箍筋、上部通长筋或架立筋、梁侧面纵向构造钢筋或受扭纵向钢筋，以及梁顶面标高高差中的某一项或几项数值）不适用于某跨或某悬挑部位时，将其不同的数值原位标注在该跨或该悬挑部位，施工时应按原位标注的数值优先取用，这一点是值得注意的。

3. 截面注写方式

截面注写方式，是在分标准层绘制的梁平面布置图上，分别在不同编号的梁中各选择一根梁用剖面号引出配筋图，并在其上注写截面尺寸和配筋（上部筋、下部筋、箍筋和侧面构造筋)具体数值的方式来表达梁平法施工图。

截面注写方式可以单独使用,也可与平面注写方式结合使用。

4. 梁平法施工图识读步骤

梁平法施工图的识读步骤如下:

(1) 查看图名、比例。

(2) 校核轴线编号及间距尺寸,必须与建筑图、基础平面图、柱平面图保持一致。

(3) 与建筑图配合,明确各梁的编号、数量及位置。

(4) 阅读结构设计总说明或有关分页专项说明,明确各标高范围剪力墙混凝土的强度等级。

(5) 根据各梁的编号,查对图中标注或截面标注,明确梁的标高、截面尺寸和配筋;再根据抗震等级、标准构造要求确定纵向钢筋、箍筋和吊筋的构造要求(包括纵向钢筋锚固搭接长度、切断位置、连接方式、弯折要求,以及箍筋加密区范围等)。

这里需强调的是,应格外注意主、次梁交汇处钢筋摆放的高低位置要求。

图 14-28 所示为用平法表示的梁配筋平面图,这是一个 16 层框架—剪力墙结构,本图表示第 5 层梁的配筋情况。从图 14-22、图 14-23 中左边的列表可以看出,该结构有两层地下室,以及每层的层高和楼面标高及屋面的高度。

梁采用"平法"制图方法绘制施工图,直接把梁的配筋情况注明在梁的平面布置图上,简单明了。但在传统的梁立面配筋图中,可以看到的纵向钢筋锚固长度及搭接长度,在梁的"平法"施工图中无法体现。同柱"平法"施工图一样,只要知道钢筋的种类和直径,就可以按规范或图集中的要求确定其锚固长度和最小搭接长度。

四、现浇板施工图

1. 现浇板施工图的主要内容

现浇板施工图的主要内容包括:

(1) 图名和比例。

(2) 定位轴线及其编号、间距和尺寸。

(3) 现浇板的厚度、标高及钢筋配置情况。

(4) 阅读必要的设计说明和详图。

2. 现浇板施工图识读步骤

现浇板施工图的识读步骤如下:

(1) 查看图名、比例。

(2) 校核轴线编号及间距尺寸,必须与建筑图、梁平法施工图保持一致。

(3) 阅读结构设计总说明或有关说明,确定现浇板的混凝土强度等级。

(4) 明确图中未标注的分布钢筋;当温度较敏感或板厚较厚时,还要设置温度钢筋,其与板内受力筋的搭接要求也应在说明中明确。

对于现浇板配筋,也可以和柱、梁一样采用"平法"表示,而且与之相配套的国标图集 11G101—1 也已经颁布实施。但就目前国内大量工程的施工图纸来看,采用板平法表示的为之甚少,绝大多数仍然采用传统的方式表达现浇板,加之本书篇幅有限,因此不再赘述。

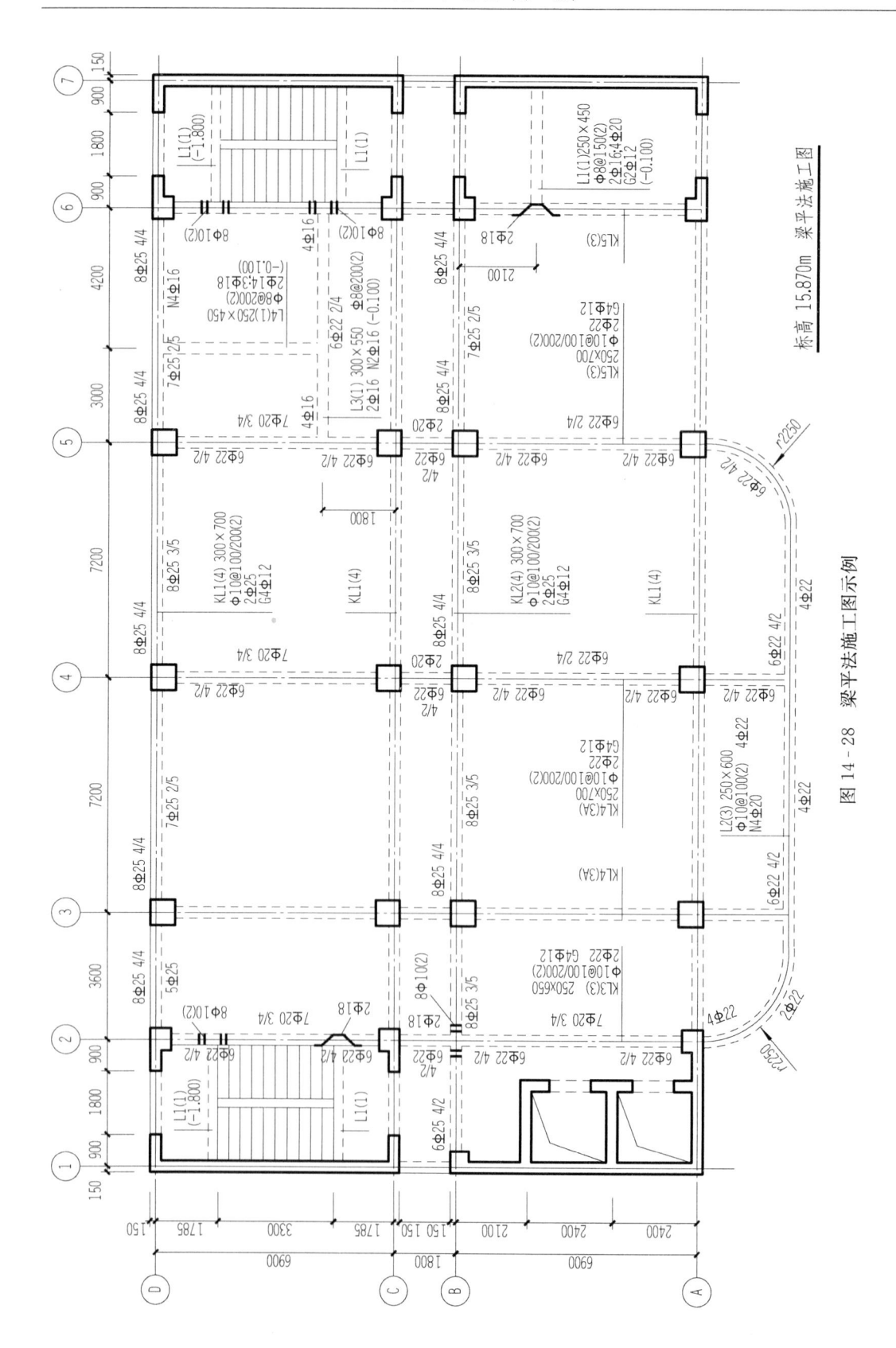

图 14-28 梁平法施工图示例

第十五章 设备施工图

现代房屋建筑设备主要是指保障一幢房屋能够正常使用的必备设施，它也是房屋的重要组成部分。整套的建筑设备一般包括给排水设备，供暖、通风设备，电气设备，煤气设备等。设备施工图主要是表示各种建筑设备、管道和线路的布置，走向以及安装施工要求等。根据表达内容的不同，设备施工图又分为给水排水施工图、采暖施工图、通风与空调施工图、电气施工图等。根据表达形式的不同，设备施工图也可分为平面布置图、系统图和详图三类。其中，平面布置图和系统图有室内和室外之分，本书主要介绍室内设备施工图。

第一节 室内给水排水施工图

给水排水设备系统就是为了给建筑物供应生活、生产、消防用水以及排除生活或生产废水而建设的一整套工程设施的总称。给水排水设备工程主要可以分为室外给水排水（也称城市给水排水）工程和室内给水排水（也称建筑给水排水）工程，同时两者又都包括给水工程和排水工程两个方面。给水排水施工图就是表达给水排水设备系统施工的图样，其中室内给水排水施工图主要包括给水排水平面图、给水排水系统图、详图和施工说明；室外给水排水施工图主要包括系统平面图、系统纵断面图、详图和施工说明。

一、室内给水排水系统的组成

如图 15-1 所示，室内给水排水系统主要包括室内给水系统和室内排水系统。

1. 室内给水系统

一般民用建筑物室内给水系统由下列各部分组成：

（1）房屋引入管。由室外给水系统（一般是指市政管网系统）将自来水（净水）引入建筑物与室内给水系统相连接的一段水平管。

（2）水表节点。在房屋引入管上安装的总水表，以及安装水表前后的阀门和其他装置的总称。一般情况下，水表节点应位于建筑物室外专门修建的水表井中。

（3）室内给水管网：由水平干管、立管、水平支管和配水支管等各种管道组成的系统。

（4）配水附件。包括各种配水用的水龙头、阀门、消防栓等设备。

（5）用水设备。建筑物内的各种卫生设备。

（6）附属设备。当室外给水系统水压不足以为整栋建筑物供水时所需要的各种升压设备和储水设备，主要包括水泵、水箱等设备。

通常，室内给水系统可以分为，下行上给式和上行下给式两大类。

（1）下行上给式。当市政管网系统水压充足或者是在底层设有增压设备时，可以采用这种给水方式，给水水平干管设置在建筑物底部，自来水通过立管自下而上为各个用水设备供水。这种给水方式的优势是结构简单、造价低、维护方便，缺点是在水压不足时不能很好地满足上层用户的用水需求，如图 15-2（a）所示。

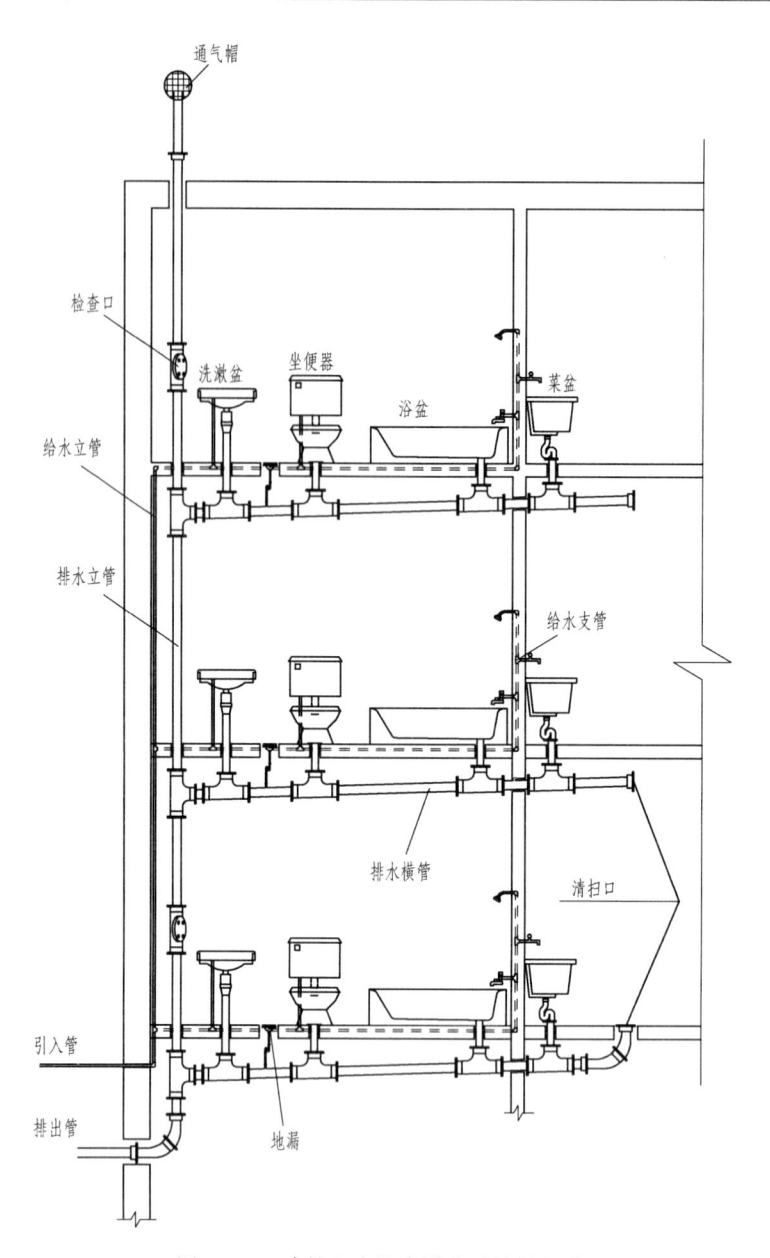

图 15-1　建筑室内给水排水系统的组成

（2）上行下给式。当市政管网系统给水压力不足或者在用水高峰期不能提供足够压力时，可以在房屋顶部设置水箱，将给水水平干管放置于房屋屋面之上或者顶楼天棚之下，由市政管网供给的自来水首先进入水箱，再由顶部的水平给水干管自上向下为整栋建筑供水，一旦市政管网水压不足时，可以先将水箱中的存水供给居民使用，当水压能够满足使用条件时水箱又开始充水，以确保下次水压不足时使用。这种给水系统的优势是能够在各种情况下较好地保证上层用户的用水，但由于增加了储水箱，从而使系统结构复杂、造价增加，最大的缺点是自来水容易被二次污染，如图 15-2（b）所示。

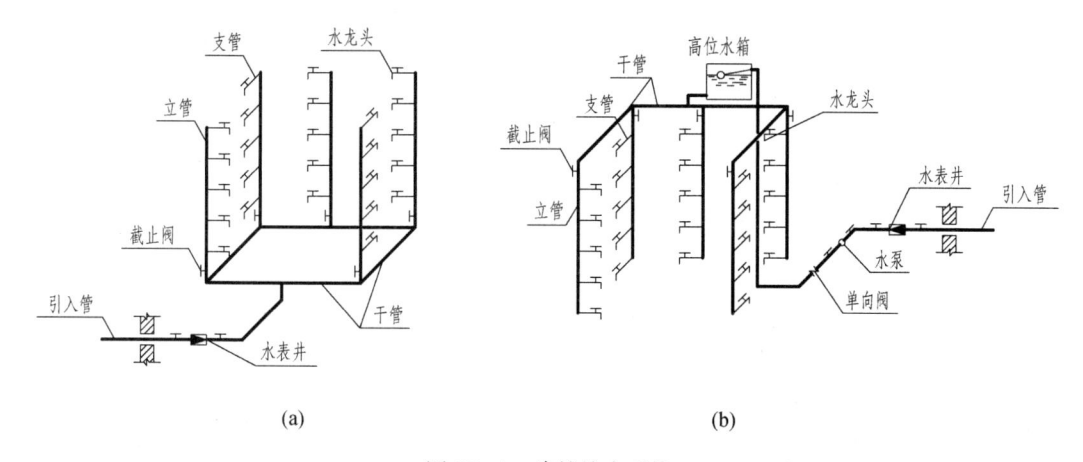

图 15-2 建筑给水系统
(a) 下行上给式；(b) 上行下给式

2. 室内排水系统

一般民用建筑物室内排水系统由下列各部分组成：

(1) 污水收集器。用来收集污水的设备，污水通过存水弯进入排水横管。常见的污水收集器包括各种卫生设备、地漏等。

(2) 排水横管。连接污水收集器的存水弯和排水立管之间的一段水平管道。污水在排水横管中依靠横管本身存在的坡度自然由收集器流向排水立管。同一个排水横管上连接有多个污水收集器时，该排水横管需要配备清扫口。

(3) 排水立管。与排水横管和排出管连接，将排水横管中的污水排入排出管。排水立管应在每隔一层（包括首层和顶层），距室内楼面 1m 高的位置设置检查口。

(4) 排出管。排水立管与室外排水管网（市政排水管网）之间的一段连接水平管道，一般指在室内排水立管和污水检查井之间的那段横管。

(5) 通气管。排水系统不可避免地会产生有害气体，同时由于排水系统利用的是污水的自然流动实现排水，为了保证有害气体的顺利排出和管道网的内外气压平衡，在顶层检查口以上的排水立管上加设一段通气管。通气管高出屋面的距离应大于或等于 0.3m，且高度应大于建筑物所在地的最大积雪厚度，以避免被积雪覆盖。同时，为防止异物掉入，通气管顶端应安装通气帽或者网罩。

二、室内给水排水施工图的内容

室内给水排水施工图主要包括给水排水平面图、给水排水系统图和安装详图。

1. 室内给水排水平面图

给水排水平面图主要表达给水、排水管道在室内的平面布置和走向。当室内给水排水系统相对简单时，可以将给水排水系统绘制在同一张图纸中，否则应分开绘制。图 15-3 就是将室内给水排水系统绘制在同一张图纸上的给水排水平面图。对多层建筑，原则上应分层绘制，若楼层平面的卫生设备和管道布置完全相同，则可绘制一个管道平面图（即标准层管道平面图），但底层管道平面图应单独绘制。屋顶设有水箱时，应绘制屋顶水箱管道平面图。

由于底层管道平面图中的室内管道与户外管道相连，因此必须单独绘制一张比较完整的平面图，把它与户外的管道连接情况表达清楚。而各楼层的管道平面图只需绘制有卫生设备

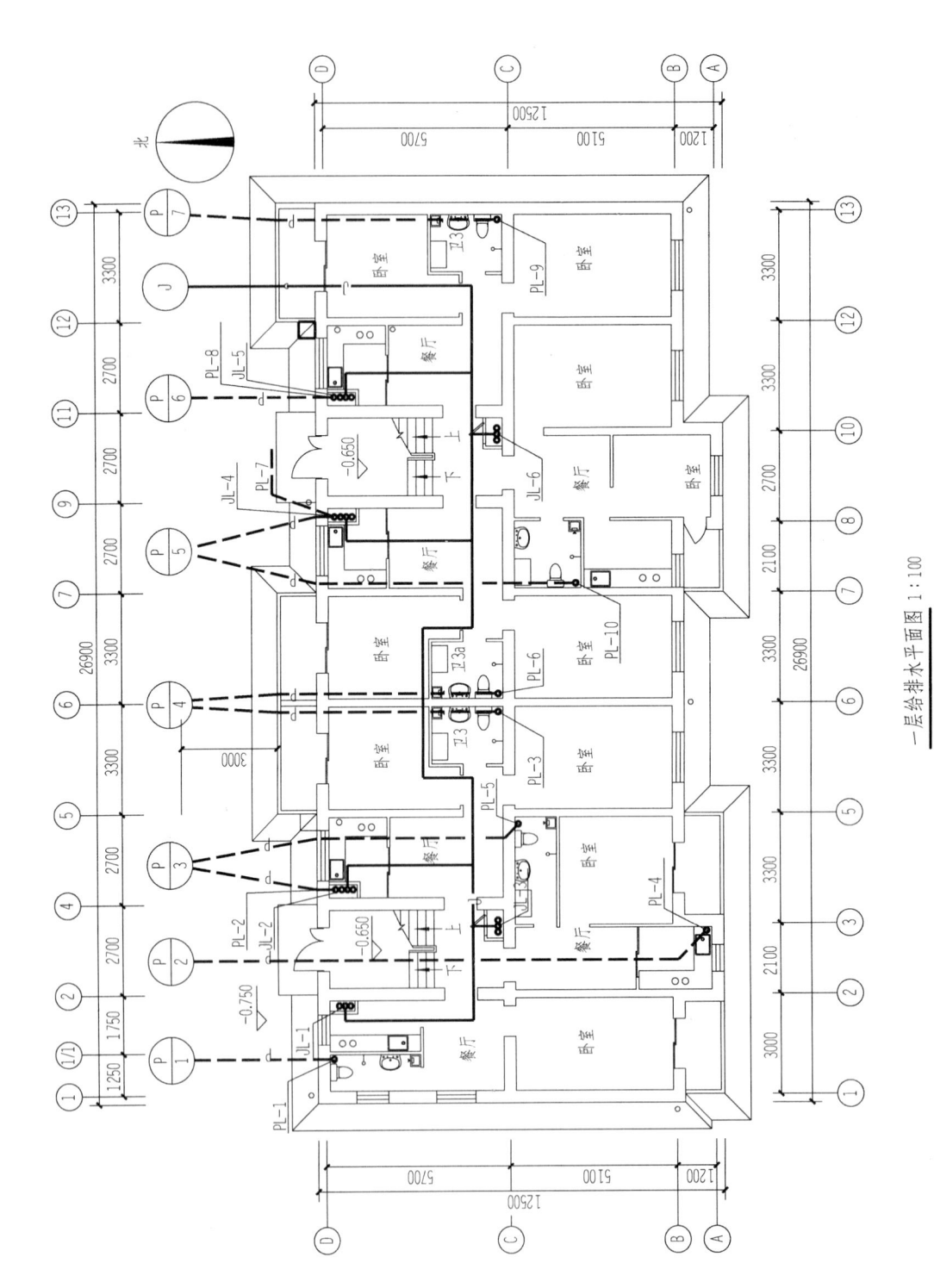

图 15-3 建筑室内给排水平面图
一层给排水平面图 1:100

和管道布置的房间，表达清楚即可。

(1) 建筑结构主体部分。与用水设备无关的建筑配件和标注可以省略，如门窗编号等，这部分应该都使用细实线绘制，不用标注细部尺寸。

(2) 给水排水系统管网。包括各种干管、立管和支管在水平方向上的布置方式、位置、编号和管道管径等信息。因为给水排水施工图是安装示意图，所以管网系统中各种直径的管道均采用相同线宽的直线绘制。管径按管道类型标准，不用准确地表达出管道与墙体的细微距离，即使是暗装管道也可以画在墙体外面，但需要说明暗装部分。各种管道不论在楼面（地面）之上或者之下，均不考虑其可见性，按管道类别用规定的线型绘制。在平面图中，给水干管、支管用粗实线绘制，排水干管、支管用粗虚线绘制，立管不区分管道直径均采用小圆圈代替。当几根在不同高度的水平管道重叠在一起时，可以不区分高度，在平面图中平行绘制。

(3) 各种用水设备和附属设备的平面位置。各种用水设备不区分给水系统和排水系统，可见部分均采用中实线绘制，不可见部分均采用中虚线绘制。

2. 室内给水排水系统图

给水排水平面图只能表示给水排水系统平面布置情况，给水排水系统中关于管网空间布置以及管道间相对位置也是十分重要的内容。为了能够准确表达这些内容，就需要绘制给水排水系统轴测图，简称给水排水系统图，如图 15-4 (a) ~图 15~4 (c) 所示。

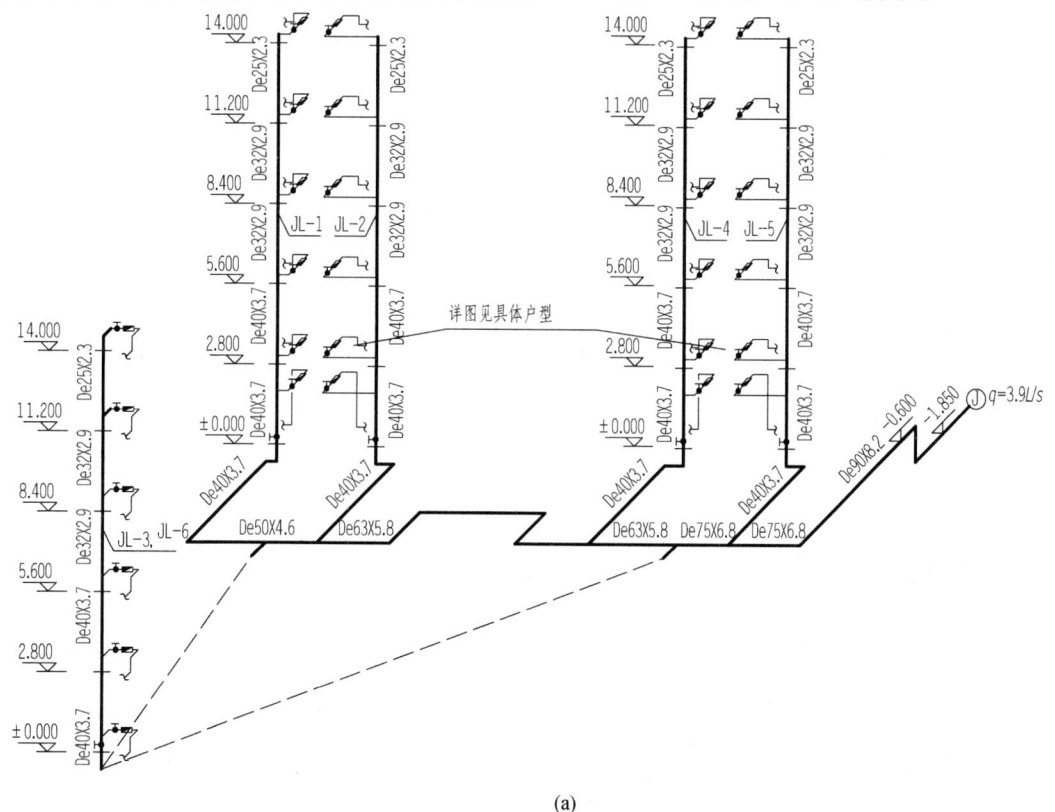

图 15-4 建筑室内给水排水系统图（一）
(a) 给水系统图

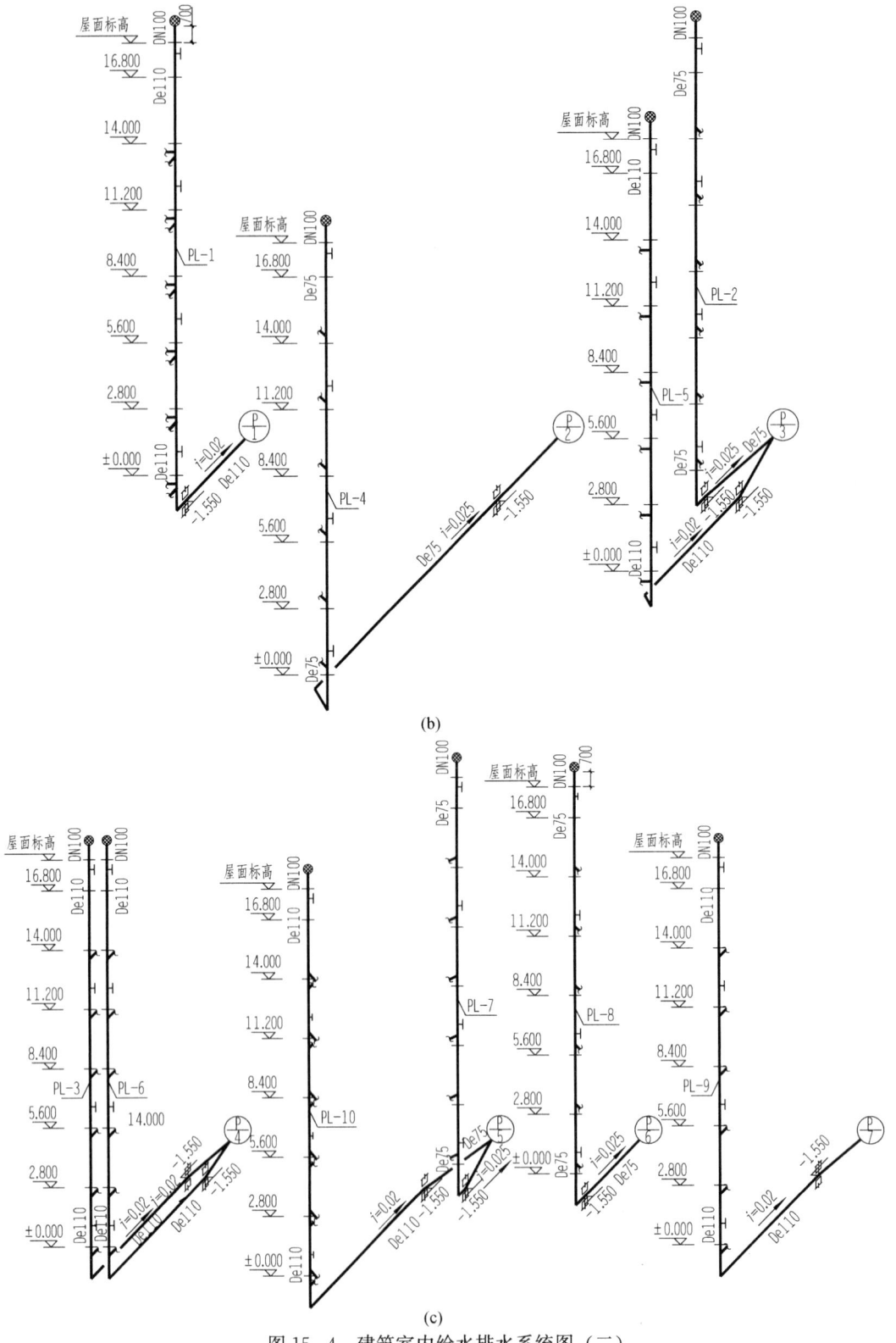

图 15-4 建筑室内给水排水系统图（二）
(b)、(c) 排水系统图

按照《给水排水制图标准》（GB/T 50106—2010）规定，给水排水系统图应采用45°正面斜等轴测图，将房间的开间、进深作为X、Y方向；楼层高度作为Z方向，三个轴向伸缩系数均为1，一般按照实际情况将OX轴设成与建筑物长度方向一致，OY轴画成45°斜线与建筑物宽度方向一致。在系统图中，要把给水排水系统管网的空间走向，管道直径、坡度、标高以及各种用水设备、连接件的位置表达清楚。各种管道均用单根粗实线表示，管道上的各种附件均用图例绘制。有多层布置相同时，可绘制其中一层，其他层用折断线断开。

（1）给水排水系统图应与平面图采用相同的比例绘制，各管道系统编号应与底层管道平面图中的系统索引编号相同；当管网结构比较复杂时，也可以适当放大比例。

（2）管道系统不需要准确绘制，只需将管道标高、坡度和管径标注清晰、准确即可。

（3）当空间交叉的管道在系统图中相交时，应按如下规定绘制：在后面的管道在相交处断开绘制，以确保在前面的管道正常绘制。

（4）当多个管道在系统图中重叠时，允许将一部分管网断开引出绘制，相应的断开处可以用细虚线连接；断开处较多时，需要用相同的小写英文字母注明对应关系，如图 15-4（a）所示。

（5）当管道穿越楼面和地面时，系统图中需要用一段细实线表示被穿越的楼面、地面，如图 15-4（a）～图 15-4（c）所示。

三、室内给水排水施工图的制图规定

为了能够将这些内容表达得清晰、准确，给水排水施工图除了要符合《房屋建筑制图统一标准》（GB/T 50001—2011）和《给水排水制图标准》（GB/T 50106—2011）的规定外，还要符合相关的行业标准。

1. 图例

给水排水施工图常用一些标准图例来表示给水排水系统中常见的结构、设备、管线，常用的图例见表 15-1。

表 15-1　　给 水 排 水 图 例

名　称	图　例	名　称	图　例
给水管	——— J ———	水龙头	
排水管	------ P ------	多孔管	
污水管	——— W ———	清扫口	
坡向	→	圆形地漏	
闸阀		存水管	
截止阀	DN≥50　DN<50	通气帽	成品　铅丝球
旋塞阀			
止回阀		阀门井、检查井	
蝶阀			
浮球阀		水表井	

续表

名　称	图　例	名　称	图　例
拖布池		管道固定支架	
立式小便器		自动冲洗水箱	
蹲式大便器		淋浴喷头	
坐式大便器		管道立管	JL-1　JL-1
小便槽		立管检查口	
雨水斗	YD 平面　YD	洗脸盆	
水表		立式洗脸盆	

2. 图线

给水排水施工图主要用来表达给水排水系统的内容和施工方法，因此相对而言给水排水施工图中的图线比较简单，一般用粗实线表示给水系统，用粗虚线表示排水系统。给水排水施工图中常用的图线见表 15-2。

表 15-2　　　　　　　　给水排水施工图中常用的图线

名称	线型	备　注
粗实线	———	新设计的各种排水和其他重力流管线，线宽均采用 0.7
粗虚线	-----	新设计的各种排水和其他重力流管线、流管线的不可见轮廓线的不可见轮廓线
中实线	———	给水排水设备、零（附）件的可见轮廓线，总图中新建的建筑物和构筑物的可见轮廓线，原有的各种给水和其他压力流管线
中虚线	-----	给水排水设备、零（附）件的可见轮廓线，总图中新建的建筑物和构筑物的可见轮廓线，原有的各种给水和其他压力流管线的不可见轮廓线
细实线	———	建筑的可见轮廓线、总图中原有的建筑物和构筑物的可见轮廓线、制图中的各种标注线
细虚线	-----	建筑的不可见轮廓线、总图中原有的建筑物和构筑物的不可见轮廓线
单点长画线	—·—·—	中心线、定位轴线
折断线		断开界线
波浪线	∿∿∿	平面图中水面线、局部构造层次范围线、保温范围示意线等

3. 比例

根据给水排水施工图中各种图样表达的内容不同，通常采用不同的比例绘制，见表15-3。

表15-3　　　　　　　　　　　给水排水施工图常用比例

名　　称	比　　例	备　　注
区域规划图	1∶50000、1∶25000、1∶10000	宜与总图专业一致
区域位置图	1∶5000、1∶2000	
总平面图	1∶1000、1∶500、1∶300	宜与总图专业一致
管道总平面图	横向：1∶200、1∶100、1∶50； 纵向：1∶1000、1∶500、1∶300	
水处理厂（站）平面图	1∶500、1∶200、1∶100	
水处理构筑物、设备间、卫生间、泵房的平面图及剖面图	1∶100、1∶50、1∶40、1∶30	
建筑给水排水平面图	1∶200、1∶150、1∶100	宜与建筑专业一致
建筑给水排水轴测图	1∶150、1∶100、1∶50	宜与相应图纸一致
详图	1∶50、1∶30、1∶20、1∶10、1∶2、1∶1、2∶1	

4. 标高

给水排水施工图中标高同建筑施工图中一样，均以米（m）为默认单位，一般精确到毫米（mm），即小数点后三位，在总平面图上可以精确到厘米（cm），即小数点后两位。另外，标高种类也应与建筑施工图一致，室内采用相对标高方式，室外采用绝对标高方式进行标注。

在给水排水施工图中，应在管道起止点，转角点，变坡度、尺寸，以及交叉点处标注标高；压力管道一般标注管中心标高，室内重力管道宜标注管内底标高。具体标注方法如图15-5～图15-8所示。

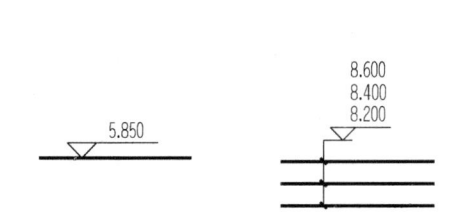

图15-5　平面图中管道标高标注方法

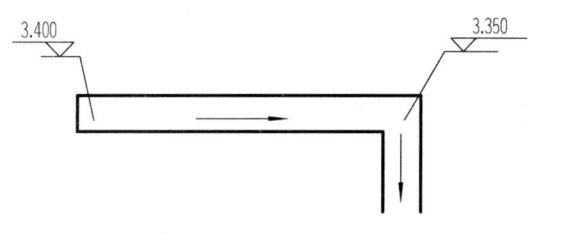

图15-6　平面图中沟渠标高标注方法

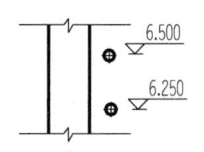

图15-7　剖面图中管道及水位标高标注方法

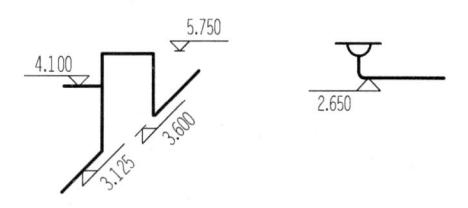

图15-8　系统图中管道标高标注方法

5. 管径

管径均采以毫米（mm）为默认单位。根据具体管道类型不同，可按如下方式标注：

(1) 水煤气输送钢管（镀锌或非镀锌）、铸铁管等管材，管径宜以公称直径 DN 表示，如 DN15、DN50。

(2) 无缝钢管、焊接钢管（直缝或螺旋缝）、铜管、不锈钢管等管材，管径宜以外径 $D×壁厚$ 表示，如 $D108×4$、$D159×4.5$ 等。

(3) 钢筋混凝土（或混凝土）管、陶土管、耐酸陶瓷管、缸瓦管等管材，管径宜以内径 d 表示，如 $d230$、$d380$ 等。

(4) 塑料管材，管径宜按产品标准的方法表示，一般采用 $De×e$ 表示（公称外径×壁厚），也有省略壁厚 e 的，如 $De50$、$De32$ 等。

(5) 当设计均用公称直径 DN 表示管径时，应有公称直径 DN 与相应产品规格对照表。

具体标注方法如图 15-9 和图 15-10 所示。

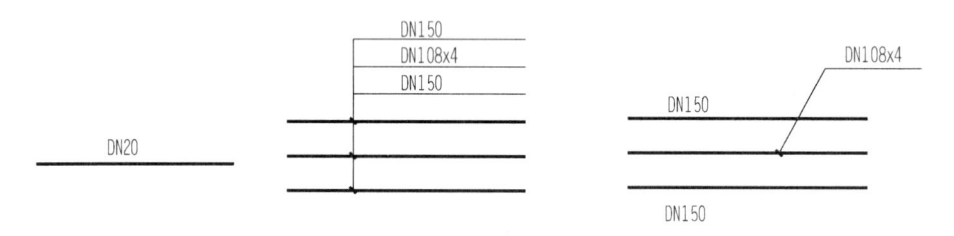

图 15-9　单管道标注方法　　　　图 15-10　多管道标注方法

6. 编号

当建筑物的给水引入管或者排水排出管数量超过 1 根时，需要采用阿拉伯数字进行编号，编号表示法如图 15-11 所示，圆圈用细实线绘制，直径为 12mm。当建筑物中给水排水立管数量超过 1 根时，也需要对立管进行编号，编号表示法如图 15-12 所示。

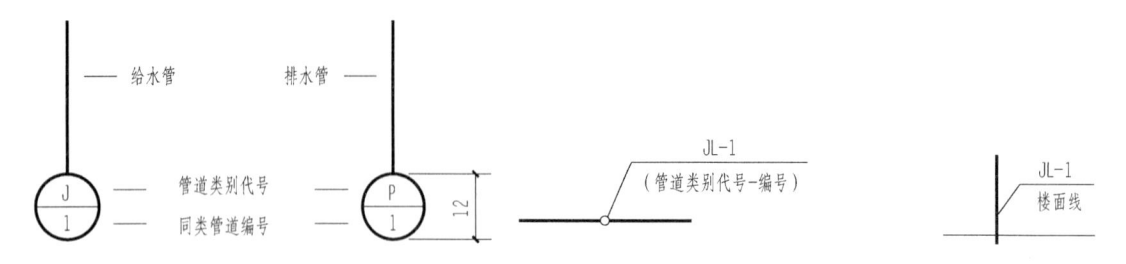

图 15-11　给水排水管编号表示法　　　　图 15-12　立管编号表示法

四、室内给水排水施工图的绘制和阅读

给水排水平面图和给水排水系统图是建筑给水排水施工图中最基本的图样，两者必须互为对照和相互补充，进而将室内卫生器具和管道系统组合成完整的工程体系，明确各种设备的具体位置和管路在空间的布置情况，最终搞清楚图样所表达的内容。为了能够更准确地掌握给水排水施工图的内容、绘制方法，现结合六层住宅的给水排水施工图（见图 15-3、图 15-4 和图 15-13、图 15-14）来介绍给水排水施工图的绘制方法和阅读工程。注意：给水排水施工图中管道的位置和连接都是示意性的，安装时应按标准图或者习惯做法施工。

二~六层给排水平面图 1:100

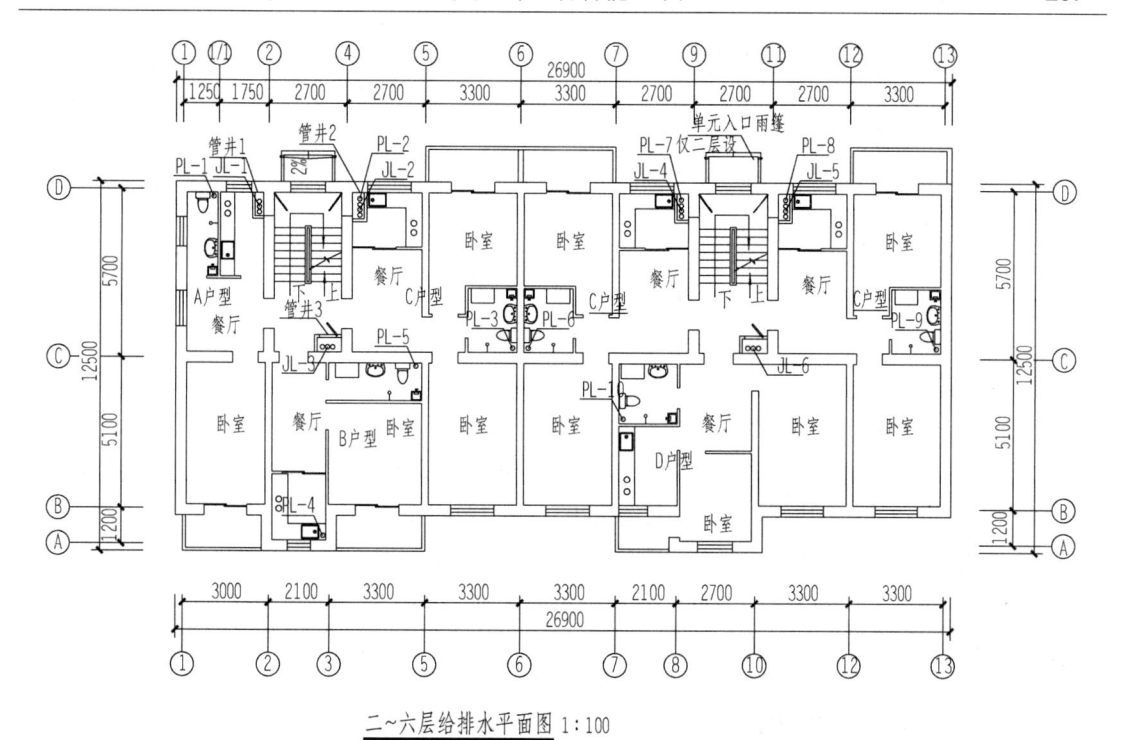

图 15-13　二~六层给水排水平面图

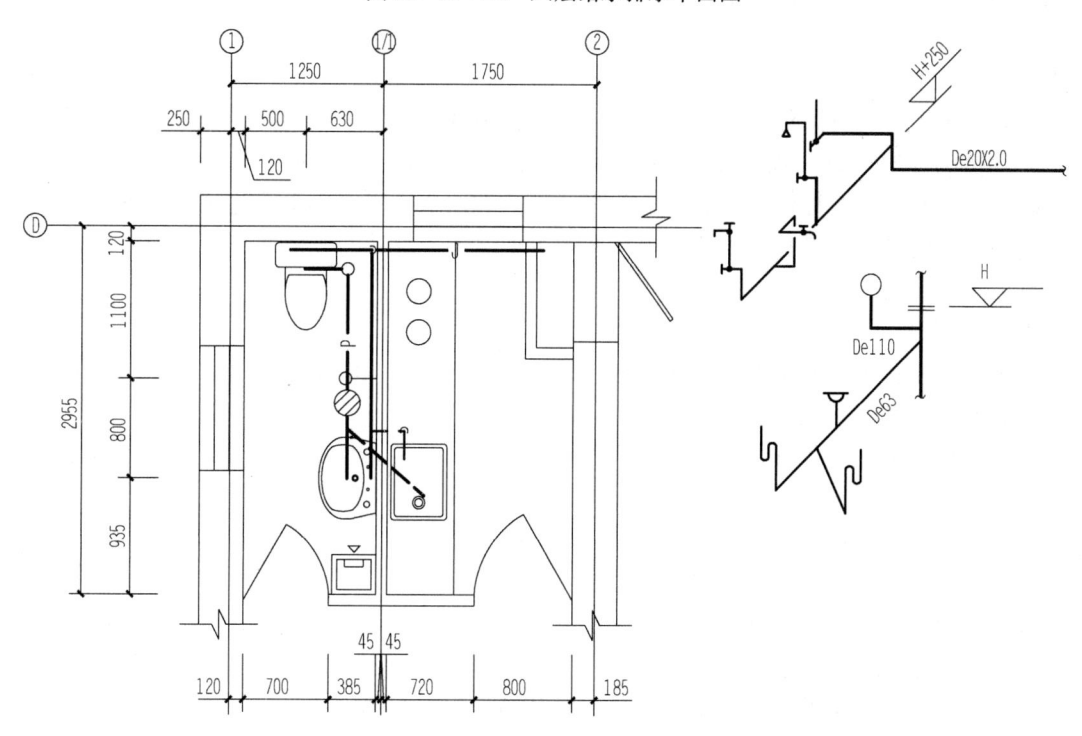

A户型厨卫详图 1:50

图 15-14　A户型厨卫给水排水平面详图

(一) 室内给水排水平面图的绘制和阅读

1. 室内给水排水平面图的绘制

室内给水排水平面图的绘制过程如下：

(1) 绘制建筑平面图。根据用水设备所在房间的情况，需用细实线抄绘建筑平面图中主要部分内容，如墙身、柱、门窗、楼梯等主要构件以及标注定位轴线和必要的尺寸，与用水设备无关的建筑配件和标注可以省略，如门窗编号等，不用标注细部尺寸。一般来说，底层平面图应绘制整个建筑平面图，以表明室内给水引入管、污水排出管与室外管网的相互关系，而楼层平面图仅需绘制用水设备所在房间的建筑平面图。给水排水管道平面图的绘图比例为 1:50、1:100、1:200，一般应与建筑平面图的绘图比例相一致。对卫生设备或管线布置较复杂的房间，用 1:100 不能表达清楚时，可用 1:50 的比例来绘制。

(2) 绘制各种用水设备的图例。在设有给水和排水设备的房间内绘制用水设备的平面图。各种用水设备均按国标所规定的图例要求，用中粗实线绘制。

(3) 绘制给水排水管线。给水管道用单根粗实线绘制；排水管道用单根粗虚线绘制；给水、排水立管用小圆圈（直径为 $3b$）表示，并标注立管的类别和编号。在底层管道平面图中，各种管道应按系统予以编号。一般给水管按每一室外引入管为一系统，污水、废水管道按每一室外排出管为一系统。绘制管道布置图时，先绘制立管，再绘制引入管和排出管，最后按水流方向，依次绘制横支管和附件；底层平面图中，应绘制引入管和排出管；给水管一般画至各设备的放水龙头或冲洗水箱的支管接口。排水管一般画至各设备的废水、污水排出口。

(4) 在各层管道平面图中，标注立管类别和编号。在底层管道平面图中，表明管道系统索引符号。

(5) 管道上的各种附件或配件。管道上的各种附件或配件，如阀门、水龙头、地漏、检查口等均按国标规定的图例绘制，并对所使用到的图例进行文字说明。

(6) 尺寸和标高。标注给水引入管的定位尺寸和污水、废水排出管连接的检查井定位尺寸。备料时，管道的长度只需用比例尺从图中近似量出，安装时则以实测尺寸为依据，故不必标注管道长度。

2. 室内给水排水平面图的阅读

掌握了给水排水平面图绘制方法，相应的给水排水施工图的阅读就可以很好地完成。阅读给水排水平面图前首先要弄清以下两个问题：

(1) 各层平面图中，哪些房间有卫生器具和管道？卫生器具是如何布置的？楼地面标高是多少？

(2) 有哪几个管道系统？

(二) 室内给水排水系统图的绘制和阅读

1. 室内给水排水系统图的绘制

给水排水系统图中，管道的长度和宽度由给水排水平面图中量取，高度则应根据房屋的层高、门窗的高度、梁的位置和卫生器具的安装高度等综合确定。

(1) 首先绘制管道系统的立管，定出各层的楼、地面线、屋面线，再绘制给水引入管及屋面水箱的管路或排水管系中接画排出横管、窨井和立管上的检查口和通气帽等；所有管道不区分给水管道和排水管道，一律采用粗实线绘制，楼面线、地面线、屋面线等均采用细实线绘制。

（2）从立管上引出各横向的连接管段，并绘出给水管系中的截止阀、放水龙头、连接支管、冲洗水箱等，或排水管系中的承接支管、存水弯等，这部分支管管道和用水设备均采用中实线绘制。

应注意，当空间交叉的管道在系统图中相交时，为确保前面的管道正常绘制，后面的管道在相交处需要断开绘制。

（3）注写各管段的公称直径、坡度、标高、冲洗水箱的容积等数据。

2. 室内给水排水系统图的阅读

阅读给水排水系统图前，需弄清各管段的管径、坡度和标高。基本上系统应按照水的流动方向来阅读。

（1）给水管道系统图。从给水引入管开始，按水流方向依次阅读：引入管→水平干管→立管→支管→卫生器具。

（2）排水管道系统图。按排水方向依次阅读：卫生器具→连接短管→排水横管→立管→排出管→检查井。具体来说，按已经给定的一层给水排水平面图（见图15-3）、二～六层给水排水平面图（见图15-13）和给水排水系统图（见图15-4）可知，此套六层住宅楼引入管（De90×8.2，标高-1.850）通过外墙D进入建筑物在通过水平干管，与位于管道井的立管JL-1～JL-6，与各个户型的给水支管相连，为各个房间的用水设备供水。而通过厨卫详图，就可以准确地了解给水支管入户后的具体放置位置和用水设备的安置方式。同时，通过排水系统图可知，这套住宅拥有10根排水立管，即PL-1～PL-10，并且在户外有7根排出管。

3. 安装详图

给水排水施工图除了要绘制表示整体布局的平面图和系统图外，同样还需要绘制用水设备的具体安装详图。图15-15所示为坐便器和洗脸盆的安装详图。从图中就可以看出安装坐便器和洗手盆所需要的各种管件和安装的详细尺寸。

国家建筑标准技术给水排水标准图集《卫生设备安装》（09S304）已经将一般常用的用水设备标准化、定型化，如果选用其中给定的卫生设备安装图，则不需要另行绘制安装详图，但若选用标准图集中没有的卫生设备，则必须绘制卫生设备安装详图。

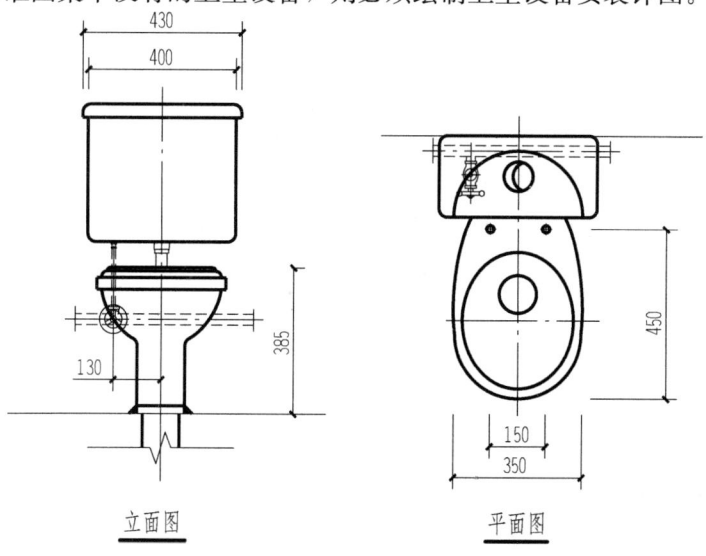

图15-15 坐便器安装详图（一）

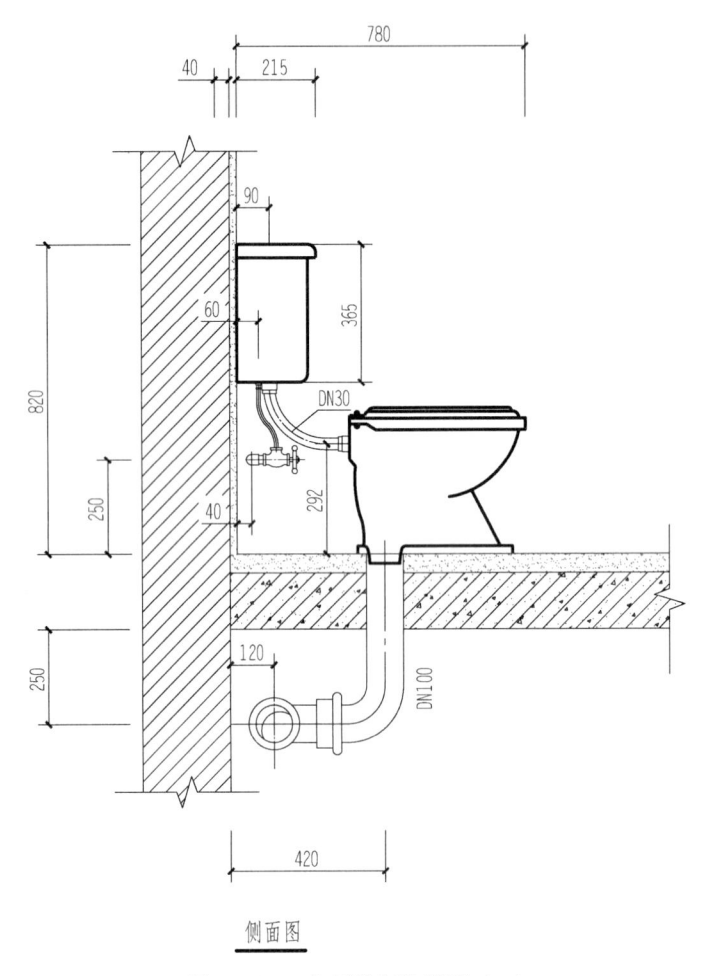

图 15-15 坐便器安装详图（二）

第二节 采暖施工图

采暖工程是为了保证人们在建筑物内进行生产和生活条件，以及为了满足某些特殊科学实验、生产工艺等环境要求而设置保持或提高室内温度的一系列设备施工工程。因此，在寒冷地区，或对室内温度有一定要求的地区，都必须在室内安装采暖设施。按照换热介质的不同，普通民用采暖工程可以简单地分为热水采暖、蒸汽采暖和电采暖。从目前的实际使用情况看，由于蒸汽采暖能耗大、系统稳定性差，除了在特殊环境外，基本很少使用；热水采暖是现在采暖工程中使用最多的一种，其主要特点是低温供热、能耗小、节能；而电采暖是新兴的采暖方式，其相对能耗小、绿色环保。

本节主要介绍的是采用热水采暖方式的采暖工程，具体来讲就是介绍热水采暖工程图的内容、基本规定以及采暖施工图的绘制和阅读。

一、采暖系统的组成

采暖系统由热源、输热管道和散热设备三部分组成。

（1）热源。热源就是为整个采暖工程提供热能的设备，常见的如火力发电厂、锅炉房、天然温泉热水、地源热泵等。

（2）输热管道。输热管道就是将某种传热介质（这里主要是指热水）从热源输送到建筑物内的散热设备上，进而实现将热能输送到建筑物内的管道网。

（3）散热设备。散热设备就是将由输热管网输送到建筑物内的传热介质所带来的热能，通过对流方式或者辐射方式来加热建筑物内空气温度的各种设备，一般布置在各个房间的窗台下面，没有窗户的房间也可以沿内墙布置，以明装居多。

根据热源与散热设备之间的物理位置关系，采暖系统可分为集中采暖系统和局部采暖系统两种。

集中采暖系统是指热源远离需要采暖的房间，通过输热管道将热源输送到多个需采暖的房间。这种方式是目前大规模使用的采暖方式，其特点主要是系统相对复杂、造价高、热效率高、安全、方便、清洁。集中采暖系统如图 15-16 所示。

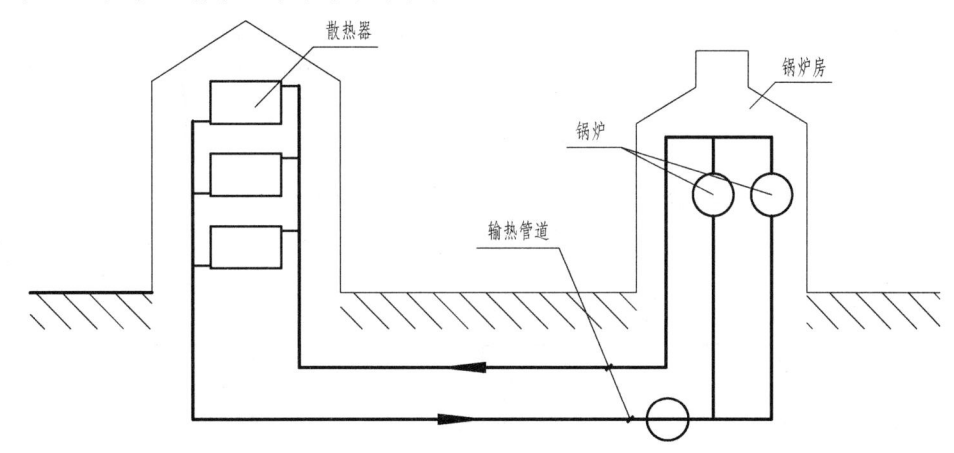

图 15-16　集中采暖系统示意图

局部采暖系统是指热源与散热设备处于同一个房间，为了使某一房间或者室内局部空气温度上升而采用的采暖系统。相对于集中采暖系统，局部采暖系统具有构造简单、成本低、热效率低等特点。因为这些特点，只有在一些有特殊要求的场所才会使用这种采暖系统，否则，只有不具备集中采暖条件或者集中采暖不能满足需求时才会采用这种方式。

根据热水采暖系统热水循环的原动力不同，采暖系统又可以分为自然循环系统和机械循环系统。机械循环热水采暖系统工作原理如图 15-17 所示。

根据输送立管与散热器的连接形式，热水采暖系统又可分为单管单侧顺流式、单管双侧顺流式、双管单侧顺流式、双管双侧顺流式、单管单侧跨越式、双管双侧跨越式等，如图 15-18 所示。

二、采暖施工图的内容

采暖施工图分为室内采暖施工图和室外采暖施工图两部分。室内采暖施工图部分主要包括采暖平面图、采暖系统图、详图以及施工说明。室外采暖施工图部分主要包括采暖总平面图、管道横剖面图、管道纵剖面图、详图以及施工说明。图 15-19～图 15-22 所示为一栋六层普通民宅的采暖平面图和采暖系统图。

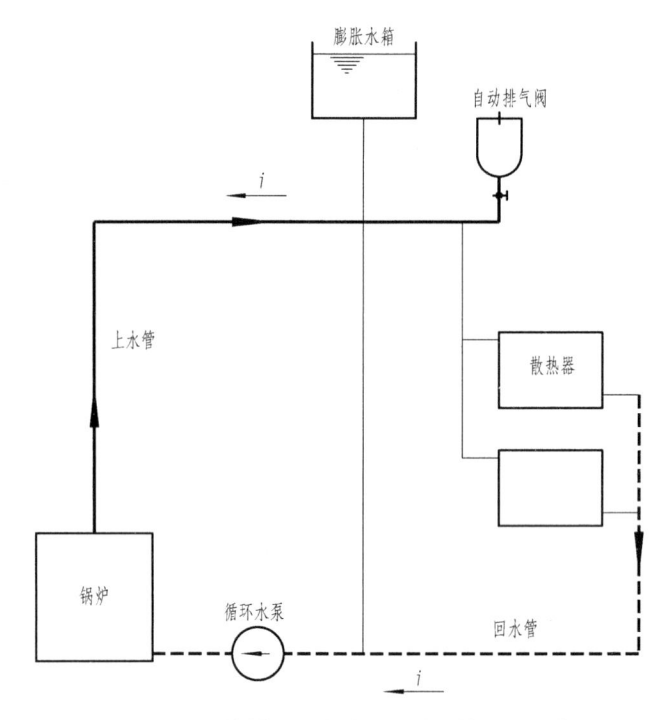

图 15-17 机械循环热水采暖系统工作原理示意图

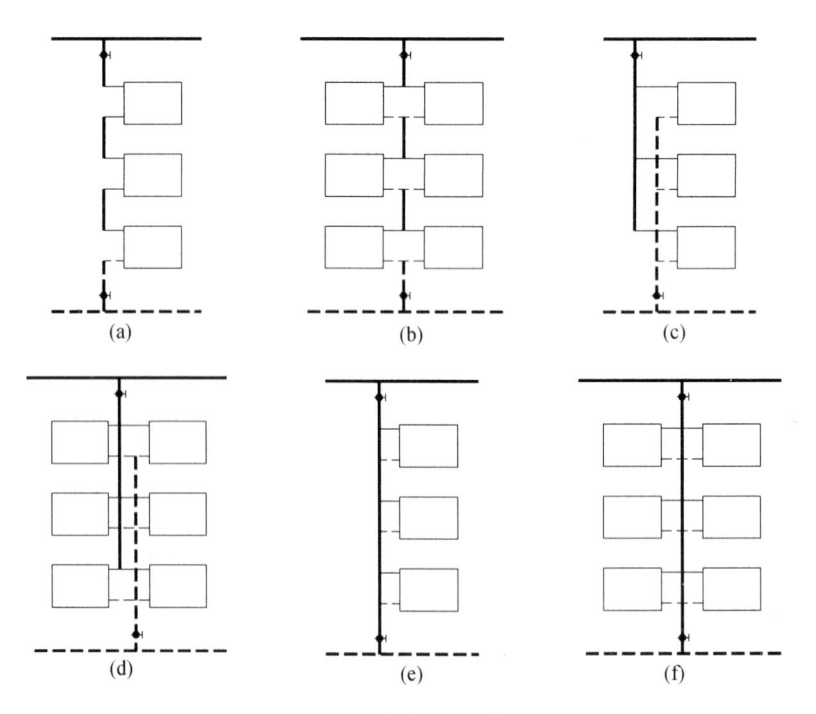

图 15-18 采暖系统立管形式
(a) 单管单侧顺流式；(b) 单管双侧顺流式；(c) 双管单侧顺流式；
(d) 双管双侧顺流式；(e) 单管单侧跨越式；(f) 双管双侧跨越式

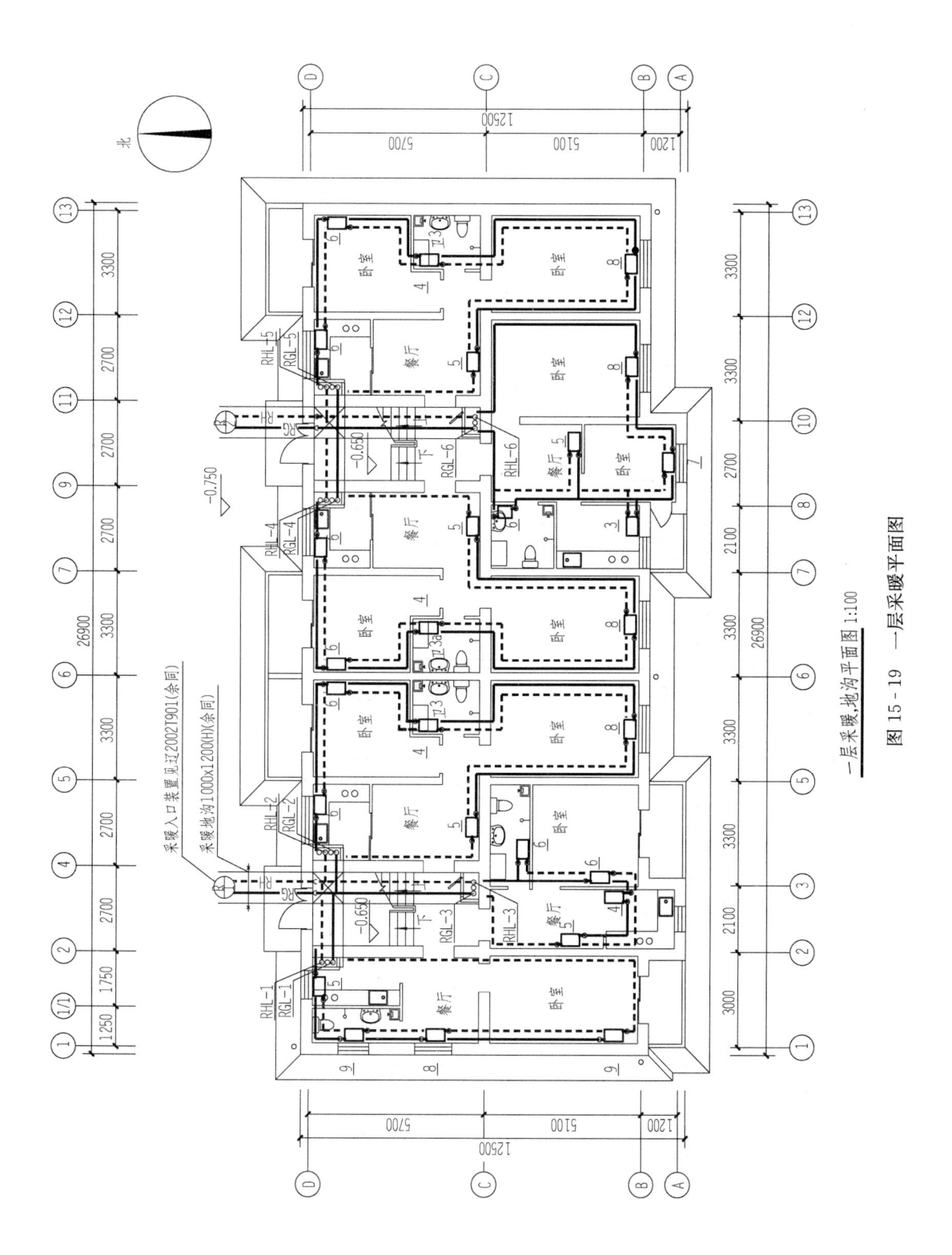

图 15-19 一层采暖平面图

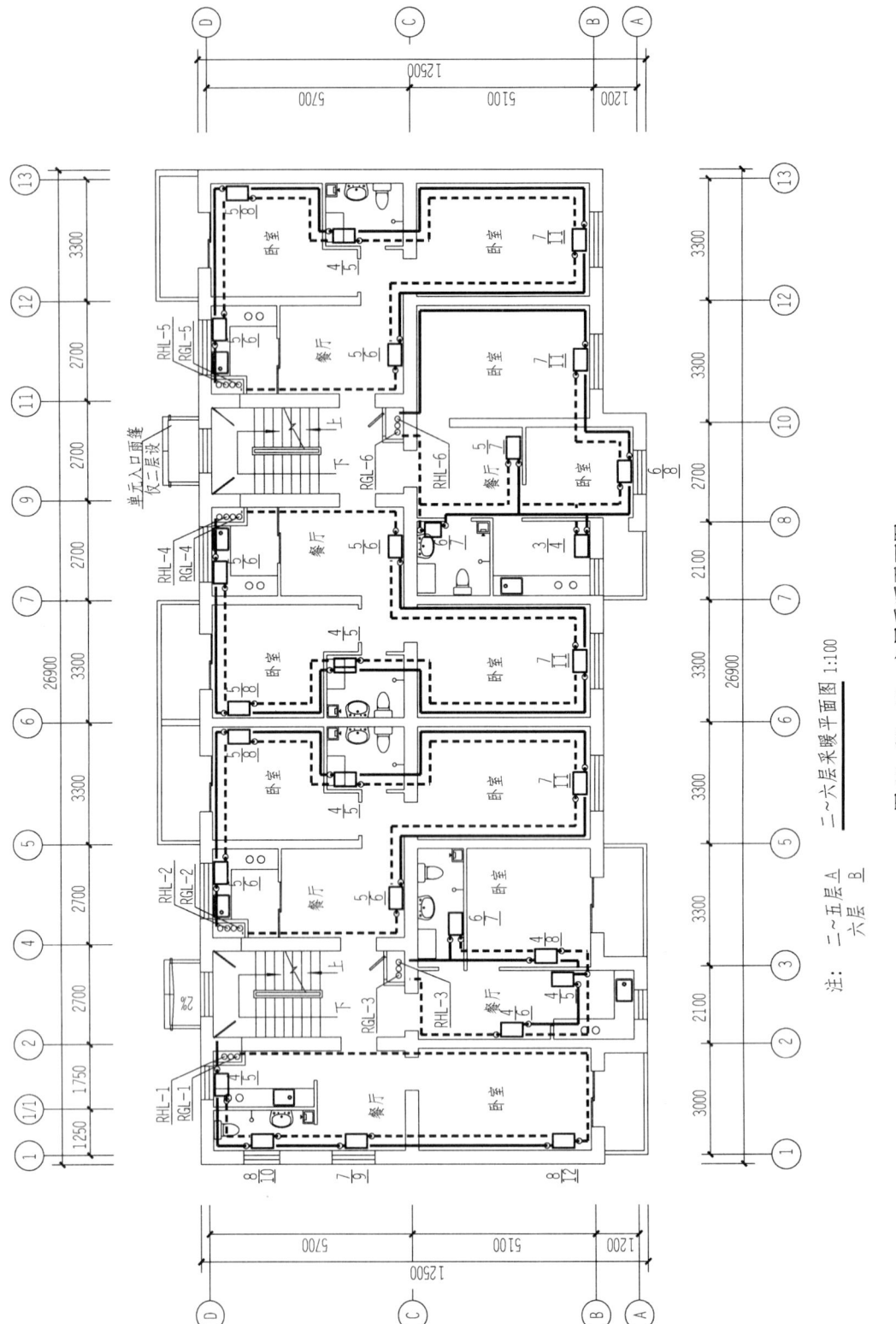

图 15-20 二~六层采暖平面图

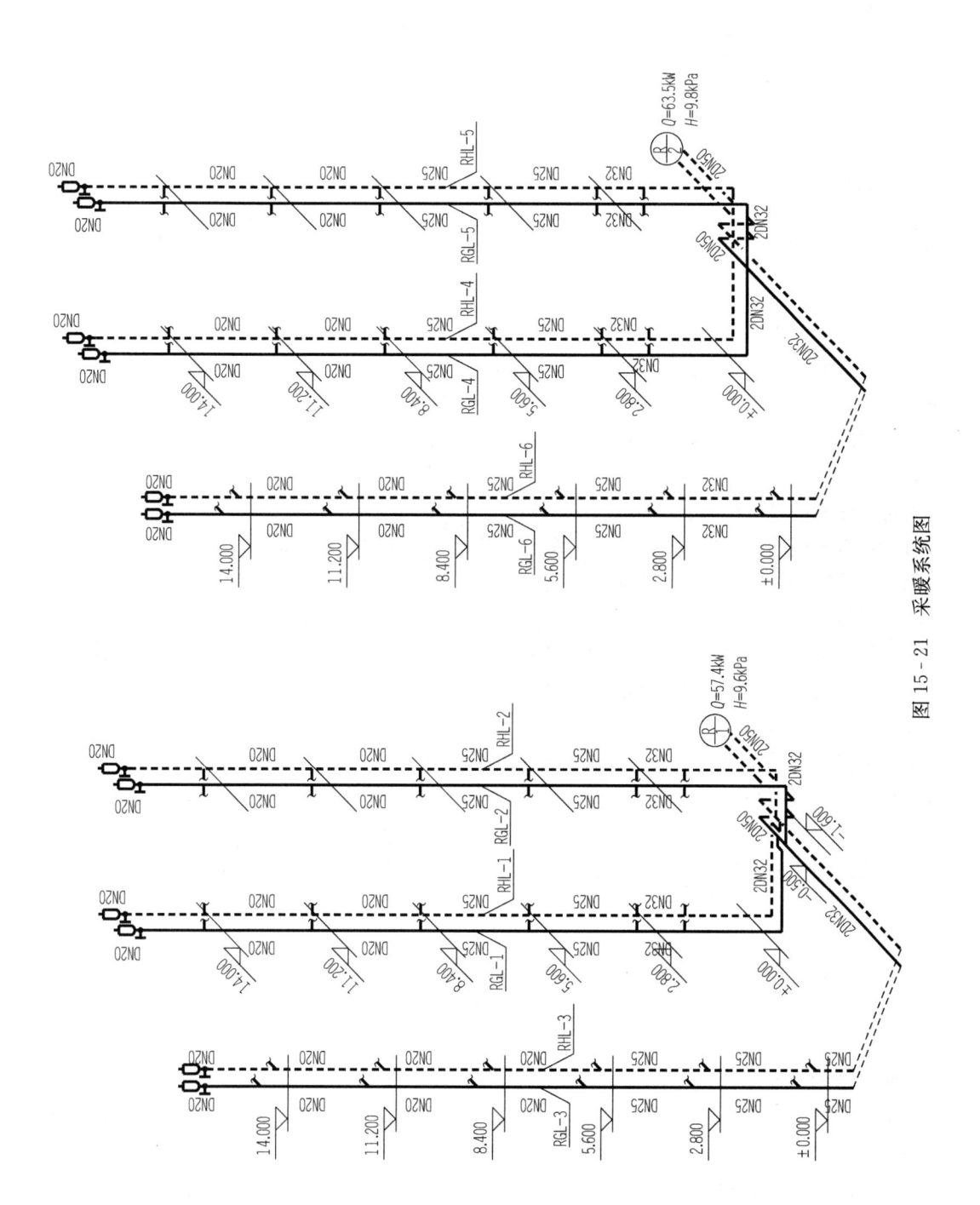

图 15-21 采暖系统图

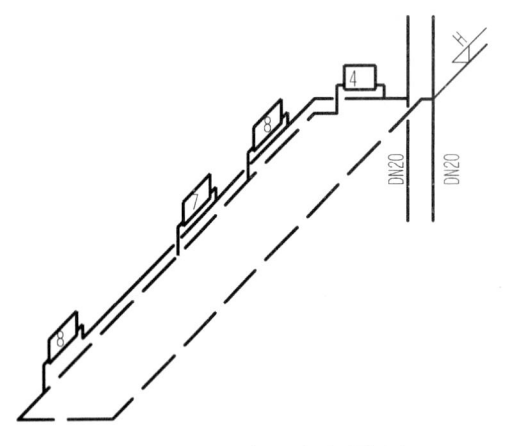

图 15-22 A 户型采暖系统图

1. 室内采暖平面图

采暖平面图主要表达采暖系统的平面布置，其内容包括供热干管、采暖立管、回水管道和散热器在室内的平面布置。

对多层建筑，原则上应分层绘制；若楼层平面散热器布置相同，可绘制一个楼层采暖平面图（即标准层采暖平面图），以表明散热器和采暖立管的平面布置，但底层和顶层采暖平面图应单独绘制。底层采暖平面图还需表达供热干管的入口位置、回水干管在底层的平面布置及其出口位置。顶层采暖平面图还需表达供热横干管在顶棚的平面布置情况。

在采暖平面图中，管线与墙身的距离不反映管道与墙身的实际距离，仅表示管道沿墙的走向，即使是明装管道也可绘制在墙身内，但应在施工说明中注明。供热、回水管道不论管径大小，均用单线条表示。供热管用粗实线绘制，回水管用粗虚线绘制。管径用公称直径 DN 表示。

采暖平面图的基本内容具体包括：

（1）建筑平面图（含定位轴线），与采暖设备无关的细部省略不画。
（2）散热器的位置、规格、数量及安装方式。
（3）采暖管道系统的干管、立管、支管的平面位置，立管编号和管道安装方式。
（4）采暖干管上的阀门、固定支架等其他设备的平面位置。
（5）管道及设备安装的预留洞、管沟等。

2. 室内采暖系统图

采暖系统图是用正面斜等轴测投影绘制的供暖系统立体图，将房屋的长度、宽度方向作为 X、Y 方向，楼层高度作为 Z 方向，三个轴向伸缩系数均为 1。供热干管、立管用单根粗实线表示，回水干管用单根粗虚线表示。管道上的各种附件均用图例绘制。

采暖系统图主要表达管道系统从入口到出口的室内采暖管网系统、散热设备及主要附件的空间位置和相互关系，主要内容包括：

（1）管道系统及入口系统编号。
（2）房屋构件位置。
（3）标注管径、坡度、管中心标高、散热器规格及数量、立管编号等。

3. 详图

供暖详图用于详细体现各零部件的尺寸、构造和安装要求，以便施工安装时使用。图 15-23 所示为几种不同散热器的安装详图。当采用悬挂式安装时，铁钩要在砌墙时埋入，待墙面处理完毕后再进行安装，同时要保证安装尺寸。

三、采暖施工图的制图标准

为了表达清晰、准确，采暖施工图除了要符合《房屋建筑制图统一标准》（GB/T 50001—2011）和《暖通空调制图标准》（GB/T 50114—2010）的规定外，还要符合相关的行业标准。

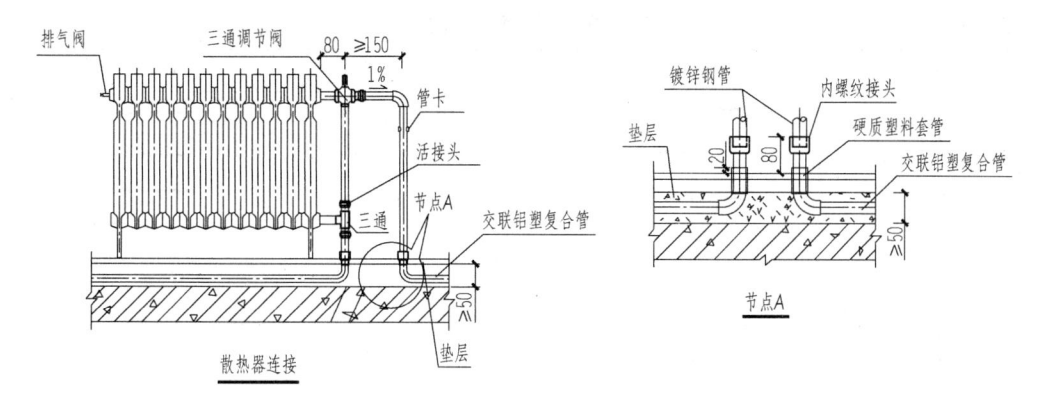

图 15-23　散热器安装详图

1. 线型

采暖施工图中所使用的各种图线应符合表 15-4 中的规定。

表 15-4　　　　　　　　　采暖施工图中常用的线型

名称	线型	备 注
粗实线	——————	采暖供水、供汽干管和立管，系统图中的管线
粗虚线	— — — — —	采暖回水管
中实线	——————	散热器及散热器连接支管线，采暖设备的轮廓线
中虚线	— — — — —	设备及管道被遮挡的轮廓线
细实线	——————	建筑的可见轮廓线、制图中的各种标注线
细虚线	- - - - - -	采暖地沟、工艺设备被挡住的轮廓线
单点长画线	—·—·—·—	设备中心线、轴心线、部位中心线、定位轴线
折断线	—/—	断开界线
波浪线	～～～～	断开界线

2. 比例

表 15-5 中给出了采暖施工图中常用的比例。

表 15-5　　　　　　　　　采暖施工图中常用的比例

名　称	比　例	可用比例
剖面图	1:50、1:100、1:150、1:200	1:300
局部放大图、管沟断面图	1:20、1:50、1:100	1:30、1:40、1:200
索引图、详图	1:1、1:2、1:5、1:10、1:20	1:3、1:4、1:15

3. 图例

采暖施工图中将常见的设备以图例的方式画出，常用图例见表 15-6。

表 15-6　　　　　　　　　采暖施工图中常用的图例

名　称	图　例	名　称	图　例
供水（汽）管		水管转向上	
回（凝结）水管	----	水管转向下	
保温管	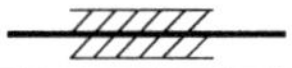	保温层	
蝶阀		角阀	
球阀		三通阀	
止回阀		四通阀	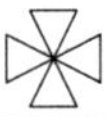
自动排气阀	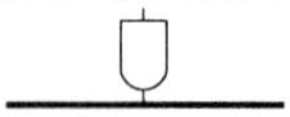	方形伸缩器	
减压阀	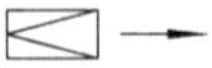	套管伸缩器	
波形伸缩器		软管	
弧形伸缩器	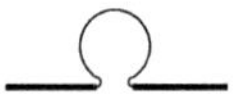	球形伸缩器	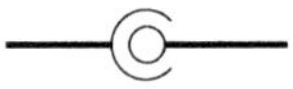
动态流量平衡阀		平衡阀（可设定流量）	
管帽螺纹		法兰盖	
丝堵		法兰	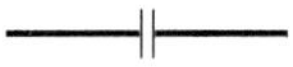
活接头	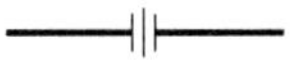	滑动支架	
散热器		固定支架	
集气阀	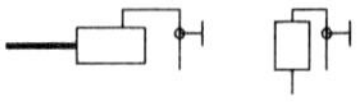	管架（通用）	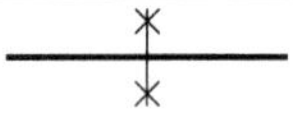
闸阀		同心异径管	
手动调节阀		偏心异径管	
波纹管补偿器		截止阀	
固定支架	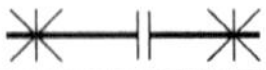	闸阀	

4. 标高和坡度

在采暖施工图中，标高与建筑施工图一样，采用米（m）为默认单位。管道应标注管中心标高，并标注在管段的始端或末端。散热器宜标注底标高，同一层、同标高的散热器只标右端的一组。

由于在采暖施工图中某些管道要按照一定的坡度安装，因此施工图中要标注管道的坡度和坡向。管道的坡度用单面箭头表示，数字表示坡度，箭头表示坡向下方，如图 15-24 所示。

图 15-24　坡度坡向的表示方法

5. 采暖立管与采暖入口编号

采暖施工图需要对系统中的采暖立管和采暖

入口进行编号，如图 15-25 所示。编号用直径为 12mm 的细实线圆绘制。

6. 管径标注法

管径应标注公称直径，如 DN15 等；当需要注明外径和壁厚时，用"D（或 ϕ）外径×壁厚"表示，如 D110×4、ϕ110×4。一般标注在管道变径处，水平管道注在管道线上方，斜管道注在管道斜上方，竖直管道注在管道左侧；当管道无法按上述位置标注时，可用引出线引出标注。具体标注方式如图 15-26 所示。

7. 散热器的规格及数量的标注

根据在采暖系统中使用的散热器的种类，按不同方式标注散热器的规格和数量：

（1）柱式散热器只标注数量，如 15。
（2）圆翼形散热器应注根数、排数，如 2×2。
（3）光管散热器应注管径、长度和排数，如 D76×3000×3。
（4）串片式散热器应注长度和排数，如 1.0×2。具体标注方式如图 15-27 所示。

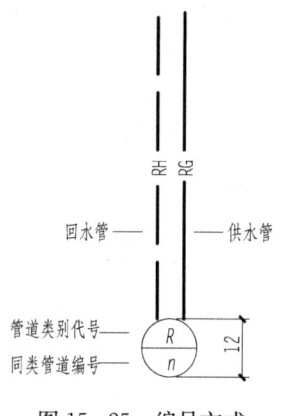

图 15-25 编号方式

图 15-26 管径标注方式
(a) 单管标注方式；(b) 多管标注方式

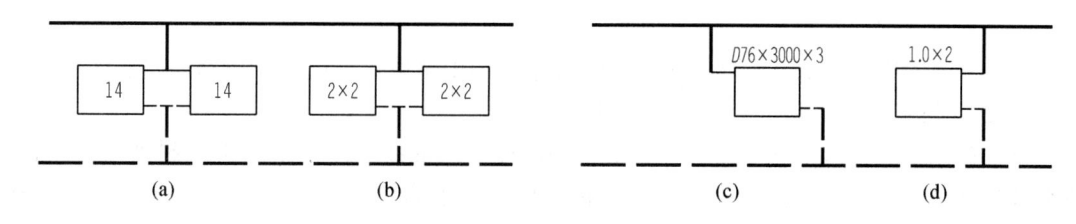

图 15-27 管径标注方式
(a) 柱式散热器；(b) 圆翼散热器；(c) 光管散热器；(d) 串片式散热器

另外，在平面图中，应标注在散热器所靠窗户外侧附近；在系统图中，应标注在散热器图例内或上方。

四、采暖施工图的绘制和阅读

采暖平面图和采暖系统图是采暖施工图中最基本的图样，两者必须互为对照和相互补充，才能明确各种散热设备的具体位置和管路在空间的布置情况，最终搞清楚图样所表达的内容。为了能够更准确地掌握采暖施工图的内容、绘制方法，现结合六层住宅的采暖施工图（见图 15-19～图 15-22）来介绍采暖图的绘制方法和阅读工程。注意：采暖施工图中管道的位置和连接都是示意性的，安装时应按标准图或者习惯做法施工。

1. 采暖平面图

采暖平面图主要表达供热干管、采暖立管、回水管道和散热器在室内的平面布置。通过绘制和阅读采暖平面图，能够掌握建筑物内散热器的平面位置、种类、数量以及安装方式，了解输送管道的布置方式以及膨胀水箱、集气罐、疏水器、阀门等各种附件的型号和安装位置。一般情况下，采暖平面图与建筑施工图采用相同的比例绘制，为了突出采暖系统，建筑物部分均用细实线绘制，只绘制建筑物的主体部分，省略门窗标号之类的细节；采暖供热、供汽干管、立管用单根粗实线绘制；采暖回水、凝结水管用单根粗虚线绘制；散热器及连接支管用中粗实线绘制。

根据实际情况，采暖平面图需要绘制底层平面图、中间层（标准层）平面图和顶层平面图，在底层平面图中应绘制供热引入管、回水管，并注明管径、立管编号、散热器类型和数量等；而顶层平面图则需要表达供水干管和集气罐等附属设备的位置。

采暖平面图的绘制过程如下：

（1）绘建筑平面图。用细实线抄绘建筑平面图中主要部分内容，如墙身、柱、门窗、楼梯等主要构件以及标注定位轴线和必要的尺寸；与采暖工程无关的建筑配件和标注可以省略，如门窗编号等，不用标注细部尺寸。

（2）绘制散热器的图例。按国标所规定的图例要求，用中粗实线绘制各种散热器。

（3）绘制输送管道。采暖供热、供汽干管、立管用单根粗实线绘制；采暖回水、凝结水管用单根粗虚线绘制。立管用小圆圈（直径为 3b）表示，并标注立管的类别和编号。在平面图中，各种管道应按系统予以编号。

（4）管道上的各种附件或配件。管道上的各种附件或配件，如膨胀水箱、集气罐、疏水器、阀门等均按国标规定的图例绘制，并对所使用到的图例进行文字说明。

（5）尺寸和标高。标注供热引入管和回水排出管定位尺寸。备料时，管道的长度只需用比例尺从图中近似量出，安装时是以实测尺寸为依据，故不必标注管道长度。

2. 采暖系统图

采暖系统图中，管道的长度和宽度由采暖平面图中量取，高度则应根据房屋的层高、门窗的高度、梁的位置和附件的安装高度等综合确定。

（1）首先绘制管道系统的立管，定出各层的楼、地面线、屋面线，再绘制供热引入管、回水管和供热干管等。供热干管、立管用单根粗实线表示，回水干管用单根粗虚线表示，楼面线、地面线、屋面线等均采用细实线绘制。

（2）从立管上引出各横向的连接管段，并绘出散热器。这部分支管管道和散热均采用中实线或者中虚线绘制。

应注意，当空间交叉的管道在系统图中相交时，为确保前面的管道正常绘制，后面的管道在相交处需要断开绘制。

（3）绘制各种附件和配件。管道上的各种附件均用图例绘制。

（4）注写各管段的公称直径、坡度、标高、散热器的规格数量等数据。

综上所述，在掌握了采暖施工图绘制的基础上，识读供暖施工图时，首先应分清热水给水管和热水回水管，并判断出管线的排布方法是单管单侧顺流式、单管双侧顺流式、双管单侧顺流式、双管双侧顺流式、单管单侧跨越式、双管双侧跨越式中的哪种形式，然后查清各散热器的位置、数量以及其他附件和配件（如阀门等）的位置、型号，最后再按供热管网的走向顺次读图。阅读采暖施工图前首先要弄清以下两个问题：

（1）各层采暖平面图中，哪些房间有散热器和管道？采暖管道上附属设备有哪些？其位置在何处？

（2）采暖管道系统的入口与出口位置、管沟位置在何处？

其次，再阅读采暖管道系统图，弄清散热器与采暖立管的连接形式以及各管段管径、坡度和标高。从采暖管道系统入口处开始，按水流方向依次阅读：系统入口→采暖干管→采暖立管→支管→散热器。

最后，弄清散热器与采暖立管的连接形式。

图 15-19～图 15-22 所示，此建筑物拥有 2 个入口，分别从两个单元门的地下进入建筑物，进入后分成 3 个方向进入 3 个管道井，连接成 3 组立管 RGL1-3 和 GHL1-3，3 组立管分别为每层的 3 户供暖，如 RGL1 和 GHL1 为 A 户型供暖。整个供暖采用的是双管单侧顺流式供暖，在套内输热管道形成大循环。

第三节 室内电气施工图

一、概述

建筑电气施工图是整个建筑工程设计的重要组成部分，是安排和组织施工安装的主要依据。本节主要介绍建筑电气施工图的特点、建筑电气施工图的内容及绘制，以及阅读建筑电气施工图的一般程序，并通过一套建筑电气施工图来详细说明建筑电气施工图的绘制和阅读过程。通过学习，要求掌握建筑电气施工图的绘制和阅读方法。

电在人们的生产、生活中起着极其重要的作用。在工程建设中，电气设备及其安装是必不可少的。建筑电气系统一般可分为变电与配电系统，变压器、配电箱等；动力设备系统，如电动机等；电气照明系统，如白炽灯等；避雷和接地系统，如避雷针等；弱电系统，如电话等。

（1）变电与配电系统。建筑物内各类用电设备，一般使用低电压（即 380V 以下）；对使用高压线路（10kV 以上）的独立建筑物，需自备变压设备，并装设低压配电装置。

（2）动力设备系统。建筑物内的动力设备，如电梯、水泵、空调设备等，这些设备及其供电线路、控制电路、保护继电器等组成动力设备系统。

（3）电气照明系统。电气照明系统是利用电能转变成光能进行人工照明的各种设施，主要由照明电光源、照明线路和照明灯具组成。

（4）避雷和接地系统。避雷装置可将雷电泄入地，使建筑物免遭雷击；用电设备不应带电的金属部分需配备接地装置。

（5）弱电系统。弱电系统主要用于信号传输，主要由电话系统、有线电视系统、闭路监视系统、计算机网络系统等构成。其中，弱电是指电压低于 32V 的直流电路系统。在室内电气系统中，有时也将交流 220V/380V 照明用电/动力用电电路称为强电。

因此，室内电气施工图可以分为室内电气照明施工图和室内弱电施工图两部分。室内电气照明施工图又分为设备用电和照明用电两个分支，设备用电主要是指为冰箱、洗衣机、空调、电热水器等高负荷用电设备供电的线路，照明用电则是指室内各种灯具的用电。室内弱电施工图是指有线电视系统（CATV 系统）、电话系统、各种安保系统等弱电系统。

二、室内电气施工图的有关规定

（一）图线

建筑物的轮廓线用细实线绘制，电路中的主回路线用粗实线绘制，以突出表达室内的电气线路的平面布置。具体使用要求见表 15-7。

表 15-7　　　　　　　　　　　　电气施工图中常用的图线

名　称	线　型	备　注
粗实线	———	基本线、可见轮廓线、可见导线、一次线路、主要线路
细实线	———	二次线路、一般线路
细虚线	- - - - -	辅助线、不可见轮廓线、不可见导线、导蔽线等
单点长画线	—·—·—	设备中心线、轴心线、部位中心线、定位轴线
双点长画线	—··—··—	辅助围框线、36V 以下线路等

（二）比例

室内供电平面图采用与建筑平面图相同的比例；与建筑物无关的其他电气施工图，可任选比例或不按比例示意性绘制。

（三）图例符号

在建筑电气施工图中，各种电气设备、元件和线路都应统一使用《电气简图用图形符号》（GB/T 4728）、《技术产品及技术产品文件结构原则》（GB/T 20939—2007）中规定的图形符号和文字符号，一般不允许随意乱用，以免破坏图样的通用性。表 15-8 给出了常用的电气图形符号。

表 15-8　　　　　　　　　　　　常用的电气图形符号

图形符号	说　明	图形符号	说　明
∫S	动合（常开）触点（注：本符号也可以用作开关一般符号）	⊛	防水筒灯
∫S	动断（常闭）触点	E	安全出口灯
∫S	断路器	▭	疏散指示灯
∫S	负荷开关（负荷隔离开关）	⊙	路灯
⋈	落地交接箱	⊗	庭院灯
⋈	壁龛交接箱	◐	壁灯
⊕	室内分线盒	▽	吸顶灯
∕	向上配线	⊓	电信插座的一般符号（注：可用文字或符号加以区别。TP—电话　TX—电传　TV—电视　◁—扬声器　M—传声器　FM—调频）
∕	向下配线		
∕	垂直通过配线		
⏚	接地一般符号（注：如表示接地的状况或作用不够明显，可补充说明）	⊓	信息插座　2×RJ-45
⊗	灯的一般符号、信号灯一般符号	⊢——⊣	单管荧光灯　1×58W

图形符号	说明	图形符号	说明
	双管荧光灯 2×58W		密闭（防水）
	电能表（瓦特小时计）		防爆
	电铃		双极开关
	照明配电箱（屏）（注：需要时允许涂红）		双极开关暗装
	单相插座		密闭（防水）
	暗装		防爆
	密闭（防水）		三极开关
	防爆		暗装
	带接地插孔的单相插座		密闭（防水）
	暗装		防爆
	密闭（防水）		单极限时开关
	防爆		双控开关（单极三线）
	按钮一般符号（注：若图面位置有限，又不会引起混淆，小圆允许涂黑）		屏、合、箱、柜一般符号
	单极开关		动力或动力—照明配电箱
	暗装		信号板、信号箱（屏）

1. 图形符号

建筑电气施工图中使用的图形符号，除了需要遵守《电气简图用图形符号》（GB/T 4728）、《技术产品及技术产品文件结构原则》（GB/T 20939—2007）中的规定外，还应注意：

（1）图形符号应按无电压、无外力作用时的原始状态绘制。

（2）图形符号可根据图面布置的需要缩小或放大，但各个符号之间及符号本身的比例应保持不变，同一张图纸上的图形符号的大小应一致，线条的粗细应一致。

（3）图形符号的方位不是强制的，在不改变符号含义的前提下，可根据图面布置的需要旋转或成镜像放置，但文字和指示方向不得倒置，旋转方位是 90°的倍数。

（4）对于标准中没有的图形符号，可以在标准的基础上派生新的符号，但需要在图样中加以说明。

2. 文字符号

电气文字符号在电气工程图中，标注在电气设备、装置和元器件上或其近旁，用于标明电气设备、装置和元器件的名称、功能、状态和特征。

（1）在配电线路上的标注格式为

$$a-b(c\times d)e-f$$

式中 a——回路编号；

b——导线型号；

c——导线根数；

d——导线截面面积，mm^2；

e——敷设方式及穿管管径，mm；

f——敷设部位。

常用导线型号的文字代号见表15-9。

表15-9　　　　　　　　　　常用导线型号的文字代号

代号	说明	代号	说明
BV	铜芯塑料线	BX	铜芯橡皮线
BLV	铝芯塑料线	BLX	铝芯橡皮线
BBLX	铝芯玻璃丝橡皮线	BXF	铜芯氯丁橡皮线
BRV	铜芯塑料软线	BLXF	铝芯氯丁橡皮线
BXR	铜芯橡皮软线	BXH	铜芯橡皮花线
BLXG	铝芯穿管橡皮线	BXS	双芯橡皮线
RVS	铜芯塑料绞型软线	RVB	铜芯塑料平型软线

常用配电线路穿管敷设方式的文字代号见表15-10。

表15-10　　　　　　　　常用配电线路穿管敷设方式的文字代号

代号	说明	代号	说明	代号	说明
FPC	穿阻燃半硬聚氯乙烯管敷设	KPC	穿聚氯乙烯塑料波纹电线管敷设	PC (PVC)	穿硬塑料管敷设
SC	穿焊接钢管敷设	CT	电缆桥架敷设	MR	金属线槽敷设
PR	塑料线槽敷设	M	用钢索敷设	CP	穿金属软管敷设
MT	穿电线管敷设	RC	镀锌钢管		

常用配电线路敷设部位的文字代号见表15-11。

表15-11　　　　　　　　常用配电线路敷设部位的文字代号

代号	说明	代号	说明	代号	说明
SR	沿钢线槽敷设	BE	沿屋架或跨屋架敷设	CLE	沿柱或跨柱敷设
WE	沿墙面敷设	SCE	吊顶内敷设	TC	电缆沟敷设
BC	暗敷设在梁内	CLC	暗敷设在柱内	WC	暗敷设在墙内
CC	暗敷设在顶棚内	DB	直接埋设	FC	暗敷设在地面内
CE	沿天棚面或顶棚面敷设	ACE	在能进入人的吊顶内敷设	ACC	暗敷设在不能进入的顶棚内

例：电气照明施工图中，注有3－BLV（3×20＋3×8）FPC40－CC，表明3号回路，采用6根铝芯塑料导线，其中3根导线的截面面积为20mm², 另外3根的截面面积为8mm², 6根导线穿在管径为40mm的阻燃半硬聚氯乙烯管内，暗设在屋面或顶棚板内。

(2) 照明灯具的表达格式为

$$a - b \frac{c \times d}{e} f$$

式中　　a——灯具数；

　　　　b——灯具型号或编号（无则可以省略）；

　　　　c——灯泡数或灯管数；

　　　　d——灯泡或灯管的功率，W；

　　　　e——安装高度（安装壁灯时指灯具中心与地面的距离，安装吊灯时指灯具底部与地面的距离，"—"表示吸顶灯），m；

　　　　f——安装方式。

灯具安装方式的文字代号见表 15-12。

表 15-12　　　　　　　　　　灯具安装方式的文字代号

代号	说明	代号	说明	代号	说明
CH	链吊式	P	管吊式（吊杆式）	W	墙壁安装
C	吸顶式	R	嵌入式	CP	线吊式
CL	柱上安装	CR	顶棚内安装	WR	墙壁内安装
HM	座装	T	台上安装	S	支架上安装

一般灯具标注可以省略型号，如 $8\dfrac{2\times40}{2.8}$CH，表示 8 个灯具，每个灯具配有 2 个功率为 40W 的白炽灯，安装高度为 2.8m，链吊式安装。

有时为了减少图面的标注、提高图面的清晰度，在平面图上往往不详细标注各线路，而只标注线路编号，另外再绘制一张线路管线表，根据平面图上标注的线路编号即可找出该线路的导线型号、截面面积、管径、长度等。

3. 标高

电气施工图中，线路和电气设备的安装高度在必要时可以标注标高，同建筑施工图一样采用相对标高，或者采用相对于本层楼地面的相对标高。例如，某建筑电气施工图中标注总电源进户高度 3.5，指的是相对于该建筑物的基准标高±0.000 的高度，即相对于底层室内地面的高度为 3.5m。若某开关的标注为 $nF+1.3$，则表示该开关距本层楼地面的高度为 1.3m。

4. 电路表示法

在电气施工图中，电路表示法有多线表示法、单线表示法和组合表示法三种。

（1）多线表示法。电路是按照导线的实际走向一根一根分别画出，其特点是连接方式一目了然，但线条过多，影响图形的表达。

（2）单线表示法。电路中走向一致的连接导线用一条线表示，即图上的一根线实际代表一束线，因此其图形表达简单，现在的电气施工图中多采用这种方式。

（3）组合表示法。单线表示法和多线表示法可以组合使用。

当使用单线表示法绘制电气施工图时，由于图中的一根线条实际上电路中的一束电线，因此，为了将电线的数量表达清楚，可以采用在图线上画上若干短斜线表示根数（一般用于少于或等于 3 根电线的线束），或者用一根短斜线旁注数字来表示电线根数（一般用于 3 根以上的线束）。

三、室内电气照明施工图

1. 室内照明的一般知识

室内照明系统一般由室外引入室内的进户线、配电箱、由配电箱引向各灯具和插座的供电支线和插座、灯具等组成。

照明线路供电电压通常采用380/220V的三相四线制供电,即由用户配电变压器的低压侧引出3根相线和1根零线。

相线与相线间的电压为380V,称为线电压,可供动力负载用电;相线与零线间的电压为220V,称为相电压,可供照明负载用电。

对于用电量不大的建筑,可采用220V单相二线制供电系统;而对较大的建筑或厂房,常采用三相四线制供电系统。

接户线——从室外的低压架空线上接到用电建筑外墙上铁横担的一段导线。

进户线——从铁横担到室内配电箱的一段导线,是室内供电的起点。

配电箱——接受和分配电能的装置,内部装有记录用电量的电能表、进行总控制的总开关和总保护熔断器,以及各分支线路的分开关和分路保护熔断器。

室内电器照明线路的敷设方法有明线布置和暗线布置两种。

明线布置是指用绝缘的槽板、瓷夹、线夹等将导线牢固地固定在建筑物的墙面或天棚的表面。

暗线布置是指将塑料管或金属管预设在建筑物的墙体内、楼板内或天棚内,然后再将导线穿入管中。

灯具开关也有明装和暗装两类,按其构造分为单联开关、双联开关和三联开关。开关应安装在相线上,利用开关控制线路上的各种灯具或其他用电设备。

2. 室内电气照明施工图的绘制和阅读

室内电气照明施工图是应用非常广泛的电气施工图之一。室内电气照明施工图可以表明室内电气照明系统的构成规模和功能,详细描述电气装置的工作原理,提供安装技术数据和使用维护方法。随着建筑物的规模和要求不同,室内电气照明施工图的种类和图纸数量也是不同。图15-28~图15-30所示为一套建筑物的照明施工图。

3. 电气照明平面图

电气照明平面图主要表达室内照明线路和各种设备的详细情况。其中,建筑物部分的平面图均使用细实线绘制;用粗实线采用单线表示法绘制本层的电气线路,楼层电气线路布置相同时,可用标准层处理。电气线路上的各种灯具、插座等用标准电气图例符号表示,其规格、安装方式、安装位置等用规定的文字符号标注。

图15-31所示为一个房间的电气照明平面图,从户内配电箱M3出来的照明电路有三条:

(1)①号线路从配电箱出来后首先在客厅处安装软线灯,接着分线进入南北两个卧室分别安装软线灯,每个灯都配有相应的暗装单极开关。

(2)②号线路直接进入厨房安装防水吊灯,一个并在客厅进入卧室的门旁配有暗装的普通双极开关。

(3)③号线路进入卫生间在安装磁质座灯和相应的暗装单极开关后,进入阳台安装磁质座灯,并且此灯的单极开关暗装在厨房通往阳台的门边。

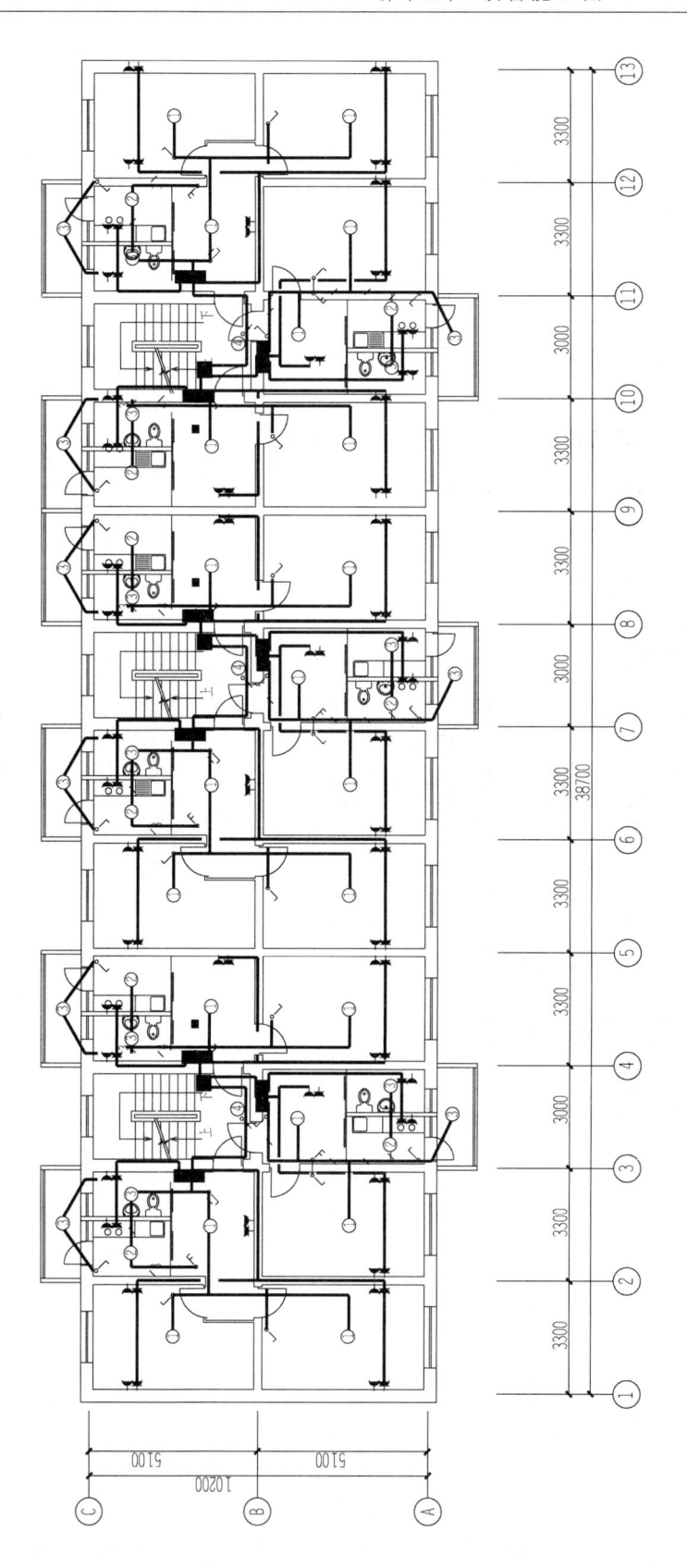

注：1.照明回路中未标注的导线根数为2根；
2.插座回路中的导线根数均为3根，故没有标注。

图 15-28 标准层照明平面图

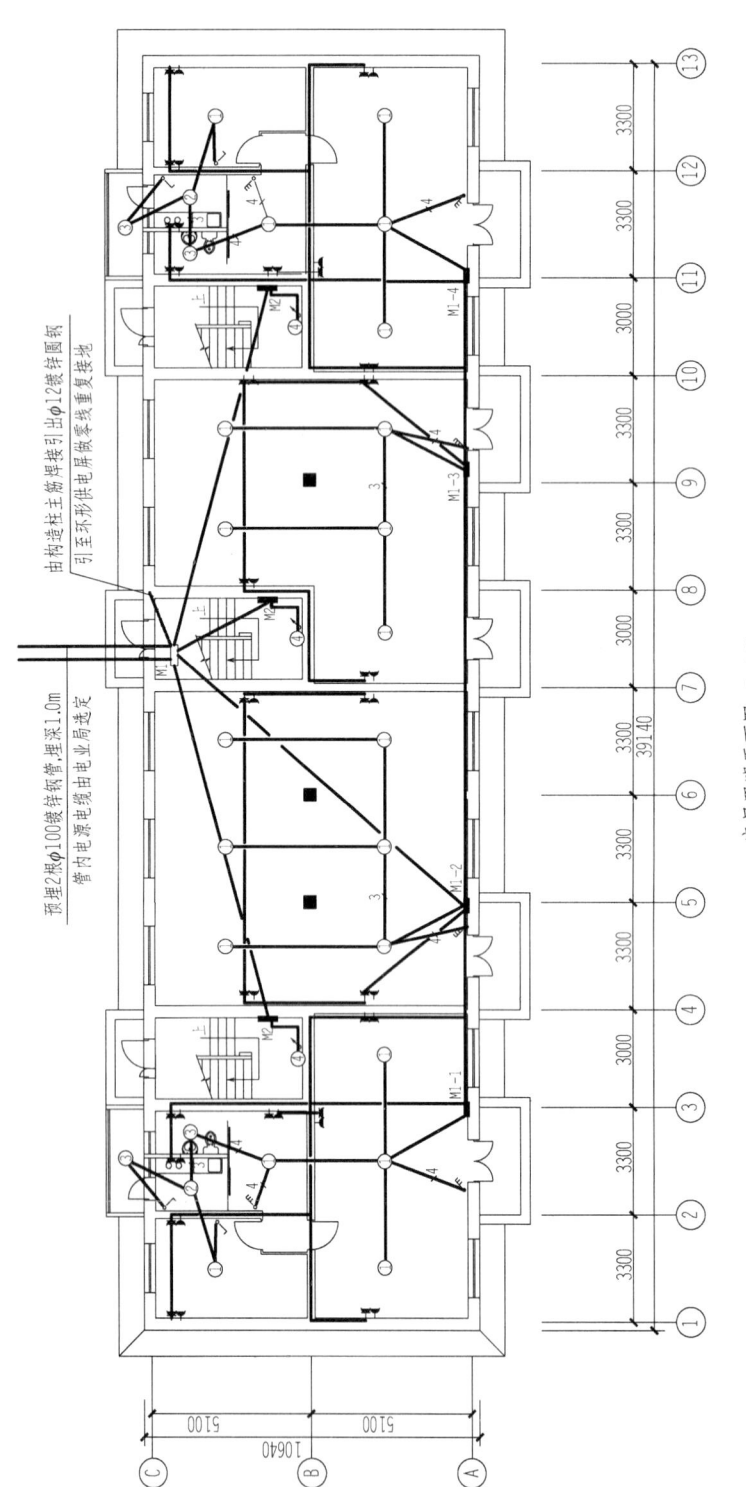

底层照明平面图 1:100

注：1. 照明回路中未标注的导线根数为2根；
2. 插座回路中的导线根数均为3根，或没有标注。

图 15-29 底层照明平面图

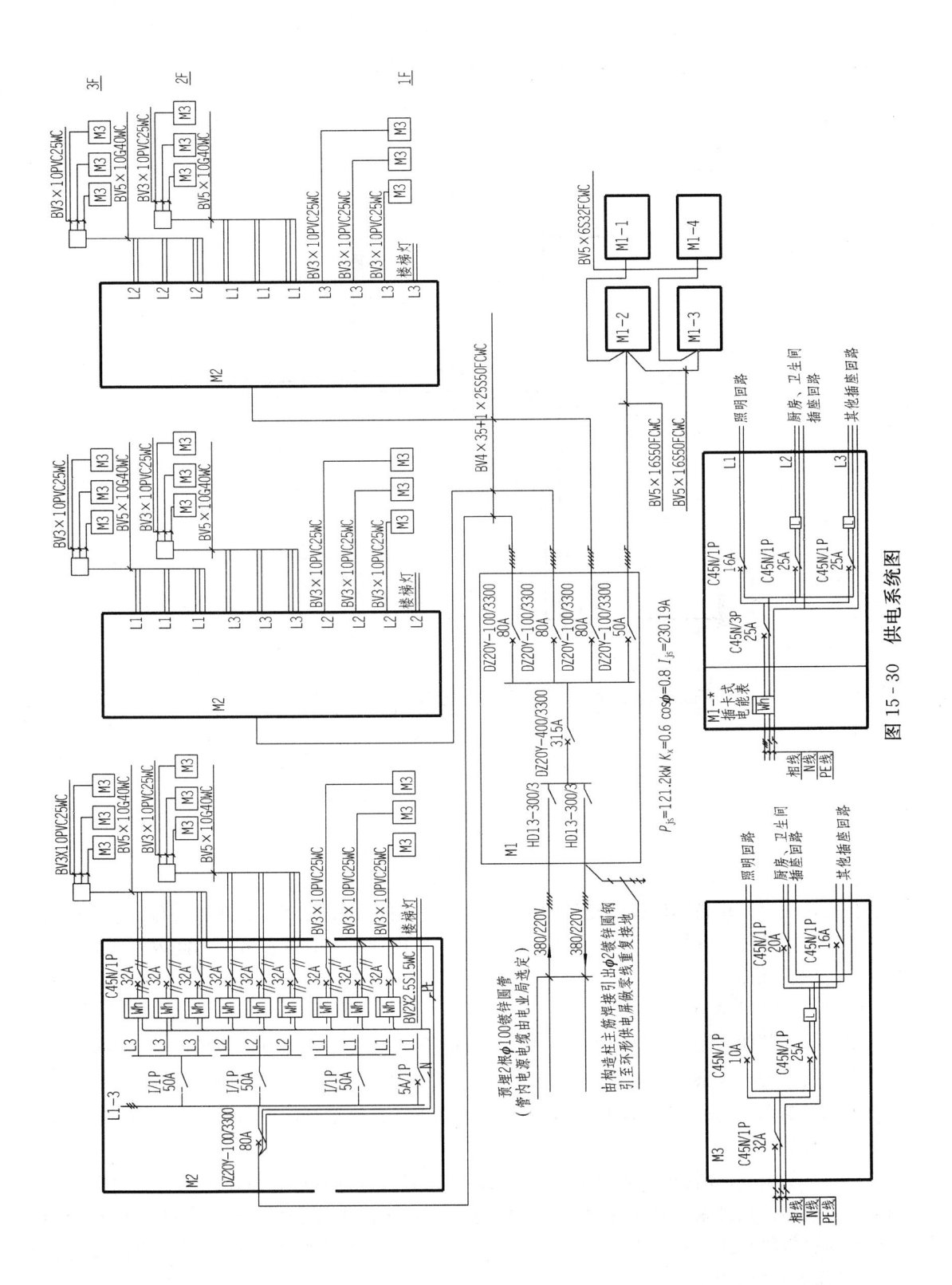

图 15-30 供电系统图

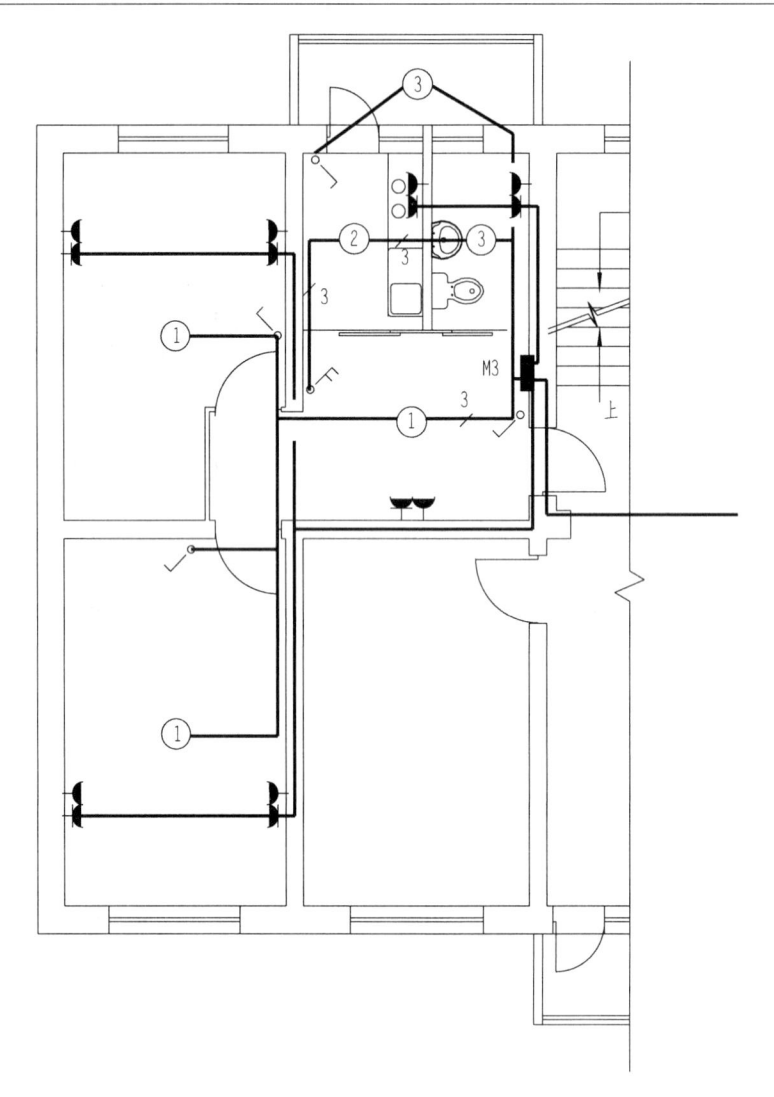

图 15-31 电气照明平面图局部

而没用编号的设备用电线路则是两条，一条通往厨房和卫生间，并在厨房和卫生间内安装两个单相两孔加三孔插座；另一条则通过客厅进入南北卧室，并在各个房间内安装两个单相两孔加三孔插座。

4. 电气照明系统图

对于电气照明系统相对简单的建筑物，按照照明平面图施工即可。但是，对于多层建筑物或者电气设备较复杂的建筑，则需要绘制照明系统图。照明系统图是使用图例符号来表示建筑物内供电系统的接线原理图，因此系统图可以不按比例绘制，也不反映电气设备在建筑内的具体安装位置。

图 15-32 所示为电气照明系统图。为了帮助读者较好地理解系统图的内容，图 15-32 截取了系统图的局部来识读系统图。从入户线分配出来的电线分成 3 组，每组 3 根直径为 10mm 的铜芯塑料线穿过暗敷设在墙内的直径为 25mm 的 PVC 管到达每层 3 户的配电箱 M3，进而为室内供电。

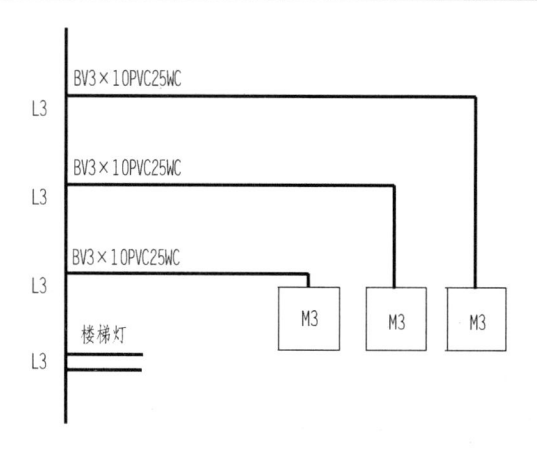

图 15-32 电气照明系统图（局部）

四、室内弱电施工图

随着智能建筑理念的逐步发展和普及，建筑室内弱电系统早已不局限于电话通信系统、有线电视系统（CATV 系统），更多的弱电系统正迅速地出现在建筑电气系统中。和室内照明施工图一样，室内弱电施工图也由平面图和系统图组成。图 15-33 和图 15-34 所示为室内弱电平面图。

电气弱电平面图的绘制方法与电气照明平面图相同，建筑物部分的平面图均使用细实线绘制；用粗实线采用单线表示法绘制本层的电气弱电线路，楼层电气弱电线路布置相同时，可用标准层处理。电气线路上的各种设备用标准电气图例符号表示，其规格、安装方式、安装位置等用规定的文字符号标注。

通过图 15-33 和图 15-34 可以看出，电话通信系统采用 HYA-50×2×0.5-G50 线路入户，CATV 系统采用 SYKV-75-、12-G25 线路入户，到达主卧室后，在墙上分别暗装插口（TP 符号、TV 符号）。门禁分别采用 3 根电线 RVB-2×0.3-PVC16、BV-3×2.5-PVC20 和 RVB-2×0.3-SP16 采集信号进入继电器（ZJ 符号），采用 RVS-5×0.3-PVC16 进入层间分配器（CF 符号），之后采用 RVB-2×0.3-PVC16 入户，并在入户门旁边安装门禁控制端（ZF 符号）。

1. 电话系统图

图 15-35 所示为住宅电话系统图，入户线是 HYA-50×2×0.5-G50，表示铜芯聚氯乙烯绝缘、聚氯乙烯护套穿直径为 50mm 的厚电线管直接进入楼内电话接线箱，然后沿墙分别进入 2-5 层分线箱，进而进入各户。

2. 有线电视系统图

图 15-36 所示为住宅有线电视（CATV）系统图，电视入户线是 SYKV-75-12 G25，表示藕状空心聚乙烯绝缘聚氯乙烯护套，特性阻抗为 75Ω，线芯绝缘外径为 12mm 的同轴电缆，并穿直径为 25mm 的厚电线管。系统入户线进入系统箱，箱内配有放大器、分配器，系统箱各分层间用立管和各支管均采用 SYKV-75-9 G25 线路。

3. 门禁系统图

图 15-37 所示为门禁系统图，表示的是建筑物的单元大门门禁系统，采用的系统供电线路为 BV-3X2.5 PVC20，表示 3 根铜芯塑料绝缘导线穿直径为 20mm 的 PVC 管，从单元门到各层对讲分配箱均采用 RVS-5X0.3 PVC16 连接，从分配箱到各户均采用 RVB-2X0.3 PVC16 导线。

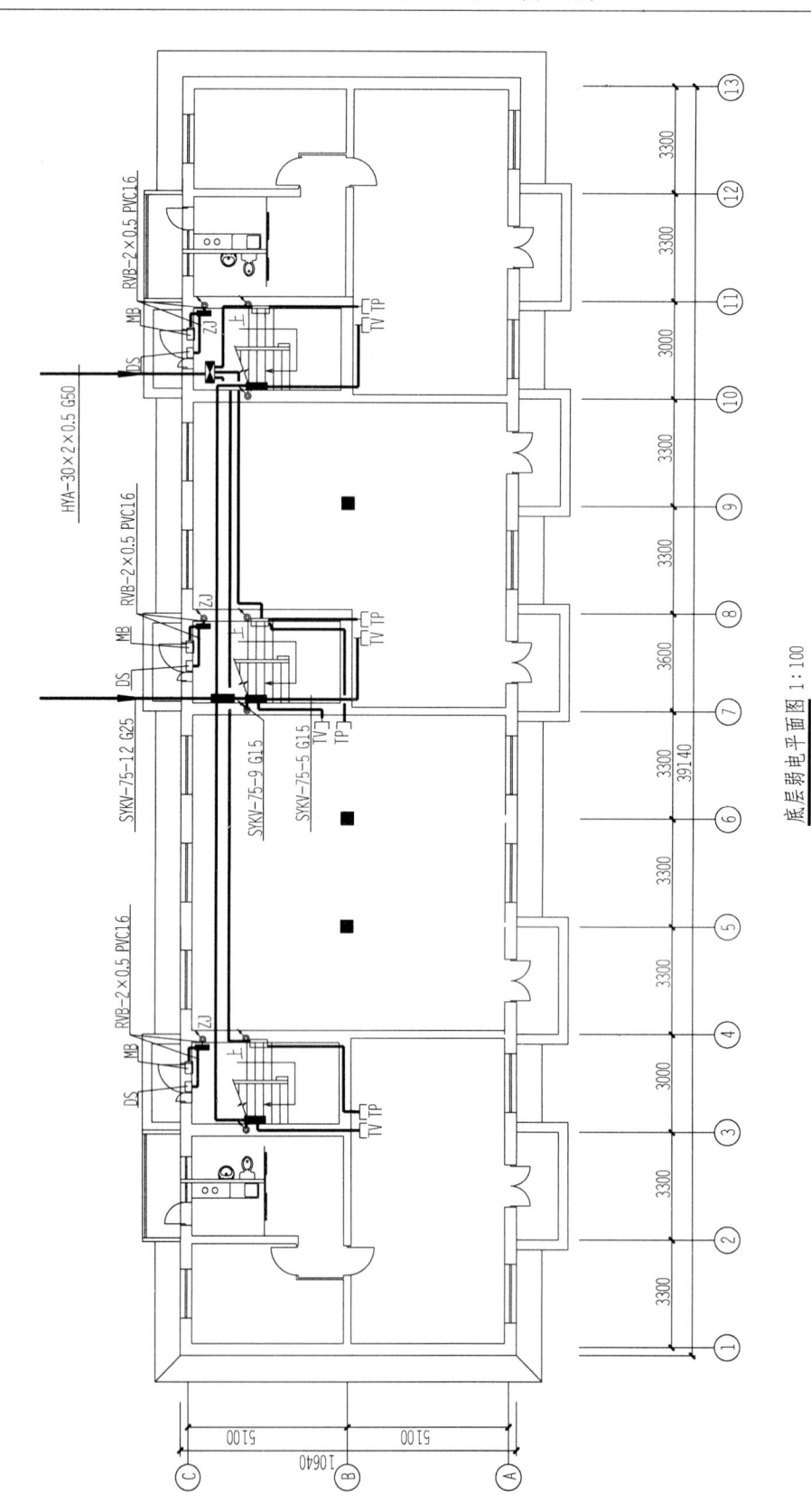

图 15-33 底层弱电平面图

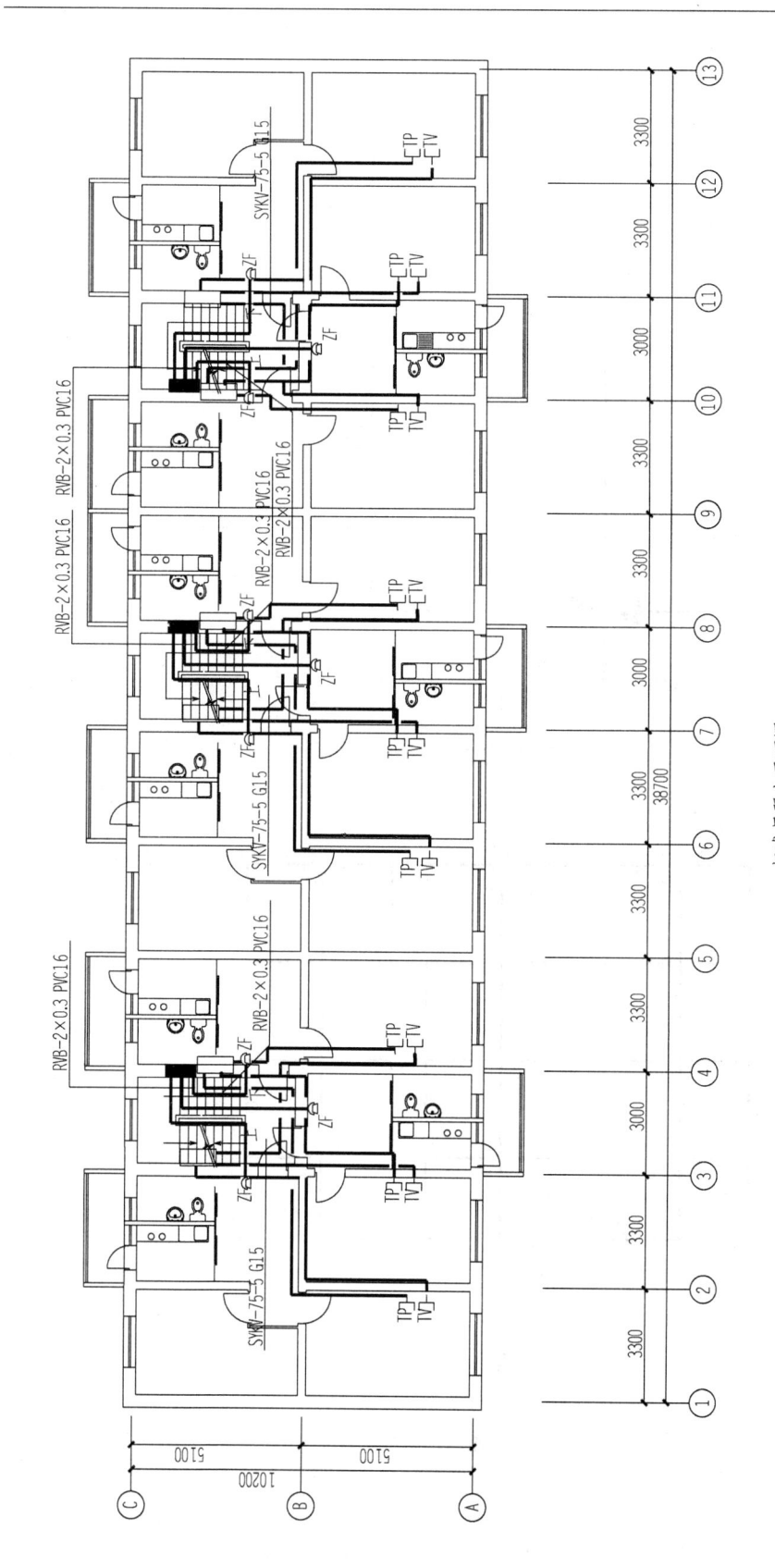

图 15-34 标准层弱电平面图

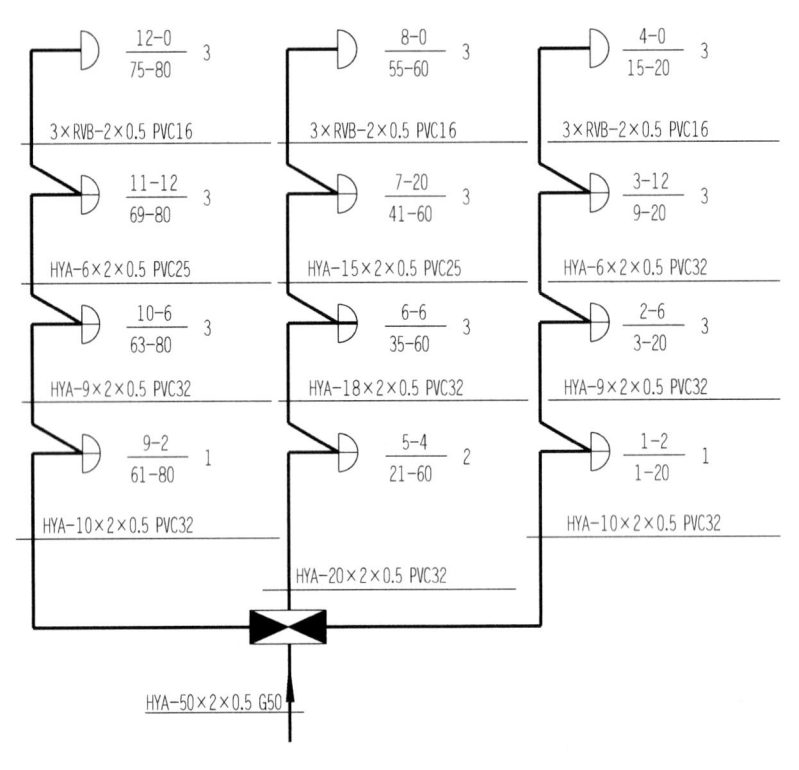

图 15-35　住宅电话系统图

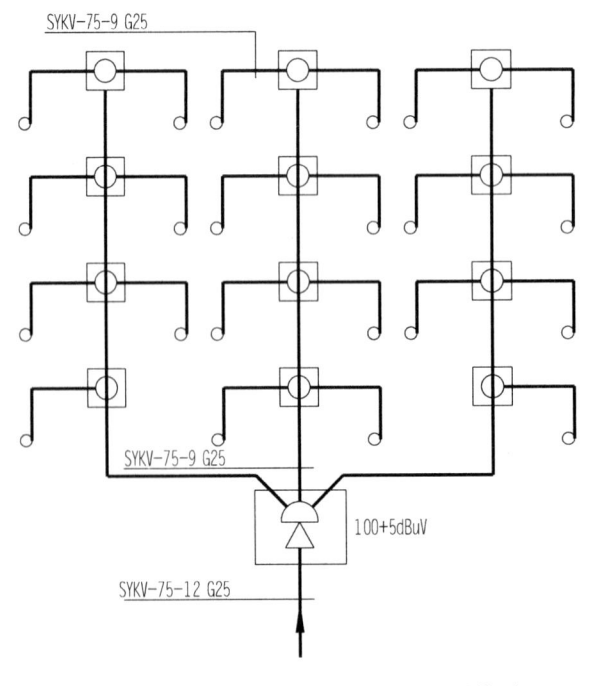

图 15-36　住宅有线电视（CATV）系统图

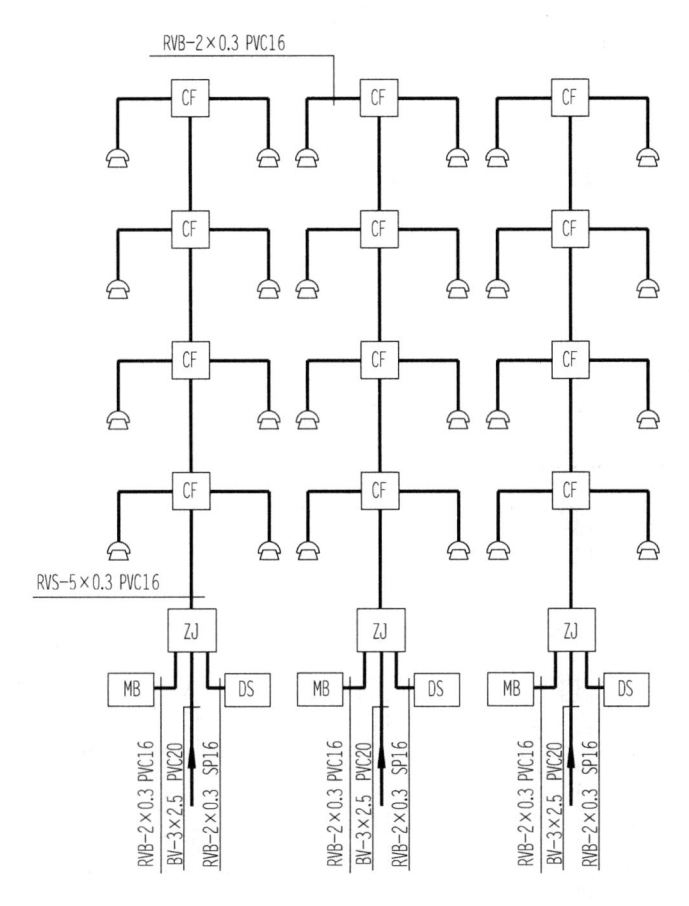

图 15-37 门禁系统图

第四节 室内煤气施工图

由于城市煤气网的建设以及为了给居民提供更好的服务设施，煤气安装已成为现在住宅楼建设的重要组成部分。煤气管网的分布近似于给水管网，但由于人工煤气有剧毒，并且与空气混合在一起，达到一定比例时易发生爆炸，因此对煤气设备、管道等的设计、加工与敷设都有严格要求，必须注意防腐、防漏气的处理，同时还应加强维护和管理工作。

煤气施工图一般有平面图、系统图和详图三种，同时还附有设计说明。绘制的方法同给水排水施工图和采暖施工图一样。图 15-38～图 15-41 所示为煤气系统平面图和系统图。从图 15-38 和图 15-39 中可以看出，煤气管道由户引入管从室外进入，通过立管进入到各楼层，再由干管、用户支管送入厨房；图中还表明了煤气系统平面布置的相关尺寸和要求（如管道穿墙要使用套管）等。图 15-40 中表示出了该系统的空间布置和管道、设备的尺寸、型号及标高等；在图 15-41 中截取了 A 户型房间厨房的煤气管道、煤气表和炉灶的平面图和系统。

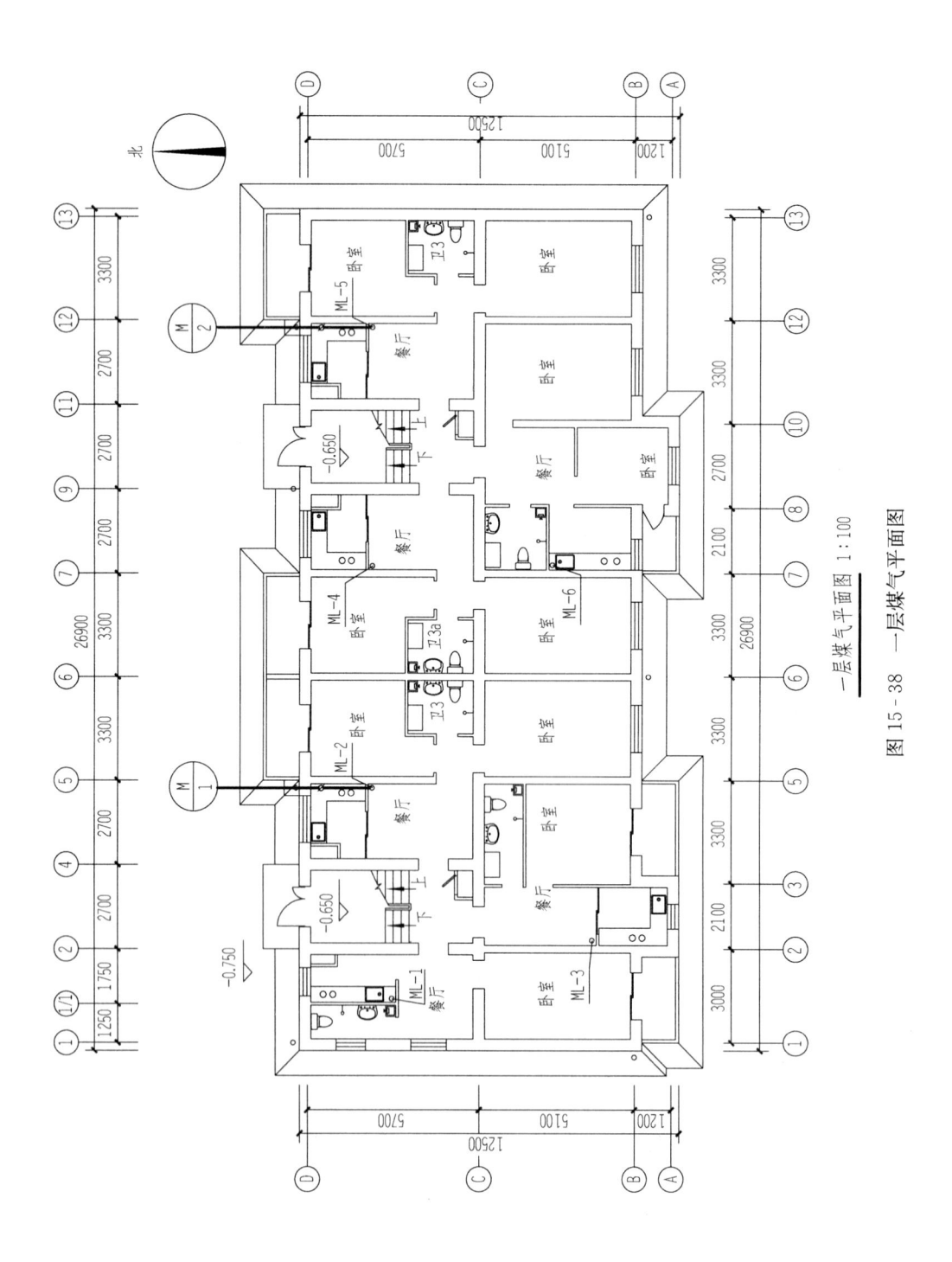

图 15-38　一层煤气平面图

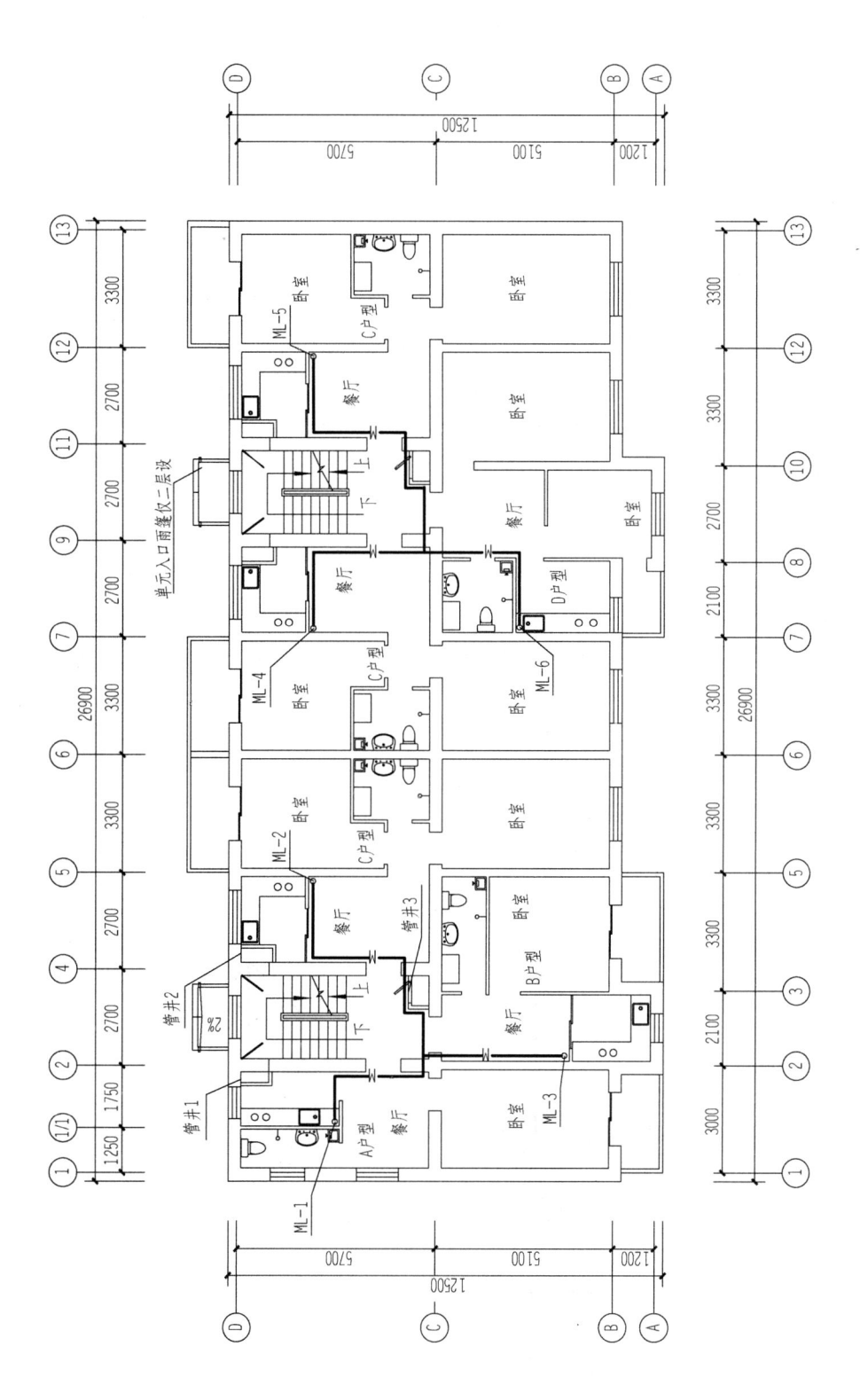

图 15-39 二~六层煤气平面图

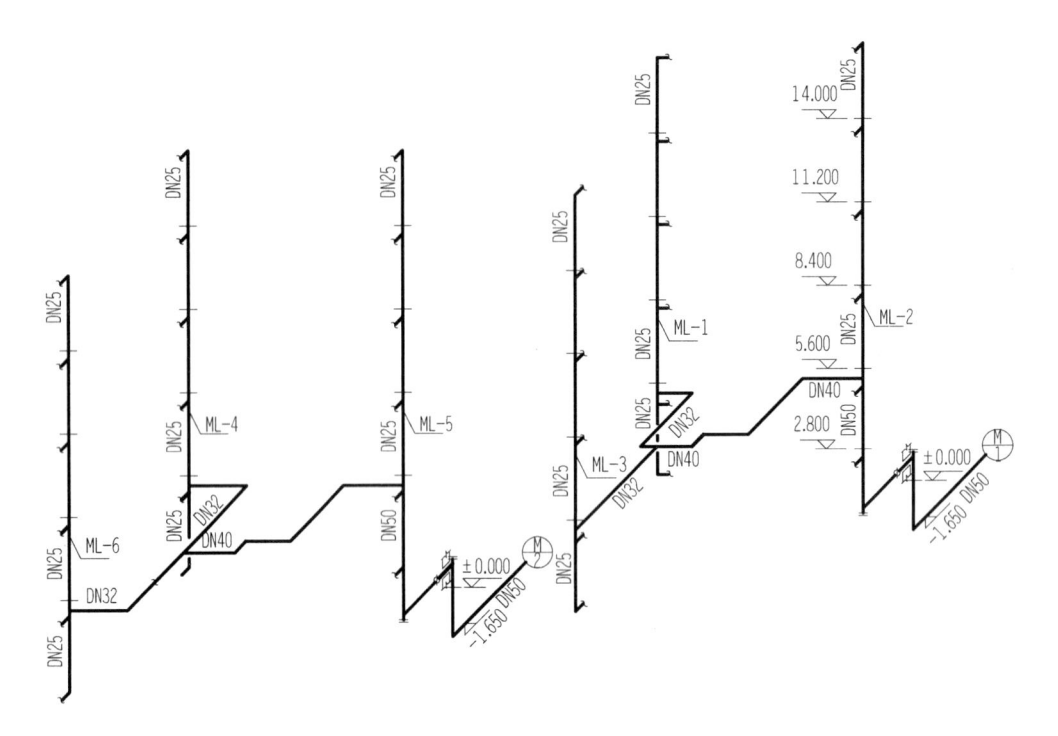

图 15-40　煤气系统图

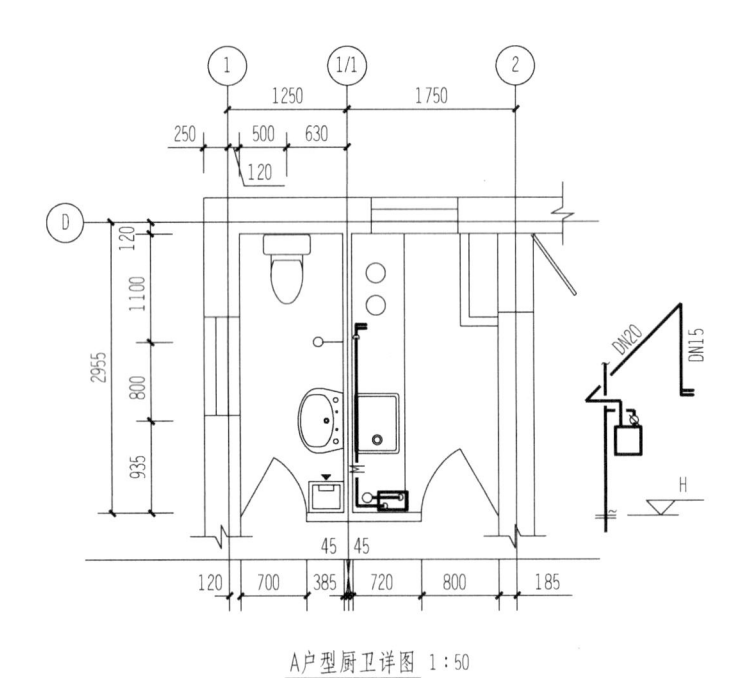

A户型厨卫详图　1:50

图 15-41　A户型厨房煤气详图

第十六章 路桥涵工程图

第一节 道 路 工 程 图

道路是一种供车辆行驶和行人步行的带状结构物。道路根据其不同的组成和功能特点，可分为公路和城市道路两种。位于城市郊区和城市以外的道路称为公路，位于城市范围以内的道路称为城市道路。道路路线是以平面图、纵断面图和横断面图来表达的。

一、公路线路工程图

通常将连接城市、乡村，主要供汽车行驶的具备一定技术条件和设施的道路称为公路。公路是一种主要承受汽车载荷反复作用的带状工程结构。公路的中心线由于受自然条件的限制，在平面上有转折、纵面上有起伏。为了满足车辆行驶的要求，必须用一定半径的曲线连接起来，因此路线在平面和在纵断面上都是由直线和曲线组合而成。平面上的曲线称为平曲线，纵断面上的曲线称为竖曲线。公路是由路基、路面、桥梁、涵洞、隧道、防护工程以及排水设备构成的。

公路路线工程图主要包括路线平面图、路线横断面图和路线纵断面图。

（一）路线平面图

路线平面图是为概括地反映工程全貌而绘制的图，作用是表达路线的地形、地物、坐标网、路中心线、路基边线、公里桩、百米桩及平曲线主要桩位，大型构造物的位置以及县以上界线等。图 16-1 所示为某公路 K2+100～K2+800 段的路线平面图，其内容包括地形、路线两部分。

1. 地形部分

为了确定方位和路线的走向，地形图上必须画出指北针或坐标网。坐标网格应采用细实线绘制，南北方向轴线代号应为 X（X 表示北），东西方向轴线代号应为 Y（Y 表示东）。坐标值的标注应靠近被标注点，书写方向应平行于坐标网网格或在网格延长线上，数值前应标注坐标轴线代号；当无坐标轴线代号时，图纸上应绘制指北针标志。图 16-1 采用的是指北针标志。

路线平面图的比例一般为 1：2000～1：5000，图 16-1 的比例为 1：2000。地形图是用等高线和图例表示，常用的道路平面图图例见表 16-1。

2. 路线部分

《道路工程制图标准》（GB 50162—1992）中规定，道路中线应采用细点画线表示，路基边缘线应采用粗实线表示。路线的长度用里程表示。里程桩号应标注在道路中线上，从路线起点至终点，按从小到大、从左到右的顺序排列。

线路的平面线形有直线和曲线两种。对于公路转弯处的曲线形路线，在平面图中采用交角点（公路转弯点）编号来表示。如图 16-2 所示，由左向右为路线的前进方向；ZY（直圆）表示圆曲线的起点，即由直线段进入圆曲线段；QZ（曲中）表示圆曲线的中点；YZ（圆直）表示圆曲线的终点，即由圆曲线段转入直线段。图中，T 为切线长，E 为外距，R 为曲线半径，α 为偏角（Z 为左偏角，Y 为右偏角），JD 为交点，详见图 16-1 中的曲线元素表。

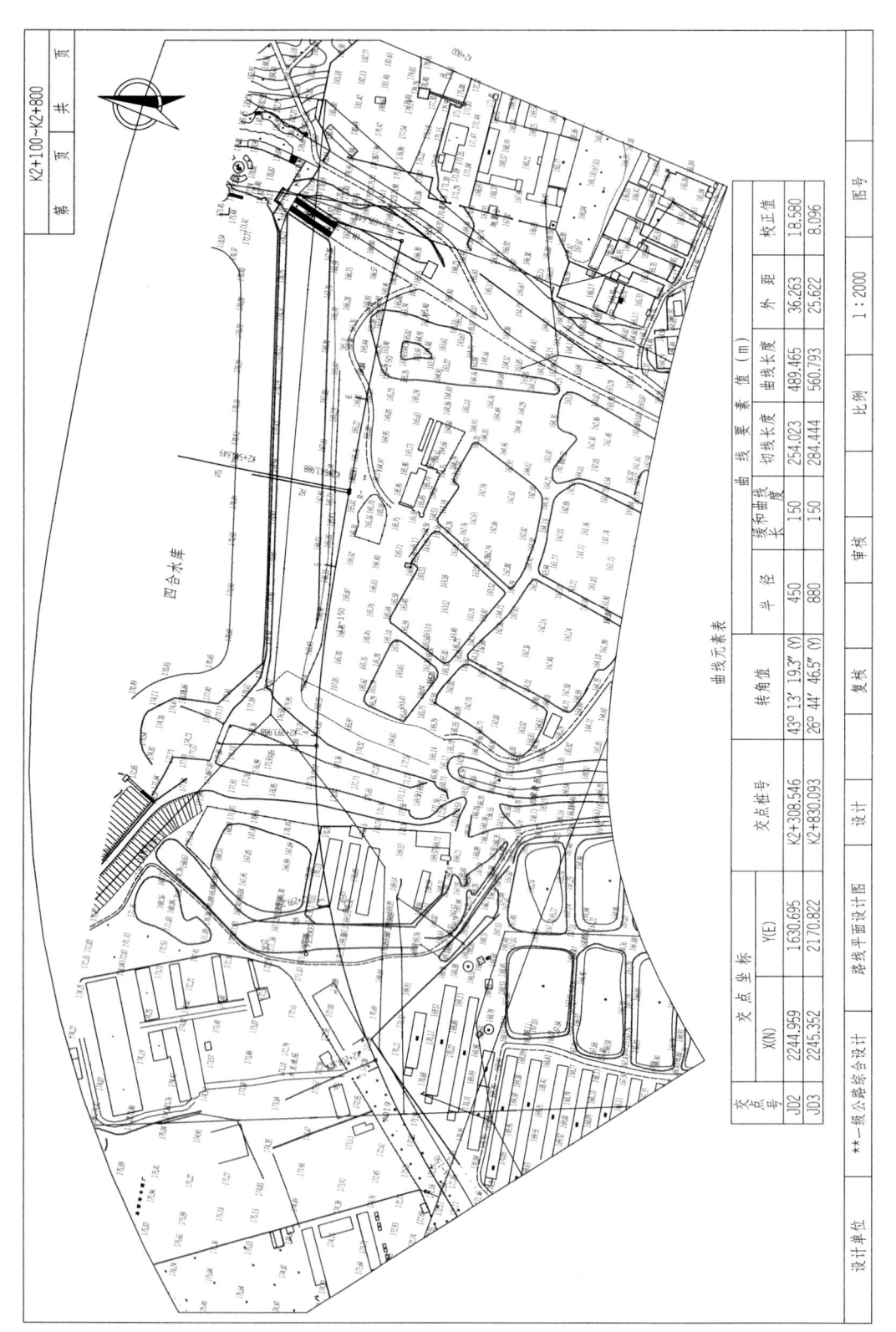

图 16-1 路线平面图

表 16-1 道 路 平 面 图 图 例

名称	符号	名称	符号	名称	符号
房屋	独立 成片	涵洞		水稻田	
学校	文	桥梁		草地	
医院	+	菜地		河流	
大车路		旱田		高压线 低压线	
小路		水田		水准点	
铁路		果树		变压器	
公路		坟地		通信线	

图 16-2 中路段圆曲线半径分别为 450m 和 880m，缓和曲线长度均为 150m，路线长是 700m。

3. 路线平面图的画法

（1）先画地形图，后画路线中心线。等高线按先粗后细的步骤徒手画出，要求线条光滑。路中心用绘图仪器按先曲线后直线的顺序画出，为了与等高线区分开，一般以 2 倍于计曲线宽度绘制。

（2）路线平面图从左向右绘制，桩号左小右大，由于路线狭长，因此需将整条路线分段绘制在若干张图纸上，使用时拼接起

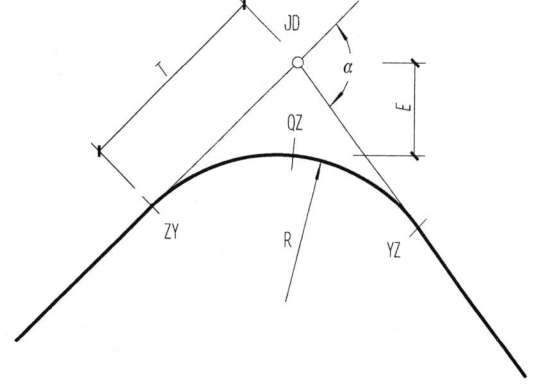

图 16-2 平曲线示意图

来，如图 16-3 所示。分段的断开处尽量设在路线的直线段上的整数桩号处，断开的两端应画出垂直于路线的接图线。最后，在图纸的右上角画出角标，标明这张图纸的序号和图纸的总张数。

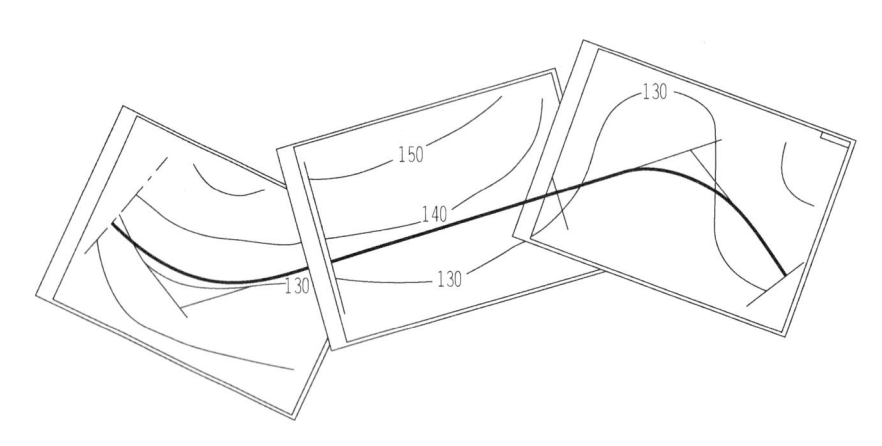

图 16-3 路线图拼接示意图

(二) 路线纵断面图

路线纵断面图是假想用铅垂面沿路中心线进行剖切展平后形成的。由于路是由直线和曲线组成的，因此，剖切平面由平面和柱面组成。路线纵断面图的作用是表达路中线地面高低起伏的情况，设计路线的坡度情况，以及土壤、地质、水准点、人工构造物和平曲线的示意情况。

图 16-4 所示为图 16-1 所示某公路 K2+100～K2+800 段的路线纵断面，其内容包括图样和资料表两大部分。图样应布置在图幅上部，资料表应采用表格形式布置在图幅下部，高程应布置在资料表的上方左侧，图样与资料表的内容要对应。

1. 图样部分

图 16-4 中水平方向从左到右表示路线的前进方向，垂直方向表示高程。由于路线的高差与其长度相比小很多，为了表示清楚路线高度的变化，GB 50162—1992 中规定，断面图中的距离与高程宜按不同的比例绘制，水平比例尺与平面图一致，垂直比例尺相应地用 1∶200～1∶500。本例垂直比例尺采用 1∶200。

图中不规则的细折线表示地面线，它是沿路基中线的原地面各点的连线。粗实线表示路线设计线，它是路基中线各点的连线。

当路线坡度发生变化时，为保证车辆顺利行驶，应设置竖向曲线。竖向曲线分为凸曲线和凹曲线两种，分别用符号"┌┼┐"和"└┼┘"表示，并应标注竖曲线的半径（R）、切线长（T）和外距（E）。竖曲线符号一般画在图样的上方，GB 50162—1992 中规定也可布置在测设数据内。图 16-4 中，在 K2+398.914 和 K2+681.086 之间设置了一段凹曲线，在 K2+684.869 和 K2+975.131（图中未画出）之间设置了一段凸曲线。

2. 资料表部分

测设数据应列有"坡度（％）/距离（m）"、"竖曲线"、"填高（高）"、"挖深（低）"、"设计高程"、"地面高程"、"里程桩号"和"平曲线"。设计高程、地面高程、填高、挖深的数据应对准其桩号，单位以 m 计。桩号数值的字底应与所表示桩号位置对齐，整公里桩处

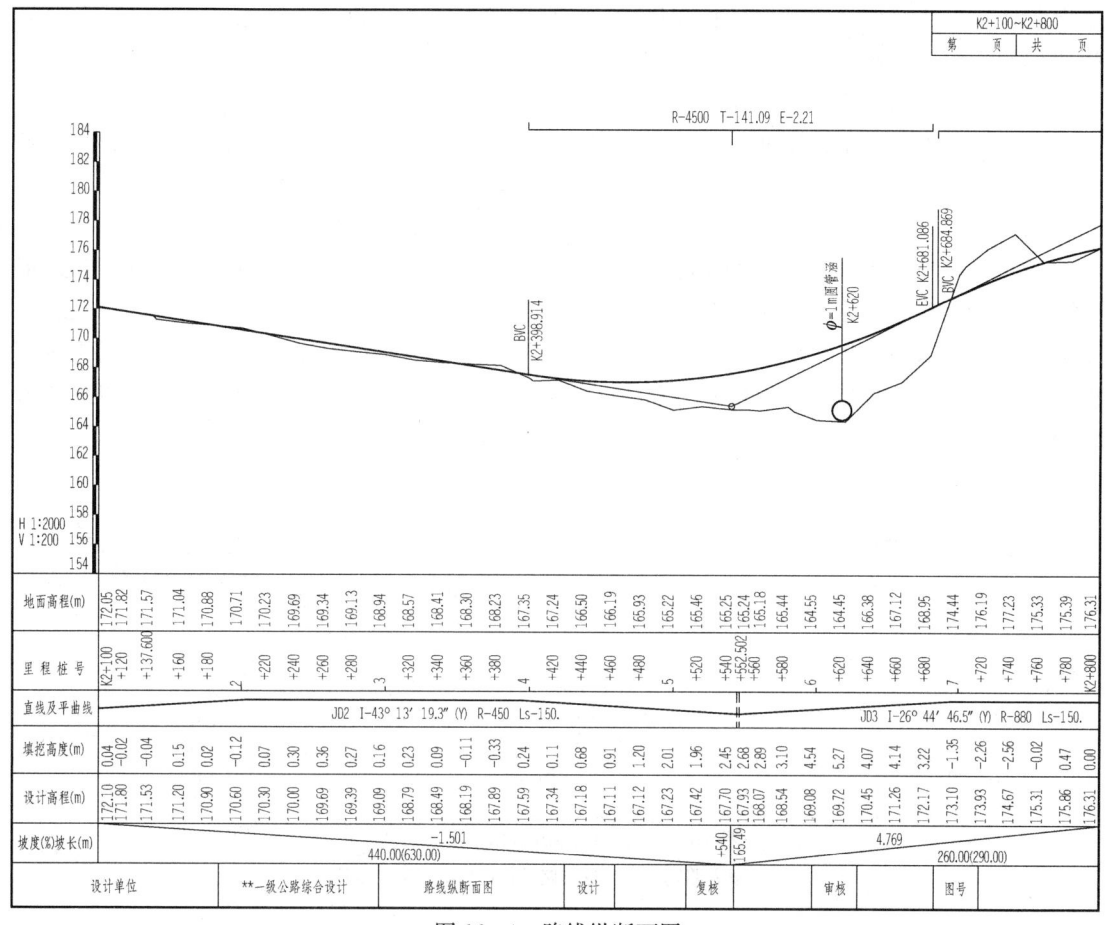

图 16-4 路线纵断面图

应标注"K",其余桩号的公里数可省略。表中"平曲线"一栏表示路线的平面线形,"┌─┐"表示左偏角的圆曲线,"└─┘"表示右偏角的圆曲线。

路线纵断面图和路线平面图一般安排在两张图纸上,由于高等级公路的平曲线半径较大,路线平面图与纵断面图长度相差不大,因此可以放在一张图纸上,阅读时便于互相对照。

3. 路线纵断面图的画法

(1) 路线纵断面图常画在透明的方格纸上,方格纸的规格为纵横都是 1mm 长,每 5mm 处印成粗线,可以加快绘图速度,而且便于检查。绘图时一般画在方格纸的反面,以便在擦改图时能够保留住方格线。

(2) 路线纵断面图应由左向右按路线前进方向顺序绘制,先画资料表、填注里程、地面标高、设计标高、平曲线、纵断面图、桥梁、隧道、涵洞等构造物。变坡点应用直径为 2mm 的中粗线圆圈表示,切线应用细虚线表示。

(3) 每张图的右上角应注明该图纸的序号及纵断面图的总张数,如图 16-4 的右上角所示。

(三) 路基横断面图

路基横断面图是在垂直于道路中线的方向上作的断面图,其作用是表达各中心桩处地面横向起伏状况以及设计路基的形状和尺寸，主要为路基施工提供资料数据和计算路基土石方提供面积资料，比例尺用 1∶100～1∶200。

1. 路基横断面图的基本形式

一般情况下，路基横断面的基本形式有三种：填方路基（路堤），挖方路基（路堑），半填半挖路基。

图 16-5（a）所示为填方路基（路堤），在图样的下方应注明该断面图的里程桩号、中心线处的填方高度 H_t(m) 及该断面处的填方面积 A_t(m²)。图 16-5（b）所示为挖方路基（路堑），在图样的下方应注明该断面图的里程桩号、中心线处的挖方高度 H_w(m) 及该断面处的挖方面积 A_w(m²)。图 16-5（c）所示为半填半挖路基，在图样的下方应注明该断面图的路程桩号、中心线处的填（挖）方高度 H_w(m) 及该断面处的填方面积 A_t(m²) 和挖方面积 A_w(m²)。

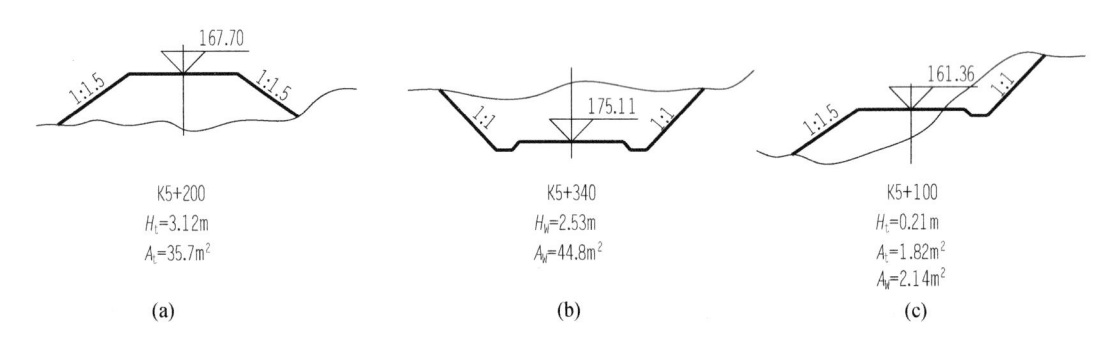

图 16-5　路基横断面图的基本形式
(a) 填方路基；(b) 挖方路基；(c) 半填半挖路基

2. 路基横断面图的画法

(1) 路基横断面图常画在透明的方格纸上，应沿中心线桩号的顺序排列，并从图纸的左下方开始画，先由下向上，再由左向右排列绘出，如图 16-6 所示。

(2) 路面线（包括路肩线）、边坡线、护坡线等采用粗实线表示，原有地面线采用细实线表示，设计或原有道路中线采用细点画线表示。

(3) 每张路基横断面图的右上角，应注明该张图纸的编号及横断面图的总张数。

二、城市道路路线工程图

在城市里，沿街两侧建筑红线之间的空间范围定义为城市道路。城市道路主要包括机动车道、非机动车道、人行道、分隔带、绿带、交叉口和交通广场以及各种设施等。

城市道路的线型设计结果也是通过横断面图、平面图和纵断面图来表达的。它们的图示方法与公路路线工程图完全相同，只是城市道路一般所处的地形比较平坦，而且城市道路的设计是在城市规划与交通规划的基础上实施的，交通性质和组成部分比公路复杂得多，因此城市道路的横断面图比公路复杂得多。

横断面图设计是矛盾的主要方面，所以城市道路先做横断面图，再做平面图和纵断面图。

（一）横断面图

道路的横断面图在直线段上是垂直于道路中心线方向的断面图，而在平曲线上则是法线

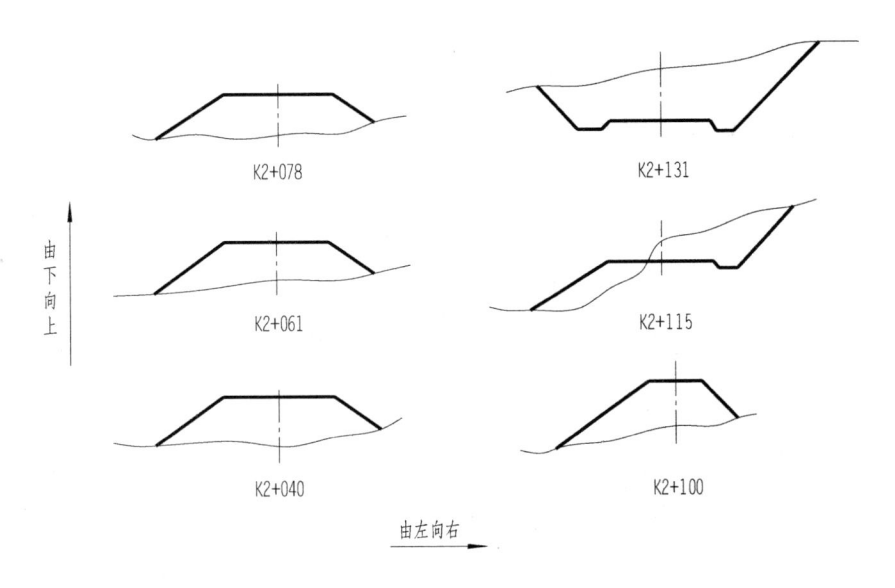

图 16-6　路基横断面图的画法

方向的断面图。道路的横断面由车行道、人行道、绿化带和分车带等几部分组成。

1. 横断面的基本形式

根据机动车道和非机动车道不同的布置形式，城市道路横断面的布置有以下 4 种基本形式：

(1) 一块板断面：将所有车辆都组织在同一个车行道上混合行驶，车行道布置在道路中央，如图 16-7 (a) 所示。

(2) 两块板断面：利用分隔带把一块板形式的车行道一分为二，分向行驶，如图 16-7 (b) 所示。

(3) 三块板断面：利用分隔带把车行道分隔为三块，中间为双向行驶的机动车车行道，两侧为单向行驶的非机动车车行道，如图 16-7 (c) 所示。

(4) 四块板断面：在三块板断面形式的基础上，再用分隔带把中间的机动车车行道分隔为两块，分向行驶，如图 16-7 (d) 所示。

2. 横断面图的内容

当道路分期修建、改建时，应在同一张图纸中表示出规划、设计和原有道路横断面，并注明各道路中线之间的位置关系。规划道路中线应采用双点画线表示，在图中还应绘出车行道、人行道、绿带、照明、新建或改建的地下管道等各组成部分的位置和宽度，以及排水方向、横坡等。

图 16-8 所示为标准横断面大样，道路宽 30m，其中车行道宽 18m，两侧人行道各宽 6m。路面排水坡度为 1.5%，箭头表示流水方向。图 16-9 所示为路面结构设计图，图中给出了车行道、人行道以及路牙石的具体做法。

(二) 平面图

城市道路平面图与公路路线平面图相似，用来表示城市道路的方向、平面线型和车行道布置，以及沿路两侧一定范围内的地形和地物情况。

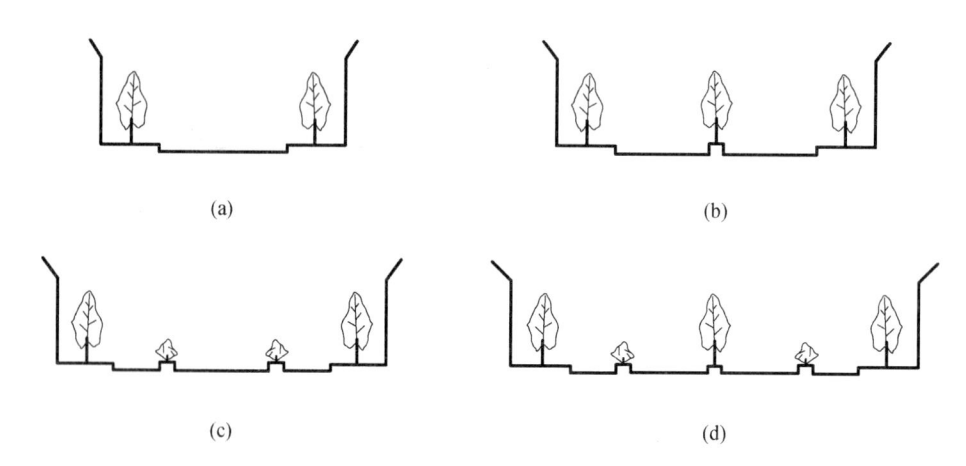

图 16-7 城市道路横断面的基本形式
(a) 一板块断面；(b) 两板块断面；(c) 三板块断面；(d) 四板块断面

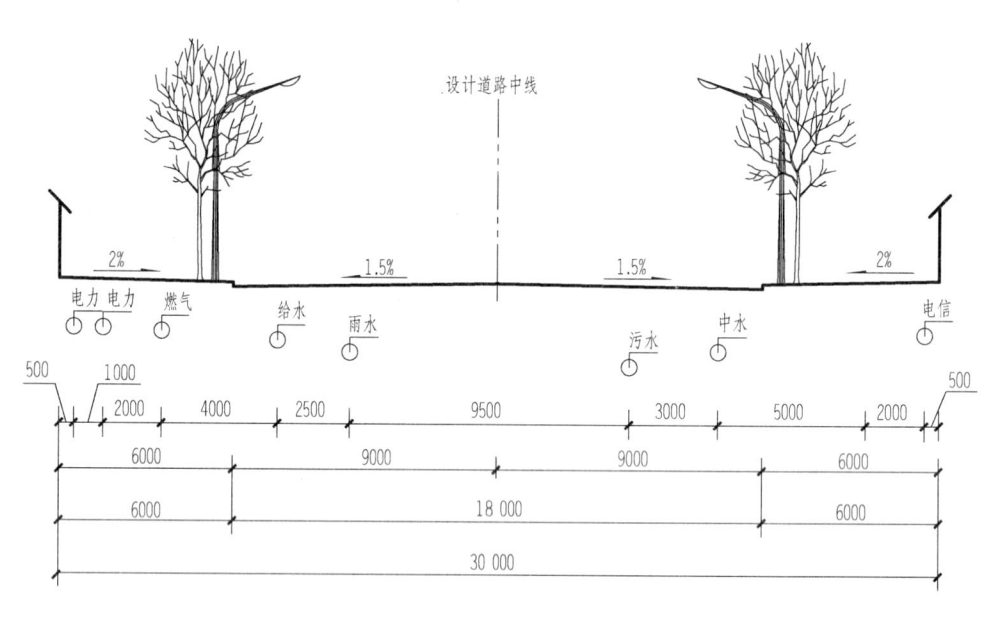

图 16-8 标准横断面大样

当道路中心线位置已确定、横断面各组成部分宽度设计已近完成时，再绘制平面图。图上要将各组成部分及各种地上地下管线的走向和位置、里程桩号等标出，比例尺为 1∶500 或 1∶1000。

图 16-10 所示为带有平面交叉口的城市道路平面设计图，图中粗实线表示该段道路的设计线，"＋"表示坐标网，作用是确定道路的走向，指北针则用来表示道路的方向。由此可知，图 16-10 表示的路线走向为南北向。城市道路平面图的车道、人行道的分布和宽度按比例画出。从图中可以看出，南北方向路宽 62m，两侧机动车道宽 12m，中间分隔带宽 6m，非机动车道宽 7m，两侧分隔带宽 2m，人行道宽 7m，共有 3 个分隔带，所以该路段为四块板断面布置形式。

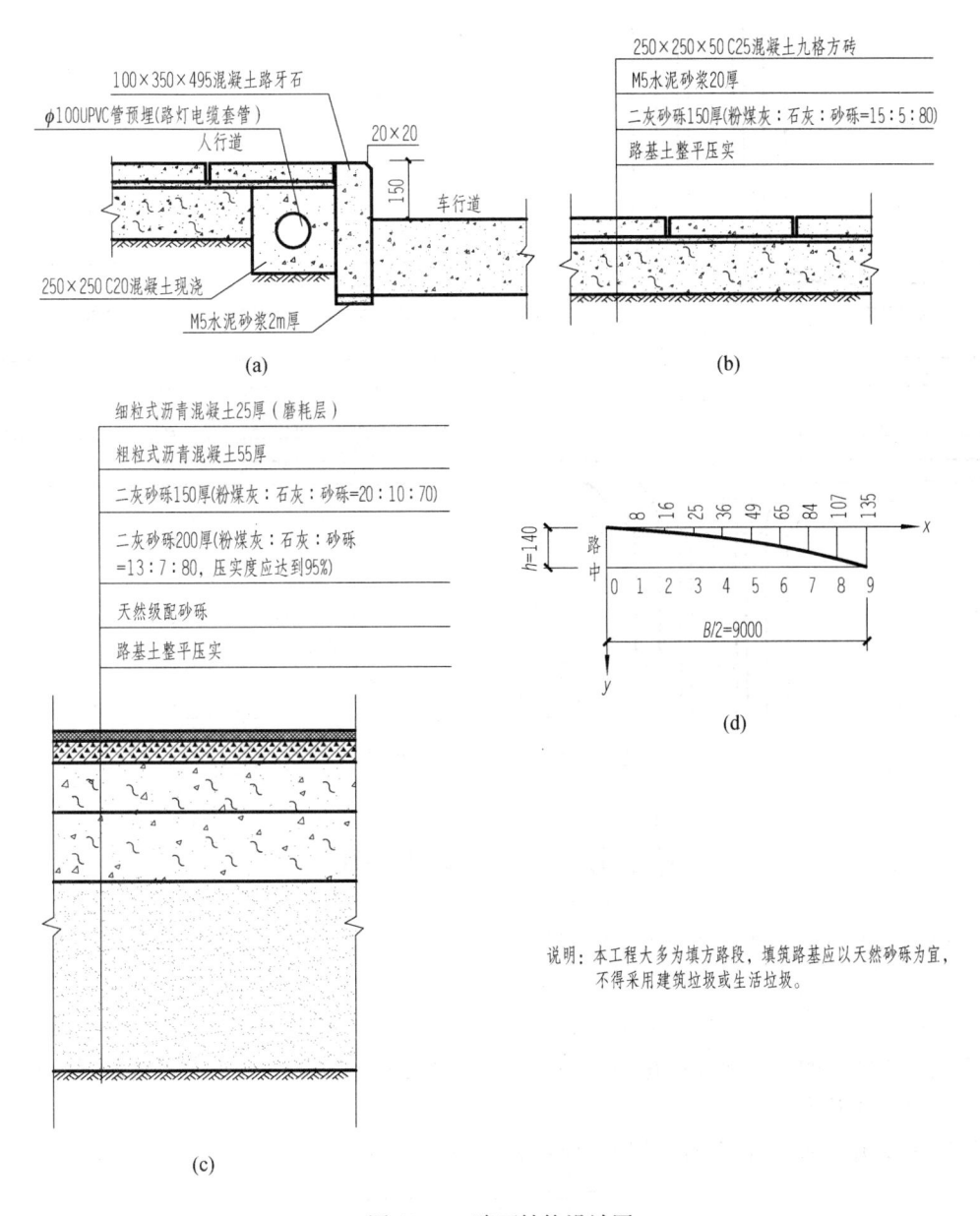

图 16-9 路面结构设计图
(a) 路牙石安置大样；(b) 人行道路面结构大样；
(c) 车行道路面结构大样；(d) 机动车道路拱大样

（三）纵断面图

沿道路中心线所作的断面图为纵断面图，其作用与公路纵断面图相同。纵断面图中应包括道路中线的地面线、纵坡设计线、施工高度、沿线桥涵的位置、结构类型和孔径、沿线交叉口位置和标高、沿线水准点位置、桩号和标高等，水平方向比例尺为 1∶500～1∶1000，垂直方向为 1∶50～1∶100，其他从略。

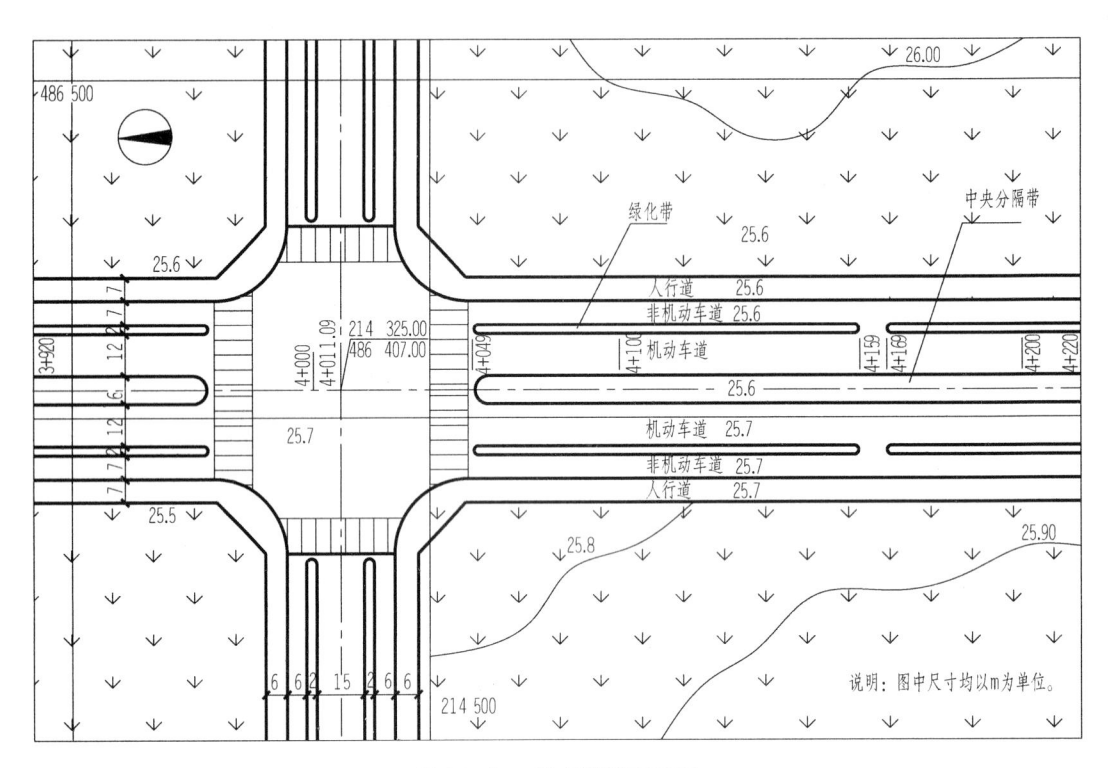

图 16-10 城市道路平面图

第二节 桥梁工程图

桥梁是指为道路跨越天然或人工障碍物而修建的建筑物，用于保证路线畅通，车辆行驶正常。

桥梁按照主要承重构件的受力情况分为梁桥、刚架桥、吊桥、拱桥及组合体系桥等，按照上部结构所使用的材料分为钢桥、木桥、钢筋混凝土桥、瓦工（砖、石、混凝土）桥等。

一、桥梁的基本组成

桥梁主要由上部结构和下部结构组成，如图 16-11 所示。

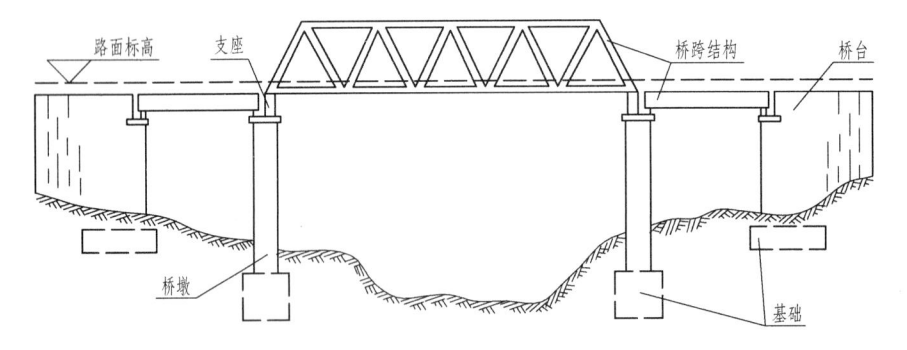

图 16-11 桥梁的基本组成

1. 上部结构（也称桥跨结构）

上部结构是指桥梁结构中直接承受车辆和其他荷载，并跨越各种障碍物的结构部分，一般包括桥面构造（行车道、人行道、栏杆等）、桥梁跨越部分的承载结构和桥梁支座。

2. 下部结构

下部结构是指桥梁结构中设置在地基上用于支承桥跨结构，将其荷载传递至地基的结构部分，一般包括桥墩、桥台及墩台基础。

(1) 桥墩。桥墩是多跨桥梁中处于相邻桥跨之间并支承上部结构的构造物。

(2) 桥台。桥台是位于桥梁两端与路基相连并支承上部结构的构造物。

(3) 墩台基础。墩台基础是桥梁墩台底部与地基相接触的结构部分。

二、桥墩图

在两孔和两孔以上的桥梁中，除两端与路堤衔接的桥台外，其余的中间支撑结构称为桥墩。桥墩分为实体墩、柱式墩和排架墩等，按平面形状可分为矩形墩、尖端形墩、圆形墩等。建造桥墩的材料可用木料、石料、混凝土、钢筋混凝土、钢材等。桥墩的位置和桥梁上部结构的分跨布置密切相关，应通过技术经济比较决定。例如，跨河桥的桥墩应考虑到深水或不良地基会对桥墩基础施工带来各种困难，冰凌、漂木或泥石流会增加桥墩额外的负荷，布置桥墩时应特别慎重；地形陡峻的 V 形深谷，宜以较大跨度跨越，避免在沟底设置高桥墩；当桥下净空无特殊要求时，河床及地基情况允许采用的浅基础桥墩，或为了美化环境，避免高路堤占地太多而修建的旱桥，则以低墩短跨的桥孔布置为好。桥墩分重力式桥墩和轻型桥墩两大类。

桥墩由基础、墩身、墩帽组成，如图 16-12 所示。

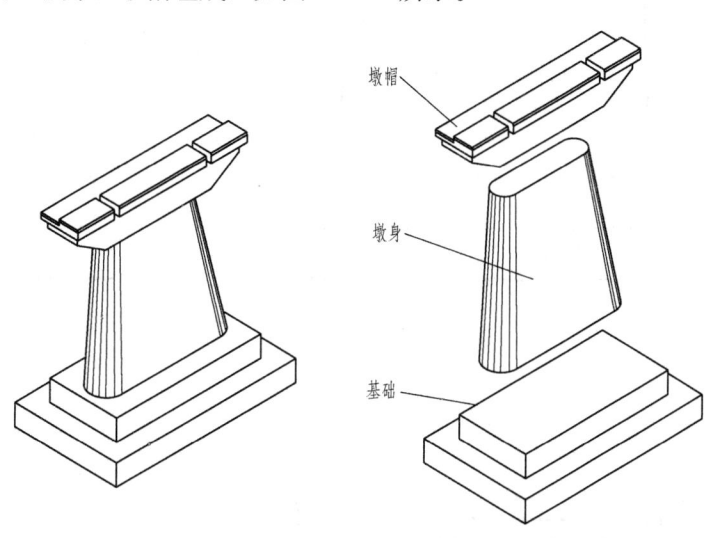

图 16-12 桥墩的组成

埋在地面以下的部分是基础，在桥墩的底部。根据地质情况的不同，基础可以采用扩大基础、桩基础或沉井基础。图 16-12 中所示的桥墩基础为扩大基础，由上下两层长方体组成。扩大基础的材料一般为浆砌片石或混凝土。

墩身是桥墩的主体，图 16-12 所示墩身的横断面形状呈圆端形。墩身上小下大，其横断面通常还有圆形、矩形或尖端形。墩身的材料一般为浆砌片石或混凝土。通常，墩身顶部

400mm 高的部分放有少量的钢筋混凝土,便于与墩帽连接。另外,墩身还可以与桩基础结合构成桩柱式桥墩,这种桥墩结构简单、施工方便、占地面积小。

墩帽位于桥墩的上部,一般由顶帽和托盘两部分组成。托盘上大下小,与墩身连接时起过渡作用。顶帽位于托盘之上,在其上面设置垫石,以便安装桥梁支座。如图 16-12 所示,墩帽高的一边供安装固定支座用,低的一边供安装活动支座用。墩帽由钢筋混凝土制成。

表示桥墩的图有桥墩图、墩帽图和墩帽钢筋布置图。桥墩图又称桥墩概图,用来表达桥墩的整体形状和大小,其中包括墩帽的基本形状和主要尺寸、墩身的形状和尺寸,以及桥墩各部分所用的材料。

由于桥墩构造比较简单,一般就用三视图和一些剖面或断面图来表示。图 16-13 所示

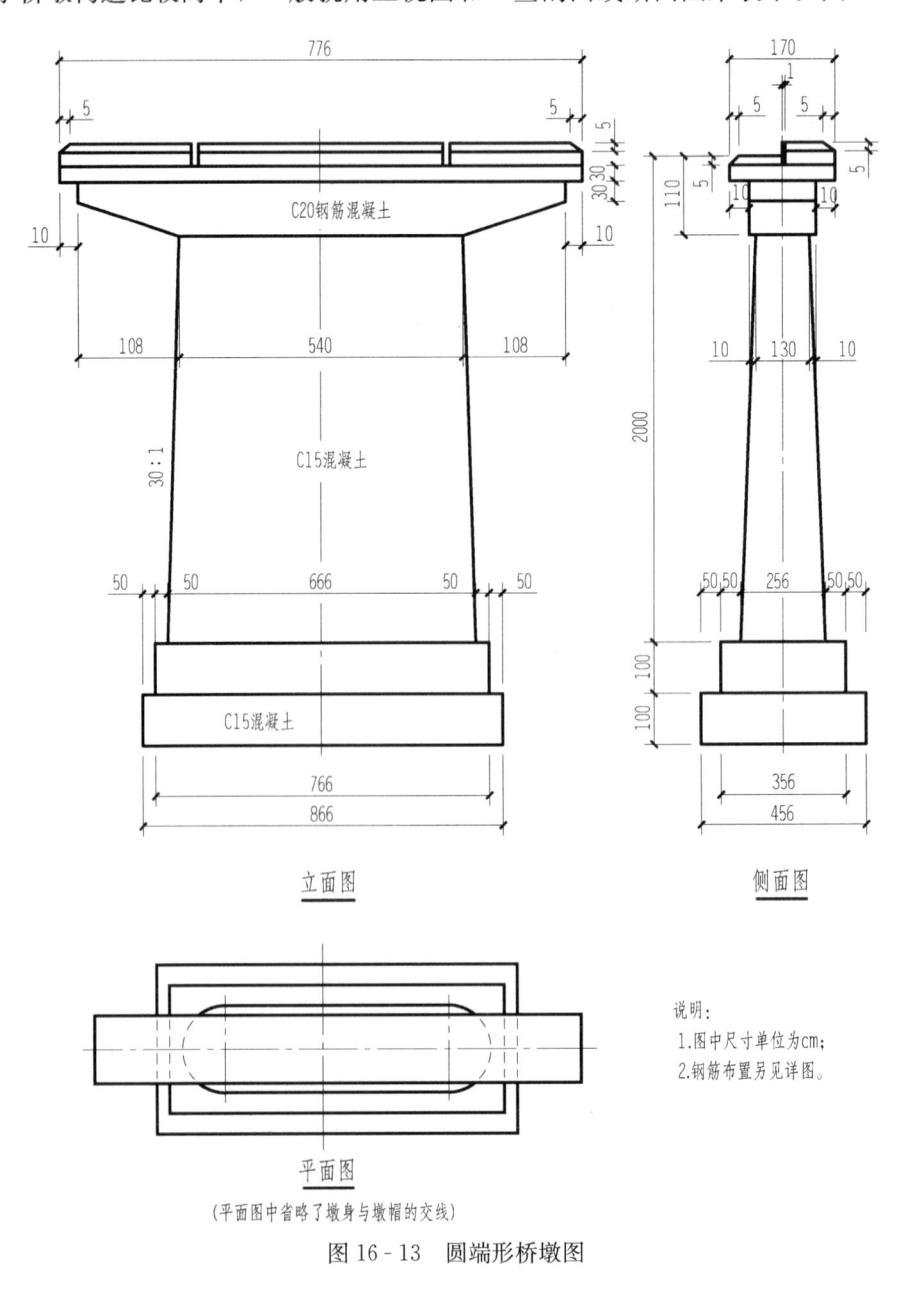

立面图

侧面图

平面图

(平面图中省略了墩身与墩帽的交线)

说明:
1. 图中尺寸单位为cm;
2. 钢筋布置另见详图。

图 16-13 圆端形桥墩图

的圆端形桥墩图就是用立面、平面和侧面图来表达桥墩的整体形状。对于外形较复杂的桥墩，可以增画某些剖面和断面图。由于桥墩左右对称，因此也可以把平面图画成半平面和半剖面的组合图形。通常是把左边一半画成平面图，右边一半画成在墩身顶部或底部剖切的剖面图，以点画线为分界线。

在桥墩图中，由于画图的比例较小，如果墩帽的结构没表达清楚，就需要用较大的比例画出墩帽图。对于顶帽形状不十分复杂的桥墩，可将墩帽图与墩帽钢筋布置图合画在一起。由图 16-12 可看出圆端形桥墩的墩帽形状简单，因此墩帽图就可省略不画。墩帽内的钢筋布置情况由墩帽钢筋布置图表示（详见第十四章相关内容）。

三、桥台图

桥台是指位于桥梁两端，并与路基相连接的支承上部结构和承受桥头填土侧压力的构造物。桥台的功能除传递桥梁上部结构的荷载到基础外，还具有抵挡台后的填土压力、稳定桥头路基，使桥头线路和桥上线路可靠而平稳地连接的作用，一般为石砌或素混凝土结构，轻型桥台则采用钢筋混凝土结构。

桥台具有多种形式，主要分为重力式桥台、轻型桥台、框架式桥台、组合式桥台、承拉桥台等。

图 16-14 所示为当前我国公路上用得较多的实体桥台。这种桥台由于前墙和两道翼墙垂直相连，其水平断面的形状呈 U 形，因而称为 U 形桥台。它由基础、台身（前墙）、翼墙（侧墙）及台帽组成。U 形桥台属重力式桥台，此外，重力式桥台还有 T 形、埋置式、耳墙式等多种形式。

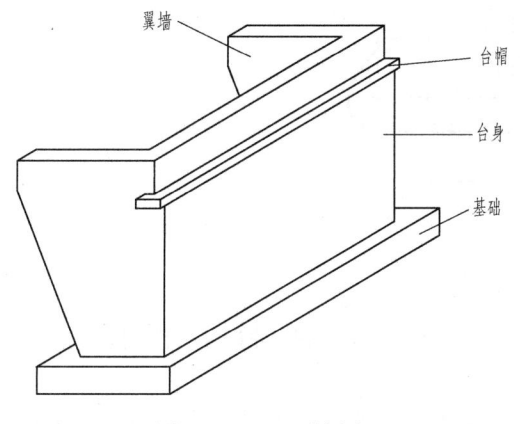

图 16-14　U 形桥台

U 形桥台构造简单，其主要作用是支撑桥跨结构的主梁，并且靠它的自重和土压力来平衡由主梁传下来的压力，以防止倾覆，但台身较高时工程量较大，一般用于桥梁跨度较小的低矮桥台。

图 16-14 和图 16-15 所示为公路上常用的 U 形桥台。这类桥台比较简单，只需用一个总图就可以将其形状和尺寸表达清楚。该桥台总图包括纵剖面图、平面图和侧面图。侧面图是台前、台后组合图，由 1/2 台前和 1/2 台后合成表示。所谓台前，是指人站在桥下观看桥台所得到的投影。所谓台后，是指人站在路堤上观看桥台所得到的投影，此图只画可以看到的部分，用于表达桥台正面和背面的形状和尺寸。纵剖面图是沿桥台对称面剖切而得到的全

剖面图，主要表示桥台内部的形状和尺寸，以及各组成部分所使用的材料。平面图是一个外形图，主要表达桥台的平面形状和尺寸。

桥台图是在考虑没有填土的情况下画出的。

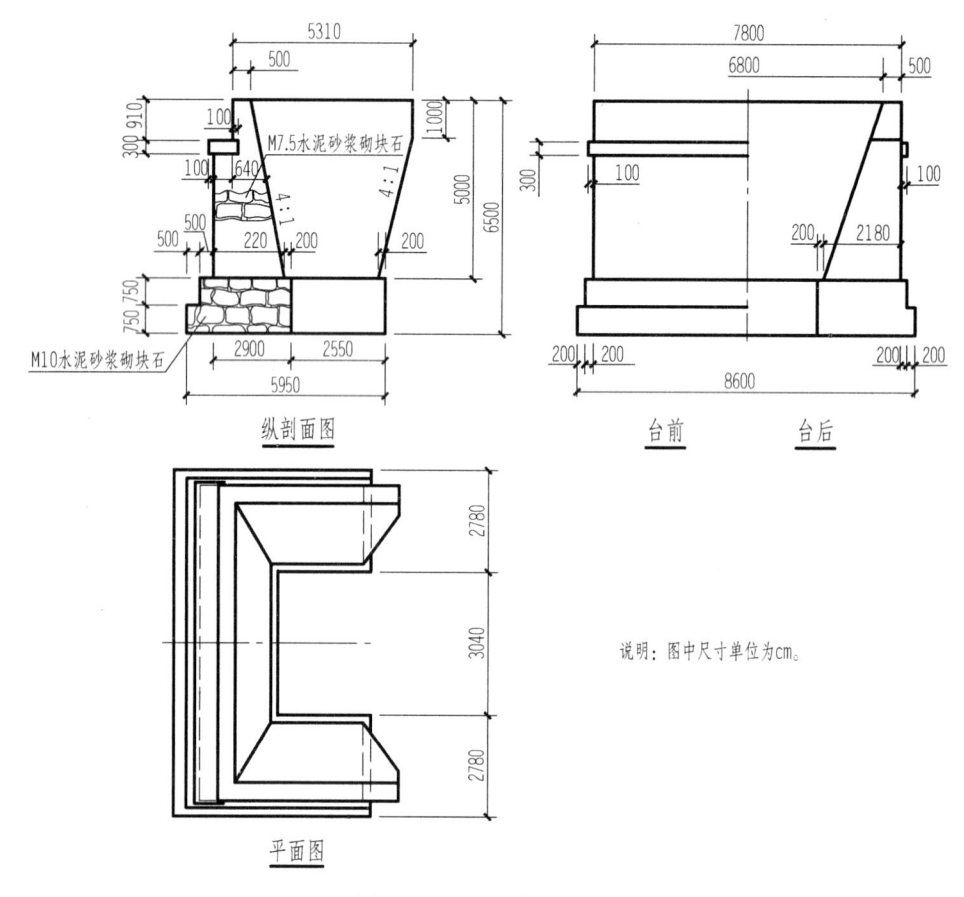

图 16-15　U形桥台总图

第三节　涵洞工程图

涵洞是公路或铁路与沟渠相交的地方使水从路下流过的通道，作用与桥相同，但一般孔径较小，形状有管形、箱形及拱形等。此外，涵洞还是一种洞穴式水利设施，有闸门以调节水量。涵洞在公路工程中占有较大的比例，是公路工程的重要组成部分。

一、涵洞的组成

涵洞一般由基础、洞身和洞口组成。

洞身是涵洞的主要部分，洞身形成过水孔道的主体，它应具有保证设计流量通过的必要孔径，同时又要求本身坚固而稳定。洞身的作用一方面是保证水流通过，另一方面也直接承受荷载压力和填土压力，并将其传递给地基。洞身通常由承重结构（如拱圈、盖板等）、涵台、基础及防水层、伸缩缝等部分组成。钢筋混凝土箱涵及圆管涵为封闭结构，涵台、盖板、基础连成整体，其涵身断面由箱节或管节组成，为了便于排水，涵洞涵身还应有适当的纵坡，其最小坡度为0.3%。常见的洞身形式有管涵、拱涵和箱涵。

洞口是洞身、路基、河道三者的连接构造物。洞口建筑由进水口、出水口和沟床加固三部分组成。洞口的作用一方面是使涵洞与河道顺接，使水流进出顺畅；另一方面是确保路基边坡稳定，使之免受水流冲刷。沟床加固包括进出口调治构造物及减冲、防冲设施等。洞口建筑类型常见的有八字式、端墙式、锥坡式、平头式和走廊式等。图16-16所示为圆管涵洞。

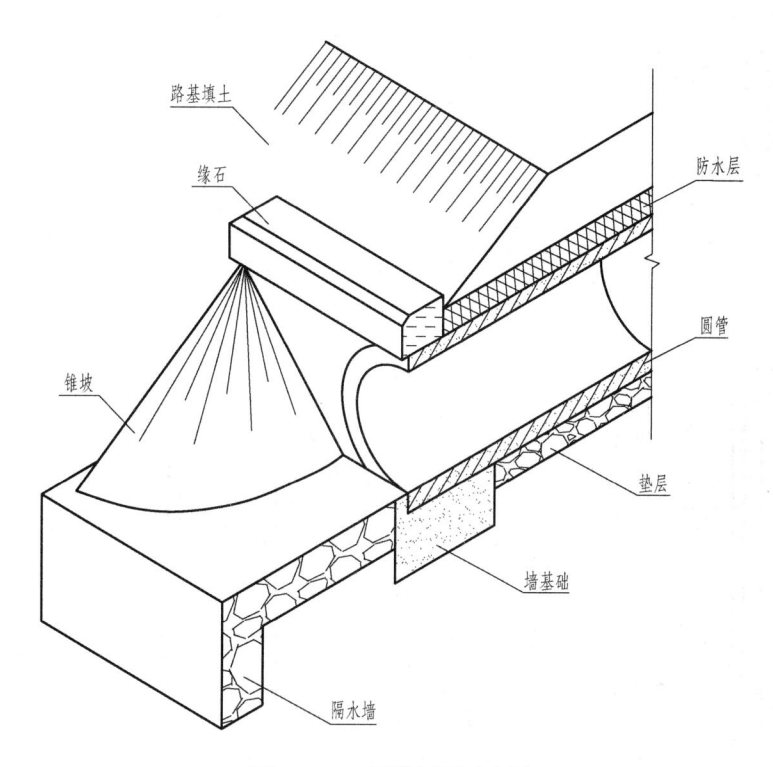

图 16-16　圆管涵洞示意图

二、圆管涵洞工程图

管涵是洞身以圆形管节修建的涵洞。图16-17所示为钢筋混凝土圆管涵洞，洞口为端墙式。由于其构造对称，故采用半纵剖面图、半平面图和侧面图来表示。

1. 半纵剖面图

由于涵洞进出洞口相同，左右基本对称，因此只画半纵剖面图，以对称中心线为分界线。纵剖面图中表示出涵洞各部分的相对位置和构造形状，以及各部分所用的材料。涵洞上的缘石材料为钢筋混凝土，截水墙材料为浆砌块石，墙基材料为干砌条石，排水坡度为1%，圆管上有15cm厚的防水层，路基宽8m，洞身上路基填土大于50cm，护坡的坡度为1:1.5。

2. 半平面图

半平面图也只画一半，不考虑填土。图中表示出管径尺寸与管壁厚度，以及洞口基础、端墙、缘石和护坡的平面形状和尺寸。涵顶覆土作透明体处理，并以示坡线表示路基边缘。

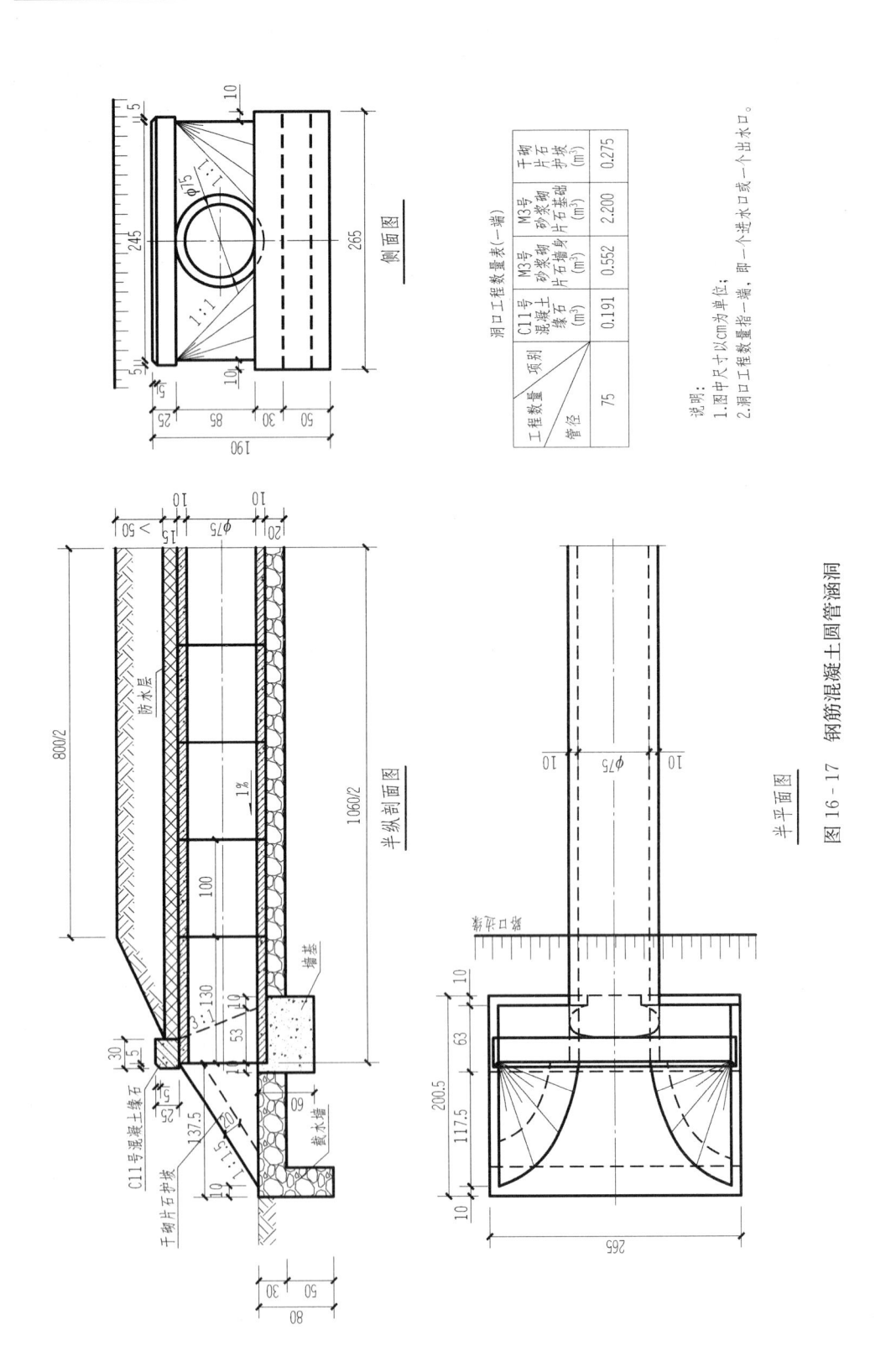

图 16-17 钢筋混凝土圆管涵洞

3. 侧面图

侧面图用洞口立面图表示，主要表示管涵孔径和壁厚、洞口缘石和端墙的侧面形状及尺寸、锥形护坡的坡度等。为使图形清晰可见，将土壤作为透明体处理。图示管涵的管径为75cm，护坡的坡度为 1：1，缘石三面各有 5cm 的抹角。图示管涵的侧面图按投射方向的特点又称为洞口正面图。

第十七章　计算机绘图

计算机绘图是应用计算机软、硬件来处理图形信息，从而实现图形的生成、显示、输出的计算机应用技术。计算机绘图是绘制工程图的重要手段，也是计算机辅助设计的重要组成部分。美国 AutoDesk 公司研制开发的 AutoCAD 绘图软件，自 1982 年 11 月推出至今已经历了多个版本，但基本的绘图功能大同小异。

第一节　基　础　知　识

一、界面介绍

AutoCAD 的操作界面如图 17-1 所示，主要由菜单栏、工具条、绘图窗口、命令输入与提示区、状态栏等组成，绘图过程中鼠标以十字光标显示。

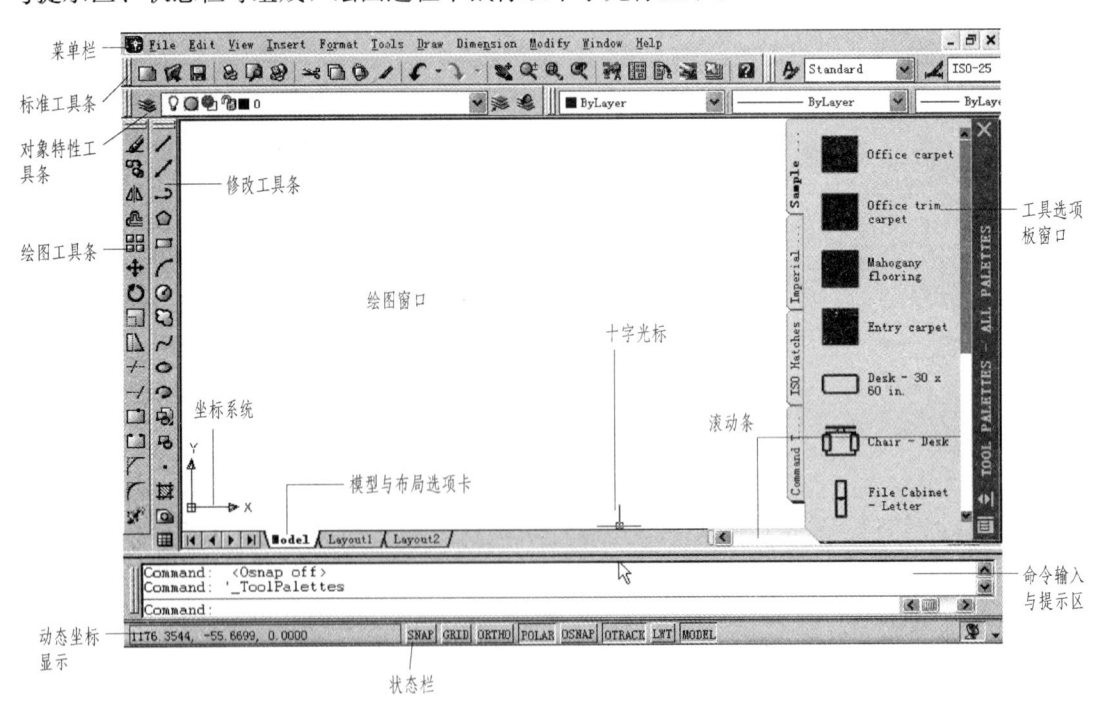

图 17-1　AutoCAD 的操作界面

（一）标题栏

AutoCAD 的绘图屏幕顶部是标题栏，在软件名称后面是当前图形的文件名称。但若未将打开的图形最大化，则其文件名称仅显示在图形窗口中。标题栏的右端是三个标准 Windows 窗口控制按钮：最小化按钮■、最大化/还原按钮■、关闭■应用程序按钮。

（二）菜单栏

执行菜单命令的方法：单击某一菜单（即将光标移到菜单上，单击鼠标左键），打开下拉菜单，再单击其中要执行的某一命令。下拉菜单中的菜单项右边有小三角形的，表示此菜单项后还有子菜单。菜单命令右边有省略号的，表示当执行此菜单命令后将显示一个对话框。

（三）工具条

工具条由一系列工具按钮组成，每一个工具按钮为一条形象化的 AutoCAD 命令，包括标准工具栏、对象特性工具栏、绘图工具栏和修改工具栏等。AutoCAD 显示哪些工具栏，显示在什么位置，用户可根据作图的要求来设置，工具栏可拖至屏幕的任意位置。

（四）绘图窗口

屏幕上的空白区域是作图区，是 AutoCAD 画图和显示图形的地方。

（五）十字光标

作图区内的两条正交十字线称为十字光标，移动鼠标可改变十字光标的位置。十字光标的交点代表当前点的位置。

（六）命令输入与提示区

命令输入与提示区是 AutoCAD 与用户对话的区域，显示用户输入的命令。执行命令后，显示该命令的提示，提示用户下一步该做什么，其包含的行数可以设定。通过 F2 键可在命令提示窗口和命令对话区之间切换。

（七）状态栏

状态栏在屏幕的最下方。状态栏的最左边显示十字光标中心所在位置的坐标值，移动鼠标，坐标值不断变化。状态栏的右边是几个功能按钮，用鼠标单击使其凹下就调用了该按钮对应的功能。在按钮上单击鼠标右键可以弹出相应菜单。

二、基本操作方法

（一）鼠标的操作

通常，鼠标有两键式、三键式和 3D 鼠标三种。鼠标左键为拾取键，用于选择菜单项和实体等，单击鼠标右键弹出快捷菜单，若按着 Shift 键，再加右键，则弹出屏幕菜单，用户也可将右键设置为回车键等功能。鼠标滚轮可以进行视图缩放和平移操作。

（二）键盘的操作

所有的命令均可通过键盘输入，且不分大小写。另外，坐标的输入、文字的输入等也可以通过键盘来完成。利用键盘上的功能键，可以提高作图的效率。重要的键盘功能键如下：

(1) ESC：Cancel（取消命令执行）。

(2) F1：帮助说明。

(3) F2：图形—文字窗口切换。

(4) F3：对象捕捉开关。

(5) F4：数字化仪作用开关。

(6) F5：等轴测切换。

(7) F6：坐标显示开关。

(8) F7：栅格显示开关。

(9) F8：正交模式开关。

(10) F9：捕捉模式开关。

(11) F10：极坐标追踪开关。

(12) F11：对象捕捉追踪开关。

以上部分功能也可单击状态栏的相应按钮来实现。

（三）命令输入方法

当命令输入及提示区出现"Command："提示时，表明 AutoCAD 处于接受命令状态，此时可输入命令。常见的命令输入方式有以下几种：

（1）菜单（即下拉菜单）输入，如图 17-2 所示。

（2）屏幕菜单输入，如图 17-3 所示。

（3）工具栏输入，如图 17-4 所示。

（4）键盘输入，如图 17-5 所示。

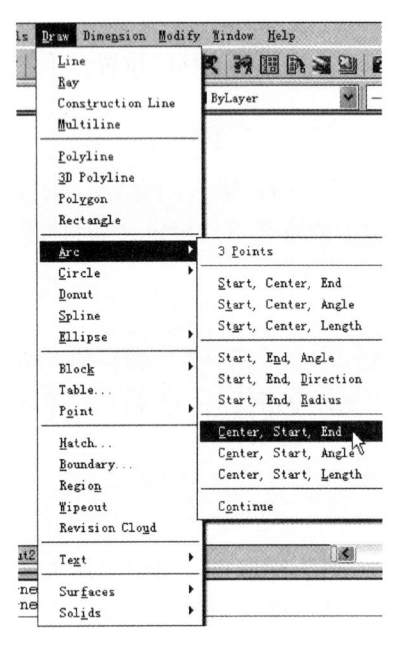

图 17-2　下拉菜单　　　　图 17-3　屏幕菜单　　　　图 17-4　工具栏

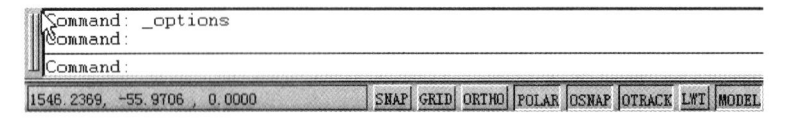

图 17-5　在命令区用键盘输入命令

（四）数据的输入

1. 十字光标拾取输入

移动鼠标时，十字光标和状态栏的坐标值随着变化。可以通过鼠标拾取光标中心作为一个点的数据输入。按 F6 键可在状态栏上实时跟踪光标中心的坐标。

2. 键盘输入

（1）绝对直角坐标：即输入点的 X 值和 Y 值，坐标之间用逗号（英文）隔开。如点 $X=2$，$Y=3$，从键盘敲入 2，3 后回车即可，如图 17-6 所示。

（2）相对直角坐标：指相对前一点的直角坐标值，其表达方式是在绝对坐标表达式前加一个@号。也可以结合鼠标所指方向，直接在位移方向上输入相对位移数值。相对坐标是比较常用的坐标输入方式。

【例 17-1】 分别用绝对坐标和相对坐标，在屏幕上画出如图 17-7 中所示的两点。

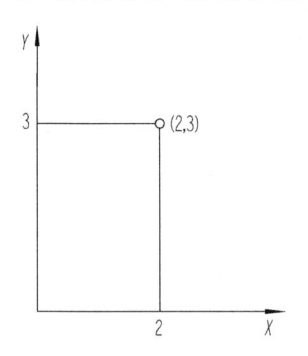

图 17-6 绝对直角坐标　　　图 17-7 相对直角坐标

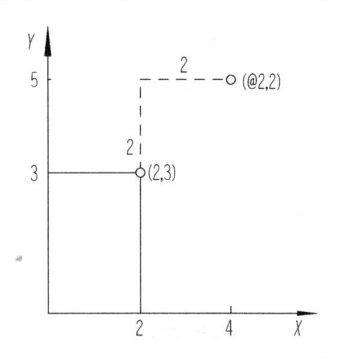

操作步骤：

Command：point(回车)(输入命令)
Current point modes： PDMODE = 0　PDSIZE = 0.0000
Specify a point：2,3(回车)(得第一点)
Command：point(回车)(结束命令)
Current point modes： PDMODE = 0　PDSIZE = 0.0000
Specify a point：@2,2(回车)(得第二点)

(3) 绝对极坐标：如图 17-8 所示为输入该点距坐标系原点的距离以及这两点的连线与 X 轴正方向的夹角，中间用"<"号隔开。

(4) 相对极坐标：如图 17-9 所示，指相对于前一点的极坐标值，表达方式也为在极坐标表达式前加一个@号。

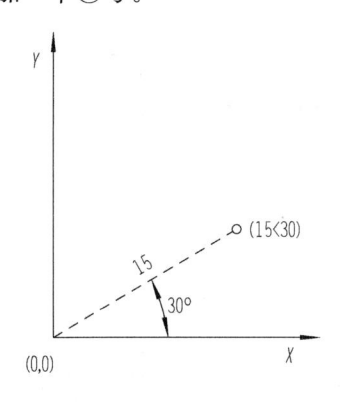

图 17-8 绝对极坐标　　　图 17-9 相对极坐标

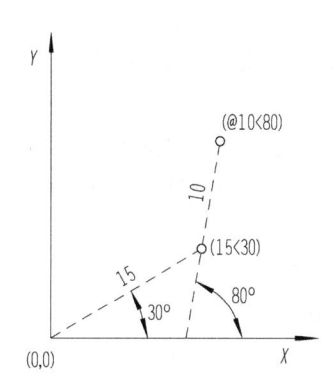

三、视图的显示控制

采用 AutoCAD 绘图时，用显示控制命令可完成图形的整体布局和局部操作。显示控制命令改变的仅仅是观察者的视觉效果，而图形的尺寸、空间几何要素并没有改变。

(一) 实时平移

实时平移可以在不改变图形缩放比例的情况下，在屏幕上观察图形的不同内容，相当于移动图纸。实时平移命令有以下几种输入方式：

（1）鼠标：在命令状态下转动鼠标的中间滚轮。

（2）工具栏：点击 按钮。

（3）键盘：Pan（回车）。

执行该命令后，光标变成一只小手掌，按住鼠标左键，向屏幕的各个方向移动，则图形也一起移动。按 Esc 键可结束操作。

（二）图形缩放

图形缩放命令有以下几种输入方式：

（1）菜单：View→Zoom。

（2）工具栏：

（3）键盘：Zoom（或 Z）（回车）。

状态栏提示如下：

Specify corner of window, enter a scale factor (nX or nXP), or[All/Center/Dynamic/Extents/ Previous/Scale/Window/Object]＜real time＞：ALL（则全部对象显示在绘图窗口内）。

按 Esc 或 Enter 键则退出缩放命令。利用此命令可以进行窗口、比例、全部、动态显示图形、最大限度显示、显示上一个图形等操作。

四、绘图环境设置

绘图环境设置是为了符合自己的一些特殊需要而进行的设置。进行这些设置以后，可以提高绘图的速度，其中包括绘图界限、单位、图层、颜色、线型、线宽、草图设置、选项设置等。设置了合适的绘图环境，不仅可以简化大量的调整、修改工作，而且有利于统一格式，便于图形的管理和使用。

（一）绘图界限（Limits）

绘图界限是绘图的范围，相当于手工绘图时图纸的大小。设定合适的绘图界限，有利于确定图形绘制的大小、比例、图形之间的距离，以便检查图形是否超出"图框"。

绘图界限的设置命令的输入方式有：

（1）菜单：Format→Drawing Limits。

（2）键盘：Limits（回车）。

状态栏提示如下：

Reset Model space limits：

Specify lower left corner or [ON/OFF]＜0.0000,0.0000＞：（回车）（得左下角点）

Specify upper right corner ＜420.0000,297.0000＞：15000,10000（回车）（得右上角点）

（二）单位（Units）

对任何图形而言，总有其大小、精度以及采用的单位。AutoCAD 中，在屏幕上显示的只是屏幕单位，但屏幕单位应该对应一个真实的单位。不同的单位，其显示格式不同，同样也可以设定或选择角度类型、精度和方向。输入方式如下：

（1）菜单：Format→Units→图形单位对话框。

（2）键盘：Limits（回车）→图形单位对话框。

第十七章 计算机绘图

如图 17-10 所示，从格式下拉菜单可以进入图形单位对话框，结果如图 17-11 所示。本例中设置类型为小数，精度为 0；角度单位设为十进制，精度为 0。

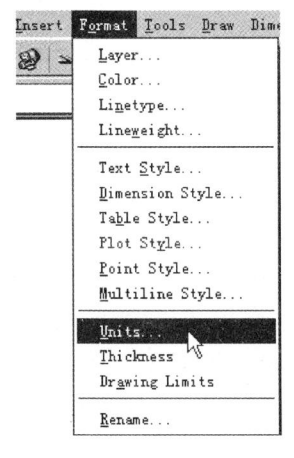

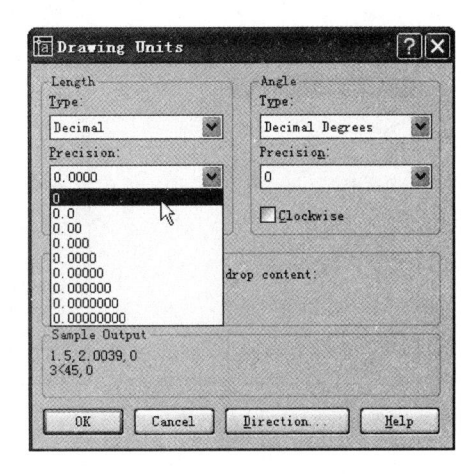

图 17-10 格式下拉菜单　　图 17-11 图形单位与精度对话框

（三）对象捕捉

对象捕捉就是在命令状态下，通过预先设置或临时点击等方式来精确"抓住"某一类型的某一点，如圆心、交点、线段的中点和端点等。不同的对象可以设置不同的捕捉模式。

对象捕捉方式的设定有以下几种方法：

(1) 工具栏，如图 17-12 所示。

图 17-12 对象捕捉工具栏

同时，在"标准"工具栏中还有"对象捕捉"的随位工具栏。

(2) 快捷菜单：在绘图区，通过 Shift 键＋鼠标右键，弹出如图 17-13 所示的随位菜单执行捕捉。

(3) 键盘输入包含前三个字母的词。例如，在提示输入点时输入"MID"，此时会用中点捕捉模式覆盖其他对象捕捉模式，同时可以用诸如"END, PERQUA"、"QUIEND"的方式输入多个对象捕捉模式。

(4) 通过菜单 Tools→Draffing Setting，弹出"Draffing Settings"对话框，在"Object Snap（对象捕捉）"选项卡中设置，如图 17-14 所示。

(5) 在状态行右边的"对象捕捉"功能按钮上单击鼠标右键，选择"设置"可以弹出"对象捕捉"菜单。

图 17 - 13 对象捕捉随位菜单　　　　图 17 - 14 草图设置对话框

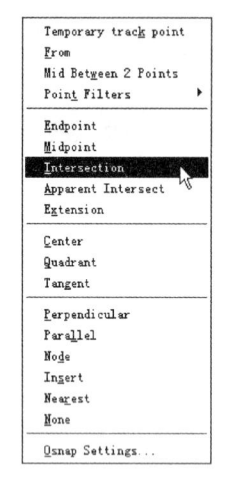

（四）图层

建筑设计，包括楼房的结构、水暖设置、电器布置等，它们有各自的设计图，而最终又是和在一起的。在这里，结构图、水暖图、电气图都是一个逻辑意义上的图层。对于尺寸、文字、辅助线等，都可以放置在不同的图层上。

在 AutoCAD 中，每个图层都可以看成一张透明的玻璃板，可以在不同的"玻璃板"上绘图。不同的图层叠加在一起，形成最后的图形。

在图层中可以设定每层的颜色、线型、线宽等。图层的设置有以下几种方法：

(1) 菜单：Formit→Layer。

(2) 工具栏．

(3) 键盘：Layer（回车）。

弹出如图 17 - 15 所示的对话框，单击 ，可依次增加新层，并给其赋名，如图 17 - 16 所示。

每一图层可以设置一种颜色，以后在此层画的实体就是该颜色，除非用户在绘图时另外设置特定的颜色，即颜色不"随层"。移动鼠标单击图层列表中的颜色小框，在弹出的选择颜色框中可以选择颜色，如图 17 - 17 所示。移动鼠标单击图层列表中的线宽，在弹出的选择线宽框中可以选择线宽，如图 17 - 18 所示。设置线宽后，需单击屏幕下方状态栏中的 LWT ，打开线宽显示方可显示线宽，默认的状态不显示线宽。移动鼠标单击图层列表中的线型，在弹出的选择线型框中可以选择线型，如图 17 - 19 所示。需要加载的线型可以单击图 17 - 19 中的按钮 Load... （加载），在弹出的如图 17 - 20 所示的线型对话框中将所需线型加载。

绘图只能在当前图层上进行。单击图层工具栏中的按钮 ，在所列图层中选择所需（变蓝），此层即变成当前层，如图 17 - 21 所示。图层可以关闭或打开、冻结或解冻、加锁或解锁，如图 17 - 22 所示。通过关闭或打开图层可以控制该层实体的可见性。关闭的图层不显示、不打印；冻结的图层不参与运算，可提高工作效率；当前图层不能冻结。加锁层的

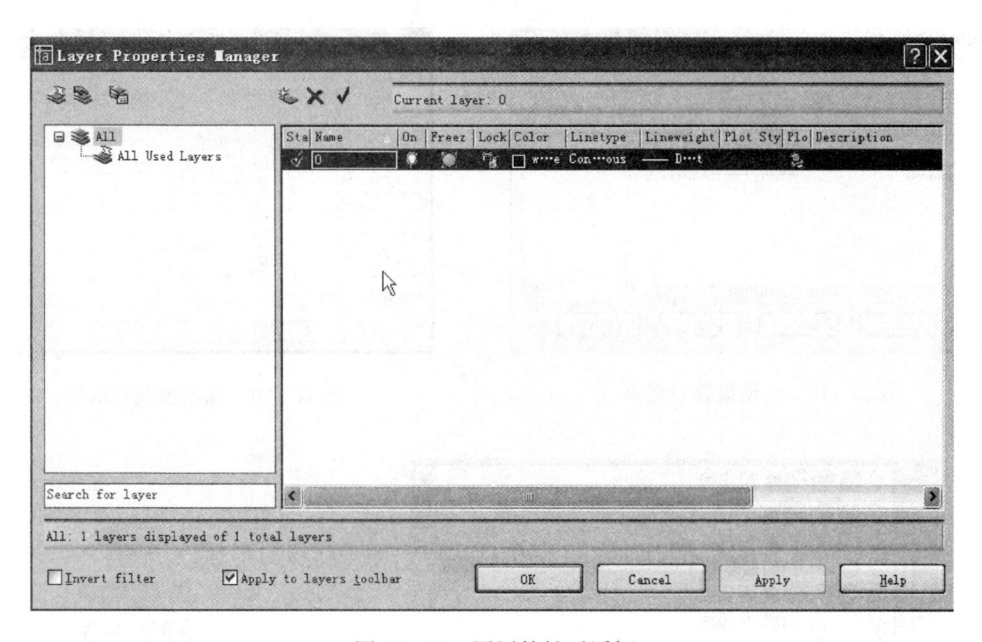

图 17-15 图层特性对话框

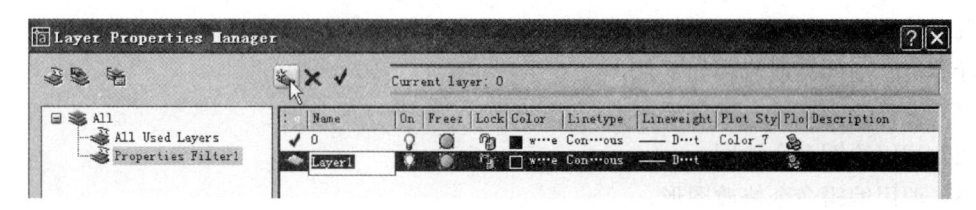

图 17-16 建新层并赋名

图 17-17 颜色设置对话框

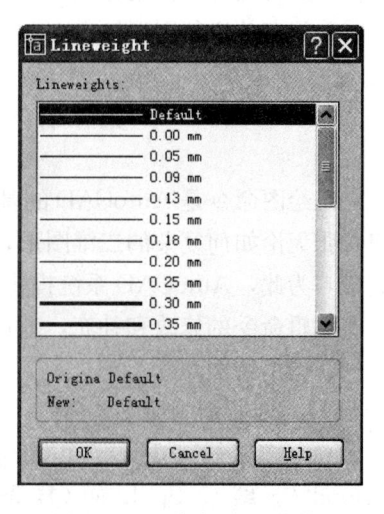

图 17-18 线宽设置对话框

实体不能做任何编辑,但图形实体可见、可引用。

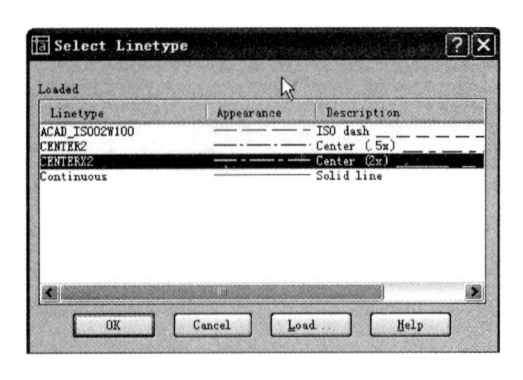

图 17-19 线型设置对话框　　　　图 17-20 线型加载对话框

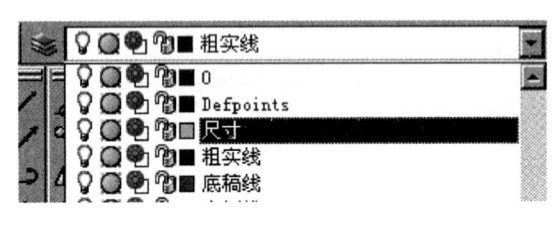

图 17-21 设置当前层　　　　图 17-22 设置图层状态

五、绘图的一般流程

计算机绘图的一般流程如下：
（1）设置绘图环境，准备绘图。
（2）调用绘图命令绘图。
（3）调用编辑命令修改图形。
（4）填充材料图例等。
（5）进行尺寸及其他标注。
（6）保存并进行图形输出。

第二节　常用的二维绘图、编辑命令

二维绘图命令是 AutoCAD 的基础部分，也是实际应用当中使用最多的命令之一。因为任何一张无论如何复杂的二维图形，都是由一些点、线、圆、弧、椭圆等简单基本的图元组合而成，为此，AutoCAD 系统提供了一系列画基本图元的命令，利用这些命令的组合并通过一些编辑命令的修改和补充，就可以很轻松、方便地完成所需要的任何复杂的二维图形。

一、常用绘图命令

图 17-23 所示为绘图工具栏，依次排列有 Line（直线）、Construction Line（结构线）、Poly Line（多义线）、Polygon（正多边形）、Rectangle（矩形）、Are（圆弧）、Circle（圆）、Revcloud（云线）、Sp Line（样条线）、Ellipse（椭圆）、Ellipse Arc（椭圆弧）、Insert Block（插入块）、Make Block（创建块）、Point（点）、Hatch（填充）、Region（面）、Table（表格）、Multiline Text（多行文字）等 18 项按钮，点击任一按钮即调用了相应的命令，可进行相应的操作。

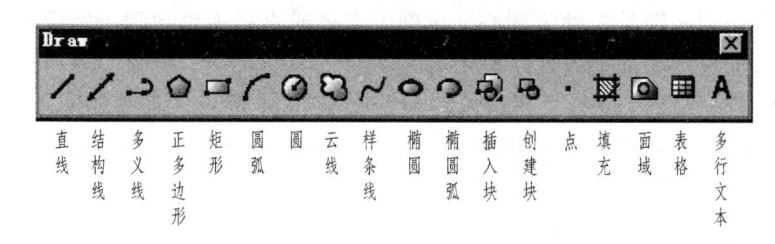

图 17-23 绘图工具栏

（一）Line（直线）

用直线（line）命令可以创建一系列的连续直线段，每一条线段都可以独立于系列中的其他线段单独进行编辑。直线命令的输入一般由以下几种方式实现：

（1）菜单：Draw→Line

（2）工具栏：点击按钮。

（3）键盘：Line（或 L）（回车）。

状态栏提示如下：

Command：L Line Specify first point：0，0（回车）（输入第一条直线的起点坐标）

Specify next point or ［Undo］：0，50（回车）（输入第一条直线的终点坐标，生成第一条直线）

Specify next point or ［Undo］：50，50（回车）（输入第二条直线的终点坐标，生成第二条直线，形成折线）

……

Specify next point or ［Close/Undo］：（回车、空格键或 Esc 键即终止直线命令）

如果绘制水平线或垂直线，可用快捷键 F8 或点取状态栏上的"正交"键切换到"正交开"状态，用鼠标点取线段的起点和端点，即可快速绘制水平线和垂直线。如要绘制斜线，再按 F8 一次，切换到"正交关"状态。

当直线的起点已确定时，直线的方向可由下一点确定，即起点与十字光标当前位置的连线方向为直线方向，这时可直接输入直线的长度，按回车确定。

【例 17-2】 用直线命令绘制一个边长为 30 的正方形，如图 17-24 所示。

操作步骤：

Command：_line Specify first point：（输入直线命令）（可在任意位置单击鼠标，指定 A 点）

Specify next point or ［Undo］： ＜Ortho on＞ 30（回车）（按 F8 切换到"正交开"状态，拖动光标使之产生垂直方向的动态直线时，从键盘输入 30，即确定 B 点）

Specify next point or ［Undo］：30（回车）（拖动光标使之产生水平方向的动态直线时，从键盘输入 30，即确定 C 点）

Specify next point or ［Close/Undo］：30（回车）（拖动光标使之产生垂直方向的动态直线时，从键盘输入 30，即确定 D 点）

Specify next point or ［Close/Undo］：C(回车)（即从 C 点连线到 A 点，形成封闭多变形，并退出直线命令）

（二）Circle（绘制圆）

绘制圆有多种方法可供选择，系统默认的方法是指定

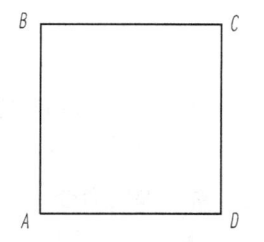

图 17-24 绘制正方形实例

圆心和半径。绘制圆一般是先确定圆心，再确定半径或直径来绘制圆。然后通过尺寸标注来绘制中心线，或通过圆心捕捉方式绘制中心线。

（三）Multiline Text（多行文字输入）和 Single Line Text（单行文字输入）

在 AutoCAD 中文字的输入有两种方法，即 Multiline Text（多行文字输入）和 Single Line Text（单行文字输入）。多行文字输入可以一次输入多行文本，而且可以设定其中的不同文字具有不同的字体或样式、颜色、高度等特性。

多行文本输入方法如下：

（1）菜单：Draw→Text→Multiline Text。
（2）工具栏：单击按钮 **A**。
（3）键盘：Mtext（T）（回车）。

图 17-25 注写文字

【例 17-3】 注写如图 17-25 所示的文字。

操作步骤：

Command：_mtext Current text style："Standard" Text height： 233.454
Specify first corner:(在屏幕上用鼠标拉出书写文字的位置)
Specify opposite corner or [Height/Justify/Line spacing/Rotation/Style/Width]:弹出如图 17-26 所示的对话框,设置文字样式、字体、字号等,便可调用汉字输入法书写文字,完成后,单击 ok 即可。

图 17-26 书写多行文字

单行文字输入方法如下：
（1）菜单：Draw→Text→Single Line Text。
（2）键盘：Text（回车）。

操作步骤：

Command：text(回车)(调用命令)
Current text style："Standard" Text height： 2.5000
Specify start point of text or [Justify/Style]:(指定书写文字的起始点)
Specify height <2.5000>： 10(回车)(输入文字高度)
Specify rotation angle of text <0>:(回车)(字体倾斜角度为 0)
Enter text：建筑施工图(回车)(调用文字输入法书写文字)
Enter text：(回车)(结束命令)

二、常用编辑命令

（一）构建对象选择集

在进行每一次编辑操作时，都需要选择被操作的对象，也就是要明确对哪个或哪些对象进行编辑,这时就需要构建选择集。

1. 点选方式

在选择对象时,用光标在被选择的对象上单击即选择了该对象。点取的对象会以亮度方式显示,并以蓝色小方框显示夹点,如图 17-27 所示。

所谓夹点,即指图形对象上可以控制对象位置、大小的关键点。例如直线,其中点可以控制位置,两个端点可以控制其长度和位置,所以一条直线有三个夹点。

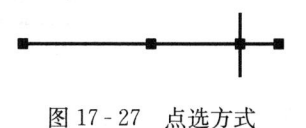

图 17-27 点选方式

2. 窗选方式

在指定两个角点的矩形范围内选取对象。

(1) 创建一个从左上到右下(从左下到右上)的实线矩形,包含在该区域内的对象将全部被选择,如图 17-28(a)所示。

(2) 创建一个从右下至左上(从右上到左下)的虚线矩形,所有与之相交的对象以及在所选区域内的对象均被选择,如图 17-28(b)所示。

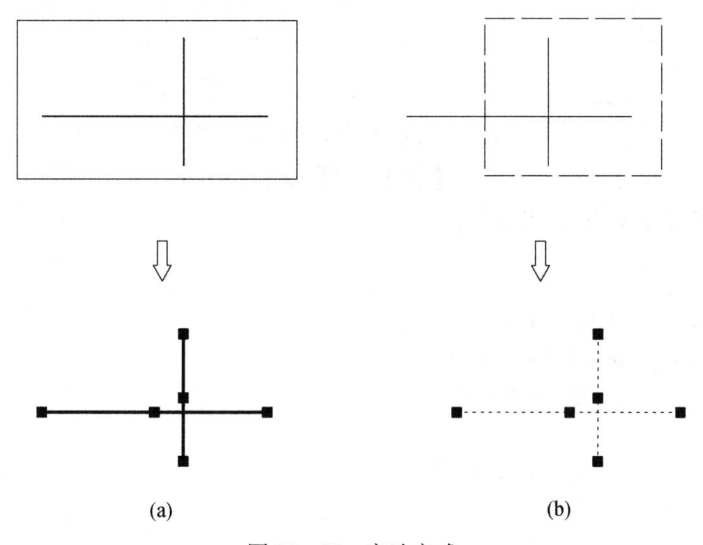

图 17-28 窗选方式

3. 全选方式

全选即选中全部对象(关闭、冻结、锁定图层中的对象除外)。其操作方式有以下两种:

(1) 菜单:Edit→All。

(2) 键盘:Ctrl+A。

此外,还有前一方式、最后方式、不规则窗口方式、不规则交叉窗口方式、围线方式、扣除方式、返回到加入方式、交替选择对象、组方式、快速选择对象等。

(二) 基本编辑命令

理论上说,当掌握基本的绘图命令之后,就可以进行二维绘图了。事实上,如果要达到快速精确制图,还必须熟练地掌握基本的编辑命令,因为在二维绘图工作中,大量的工作需要编辑命令来完成。图 17-29 所示为修改工具栏,该工具栏依次排列有 Erase(删除)、Copy(复制)、Mirror(镜像)、Offset(偏移)、Array(阵列)、Move(平移)、Rotate(旋转)、Scale(比例)、Stretch(拉伸)、Trim(修剪)、Extend(延伸)、Break At Point(打断于一点)、Break（打断于两点)、Chamfer（倒直角)、Fillet（倒圆角)、Explode（炸开）等 16 项按钮，每一项图标对应各自的功能操作。

图 17-29　修改工具栏

1. Erase（删除）

删除命令用来将图形中不需要的对象彻底清除干净。如果先选择了对象，在显示了夹点后，可通过 Delete 键删除对象。如果先选择了对象，在显示夹点后，可通过"剪切"命令删除对象。

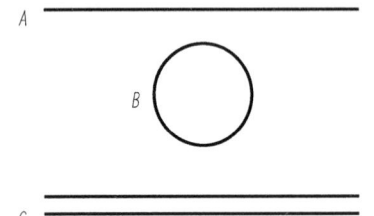

删除命令一般由以下几种方式实现：

（1）菜单：Modify→Erase。

（2）工具栏：单击按钮 。

（3）键盘：Erase（或 E）（回车）。

图 17-30　删除对象

【例 17-4】　删除如图 17-30 所示的对象，A 用删除命令，B 用直接删除，C 用剪切命令。

操作步骤：

Command: _erase(回车)(输入命令)

Select objects: 1 found(单击对象 A)

Select objects: (回车)(结束对象选择)

Command: (单击对象 B)

Command: _.erase 1 found(单击 Delete 键)

Command: (单击对象 C)

Command: (按 Ctrl + X)

Command: _cutclip 1 found

Command:

2. Copy（复制）

对图形中相同的对象，不管其复杂程度如何，只要完成一个后，便可以通过复制命令产生若干个与之相同的图形。复制可以减轻大量的重复性劳动，一般由以下几种方式实现：

（1）菜单：Modify→Copy。

（2）工具栏：单击按钮 。

（3）键盘：Copy（或 CO）（回车）。

【例 17-5】　利用多重复制命令复制圆，如图 17-31 所示。

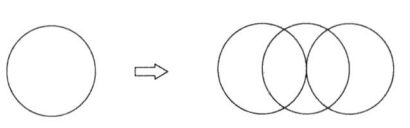

操作步骤：

Command: _copy(回车)(输入命令)

图 17-31　复制对象

Select objects: 1 found(选中圆,作为要复制的对象)
Select objects:(回车)(结束选择对象)
Specify base point or displacement:(拾取圆心,作为下次的插入点)
Specify second point of displacement or
<use first point as displacement>:(移动圆心的位置到目标)(得第一个复制体)
Specify second point of displacement:(移动圆心的位置到目标)(得第二个复制体)
Specify second point of displacement:(移动圆心的位置到目标)(得第三个复制体)
Specify second point of displacement:(回车)

3. ARRAY（阵列）

对于规则分布的图形，可以通过矩形或环形阵列命令快速产生。阵列有矩形阵列和环形阵列两种。阵列命令的输入一般由以下几种方式实现：

（1）菜单：Modify→Array。

（2）工具栏：单击按钮。

（3）键盘：Array（或 AR）（回车）。

【例 17-6】 通过阵列命令得到楼梯剖面图，如图 17-32 所示。

操作步骤：

输入命令后，弹出"阵列"对话框，单击 Select objects （选择对象）按钮后在屏幕上框选三条直线，回车返回对话框，设置行数为 1，列数为 6。对话框设置如图 17-33（a）所示。

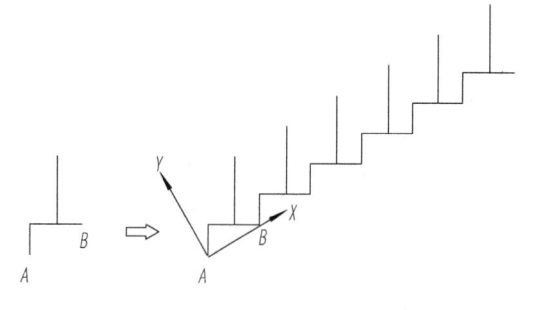

图 17-32 利用矩形阵列生成楼梯剖面

在"偏移距离和方向"选项区内设置行偏移量为 0，列偏移量为 250，阵列角度为 37°，然后单击预览，确定后完成操作。对话框设置如图 17-33（b）所示。

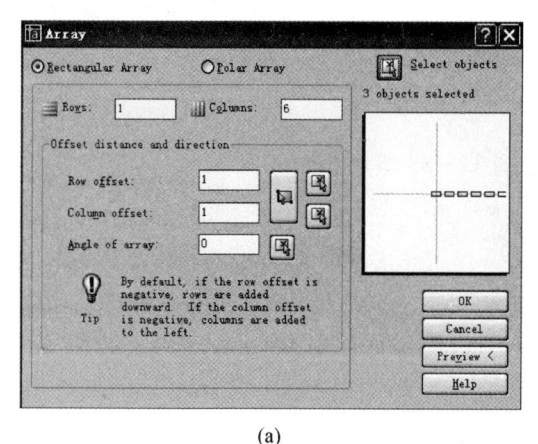

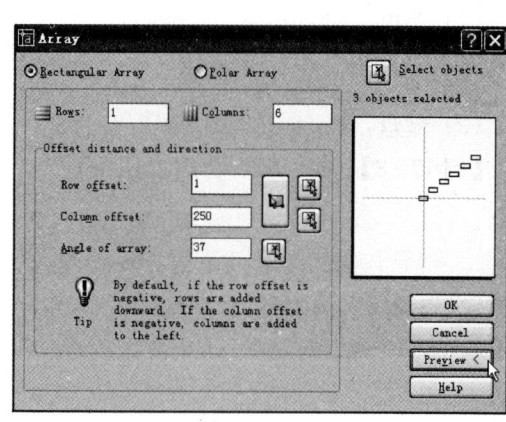

(a)   (b)

图 17-33 阵列对话框设置

本例因为列偏移量事先已知，如果偏移距离和方向事先未知，可单击各项右边的按钮，在屏幕上拾取获得。

4. Trim（修剪）

绘图中经常需要修剪图形，将超出的部分去掉，以便使图形对象精确相交。修剪命令是以指定的对象为边界，将要修剪的对象剪去超出的部分。

(1) 菜单：Modify→Trim。

图 17 - 34　修剪

(2) 工具栏：单击按钮 ⊸⊸。

(3) 键盘：Trim（或 TR）（回车）。

【例 17 - 7】　以直线为边界，将圆剪去上面部分，如图 17 - 34 所示。

操作步骤：

Command：_trim(回车)(输入命令)
Current settings：Projection = UCS, Edge = None
Select cutting edges ...
Select objects：1 found(点取直线,作为剪切边)
Select objects：(回车)(结束对象选择)
Select object to trim or shift - select to extend or [Project/Edge/Undo]：
Object does not intersect an edge.
Select object to trim or shift - select to extend or [Project/Edge/Undo]：e(选择边选项)
　　Enter an implied edge extension mode [Extend/No extend] <No extend>：E(让边延伸)
　　Select object to trim or shift - select to extend or [Project/Edge/Undo]：(点取圆)
　　Select object to trim or shift-select to extend or [Project/Edge/Undo]：(回车)(结束修剪命令)
　　Command：

5. Explode（分解）

块、多段线、尺寸和图案填充等对象是一个整体。如果要对其中单一的元素进行编辑，普通的编辑命令无法实现。但如果将这些对象分解成若干个单独的对象，就可以采用普通的编辑命令进行修改了。

(1) 菜单：Modify→Explode。

(2) 工具栏：单击按钮 ⚡。

(3) 键盘：Explode（回车）。

【例 17 - 8】　将一矩形分解成四条直线，如图 17 - 35 所示。

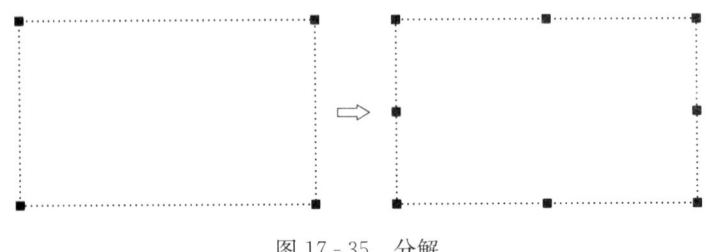

图 17 - 35　分解

操作步骤：

Command：_explode(回车)(输入命令)

Select objects: 1 found(点取矩形)
Select objects: (回车)(结束命令)

第三节 建筑施工图的绘制

一、建筑平面图的绘制

下面以图 17-64 所示的平面图绘制为例进行介绍。

（一）建立绘图环境

绘图环境的设置主要包括设置精确度、设置绘图范围、设置图层三个方面。其中最为重要的就是设置图层，图层设置得合理、恰当，将有助于绘图工作的顺利展开。

1. 设置绘图范围

图的全长为 15 000，总宽为 13 150，需要设置的图幅应比这两个数据大，但又不能太大。具体设置绘图范围的操作步骤如下：

Command: limits(回车)(输入命令)
Reset Model space limits:
Specify lower left corner or [ON/OFF] <0.0000,0.0000>: (回车)(给定左下角点)
Specify upper right corner <420.0000,297.0000>: 20000,20000(回车)(给定右上角点)
Command: z(回车)(输入命令)
ZOOM
Specify corner of window, enter a scale factor (nX or nXP), or
[All/Center/Dynamic/Extents/Previous/Scale/Window/Object] <real time>: all(回车)(选择全屏显示)
Regenerating model.

2. 设置精确度

在 AutoCAD 中，精确度的默认设置是精确到小数点后四位，一般来说，建筑施工图上的尺寸都是不带小数点的，所以用"单位"命令改变精确度，为以后的尺寸标注提供方便，也可以把这步放在以后进行，但必须在尺寸标注前进行。

在命令提示行下输入"Units"命令，在此命令下弹出如图 17-36 所示的"图形单位"对话框。

将"长度"区中的"精度"改为 0，然后单击" OK "按钮即可。

3. 设置文字样式

新建一个"建筑"文字样式。单击下拉菜单"Format（格式）→Text Style（文字样式）"，弹出文字样式对话框，对其设置如图 17-37 所示。

4. 设置标注样式

新建一个"建筑"标注样式。单击下拉菜单"Format（格式）→Dimension Style（标注样式）"，弹出标注样式对话框，其设置如图 17-38～图 17-41 所示。

5. 草图设置

点击下拉菜单"工具/草图设置"，弹出草图设置对话框，分别设置栅格、极轴和捕捉点，草图的设置如图 17-42～图 17-44 所示。

图 17-36 "图形单位"对话框

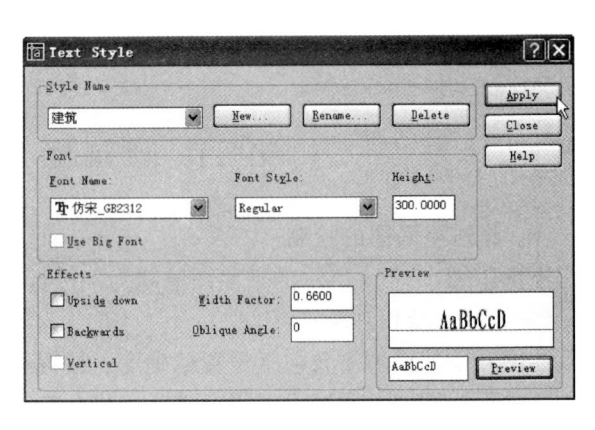

图 17-37 文字样式对话框的设置

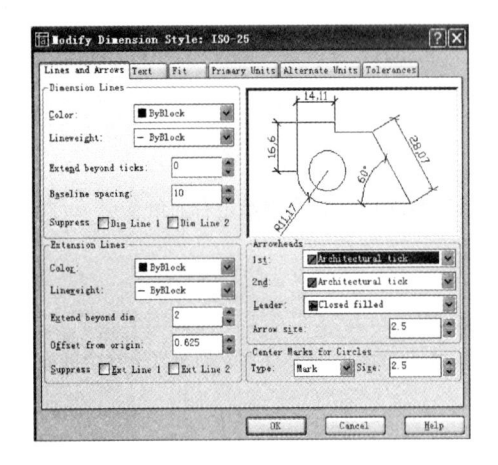

图 17-38 新建标注样式对话框
——直线和箭头选项卡

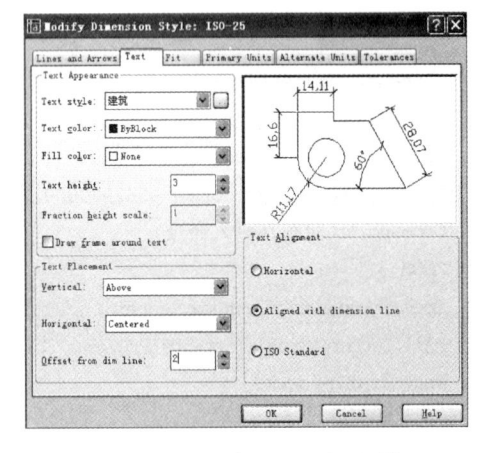

图 17-39 新建标注样式对话框
——设置文字选项卡设置

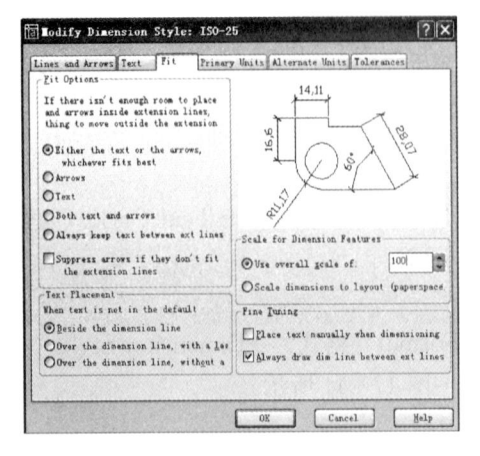

图 17-40 新建标注样式对话框
——调整选项卡设置

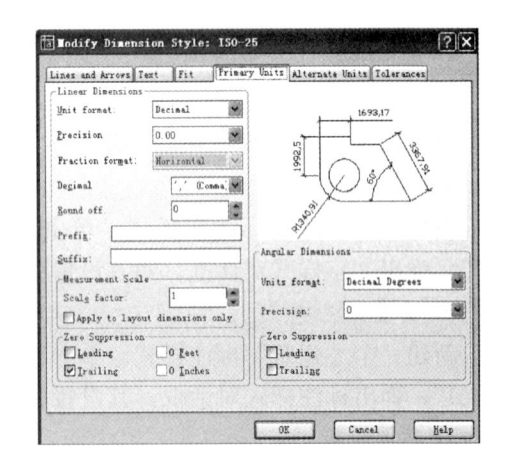

图 17-41 新建标注样式对话框
——主单位选项卡设置

图 17-42 草图设置对话框——捕捉与栅格选项卡

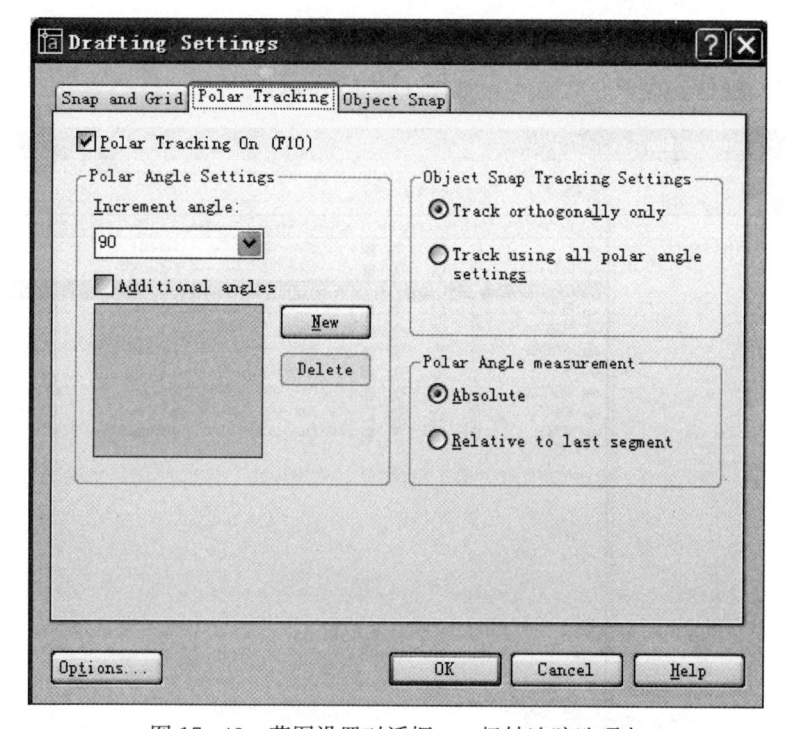

图 17-43 草图设置对话框——极轴追踪选项卡

6. 设置图层

在命令提示行中输入"Layer"命令（或单击"对象特性工具栏"中的按钮 ），在此

图 17-44　草图设置对话框——对象捕捉选项卡

命令作用下弹出"图层特性管理器"对话框，单击 ，则有"层"出现，根据绘图的需要，赋予层以名称、颜色、线型、线宽等，如图 17-45 所示。

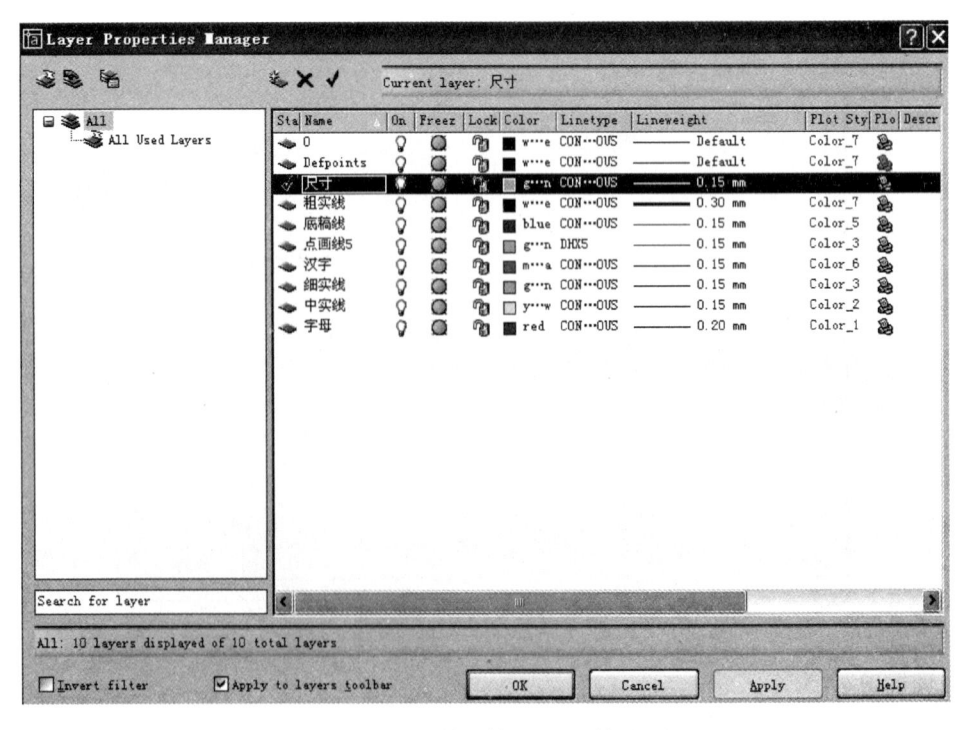

图 17-45　图层特性管理器对话框的设置

(二) 绘制轴网

1. 绘制基准线

将"点画线 5"层设为当前层（打开"图层特性管理器"对话框，选中轴线层，单击 ✔按钮），按快捷键 F8 将"正交"方式打开（在"正交"方式下，只能够画铅垂线和水平线），作一条水平线和一条铅垂线作为绘图基准。

操作步骤：

Command：_line Specify first point：（单击水平轴线的最左点）
Specify next point or [Undo]：（单击水平轴线的最右点）（直线的长度在 17000 左右）
Specify next point or [Undo]：（回车）
Command：LINE Specify first point：（单击垂直轴线的最下点）
Specify next point or [Undo]：（单击垂直轴线的最上点）（直线的长度在 15000 左右）
Specify next point or [Undo]：（回车）
Command：

结果如图 17-46 所示。

2. 画水平和铅垂方向的定位线

用"Offset（偏移）"命令将竖直轴线按规定的距离偏移复制，向右偏移的距离依次为 2900、1000、1950、1350、1350、1950、1000、2900。

操作步骤：

图 17-46 绘制基准线

Command：_offset(回车)(调用命令)
Specify offset distance or [Through]：2900(回车)(输入向右偏移的距离)
Select object to offset or <exit>：(单击竖直轴线)(回车)(选择要偏移的对象)
Specify point on side to offset：(在竖直轴线的右侧点击)(回车)(确定偏移所在方向)
Select object to offset or <exit>：(回车)(结束命令)
Command：(回车)(调用刚执行完的命令)
Offset
Specify offset distance or [Through] <2900.0000>：1000(回车)(输入向右偏移的距离)
Select object to offset or <exit>：(单击刚生成的竖直线)(回车)(选择要偏移的对象)
Specify point on side to offset：(在刚生成的竖直线的右侧单击)(回车)(确定偏移所在方向)
Select object to offset or <exit>：(回车)(结束命令)
Command：
……

按照此方法完成 1950、1350、1350、1950、1000、2900 等竖直轴线的作图。

再用"Offset（偏移）"命令将水平轴线按规定的距离进行偏移复制，向上偏移的距离依次为 300、1500、2400、1800、1300、2000、1800、1500，画出辅助网格。

操作步骤：

Command：_offset(回车)(调用命令)
Specify offset distance or [Through] <29000.0000>：300(回车)(输入向上偏移的距离)
Select object to offset or <exit>：(单击水平轴线)(回车)(选择要偏移的对象)

Specify point on side to offset：(在水平轴线的上方单击)(回车)(确定偏移所在方向)

Select object to offset or <exit>：(回车)(结束命令)

Command：(回车)(调用刚执行完的命令)

Offset

Specify offset distance or [Through] <300.0000>：1500(回车)(输入向上偏移的距离)

Select object to offset or <exit>：(单击刚生成的水平轴线)(回车)(选择要偏移的对象)

Specify point on side to offset：(在刚生成的水平轴线的上方单击)(回车)(确定偏移所在方向)

Select object to offset or <exit>：(回车)(结束命令)

Command：

……

按照此方法完成 2400、1800、1300、2000、1800、1500 等水平轴线的作图，绘制后的效果如图 17-47 所示。

3. 编辑轴线网

用"Trim（修剪）"命令编辑轴线网。

操作步骤：

Command：_trim(回车)(调用命令)

Current settings：Projection = UCS，Edge = Extend

Select cutting edges …（单击下数第五条水平轴线）(回车)(选择剪切边)

Select objects：1 found(回车)(选择对象)

Select objects：(回车)(结束选择对象)

Select object to trim or shift - select to extend or [Project/Edge/Undo]：(在剪切边的下方单击左数第四条竖直轴线)(回车)(选择要修剪的对象)

Select object to trim or shift - select to extend or [Project/Edge/Undo]：(在剪切边的下方单击左数第六条竖直轴线)(回车)(选择要修剪的对象)

Select object to trim or shift - select to extend or [Project/Edge/Undo]：(在剪切边的上方单击左数第三条竖直轴线)(回车)(选择要修剪的对象)

Select object to trim or shift - select to extend or [Project/Edge/Undo]：(在剪切边的上方单击右数第三条竖直轴线)(回车)(选择要修剪的对象)

Command：(回车)(调用刚才执行的命令)

Trim

Current settings：Projection = UCS，Edge = Extend

Select cutting edges .（单击下数第六条水平轴线）(回车)(选择剪切边)

Select objects：1 found(回车)(选择对象)

Select objects：(回车)(结束选择对象)

Select object to trim or shift - select to extend or [Project/Edge/Undo]：(在剪切边的下方单击左数第二条竖直轴线)(回车)(选择要修剪的对象)

Select object to trim or shift - select to extend or [Project/Edge/Undo]：(在剪切边的上方单击右数第二条竖直轴线)(回车)(选择要修剪的对象)

Command：(回车)(调用刚才执行的命令)

Trim

Current settings：Projection = UCS，Edge = Extend

Select cutting edges .（单击左数第三条竖直轴线）(回车)(选择剪切边)

Select objects：1 found(回车)(选择对象)
Select objects：(回车)(结束选择对象)
Select object to trim or shift – select to extend or [Project/Edge/Undo]：(在剪切边的右方单击下数第五条竖直轴线)(回车)(选择要修剪的对象)
Command：(回车)(结束命令)

按刚才的操作方法依次修剪，结果如图 17－48 所示。

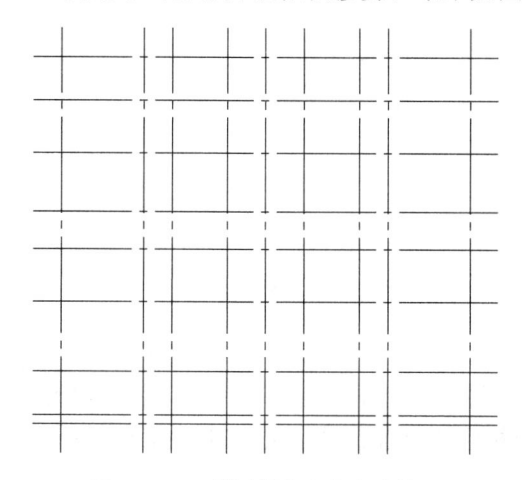

图 17－47　利用偏移命令生成轴网　　　　图 17－48　利用修剪命令编辑生成轴网

（三）绘制墙体

（1）反复用"偏移"命令生成 49 墙、37 墙和 24 墙。这里应注意偏移的距离：定位轴线距离墙的"内皮"120。

（2）将生成的 49 墙、37 墙和 24 墙放到"粗实线"层；将"粗实线"层设为当前层，在屏幕上任意画出一条线段，然后按以下方式操作：

1) 菜单：Modify→Match Properties
2) 工具栏：单击按钮 ✏。
3) 键盘：MatchPROP（回车）。

Command：'_ matchprop
Select source object：（单击刚才绘制的线段）

屏幕上出现"🖌"，用它分别点击 49 墙、37 墙和 24 墙的墙线，单击哪条线哪条线变为"粗实线"层的线，并具有这层的特性。直到回车结束命令。

将屏幕上任意画出的一条线段擦掉。绘制完成后的效果如图 17－49 所示。

（3）编辑墙：关掉"点画线 5"层（打开"图层特性管理器"对话框，单击"点画线 5"层行中的"灯泡"💡使其变为蓝色），对预留门窗洞口处的墙线进行修剪，生成如图 17－50 所示的图形。

在上述墙体生成过程中，最为重要的就是要熟练掌握"偏移"和"修剪"命令，这样可以加快画图的速度。

另外，在墙体的生成过程中，要遵循从整体到局部的原则，即全部画完墙线后再进行编辑。

图 17-49 绘制完成后的墙体

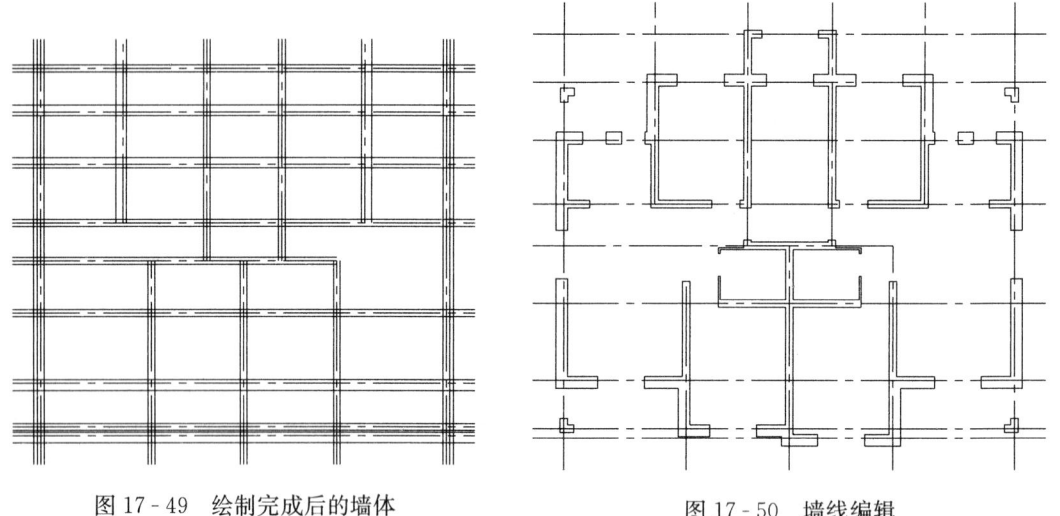

图 17-50 墙线编辑

(四) 利用图块生成窗的图形

图中各个方向的窗的宽度均为 490，所以只要制作一个宽度为 490 的窗，就可以通过"插入块"命令经过一定的旋转和缩放将窗插入到相应的位置。尺寸及方向都相同的窗体可以通过"复制"命令生成。

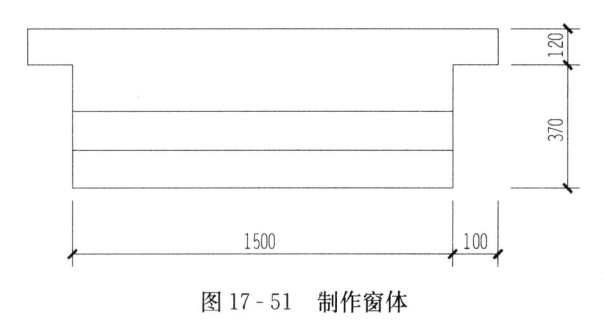

图 17-51 制作窗体

(1) 将"细实线"设为当前层。
(2) 画大小为 1500×370 的双层窗体，并加上窗套，如图 17-51 所示。
(3) 定义图块。

在 Block 命令下或单击 , Auto-CAD 将弹出对话框，在对话框中单击 ![Select] 选择组成块的实体，并单击 ![Pick] 定义一点作为下次插入时的插入点（本例选择左下角点）。将块的名称定义为 ch1500-370，如图 17-52 所示。

(4) 写入磁盘：若退出了当前图层，而在以后的绘图中还会用到这两个块，可用 wblock 命令将块赋名存盘。在 wblock 命令下，弹出如图 17-53 所示的对话框。单击"File Name and Part（文件名和路径）"右下角的 ![]，选择保存路径，然后同建块一样选择对象和插入点，最后单击 ![OK] 即可。

(5) 插入块：
1) 菜单：Insert→Blocke。
2) 工具栏：单击按钮 ![]
3) 键盘：Insert（回车）。

调用命令后，弹出"插入"对话框，单击 ![Browse...] 确定插入块，根据对话框选择块的缩放比例（窗体的宽度相同，长度不同，只输入 X 方向的比例）、旋转方向（插入竖直墙上的窗体时,注意将"旋转"中的"角度"设置成 90°或-90°),然后选择合适的插入点(左下角点)进行窗体的插入,如图 17-54 所示。

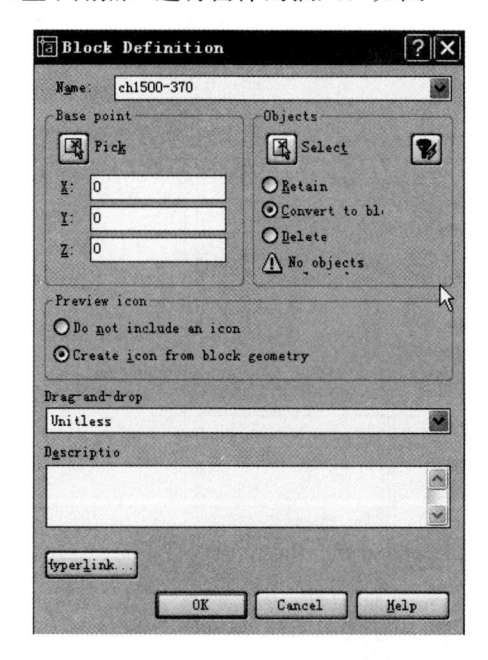

图 17-52　块定义对话框的设置

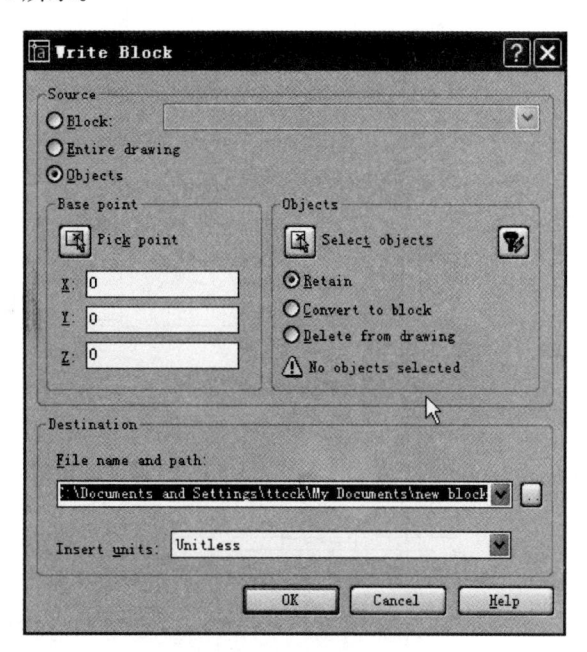

图 17-53　写块对话框的设置

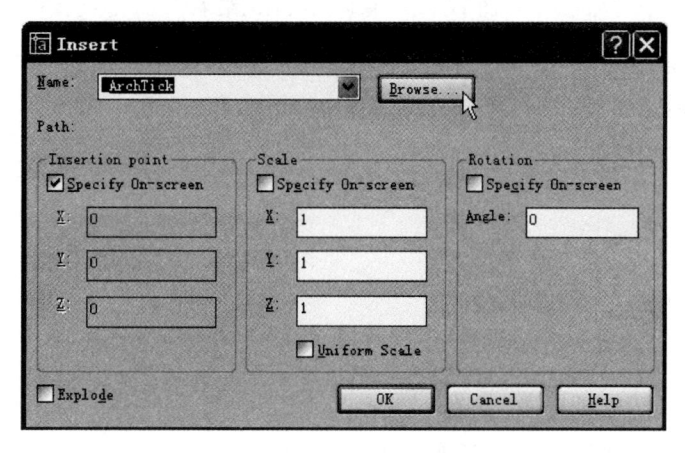

图 17-54　插入窗体块

窗体插入后的结果如图 17-55 所示。
(五)利用复制生成门
图中各种方向的门的倾斜方向只有两种。所以,只要画出两个方向为 45°和 135°的门,然后将这两个门利用复制命令插入到相应的位置即可。
(1) 将"中实线"设为当前层。
(2) 画大小为 900、1000、750 的几个基本门,然后将其旋转(注意旋转角度:顺时针为负值,逆时针为正值)。画 750 的门的操作步骤如下:

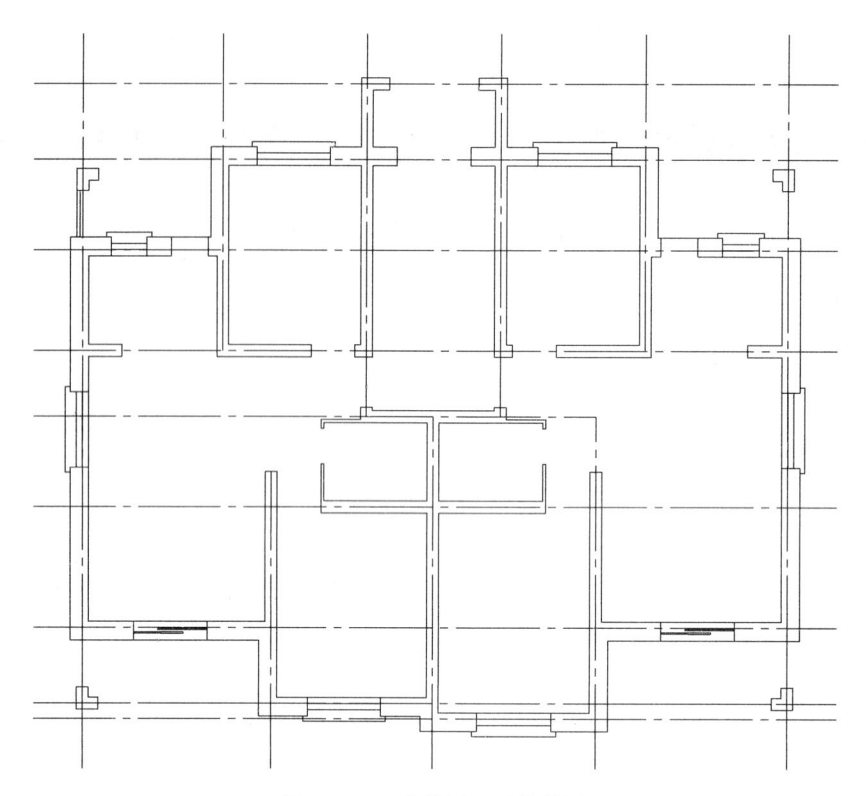

图 17-55 窗体插入后的结果

Command：_line Specify first point：(给出门起始点)(回车)
Specify next point or [Undo]：750(回车)(给出门的结束点，门宽 750)
Specify next point or [Undo]：(回车)
Command：

如图 17-56（a）所示。

Command：_rotate(回车)(调用命令)
Current positive angle in UCS：ANGDIR = counterclockwise ANGBASE = 0
Select objects：1 found(回车)(选择门)
Select objects：(回车)(结束选择对象)
Specify base point：(捕捉门右断点)(回车)(确定旋转基点)
Specify rotation angle or [Reference]：-45(回车)(确定旋转方向及角度)
Command：

如图 17-56（b）所示。

单击菜单 Draw→Arc→Start Center Angle
Command：_arc Specify start point of arc or [Center]：(单击门的左上端点)(回车)(给定圆弧起点)
Specify second point of arc or [Center/End]：_c Specify center point of arc：(单击门的右下端点)(回车)(给定圆弧中心)
Specify end point of arc or [Angle/chord Length]：_a Specify included angle：45(回车)(给定圆弧中心角，逆时针为正，顺时针为负)

Command：

如图 17-56（c）所示。

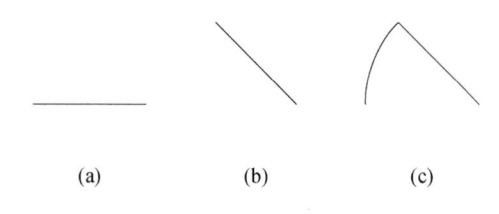

(a)　　　　　(b)　　　　　(c)

图 17-56　门的绘制步骤

（3）利用复制生成门：

操作步骤：

Command：_copy(回车)(输入命令)
Select objects：1 found(单击被复制的门)(回车)(选择对象)
Select objects：(回车)(结束选择对象)
Specify base point or displacement： ＜Osnap on＞ Specify second point of displacement or ＜use first point as displacement＞：(单击门轴点)(回车)(选择基点)
Specify second point of displacement：(单击准备插入点)(回车)(选择插入点)
Specify second point of displacement：(单击准备插入点)(回车)(选择插入点)
Specify second point of displacement：(单击准备插入点)(回车)(选择插入点)
Specify second point of displacement：(单击准备插入点)(回车)(选择插入点)
Specify second point of displacement：(回车)(结束命令)
Command：

（六）绘制楼梯

将"中实线"层设为当前层，然后根据实际情况选用合适的方法绘制楼梯。

图 17-57 所示的楼梯，其绘制方法很简单，首先要确定中部扶手，以确保其位于中间位置，这就要利用"点画线 5"层的轴线，先找出楼梯对称的位置，然后用直线、偏移命令进行绘制和编辑。楼体中的箭头是用"多段线"来绘制的，具体操作如下：

（1）菜单：Draw→Polyline。

（2）工具栏：单击按钮。

（3）键盘：POLYLine（或 PL）(回车)。

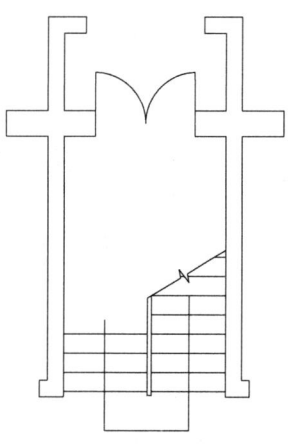

图 17-57　绘制后的楼梯

操作步骤：

Command：_pline(回车)(调入命令)
Specify start point：(单击直线靠"上"位置点)(指定起点)
Current line-width is 0(当前线宽为 0)
Specify next point or [Arc/Halfwidth/Length/Undo/Width]：(单击直线的另一端点)
Specify next point or [Arc/Halfwidth/Length/Undo/Width]：(单击水平直线的另一端点)

Specify next point or [Arc/Close/Halfwidth/Length/Undo/Width]：(单击竖直直线的另一端点,即箭头的起点)

Specify next point or [Arc/Close/Halfwidth/Length/Undo/Width]：w(用键盘输入)(回车)

Specify starting width <0>：100(指定起点宽度)(回车)

Specify ending width <200>：0(指定端点宽度)(回车)

Specify next point or [Arc/Close/Halfwidth/Length/Undo/Width]：(回车)(结束命令)

Command：

绘制后的楼梯如图 17-57 所示。

(七) 绘制阳台、散水

将"中实线"层设为当前层，按照尺寸要求绘制阳台、散水，散水线到外墙皮的距离为 800mm，结果如图 17-58 所示。

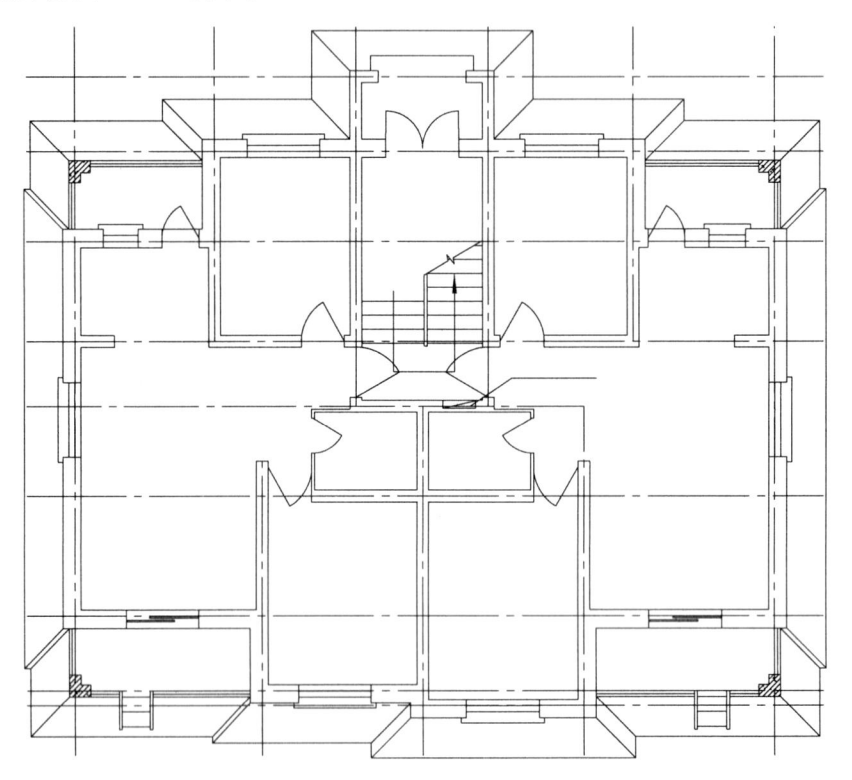

图 17-58 绘制门、楼梯、阳台、散水等

(八) 绘制图例

将"细实线"层设为当前层，按图例绘制厨房、卫生间的设施（也可以将其定义为块，插入其中），如图 17-59 所示。

(九) 添加轴号、标注、标高、剖面线、指北针及文字等

将"尺寸"层设为当前层，对图形进行标注，添加轴号、标高、断面线及指北针等。其中，可将定位轴线的圆定义成块，将编号定义为属性。

操作步骤：

(1) 绘制直径为 8mm 的圆：

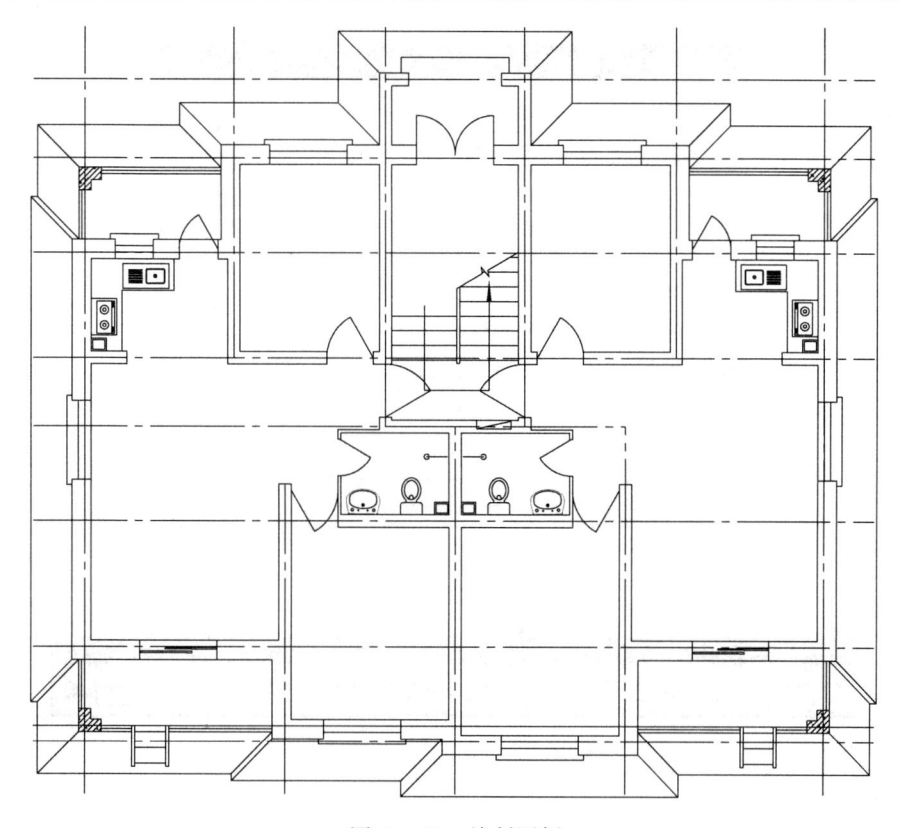

图 17-59 绘制图例

Command：_circle Specify center point for circle or [3P/2P/Ttr (tan tan radius)]（给出圆的圆心）（回车）

Specify radius of circle or [Diameter]：400（指定圆的半径）（回车）

Command：

(2) 将编号定义为属性：单击下拉菜单"Draw（绘图）→Block（块）→Define Attributes（定义属性）"，弹出如图 17-60 所示的对话框，设置相关参数，单击 OK ，对话框消失，在圆的内部确定轴号（属性）的位置。

(3) 将带属性的圆定义为块，方法同窗体。注意：此时块的插入点应设置为圆的"象限点"。

(4) 将带属性的块插入适当位置：

操作步骤：

Command：_insert（回车）

Specify insertion point or [Scale/X/Y/Z/Rotate/PScale/PX/PY/PZ/PRotate]：

Enter attribute values

d＜1＞：2（输入属性值）（回车）

Command：

(5) 标注线性尺寸：将光标指在任意工具钮的位置，单击鼠标右键，在弹出的屏幕菜单中选择"Dimension（标注）"，即调出标注工具栏，如图 17-61 所示。

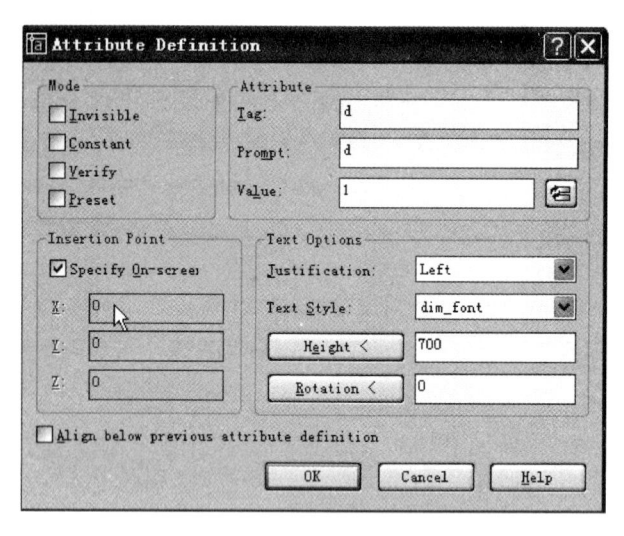

图 17-60 属性定义对话框

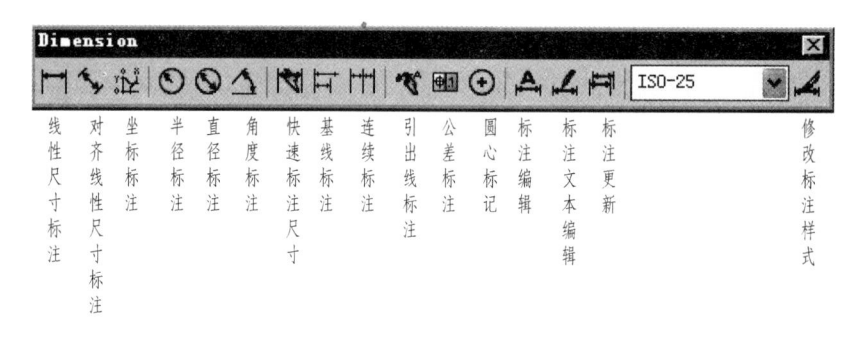

图 17-61 标注工具栏

标注线性尺寸：如图 17-64 中所示图形下方第一道尺寸中定位轴线①右边的 1075。

1）菜单：Dimension→Linear。

2）工具栏：单击按钮。

3）键盘：Dimlinear（回车）。

操作步骤：

Command：_dimlinear(回车)(调入命令)
Specify first extension line origin or ＜select object＞：(单击尺寸左端点)(回车)(给定尺寸起点)
Specify second extension line origin：(单击尺寸右端点)(回车)(给定尺寸终点)
Specify dimension line location or
[Mtext/Text/Angle/Horizontal/Vertical/Rotated]：
Dimension text = 1075(自动测量)(回车)(结束命令)

标注一系列连续尺寸：如图 17-64 中所示图形下方第一道尺寸中 1075 后的 1500、1075 等。

1）菜单：Dimension→Conlinue。

2）工具栏：单击按钮。

3) 键盘：Dimconlinue（回车）。
操作步骤：

Command：_dimcontinue(回车)(调入命令)
Specify a second extension line origin or [Undo/Select] <Select>：(单击1500尺寸右端点)
Dimension text = 1500(自动测量)
Specify a second extension line origin or [Undo/Select] <Select>：(单击1075尺寸右端点)
……
Select continued dimension：(回车)(结束命令)
Command：

注意：在一"线性尺寸"标注后方可进行"连续尺寸"和"基线尺寸"标注。
（6）填充柱子的截面：
1）菜单：Draw→Hatch
2）工具栏：点击按钮 。
3）键盘：Hatch（H）（回车）。

屏幕弹出图案填充对话框，如图 17-62 所示。单击"Pattern（图案）"后的 ，再弹出如图 17-63 所示的图案选择对话框；选择所需图案后，单击 OK ，又弹回图 17-62 所示对话框；单击 Pick Points ，对话框消失，在需要填充的区域单击，则又返回图 17-62 所示对话框；单击 Preview 可进行填充预览，合适后单击 OK ，完成填充（也可以不预览），结果如图 17-64 所示。

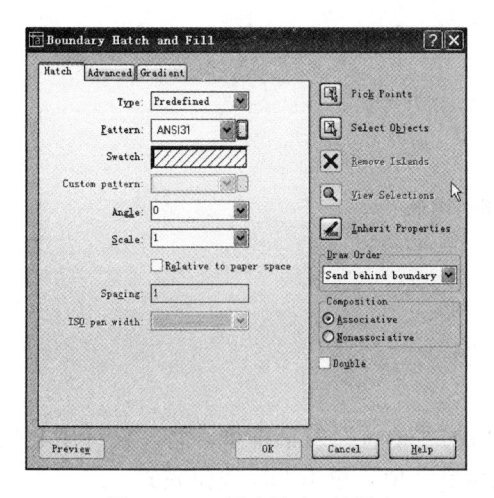

图 17-62　图案填充对话框　　　　　　图 17-63　图案选择对话框

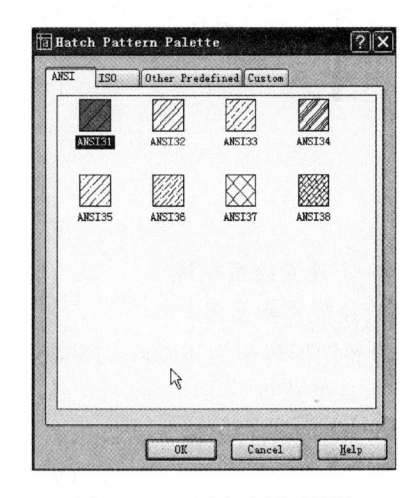

（十）完成图形

最后再认真检查一下图，看看还有哪些内容没有画上，并补充完整。确认所有图元均已绘制完毕后，平面图的绘制就完成了。

二、建筑立面图的绘制

下面以绘制图 17-64 所示的平面图的南立面为例进行介绍。

一层平面图 1:100

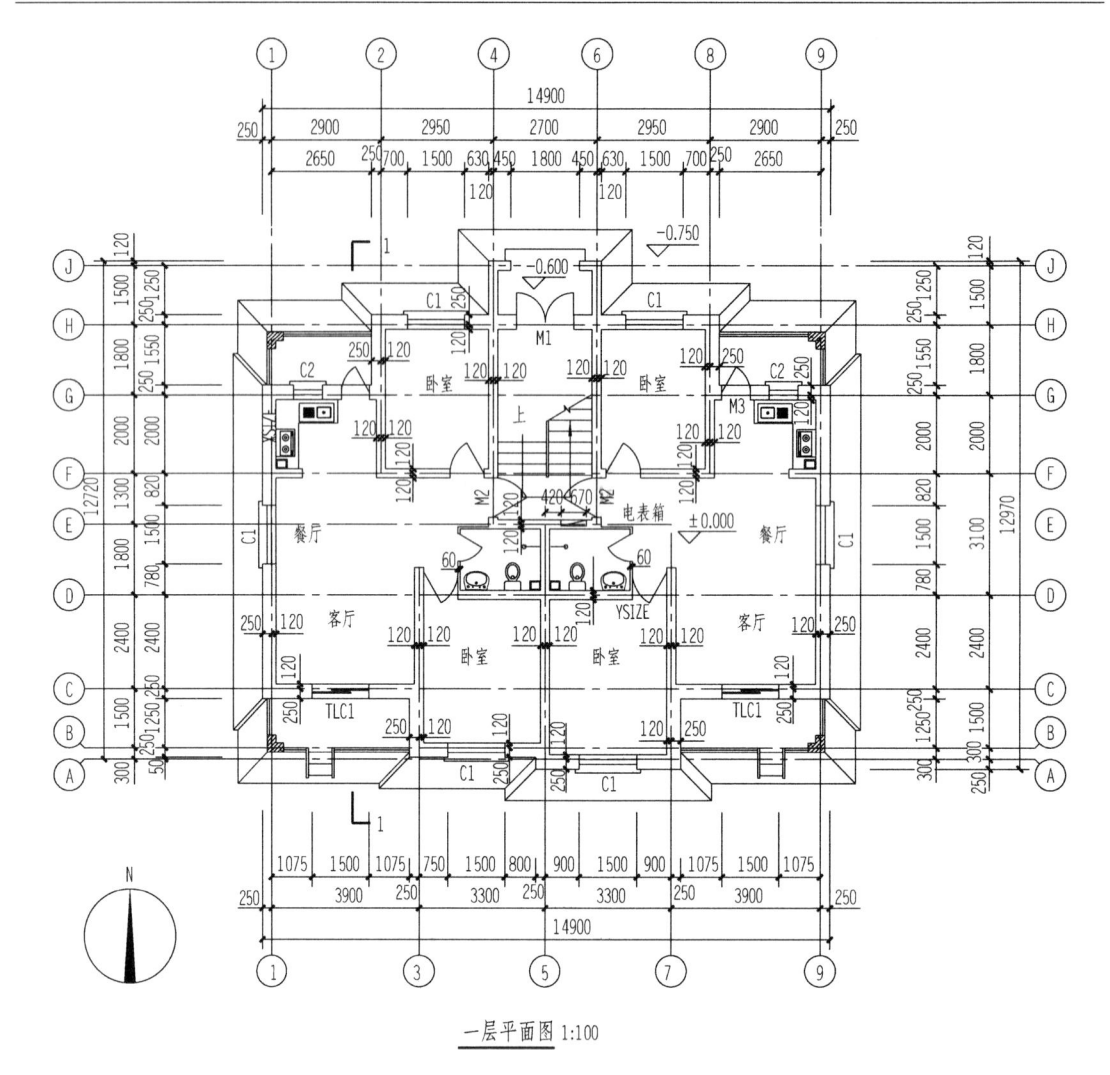

图 17-64 最后图形

(一) 设置绘图环境

1. 设置图形界限

设置图形界限为 40000×15000，方法同平面图。

2. 设置单位

在命令提示行中输入"Units"命令，在弹出的"单位"对话框中，将"设计中心块的图形单位"设为"mm"，精度改为 0，其他选项取默认值，单击 OK 按钮完成设定。

3. 设置图层

同平面图。

4. 生成辅助线网格

首先将"点画线 5"层定为当前层，绘制基准线，如图 17-65 所示。

利用偏移命令生成辅助线网格。将垂直方向的轴线依次分别偏移 3900、3300、3300、3900，再将水平方向的基线分别依次偏移 750、600、1800、1000、1800、1000、1800、610、1105，如图 17-66 所示。

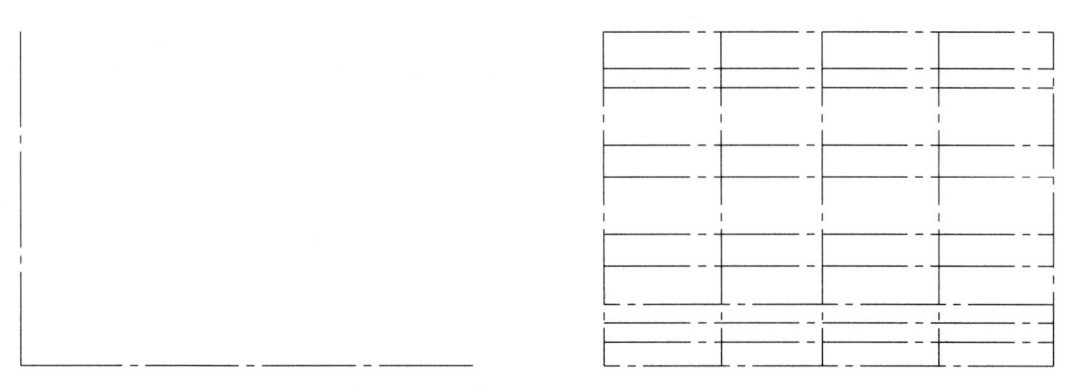

图 17-65　生成绘制基准线　　　　　　　图 17-66　辅助线网格

（二）绘制立面外形轮廓

将"粗实线层"设为当前层，同时，如果考虑到需要对其他的图层进行保护，那么就应将其他所有不需要在当前使用的图层都设置为冻结状态（单击"雪花"图标，变为蓝色）。可以直接在图层对话框中进行上述操作。

为了便于整个图形的定位，首先绘制轮廓线图形（包括地面线），结果如图 17-67 所示。

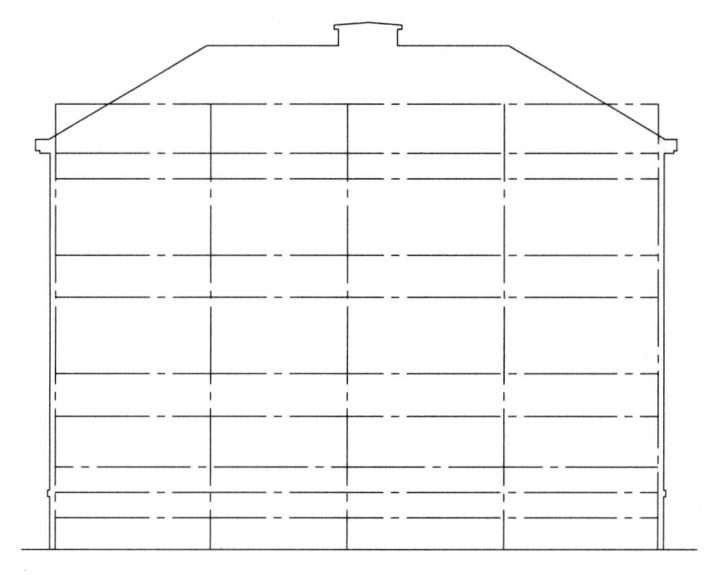

图 17-67　绘制轮廓线

（三）绘制门窗图形

1. 画出窗框图形

将"细实线"层设为当前层，在该层中添加两种不同的窗体（可以块的形式插入，也可直接绘制完成）。

2. 绘制门

将"中实线"层设为当前层，绘制门图形，插入到相应的位置。

(四) 绘制阳台、雨水管、檐口、烟道、散水等图形

按照尺寸及相应的线宽绘制阳台、雨水管、檐口、烟道、散水,插入到相应的位置,结果如图 17-68 所示。

图 17-68 插入窗、门等

(五) 添加轴号、标高、文字说明、尺寸标注

在适当的位置添加轴号、标高、文字说明、尺寸标注。为作图方便,可参照前面的方法将标高数值设为属性,然后再定义为块,结果如图 17-69 所示。

三、建筑剖面图的绘制

剖面图的绘图环境设置与平面图和立面图相似,其主要画图步骤如下:

(1) 绘制建筑物的室内地平线和室外地平线、各个定位轴线及各层的楼面、屋面,并根据轴线绘出所有墙体断面轮廓以及被剖切到的可见的墙体轮廓,如图 17-70 所示。

(2) 绘制平面门窗洞口位置、门窗、楼梯平台、女儿墙、檐口以及其他的可见轮廓线。如图 17-71 所示。

(3) 绘制各种梁(如门窗洞口上方的横向过梁,被剖切的承重梁、可见的但未剖切的主次梁)的轮廓以及其他可以看到的一切细节,如图 17-72 所示。

(4) 标注必要的尺寸及建筑物的各个楼层楼地面、屋面、平台面的标高。绘制详图的索引符号、完成必要的文字说明,如图 17-73 所示。

第十七章 计算机绘图

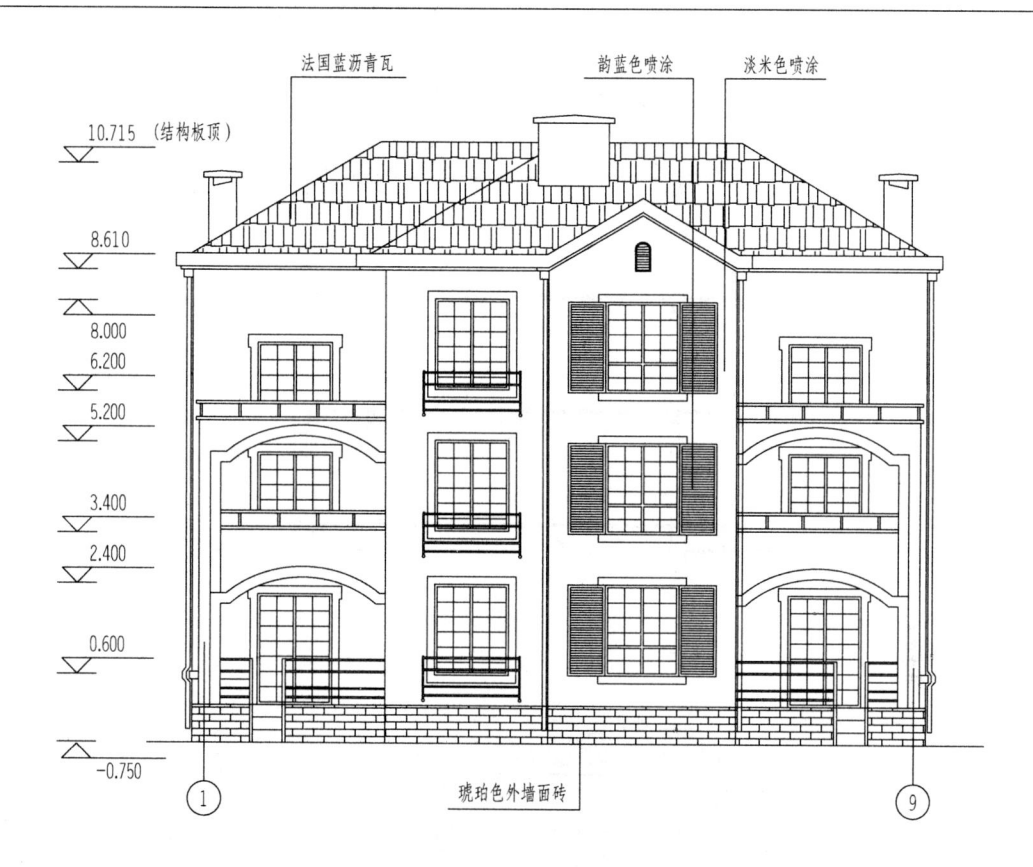

①～⑨ 立面图 1:100

图 17-69 最后结果

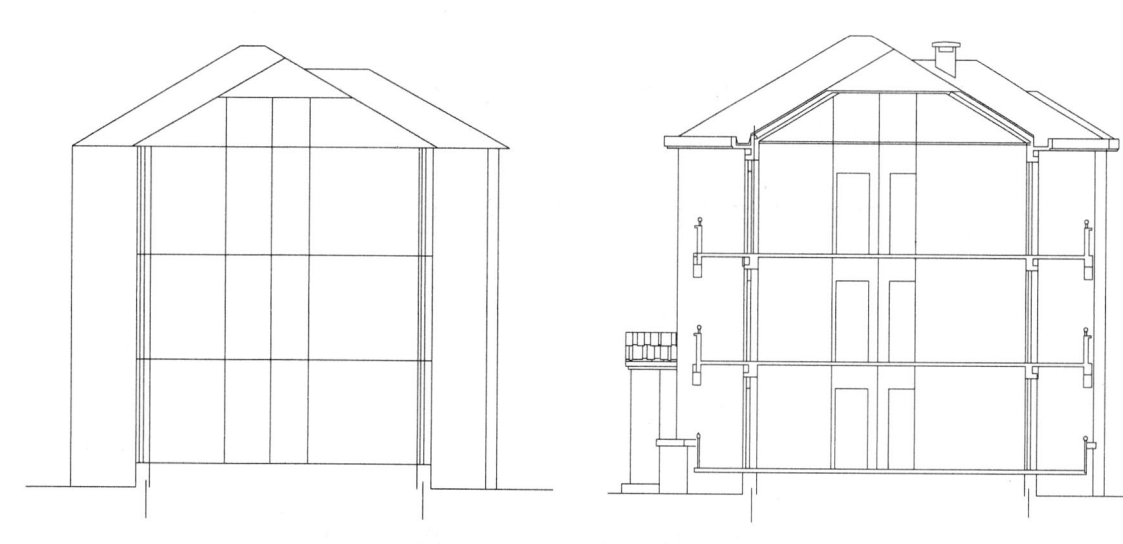

图 17-70 绘制轴线及轮廓

图 17-71 插入门窗

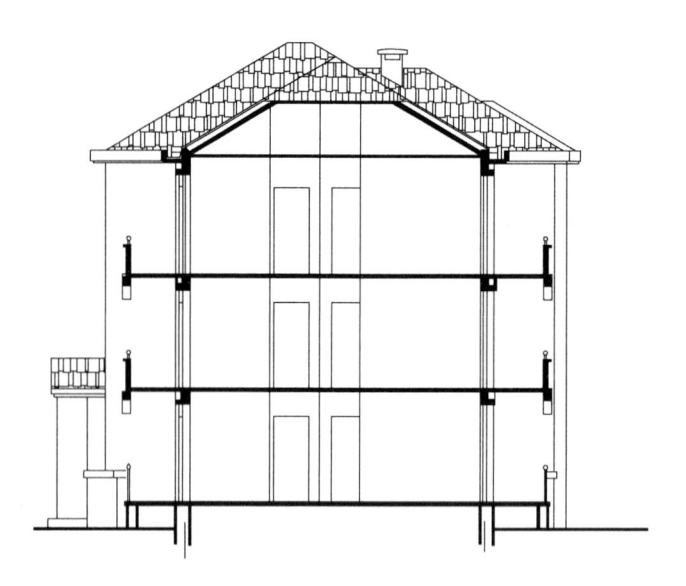

图 17-72 绘制梁和楼板

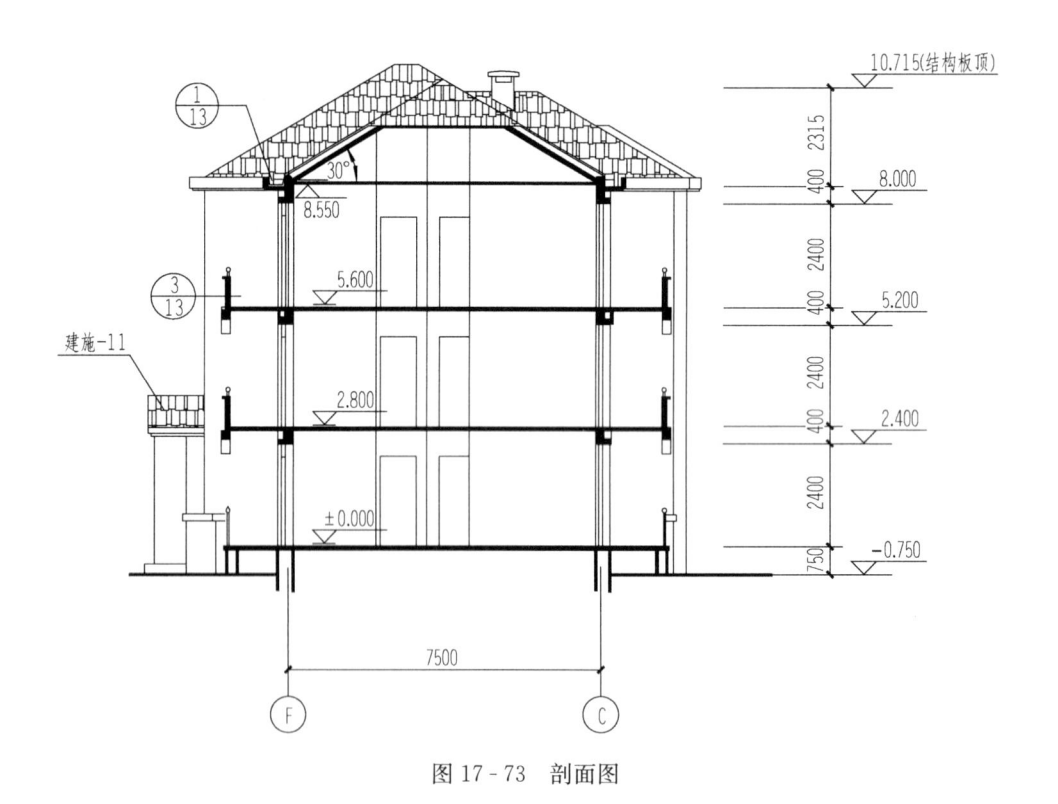

图 17-73 剖面图

第四节 图形的输出

将 AutoCAD 中绘制的图形输出在绘图纸上，称为图形的输出。图形的输出一般使用打印机或绘图机。图形输出的基本步骤如下：

（1）在计算机连接有打印机或绘图机的情况下，打开打印机或绘图机，确认其处于准备绘图状态。

（2）进行打印设置。打印的设置方式通常有以下三种：

1）菜单：File→Plot。

2）工具栏：单击按钮 ![] 。

3）键盘：Plot 或 Print 或 Alt＋P（回车）。

执行该命令后，弹出"打印"对话框，单击右下角的按钮 ![] ，将对话框完全展开，如图 17-74 所示。在"Printer/Plotter"选项中根据自己的实际选择打印机或绘图机（与所连接的机器型号一致）；在"Paper size"中再选择打印图纸的幅面（应等于或小于机器所能输出的最大图幅），在"Number of copies"中确定打印数目，在右上角的"Plot Style Table (Pen assignment)"中选择"Monochrome.ctb"选项，系统弹出确认对话框，确认后，单击后面的 ![] ，在弹出的对话框中进行线宽设定，如图 17-75 所示。此外，还可以设置绘图偏移量、图纸的放置方位（横放或竖放）、输出比例等，在"Plot area"中确定图形的输出方式（一般选 Window），如图 17-74 所示。系统切换到图形编辑状态，用鼠标框选需打印的范围后，系统再回到打印输出对话框，可单击 Preview... 进行预览。单击鼠标右键弹出屏幕对话框，如图 17-76 所示。如所显示的图形位置适当，则单击"打印"进行打印输出，否则，单击"退出"回到图 17-74 所示的状态重新进行设定。设置完成后，也可单击打印对话框中的 OK 开始打印。

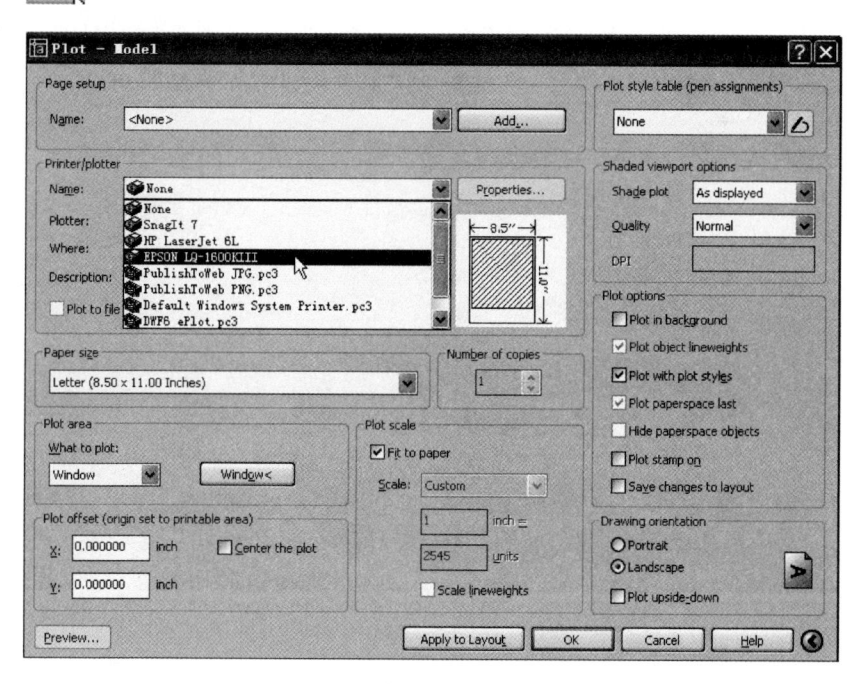

图 17-74 打印对话框

图 17-75　打印样式表编辑对话框　　　图 17-76　预览弹出的菜单

参 考 文 献

[1] 周佳新. 园林工程识图. 北京：化学工业出版社，2008.
[2] 周佳新，姚大鹏. 建筑结构识图. 北京：化学工业出版社，2008.
[3] 周佳新，张久红. 建筑工程识图. 北京：化学工业出版社，2008.
[4] 邓学雄，太良平，梁圣复，等. 建筑图学. 北京：高等教育出版社，2007.
[5] 丁建梅，周佳新. 土木工程制图. 北京：人民交通出版社，2007.
[6] 吴机际. 园林工程制图. 广州：华南理工大学出版社，2006.
[7] 丁宇明，黄水生. 土建工程制图. 北京：高等教育出版社，2004.
[8] 朱育万，等. 画法几何及土木工程制图. 北京：高等教育出版社，2000.
[9] 何铭新. 画法几何及土木工程制图. 武汉：武汉理工大学出版社，2003.
[10] 何斌，等. 建筑制图. 北京：高等教育出版社，2005.
[11] 大连理工大学工程画教研室. 画法几何学. 北京：高等教育出版社，2004.
[12] 马广韬. 画法几何学. 长春：吉林科学技术出版社，2003.
[13] 马广韬. 建筑工程制图. 长春：吉林科学技术出版社，2003.
[14] 周佳新. 计算机绘图技术. 长春：吉林科学技术出版社，2003.
[15] 王雪光，周佳新. AutoCAD-2004中文版制图经典教程. 北京：电子工业出版社，2004.
[16] 张桂山，周佳新. AutoCAD-TArch建筑施工图设计. 北京：机械工业出版社，2005.
[17] 姜湘山，周佳新. 实用建筑给水排水技术与CAD. 北京：机械工业出版社，2004.